普通高等学校"十二五"省部级重点规划教材

土木工程施工

主　编　祝彦知　续晓春
副主编　孙　敏　王　莉

黄河水利出版社
·郑　州·

内 容 提 要

本书主要根据高等学校土木工程专业本科教育中的"土木工程施工"课程教学大纲编写,重点阐述了各专业工程的施工工艺及工艺原理,施工方案及施工方法,施工组织及管理,流水理论及网络技术,施工组织设计的内容及编制,论述了各专业工程的质量控制及施工安全措施,概述了具有国内外先进水平的特殊工艺施工。

本书可作为土木工程专业及相关专业各层次的教材,亦可供土木类工程技术人员参考学习。

图书在版编目(CIP)数据

土木工程施工/祝彦知,续晓春主编 . —郑州:黄河水利出版社,2013.1

普通高等学校"十二五"省部级重点规划教材

ISBN 978 - 7 - 5509 - 0047 - 9

Ⅰ.①土… Ⅱ.①祝… ②续… Ⅲ.①土木工程 - 工程施工 - 高等学校 - 教材 Ⅳ.①TU7

中国版本图书馆 CIP 数据核字(2013)第 006249 号

策划编辑:李洪良 电话:0371 - 66024331 E-mail:hongliang0013@163.com

出 版 社:黄河水利出版社 网址:www.yrcp.com

地址:河南省郑州市顺河路黄委会综合楼 14 层 邮政编码:450003

发行单位:黄河水利出版社

发行部电话:0371-66026940、66020550、66028024、66022620(传真)

E-mail:hhslcbs@ 126. com

承印单位:郑州海华印务有限公司

开本:787 mm × 1 092 mm 1/16

印张:32

字数:740 千字 印数:1—3 100

版次:2013 年 1 月第 1 版 印次:2013 年 1 月第 1 次印刷

定价:48.00 元

前　言

为了满足国家建设形势的发展需要,我国高等教育进行了专业结构调整,1998 年国家教育部颁布了新的专业目录,将建筑工程专业拓宽为土木工程专业,涵盖了原有的交通土建、城镇建设、桥梁工程等 8 个专业的内容。近几年来土木工程专业所使用的教材大都是在原建筑工程专业教材的基础上扩展的,虽满足了土木工程专业的教学需求,但存在着涉及各专业知识面窄、系统性差等缺点,不能真正体现"厚基础,宽专业"的办学思想。为此,特集中一批有土木工程教学经验的专家学者,本着探索、科学、先进、适用的原则编写了这本教材。

土木工程施工是土木工程专业的一门主要专业课,它在培养学生独立分析和解决土木工程施工中的有关施工技术与组织计划的基本能力方面,起着重要的作用。本课程是研究土木工程施工中主要工种工程的施工技术与组织计划的基本规律,以及各专业方向(建筑工程、桥梁工程、道路工程等)的专业施工技术的学科,它具有涉及面广、综合性大、实践性强、社会性广、发展迅速的特点。工程施工中许多技术问题的解决和管理系统的建立,均要涉及有关学科的综合运用。因此,本书在编写过程中,结合工程实际,力求专业面宽、知识面广、适用面大、系统性强,同时也力求符合新规范、新标准和有关技术规程,并着眼于解决土木工程施工的关键和施工组织的主要矛盾,综合论述了施工工艺管理和工艺操作要点,阐明了各工种工程的施工方法和特殊工艺施工的技术。本书取材上力图反映国内外先进技术水平和管理水平,文字上深入浅出,图文并茂,通俗易懂,在保证全面、系统的同时,体现适用性、完整性和时代特征。

本书为普通高等学校"十二五"省部级重点规划教材(豫新出版[2012]46 号和 99 号文件)。

本书由中原工学院祝彦知和太原理工大学续晓春任主编,中原工学院孙敏和黄河科技学院王莉任副主编。参与编写工作的人员有:祝彦知(第一章),中原工学院马骁(第二章、第三章),郑州航空工业管理学院李福恩(第四章),河南工业大学杨海鹰(第五章、第六章),孙敏(第七章、第八章),中原工学院杨子胜(第九章),华北水利水电学院李辉(第十章),中原工学院李晓芬(第十一章、第十二章),续晓春(第十三章、第十四章),河南新田置业有限公司牛勇(第十五章),王莉(例题验算和其余内容)。

本书在编写过程中,参考了近几年来出版的土木工程施工教材、施工手册和论著,在此对这些书的作者表示诚挚的谢意!

由于时间仓促,涉及的专业多,虽经编者努力,但书中内容难免有不妥之处,敬请各位读者批评指正,不胜感激!

编　者

2012 年 8 月

目　录

第一章　土方工程

在土木工程施工过程中,首先遇到的工作就是场地平整和基坑开挖。在实际工程施工过程中,将一切土的开挖、填筑、运输等过程统称为土方工程,它包括开挖过程中的基坑降水、排水,坑壁支护等辅助过程。

土方工程具有如下施工特点:①工程量大,劳动力或机械设备用量大,且施工工期较长;②由于受地质、水文、气候、地下障碍物等因素影响,施工难度较大;③工程事故多。

第一节　土的工程分类和基本性质

一、土的工程分类

土的工程分类方法有很多,如按土的沉积年代、颗粒级配、密实度、液性指数等进行分类。不同的分类目的和依据会得出不同的类别名称。

(1)根据土体颗粒级配或塑性指数,可将土体分为碎石类土、砂土和黏性土。而碎石类土根据其颗粒形状与级配又可分为漂石土、块石土、卵石土、碎石土、圆砾土、角砾土;砂土根据其颗粒级配又分为砾砂、粗砂、中砂、细砂、粉砂;黏性土根据塑性指数 I_p 又分为黏土、亚黏土和轻亚黏土。

(2)根据土的沉积年代,黏性土分为老黏土、一般黏性土和新近沉积的黏性土。

(3)根据土所具有的特殊性质还可分出特殊性土,如软土、人工填土、黄土、膨胀土、红黏土、盐渍土和冻土等具有特殊性质的土。

(4)新的《建筑地基基础设计规范》(GB 50007—2011)将地基土分为岩石、碎石土、砂土、粉土、黏性土和人工填土。其中黏性土根据塑性指数 I_p 又分为黏土和粉质黏土。天然含水量大于液限、天然孔隙比大于或等于 1.5 的黏性土称为淤泥。天然孔隙比小于1.5 但大于或等于 1.0 的土称为淤泥质土。

根据土体开挖的难易程度将土体分为 8 类,如表 1-1 所示。

二、土的基本性质

与土方工程施工密切联系的土体的主要工程性质有土的密度(重度)、含水量、渗透性和土的可松性。

(一)土的密度

与土方工程施工有关的主要是土的天然密度 ρ、干密度 ρ_d 以及最大干密度。天然密度是指土在天然状态下单位体积的质量,它与土的密实程度和含水量有关。

土的干密度是指单位体积土中固体颗粒的质量,即土体孔隙内无水时的单位土重。

表 1-1　土的工程分类

土的分类	土的类别	土的名称	密度（kg/m³）	开挖方法及工具
一类土（松软土）	I	砂土；亚砂土；冲积砂土层、种植土泥炭（淤泥）	600～1 500	用锹、锄头挖掘
二类土（普通土）	II	亚黏土；潮湿的黄土；夹有碎石、卵石的砂；种植土、填筑土及亚砂土	1 100～1 600	用锹、锄头挖掘；少许用镐翻松
三类土（坚土）	III	软及中等密实黏土；重亚黏土；干黄土及含碎石、卵石的黄土；亚黏土；压实的填筑土	1 750～1 900	主要用镐，少许用锹、锄头挖掘，部分用撬棍
四类土（砂砾坚土）	IV	重黏土及含碎石、卵石的黏土；粗卵石；密实的黄土；天然级配砂石；软泥炭岩及蛋白石	1 900	先用镐、撬棍，然后用锹挖掘，部分用锲子及大锤
五类土（软石）	V～VI	硬石炭纪黏土；中等密实的页岩、泥炭岩、密实的石灰岩；风化花岗岩、片麻岩	1 100～2 700	用镐或撬棍、大锤挖掘，部分使用爆破方法
六类土（次坚石）	VII～IX	泥灰岩；砂岩；砾岩；坚实的页岩、泥炭岩；密实的石灰岩；风化花岗岩、片麻岩	2 200～2 900	用爆破方法开挖，部分用镐
七类土（坚石）	X～XII	大理岩、辉绿岩；玢岩；粗、中粒花岗岩；坚实的白云岩、砂岩、砾岩、片麻岩、石灰岩；风化痕迹的安山岩、玄武岩	2 500～3 100	用爆破方法开挖
八类土（特坚石）	XIV～XVI	安山岩；玄武岩；花岗片麻岩；坚实的细粒花岗岩；闪长岩、石英岩、辉长岩、辉绿岩、玢岩	2 700～3 300	用爆破方法开挖

（二）土的含水量

土的含水量 w 是指土中水的质量与土的固体颗粒之间的质量比，以百分数表示，如式（1-1）所示

$$w = \frac{G_1 - G_2}{G_2} \times 100\% \qquad (1-1)$$

式中　G_1——含水状态土的质量；

　　　G_2——烘干后土的质量（土经 105 ℃烘干后的质量）。

土的含水量表示土的干湿程度，土的含水量在 5% 以内称为干土，在 5%～30% 以内称为潮湿土，大于 30% 称为湿土。

（三）土的渗透性

由于土体本身具有连续的孔隙，当任意两点之间存在水头差的作用时，水就会透过土

体孔隙在两点之间发生孔隙内的流动,这一流动过程称为渗透。土的渗透性是指土体被水透过的性质,水流通过土中孔隙的难易程度。土的渗透性用渗透系数 k 表示。

早在 1856 年,法国学者达西(Darcy)进行了一项经典试验,利用图 1-1 所示的试验装置,对砂土的渗透性进行了研究,发现在层流状态下,水的渗透速度与试样两端水面间的水位差成正比,而与渗径长度成反比。于是,他把渗透速度表示为

$$v = k\frac{h}{L} = ki \qquad (1\text{-}2)$$

或渗流量为

$$q = vA = kiA \qquad (1\text{-}3)$$

这就是著名的达西渗透定律。

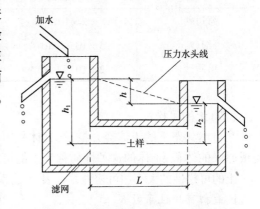

图 1-1　土体渗透速度与水力坡降的关系

式中　v——假想渗透速度,cm/s 或 m/s,其过水面积是土样的整个断面面积,并包括土颗粒骨架所占的部分面积;

　　　q——渗流量,cm³/s 或 m³/s;

　　　$i = \dfrac{h}{L}$——水力梯度,它是沿渗流方向单位距离的水头损失;

　　　h——试样两端的水位差,cm 或 m,即水头损失,$h = h_1 - h_2$,h_1 和 h_2 分别为土样上、下游面的水头;

　　　L——渗径长度,cm 或 m;

　　　k——土的渗透系数,cm/s 或 m/s,其物理意义是当水力坡降 i 等于 1 时的渗透速度;

　　　A——试样截面面积,cm² 或 m²。

从式(1-2)可知,砂土的渗透速度与水力梯度呈线性关系,但是,对于密实的黏土,由于吸着水具有较大的黏滞阻力,因此只有当水力坡降达到某一数值时,克服了吸着水的黏滞阻力以后,才能发生渗透。我们将这一开始发生渗透时的水力坡降称为黏性土的起始水力坡降。试验资料表明,黏性土不但存在起始水力坡降,而且当水力坡降超过起始水力坡降后,渗透速度与水力坡降的规律还偏离达西定律而呈非线性关系。由表 1-2 可以看出,对于不同种类的土体,渗透系数的差别很大。

表 1-2　各类土的渗透系数 k 值

土体类别	$k(\text{cm/s})$	土体类别	$k(\text{cm/s})$
粗砾	$10 \sim 5 \times 10^{-1}$	沙壤土	$10^{-3} \sim 10^{-4}$
砂质砾	$10^{-1} \sim 10^{-2}$	黄土(砂质)	$10^{-3} \sim 10^{-4}$
河砂	$10^{-1} \sim 10^{-2}$	黄土(泥质)	$10^{-5} \sim 10^{-6}$
粗砂	$5 \times 10^{-2} \sim 10^{-2}$	黏壤土	$10^{-4} \sim 10^{-6}$

续表1-2

土体类别	$k(\text{cm/s})$	土体类别	$k(\text{cm/s})$
海边砂	2×10^{-2}	淤泥土	$10^{-6} \sim 10^{-7}$
细砂	$5 \times 10^{-3} \sim 10^{-3}$	黏土	$10^{-6} \sim 10^{-8}$
粉质砂	$2 \times 10^{-3} \sim 10^{-4}$	均匀肥黏土	$10^{-8} \sim 10^{-10}$

（四）土的可松性

在自然状态下的土体经开挖后，其体积因松散而增加，以后虽经回填压实，仍不能恢复成原来的体积，土体的这种性质称为土的可松性。

土的可松性的大小用可松性系数表示，分为最初可松性系数 K_s 和最终可松性系数 K'_s。

1. 最初可松性系数 K_s

在自然状态下的土，经开挖成松散状态后，其体积的增加，用最初可松性系数表示为

$$K_s = \frac{V_2}{V_1} \tag{1-4}$$

式中　V_1——土在自然状态下的体积；

　　　V_2——土经开挖成松散状态下的体积。

2. 最终可松性系数 K'_s

在自然状态下的土，经开挖成松散状态，回填夯实后，仍不能恢复到原自然状态下的体积，夯实后的体积与原自然状态下的体积之比，用最终可松性系数表示为

$$K'_s = \frac{V_3}{V_1} \tag{1-5}$$

式中　V_1——土在自然状态下的体积；

　　　V_3——土经回填压实后的体积。

各类土的可松性系数参见表1-3。

表1-3　各类土的可松性系数

土的类别	K_s	K'_s	土的类别	K_s	K'_s
一类土	$1.08 \sim 1.17$	$1.01 \sim 1.03$	四类土	$1.26 \sim 1.45$	$1.06 \sim 1.20$
二类土	$1.14 \sim 1.24$	$1.02 \sim 1.05$	五类土	$1.30 \sim 1.50$	$1.10 \sim 1.30$
三类土	$1.24 \sim 1.30$	$1.04 \sim 1.07$	六类土	$1.45 \sim 1.50$	$1.28 \sim 1.30$

【例1-1】　某住宅楼外墙下基础采用砖砌条形基础，基础平均截面面积为2.8 m²。基坑深度为2.0 m，底面宽度为1.5 m，地基土为亚黏土，外墙基础总长为190 m。计算基槽土的挖、填方量和弃土量（基槽边坡1:m=1:0.5，K_s=1.30，K'_s=1.05）。

解　挖方量为

$$V_1 = \frac{1.5 + (1.5 + 2 \times 2 \times 0.5)}{2} \times 2 \times 190 = 950(\text{m}^3)$$

填方量为

$$V_2 = \frac{950 - 2.8 \times 190}{1.05} = 398.10(\text{m}^3)$$

弃土量为

$$V_3 = (950 - 398.10) \times 1.30 = 717.47(\text{m}^3)$$

第二节 土方量计算与调配

一、土方量计算的基本方法

场地设计标高的确定一般有两种方法：

(1)按挖填方平衡原则确定设计标高。适用于拟建场地的高差起伏不大,对场地设计标高无特殊要求的小型场地平整情况。

(2)用最小二乘法原理求最佳设计平面。应用最小二乘法原理,不仅可满足土方挖填平衡的要求,还可做到土方的总工程量最小。

(一)按挖填方平衡原则确定设计标高

1.初步确定场地设计标高

场地设计标高的确定可按如下步骤进行：

(1)划分场地方格网；

(2)计算或实测各角点的原地形标高；

(3)计算场地设计标高；

(4)泄水坡度调整。

首先将拟平整场地划分成边长为 a 的若干方格网,并根据地形图将每个方格的角点原地形标高标于图上。原地形标高可利用等高线用插入法求得或在实地测量得到。

按照挖填方土方量相等的原则(见图1-2),场地的设计标高可按下式计算

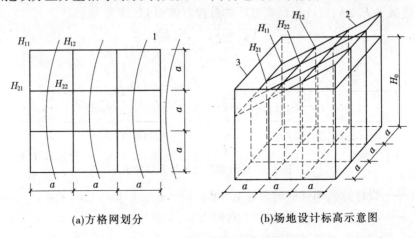

(a)方格网划分   (b)场地设计标高示意图

1—等高线；2—自然平面；3—设计平面

图1-2 场地设计标高计算示意图

$$H_0 M a^2 = \sum \left(a^2 \frac{H_{11} + H_{12} + H_{21} + H_{22}}{4} \right) \tag{1-6}$$

则有

$$H_0 = \sum \left(\frac{H_{11} + H_{12} + H_{21} + H_{22}}{4M} \right) \tag{1-7}$$

式中　H_0——所计算场地的设计标高,m;

　　　a——方格网边长,m;

　　　M——方格网数;

　　　H_{11}、H_{12}、H_{21}、H_{22}——任一方格的四个角点的标高,m。

由于相邻方格具有公共的角点标高,在一个方格网中,一些角点是四个相邻方格的公共角点,其标高需要累加四次,一些角点则是三个相邻方格的公共角点,其标高需要累加三次,而某些角点标高仅需要累加两次,又如方格网四角的角点标高仅需要加一次。因此,式(1-7)可以改写成为

$$H_0 = \frac{\sum H_1 + 2 \sum H_2 + 3 \sum H_3 + 4 \sum H_4}{4M} \tag{1-8}$$

式中　H_1——一个方格仅有的角点标高,m;

　　　H_2——二个方格共有的角点标高,m;

　　　H_3——三个方格共有的角点标高,m;

　　　H_4——四个方格共有的角点标高,m。

2. 场地设计标高的调整

按式(1-8)计算的场地设计标高 H_0 仅是一理论值,还需要考虑以下因素进行调整。

(1)土的可松性影响计算。由于土体具有可松性,按理论计算的 H_0 施工,填土会有剩余,为此需要适当提高设计标高。

由图 1-3 可以看出,设 Δh 为考虑土的可松性而引起的设计标高的增加值,则总挖方体积 V_W 应减少 $F_W \Delta h$,设计标高调整后的总挖方体积 V'_W 应为

$$V'_W = V_W - F_W \Delta h \tag{1-9}$$

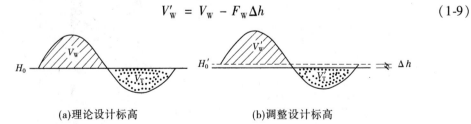

(a)理论设计标高　　　　(b)调整设计标高

图 1-3　设计标高调整计算示意图

式中　V'_W——设计标高调整后的总挖方体积;

　　　V_W——设计标高调整前的总挖方体积;

　　　F_W——设计标高调整前的挖方区总面积。

设计标高调整后,总填方体积则变为

$$V'_T = V'_W K'_s = (V_W - F_W \Delta h) K'_s \tag{1-10}$$

式中　V'_T——设计标高调整后的总填方体积；

　　　K'_s——土的最终可松性系数。

此时，由于填方区的标高也应当与挖方区的标高一样提高 Δh，则有

$$\Delta h = \frac{V'_T - V_T}{F_T} = \frac{(V_W - F_W \Delta h) K'_s - V_T}{F_T} \tag{1-11}$$

式中　V_T——调整前的总填方体积；

　　　F_T——调整前的填方区总面积。

移项并化简式(1-11)可得

$$\Delta h = \frac{V_W(K'_s - 1)}{F_T + F_W K'_s} \tag{1-12}$$

因此，在考虑土的可松性的情况下，场地设计标高应调整为

$$H'_0 = H_0 + \Delta h \tag{1-13}$$

(2)由于设计标高以上的各种填方工程的用量而引起的设计标高的降低，或者由于设计标高以下的各种挖方工程的挖土量而引起的设计标高的提高。

(3)根据经济比较结果，如采用场外取土或弃土施工方案，则应当考虑因此而引起的土方量的变化，需将设计标高进行调整。

3.最终确定场地各方格角点的设计标高

按上述调整后的设计标高进行场地平整，整个场地表面将处于同一个水平面，但实际上由于排水要求，场地表面均有一定的泄水坡度，因此还要根据场地泄水坡度要求，计算出场地内实际施工的设计标高。

平整场地坡度，一般标明在图纸上，如设计无要求，一般取不小于2‰的坡度，根据设计图纸或现场情况，泄水坡度分单向泄水和双向泄水。

1)单向泄水

当场地向一个方向排水时，称为单向泄水(见图1-4(a))。单向泄水时场地设计标高计算，是将已调整的设计标高 H_0 作为场地中心线的标高，场地内任一点设计标高为

$$II_n = H_0 \pm li \tag{1-14}$$

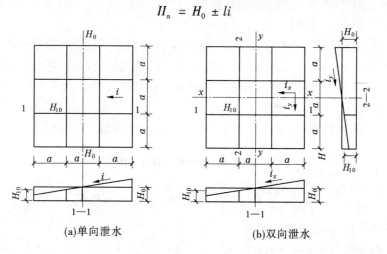

(a)单向泄水　　　　　　(b)双向泄水

图1-4　场地泄水坡度示意图

式中　　H_n——场地内任意一方格点的设计标高;

　　　　l——该方格角点至场地中心线 H_0—H_0 的距离;

　　　　i——场地泄水坡度(一般不小于2‰);

　　　　±——该点比 H_0—H_0 线高则取"＋"号,反之取"－"号。

2)双向泄水

场地向两个方向排水,称为双向泄水(见图1-4(b))。双向泄水时设计标高的计算,是将已调整的设计标高 H_0 作为场地的中心线,场地内任意一个方向角点的设计标高 H_n 为

$$H_n = H_0 \pm l_x i_x \pm l_y i_y \tag{1-15}$$

式中　　l_x、l_y——该点在 x—x,y—y 方向上距场地中心点的距离,m;

　　　　i_x、i_y——场地在 x—x,y—y 方向的泄水坡度;

　　　　±——该点比 H_0—H_0 线高则取"＋"号,反之取"－"号。

(二)用最小二乘法原理求最佳设计平面

如图1-5所示,任何一个平面在平面直角坐标系中都可以用三个参数 c、i_x、i_y 来确定。在这个平面上任何一点 i 的标高 H'_i 可根据下式求出

$$H'_i = c + x_i i_x + y_i i_y \tag{1-16}$$

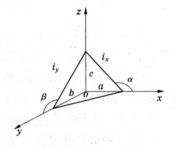

图1-5　一个平面的空间位置

式中　　x_i——i 点在 x 方向的坐标;

　　　　y_i——i 点在 y 方向的坐标;

　　　　i_x、i_y——设计平面沿坐标 x、y 的坡度。

与前述方法类似,首先将施工场地划分成若干方格网,并将原地形标高 H_i 标于图上,设最佳设计平面的方程为式(1-16)的形式,则该场地方格网角点的施工高度为

$$h_i = H'_i - H_i = c + x_i i_x + y_i i_y - H_i \quad (i = 1, \cdots, n) \tag{1-17}$$

式中　　h_i——方格网各角点的施工高度;

　　　　H'_i——方格网各角点的设计平面标高;

　　　　H_i——方格网各角点的原地形标高;

　　　　n——方格网角点总数。

满足土方挖填平衡且土方量最少即是要同时满足施工高度之和为零和施工高度平方和最小两个条件。由于施工高度有正有负,当施工高度之和为零时,则表明该场地土方填挖达到平衡,但它不能反映出填方和挖方的绝对值之和为多少。为了不使施工高度互相抵消,若把施工高度平方后再相加,则其总和能反映土方工程填挖方绝对值之和的大小。但要注意的是,在计算施工高度总和时,应考虑方格网各点施工高度在计算土方量时被应用的次数 P_i。

若令 σ 为土方施工高度的平方和,则有

$$\sigma = \sum_{i=1}^{n} P_i h_i^2 = P_1 h_1^2 + P_2 h_2^2 + \cdots + P_n h_n^2 \tag{1-18}$$

将式(1-17)代入式(1-18),则有

$$\sigma = P_1(c + x_1 i_x + y_1 i_y - H_1)^2 + P_2(c + x_2 i_x + y_2 i_y - H_2)^2 + \cdots +$$
$$P_n(c + x_n i_x + y_n i_y - H_n)^2 \tag{1-19}$$

当 σ 为最小时,该设计平面既能使土方工程量最小,又能保证填挖方量相等(填挖方不平衡时,式(1-19)所得数值不可能最小),这就是用最小二乘法求最佳设计平面的方法。

为使 σ 最小,将式(1-19)分别对参数 c、i_x、i_y 求偏导数,并令其为零,可获得最佳设计平面参数 c、i_x、i_y

$$
\left.
\begin{aligned}
\frac{\partial \sigma}{\partial c} &= \sum_{i=1}^{n} P_i (c + x_i i_x + y_i i_y - H_i) = 0 \\
\frac{\partial \sigma}{\partial i_x} &= \sum_{i=1}^{n} P_i x_i (c + x_i i_x + y_i i_y - H_i) = 0 \\
\frac{\partial \sigma}{\partial i_y} &= \sum_{i=1}^{n} P_i y_i (c + x_i i_x + y_i i_y - H_i) = 0
\end{aligned}
\right\}
\tag{1-20}
$$

整理后,可得如下的准则方程

$$
\left.
\begin{aligned}
[P]c + [Px]i_x + [Py]i_y - [Pz] &= 0 \\
[Px]c + [Pxx]i_x + [Pxy]i_y - [Pxz] &= 0 \\
[Py]c + [Pxy]i_x + [Pyy]i_y - [Pyz] &= 0
\end{aligned}
\right\}
\tag{1-21}
$$

式中　$[P] = P_1 + P_2 + \cdots + P_n$;

$[Px] = P_1 x_1 + P_2 x_2 + \cdots + P_n x_n$;

$[Pxx] = P_1 x_1 x_1 + P_2 x_2 x_2 + \cdots + P_n x_n x_n$;

$[Pxy] = P_1 x_1 y_1 + P_2 x_2 y_2 + \cdots + P_n x_n y_n$;

其余类推。

联立求解方程组(1-21),可求得最佳设计平面(此时尚未考虑工艺、运输等要求)的三个参数 c、i_x、i_y,然后即可根据式(1-17)算出各角点的施工高度 h_i。

在实际计算时,可采用列表法进行计算(见表1-4)。最后一列和 $[PH]$ 可用于检验计算结果,当 $[PH] = 0$ 时,则表明计算无误。

表1-4　最佳设计平面计算表

1	2	3	4	5	6	7	8	9	10	11	12	13	14	15
点号	x	y	z	P	Px	Py	Pz	Pxx	Pxy	Pyy	Pxz	Pyz	H	PH
①	⋯	⋯	⋯	⋯	⋯	⋯	⋯	⋯	⋯	⋯	⋯	⋯	⋯	⋯
②	⋯	⋯	⋯	⋯	⋯	⋯	⋯	⋯	⋯	⋯	⋯	⋯	⋯	⋯
③	⋯	⋯	⋯	⋯	⋯	⋯	⋯	⋯	⋯	⋯	⋯	⋯	⋯	⋯
⋯				⋯	⋯	⋯	⋯	⋯	⋯	⋯	⋯	⋯		⋯
⋯				⋯	⋯	⋯	⋯	⋯	⋯	⋯	⋯	⋯		⋯
				$[P]$	$[Px]$	$[Py]$	$[Pz]$	$[Pxx]$	$[Pxy]$	$[Pyy]$	$[Pxz]$	$[Pyz]$		$[PH]$

在场区设计平面计算时,常有如下几种情况:

（1）当已知 c 时，用式（1-21）的第二、第三式联立求解，即可求得坡度 i_x、i_y；

（2）当已知 i_x（或 i_y）时，用式（1-21）的第一、第三（或第二）式联立求解，可得坡度 c 和 i_y（或 i_x）；

（3）若要求场区为水平面（即 $i_x = i_y = 0$），则由式（1-21）中的第一式，可得

$$c = \frac{[Pz]}{[P]} \tag{1-22}$$

若用四方棱柱体法计算土方量，则有

$$[Pz] = P_1 z_1 + P_2 z_2 + \cdots + P_n z_n = \sum H_1 + 2 \sum H_2 + 3 \sum H_3 + 4 \sum H_4$$
$$[P] = 4M$$

从而有

$$H_0 = c = \frac{[Pz]}{[P]} = \frac{\sum H_1 + 2 \sum H_2 + 3 \sum H_3 + 4 \sum H_4}{4M} \tag{1-23}$$

如用三角棱柱体法计算土方量，则有

$$[Pz] = P_1 z_1 + P_2 z_2 + \cdots + P_n z_n = \sum H_1 + 2 \sum H_2 + \cdots + 8 \sum H_8$$
$$[P] = 6M$$

所以有

$$H_0 = c = \frac{[Pz]}{[P]} = \frac{\sum H_1 + 2 \sum H_2 + \cdots + 8 \sum H_8}{6M} \tag{1-24}$$

式中　H_0——水平面时场地的设计标高；

　　　H_1——一个方格共有的角点标高；

　　　其余类推；

　　　M——方格数。

（4）当已知 i_x 和 i_y 时（即必须保持 x、y 轴两个方向规定的坡度），由式（1-21）中的第一式即可求得

$$c = \frac{[Pz] - [Px]i_x - [Py]i_y}{[P]} \tag{1-25}$$

由之即可求出各点的施工高度。

二、场地平整土方量的计算

场地平整土方量的计算方法通常有方格网法和横断面法等。

（一）方格网法

方格网法即是根据方格网角点的自然地面标高和实际采用的设计标高，算出相应的角点填挖高度（施工高度），然后计算每一方格的土方量，并计算出场地边坡的土方量。这样即可求得整个场地的填、挖土方总量。其具体步骤如下。

1. 划分方格网，计算各方格角点的施工高度

根据已有的地形图（一般用 1∶500 的地形图），将欲计算的场地划分为若干个方格网，可根据地形变化程度确定方格边长，一般为 10 m×10 m、20 m×20 m、30 m×30 m 或

40 m×40 m 不等。将相应设计标高和自然标高分别标注在方格网右上角和右下角。然后根据每个方格角点的自然地面标高和实际采用的设计标高,算出相应的角点的填挖高度,将各角点的施工高度(挖或填)标注在方格网的左上角,其中挖方为"－",填方为"＋"。各方格角点的施工高度应按下式计算

$$h_0 = H_n' - H_n \tag{1-26}$$

式中　h_0——角点施工高度,即挖填高度,其中挖方为"－",填方为"＋";

　　　H_n'——角点的设计标高(当无泄水坡度时,即为场地的实际标高);

　　　H_n——角点的自然地面标高,也就是地形图上,各方格角点的实际标高,当地形平坦时,按地形图用插入法求得,当地面坡度变化起伏较大时,用经纬仪测出。

2. 计算零点位置,标出零线

当同一方格的四个角点的施工高度全为"＋"或全为"－"时,说明该方格内的土方全部为填方或全部为挖方,如果一个方格中一部分角点的施工高度为"＋",而另一部分为"－",说明此方格中的土方一部分为填方,而另一部分为挖方,这时必定存在不挖不填的点,这样的点叫零点,把一个方格中的所有零点都连接起来,形成直线或曲线,这道线叫零线,即挖方与填方的分界线。计算零点的位置,是根据方格角点的施工高度用几何法求出的,如图 1-6 所示,D 点为挖方,C 点为填方,则由 $\triangle AOC \backsim \triangle BOD$ 可得

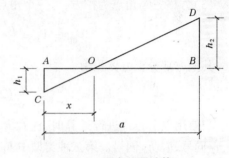

图 1-6　零点位置计算

$$\frac{x}{h_1} = \frac{a - x}{h_2}$$

整理上式,有

$$x = \frac{ah_1}{h_1 + h_2} \tag{1-27}$$

式中　h_1、h_2——相邻两角点填、挖方施工高度,以绝对值代入,m;

　　　a——方格边长,m;

　　　x——零点距角点 A 的距离,m。

3. 计算土方工程量

场地土方量计算可采用四方棱柱体法或三角棱柱体法。

1)四方棱柱体法

用四方棱柱体法计算时,可根据方格角点的施工高度,划分为三种类型。

(1)方格四个角点全部为挖方或填方时(见图 1-7),其挖方或填方体积为

$$V = \frac{a^2}{4}(h_1 + h_2 + h_3 + h_4) \tag{1-28}$$

式中　h_1、h_2、h_3、h_4——方格四个角点挖或填的施工高度,以绝对值代入,m;

　　　V——挖方或填方的体积。

（2）方格四个角点中，部分是挖方，部分是填方时（见图1-8），其挖方和填方体积分别为

$$V_{挖} = \frac{a^2}{4}\left(\frac{h_1^2}{h_1+h_4} + \frac{h_2^2}{h_2+h_3}\right) \qquad (1-29)$$

$$V_{填} = \frac{a^2}{4}\left(\frac{h_4^2}{h_1+h_4} + \frac{h_3^2}{h_2+h_3}\right) \qquad (1-30)$$

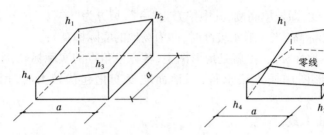

图1-7　全挖（全填）方格　　　　　　　图1-8　两挖两填方格

（3）方格三个角点为挖方，另一个角点为填方时（见图1-9），其填方部分土方体积为

$$V_{填} = V_4 = \frac{a^2}{6} \frac{h_4^3}{(h_1+h_2)(h_3+h_4)} \qquad (1-31)$$

其挖方部分土方体积为

$$V_{挖} = V_{1,2,3} = \frac{a^2}{6}(2h_1 + h_2 + 2h_3 - h_4) + V_4 \qquad (1-32)$$

当使用以上各式进行计算时，注意 h_1、h_2、h_3、h_4 为顺时针连续排列。第二种类型中 h_1、h_2 同号，h_3、h_4 同号。第三种类型中 h_1、h_2、h_3 同号，h_4 为异号。

当方格的一个角点为挖方，相对的角点为填方，另两个角点为零点时（零线为方格的对角线），如图1-10所示，其挖（填）方土方量 V 为

$$V = \frac{1}{6}a^2 h \qquad (1-33)$$

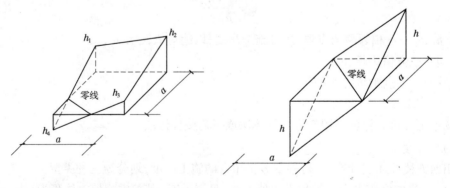

图1-9　三挖一填（或三填一挖）方格　　　　图1-10　一挖一填方格

2）三角棱柱体法

计算时先把方格网顺地形等高线将各个方格划分成三角形（见图1-11），每个三角形的三个角点的填挖施工高度用 h_1、h_2、h_3 表示。

（1）当三角形三个角点全部为挖或填时（见图 1-12（a）），其挖填方体积为

$$V = \frac{a^2}{6}(h_1 + h_2 + h_3) \qquad (1\text{-}34)$$

式中　a——方格边长，m；

h_1、h_2、h_3——三角形各角点的施工高度，用绝对值代入，m。

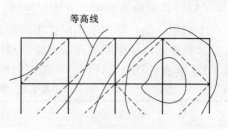

图 1-11　按地形将方格划分成三角形

（2）当三角形三个角点有挖有填时，零线将三角形分成两部分，一个是底面为三角形的锥体，一个是底面为四边形的楔体（见图 1-12（b））。其锥体和楔体部分的体积分别为

$$V_{锥} = \frac{a^2}{6} \frac{h_3^3}{(h_1 + h_3)(h_2 + h_3)} \qquad (1\text{-}35)$$

$$V_{楔} = \frac{a^2}{6}\left[\frac{h_3^3}{(h_1 + h_3)(h_2 + h_3)} - h_3 + h_2 + h_1 \right] \qquad (1\text{-}36)$$

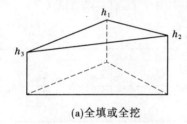

(a)全填或全挖

(b)锥体部分为填方

图 1-12　三角棱柱体的体积计算

（二）横断面法

在地形起伏变化较大的地区，或挖填深度较大，断面又不规则的地区，采用横断面法比较方便。其计算的方法和步骤如下：

（1）断面划分。沿场地取若干个相互平行的断面（可利用地形图定出或实地测量定出），各断面间的距离可以不等，一般可用 10 m 或 20 m，在平坦地区可更大一些，但最大不大于 100 m。将所取的每个断面（包括边坡断面）划分为若干个三角形和梯形，如图 1-13 所示。

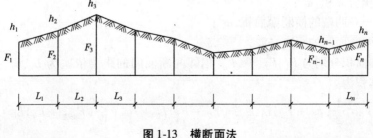

图 1-13　横断面法

（2）画横断面图形。按比例绘制每个横断面的自然地面和设计地面的轮廓线。自然地面轮廓线与设计地面轮廓线之间的面积即为挖方和填方的断面面积。

（3）计算横断面面积。方法有两种：

①求积仪法。即用求积仪量出横断面面积的方法。

②积距法。使横断面转90°来看，将横断面分成若干等高的三角形或梯形，再按照表1-5横断面计算公式计算每个断面的挖、填方断面面积。

表1-5　常用横断面计算公式

横断面图式	横断面面积计算公式
	$A = h(b + nh)$
	$A = h\left[b + \dfrac{h(m+n)}{2} \right]$
	$A = b\dfrac{h_1 + h_2}{2} + nh_1 h_2$
	$A = h_1\dfrac{a_1 + a_2}{2} + h_2\dfrac{a_2 + a_3}{2} + h_3\dfrac{a_3 + a_4}{2} + h_4\dfrac{a_4 + a_5}{2}$
	$A = \dfrac{a}{2}(h_0 + 2h + h_n)$ $h = h_1 + h_2 + h_3 + \cdots + h_n$

（4）计算土方量。断面面积求出后，即可计算土方体积。根据横断面面积按下式近似计算土方量

$$V = \frac{F_1 + F_2}{2}L \tag{1-37}$$

式中　V——土方体积，m^3；

F_1、F_2——两端的横断面面积，m^2；

L——两断面间的距离，m。

设各断面面积分别为 F_1、F_2、$\cdots$、F_n，相邻两断面间的距离依次为 L_1、L_2、$\cdots$、L_n，则所求总的土方体积为

$$V = \frac{1}{2}(F_1 + F_2)L_1 + \frac{1}{2}(F_2 + F_3)L_2 + \cdots + \frac{1}{2}(F_{n-1} + F_n)L_n \tag{1-38}$$

三、土方调配

土方工程量计算完成后即可进行土方调配。土方调配就是指对挖土的利用、堆弃和

填土三者之间的关系进行综合协调处理。

(一)土方调配的原则

对土方进行平衡和调配时,应掌握以下原则:

(1)应使土方总运输费用最少。

(2)分区调配应与全场调配相协调。

(3)便于机具调配、机械施工。

(4)调配区划分应尽可能与大型地下建筑物的施工相结合,以避免土方重复开挖。

(5)考虑近期施工与后期利用相结合。

(二)土方调配的方法和步骤

土方调配可采用如下的方法和步骤:

(1)划分调配区。

(2)计算各调配区的土方量,并标明在图上。

(3)确定调配区间平均运距。当用铲运机或推土机在场地中运作平整时,挖方调配区和填方调配区土方重心之间的距离就是该填、挖方调配区之间的平均运距。当填、挖方调配区之间的距离较远,采用汽车、自行式铲运机或其他运土工具沿工地道路或规定路线运土时,其运距应按照实际情况进行计算。

对于第一种情况,要确定平均运距,先要确定土方重心,一般假定调配区平面的几何中心即为其体积的重心。可取施工场地或方格网中纵横两边为坐标轴,分别按下式求出各区土方的重心位置

$$X_0 = \frac{\sum Vx}{\sum V}, \quad Y_0 = \frac{\sum Vy}{\sum V} \tag{1-39}$$

式中　X_0、Y_0——挖方或填方调配区的重心坐标;

　　　　V——每个方格的土方量;

　　　　x、y——每个方格的重心坐标。

重心求出后,平均运距可通过计算或作图,按比例尺量出标于图上。

(4)土方最优调配方案的确定。用比例尺量出每对调配区的平均运距(l_1、l_2、l_3…)。编制时可编制多个调配方案,比较不同划分调配区方案的总运输量 $Q = l_1V_1 + l_2V_2 + l_3V_3 + \cdots$。以最小者为经济调配方案。

最优调配方案的确定,还可以运筹学中的线性规划理论为基础,采用表上作业法进行求解。现结合示例介绍如下:

已知某场地有四个挖方区和三个填方区,其相应的挖、填方量和各对调配区的运距如表1-6所示。利用表上作业法进行调配的步骤如下:

①用最小元素法编制初始调配方案。

即先在运距表(小方格)中找一个最小数值,如 $C_{22} = C_{43} = 40$(任取其中一个,现取 C_{43}),于是先确定 X_{43} 的值,使其尽可能地大,即取 $X_{43} = \min(400, 500) = 400$。由于 A_4 挖方区的土方全部调到 B_3 填方区,所以 X_{41} 和 X_{42} 都等于零。此时,将 400 填入 X_{43} 格内,同时在 X_{41} 和 X_{42} 格内画上"×"号,然后在没有填上数字和"×"号的方格内再选一个运距最

小的方格,即 $C_{22}=40$,便可确定 $X_{22}=500$,同时使 $X_{21}=X_{23}=0$。此时,又将 500 填入 X_{22} 格内,并在 X_{21}、X_{23} 格内画上"×"号。重复上述步骤,依次确定其余 X_{ij} 的数值,最后得出表 1-6 所示的初始调配方案。

表 1-6　土方初始调配方案

挖方区	填方区			挖方量(m^3)
	B_1	B_2	B_3	
A_1	50 (500)	70 ×	100 ×	500
A_2	70 ×	40 (500)	90 ×	500
A_3	60 (300)	110 (100)	70 (100)	500
A_4	80 ×	100 ×	40 (400)	400
填方量(m^3)	800	600	500	1 900

②最优方案的判别。

由于利用最小元素法编制初始调配方案,也就优先考虑了就近调配的原则,所以求得的总运输量是较小的。但这并不能保证其总运输量最小,因此还需要进行最优方案的判别。只要所有检验数 $\lambda_{ij} \geqslant 0$,则初始方案即为最优解。表上作业法中求检验数 λ_{ij} 的方法有闭回路法和位势法,其实质是一样的,都是求检验数 λ_{ij} 来判别。位势法较闭回路法简便,因此这里只介绍用位势法求检验数。

首先将初始方案中有调配数方格的 C_{ij} 列出,然后按下式求出两组位势数 $u_i(i=1,2,\cdots,m)$ 和 $v_j(j=1,2,\cdots,n)$

$$C_{ij} = u_i + v_j \tag{1-40}$$

式中　C_{ij}——平均运距(或单位土方运价或施工费用);

　　　u_i、v_j——位势数。

位势数求出以后,便可根据下式计算各空格的检验数

$$\lambda_{ij} = C_{ij} - u_i - v_j \tag{1-41}$$

如果所求出的检验数均为正数,则说明该方案是最优方案,否则该方案就不是最优方案,尚需进一步调整。

例如,本例两组位势数如表 1-7 所示。

先令 $u_1=0$,则有

$$v_1 = C_{11} - u_1 = 50 - 0 = 50; v_2 = 110 - 10 = 100; u_2 = 40 - 100 = -60$$
$$u_3 = 60 - 50 = 10; v_3 = 70 - 10 = 60; u_4 = 40 - 60 = -20$$

表 1-7 平均运距和位势数

挖方区 \ 填方区 位势数 v_j \ u_i		B_1 $v_1=50$	B_2 $v_2=100$	B_3 $v_3=60$
A_1	$u_1=0$	50 ／ 0		
A_2	$u_2=-60$		40 ／ 0	
A_3	$u_3=10$	60 ／ 0	110 ／ 0	70 ／ 0
A_4	$u_4=-20$			40

本例中各空格的检验数如表 1-8 所示。如 $\lambda_{21}=70-(-60)-50=80$(在表 1-8 中只写"+"或"-",可不必填入数值)。

表 1-8 位势、运距和检验数

挖方区 \ 填方区 位势数 v_j \ u_i		B_1 $v_1=50$	B_2 $v_2=100$	B_3 $v_3=60$
A_1	$u_1=0$	0	70 ／ -	100 ／ +
A_2	$u_2=-60$	70 ／ +	0	90 ／ +
A_3	$u_3=10$	0	0	0
A_4	$u_4=-20$	80 ／ +	100 ／ +	0

表 1-8 中出现了负的检验数,这说明初始方案不是最优方案,需要进一步调整。

③方案的调整。

a. 在所有负检验数中选一个(一般可选最小的一个,本例中为 C_{12}),把它所对应的变量 X_{12} 作为调整的对象。

b. 找出 X_{12} 的闭回路:从 X_{12} 出发,沿水平或者竖直方向前进,遇到适当的有数字的方格作 90°转弯,然后依次继续前进再回到出发点,形成一条闭回路(见表 1-9)。

c. 从空格 X_{12} 出发,沿着闭回路(方向任意)一直前进,在各奇数次转角点的数字中挑出一个最小的(本表即为 500、100 中选 100),将它由 X_{32} 调到 X_{12} 方格中(即空格中)。

表 1-9　X_{12} 的闭回路

挖方区＼填方区	B_1	B_2	B_3
A_1	500 ←	← X	
A_2		500	
A_3	300 →	→ 100	100
A_4			400

d. 将 100 填入 X_{12} 方格中，被挑出的 X_{12} 为 0（变为空格）；同时将闭回路上其他奇数次转角上的数字都减去 100，偶数次转角上的数字都增加 100，使得填、挖方区的土方量仍然保持平衡，这样调整后，便可得表 1-10 的新方案。

表 1-10　调整后的调配方案

挖方区＼填方区	位势数 v_j ＼ u_i	B_1 $v_1 = 50$	B_2 $v_2 = 70$	B_3 $v_3 = 60$	挖方量（m³）
A_1	$u_1 = 0$	50 ／ 400	70 ／ 100	100 ／ +	500
A_2	$u_2 = -30$	70 ／ +	40 ／ 500	90 ／ +	500
A_3	$u_3 = 10$	60 ／ 400	110 ／ +	70 ／ 100	500
A_4	$u_4 = -20$	80 ／ +	100 ／ +	40 ／ 400	400
填方量（m³）		800	600	500	1 900

对新调配方案，仍然用位势法进行检验，看其是否为最优方案，若检验数中仍有负数出现，就仍按上述步骤调整，直到求得最优方案。

表 1-10 中所有检验数均为正号，故该方案即为最优方案。其土方的总运输量为：$Z = 400 \times 50 + 100 \times 70 + 500 \times 40 + 400 \times 60 + 100 \times 70 + 400 \times 40 = 94\ 000（\text{m}^3 \cdot \text{m}）$。

④土方调配图。

最后将调配方案绘成土方调配图（见图 1-14）。在土方调配图上应注明挖填调配区、调配方向、土方数量以及每对挖填调配区之间的平均运距。图 1-14（a）为本例的土方调配，仅考虑场内的挖填平衡即可解决。图 1-14（b）亦为四个挖方区、三个填方区，挖填方量虽然相等，但由于地形狭长，运距较远，故采取就近弃土和就近借土的平衡调配方案更为经济。

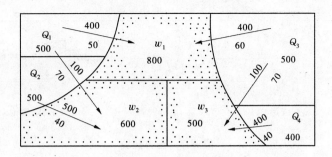

(a)场地内挖填平衡调配图

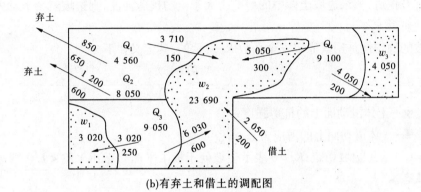

(b)有弃土和借土的调配图

注:箭头上面的数字表示土方量(m^3),箭头下面的数字表示运距(m)。

图 1-14　土方调配示意图

第三节　土方工程的准备工作

在平整过的场地上,利用建设单位提供的基点坐标经过定位放线之后,就可进行基坑开挖。由于地质条件的复杂性和多样性,不同的施工场地,需要做不同的土方工程施工前的准备工作。

一、边坡支护

(一)土方边坡及其稳定

1. 土方边坡

土方边坡的坡度以其高度 h 与其底宽度 b 之比表示

$$土方边坡坡度 = \frac{h}{b} = \frac{1}{b/h} = 1 : m \tag{1-42}$$

式中　$m = b/h$,称为坡度系数。

土方边坡的大小应根据土质、开挖深度、开挖方法、施工工期、地下水位、坡顶荷载及气候条件等因素确定。边坡可做成直线形、折线形或阶梯形,如图 1-15 所示。

土方边坡坡度一般在设计文件上有规定,若设计文件上无规定,可按照《建筑地基基础工程施工质量验收规范》(GB 50202—2002)第 6.2.3 的规定执行。

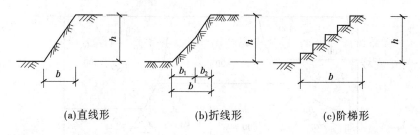

(a)直线形 　　　　(b)折线形 　　　　(c)阶梯形

图 1-15　土方边坡

2. 土方边坡的稳定

基坑开挖后,如果边坡土体中的剪应力大于土的抗剪强度,则边坡就会滑动失稳。

1)边坡稳定分析

土坡的稳定性是用其稳定安全系数 K_s 表示的,其定义如下

$$K_s = \frac{\tau_f}{\tau} \tag{1-43}$$

式中　τ_f——土体滑动面上的抗剪强度;

　　　τ——土体滑动面上的剪应力。

$K_s > 1.0$ 表示边坡稳定;$K_s = 0$ 表示边坡处于极限平衡状态;$0 < K_s < 1.0$ 则边坡处于不稳定状态。

2)边坡失稳的原因分析

(1)边坡过陡,使得土体的稳定性不够,而引起塌方现象。

(2)地下水、雨水的渗入,使得基坑土体泡软、含水量增大及抗剪强度降低。

(3)荷载影响。

3)预防边坡失稳的措施

(1)在条件允许的情况下,放足边坡。

(2)合理安排土方运输车辆的行走路线及弃土地点,防止坡顶集中堆载及振动。

(3)边坡开挖时,应由上到下,分步开挖,依次进行。

(二)支护结构的破坏形式

1. 整体失稳

在松软的地层中,当基坑平面尺寸较大时,由于作为支护结构的板桩墙插入深度不够,或施工时几何形状和相互连接不符合要求,支撑位置不当,支撑与围檩系统结合不牢等,围护墙产生位移过大的前倾或后仰,导致基坑外土体大滑坡,支护结构系统整体失稳破坏(见图 1-16)。

2. 基坑隆起

在软弱的黏性土层中开挖基坑,当基坑内土体不断挖去时,围护墙内外土面的高差引起的体系不平衡力相当于墙外在基坑开挖水平面上作用一附加荷载。

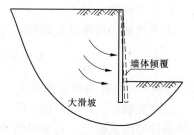

墙体倾覆

大滑坡

图 1-16　整体失稳

挖深增大,荷载也增大。若墙体入土深度不足,则会使基坑内土体大量隆起,基坑外土体过量沉陷,支撑系统应力陡增,导致支撑结构整体失稳破坏(见图1-17)。

3.管涌及流砂

含水砂层中的基坑支护结构,在基坑开挖过程中,围护墙内外形成水头差,当动水压的渗流速度超过临界流速或水力梯度超过临界梯度时,就会引起管涌及流砂现象,造成支护结构的崩塌破坏(见图1-18)。

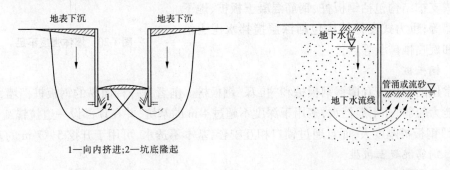

1—向内挤进;2—坑底隆起

图1-17　基坑底隆起　　　　**图1-18　管涌或流砂**

4.支撑强度不足或压屈

当设置的支撑间距过大或数量太少,强度不足或刚度不够时,在较大的侧向土压力作用下,发生支撑破坏或压屈,引起围护墙变形过大,导致支护结构破坏(见图1-19)。

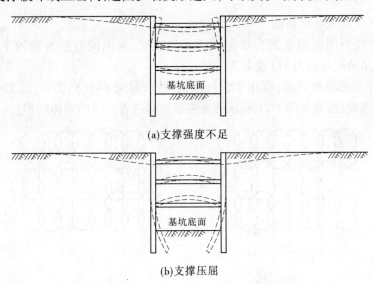

(a)支撑强度不足

(b)支撑压屈

图1-19　支撑强度不足或压屈

5.墙体破坏

墙体强度不够或连接构造不好,在土压力、水压力作用下,产生的最大弯矩超过墙体抗弯强度,产生强度破坏(见图1-20)。

6. 支护结构平面变形超过限度

由于支护结构平面变形过大,或是降水造成周围土体沉降,使基坑外围的土体发生垂直或水平位移。

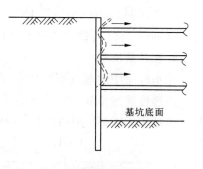

(三)支护结构的类型及适用条件

基坑支护结构可分为非重力式支护结构(柔性支护结构)和重力式支护结构(刚性支护结构)。非重力式支护结构包括钢板桩、钢筋混凝土板桩、地下连续墙等;重力式支护结构包括深层搅拌水泥土桩挡墙和旋喷帷幕墙等。

图1-20 墙体强度不足

1. 钢板桩

常用的钢板桩有槽钢钢板桩和"拉森"钢板桩。前者是一种简易的钢板桩挡墙,由于抗弯能力较弱,亦不能挡水,多用于深度不超过4 m的基坑,并在顶部设一道拉锚或支撑。"拉森"钢板桩刚度大,而且通过锁口相互咬合,基本不透水,可用于开挖5~7 m的基坑。

2. 钢筋混凝土板桩

钢筋混凝土板桩是预制的钢筋混凝土构件,用打入法就位,并且相互嵌入。

3. 钻孔灌注排桩

钻孔灌注桩作为挡土结构,桩与桩之间用旋喷桩或压力注浆进行防渗处理,排桩顶部浇筑一根钢筋混凝土圈梁,将桩排联成整体。这种支护结构又可分为悬臂式、内支撑式和锚固式三种。

4. 水泥土深层搅拌桩挡墙

深层搅拌法利用的固化剂为水泥浆或水泥砂浆,水泥的掺量为加固土重的7%~15%,水泥砂浆的配合比为1:1或1:2。

深层搅拌水泥土桩挡墙,宜用425号水泥,掺灰量应不小于10%,以12%~15%为宜,横截面宜连续,形成如图1-21所示的栅格状结构或者封闭的实体结构。

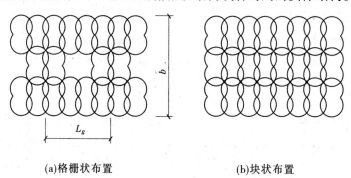

(a)格栅状布置   (b)块状布置

L_g—格栅间距;b—搅拌桩组合宽度

图1-21 深层搅拌桩布置方式

深层搅拌水泥土桩挡墙属重力式支护结构,主要由抗倾覆、抗滑移和抗剪强度控制截面和入土深度。目前,这种支护的体积都较大,为此可采取下列措施。

1）卸荷

如条件允许,可将顶部的土挖去一部分,以减小主动土压力。

2）加筋

可在新搅拌的水泥土桩内压入竹筋等,有助于提高其稳定性。

3）起拱

将水泥土挡墙做成拱形,在拱脚处设钻孔灌注桩,可大大提高支护能力,减小挡墙的截面。或对于边长大的基坑,于边长中部适当起拱,以减少变形。

4）挡墙变厚度

对于矩形基坑,由于边角效应,在角部的主动土压力有所减小。为此,于角部可将水泥土挡墙的厚度适当减薄,以节约投资。

5. 旋喷桩挡墙

旋喷桩挡墙是利用工程钻机钻孔至设计标高后,将钻杆从地基深处逐渐上提,同时利用安装在钻杆端部的特殊喷嘴,向周围土体喷射固化剂,将软土与固化剂强制混合,使其胶结硬化后在地基中形成直径均匀的圆柱体。该固化后的圆柱体称为旋喷桩。桩体相连形成帷幕墙,用做支护结构。

6. 地下连续墙

地下连续墙是在基坑四周筑具有相当厚度的钢筋混凝土封闭墙,它可以是建筑物的外墙结构,也可以是基坑的临时围护墙。

地下连续墙止水性能好,能承受垂直荷载,刚度大,且能承受土压力、水压力的水平荷载。因此,地下连续墙具有挡土、抗渗和承重的性能,是深基坑支护的多功能结构。

7. 拉锚

拉锚是通过钢筋或钢丝绳一端固定在支护板上的腰梁上,另一端固定在锚碇上,中间设置花篮螺丝,以调整拉杆长度。

8. 锚杆支护

1）锚杆支护的构造

锚杆支护结构的土层锚杆,通常由锚头、锚头垫座、支护结构、钻孔、防护套管、拉杆(拉索)、锚固体、锚底板(有时无)等组成。

2）锚杆支护的类型

(1)一般灌浆锚杆。钻孔后放入受拉杆件,然后用砂浆泵将水泥浆或水泥砂浆注入孔内,经养护后,即可承受拉力。

(2)高压灌浆锚杆。其与一般灌浆锚杆的不同点是在灌浆阶段对水泥砂浆施加一定的压力,使水泥砂浆在压力下压入孔壁四周的裂缝并在压力下固结,从而使锚杆具有较大的抗拔力。

(3)预应力锚杆。先对锚固段进行一次压力灌浆,然后对锚杆施加预应力后锚固,并在非锚固段进行不加压二次灌浆,也可一次灌浆(加压或不加压)后施加预应力。

(4)扩孔锚杆。用特制的扩孔钻头扩大锚固段的钻孔直径,或用爆扩法扩大钻孔端头,从而形成扩大的锚固段或端头,可有效提高锚杆的抗拔力。

另外,还有重复灌浆锚杆、可回收锚筋锚杆等。

3）锚杆支护施工

土层锚杆施工包括施工准备、钻孔、安放拉杆、灌浆和张拉锚固等工序。

钻孔机械按工作原理可分为旋转式钻孔机、冲击式钻孔机和旋转冲击式钻孔机三类。主要根据土质、钻孔深度和地下水情况进行选择。

土层锚杆钻孔的特点及应达到的要求是：①孔壁要求平直，以便安放钢拉杆和灌注水泥浆；②孔壁不得坍陷和松动，否则影响钢拉杆安放和土层锚杆的承载能力；③钻孔时不得使用膨润土循环泥浆护壁，以免在孔壁上形成泥皮，降低锚固体与土壁间的摩阻力。

灌浆的浆液为水泥砂浆（细砂）或水泥浆，选定最佳水灰比亦很重要；要使水泥浆有足够的流动性，以便用压力泵将其顺利注入钻孔和钢拉杆周围。同时，还应使灌浆材料收缩小和耐久性好，所以一般常用的水灰比为 0.4 ~ 0.45。

灌浆方法有一次灌浆法和二次灌浆法两种。一次灌浆法只用一根灌浆管，利用 2DN - 15/40 型等泥浆泵进行灌浆，灌浆管端距孔底 20 cm 左右，待浆液流出孔口时，用水泥袋子等捣塞入孔口，并用湿黏土封堵孔口，严密捣实，再以 2 ~ 4 MPa 的压力进行补灌，要稳压数分钟灌浆才告结束。

二次灌浆法要用两根灌浆管，第一次灌浆用灌浆管的管端距离锚杆末端 50 mm 左右，管底出口处用黑胶布等封住，以防沉放时土进入管口。第二次灌浆用灌浆管的管端距离锚杆末端 1 000 mm 左右，管底出口处亦用黑胶布封住，且从管端 500 m 处开始向上每隔 2 m 左右做出 1 m 长的花管，花管的孔眼为 $\phi 8$ mm，花管做几段视锚固段长度而定。

土层锚杆灌浆后，待锚固体强度达到 80% 设计强度以上，便可对锚杆进行张拉和锚固。张拉前先在支护结构上安装围檩。张拉用设备与预应力结构张拉所用的相同。

从我国目前情况看，钢拉杆为变形钢筋者，其端部加焊一螺丝端杆，用螺母锚固。钢拉杆为光圆钢筋者，可直接在其端部攻丝，用螺母锚固。如用精轧钢纹钢筋，可直接用螺母锚固。张拉粗钢筋用一般千斤顶。采用钢拉杆和钢丝束者，锚具多为镦头锚，亦用一般千斤顶张拉。

（四）支护结构计算方法

1. 设计计算原则

基坑围护结构的设计按两种状态，即承载极限状态和正常使用极限状态进行设计。

1）承载极限状态

承载极限状态也称应力极限状态。以悬臂桩为例，其承载极限状态包括以下几种情况：

（1）抗剪切破坏。要求满足下式

$$\tau_p \leqslant [\tau_p] \tag{1-44}$$

式中　τ_p——桩所承受的剪应力；

　　$[\tau_p]$——支护结构的抗剪强度。

（2）抗倾覆破坏的极限状态。要求满足下式

$$E_p \geqslant E_a \tag{1-45}$$

式中　E_p——支护结构所承受的被动土压力；

　　E_a——支护结构所承受的主动土压力。

(3)抗滑动破坏的极限状态。要求满足下式

$$\tau_s \leqslant [\tau_s] \tag{1-46}$$

式中 τ_s——滑动面上地基土所受到的剪应力；

   $[\tau_s]$——地基土的抗剪强度。

(4)抗弯破坏的极限状态。要求满足下式

$$M \leqslant [M] \tag{1-47}$$

式中 M——支护结构截面所受的弯矩；

   $[M]$——抗弯强度。

2)正常使用极限状态

正常使用极限状态又称变形极限状态。近年来,国家冶金部和建设部先后颁布了《建筑基坑工程技术规范》(YB 9258—97)和《建筑基坑支护技术规程》(JGJ 120—99)等强制性行业标准。上海市、北京市和深圳市等地区根据自身的特定条件分别制定了地区性的基坑工程标准。表1-11为上海地铁总公司提出的基坑变形控制保护等级标准。按照上海软土层深基坑工程经验资料,上海地铁总公司根据周围环境保护要求,将基坑变形控制分作4个等级,并提出地面最大沉降量及围护墙水平位移控制要求。

表1-11 基坑变形控制保护等级标准

保护等级	地面最大沉降量及围护墙水平位移控制要求	环境保护要求
特级	1. 地面最大沉降量≤0.1%H 2. 围护墙最大水平位移≤0.14%H 3. $K_s \geqslant 2.2$	基坑周围10 m范围内设有地铁、共同沟、煤气管、大型压力总水管等重要建筑及设施,必须确保安全
一级	1. 地面最大沉降量≤0.2%H 2. 围护墙最大水平位移≤0.3%H 3. $K_s \geqslant 2.0$	离基坑周围H范围内设有重要干线,水管,大型在使用的构筑物、建筑物
二级	1. 地面最大沉降量≤0.5%H 2. 围护墙最大水平位移≤0.7%H 3. $K_s \geqslant 1.5$	离基坑周围H范围内设有较重要支线管道和建筑物、设施
三级	1. 地面最大沉降量≤1%H 2. 围护墙最大水平位移≤1.4%H 3. $K_s \geqslant 1.2$	离基坑周围30 m范围内设有需保护的建筑设施和管线、构筑物

注:H为基坑开挖深度;K_s为抗隆起安全系数,按圆弧滑动公式算出。

2.设计计算方法

基坑围护结构的计算方法基本上可归纳为三种,即极限平衡法、土抗力法和平面(或三维)有限元法。

极限平衡法假定作用在结构前后墙上的土压力分别达到被动土压力和主动土压力,在此基础上再作简化,把超静定的问题作为静定问题求解。这种方法的缺点在于假定支撑为不动支点,不考虑施工过程支撑设置前后支撑力的变化。

土抗力法又称竖向弹性地基梁的基床系数法等。这种方法能较好地反映基坑开挖和

回填过程各种因素和复杂情况对围护结构受力的影响。对于重要基坑,地层软弱、环保要求高的基坑,多支点支撑结构或空间效应明显的围护结构,宜采用土抗力法。

平面(或三维)有限元法的计算参数难以准确取值及计算工作量大,因此尚无直接用此方法的计算结果作为设计依据的实例,而把它作为一种辅助的计算手段。

二、施工降水与排水

基坑或沟槽降水方法有集水井降水法和井点降水法。

(一)集水井降水法

集水井降水法一般适用于降水深度较小且土层为粗粒土层或渗水量小的黏土层。当基坑开挖较深,又采用刚性土壁支护结构挡土并形成止水帷幕时,基坑内降水也多采用集水井降水法。当井点降水仍有局部区域降水深度不足时,也可辅以集水井降水法。

1.定义

集水井降水法(见图1-22)是在基坑或沟槽开挖时,在坑底设置集水井,并沿坑底的周围或中央开挖排水沟,使水在重力作用下流入集水井内,然后用水泵抽至坑外。

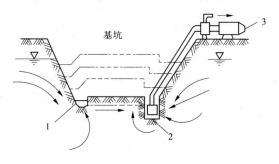

1—排水沟;2—集水井;3—水泵

图1-22　集水井降水法

2.设置

四周的排水沟及集水井一般应设置在基础范围以外,地下水流的上游,当基坑面积较大时,可在基础下设置盲沟。盲沟连通至集水井,可将基础下涌出的水排出基坑。

集水井的间距主要根据土的含水量、渗透系数,基坑平面形状及水泵能力确定,一般集水井每隔20~40 m设置一个,基坑四个角应各设一个。

集水井直径或宽度一般为0.6~0.8 m,其深度随挖土深度增大而加深,并保持深度低于挖土面0.7~1.0 m。集水井井壁可用砖垒砌,也可用竹筐、木板等加固,并在井底铺设碎石滤水层,以免在抽水时将泥沙抽出。排水沟宽为0.4~0.6 m,深为0.4~0.6 m,并有一定的坡度(2‰左右)。盲沟置于基础底板下,基础施工完毕后无法看见,所以叫盲沟。盲沟相当于看不见的排水沟。盲沟的尺寸同排水沟。

产生流砂现象的主要原因是地下水的水力坡度大,即动水压力大,而且动水压力的方向(与水流方向一致)与土的重力方向相反,土不仅受水的浮力,而且受动水压力的作用,有向上举的趋势。当动水压力等于或大于土的浮容重时,土颗粒处于悬浮状态,并随地下水一起流入基坑,即发生流砂现象。

3.流砂的防治原则与方法

流砂的防治原则:一是减小或平衡动水压力,二是截住地下水流,三是改变动水压力的方向。

防治方法主要有:①枯水期施工;②打板桩;③水中挖土;④人工降低地下水位;⑤地下连续墙法;⑥抛大石块,抢速度施工。

（二）井点降水法

井点降水就是在基坑开挖前，预先沿基坑四周埋设一定数量的滤水管（井），在基坑开挖前和开挖过程中，利用真空原理，利用抽水设备不断地抽出地下水，使地下水位降低到坑底以下。施工过程中抽水应不间断地进行，直至基础工程施工完毕，回填土完成。

井点降水的作用主要有以下几个方面：

（1）防止地下水涌入坑内（见图 1-23（a））；

（2）防止边坡由于地下水的渗流而引起的塌方（见图 1-23（b））；

（3）使坑底的土层消除了地下水位差引起的压力，因此防止了管涌（见图 1-23（c））；

（4）降水后，降低了深基坑围护结构的水平荷载（见图 1-23（d））；

（5）消除了地下水的渗流，也防止了流砂现象（见图 1-23（e））；

（6）降低地下水位后，还使土体固结，增加地基土的承载力。

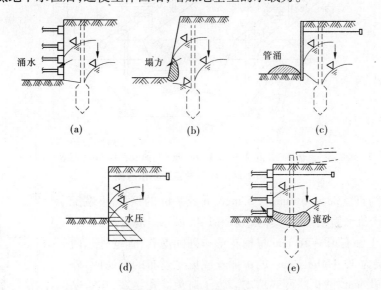

图 1-23　井点降水的作用

1. 井点降水的种类与适用范围

井点降水法所采用的井点类型主要有轻型井点、喷射井点、电渗井点、管井井点和深井井点。施工时选用可根据土的渗透系数、降水深度、设备条件及经济比较等因素来确定。各类井点的适用范围具体可参见表 1-12。

表 1-12　各类井点的适用范围

井点类别	土层渗透系数（m/d）	降低水位深度（m）
一级轻型井点	0.1～50	3～6
多级轻型井点	0.1～50	6～12（由井点层数而定）
喷射井点	0.1～2	8～20
电渗井点	<0.1	根据选用的井点确定
管井井点	20～200	3～5
深井井点	10～250	>15

2. 轻型井点

轻型井点就是沿基坑四周将许多直径较小的井点管埋入蓄水层内,井点管上端通过弯连管与集水总管相连,通过总管利用抽水设备将地下水从井点管内不断抽出,使原有的地下水位降至坑底以下。此种方法适用于土体渗透系数在 0.1 ~ 50 m/d 的土层,降水深度参见表 1-12。

1)轻型井点设备

轻型井点设备由管路系统和抽水设备组成,主要包括井点管(下端为滤管)、集水总管、弯连管及抽水设备等,如图 1-24 所示。

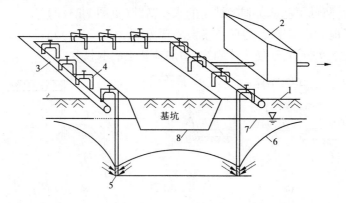

1—地面;2—水泵;3—总管;4—井点管;5—滤管;6—降落后的地下水位;7—原地下水位;8—基坑底面

图 1-24　轻型井点降水示意图

井点管为直径 38 ~ 55 mm,长 5 m、6 m 或 7 m 的钢管,下端配有滤管和一个锥形铸铁塞头,其构造如图 1-25 所示。滤管长 1.0 ~ 1.5 m,管壁上钻有 12 ~ 18 mm 呈梅花形排列的滤孔;管壁外包两层滤网,内层为 30 ~ 50 孔/cm² 的黄铜丝或尼龙丝布的细滤网,外层为 3 ~ 10 孔/cm² 的粗滤网或棕皮。为了避免滤孔淤塞,在管壁与滤网间用塑料管或梯形铅丝绕成螺旋状隔开,滤网外面再绕一层粗铁丝保护网。

集水总管为直径 75 ~ 100 mm 的无缝钢管,分段连接,每段长 4 m,其上装有与井点管连接的短接头,间距为 0.8 ~ 1.2 m。总管应有 2.5‰ ~ 5‰坡向泵房的坡度。总管与井点管用 90°弯头或塑料管连接。

常用的抽水设备有干式真空泵、射流泵和隔膜泵井点设备。干式真空泵抽水设备由真空泵、离心泵和水气分离器(又称集水箱)等组成,如图 1-26 所示。

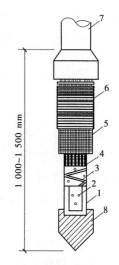

1—钢管;2—滤孔;
3—缠绕的塑料管;
4—细滤网;5—粗滤网;
6—粗铁丝保护网;
7—井点管;8—铸铁塞头

图 1-25　滤管构造

2)轻型井点设计与布置

(1)平面布置。

当基坑或沟槽宽度小于 6 m,降水深度不超过 5 m 时,可采用单排井点,将井点管布置在地下水流的上游一侧,两端延伸长度不小于坑槽宽度(见

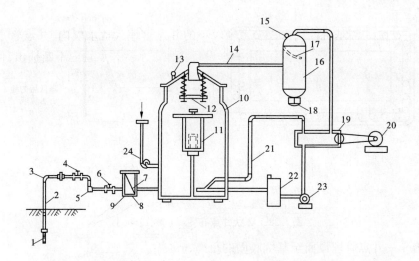

1—滤管;2—井点管;3—弯管;4—阀门;5—集水总管;6—阀门;7—滤网;8—过滤室;
9—淘砂孔;10—水气分离器;11—浮筒;12—阀门;13—真空计;14—进水管;15—真空计;
16—副水气分离器;17—挡水板;18—放水口;19—真空泵;20—电动机;21—冷却水管;
22—冷却水塔;23—循环水泵;24—离心水泵

图 1-26　轻型井点设备工作原理

图 1-27)。反之,则应采用双排井点,位于地下水流上游一排井点管的间距应小些,下游一排井点管的间距可大些。

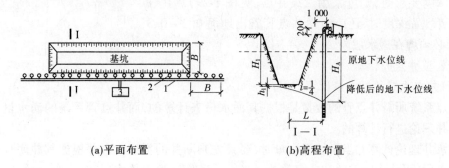

(a)平面布置　　　　　　　　　(b)高程布置

1—总管;2—井点管;3—抽水设备

图 1-27　单排井点布置 （单位:mm）

当基坑面积较大时,则采用环状井点(见图 1-28)。井点管距离基坑壁不应小于 1.0～1.5 m,间距一般为 0.8～1.6 m。

(2)高程布置。

轻型井点降水深度,从理论上讲可达 10.3 m,考虑管路系统及抽水设备的水头损失以后,一般不大于 6 m。在布置井点管时,应参考井点的标准长度以及井点管露出地面的长度(一般为 0.2～0.3 m),而且滤管必须在透水层内。

井点管埋置深度 H_A(不包括滤管)可按下式计算(见图 1-28)

$$H_A \geq H_1 + h_1 + iL \tag{1-48}$$

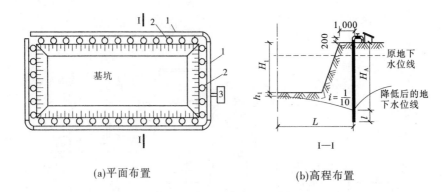

(a)平面布置   (b)高程布置

1—总管;2—井点管;3—抽水设备

图 1-28　环状井点布置 （单位:mm）

式中　H_1——井点管埋设面至基坑底面的距离,m;

　　　　h_1——基坑底面至降低后的地下水位线的距离,m,一般为 $0.5\sim1.0$ m;

　　　　i——水力坡度,环状井点为 $1/10$,单排井点为 $1/4$,双排井点为 $1/7$;

　　　　L——井点管至基坑中心的水平距离,m。

H_A 算出后,为了安全考虑,一般比计算值再增加 $l/2$ 深度(l 为滤管长度)。当 H 值小于降水深度 6 m 时,可用一级井点;当 H 值稍大于 6 m 时,如降低井点管的埋置面后,可满足降水深度要求,仍可用一级井点降水;当一级井点达不到降水深度要求时,则可采用二级井点(见图 1-29)。在确定井点管埋置深度时,还应考虑井点管露出地面 $0.2\sim0.3$ m,滤管必须埋在透水层内。

3)轻型井点的计算

(1)井点系统的涌水量计算。

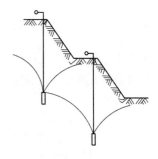

图 1-29　二级井点

井点系统所需井点管的数量是根据其涌水量来计算的,而井点管系统的涌水量则是根据水井理论进行计算的。

按水井理论计算井点系统涌水量时,要首先判断井的类型。水井根据其井底是否达到不透水层,可分为完整井和非完整井。当水井底部达到不透水层时,称为完整井,否则称为非完整井。根据地下水有无压力,可分为无压井和承压井。当水井布置在具有潜水自由面的含水层中时,称为无压井;而当水井布置在承压含水层中时,称为承压井。因此,井分为无压完整井(见图 1-30(a))、无压非完整井(见图 1-30(b))、承压完整井(见图 1-30(c))、承压非完整井(见图 1-30(d))四大类。

水井类型不同,其涌水量计算的方法亦不相同,下面我们分析无压完整井的涌水量计算问题。目前,有关水井的理论计算方法都是以法国水力学家裘布依(Dupuit)的水井理论为基础的。根据该水井理论,当均匀地从井内抽水时,井内水位开始下降,而周围含水层中的潜水流向水位降低处,经过一定时间的抽水后,水井周围原有的水面就由水平变成弯曲水面,最后这个曲线逐渐稳定,成为向水井倾斜的水位降落漏斗。

根据上述假定和达西直线渗透法则,如图 1-31 所示,以井轴为 x 轴,对于无压完整

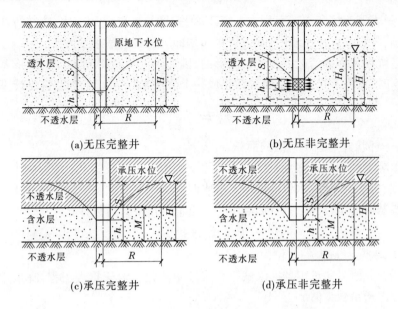

(a)无压完整井   (b)无压非完整井

(c)承压完整井   (d)承压非完整井

图1-30 水井的分类

井,可以推导出涌水量计算公式为

$$Q = 1.366k\frac{(2H - S)S}{\lg R - \lg r} \qquad (1\text{-}49)$$

式中　Q——单井涌水量,m^3/d;

　　　k——土的渗透系数,m/d;

　　　H——含水层厚度,m;

　　　S——水井处降水深度,m;

　　　R——水井的抽水影响半径,m;

　　　r——井点的半径,m。

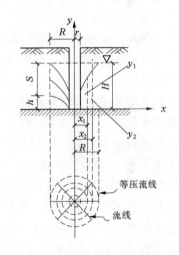

　　式(1-49)是无压完整井单井涌水量的计算公式。但在实际的井点系统中,各井点管是布置在基坑周围的,许多井点同时抽水,即群井共同工作,其涌水量不能用各井点管内涌水量进行简单相加求得。群井涌水量的计算是

图1-31 无压完整井水位降落曲线

把由各井点管组成的群井系统视为一口大的单井,设该井为圆形的,并假设在群井抽水时,每一井点管(视为单井)在大圆井外侧的影响范围不变,仍为 R,则有 $R' = R + x_0$。可以推导出无压完整群井井点(即环状井点系统)的涌水量计算公式为

$$Q = 1.366k\frac{(2H - S)S}{\lg R' - \lg x_0} \qquad (1\text{-}50)$$

式中　R'——群井降水影响半径,m,$R' = R + x_0$;

　　　x_0——环状井点系统的假想圆半径,m;

　　　S——井点管处水位降落值,m。

　　应用上述公式计算时,必须首先确定 x_0、R 和 k 值。由于目前计算轻型井点所用的计算公式均有一定的适用条件,例如,矩形基坑的长宽比大于5,或基坑宽度大于2倍的抽

水半径时,则不能直接利用现有公式进行计算,需将基坑分成几小块,使其符合公式的计算条件,然后分别计算每小块的涌水量,再相加即可得到总涌水量。

由于基坑在大多数情况下并非是圆形的,因此不能直接得到 x_0。当矩形基坑的长宽比不大于 5 时,可将不规则的平面形状化成一个假想半径为 x_0 的圆井进行计算

$$x_0 = \sqrt{\frac{F}{\pi}} \tag{1-51}$$

式中　F——环状井点系统包围的面积,m^2。

抽水影响半径则是指井点系统抽水后地下水位降落曲线稳定时的影响半径。它与土的渗透系数、含水层厚度、水位降低值及抽水时间等因素有关。一般在抽水 $1\sim5$ d 后,水位降落曲线基本稳定,此时,抽水影响半径可近似地按下式进行计算

$$R = 1.95S\sqrt{Hk} \tag{1-52}$$

式中,S、H 的单位为 m,k 的单位为 m/d。

渗透系数 k 值可通过现场抽水试验或实验室测定。对于重大工程,宜采用现场抽水试验法测定渗透系数 k 值。

现场进行土的渗透系数的测定通常采用井水抽孔试验或井水注水试验两种方法,其基本原理是相似的。下面主要介绍抽水试验确定渗透系数 k 值的基本方法。

现场井水抽孔试验多适用于均质粗粒土体,其试验示意图如图 1-32 所示,在现场打一口试验井,使其贯穿要测定渗透系数的砂土层,然后在距井中心不同距离处设置两个以上观测地下水位变化的观测孔。自井中以不变的速率连续进行抽水,抽水的过程中将使井周围的地下水迅速向井中渗透,造成试验井周围的地下水水位下降。当稳定的渗流条件成立时,测定试验井和观测孔中的稳定水位,可以画出测压

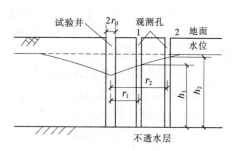

图 1-32　现场抽水试验示意图

管水位变化图形。测压管水头差形成的水力坡降使水流向试验井内。假定水流的流向是水平的,则流向试验井的渗流过水断面应该是一系列的同心圆柱面。

若测出的抽水量为 q,观测孔距试验井轴线的距离分别为 r_1、r_2,两个观测孔内的水位高度分别为 h_1、h_2,根据达西定律即可求出土层的平均渗透系数。

围绕试验井取一过水断面,该断面距井中心的距离为 r,水面高度为 h,则过水断面的面积应当为

$$A = 2\pi rh$$

假使该过水断面上各处的水力坡降为常数,且等于地下水位在该处的坡降,则有

$$i = \frac{dh}{dr}$$

根据达西定律,单位时间自试验井内抽出的水量即单位渗水量 q 为

$$q = Aki = 2\pi rhk\frac{dh}{dr}$$

于是可得

$$q \frac{\mathrm{d}r}{r} = 2\pi h k \mathrm{d}h$$

对上式两边进行积分,得

$$q \int_{r_1}^{r_2} \frac{\mathrm{d}r}{r} = 2\pi k \int_{r_1}^{r_2} h \mathrm{d}h$$

从而可得土的渗透系数为

$$k = \frac{q \ln(r_2/r_1)}{\pi(h_2^2 - h_1^2)} \qquad (1\text{-}53)$$

【例 1-2】　如图 1-32 所示,在现场进行抽水试验测定砂土层的渗透系数。抽水井管穿过 10 m 厚的砂土层进入不透水层,在距离井管中心 20 m 和 60 m 处设置两处观测孔。已知抽水前土中静止地下水位在地面下 2.5 m 处,抽水后渗流稳定时,从抽水井测得流量 $q = 5.56 \times 10^{-3}$ m³/s,同时从两个观测孔测得水位分别下降了 1.95 m 及 0.62 m,试求砂土层的渗透系数。

解　两个观测孔的水头分别为

$$r_1 = 20 \text{ m}, \quad h_1 = 10 - 2.5 - 1.95 = 5.55 (\text{m})$$
$$r_2 = 60 \text{ m}, \quad h_2 = 10 - 2.5 - 0.62 = 6.88 (\text{m})$$

故由式(1-53)可以求得渗透系数为

$$k = \frac{q \ln(r_2/r_1)}{\pi(h_2^2 - h_1^2)} = \frac{5.56 \times 10^{-3} \ln(60/20)}{\pi(6.88^2 - 5.55^2)} = 1.17 \times 10^{-4} (\text{m/s})$$

在实际工程中往往会遇到无压非完整井的井点系统,这时地下水不仅从井的侧面流入,而且还从井底渗入,导致涌水量要比无压完整井大。为了简化计算,仍可采用无压完整井的环状井点系统涌水量计算公式。此时,仅将式中的 H 换成有效深度 H_0,实际应用时,H_0 可以查表 1-13,当算得的 H_0 大于实际含水层的厚度 H 时,则仍取 H 值,视为无压完整井。

表 1-13　含水层有效厚度 H_0 的计算

$S'/(S'+l)$	0.2	0.3	0.5	0.8
H_0	$1.2(S'+l)$	$1.5(S'+l)$	$1.7(S'+l)$	$1.85(S'+l)$

注:S' 代表井点管内水位降落值;l 代表滤管的长度。

对于承压完整环状井点,如果地下水的运动为层流,含水层上下两个不透水层是水平的,若含水层厚度为 M,且井中水深 $H > M$ 时,则涌水量计算公式为

$$Q = 2.73 k \frac{MS}{\lg R - \lg x_0} \qquad (1\text{-}54)$$

式中　M——承压含水层的厚度,m;

　　　x_0——环状井点系统的假想圆半径,m。

(2)确定井管数量及间距。

确定井管数量要先确定单根井管的出水量。单根井管的最大出水量为

$$q = 65\pi dl\sqrt[3]{k} \tag{1-55}$$

式中　d——滤管的直径,m;

　　　l——滤管的长度,m;

　　　k——渗透系数,m/d。

井点管最少数量为

$$n = 1.1\frac{Q}{q} \tag{1-56}$$

井点管最大间距为

$$D = \frac{L}{n} \tag{1-57}$$

式中　L——总管长度,m;

　　　1.1——考虑井点堵塞等因素,井点管备用系数。

求出的管距应大于 $15d$ 且小于 2 m,并应与总管接头的间距(0.8 m、1.2 m、1.6 m 等)相吻合。

(3)抽水设备选择。

一般多采用真空泵井点抽水设备,型号为 V_5、V_6 型。其中采用 V_5 型总管长度≤100 m,井点管数量约80根;采用 V_6 型总管长度≤120 m,井点管数量约100根。

4)井点管的埋设与使用

轻型井点的安装程序是按设计布置方案,先排放总管,然后再用弯连管把井点管与总管连接,最后安装抽水设备。

井点管的埋设可以用冲水管冲孔,或钻孔(孔径一般为300 mm)后将井点管沉入,以保证井管四周有一定厚度的砂滤层,冲孔深度宜比滤管底深0.5 m,冲孔孔径上下一致,砂滤层宜用粗砂,以免堵塞管的网眼。砂滤层灌好后,距地面0.5~1.0 m深度内,应用黏土封口捣实,防止漏气。

井点管埋设完毕,即可接通总管和抽水设备进行试抽水,检查有无漏气、漏水现象,出水是否正常。

轻型井点使用时,应保证连续不断抽水,若时抽时停,漏网易于堵塞;中途停抽,地下水回升,也会引起边坡塌方等事故。正常的出水规律为"先大后小,先浑后清"。

3.喷射井点

喷射井点设备由喷射井管,高压水泵及进水、排水管路组成(见图1-33),喷射井管由内管和外管组成,在内管下端装有喷射扬水器与滤管相连,当高压水经内外管之间的环形空间由喷嘴喷出时,地下水即被吸入而压出地面。

4.电渗井点

电渗井点适用于土壤渗透系数小于0.1 m/d,用一般井点不可能降低地下水位的含水层中,尤其宜用于淤泥排水。

电渗井点排水的原理如图1-34所示,以井点管作负极,以打入的钢筋或钢管作正极,当通以直流电后,土颗粒即自负极向正极移动,水则自正极向负极被集中排出。土颗粒的移

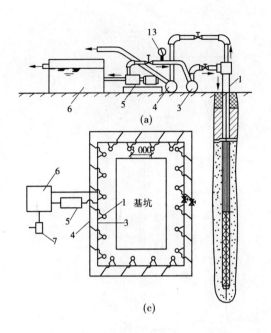

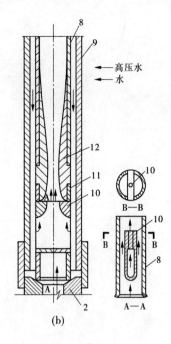

1—喷射井管;2—滤管;3—进水总管;4—排水总管;5—高压水泵;6—集水池;
7—水泵;8—内管;9—外管;10—喷嘴;11—混合室;12—扩散管;13—压力表

图 1-33 喷射井点设备装置 （单位:mm）

动称电泳现象,水的移动称电渗现象,故称电渗井点。

5. 管井井点

管井井点（见图 1-35）是沿基坑每隔一定距离
（20~50 m）设置一个管井,每个管井单独用一台水
泵不断抽水来降低地下水位。在土的渗透系数大于
20 m/d,地下水量大的土层中,宜采用管井井点。

管井井点由管井、吸水管及水泵组成,如图 1-35
所示。管井可用钢管或混凝土管。钢管管井采用直
径为 150~250 mm 的钢管,其过滤部分采用钢筋焊
接骨架外缠镀锌铁丝并包滤网,长度 2~3 m（见
图 1-35(a)）。混凝土管管井内径 400 mm,分实壁管

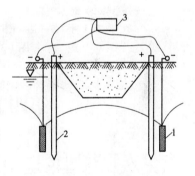

1—井点管;2—电极;3—<60 V 的直流电源

图 1-34 电渗井点

与过滤管两部分（见图 1-35(b)）,过滤管的孔隙率为 20%~25%,吸水管采用直径为
50~100 mm 的钢管或胶管,其下端应沉入管井抽吸水的最低水位以下。为启动水泵和防
止在水泵运转中突然停泵时发生水倒流,在吸水管底部应装逆止阀。

管井井点的间距一般为 20~50 m,管井的深度为 8~15 m。井内水位降低可达 6~
10 m,两井中间则为 3~5 m。管井井点计算可参照轻型井点进行。

如果要求的降水深度较大,在管井井点内采用一般离心泵或潜水泵不能满足要求时,
可改用特制的深井泵,其降水深度大于 15 m,故又称深井泵法。此法是依靠水泵的扬程
把深处的地下水抽到地面上来的。

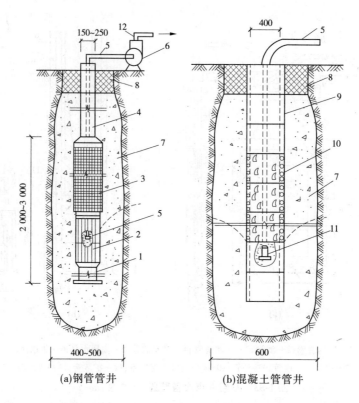

(a)钢管管井   (b)混凝土管管井

1—沉砂管;2—钢筋焊接骨架;3—滤网;4—管身;5—吸水管;6—离心泵;7—小砾石过滤层;
8—黏土封口;9—混凝土实壁管;10—混凝土过滤管;11—潜水泵;12—出水管

图 1-35 管井井点 （单位:mm）

第四节 土方工程施工

一、土方工程的开挖

基坑土方工程开挖常用的方法有直接分层开挖、内支撑分层开挖、盆式开挖、岛式开挖及逆作法等。按有无支护结构可分为放坡开挖、无支护结构和有支护结构的基坑开挖。

（一）放坡开挖

放坡开挖适合于基坑四周空旷,有足够的放坡场地,周围没有建筑设施或地下管线的情况,一般情况下在软土地区开挖深度不超过 4 m 的基坑,当场地允许,经验算能保证土体边坡的稳定性要求时,可采用无支护结构的放坡开挖。对于开挖深度超过 4 m 的基坑,在土质较好、地下水位较低和场地允许的情况下,当有条件放坡开挖时,边坡宜设计成阶梯形边坡,分阶段开挖,每级平台宽度不小于 1.5 m。

当对于较深基坑进行放坡开挖时,边坡的稳定可采用条分法进行验算。

放坡开挖施工方便,可采用反铲挖掘机和正铲挖掘机等施工机械进行开挖。挖掘机作业时没有障碍,工效高,可根据设计要求分层开挖或一次挖至坑底;基坑开挖后主体结构施工作业空间大,施工工期短。

（二）有支护结构的基坑开挖

基坑支护结构可分为无内支撑的支护结构和有内支撑的支护结构。其中无内支撑的支护结构又可分为悬臂式(见图 1-36(a))、拉锚式(见图 1-36(b)、(c))、重力式(见图 1-36(d))、土钉墙式(见图 1-36(e))等几种。

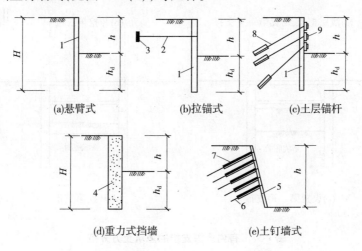

(a)悬臂式　　　(b)拉锚式　　　(c)土层锚杆

(d)重力式挡墙　　　(e)土钉墙式

1—支护结构;2—拉锚;3—锚碇;4—重力式挡墙;5—喷射混凝土面层;6—土钉;

7—注浆;8—土层锚杆;9—混凝土板或钢横撑;h—基坑开挖深度;

h_d—支护结构或挡墙插入深度;H—支护结构或挡墙高度

图 1-36　无内支撑支护的基坑开挖

对于无内支撑基坑土方开挖可垂直向下开挖,因此不需要在基坑边留出很大的场地,便于在基坑边较狭小、土质又较差的条件下施工。同时,在地下结构施工完成后,相应的土方回填工作量小。

在基坑较深、土质较差的情况下,一般支护结构需要在基坑内设置支撑。

挖土与坑内支撑的施工要相互协调,当每一工况挖土至设计标高后,要求迅速安装钢支撑或者浇筑混凝土支撑,待其能承受设计荷载时,方可按下一工况要求继续向下开挖。除非在设计允许的情况下,严禁挖掘机在支撑上行走。在挖土过程中,严禁挖掘机械碰撞支撑、立柱、降水井点和工程桩。图 1-37 是一个两道支撑的基坑工程土方开挖及支撑设置的施工过程示意图。

在建筑物密集地区,如挖掘机不下坑作业,亦可采用栈桥、抓铲在栈桥上抓土装车,这种挖土方案施工组织工作较为简单,只是挖土效率较低。此时,挖土亦配合支撑的安装或浇筑,逐层进行,但每层土皆先挖除中间部分,后挖除靠近挡墙部分,形成"盆式"开挖方式(见图 1-38)。盆式开挖方式支撑用量小、费用低,而且盆式部位土方开挖方便,这在基坑面积很大的情况下尤其显出其优越性,因此在大面积基坑开挖施工中非常适用。若从时空效应分析,盆式开挖方式对支护结构挡墙的受力是有利的,能减少其变形。

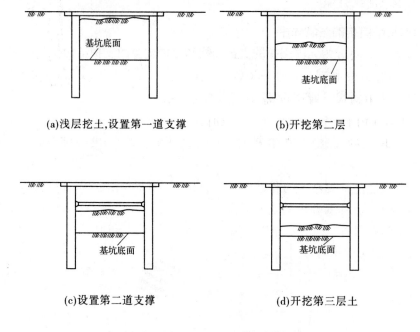

(a)浅层挖土,设置第一道支撑　　　　　　　(b)开挖第二层

(c)设置第二道支撑　　　　　　　　　(d)开挖第三层土

图 1-37　有内支撑支护的基坑土方开挖

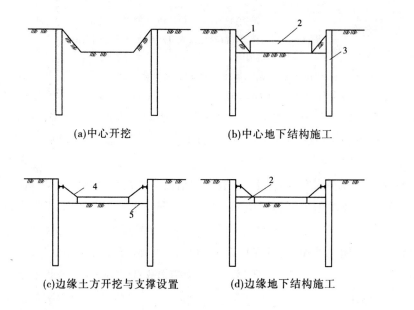

(a)中心开挖　　　　　　　　　　(b)中心地下结构施工

(c)边缘土方开挖与支撑设置　　　　　(d)边缘地下结构施工

1—边坡留土;2—基础底板;3—支护墙;4—支撑;5—基坑底

图 1-38　盆式基坑土方开挖方法

当基坑面积较大,而且地下室底板设计有后浇带或可以留设施工缝时,还可采用岛式基坑开挖方法,如图 1-39 所示。

二、土方工程的回填

为了保证填土的强度和稳定性,必须正确选择回填土料和填筑施工方法,以满足填土压实的质量要求。

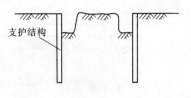

图 1-39　岛式基坑土方开挖方法

(一)土料选择与处理

实际选择土料时应选择强度高、压缩性小、水稳定性好、便于施工的土石料。当设计无要求时,应符合下列规定:

(1)碎石类土、砂土(使用细、粉砂时应取得设计单位同意)和爆破石渣,可用做表层以下的填料。

(2)含水量符合压实要求的黏性土,可用做各层填料;碎块草皮和有机质含量大于8%的土,仅能用于无压实要求的填方工程。

(3)淤泥和淤泥质土一般不能用做填料,但在软土或沼泽地区,经过处理其含水量符合压实要求后,可用于填方中的次要部位。

(4)含盐量符合规定的盐渍土,一般可以使用,但填料中不得含有盐晶、盐块或含盐植物的根茎。

(5)碎石类土、砂土或爆破石渣可用做表层下的填料,其最大粒径不得超过每层铺填厚度的2/3(当使用振动碾时,不得超过每层铺填厚度的3/4)。铺填时,大块料不应集中,且不得填在分段接头处或填方与山坡连接处。

(二)填筑要求

1.施工要求

填土时应先清除基底的树根、积水、淤泥和有机杂物,并分层回填、压实。填土应尽量采用同类土填筑。当采用不同类填料分层填筑时,上层宜填筑透水性较小的填料,下层宜填筑透水性较大的填料。填方基土表面应做成适当的排水坡度,边坡不得用透水性较小的填料封闭。填方施工应接近水平地分层填筑。当填方位于倾斜的地面时,应先将斜坡挖成阶梯状,然后分层填筑,以防填土横向移动。

2.填土压实的质量检查

填土的密实度要求和质量指标通常以压实系数 λ_c 表示。压实系数是土的施工控制干密度 ρ_d 和土的最大干密度 ρ_{dmax} 的比值。压实系数一般根据工程结构性质、使用要求以及土的性质确定。如未做规定,可采用表 1-14 中的数值。

表 1-14　填土压实系数

结构类型	填土部位	压实系数(λ_c)
砌体承重结构和框架结构	在地基主要持力层范围内	>0.96
	在地基主要持力层范围以下	0.93 ~ 0.96
简支结构和排架结构	在地基主要持力层范围内	0.94 ~ 0.97
	在地基主要持力层范围以下	0.91 ~ 0.93

续表 1-14

结构类型	填土部位	压实系数(λ_c)
一般工程	基础四周或两侧一般回填土	0.9
	室内地坪、管道地沟回填土	0.9
	一般堆放物件场地回填土	0.85

填土必须具有一定的密实度,以避免建筑物的不均匀沉陷。填土密实度以设计规定的控制干密度 ρ_d 或规定压实系数 λ_c 作为检查标准。利用填土作为地基时,设计规范规定了各种结构类型、各种填土部位的压实系数值(见表 1-14)。各种填土的最大干密度乘以设计的压实系数即得到施工控制干密度,即 $\rho_d = \lambda_c \rho_{dmax}$。

填土压实后土的实际干密度的测定,可采用环刀法取样,其取样组数为:基坑回填每 $20 \sim 50$ m³ 取样一组(每个基坑不少于一组);基槽或管沟回填每层按长度 $20 \sim 50$ m 取样一组;室内填土每层按 $100 \sim 500$ m² 取样一组;场地平整填方每层按 $400 \sim 900$ m² 取样一组。取样部位应在每层压实后的下半部。试样取出后,先测出土的湿密度并测定其含水量,然后计算土的实际干密度 ρ_0,如下式所示

$$\rho_0 = \frac{\rho}{1 + 0.01w} \tag{1-58}$$

式中　ρ——土的湿密度,g/cm³;

　　　w——土的含水量(%)。

(三)填土的压实方法

如图 1-40 所示,填土压实方法有碾压法、夯实法和振动压实法三种。

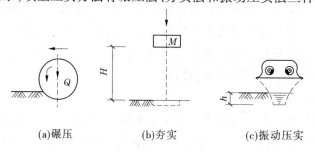

|(a)碾压|(b)夯实|(c)振动压实|

图 1-40　填土压实方法

1. 碾压法

碾压法(见图 1-40(a))是由沿着表面滚动的鼓筒或轮子的压力压实土壤。主要适用于大面积填土。常用的碾压工具有:

(1)平碾。平碾又叫压路机,它是一种以内燃机为动力的自行式压路机,按碾轮的数目,有两轮两轴式和三轮两轴式两种;按质量可分为轻型(5 t 以下)、中型($5 \sim 10$ t)、重型($10 \sim 15$ t),在建筑工地上多用中型或重型光面压路机。

(2)羊足碾。羊足碾和平碾不同,它是碾轮表面上装有许多羊蹄形的碾压凸脚,一般

用拖拉机牵引作业。羊足碾有单桶和双桶之分,桶内根据要求可分为空桶、装水、装砂,以提高单位面积的压力,增强压实效果。由于羊足碾单位面积压力较大,压实效果、压实深度均较同质量的光面压路机高,但工作时羊足碾的羊蹄压入土中,又从土中拔出,致使上部土翻松,不宜用于无黏性土、砂及面层的压实。

2. 夯实法

夯实法(见图1-40(b))是利用夯锤自由下落的冲击力来夯实土壤,主要用于小面积的回填土。夯实机具类型较多,有木夯、石夯、蛙式打夯机以及利用挖土机或起重机装上夯板后的夯土机等。其中蛙式打夯机轻巧灵活,构造简单,在小型土方工程中应用最广。夯实法的优点是可以夯实较厚的土层。采用重型夯土机(如1 t以上的重锤)时,其夯实厚度可达1~1.5 m。但对木夯、石夯或蛙式打夯机等夯土工具,其夯实厚度则较小,一般均在200 mm以内。

3. 振动压实法

振动压实法(见图1-40(c))是将重锤放在土层的表面或内部,借助于振动设备使重锤振动,土壤颗粒即发生相对位移达到紧密状态。近年来,又将碾压和振动结合而设计和制造出振动平碾、振动凸块碾等新型压实机械,振动平碾适用于填料为爆破碎石渣、碎石类土、杂填土或粉土的大型填方,振动凸块碾则适用于粉质黏土或黏土的大型填方。当压实爆破石渣或碎石类土时,可选用8~15 t重的振动平碾,铺土厚度为0.6~1.5 m,宜先静压、后振压,碾压遍数应由现场试验确定,一般为6~8遍。

(四)影响填土压实质量的因素

1. 压实功的影响

填土压实后的密度与压实机械在其上所施加的功有一定的关系。土的干密度与所消耗的功的关系见图1-41。

当土的含水量一定时,在开始压实时,土的密度急剧增加,待到接近土的最大密度时,压实功虽然增加许多,而土的密度则变化甚小。

2. 含水量的影响

土的含水量对填土压实有很大影响,较干燥的土,由于土颗粒之间的摩阻力大,填土不易被夯实。而当含水量较大,超过一定限度时,土颗粒间的空隙全部被水充填而呈饱和状态,填土也不易被压实,容易形成橡皮土。只有当土具有适当的含水量,土颗粒之间的摩阻力由于水的润滑作用而减小时,土才易被压实,见图1-42。

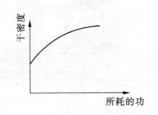

图1-41 土的干密度与压实功的关系

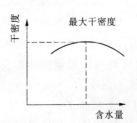

图1-42 土的干密度与含水量的关系

当土过湿时,应予翻松晾晒或掺入同类干土及其他吸水性材料,如土料过干,则应预先洒水湿润,土的含水量一般以手握成团,落地开花为宜。土的最优含水量和最大干密度参考表 1-15。

表 1-15　土的最优含水量和最大干密度参考表

项次	土的种类	变动范围		项次	土的种类	变动范围	
		最优含水量（%）	最大干密度（t/m³）			最优含水量（%）	最大干密度（t/m³）
1	砂土	8~12	1.80~1.88	3	粉质黏土	12~15	1.85~1.95
2	黏土	19~23	1.58~1.70	4	粉土	16~22	1.61~1.80

3. 铺土厚度的影响

土在压实过程中,土的密实度也是表层大,随深度加深而逐渐减小,超过一定深度后,虽经反复碾压,土的密实度仍与未压实前一样。所以,填方每层铺土的厚度,应根据土质、压实的密实度要求和压实机械性能确定。填方每层的铺土厚度和压实遍数参见表 1-16。

表 1-16　填方每层的铺土厚度和压实遍数

项次	压实机具	分层厚度(mm)	每层压实遍数
1	平碾(8~12 t)	200~300	6~8
2	羊足碾(5~16 t)	200~350	6~16
3	蛙式打夯机(200 kg)	200~250	3~4
4	振动碾(8~15 t)	60~130	6~8
5	振动压路机 2 t,振动力 98 kN	120~150	10
6	推土机	200~300	6~8
7	拖拉机	200~300	8~16
8	人工打夯	不大于 200	3~4

三、土方工程的机械化施工

土方工程施工工程量大,人工挖土不仅劳动强度大,而且生产效率低、工期长、成本高。因此,在土方工程施工中应尽量采用机械化施工,以最大限度地减轻繁重的体力劳动,缩短施工工期,降低施工成本。

（一）推土机施工

1. 推土机的特点与适用范围

推土机(见图 1-43),按铲刀的操作机构不

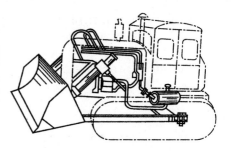

图 1-43　推土机

同可分为索式和液压式两种。索式推土机的铲刀是借其本身自重切入土中,因此在硬土中切土深度较小。液压式推土机使铲刀强制切入土中,故切土深度较大。此外,还可调整铲刀的切土角度,灵活性好,是目前较为常用的一种推土机。

推土机的特点是:构造简单,操作灵活,运转方便,所需工作面较小,功率较大,行驶速度较快,易于转移,能爬30°的缓坡。主要适用于挖土深度不大的场地平整,铲土并能运送至弃土区;开挖深度不大于1.5 m的基坑;回填基坑或沟槽;堆筑高度在1.5 m以内的路基、堤坝;平整其他机械卸置的土堆;推送松散的硬土、岩石和冻土;配合铲运机施工,为挖土机清理余土和创造工作面等。推土机的运距宜在100 m以内,经济运距为40~60 m。

2.提高推土机生产率的方法

1)下坡推土

推土机顺地面坡势沿下坡方向推土,借助机械往下的重力作用,能增大铲刀切土深度和运土数量,并可提高推土机的推土能力和缩短工期,一般可提高生产率30%~40%。

2)并列推土

对于大面积的施工区域,可同时用2~3台推土机并列推土。

3)分批集中,一次推送

在较硬的土中开挖,由于切土的深度不大,宜采用多次铲土、分批集中、一次推送的方法,以便铲刀前保持满载,有效地利用推土机的功率,缩短匀停时间。

4)槽形推土

推土机接连多次在一条作业线切土和推运,使地面逐渐形成一条浅槽,可有效地减少土从推土刀两侧漏散,一般可提高10%~30%的推土量。

(二)铲运机施工

1.铲运机的适用范围

铲运机有自行式和拖式两种。如图1-44所示,自行式铲运机的行驶和工作都靠本身的动力设备,不需要其他机械的牵引和操纵。拖式铲运机是由拖拉机牵引,工作时亦靠拖式机上的卷扬机或油泵进行操纵。所以,拖式铲运机又分为液压式或索式两种。

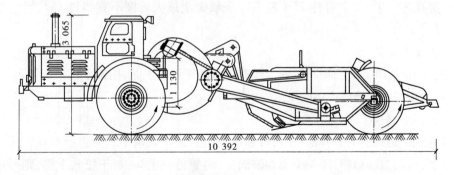

图1-44　C3-6型自行式铲运机外形　(单位:mm)

2.铲运机的运行路线

1)环形路线

如图1-45(a)所示的环形路线,适用于地形起伏不大,施工区段又较短(50~100 m)

和填方不高(0.1~1.5 m)的路堤、基坑及场地平整工程。当填、挖交替,且相互之间的距离又不大时,则可采用图1-45(b)所示的大环形路线。这样,可进行多次铲土和卸土,从而减少了铲运机转弯次数,相应提高了工作效率。

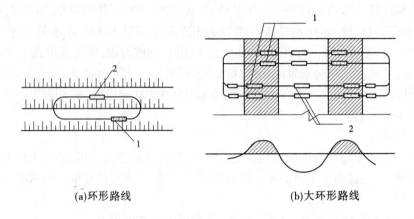

(a)环形路线　　　　　　　　　　　　　　(b)大环形路线

1—铲土;2—卸土

图1-45　环形路线

2)"8"字形路线

在地形起伏较大,施工地段狭长的情况下,宜采用"8"字形路线(见图1-46)。因铲运机在上、下坡时是斜向行驶,所以坡度平缓;一个循环中两次转弯方向不同,故机械磨损均匀;一个循环完成两次铲土和卸土,减少了转弯次数及空车行驶距离,从而可缩短运行时间,提高生产率。

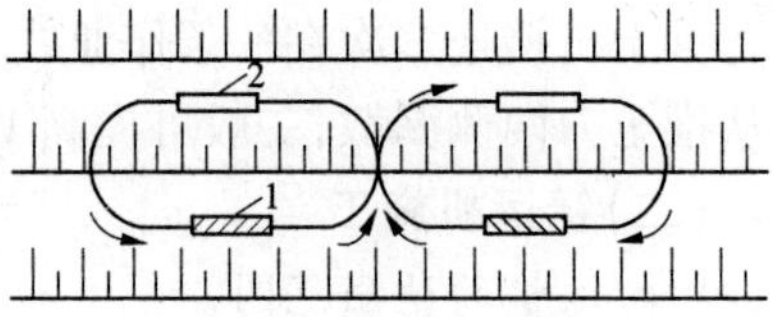

图1-46　"8"字形路线

3.提高铲运机生产率的措施

1)下坡铲土

下坡铲土是利用机械下坡时的重力加大切土深度、缩短铲土时间和提高铲土能力。坡度一般在3°~9°,效率可达25%左右。下坡铲土最大坡度不宜超过15°,铲土厚度以20 cm为宜。

2)推土机助铲

用自动铲运机完成长距离运输工作和挖运较坚硬的土时,用推土机顶推铲运斗,强制切土,一般可提高生产效率30%以上。

3)双联铲运法

当拖式铲运机的动力有富裕时,可在拖拉机后面串联两个铲斗进行双联铲运。对于坚硬土层,可用双联单铲,即一个土斗铲满后,再铲另一土斗;对于松软土层,则可用双联双铲,即两个土斗同时铲土。

4)挂大斗铲运

挂大斗铲运指在土质松软地区,可改挂大型铲土斗,以充分利用拖拉机的牵引力来提高工效。

5）跨铲法

跨铲法即预留土埂，间隔铲土，以减少土壤散失；铲除土埂时，又可减小铲土阻力，加快速度。

（三）单斗挖土机施工

如图1-47所示，单斗挖土机有正铲、反铲、拉铲和抓铲等多种，用以挖掘基坑、沟槽，清理和平整场地。单斗挖土机有液压传动和机械传动两种。液压传动能无级调速且调速范围大；快速作用时惯性小，并且可作高速反转；传动平稳，可以减少强烈的冲击和振动；结构简单，机身轻、尺寸小；附有不同的装置，能一机多用，工效高；操作省力，容易实现自动化控制。

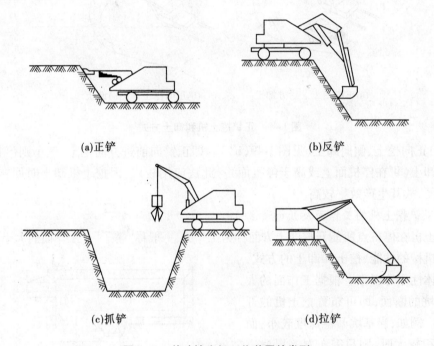

(a)正铲　　　　(b)反铲
(c)抓铲　　　　(d)拉铲

图1-47　单斗挖土机工作装置的类型

1.正铲挖土机

1）正铲挖土机的性能

正铲挖土机一般只用于开挖停机面上的土方，所以只适宜在土质较好、无地下水的地区使用，并需要设置进出口通道，而且务必配备相当数量的自卸汽车，汽车道路且需要设置在正铲斗的回转半径之内。图1-48即为正铲单斗液压挖土机的简图及主要工作运动状态。其机身可以回转360°，动臂可以升降，斗柄可以伸缩，铲斗可以转动，而且当更换工作装置后还可以进行其他作业。

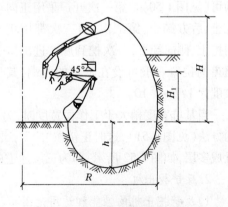

图1-48　液压正铲挖土机工作尺寸

2）正铲挖土机的施工方法

根据开挖路线与运输工具的相对位置不同，正铲挖土和卸土的方式有以下两种：

（1）正向挖土、后方卸土（见图1-49（a））。即正铲向前进方向挖土，运输车辆在正铲的后面装土。采用此法挖土工作面较大，但挖土机卸土时回转角大，运输车辆要倒车开入，运输不方便，故一般较少采用。

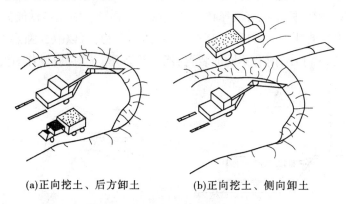

(a)正向挖土、后方卸土　　(b)正向挖土、侧向卸土

图1-49　正铲挖土机和卸土方式

（2）正向挖土、侧向卸土（见图1-49（b））。即正铲向前进方向挖土，汽车则停在正铲的侧面卸土（可在停机面上或高于停机面）。此法应用较广，因挖土机卸土时回转角小，运输方便，故其生产效率较高。

3）正铲挖土机的工作面及开行通道

挖土机在停机点所能开挖的土方面称为工作面，一般称"掌子"。工作面的大小和形状取决于机械的性能、挖土和卸土的方式，以及土体性质等因素。根据工作面的大小和基坑的断面，即可布置挖土机的开行通道。例如，当基坑开挖深度较小，而开挖面积较大时，则只需布置一层通道即可（见图1-50）。第一次开行采用正向挖土、后方卸土，第二次、第三次都用正向挖土、侧向卸土，一次挖到底。进出口通道的位置一般可设在基坑的两端，其坡度为1:7~1:10。

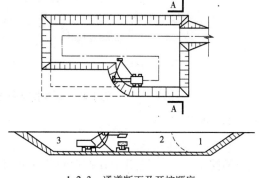

1、2、3—通道断面及开挖顺序

图1-50　正铲开挖基坑

当基坑宽度稍大于工作面宽度时，为了减少挖土机的开行通道，即可采用加宽工作面的方法（见图1-51），这时正铲按"之"字形路线开行。当基坑的深度较大时，则通道可布置成多层，如图1-52所示，即为三层通道的布置。

2.反铲挖土机

1）反铲挖土机的性能和适用范围

反铲挖土机主要用于开挖停机面以下的土体，不需设置进出口通道。一般反铲的最大挖土深度为 4~6 m,经济合理的挖土深度为 3~5 m,适用于开挖小型基坑、基槽和管沟。尤其适用于开挖独立柱基,以及泥泞的或地下水位较高的土体。

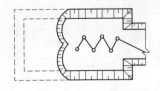

图 1-51 加宽工作面

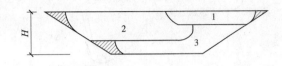

1、2、3—通道

图 1-52 三层通道布置

反铲挖土机也需要配备运土汽车进行运输,其工作尺寸和性能如图 1-53 和表 1-17 所示。

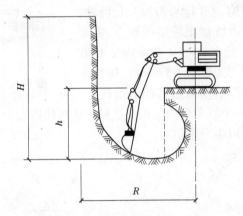

图 1-53 液压反铲挖土机工作尺寸

表 1-17 液压反铲挖土机的主要技术参数

技术参数	符号	单位	WY40	WY60
铲斗容量	q	m^3	0.4	0.6
最大挖土半径	R	m	7.19	8.17
最大挖土高度	h	m	4.0	4.2
最大挖土深度	H	m	5.1	7.93
最大卸土高度	H_2	m	3.76	6.36

2)反铲挖土机的开行方式

反铲挖土机的开行方式有沟端开行和沟侧开行两种。

(1)沟端开行(见图 1-54)。即挖土机在基槽一端挖土,开行方向与基槽开挖方向一致。其优点是挖土方便,挖土深度和宽度较大。当开挖大面积的基坑时,可采用图 1-55 所示的分段开挖方法。

(2)沟侧开行(见图 1-56)。即挖土机在沟槽一侧挖土,因挖土机移动方向与挖土方向相垂直,所以稳定性较差,而且挖土的深度和宽度均较小。但当土方可就近堆在沟旁时,此法能弃土于距离沟较远的地方。

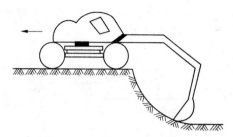

图1-54　反铲挖土机沟端开行

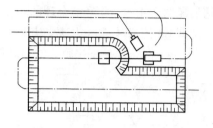

图1-55　反铲挖土机分段开挖基坑

3. 拉铲挖土机

拉铲挖土机的开行方式和反铲挖土机一样,如图1-57(a)、(b)所示,有沟侧开行和沟端开行两种。但这两种开挖方式都有边坡留土较多的缺点,需要大量人工清理。如挖土宽度较小又要求沟壁整齐时,则可采用三角形挖土法(见图1-57(c)),即挖土机的停机点相互交错地位于基坑边坡的下沿线上,

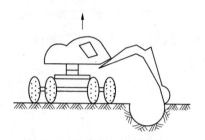

图1-56　反铲挖土机沟侧开行

每停一点在平面上挖去一个三角形的土壤。这种方法可使边坡余土大大减少,而由于挖、卸土时回转角度较小,所以生产率很高。

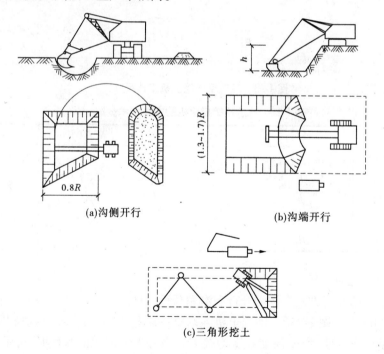

(a)沟侧开行　　　　　　　(b)沟端开行

(c)三角形挖土

图1-57　拉铲挖土机开行方式

4. 抓铲挖土机

抓铲挖土机一般由正、反铲液压挖土机更换工作装置(去掉铲斗换上抓斗而成,见图1-58)或由履带式起重机改装。可用来挖掘独立柱基的基坑和沉井,以及其他的挖方

工程,最适合于水中开挖。

(四)土方工程综合机械化施工

土方工程综合机械化施工,就是以土方工程中某施工过程为主导,按其工程量大小、土质条件及工期要求,适量选择土方机械,并以此为依据,合理配备完成其他辅助施工过程的机械,做到整个土方施工过程中均能实现机械化施工。

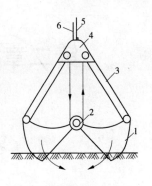

1—土斗;2—中心;3—拉杆;
4—顶铰;5—升降索;6—取土索铰

**图 1-58　抓铲挖土机土斗
工作示意图**

思考题

1-1　简述土方工程的特点。

1-2　影响土方施工的工程性质有哪些? 有什么影响?

1-3　为什么要对设计标高进行调整? 如何调整?

1-4　简要分析土壁塌方的原因以及预防塌方的措施。

1-5　基坑降水方法有哪几种? 各适用于何种情况?

1-6　常用的支护结构形式有哪几种? 各适用于何种情况?

1-7　简述轻型井点的布置方案和设计步骤。

1-8　影响填土压实的主要因素有哪些? 如何检查填土压实的质量?

1-9　常用的土方机械有哪些? 简述其工作特点及适用范围。

1-10　常见的地基加固处理方法有哪几种? 简述其施工注意事项。

习　题

1-1　某基础工程基坑长 50 m,宽 40 m,基坑深 7.0 m,基坑开挖时四面放坡,边坡坡度 1:0.5。已知基础混凝土体积为 3 200 m³,土体最初可松性系数 $K_s = 1.14$,最终可松性系数 $K'_s = 1.05$。试计算:①挖土土方量;②回填土方量;③若有多余土方,求外运土方量。

1-2　某建筑场地方格网及各顶点标高如图 1-59 所示,方格网边长为 20 m×20 m,试用四方棱柱体法确定场地的最佳设计平面(c、i_x、i_y)及各方格顶点的施工高度。

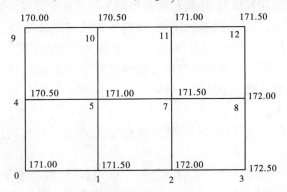

图 1-59　习题 1-2 图

第二章　地基处理与基础工程

第一节　软土地基加固

一、地基加固的原理

任何建筑物都必须有可靠的地基和基础,建筑物的全部重量包括荷载最终通过基础传给地基,所以对某些地基的处理和加固成为基础施工中的一项重要内容。

地基基础加固,就是当土层的承载能力较差,如淤泥、冲填土及其他软弱土层,或虽然土层较好,但上部荷载甚大时,无法满足地基强度、变形等要求,为使地基具有足够的坚固性和稳定性,就需要事先对地基进行处理,利用换填、夯实、挤密、排水、胶结、加筋和热学等方法改良地基土的工程特性,从而达到地基加固的目的。

二、地基加固的方法

在进行地基加固处理时,应充分考虑地基与上部结构共同工作的原则,从地基处理、建筑、结构设计和施工方面均采取相应的措施进行综合治理,决不能单纯地进行加固处理。原则上尽量不大面积采用地基加固处理。

(一)换土垫层法

换土垫层法是先将基础底面以下一定范围内的软弱土层挖去,然后回填强度较高、压缩性较低,并且没有侵蚀性的材料,如中粗砂、碎石或卵石、灰土、素土、石屑、矿渣等,再分层夯实后作为地基的持力层。换土垫层按其回填的材料可分为灰土垫层、砂垫层、碎(砂)石垫层等。

换填法常用于轻型建筑地坪、地料场地和道路工程等地基处理。适用于淤泥、淤泥质土、湿陷性黄土、素填土、杂填土地基及暗塘、暗沟等的浅层地基处理,处理深度一般控制在 3 m 以内,但不宜小于 0.5 m,因为垫层太薄,则换土垫层的作用不显著。应根据建筑体量、结构特点,并结合施工机械设备与地方材料来源等综合分析,进行换土垫层的设计,选择换土垫层材料和夯压施工方法。

1. 换填材料及要求

换填材料应选用强度高、压缩性小、透水性良好、比较容易密实而且料源丰富的材料。

1) 砂石

宜选用碎石、卵石、角砾、圆砾、砾砂、粗砂、中砂或石屑(粒径小于 2 mm 的部分不应超过总重的 45%),级配应良好,不含植物残体、垃圾等杂质。当使用粉细砂或石粉(粒径小于 0.075 mm 的部分不超过总重的 9%)时,应掺入不少于总重 30% 的碎石或卵石。砂石的最大粒径不宜大于 50 mm。对湿陷性黄土地基,不得选用砂石等透水材料。

2）粉质黏土

土料中有机质含量不得超过 5%，亦不得含有冻土或膨胀土。当含有碎石时，其粒径不宜大于 50 mm。用于湿陷性黄土或膨胀土地基的粉质黏土垫层，土料中不得夹砖、瓦或石块。

3）灰土

石灰和土料的体积配合比宜为 2∶8 或 3∶7。其中，土料宜用粉质黏土，不宜使用块状黏土和砂质粉土，不得含有松软杂质，并应过筛，其颗粒不得大于 15 mm；石灰宜用新鲜的消石灰，其颗粒不得大于 5 mm。

4）粉煤灰

粉煤灰可用于道路、堆场和小型建筑、构筑物等的换填垫层。粉煤灰垫层上宜覆土 0.3~0.5 m。粉煤灰垫层中采用掺加剂时，应通过试验确定其性能及适用条件。作为建筑物垫层的粉煤灰应符合有关放射性安全标准的要求。粉煤灰垫层中的金属构件、管网宜采取适当的防腐措施。大量填筑粉煤灰时应考虑对地下水和土壤环境的影响。

5）矿渣

垫层使用的矿渣是指高炉重矿渣，可分为分级矿渣、混合矿渣及原状矿渣。矿渣垫层主要用于堆场、道路和地坪，也可用于小型建筑、构筑物地基。选用矿渣的松散重度不小于 11 kN/m³，有机质及含泥总量不超过 5%。设计、施工前必须对选用的矿渣进行试验，在确认其性能稳定并符合安全规定后方可使用。作为建筑物垫层的矿渣应符合对放射性安全标准的要求。易受酸、碱影响的基础或地下管网不得采用矿渣垫层。大量填筑矿渣时，应考虑对地下水和土壤环境的影响。

6）其他工业废渣

在有可靠试验结果或成功工程经验时，对质地坚硬、性能稳定、无腐蚀性和放射性危害的工业废渣等均可用于填筑换填垫层。被选用工业废渣的粒径、级配和施工工艺等应通过试验确定。

7）土工合成材料

由分层铺设的土工合成材料与地基土构成加筋垫层。所用土工合成材料的品种与性能及填料的土类，应根据工程特性和地基土条件，按照现行国家标准《土工合成材料应用技术规范》（GB 50290—1998）的要求，通过设计并进行现场试验后确定。作为加筋的土工合成材料应采用抗拉强度较高、受力时伸长率不大于 4%~5%、耐久性好、抗腐蚀的土工格栅、土工格室、土工垫或土工织物等土工合成材料；垫层填料宜用碎石、角砾、砾砂、粗砂、中砂或粉质熟土等材料。当工程要求垫层具有排水功能时，垫层材料应具有良好的透水性。在软土地基上使用加筋垫层时，应保证建筑稳定并满足允许变形的要求。

2. 换土垫层法的施工要点

（1）垫层施工必须保证达到设计要求的密实度。密实方法常用的有振动法、水撼法、根压法等。这些方法都要求控制一定的含水量，分层铺砂厚 200~300 mm，逐层振密或压实，并应将下层的密实度检验合格后，方可进行上层施工。

（2）垫层的砂料必须具有良好的压实性。砂料的不均匀系数不能小于 5，以中粗砂为好，容许在砂中掺入一定数量的碎石，但要分布均匀。

（3）开挖基坑铺设垫层时，必须避免对软弱土层的扰动和破坏坑底土的结构。基坑开挖后应及时回填，不应暴露过久或浸水，并防止践踏坑底。当采用碎石垫层时，应在坑底先铺一层砂垫底，以免碎石挤入土中。

3. 质量检查

对于粉质黏土、灰土、粉煤灰和砂石垫层的施工，可采用环刀法、贯入仪、静力触探、轻型动力触探或标准贯入试验检验；对于砂石、矿渣垫层可用重型动力触探检验。各种垫层均应通过现场试验，以设计压实系数所对应的贯入度为标准检验垫层的施工质量。压实系数也可采用环刀法、灌砂法、灌水法或其他方法检验。

采用环刀法检验垫层的施工质量时，取样点应位于每层厚度的 2/3 深度处。检查数量按现行的《建筑安装工程质量检验评定统一标准》（GBJ 300—88）中的有关规定执行。对于大基坑，每 $50 \sim 100 \ m^2$ 不应少于 1 个检验点；对于基槽，每 $10 \sim 20 \ m^2$ 不应少于 1 个点；每个独立柱基不应少于 1 个点。采用贯入仪或动力触探检验垫层的施工质量时，每分层检验点的间距应小于 4 m。

（二）碾压法和夯实法

碾压法和夯实法是加固地基表层最常用的简易处理方法。通过处理，可使填土或地基表层疏松土孔隙体积减小，密实度提高，从而降低土的压缩性，提高其抗剪强度和承载力。目前我国常用的有机械碾压、振动压实和重锤夯实，以及 20 世纪 70 年代发展起来的强夯法等。

1. 机械碾压法

机械碾压法是利用压路机、羊足碾、轮胎碾等机械碾压地基土壤，使地基压实排水固结。一般情况下，以黏性土为主要的软弱土，宜采用平碾或羊足碾；对于杂填土可用平碾；对于砂土、湿陷性黄土、碎石类土和杂填土宜用振动碾和振动压实机；对于狭窄场地、边角及接触带可用蛙式夯土机。

2. 振动压实法

振动压实法是通过在地基表面施加振动把浅层松散土振实的方法，可用于处理砂土和由炉灰、炉渣、碎砖等组成的杂填土地基。

3. 重锤夯实法

重锤夯实法是利用起重机械将夯锤提到一定高度（$2.5 \sim 4.5 \ m$），然后使锤自由落下并重复夯击，以加固地基。锤重一般不小于 15 kN，经夯击以后，地基表层土体的相对密实度或干密度将增加，从而提高表层地基的承载力。地下水位以上稍湿的黏性土、砂土、湿陷性黄土、杂填土和分层填土的加固处理，对于湿陷性黄土，重锤夯实可减少表层土的湿陷性；对于杂填土，则可减少其不均匀性。

可夯实的加固深度一般为 $1.2 \sim 2.0 \ m$。

1）设备

夯锤形状宜采用截头圆锥体，可用 C20 钢筋混凝土制成，如图 2-1 所示。其底部可采用 20 mm 厚的钢板，以使重心降低。锤重为 $1.5 \sim 3.0 \ t$，落距一般采用 $2.5 \sim 4.5 \ m$。

起重机有摩擦式卷扬机的履式起重机、打桩机、悬臂式桅杆起重机、龙门式起重机。

2)施工要点

(1)最优含水量 = 塑限含水量 ±2%。

现场简易测定:以手捏紧后,松手土不散,易变形而不挤出,抛在地上即碎裂为合适。

(2)夯打顺序。

大面积基坑或条形基槽内,一夯挨一夯;独立柱基础基坑内,先周边后中间或先外后里的跳打法,如图 2-2 所示。

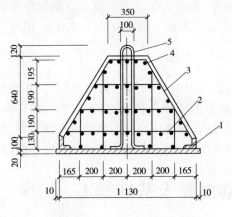

1—L100 × 10 角钢;2、3、4—Φ8 钢筋@100 双向;
5—Φ30 吊环

图 2-1　夯锤　（单位:mm）

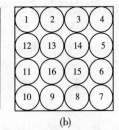

图 2-2　独立柱基础基坑夯打顺序

4.强夯法

强夯法,又称动力固结法,是法国路易斯·梅纳(L. Menard,1969)首创的一种地基加固方法。其用起重机械(起重机或起重机配三脚架、龙门架)将 80 ~ 300 kN 的夯锤起吊到 6 ~ 30 m 高度后,自由落下,产生强大的冲击能量,对地基进行强力夯实,从而提高地基承载力,降低其压缩性,是我国目前最为常用和最经济的深层地基处理方法之一。

强夯法经过 30 多年的发展和应用,适用于处理一般黏性土、饱和砂土、碎石土、粉土、人工填土、湿陷性黄土、淤泥质土等地基。

1)设备

强夯所需的夯锤形状宜采用圆形(常用)或方形,可用铸钢或铸铁制成,次之用钢板外壳内浇筑钢筋混凝土制成。锤的底面面积大小取决于表面土质,对砂土一般为 2 ~ 4 m²,黏性土为 3 ~ 4 m²,淤泥质土为 4 ~ 6 m²。夯锤中宜设置若干个上下贯通的气孔,以减小夯击时空气阻力。

起重设备一般为带有自动脱钩装置的履带式起重机或三脚架、龙门架等。设备的起重能力,当直接用钢丝绳悬吊夯锤时,应大于夯锤重的 3 ~ 4 倍;当采用自动脱钩装置时,起重能力应大于 1.5 倍锤重。设备的起重高度应满足强夯落距的要求,落距一般为 6 ~ 30 m。

吊钩尽量采用自动脱钩装置。吊钩必须具有足够的强度,且应施工方便。

2)施工要点

(1)平整场地。

对强夯施工场地范围内的地下构筑物和各处地下管线的位置及标高等,应采取必要的措施,避免因强夯施工造成损坏。还应估计强夯后可能产生的平均地面变形,并以此确定地面高程,然后用推土机推平。

（2）垫层铺设。

强夯前要求拟加固的场地应具有一层稍硬的表层,以便能支撑起重设备和扩散夯击能,因此有时必须铺设垫层。对于场地地下水位在2 m深度以下的砂砾石土层,可直接施行强夯,无须铺设垫层;对于地下水位较高的饱和黏性土层以及易于液化流动的饱和砂土,都需要铺设砂、砂砾或碎石垫层才能进行强夯,否则土体会发生流动。垫层厚度随场地的土质条件、夯锤重量及其形状等条件而定。垫层厚度一般为0.5 ~ 2.0 m,用推土机推平并来回碾压。

（3）强夯施工。

强夯施工可按以下步骤进行:清理并平整施工场地;标出第一遍夯点位置,并测量场地路程;起重机就位,使夯锤对准夯点位置;测量夯前锤顶高程;将夯锤起吊到预定高度,待夯锤脱钩自由下落后,放下吊钩,测量锤顶高程;若发现坑底倾斜而造成夯锤歪斜,应及时将坑底整平;重复上一步骤,按设计规定的夯击次数及控制标准,完成一个夯点的夯击。

第二节　浅埋式钢筋混凝土基础施工

建筑工程中,基础类型很多,材料很多,分类也较多。通常用钢筋混凝土修建的基础称为扩展基础,即钢筋混凝土基础。基础中配置了钢筋,使基础的强度、耐久性和抗冻性、抗弯性能都得到了很大的提高,而且基础高度也小了许多,节省了不少费用,这使其总造价并不高。因此,目前钢筋混凝土基础应用广泛。

一般工业与民用建筑在建筑设计中多采用天然浅基础,它的造价低,施工方便。常用的浅基础类型有条形基础、杯形基础、筏式基础和箱形基础等。

一、条形基础

条形基础分为柱下钢筋混凝土条形基础（见图 2-3）和墙下钢筋混凝土条形基础（见图 2-4）,这种基础的抗弯和抗剪性能好,可在竖向荷载较大、地基承载力不高以及承受水平力力矩等的情况下使用。

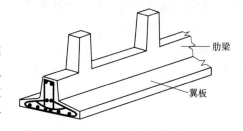

图 2-3　柱下钢筋混凝土条形基础

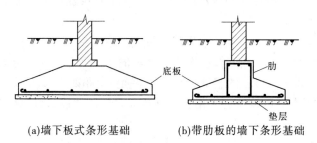

(a)墙下板式条形基础　　(b)带肋板的墙下条形基础

图 2-4　墙下钢筋混凝土条形基础

(一)构造要点

(1)锥形基础边缘高度 $h > 200$ mm,阶梯形基础的每阶高度 h_1 为 $300 \sim 500$ mm。

(2)地基厚度一般为 100 mm,钢筋混凝土等级为 C10;基础钢筋混凝土等级不低于 C15。

(3)底板受力钢筋最小直径不宜小于 8 mm,间距不宜大于 200 mm,当有地基时,钢筋保护层的厚度不宜小于 35 mm;当没有地基时,保护层的厚度不宜小于 70 mm。

(4)插筋的数目与直径应与柱内纵向受力钢筋相同。插筋的锚固与纵向受力钢筋的搭接长度,按现行《混凝土结构设计规范》(GB 50010—2011)的规定执行。

(5)钢筋混凝土条形基础底板在 T 形及十字形交接处,底板横向受力钢筋仅沿各主要受力方向通长布置,另一方向的横向受力钢筋可布置到主要受力方向底板宽度 1/4 处,如图 2-5 所示;在拐角处底板横向受力钢筋应沿两个方向布置。

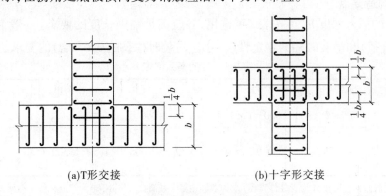

(a)T形交接　　　　　　　(b)十字形交接

图 2-5　条形基础底板钢筋布置示意图

(二)施工要点

(1)基坑应验槽:去掉基坑(槽)局部软弱土层,回填灰土或砂砾,清除基坑(槽)内浮土、积水、淤泥、垃圾和杂物;验槽后地基混凝土应立即浇筑,以免地基被扰动。

(2)在达到一定强度后的钢筋混凝土垫层上弹线、支模;铺设钢筋网片(钢筋网片底与混凝土垫层顶之间用与混凝土保护层同厚度的水泥砂浆垫塞,使位置正确)。

(3)在浇筑混凝土之前应清除模板上的垃圾、泥土等,模板用水润湿。

(4)基础混凝土宜分层连续浇筑完成。阶梯形基础的每一台阶高度内应分层浇捣,每浇筑完一台阶应稍停 $0.5 \sim 1$ h,待其初步获得沉实后,再浇筑上层,以防止下台阶混凝土溢出,在上台阶根部出现"烂脖子",台阶表面应基本抹平。

(5)锥形基础的斜面部分模板应随混凝土浇捣分段支设并顶压紧,以防模板上浮变形,边角处的混凝土应注意捣实。严禁斜面部分不支模,用铁锹拍实。

(6)基础上有插筋时,要加以固定,保证插筋位置的正确,防止浇捣混凝土发生移位。混凝土浇筑完毕,外露表面应覆盖浇水养护。

二、杯形基础

杯形基础常用做钢筋混凝土预制柱基础,基础中预留凹模(即杯口),然后插入预制柱,临时固定后,即在四周空隙中灌细石混凝土。其形式有一般杯口基础、双杯口基础和高杯口基础等(见图2-6)。

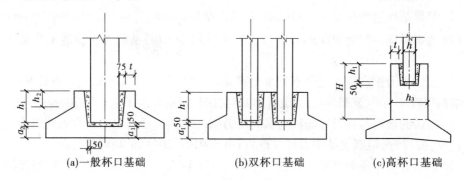

(a)一般杯口基础　　　　　(b)双杯口基础　　　　　(c)高杯口基础

图2-6　杯形基础示意图

(一)构造要点

(1)柱的插入深度 h_1 可按表2-1选用,并应满足锚固长度的要求(一般为20倍纵向受力钢筋直径)和吊装时柱的稳定性(不小于吊装时柱长的0.05倍)的要求。

表2-1　柱的插入深度 h_1 　　　　　　　　　　　　　(单位:mm)

矩形或工字形柱				单肢管柱	双肢管柱
$h < 500$	$500 \leqslant h < 800$	$800 \leqslant h < 1\ 000$	$h > 1\ 000$		
$(1 \sim 1.2)h$	h	$0.9h, \geqslant 800$	$0.8h, \geqslant 1\ 000$	$1.5d, \geqslant 500$	$(1/3 \sim 2/3)h_a$ 或 $(1.5 \sim 1.8)h_b$

注:1. h 为柱截面长边尺寸;d 为管柱外直径;h_a 为双肢柱整个截面长边尺寸,h_b 为双肢柱整个截面短边尺寸。

　　2. 当柱轴心受压或小偏心受压时,h_1 可以适当减小;当偏心距 $e_0 > 2h$(或 $e_0 > 2d$)时,h_1 应适当加大。

(2)基础的杯底厚度和杯壁厚度,可按表2-2采用。

表2-2　基础的杯底厚度和杯壁厚度 　　　　　　　　　　(单位:mm)

柱截面长边尺寸 h	杯底厚度 a_1	杯壁厚度 t
$h < 500$	$\geqslant 150$	$150 \sim 200$
$500 \leqslant h < 800$	$\geqslant 200$	$\geqslant 200$
$800 \leqslant h < 1\ 000$	$\geqslant 200$	$\geqslant 300$
$1\ 000 \leqslant h < 1\ 500$	$\geqslant 250$	$\geqslant 350$
$1\ 500 \leqslant h < 2\ 000$	$\geqslant 300$	$\geqslant 400$

注:1. 双肢柱的 a_1 值可适当加大。

　　2. 当有基础梁时,基础梁下的杯壁厚度应满足其支撑宽度的要求。

　　3. 柱子插入杯口部分的表面应尽量凿毛。柱子与杯口之间的空隙,应用细石混凝土密实充填,其强度达到基础设计强度等级70%以上(或采取其他相应措施)时,方能进行上部吊装。

(3)当柱为轴心或小偏心受压,且 t/h_2 不小于0.65时,或大偏心受压且 t/h_2 不小于0.75时,杯壁可不配筋;当柱为轴心或小偏心受压,且 t/h_2 不小于0.5不大于0.65时,杯壁可按表2-3和图2-7构造配筋;当柱为轴心或小偏心受压,且 $t/h_2 < 0.5$ 时,或大偏心受压且 $t/h_2 < 0.75$ 时,按计算配筋。

表 2-3 杯壁构造配筋

柱截面长边尺寸 h(mm)	< 1 000	1 000 ≤ h < 1 500	1 500 ≤ h < 2 000
钢筋直径(mm)	8 ~ 10	10 ~ 12	12 ~ 16

(4)预制钢筋混凝土柱(包括双肢柱)和高杯口基础的连接与一般杯口基础相同。

(二)施工要点

杯形基础除参照板式基础的施工要点外,还应注意以下几点:

(1)混凝土应按台阶分层浇筑,对高杯口基础的高台阶部分按整段分层浇筑。

(2)杯口模板可做成两半式的定型模板,中间各加一块楔形板,拆模时,先取出楔形板,然后分别将两半杯口模板取出,为便于周转,宜做成工具式的,支模时杯口模板要固定牢固并压浆。

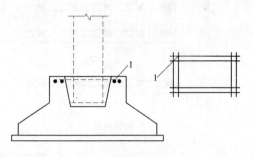

1—钢筋焊网或钢筋箍

图 2-7 杯壁内配筋示意图

(3)浇筑杯口混凝土时,应注意四侧要对称均匀进行,避免将杯口模板挤向一侧。

(4)施工时应先浇筑杯底混凝土并振实,注意在杯底一般有 50 mm 厚的细石混凝土找平层,应仔细留出。待杯底混凝土沉实后,再浇筑杯口四周混凝土。基础浇捣完毕,在混凝土初凝后终凝前将杯口模板取出,并将杯口内侧表面混凝土凿毛。

(5)施工高杯口基础时,可采用后安装杯口模板的方法施工,即当混凝土浇捣接近杯口底时,再安装固定杯口模板,继续浇筑杯口四周混凝土。

三、筏式基础

当立柱或承重墙传来的荷载较大,地基土质软弱又不均匀,采用单独或条形基础均不能满足地基承载力或沉降的要求时,可采用筏式钢筋混凝土基础,这样既扩大了基底面积又增加了基础的整体性,并避免建筑物局部发生不均匀沉降。筏式基础在构造上类似于倒置的钢筋混凝土楼盖,它可以分为梁板式(见图 2-8(a))和平板式(见图 2-8(b))。平板式常用于柱荷载较小而且柱子排列较均匀和间距也较小的情况。

(一)构造要点

(1)混凝土强度等级不宜低于 C20,钢筋无特殊要求,其保护层厚度不小于 35 mm。

(2)基础平面布置应尽量对称,以减小基础荷载的偏心距。底板厚度不宜小于 200 mm。梁截面和板厚按计算确定,梁顶高出底板顶面不小于 300 mm,梁宽不小于 250 mm。

(3)底板下一般宜设厚度为 100 mm 的 C10 混凝土垫层,每边伸出基础底板不小于 100 mm。

(二)施工要点

(1)施工前,如地下水位较高,可采用人工降低地下水位至基坑底不少于 500 mm,以保证在无水情况下进行基坑开挖和基础施工。

(2)施工时,可采用先在垫层上绑扎底板、梁的钢筋和柱子锚固插筋,浇筑底板混凝土,

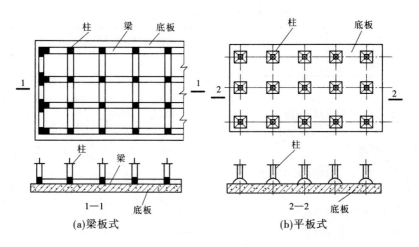

图 2-8　筏式基础

待达到25%设计强度后,再在底板上支梁模板,继续浇筑完梁部分混凝土;也可采用底板和梁模板一次同时支好,混凝土一次连续浇筑完成,梁侧模板采用支架支撑并固定牢固。

(3)混凝土浇筑时一般不留施工缝,必须留设时,应按施工缝要求处理,并应设置止水带。

(4)基础浇筑完毕,表面应覆盖和洒水养护,并防止被水浸泡。

四、箱形基础

箱形基础是由钢筋混凝土底板、顶板、外墙以及一定数量的内隔墙构成封闭的箱体(见图2-9),基础中部可在内厢墙开门洞作地下室。该基础具有整体性好,刚度大,调整

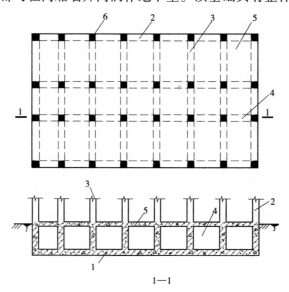

1—底板;2—外墙;3—内纵隔墙;4—内横隔墙;5—顶板;6—柱

图 2-9　箱形基础

不均匀沉降能力及抗震能力强的特点,适用作软弱地基上的面积较小、平面形状简单、上部结构荷载大且分布不均匀的高层建筑物的基础和对沉降有严格要求的设备基础或特种构筑物基础。

(一)构造要点

(1)箱形基础在平面布置上应尽可能对称,以减小荷载的偏心距,防止基础过度倾斜。

(2)混凝土强度等级不应低于 C20,基础高度一般取建筑物高度的 1/8 ~ 1/12,不应小于箱形基础长度的 1/16 ~ 1/18,且不小于 3 m。

(3)底、顶板的厚度应满足柱或墙冲切验算要求,并根据实际受力情况通过计算确定。底板厚度一般取隔墙间距的 1/8 ~ 1/10,为 300 ~ 1 000 mm,顶板厚度为 200 ~ 400 mm,内墙厚度不宜小于 200 mm,外墙厚度不应小于 250 mm。

(4)为保证箱形基础的整体刚度,平均每平方米基础面积上墙体长度应不小于 400 mm,或墙体水平截面面积不得小于基础面积的 1/10,其中纵墙配置量不得小于墙体总配置量的 3/5。

(二)施工要点

(1)基坑开挖,如地下水位较高,应采取措施降低地下水位至基坑底以下 500 mm 处,并尽量减少对基坑底土的扰动。当采用机械开挖时,在基坑底面以上 200 ~ 400 mm 厚的土层,应用人工挖除并清理,基坑验槽后,应立即进行基础施工。

(2)施工时,基础底板、内外墙和顶板的支模、钢筋绑扎及混凝土浇筑,可采取分块进行,其施工缝的留设位置和处理应符合钢筋混凝土工程施工及验收规范的有关要求,外墙接缝应设止水带。

(3)基础的底板、内外墙和顶板宜连续浇筑完毕。为防止出现温度收缩裂缝,一般应设置贯通后浇带,带宽不宜小于 800 mm,在后浇带处钢筋应贯通,顶板浇筑后,相隔 2 ~ 4 周,用比设计强度提高一级的细石混凝土将后浇带填灌密实,并加强养护。

(4)基础施工完毕,应立即进行回填土。停止降水时,应验算基础的抗浮稳定性,抗浮稳定系数不宜小于 1.2,当不能满足时,应采取有效措施,如继续抽水直至上部结构荷载加上后能满足抗浮稳定系数要求,或在基础内采取灌水或加重物等,防止基础上浮或倾斜。

第三节　桩基础施工

一、桩基的作用和分类

当浅层土层无法满足建筑物对地基的变形和承载力要求时,需采用桩基础利用下部土层或坚实的土层、岩层作为持力层。

桩基是由单根桩(如一柱一桩的情况),或单排桩或多排桩组成,桩身全部或部分埋入土中,顶部由承台或梁将各单桩联成一体,以承受上部结构的一种常用的基础形式。

采用桩基础可将上部结构的荷载直接传递到深处承载力较大的土层上,或将软弱土挤密,以提高土层的密实度和承载力,从而保证建筑物的整体稳定性和减少地基沉降。同时,桩基础如设计正确,施工得当,它具有承载力高、稳定性好、沉降量小而均匀,在深基础中具有耗用材料少、施工简便等特点。在深水河道中,可避免(或减少)水下工程,简化施工设备和技术要求,加快施工速度并改善工作条件。

桩的分类方式很多,如表2-4所示。另外,按其承载性状可分为摩擦型桩和端承型桩(见图2-10);按承台位置可分为高桩承台基础(简称高桩承台)和低桩承台基础(简称低桩承台)。

表2-4　桩的综合分类

桩基础分类方法	桩的类型				
按桩的制作工艺分	预制桩		灌注桩		
按成桩或成孔的工艺分	打入桩	静压桩	沉管桩	钻孔桩	人工挖孔桩
按对环境影响效应分	挤土桩		不挤土桩		
按桩身材料分	钢桩、钢筋混凝土桩		钢筋混凝土桩、素混凝土桩		

我国目前常用的桩基础施工方法有灌注法和沉入法。

预制桩是在工厂或施工现场预先制成各种材料和形式的桩(如木桩、混凝土方桩、预应力混凝土管桩、钢管或型钢的钢桩等),然后以锤击(通过锤击或辅以高压射水使桩沉入土中)、振动打入(将大功率振动器置于桩顶,利用内装偏心块旋转产生的竖向振动力使桩沉入土中)、静压(利用静力压桩机将桩压入土中)或旋入等方式设置就位。

灌注桩是在施工现场的桩位上用机械或人工成孔,然后在孔内灌注混凝土(或钢筋混凝

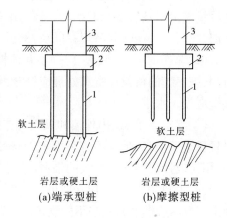

1—桩;2—承台;3—上部结构

图 2-10　桩基

土)而成。根据成孔方法的不同分为钻孔、挖孔、冲孔灌注桩,套管成孔灌注桩和爆扩成孔灌注桩。

二、预制桩施工

预制桩包括钢筋混凝土预制桩(包括预应力混凝土预制桩)、钢管预制桩等,其中以钢筋混凝土预制桩应用较多。本节以钢筋混凝土预制桩为例介绍桩的施工工艺,其他桩形施工方法与之相类似,这里不再介绍。

(一)钢筋混凝土预制桩的制作

预制桩的制作分为现场制作和工厂预制。钢筋混凝土预制桩的制作有并列法、间隔

法、叠浇法、翻模法等,现场多采用叠浇法、间隔法制作。较短的桩在预制厂生产,较长的桩在打桩现场或附近就地制作。所用的混凝土强度等级不宜低于C30。混凝土方桩的截面边长多为250~500 mm。桩的制作长度主要取决于运输条件及装架高度,一般不超过30 m。如超过30 m,可将桩分成几段预制,在打桩过程中接桩。

施工前应首先做好场地布置,并对场地压实平整,避免产生不均匀沉降。为节省场地,现场预制桩可采用叠浇法制作,桩的重叠层数取决于地面允许荷载和施工条件,一般不宜超过4层。桩与桩间应做好隔离层,桩与邻桩、底模之间的接触面不得发生黏结,桩在拆模时不得损坏棱角。上层桩的混凝土浇筑,必须在下层桩的混凝土达到设计强度的30%以后方可进行。

钢筋混凝土预制桩的钢筋骨架的主筋连接宜采用对焊,同一截面内的接头数量不得超过50%,同一根钢筋两个接头的距离应大于$30d_0$(d_0为主筋直径),且不小于500 mm。预制桩的钢筋骨架的允许偏差应符合《地基与基础工程施工及验收规范》(GB 50202—2002)的规定,如超出规范允许的偏差,桩容易被打坏。在桩顶和桩尖处箍筋应加密,桩顶设置钢筋网片,如图2-11所示。如为多节桩,上节桩和下节桩尽量在同一纵轴线上制作,使上下钢筋和桩身减小偏差。桩的预制先后次序应与打桩次序对应,以缩短养护时间。

预制桩的混凝土浇筑工作应由桩顶向桩尖连续浇筑,严禁中断。制作完成后,应洒水养护不少于7 d。锤击的预制桩的粗集料粒径宜为5~40 mm。制作的桩的表面应平整、密实,桩顶和桩尖处不得有蜂窝、麻面、裂缝和掉角。桩的制作偏差不应超过《地基与基础工程施工及验收规范》(GB 50202—2002)的有关规定。

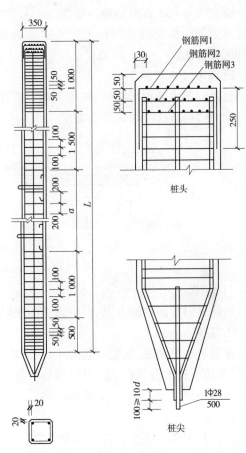

图2-11 钢筋混凝土预制桩 (单位:mm)

(二)桩的吊运

当桩的混凝土达到设计强度的70%后方可起用,达到100%后方可运输和订校。如提前起吊,必须做强度和抗裂度验算,并采取相应的保证措施。桩在起吊和搬运时必须平稳,并且不得损坏。吊点应符合设计要求,一般节点的设置如图2-12所示。

打桩前,桩从制作处运到现场,以备打桩,并应根据打桩顺序随打随运,以避免二次搬运。桩的运输方式,在运距不大时,可用起重机吊运;当运距较大时,可采用轻便轨道小平台车运输,如图 2-13 所示。

堆放桩的地面必须平整、坚实,垫木间距应与吊点位置相同,各层垫木应上下对齐,并位于同一垂直线上,堆放层数不宜超过 4 层。不同规格的桩,应分别堆放。

(三)预制桩的沉桩施工

预制桩的沉桩方法有锤击法、振动法、静压法及水冲法等,其中以锤击法与静压法应用较多。

1. 锤击法

锤击法是利用桩锤的冲击克服土对桩的阻力,使桩沉到预定深度或达到持力层。这是最常用的一种沉桩方法。

1)锤击法施工设备

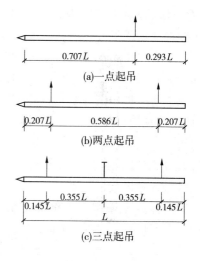

图 2-12　桩的合理吊点

打桩设备主要包括桩锤、桩架和动力装置三部分。根据地基土质情况,桩的种类、尺寸以及动力供应条件等因素综合确定。

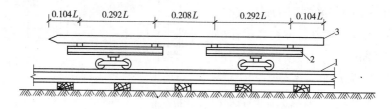

1—铁轨;2—平台车;3—桩

图 2-13　用平台车及轻便铁轨运桩

(1)桩锤。

桩锤是对桩施加冲击力、打桩入土的主要机具,有落锤、汽锤、柴油锤、液压锤等。

①落锤。

落锤为一铸铁块,质量一般为 $0.5 \sim 2.0$ t,如图 2-14 所示。其构造简单,使用方便,费用低,但施工速度慢,效率低,且桩顶易被打坏。落锤适用于施打小直径的钢筋混凝土预制桩或小型钢桩,在软土层中应用较多。

②汽锤。

汽锤利用蒸汽或压缩空气为动力进行锤击。根据其工作情况可分为单动汽锤(见图 2-15)和双动汽锤(见图 2-16)。常用单动汽锤重为 $3 \sim 10$ t,当蒸汽或压缩空气进入汽缸内活塞上部空间时,由于活塞杆不动,迫使汽缸上升,当它达到一定高度时,停止供气,同时排出缸内气体,使汽缸下落击桩。这种桩锤落距短,打桩速度及冲击力大,效率较高,适宜于打各种类型的桩。双动汽锤一般重为 $0.6 \sim 6$ t。锤固定在桩头上不动,当气体从活塞上下交替进入和排出汽缸时,迫使活塞杆来回上升和压下,带动冲击部分进行打桩工作。这种桩锤冲击次数多,冲击力大,效率高,不仅适用于一般打桩工程,而且还可用于打斜桩、水下打桩和拔桩。

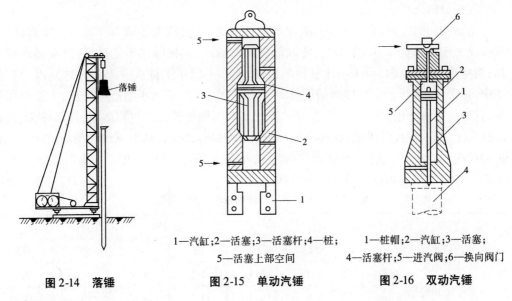

1—汽缸;2—活塞;3—活塞杆;4—桩;
5—活塞上部空间

1—桩帽;2—汽缸;3—活塞;
4—活塞杆;5—进汽阀;6—换向阀门

图 2-14　落锤　　　　　图 2-15　单动汽锤　　　　　图 2-16　双动汽锤

③柴油锤。

柴油锤利用燃油爆炸的能量,推动活塞往复运动产生冲击进行锤击打桩,其工作原理如图 2-17 所示(筒式柴油锤)。柴油锤冲击部分的质量有 2.0 t、2.5 t、3.5 t、4.5 t、6.0 t、7.2 t 等,每分钟锤击次数为 40~80 次,可以用于大型混凝土桩和钢管桩等。

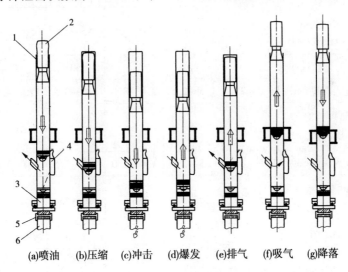

(a)喷油　(b)压缩　(c)冲击　(d)爆发　(e)排气　(f)吸气　(g)降落

1—汽缸;2—上活塞;3—下活塞;4—燃油泵;5—桩帽;6—桩
图 2-17　筒式柴油锤工作原理

④液压锤。

液压锤的冲击缸体通过液压油提升与降落,冲击缸体下部充满氮气。当冲击缸体下落时,首先是冲击头对桩施加压力,接着是通过压缩的氮气对桩施加压力,使冲击缸体对桩施加压力的过程延长,因此每一击能获得更大的贯入度。液压锤不排出任何废气,无噪声,冲击频率高,并适合水下打桩,是理想的冲击式打桩设备,但构造复杂,造价较高。

⑤桩锤的选择。

用锤击法沉桩时,为保证锤具有足够的冲击能,锤重应大于或等于桩重。实践证明,当锤重大于桩重的1.5～2倍时,能取得良好的效果,但桩锤亦不能过重,过重易将桩打坏;当桩重大于2 t时,可采用比桩轻的桩锤,但亦不能小于桩重的75%。这是因为在施工中,宜采用"重锤低击",即锤的质量大而落距小,这样,桩锤不易产生回跃,不致损坏桩头,且桩易打入土中,效率高;反之,若"轻锤高击",则桩锤易产生回跳,易损坏桩头,桩难以打入土中,不仅拖延工期,更影响桩基的质量。桩锤的选择应根据地质条件、桩的类型、桩的长度、桩身结构强度、桩群密集程度以及施工条件等因素确定。锤重选择可参考表2-5,选用时最好再进行锤击应力验算。

表2-5　选择锤重参考表

锤型		柴油锤					
		20	25	35	45	60	72
锤的动力性能	冲击部分重(t)	2.0	2.5	3.5	4.5	6.0	7.2
	总重(t)	4.5	6.5	7.2	9.6	15.0	18.0
	冲击力(kN)	2 000	2 000 ～ 2 500	2 500 ～ 4 000	4 000 ～ 5 000	5 000 ～ 7 000	7 000 ～ 10 000
	常用冲程(m)			1.8～2.3			
桩的截面	混凝土预制桩的边长或直径(cm)	25～35	35～40	40～45	45～50	50～55	55～60
	钢管桩的直径(cm)		40		60	90	90～100
持力层	黏性土、粉土 一般进入深度(m)	1.0～2.0	1.5～2.5	2.0～3.0	2.5～3.5	3.0～4.0	3.0～5.0
	黏性土、粉土 静力触探比贯入度平均值(Pa)	3	4	5		>5	
	砂土 一般进入深度(m)	0.5～1.0	0.5～1.5	1.0～2.0	1.5～2.5	2.0～3.0	2.5～3.5
	砂土 标准贯入击数 N（未修正）	15～25	20～30	30～40	40～45	45～50	50
常用的控制贯入度(cm/10击)			2～3		3～5	4～8	
设计单桩极限承载力(kN)		200～400	800 ～ 1 600	2 500 ～ 4 000	3 000 ～ 5 000	5 000 ～ 7 000	7 000 ～ 10 000

注:1.本表仅供选锤用。

2.本表适用于20～60 m长的预制钢筋混凝土桩及40～60 m的钢管桩,且桩尖进入硬土层有一定深度。

(2)桩架。

桩架的作用是支持桩身、悬吊桩锤、引导桩和桩锤的方向、保证桩的垂直度,还能起吊并小范围内移动桩。

①桩架的种类。

桩架的种类很多,按桩架的行走方式分有滚管式、轨道式、履带式及步履式等四种。

滚管式桩架,依靠两根滚管在枕木上滚动及桩架在滚管上滑动完成其行走及位移。这种桩架的优点是结构比较简单,制作容易,成本低;缺点是平面转向不灵活,操作复杂。

轨道式多功能桩架,如图 2-18 所示,由立柱、斜撑、回转工作台、底盘及传动机构组成。这种桩架的机动性和适应性很大,在水平方向可作 360°回转,立柱可前后倾斜(前斜 5°、后斜 18.5°),底盘下装有铁轮,可在钢轨上行走,可用于各种预制桩及灌注桩施工。缺点是机构较庞大,现场组装和拆迁比较麻烦。

履带式桩架如图 2-19 所示,是采用履带式起重机为底盘、增加立柱和斜撑后改装而成的。由于行走时不需要轨道,故其机动性能较多功能桩架灵活,移动方便,可适应各种预制桩及灌注桩施工。

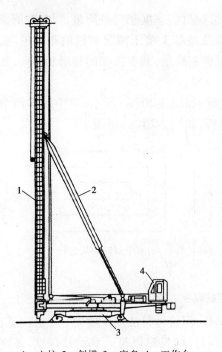

1—立柱;2—斜撑;3—底盘;4—工作台

图 2-18　轨道式多功能桩架

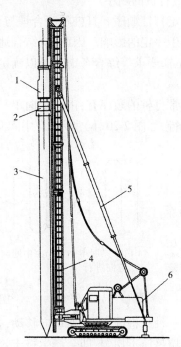

1—桩锤;2—桩帽;3—桩;4—立柱;5—斜撑;6—车体

图 2-19　履带式桩架

步履式桩架,通过两个可相对移动的底盘互为支撑、交替走步的方式前进,也可 360°回转,它不需铺设轨道,移动就位方便,打桩效率高。

②桩架的选择。

桩架的选择应考虑下述因素:桩的材料、桩的截面形状及尺寸大小、桩的长度及接桩方式;桩的数量、桩距及布置方式;桩锤的形式、尺寸及质量;现场施工条件、打桩作业空间及周边环境;施工工期及打桩速率要求。

桩架的高度必须适应施工要求,它一般等于桩长 + 桩帽高度 + 桩锤高度 + 滑轮组高度 + 起锤移位高度(取 1～2 m)。

（3）动力装置。

动力装置的配置取决于所选的桩锤。当选用蒸汽锤时,则需配备蒸汽锅炉和卷扬机。

2）打桩施工

（1）打桩前的准备工作。

①清除妨碍施工的地上和地下的障碍物,平整施工场地,做好排水工作。

②定位放线,在不受打桩影响的地点设置水准点不少于 2 个。在施工过程中可据此检查桩位的偏差以及桩的入土深度。

③安装供电、供水系统,准备施工机具,对桩进行质量检验。

④安装打桩机并进行打桩试验,检验打桩设备和打桩工艺是否符合要求。按照规范的规定,试桩不得少于 2 根。

（2）打桩的顺序。

确定打桩顺序。打桩顺序合理与否,直接影响打桩速度和打桩质量,同时对周围环境也会产生一定的影响。因此,应结合地形、地质及地基土挤压情况和桩的布置密度、工作性能、工期要求等综合考虑后予以确定,以确保桩基质量,减少桩架的移动和转向,加快打桩速度。

通常打桩的顺序有:由一侧向单一方向进行,如图 2-20（a）所示;自中间向两个方向对称进行,如图 2-20（b）所示;自中间向四周进行,如图 2-20（c）所示。

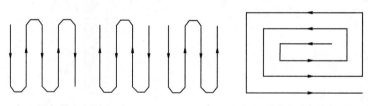

(a)由一侧向单一   (b)由中间向两个方向对称进行   (c)由中间向四周进行
方向进行

图 2-20　打桩顺序

第一种打桩顺序,装架单向移动,打桩效率高,但这种打法使土壤向一个方向挤压,而导致土壤挤压不均匀,即会产生挤土效应,因而后打的桩难以打入到设计深度,最终将引起建筑物不均匀沉陷。所以,这种打桩顺序适用于桩的中心距不小于 4 倍桩径,即桩不太密集时的打桩施工。当桩的中心距小于 4 倍桩径时,为防止产生挤土效应,打桩推进方向宜逐排改变,对于同一排桩,必要时还可采用间隔跳打的方式。后两种打桩顺序可以减缓或分散打桩对土体产生的挤压力。所以,对于大面积的桩群,宜采用后两种打桩顺序,以免土壤受到严重挤压,使桩难以打入,或使先打的桩受挤压而倾斜。同时,根据具体情况,可以将桩群分成几个区域,由多台打桩机采用合理的顺序同时进行打设。

此外,当桩基础的设计标高不同时,打桩顺序宜先深后浅;当桩的规格不同时,打桩顺序宜先大后小、先长后短。

（3）打桩工艺。

打桩施工工艺:桩机就位→吊桩→打桩→接桩→送桩→截桩。

打桩机就位时装架应垂直平稳,导杆中心线与打桩方向一致,并检查桩位是否正确,校核无误后将其固定。打桩机就位后,将桩锤和桩帽吊起,其高度应超过桩身,然后吊桩并送至导杆内,垂直对准桩位,保证垂直度偏差不超过 0.5%,然后固定桩帽和桩锤,使桩、桩帽、桩锤在同一铅垂线上,确保桩能垂直下沉。为防止损伤桩顶,在桩锤和桩帽之间应加弹性衬垫,桩帽和桩顶四周应有 5～10 mm 的间隙。将桩锤缓落到桩顶上,在桩锤作用下,使桩缓缓送下插入土中一定深度,达到稳定位置,再次校正桩位及垂直度。

打桩开始时,应先用小落距轻打,待桩入土 1～2 m 后,再按要求的落距锤击。锤击时,应使锤跳动正常。桩的入土速度应均匀,锤击间隔时间不要过长,要连续打入。打桩时,应防止锤击偏心,以免桩产生偏位、倾斜,或打坏桩头、折断桩身。

桩正常下沉时,桩锤回弹小,贯入度变化有规律。若桩锤回弹大,则说明锤太轻。如贯入度突然减小,回弹增大,且在减小落距,加快锤击后,桩仍不下沉,则说明桩下有障碍物。如贯入度突然增大,则表明桩尖、桩身可能遭到破坏,或接桩不直、接头破坏,或下遇软弱土层、洞穴等。在打桩过程中,遇有贯入度剧变,桩身突然发生倾斜、移位或有严重回弹,桩顶或桩身出现严重裂缝或破碎等异常情况时,应暂停打桩,并及时与有关单位研究处理。

当设计桩较长时,需分段施打,并在现场接桩。常用的接桩方法有焊接法接合、管式接合、硫磺砂浆锚筋接合和管桩螺栓接合,如图 2-21 所示,其中以焊接接桩应用最多。采用焊接接桩时,接桩的预埋铁件表面应清洁,上、下节桩之间如有间隙,应用铁片填实焊牢,焊缝应连续饱满,并采取措施减少焊接变形。接桩时,上、下节桩的中心线偏差不得大于 10 mm,节点弯曲矢高不得大于 1‰桩长。

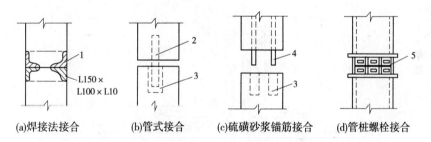

(a)焊接法接合　(b)管式接合　(c)硫磺砂浆锚筋接合　(d)管桩螺栓接合

1—角钢与主筋焊接;2—预埋钢管;3—预留孔洞;4—预埋钢管;5—预埋法兰

图 2-21 桩的接头形式

当桩顶标高低于自然地面,需用送桩管将桩送入土中时,桩与送桩管的纵轴线应在同一直线上,拔出送桩管后,桩孔应及时回填或加盖。

打桩完毕后,按设计要求的桩顶标高,将桩头或无法打入的桩身凿去,但不得打裂桩顶标高以下的桩身混凝土,并保证桩顶嵌入承台内的长度不小于 50 mm,当桩主要承受水平力时,不小于 100 mm。

(4)打桩质量控制及打桩记录。

打桩的质量检查主要包括沉桩过程中每米进尺的锤击数、最后 1 m 锤击数、最后三阵贯入度以及桩尖标高、桩身垂直度和桩位。

桩的垂直偏差应控制在 1% 以内,平面位置偏差不大于 100～150 mm。

打桩的控制,对于端承型桩,以最后贯入度控制(施工中一般采用最后三阵,每阵10击的平均入土深度作为标准)为主,以标高作为参考;对于摩擦型桩,则应以标高为主,以最后贯入度作为参考。设计与施工中的控制贯入度是以合格的试桩数据为准,如无试桩资料,可参考类似土的贯入度,由设计确定。最后贯入度控制的测量应在下列正常条件下进行:桩顶没有破坏,锤击没有偏心,锤的落距符合规定,桩帽和弹性垫层正常。

打桩系隐蔽工程,施工过程中应做好观测和记录。要观测桩的入土速度、锤的落距、每分钟锤击次数,当桩下沉接近设计标高时,即应进行标高和贯入度的观测,各项观测数据应计入打桩记录表,表格格式及记录的内容可参见《地基与基础工程施工及验收规范》(GB 50202—2002)。

(5)打桩对周围环境的影响及防治。

打桩施工时对周围环境产生的不良影响主要有挤土效应、打桩产生的噪声和振动等问题。对环境的不利影响必须认真对待,否则将导致工程事故、经济和社会问题。

2. 静力压桩

静力压桩是利用无振动、无噪声的静压力,将预制桩逐节压入土中的一种沉桩方法。它主要适用于软弱土层和周围环境对振动和噪声有限制的情况。静力压桩机分为机械式(见图 2-22)和液压式两种类型,目前应用较多的是液压式静力压桩机,其静压力一般为400~500 kN,最高可达 5 000 kN,如图 2-23 所示。

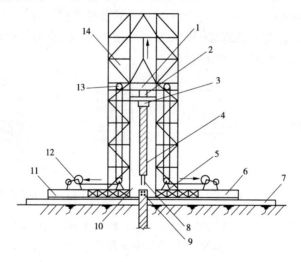

1—活动压梁;2—液压表;3—桩帽;4—上段桩;5—压重;6—底盘;7—轨道;8—上段接桩锚筋;
9—下段接桩锚筋;10—导桩口;11—操作平台;12—卷扬机;13—加ïż力钢丝滑轮组;14—桩架导向笼

图2-22　机械式静力压桩机

静力压桩的施工,一般采用分段压入,逐段接长的方法,其施工顺序为:

测量定位→压桩机就位→吊桩、插桩→桩身对中调直→静压桩→接桩→再静压沉桩→送桩→终止压桩→截桩,如图2-24 所示。

压桩过程中,要保持桩轴心受压,接桩时也应保证上下接桩的轴线一致。各工序应连续进行,如中途必须停歇,应尽量缩短停歇时间,并考虑将桩尖停歇在软弱土层中,以减小

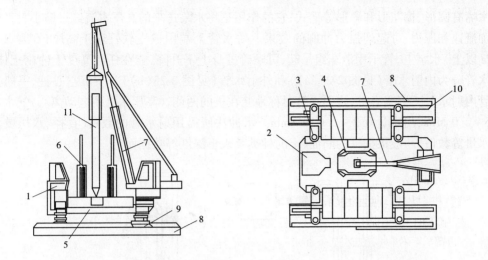

1—操纵室;2—电气控制台;3—液压系统;4—导向架;5—配重;6—夹持装置;

7—吊桩把杆;8—支腿平台;9—横向行走与回转装置;10—纵向行走装置;11—桩

图 2-23 液压式静力压桩机

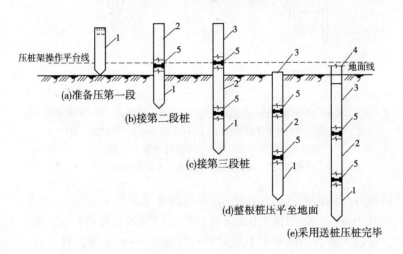

1—第一段桩;2—第二段桩;3—第三段桩;4—送桩;5—接桩处

图 2-24 静力压桩工作程序

再压时的启动阻力。

当桩尖遇到夹砂层时,压桩阻力可能突然增大,甚至超过压桩能力。此时,压桩机应以最大的压桩力,采用忽开忽停的方法,使桩有可能缓慢穿过砂层。

当桩快要到达设计标高时,不能过早停压,否则,在补压时常可能发生压不下或压入过低的情况。理想的做法是,压桩接近设计标高时,注意严格控制,一次压入成功。

3. 水冲沉桩(射水沉桩)

水冲沉桩是将射水管附着在桩身上,射水管下端设有喷嘴,沉桩时利用高压水流将桩尖附近的土体冲松液化,以减小桩下沉的阻力和桩表面与土壤之间的摩擦力,使桩在自重和锤击作用下顺利沉入土中。水冲沉桩的设备包括射水嘴、射水管、连接软管、高压水泵。

射水嘴有圆形、梅花形和扁形等形式,它的作用是将水泵送来的高压水流经过缩小直径以增加流速和压力,可起到强力冲刷的效果。射水管上端用橡皮软管连于高压(耐压2.0MPa以上)水泵上,管子用滑车组吊起,可顺着桩身上下升降,能在任何高度上冲刷土体。射水管分为内射水管(见图2-25(a))和外射水管(见图2-25(b))。下沉空心桩,一般用单管内射水。下沉实心桩,将射水管对称地装在桩的两侧。高压水泵用电动离心式,水压0.5～2.0 MPa,出水量0.2～2.0 m³/min。水冲法所需用射水管的数目、直径、水压及消耗水量等数值,一般根据桩的断面、土的种类及入土深度等数据而定。

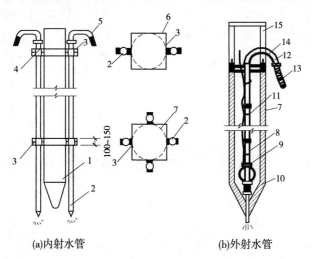

(a)内射水管   (b)外射水管

1—预制实心桩;2—射水管;3—夹箍;4—木楔打紧;5—胶管;6—两侧外射水管夹箍;
7—管桩;8—射水管;9—导向环;10—挡砂板;11—保险钢丝绳;
12—弯管;13—胶管;14—电焊圆钢加强;15—钢送桩

图2-25 射水法沉桩装置 (单位:mm)

水冲法沉桩常与锤击或振动配合使用,常见的施工方法有:先用射水管冲桩孔,然后将桩身插入桩孔中;边射水,边锤击(或振动);射水与锤击交替进行;以锤击或振动为主、射水为辅等。在砂夹卵石层或坚硬土层中射水沉桩时,一般采用以射水为主、锤击或振动为辅的施工方法,以免桩身及桩头被打坏或振坏,并可加快下沉速度(据实测资料统计,比锤击法可提高工效2～4倍)。在黏性土和亚黏土中射水沉桩时,一般以锤击或振动为主、射水为辅,并应适当控制射水时间和水量。

利用射水沉桩法施工,吊插桩时要注意及时引送输水胶管,防止拉断与脱落;桩插正立稳后,压上桩帽桩锤,开始用较小水压,使桩靠自重下沉。初期控制桩身下沉不应过快,以免阻塞射水管嘴,并注意随时控制和校正桩的垂直度。下沉渐趋缓慢时,可开锤轻击。沉至一定深度(8～10 m)已能保持桩身稳定度后,可逐步加大水压和锤的冲击动能。沉桩至距设计标高一定距离(1～1.5 m)时停止射水,拔出射水管,进行锤击或振动,使桩下沉至设计要求标高,以保证桩的承载力。

4.振动沉桩

振动沉桩是利用振动锤(见图2-26)沉桩,桩顶与振动锤连接,振动锤产生的振动力通过桩身使土体强迫振动,桩与土之间的摩擦力减小,使桩在自重与振动力共同作用下沉入土中。

　　沉桩过程中,每次振动的时间应根据土质情况及振动机能力大小并通过实地试验确定,一般不超过 10~15 min。振动时间过短,则对土的结构尚未彻底破坏,桩难以下沉;振动时间过长,则振动机零件容易磨损。可以通过调整振动锤的振动频率使其与桩体自身振动频率一致而产生共振,从而提高打桩效率和减轻对周围环境的影响。

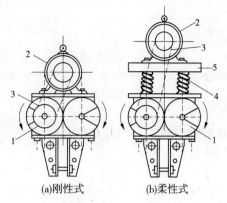

(a)刚性式　　　　(b)柔性式

1—激振器;2—电动机;3—传动带;
4—弹簧;5—加荷板

图 2-26　振动锤构造

　　振动沉桩施工对端承桩应控制最后三次振动,每次 5 min 或 10 min,以每分钟平均贯入度满足设计要求为准;摩擦桩则以桩尖进入持力层深度为准。

　　振动沉桩适用于黏土、松散砂土及黄土和软土,尤其在砂土中施工效率最高。钢板桩较多用振动沉桩。

　　5.沉桩常遇问题的分析及处理

　　在打桩过程中应注意观察,一旦发生贯入度突变,桩身突然倾斜、移位或有严重回弹,桩顶或桩身出现严重裂缝等情况,应暂停施工,并及时研究处理。

　　打桩施工中常遇的问题及其原因,以及处理的方法见表 2-6。

表 2-6　沉桩常遇问题的分析及处理

常遇问题	主要原因	防治措施及处理方法
桩头打坏	桩头强度低,配筋不当,保护层过厚,桩顶不平,锤与桩不垂直,有偏心;锤过轻;落锤过高,锤击过久,使桩头受冲击力不均匀,桩帽顶部变形大,凹凸不平	加桩垫,锲平桩头;低锤慢击或作垂直度纠正等处理;严格按质量标准进行桩的制作,对桩帽变形进行纠正
桩身扭转或位移	桩尖不对称;桩身不正直	可用棍撬、慢锤低击纠正;偏差不大,可不处理
桩身倾斜或位移	桩尖不正,桩头不平,遇横向障碍物压边,土层有陡的倾斜角;桩帽与桩身不在同一直线上,桩距太近,邻桩打桩土体挤压	偏差过大,应拔出移位再打或作补桩;入土不深(<1 m)偏差不大时,可用木架顶正,再慢锤打入纠正;障碍物不深时,可挖除回填后再打或作补桩处理
桩身破裂	桩质量不符合设计要求,遇硬土层时硬性施打	加钢夹箍用螺栓拧紧后焊固补强。如符合贯入度要求,可不作处理
桩涌起	遇流砂或较软土层,或饱和淤泥层	将浮起量大的桩重新打入,经静载荷试验,不合要求的桩进行复打或重打

续表 2-6

常遇问题	主要原因	防治措施及处理方法
桩急剧下沉	遇软土层、土洞;接头破裂或桩尖劈裂;桩身弯曲或有严重的横向裂缝;落锤过高,接桩不垂直	将桩拔起检查改正重打,或在靠近原桩位处作补桩处理;加强沉桩前的检查,不符合要求及时更换或处理
桩不易沉入或达不到设计标高	遇旧埋设物,坚硬土夹层或砂夹层,打桩间隔时间过长,摩阻力增大,定错桩位	遇障碍物或硬土层,用钻孔机钻透后再打入,或边射水边打入;根据地质资料正确选择桩长
桩身跳动,桩锤回弹	桩尖遇树根或坚硬土层,桩身弯曲,接桩过长;锤落过高	检查原因,采取措施穿过或避开障碍物;如入土不深,应拔起避开或换桩重打
接桩处松脱开裂	连接处表面清理不干净,有杂质、油污;连接铁件不平或法兰平面不平,有较大间隙,造成焊接不牢或螺栓拧不紧;硫磺胶泥配比不当,未按操作规程熬制,接桩处有曲折	接桩表面杂质、油污清除干净;连接铁件不符合要求的经修正后再用,上下两节桩应在同一直线上,焊接或螺栓拧紧后锤击几下,检查合格后再施打;硫磺胶泥严格按操作规程操作,配合比应先经试验

三、钢筋混凝土灌注桩施工

混凝土及钢筋混凝土灌注桩(简称灌注桩)是直接在桩位上就地成孔,然后在孔内安放钢筋笼(也有直接插筋或省缺钢筋的),然后灌注混凝土而成。

根据成孔工艺不同,分为干作业成孔的灌注桩、泥浆护壁成孔的灌注桩、套管成孔的灌注桩和爆扩成孔的灌注桩等。灌注桩施工工艺近年来发展很快,还出现夯扩沉管灌注桩、钻孔压浆成桩等一些新工艺。

灌注桩能适应各种地层的变化,无须接桩,施工时无振动、无挤土、噪声小,宜在建筑物密集地区使用。但其操作要求严格,施工后需较长的养护期方可承受荷载,成孔时有大量土渣或泥浆排出。

灌注桩的成孔深度控制对摩擦型桩中的摩擦桩应以设计桩长控制;对端承摩擦桩除应达到设计标高外,还应保证桩端进入持力层的深度。这类桩采用锤击沉管法施工时,桩管入土深度控制以控制标高为主,以贯入度为辅。对端承型桩,当采用钻(冲)、挖成孔时,必须保证桩端进入设计持力层的深度。端承型桩采用锤击沉管法施工时,桩管入土深度控制以贯入度为主,以控制标高为辅。

(一)干作业成孔灌注桩

干作业成孔灌注桩适用于地下水位较低、在成孔深度内无地下水的土质,无需护壁,可直接取土成孔。目前常用螺旋钻机成孔,对短桩亦有用洛阳铲成孔的。干作业成孔灌注桩是利用成孔机具,在地下水位以上的土层中成桩的工艺,适用于黏土、粉土、填土、中等密实以上的砂土、风化岩层等土质。

干作业成孔灌注桩的工艺流程为:测定桩位→钻孔→清孔,下钢筋笼→浇筑混凝土。

目前常采用螺旋钻机成孔,如图 2-27 所示,它是利用动力旋转钻杆,使钻头的螺旋叶片旋转削土,土块沿螺旋叶片上升排至孔外。

螺旋钻孔机的钻头是钻进取土的关键装置,它有多种类型,分别适用于不同土质,常用的有锥式钻头、平底钻头及耙式钻头,如图 2-28 所示。锥式钻头适用于黏性土;平底钻头适用于松散土层;耙式钻头适用于杂填土,其钻头边镶有硬质合金刀头,能将碎砖等硬块切削成小颗粒。

钻杆通常有疏纹叶片钻杆和密纹叶片钻杆两种类型,如图 2-28 所示。在软塑土层,当含水量大时,可用疏纹叶片钻杆,以便较快地钻进。在可塑或硬塑黏土中,或含水量较小的砂土中应用密纹叶片钻杆,缓慢地、均匀地钻进。操作时要求钻杆垂直,钻孔过程中若发现钻杆摇晃或难钻进,可能是遇到石块等异物,应立即停机检查。全叶片螺旋钻机成孔直径一般为 300~600 mm,钻孔深度为 8~20 m。钻进速度应根据电流值变化及时调整。在钻进过程中,应随时清理孔口积土,遇到塌孔、缩孔等异常情况,应及时研究解决。

孔内残留虚土应及时清理,钢筋笼应一次绑扎好,放入孔内后再次测量虚土厚度。混凝土应连续浇筑,每次浇筑高度不得大于1.5 m。

(二)泥浆护壁成孔灌注桩

泥浆护壁成孔灌注桩是先用钻机进行钻孔,同时在孔中注入泥浆(或清水),以保护孔壁并排出土渣而成孔,然后安放钢筋骨架,进行水下灌注混凝土而成桩。无论土层中地下水位高或低,泥浆护壁成孔皆适用。在成孔过程中,泥浆具有保护孔壁、防止塌孔、排出土渣以及冷却与润滑钻头的作用,因此泥浆一般需专门配制。当在黏土中成孔时,也可用孔内钻渣原土自造泥浆。

成孔机械有回转钻机、潜水钻机、冲击钻等,其中以回转钻机应用最多。

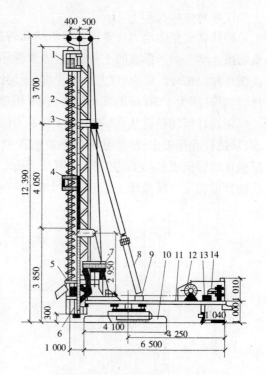

1—减速箱总成;2—臂架;3—钻杆;
4—中间导向套;5—出土装置;6—前支脚;
7—操控室;8—斜撑;9—中盘;10—下盘;
11—上盘;12—卷扬机;13—后支脚;14—液压系统

图 2-27　步履式螺旋钻机　(单位:mm)

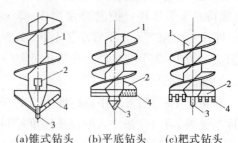

(a)锥式钻头　(b)平底钻头　(c)耙式钻头

1—螺旋钻杆;2—切削片;3—导向尖;4—合金刀

图 2-28　螺旋钻头

1. 回转钻机成孔

回转钻机是由动力装置带动钻机的回转装置转动,并带动带有钻头的钻杆转动,由钻头切削土壤。切削形成的土渣,通过泥浆循环排出桩孔。根据泥浆循环方式的不同,分为正循环和反循环。根据桩型、钻孔深度、土层情况、泥浆排放条件、允许沉渣厚度等进行选择,但对孔深大于30 m的端承型桩,宜采用反循环。

正循环回转钻机成孔的工艺如图2-29(a)所示。由空心钻杆内部通入泥浆或高压水,从钻杆底部喷出,挟带钻下的土渣沿孔壁向上流动,由孔口将土渣带出流入泥浆池。反循环回转机成孔的工艺如图2-29(b)所示。泥浆带渣流动的方向与正循环回转钻机成孔的情形相反。反循环工艺的泥浆上流的速度较快,能挟带较大的土渣。

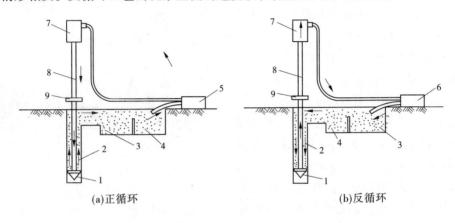

1—钻头;2—泥浆循环方向;3—沉淀池;4—泥浆池;5—泥浆泵;
6—砂石泵;7—水龙头;8—钻杆;9—钻机回转装置

图 2-29 泥浆循环成孔工艺

在陆地上杂填土或松软土层中钻孔时,应在桩位孔口处理设护筒,以起定位、保护孔口、维持水头等作用。护筒通常用3~5 mm厚的钢板制作,内径应比钻头直径大100 mm,埋入土中深度通常不宜小于1.0~1.5 m,护筒周围用黏土填实,以防漏水。在护筒顶部应开设1~2个溢浆口。在钻孔过程中,应保持护筒内泥浆液面高于地下水位1 m以上,防止塌孔。

在黏土中钻孔,可采用自造泥浆护壁;在砂土中钻孔,则应注入制备泥浆,泥浆的性能指标参见表2-7。一般注入的泥浆比重控制在1.1左右,排出泥浆的比重宜为1.2~1.4。钻孔达到要求的深度后,测量沉渣厚度,进行清孔。以原土造浆的钻孔,清孔可用射水法,此时钻具只转不进,待泥浆比重降到1.1左右即认为清孔合格;注入制备泥浆的钻孔,可采用换浆法清孔,至换出泥浆的比重小于1.15时方为合格。

钻孔灌注桩的桩孔钻成并清孔后,应尽快吊放钢筋骨架并灌注混凝土。在无水或少水的浅桩孔中灌注混凝土时,应分层浇筑振实,每层高度一般为0.5~0.6 m,不得大于1.5 m。混凝土坍落度在一般黏性土中宜用50~70 mm,在砂类土中用70~90 mm,在黄土中用60~90 mm。

表 2-7　膨润土泥浆的性能指标

项次	项目	性能指标	检验方法
1	相对密度	1.05 ~ 1.25	泥浆密度计
2	黏度	18 ~ 25 s	500/700 mL 漏斗法
3	含砂率	<4%	含砂量计
4	胶体率	>98%	量杯法
5	失水量	<30 mL/30 min	失水量仪
6	泥皮厚度	1 ~ 3 mm/30 min	失水量仪
7	静切力	1 min　2 ~ 3 Pa 10 min　5 ~ 10 Pa	静切力计
8	稳定性	<0.03 g/cm²	

当桩孔中存在地下水时,混凝土的灌注通常采用垂直导管灌注法。导管灌注法是将密封连接的钢管作为水下混凝土的灌注通道,混凝土倾落时沿竖向导管下落。导管的作用是隔离环境水,使其不与混凝土接触。导管底部以适当的深度埋在灌入的混凝土拌和物内,导管内的混凝土在一定的落差压力作用下,压挤下部管口的混凝土,迫使其在已浇的混凝土层内部流动、扩散,以完成混凝土的浇筑工作,形成连续密实的混凝土桩身,如图 2-30 所示。

钢筋骨架固定之后,应抓紧浇筑混凝土。混凝土强度不应小于 C20,混凝土选用的粗集料粒径不宜大于 30 mm,且不得大于钢筋间最小净距的 1/3,坍落度为 160 ~ 220

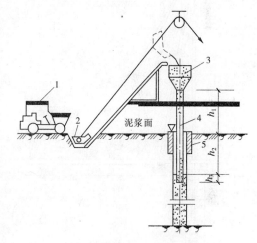

1—翻斗车;2—料斗;3—储料漏斗;
4—导管;5—护筒

图 2-30　水下浇筑混凝土示意图

mm,含砂率宜为 40% ~ 45%,宜采用中砂。钢筋保护层厚度不应小于 50 mm。导管最大外径应比钢筋笼内径小 100 mm 以上。

灌注混凝土前,先将导管吊入桩孔内,导管顶部高于泥浆面 3 ~ 4 m 并连接漏斗,底部距桩孔底 0.3 ~ 0.5 m,导管内设隔水栓,用细钢丝悬吊在导管下口,隔水栓可用预制混凝土块四周加橡皮封圈、橡胶球胆或软木球。

灌注混凝土时,先在漏斗内灌入足够量的混凝土,保证混凝土下落后能将导管下端埋入不小于 500 mm,然后剪断铁丝,隔水栓下落,混凝土在自重的作用下随隔水栓冲出导管下口,并把导管底部埋入混凝土内,用橡胶球胆或木球做的隔水栓浮出水面后可回收重复使用,然后连续灌注混凝土,当导管埋入混凝土达 2 ~ 2.5 m 时,即可提升导管,提升速度不宜过快,应保持导管埋在混凝土内 1 m 以上,这样连续灌注,一直到桩顶。

水下灌注混凝土至桩顶时,应适当超过桩顶设计标高,以保证在凿除含有泥浆的桩段后,桩顶标高和质量能符合设计要求。

施工后的灌注桩应保证内在质量、平面位置及垂直度都满足规范的规定。

2. 潜水钻机成孔

潜水钻机是一种旋转式钻孔机械,其动力、变速机构和钻头连在一起,加以密封,因而可以下放至孔中地下水位以下进行切削土壤成孔,如图 2-31 所示。用正循环工艺输入泥浆,进行护壁和将钻下的土渣排至孔外。

潜水钻机成孔,亦需先埋设护筒,其他施工过程皆与回转钻机成孔相似。

3. 冲击钻成孔

冲击钻主要用于在岩土层中成孔,成孔时将冲锥式钻头提升一定高度后以自由下落的冲击力来破碎岩层,然后用掏渣筒来掏取孔内的渣浆,如图 2-32 所示。

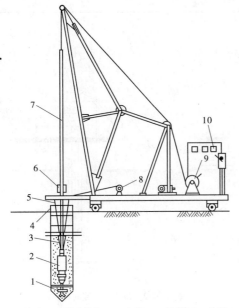

1—钻头;2—潜水钻机;3—电缆;4—护筒;5—水管;
6—滚轮支点;7—钻杆;8—电缆盘;
9—卷扬机;10—控制箱

图 2-31　潜水钻机

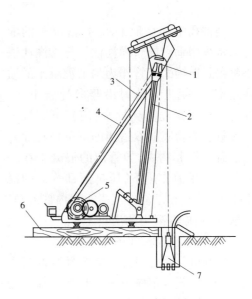

1—滑轮;2—主杆;3—拉索;4—斜撑;
5—卷扬机;6—垫木;7—钻头

图 2-32　冲击钻机

4. 冲抓锥成孔

冲抓锥成孔是将冲抓锥头提升到一定高度,锥头内有重铁块和活动抓片,下落时松开卷扬机刹车,抓片张开,锥头自由下落冲入土中,然后开动卷扬机拉升锥头,此时抓片闭合抓土,将冲抓锥整体提升至地面卸土,依次循环成孔,如图 2-33 所示。冲抓锥成孔适用于松散土层。

(三)套管成孔灌注桩

套管成孔灌注桩是利用锤击打桩法或振动沉桩,将带有钢筋混凝土桩靴(又叫桩尖)或活瓣式桩靴(见图 2-34)的钢套管沉入土中,然后边拔管边灌注混凝土而成。当配有钢筋时,则在浇筑混凝土前先吊放钢筋骨架。利用锤击沉桩设备沉管、拔管时,称为锤击沉管灌注桩;利用激振器的振动沉管、拔管时,称为振动沉管灌注桩。图 2-35 为沉管灌注桩施工过程示意图。

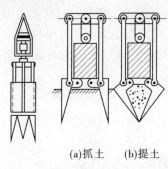

(a)抓土　　(b)提土

图 2-33　冲抓锥

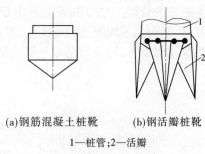

(a)钢筋混凝土桩靴　(b)钢活瓣桩靴

1—桩管;2—活瓣

图 2-34　桩靴示意图

1. 锤击沉管灌注桩

锤击沉管灌注桩施工时,用桩架吊起钢套管,关闭活瓣或对准预先设在桩位处的预制混凝土桩靴,套入桩靴。套管与桩靴连接处要垫以麻、草绳,以防止地下水渗入管内。然后缓缓放下套管,压进土中。套管上端扣上桩帽,检查套管与桩锤是否在一垂直线上,套管偏斜≤0.5% 时,即可起锤沉套管。先用低锤轻击,观察后如无偏移,才正常施打,直至符合设计要求的贯入度或沉入标高,并检查管内有无泥浆或水进入,即可灌注混凝土。套管内混凝土应尽量灌满,然后开始拔管。拔管要均匀,不宜拔管过高。拔管时应保持连续密锤低击不停。控制拔出速度,对于一般土层,以不大于 1 m/min 为宜;在软弱土层及软硬土层交界处,应控制在 0.8 m/min 以内。拔管时还要经常探测混凝土落下的扩散情况,注意使管内的混凝土保持略高于地面,这样一直到全管拔出。桩的中心距小于 5 倍桩管外径或小于 2 m

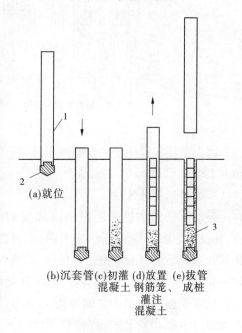

(a)就位

(b)沉套管 (c)初灌 (d)放置 (e)拔管
　　　　混凝土 钢筋笼、 成桩
　　　　　　　灌注
　　　　　　　混凝土

1—钢管;2—桩靴;3—桩

图 2-35　沉管灌注桩施工过程示意图

时,均应跳打。中间空出的桩须待邻桩混凝土达到设计强度的 50% 以后方可施打,以防止因挤土效应而使前面的桩发生桩身断裂。

为了提高桩的质量和承载能力,常采用复打扩大灌注桩。其施工顺序如下:在第一次灌注桩施工完毕,拔出套管后,清除管外壁上的污泥和桩孔周围地面的浮土,立即在原桩位再埋预制桩靴或合好活瓣第二次复打沉套管,使未凝固的混凝土向四周挤压扩大桩径,然后第二次灌注混凝土。

拔管方法与初打时相同。施工时要注意:前后两次沉管的轴线应重合;复打施工必须在第一次灌注的混凝土初凝之前进行,也有采用内夯管进行夯扩的施工方法。复打施工时要注意:前后两次沉管的轴线应重合;复打施工必须在第一次灌注的混凝土初凝之前进行。复打法第一次灌注混凝土前不能放置钢筋笼,如配有钢筋,应在第二次灌注混凝土前放置。由于复打,可使灌注桩的桩径比钢桩套桩管管径扩大达80%,而单打法只能使桩径较钢桩管的管径扩大约30%。再由于未凝固的混凝土受到钢桩管的冲击及挤压而朝径向胀开,也提高了混凝土的密实度,提高了桩的承载力。

根据实际需要,可采用全部复打或局部复打等处理办法,如图2-36所示。

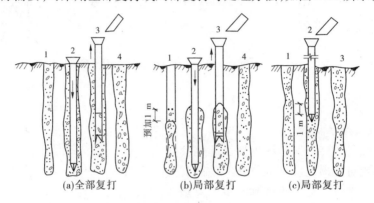

(a)全部复打　　　　　(b)局部复打　　　　　(c)局部复打

1—单打桩;2—沉管;3—第二次浇筑混凝土;4—复打桩

图2-36　复打法示意图

锤击灌注桩宜用于一般黏性土、淤泥质土、砂土和人工填土地基。

2.振动沉管灌注桩

振动沉管灌注桩采用振动锤或振动冲击锤沉管,其设备如图2-37所示。施工前,先安装好桩机,将桩管下端活瓣合起来或套入桩靴,对准桩位,徐徐放下套管,压入土中,勿使偏斜,即可开动激振器沉管。桩管受振后与土体之间摩阻力减小,同时利用振动锤自重在套管上加压,套管即能沉入土中。沉管时,必须严格控制最后的贯入速度,其值按设计要求,或根据试桩和当地的施工经验确定。

振动沉管灌注桩可采用单打法、反插法或复打法施工。

单打施工时,在沉入土中的套管内灌满混凝土,开动激振器,振动5～10 s,开始拔管,边振边拔。每拔0.5～1 m,停拔振动5～10 s,如此反复,直到套管全部拔出。在一般土层内,拔管速度宜为1.2～1.5 m/min,在较软弱土层中,拔管速度不得大于0.8 m/min。

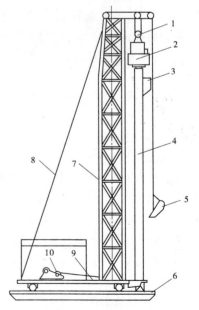

1—滑轮组;2—振动器;3—漏斗;
4—桩管;5—吊斗;6—枕木;7—机架;
8—拉索;9—架底;10—卷扬机

图2-37　振动沉管灌注桩设备

反插法施工时,在套管内灌满混凝土后,先振动再开始拔管,每次拔管高度 0.5 ~ 1.0 m,向下反插深度 0.3 ~ 0.5 m。如此反复进行并始终保持振动,直至套管全部拔出地面。在拔管过程中应分段添加混凝土,保持管内混凝土面始终不低于地表面,或高于地下水位 1 ~ 1.5 m 以上,拔管速度不得大于 0.5 m/min,在距桩尖约 1.5 m 范围内宜多次反插,以扩大桩的端部截面,从而提高桩的承载能力。该法宜在较差的软土地基上应用。

复打法要求与锤击沉管灌注桩相同。

振动沉管灌注桩的适用范围除与锤击沉管灌注桩相同外,还适用于稍密及中密的碎石土地基。

(四)爆扩成孔灌注桩

爆扩成孔灌注桩是用钻机爆扩成孔,孔底放入炸药,再灌入适量的混凝土,然后引爆,使孔底形成扩大头,放置钢筋笼,浇筑桩身混凝土制成的桩(见图 2-38)。

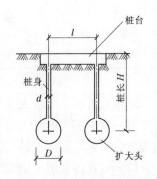

图 2-38　爆扩成孔灌注桩示意图

爆扩成孔灌注桩在黏性土层中使用效果较好,但在软土及砂土中不易成型。桩长(H)一般为 3 ~ 6 m,最长不超过 10 m。扩大头直径 D 为 $(2.5 \sim 3.5)d$。这种桩具有成孔简单、节省劳力和成本低等优点。但检查质量不便,施工质量要求严格。

扩大头爆扩的工作包括计算用药量、安放药包、灌注第一次混凝土、通电引爆、检查扩大头直径和捣实扩大头混凝土等。

1. 炸药用量

爆扩桩施工中使用的炸药宜用硝铵炸药和电雷管。用药量与扩大头尺寸和土质有关,施工前应在现场做爆扩成型试验后确定,亦可按下式估算

$$D = K \sqrt[3]{Q} \qquad (2\text{-}1)$$

式中　　Q——炸药用量,kg,参考表 2-8 选用;

　　　　D——扩大头直径,m;

　　　　K——土质影响系数,参考表 2-9 选用。

表 2-8　爆扩大头用药量参考表

扩大头直径(m)	0.6	0.7	0.8	0.9	1.0	1.1	1.2
炸药用量(kg)	0.30 ~ 0.45	0.45 ~ 0.60	0.60 ~ 0.75	0.75 ~ 0.90	0.90 ~ 1.10	1.10 ~ 1.30	1.30 ~ 1.50

注:1. 表内数值适用于地面以下深度 3.5 ~ 9.0 m 的黏性土,土质松软时取小值,坚硬时取大值。

　　2. 在地面以下 2.0 ~ 3.0 m 的土层中爆扩时,用药量应较表中值减少 20% ~ 30%。

　　3. 在砂类土中爆扩时用药量应较表中值增加 10%。

2. 药包安放

药包须用塑料薄膜等防水材料紧密包扎,并用防水材料封闭,以防浸水受潮出现瞎炮。药包宜做成扁平状,每个药包在中心处并联放置两个雷管。药包放于孔底正中,上面

填盖 15~20 cm 厚的砂,以保护药包,避免被混凝土冲破。

表 2-9　土质影响系数 K 值

项次	土的类别	变形模量 E（MPa）	天然地基计算强度 R_H（MPa）	土质影响系数 K	项次	土的类别	变形模量 E（MPa）	天然地基计算强度 R_H（MPa）	土质影响系数 K
1	坡积黏土	50	0.40	0.7~0.9	7	沉积可塑亚黏土	8	0.20	1.03~1.21
2	坡积黏土、亚黏土	14	—	0.8~0.9	8	黄土类亚黏土	—	0.12~0.14	1.19
3	亚黏土	13.4	—	1.0~1.1	9	卵石层	—	0.60	1.07~1.18
4	冲积黏土	12	0.15	1.25~1.30	10	松散角砾			0.04~0.99
5	残积可塑亚黏土	13	0.2~0.25	1.15~1.30	11	稍湿亚黏土			0.8~1.0
6	沉积可塑亚黏土	24	0.25	1.02					

3. 灌注第一次混凝土

第一次混凝土的灌入量为 2~3 m 桩孔深,或为扩大头体积的 50%。混凝土量过少,引爆时会引起混凝土飞扬,过多则可能产生"拒落"事故。混凝土的坍落度,在黏土中为 10~12 cm,在砂及填土中为 12~14 cm,集料粒径不宜大于 25 mm。

4. 引爆

引爆应在混凝土初凝前进行,否则易出现混凝土拒落。为了保证施工质量,应严格遵守引爆顺序,当相邻桩的扩大头在同一标高,若桩距大于爆扩影响间距时,可采用单爆方式;反之,宜采用联爆方式。当相邻的扩大头不在同一标高时,引爆顺序必须是先浅后深,否则会造成深桩桩身的变形或断裂。当在同一根桩柱上有两个扩大头时,引爆的顺序只能是先深后浅,先炸底部扩大头,然后插入下段钢筋骨架,灌注下段混凝土至第二个扩大头标高,再爆扩第二个扩大头,然后插入上段钢筋骨架,灌注上部混凝土。

5. 灌注桩身混凝土

扩大头底部混凝土捣实后,随即放置钢筋骨架,并分层灌注、分层捣实桩身混凝土。混凝土应连续灌注完毕,不留施工缝,保证扩大头与桩身形成整体浇筑的混凝土。混凝土浇筑完毕后,应用草袋覆盖并洒水养护。在干燥的砂类土地区,还需对桩的周围浇水养护。

四、水域钻孔桩施工

桥梁等基础的施工通常在水域中进行,水域钻孔时也应在桩孔口预先埋设护筒,埋设护筒前先筑岛,当水深小于 3 m 时,为减少筑岛填土量,可适当提高护筒顶面标高,如图 2-39 所示。如岛底河床为淤泥或软土,宜挖除换以砂土;若排淤换土工作量大,则可用长护筒,使其沉入河底土层中。在水深超过 3 m 的深水区,宜搭设工作平台(可为支架平台、浮船、钢板桩围堰、木排、浮运薄壳沉井等),下沉护筒的定位导向架与下沉护筒如图 2-40 所示。

成孔的方法和成孔后桩身钢筋混凝土的施工工艺及质量标准与旱地钻孔灌注桩相同。

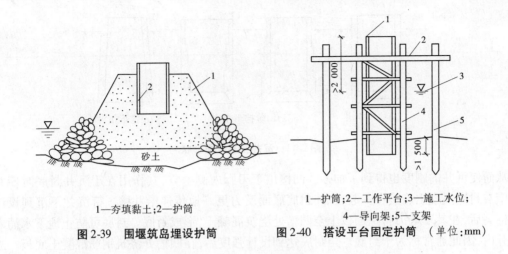

1—夯填黏土;2—护筒

图 2-39　围堰筑岛埋设护筒

1—护筒;2—工作平台;3—施工水位;
4—导向架;5—支架

图 2-40　搭设平台固定护筒 （单位:mm）

第四节　沉井施工

一、概述

沉井是以现场浇筑、挖土下沉方式没入土中的深基础。由于其断面尺寸大、承载力高而多作为大、重型结构物的基础,在桥梁、水闸及港口等工程中应用广泛,同时以其施工方便、对邻近建筑物影响小且内部空间可被利用等特点,已成为工业建筑物尤其是软土中地下建筑物的主要基础类型之一。

沉井的类型较多。按沉井所用材料不同可分为砖石沉井、素混凝土沉井、钢筋混凝土沉井。按沉井的横截面形状分为单孔沉井、单排孔沉井和多排孔沉井,如图 2-41 所示。按沉井竖直截面形状分为柱形沉井、阶梯形沉井和锥形沉井,如图 2-42 所示。

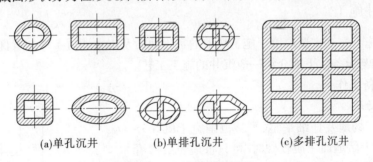

(a)单孔沉井　　　(b)单排孔沉井　　　(c)多排孔沉井

图 2-41　沉井横截面形状

沉井主要由刃脚、井壁、内隔墙或竖向框架、凹槽、底板及顶板组成,如图 2-43 所示。刃脚位于井壁的最下端,其形状似刀刃(见图 2-44),作用是在沉井下沉时,减小土的阻力,以便于切入土中,故要求刃脚应具备足够的强度,以免产生挠曲或被破坏。井壁即沉井的外壁,是沉井的主要部分,为使其能抵抗四周的土压力和水压力并在自重作用下顺利下沉,沉井要有足够的强度和重量。由于使用或结构上的需要,在沉井井筒内设置隔墙,

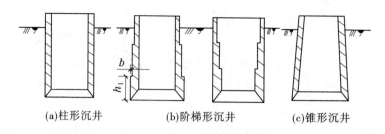

(a)柱形沉井　　　　　(b)阶梯形沉井　　　　　(c)锥形沉井

图 2-42　沉井竖直截面形状

从而使沉井的刚度也得到了加强。凹槽位于刃脚内侧上方,其作用在于沉井封底时使井壁与封底混凝土连接在一起,以使封底底面反力更好地传递给井壁。待沉井下沉到设计标高后,在其下端刃脚踏面以上至凹槽处浇筑混凝土,形成封底。封底可防止地下水涌入井内,因此通常称为干封底。当封底达到设计强度后,在凹槽处浇筑钢筋混凝土底板。当采用水下封底时,待水下混凝土达到强度时,抽干水后再浇筑钢筋混凝土底板。

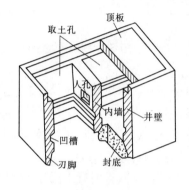

图 2-43　沉井构造

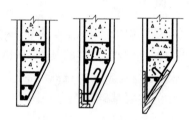

图 2-44　刃脚构造

二、沉井施工

沉井的施工方法主要取决于施工场地的工程地质及水文地质条件和所具备的技术力量、施工机具与设备。下面介绍一般沉井的施工工艺。

(一)准备工作

1.平整场地

沉井施工场地要仔细平整,平整范围宽于沉井外侧 1~3 m。天然地面土质较硬时,可只将地表杂物清除并整平,否则应在基坑处铺填砂垫层,如图 2-45 所示,以免沉井在开始浇制时产生较大的不均匀沉降。砂垫层的厚度一般不小于 0.5 m,并应方便抽取垫木。

2.放线定位

在制作沉井之前,对于沉井的平面位置应仔细测

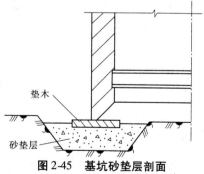

图 2-45　基坑砂垫层剖面

量,把沉井的中轴线和外轮廓线放好,定位要准确,经验收合格后方能施工。

(二)沉井制作

通常沉井在原位制作,如果土层不均匀,应首先在经平整放线定位的场地上铺一层砂垫层,厚 0.5 m 左右,然后在沉井刃脚处对称地安置适当的垫木(见图 2-45)。垫木的作用是支撑第一节沉井的重量,并按垫木定位支设模板和绑扎钢筋。垫木一般为枕木或方木,其数量、尺寸和间距由计算确定。垫木之间的空隙用砂土填实,以便于抽取垫木,使沉井下沉。若土层均匀,也可不放置垫木,直接铺筑一层与沉井井壁宽度相适应的混凝土,代替砂垫层和垫木。

当地基为可塑或硬塑状的均匀黏性土时,可采用土模法制作沉井。在定位放线部位,按设计刃脚的尺寸仔细开挖黏性土基槽,以黏性土作为天然模板,代替砂垫层、垫木及人工制作刃脚木模。此方法可节省时间和费用。

为防止制作沉井时发生倾斜,在浇筑沉井混凝土时,应对称浇筑,均匀进行。当沉井采取分节制作时,在第一节沉井的混凝土达到设计强度的 70% 后,方可浇筑其上一节沉井的混凝土。

(三)沉井的下沉

当沉井第一节混凝土或砌筑砂浆达到设计强度以后,其余各节混凝土或砌筑砂浆达到设计强度的 70% 后,方可下沉。

1.拆除垫木

拆除垫木应对称进行、力求平稳,以免造成沉井倾斜。垫木拆除的一般顺序是:对于矩形沉井,先拆内隔墙下的,再拆短边井壁下的,最后拆长边下的;长边下垫木应隔根抽出,然后以四角处的定位垫木为中心由远及近对称抽出,最后抽定位垫木。在每次抽出垫木以后,刃脚下空位应立即用砂填实。

2.取土下沉

根据沉井所遇到土层的土质条件及透水性能,常见沉井下沉的方法有下列几种。

1)人工挖土法

此法主要用于无地下水或地下水量不大的小型沉井。为能使沉井均匀竖直下沉,防止出现倾斜,应分层、均匀、对称地挖土,而且不宜从沉井刃脚踏面下挖土,否则,容易形成局部沉井悬空,影响沉井正常下沉。对于软弱土质,挖土时应在沉井刃脚周围保留土堤,使沉井挤土下沉,利于预防沉井倾斜。

2)排水下沉法

当沉井所穿越的土层较稳定,不会因排水而产生大量流砂出现塌陷时,采用排水挖土下沉施工,如图 2-46 所示。当土质为砂土或软黏土时,可先用高压水枪把沉井内泥土冲散(水枪水压一般为 2.5 ~ 3.0 MPa),稀释成泥浆,然后用水力吸泥机将泥浆吸出,排到井外空地;当遇到砂、卵石层或硬黏土层时则用抓土斗出土。

3)不排水下沉法

当地层土质不稳定、地下水量很大时,为防止因井内排水而产生流砂,可采用不排水下沉法,如图 2-47 所示。采用此种方法要求沉井内的水位始终保持高于井外水位 1 ~ 2 m,采用机械抓斗水下出土,或用高压水枪破土,然后用空气吸泥机将泥水排出。

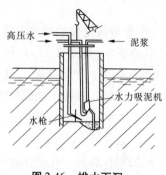

图 2-46　排水下沉

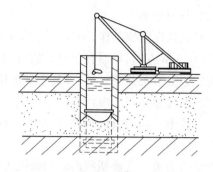

图 2-47　不排水下沉

4）泥浆套下沉法

泥浆套下沉法是在沉井壁与土层之间设一层触变泥浆，依靠泥浆的润滑作用减小土体对沉井的阻力，使沉井平稳顺利下沉。另外，由于泥浆大大减小了土层对井壁的阻力，据此，在相同条件下可以减轻沉井自重。

3. 沉井接筑

当第一节沉井下沉到预定深度时，可停止挖土下沉，然后立模浇制，接长井壁及内隔墙，再沉再接。每次接筑的最大高度一般不宜超过 5 m，且应尽量对称、均匀地浇筑，以防倾斜。

4. 测量监控

为保证沉井均匀下沉，必须重视沉井下沉的测量监控，尤其对于平面尺寸大或深度大的沉井更为重要。通常大中型沉井每班至少测量两次，发现倾斜应立即采取相应措施，及时纠正。

5. 沉井封底

当沉井下沉至设计标高后，停止挖土并进行沉降观测，当 8 h 内下沉量不超过 10 mm 时，即可封底。通常沉井封底分为干封法和水下封底法。

1）干封法

将沉井底部土面全部挖至设计标高，并在中间局部深挖以形成集水井。用水泵在集水井中连续抽水，使地下水位面降至沉井底面以下，然后用掺有早强剂的混凝土将集水井以外的全部底板一次浇筑，待底板混凝土达到设计强度后，用掺有速凝剂的混凝土迅速将集水井封死。

2）水下封底法

将基底土渣清除干净，如为软土应铺碎石垫层。安装水下浇筑混凝土的钢导管，导管管段的接头应密封良好。水下浇筑混凝土的强度等级应比设计强度提高 10% ~ 15%。水灰比不宜大于 0.6，并有良好的和易性，初期坍落度宜为 14 ~ 16 cm，以后应为 16 ~ 22 cm。每立方米混凝土中水泥用量一般为 300 ~ 400 kg。浇筑混凝土时，导管插入混凝土的深度不小于 1 m。沉井全部底面的混凝土应连续浇筑、一次完成。

由于干封法成本低、施工快，且易于保证质量，因而应优先采用。只有当抽取地下水可能遇到流砂无法采用干封法时，可选用水下封底法。

三、沉井纠偏

由于施工场地的工程地质条件的复杂性和施工条件的多变性,即使在沉井施工之前做了必要的准备工作,但在施工过程中仍然可能遇到一些问题。

(一)沉井难沉

沉井难沉指井内的土挖出后,井下沉过慢或不下沉,甚至将刃脚下掏空还不下沉。遇到这类情况,应先调查分析其原因,并采取相应措施。如因沉井外壁摩擦力过大造成难沉,可采用在井壁外侧挖土、用水管射水冲刷或灌注膨润土等方法以减小其摩擦力,有时也可以采用施加荷重等办法迫使其下沉。如遇大块石等障碍物,必要时可用小型爆破清除。若水下无法清理障碍物,可由潜水员进行水下清理。

(二)沉井突沉

在软土地基中沉井施工,常发生突然下沉现象。突沉的原因主要是土对井壁的侧摩擦力较小,当刃脚下土被挖除后沉井失去支撑而剧烈下沉。突沉容易使沉井产生倾斜或超沉,尤其是当下沉接近设计标高时,更应注意防止突沉。可以通过控制刃脚下的挖土深度,对称均匀挖土,以及通过加大刃脚踏面宽度和设置底梁等措施予以防止。

(三)沉井倾斜

沉井倾斜是沉井下沉过程中经常出现的问题,应当注意防止并及时纠正。沉井倾斜应以预防为主,加强测量工作,发现倾斜应及时分析产生原因,迅速采取措施。常见纠正沉井倾斜的方法是:对于下沉少的一侧加快挖土,或在沉井顶部施加荷载,以及用高压水冲刷刃脚底部等;而对于下沉多的一侧,则停止挖土,并用钢缆套在沉井顶部向下沉少的一侧扳拉。

第五节　墩式基础

一、概述

墩式基础是指在地基中钻孔或冲孔并灌注混凝土而形成的短粗形深基础。在外形上和工作方式上与灌注桩很相似,直径通常为 1 ~ 5 m,长径比不大于 30,故亦称大直径短桩。由于墩身直径很大,具有很高的强度和刚度,并且通常直接支撑在岩石或密实土层上,因而工程上多为一柱一墩。墩式基础在桥梁及建筑工程中有着广泛的应用,尤其在高层建筑及重型结构物设计中,单墩支撑单桩的方案越来越多。

墩基础在人工开挖时,可直接检查成孔质量,易于清除孔底虚土,施工时无噪声、无振动,且可多人进行若干个墩的同时开挖,底部扩孔易于施工。

墩按受力情况分为摩擦墩与端承墩两种基本类型,如图 2-48(a)、(b)所示。当以承受水平荷载为主时,称为水平受力墩,如图 2-48(c)所示。

墩按墩身轴向截面形状可分为柱形墩、锥形墩与齿形墩三种类型,如图 2-49 所示。柱形墩设计计算容易、形状简单、施工方便;锥形墩受力性能较好,但成孔施工较柱形墩复杂;齿形墩能加大墩的侧壁阻力,主要适用于墩侧有较硬黏性土层的情况。

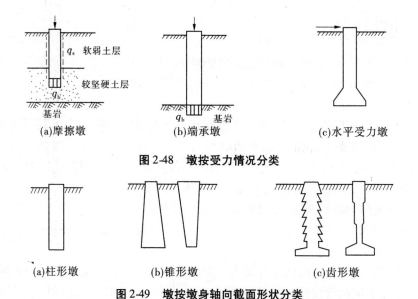

图 2-48　墩按受力情况分类

图 2-49　墩按墩身轴向截面形状分类

墩按墩底形式可分为直底墩、扩底墩和嵌岩墩,如图 2-50 所示。直底墩常用于墩底为坚硬土层或岩层、墩承载力较易满足的情况;当上部竖向荷载较大,且墩底土层较硬时,常将墩底部尺寸加大,形成扩底墩;当墩底支撑于岩层上时,为避免由于水平荷载而导致墩底的滑动,可将墩端部嵌入岩层,形成嵌岩墩。

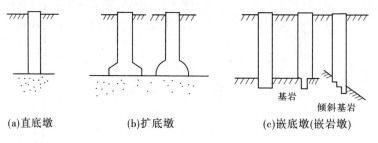

图 2-50　墩按墩底形式分类

二、墩式基础施工

墩基的施工方法主要取决于工程地质条件、施工机具和设备条件以及施工技术力量等,以人工挖孔施工最为常见。为防止塌方造成事故,挖孔时需制作护圈,每开挖一段则浇筑一段护圈,护圈多为现浇钢筋混凝土。否则,对每一墩身则需事先施工围护,然后才能开挖。人工开挖还需注意通风、照明和排水。

在地下水位高的软土地区开挖墩身,要注意隔水。否则,在开挖墩身时涌入大量排水,会使地下水位大量下降,有可能造成附近周围地面的下沉,影响附近已有建筑物和管线等的安全。

(一)施工前的准备工作

(1)施工机具准备。

(2)锹、镐、土筐等挖土工具。必要时,还需准备风镐等。

(3)电动葫芦和提土桶:用于孔内的垂直运输。

(4)潜水泵:用于抽出孔中的积水。

(5)鼓风机和输风管:用于向孔内输送新鲜空气。

(6)低压照明灯、对讲机和电铃等。

(7)清理平整场地。

(8)修建临时进场道路,清除堆料场地和施工操作现场的杂物并进行平整。

(9)安排或修建临时建筑物、设施等。

(二)施工工艺

1.放线定位

在整平的施工场地,按设计要求放出建筑物轴线及边线,在设计墩位处设置标志即定位。为避免墩轴线偏差过大,造成返工现象,放线时应认真反复核对设计图纸。

2.挖土成孔

人工挖孔施工的方法有多种,最常用的有现浇混凝土圈衬砌法和多级套筒法两种,如图2-51所示。现介绍第一种方法,其施工工艺如图2-52所示。

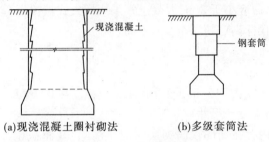

(a)现浇混凝土圈衬砌法　　　　(b)多级套筒法

图2-51　人工挖孔法

1)挖土

通常采取分段开挖,每段高度一般为0.5~1.0 m(若土质较好可适当加大),开挖孔径为设计墩基直径加2倍护壁的厚度。

2)支设护壁模板

模板高度取决于开挖施工段的高度,一般为1 m,由4~8块活动弧形钢模板(或木模板)组合而成。

3)在模板顶放置操作平台

平台可用角钢和钢板制成半圆形,用来临时放置混凝土和浇筑混凝土时作为操作平台。

4)浇筑护壁混凝土

第一节护壁厚宜增加100~150 mm,上下节护壁用钢筋拉结。浇筑混凝土时应仔细捣实,保证护壁具有防止土壁塌陷和阻止水向孔内渗透的双重作用。

5)拆除模板继续下一段的施工

当护壁混凝土强度达到1.2 MPa时,常温下约为24 h

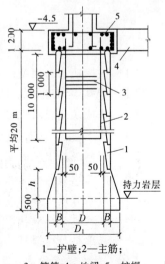

1—护壁;2—主筋;
3—箍筋;4—地梁;5—桩帽

图2-52　墩基础施工

(单位:mm)

方可拆除模板。当第一施工段挖土完成后,按上述步骤继续向下开挖,直至达到设计深度并按设计的直径进行扩底。

3. 验孔清底

(1)墩基成孔基本完成后,应对孔的位置、大小、是否偏斜等方面进行检验,并检查孔壁土层或护壁是否稳定或可能损坏,发现问题及时进行补救处理。

(2)排出孔底积水。

(3)检查孔底标高、孔内沉渣及核实墩底土层情况。对孔底沉渣,应首选清除,条件不便时,可采用重锤夯实或水泥浆加固。

4. 安放钢筋

验孔清底后即可按设计要求放置钢筋笼。安放钢筋笼时要注意平稳起吊,准确对位,严格控制倾斜等偏差,同时避免碰撞孔壁。钢筋笼的悬吊设施要可靠,防止自由下落到孔底。

5. 浇筑混凝土

混凝土应保证良好的和易性,其坍落度一般控制在 $10 \sim 20$ cm。混凝土应通过导管下料,导管下口距浇筑面应小于 2 m,混凝土宜采用插入式振捣器分层振捣密实。混凝土浇筑一般应在达到墩顶标高后超灌至少 0.5 m。

三、质量标准

中心线平面偏差不宜大于 5 cm,墩垂直偏差应控制在 $0.3\% L(L$ 为墩身的实际长度)以内,墩身直径不得小于设计尺寸。

当墩端部持力层内存在局部软弱夹层时应予清除,其面积超过墩端截面 10% 时,应当继续下挖。当挖到比较完整的岩石后,应判断其是否还有软弱层。可采用小型钻机再向下钻约 5 m 深,并且对钻取的土样进行鉴别,查清确无软弱下卧层后方可终孔。

思考题

2-1　试述地基加固处理的原理和拟订加固方案的原则。

2-2　有哪些加固地基的方法?试述这些方法加固地基的机制。

2-3　将地基处理与上部结构共同工作相结合可采取哪些措施?

2-4　换土垫层为什么能加固地基?

2-5　预制混凝土桩的制作、起吊、运输与堆放有哪些基本要求?

2-6　简述钢筋混凝土预制桩的现场制作方法。

2-7　简述打桩设备的基本组成与技术要求。工程中如何选择锤重?

2-8　试分析打桩顺序、桩距对打桩质量的影响。

2-9　端承桩与摩擦桩的质量控制有何不同?

2-10　什么是沉管灌注桩的复打法?起什么作用?

2-11　墩式基础有哪些特点?有哪些用途?

2-12　沉井下沉过程中常见的问题有哪些?如何处理?

第三章　砌体工程

第一节　概　述

砌筑工程是指用普通黏土砖、承重黏土空心砖、蒸压灰砂砖、粉煤灰砖、各种中小型砌块和石材等块体材料进行砌筑的工程,也称为砌体工程。

以砖、石为主要材料的砌体结构施工在我国有着悠久的历史,这种结构具有取材方便、施工工序简单、造价低廉的特点,而且保温隔热、耐火,可以同时具备承重与围护双重功效。现阶段,砌体施工仍然是建筑行业中最重要、最常见的施工内容之一;砖、石材、中小型砌块等砌体广泛应用于砖混结构和其他结构中,如以墙体承重为主的住宅楼等的围护墙,以及钢筋混凝土框架结构的填充墙等。

砌体工程所需的主要材料是块体和砂浆,砌体施工中常用的砌筑块体包括砖、石材、中小型砌块等,砂浆根据不同的组分进行分类。

第二节　砌筑材料

一、砌筑块体

(一)砖

根据使用材料和制作方法不同,砌筑用砖可以分为烧结普通砖、烧结多孔砖、烧结空心砖、非烧结普通砖、粉煤灰砖和蒸压灰砂砖等。

1.烧结普通砖

常用的烧结普通砖是以黏土、页岩、煤矸石、粉煤灰为主要原料,经焙烧而形成的实心或孔洞率不大于15%的砖。烧结普通砖为矩形体,其标准尺寸为240 mm×115 mm×53 mm。尺寸允许偏差应符合《烧结普通砖》(GB 5101—2003)的规定。在施工时,要求砖的外观应尺寸准确、边角完整,无严重缺角、翘曲、裂缝现象。

根据《烧结普通砖》(GB 5101—2003)的规定,烧结普通砖的主要技术要求包括尺寸、外观质量、强度等级、抗风化性能、泛霜和石灰爆裂,并规定产品中不允许有欠火砖、酥砖和螺旋纹砖。根据抗压强度分为 MU30、MU25、MU20、MU15、MU10 五个等级。强度、抗风化性能合格的砖,根据尺寸偏差、外观质量、泛霜和石灰爆裂等分为优等品(A)、一等品(B)和合格品(C)三个质量等级。

2.烧结多孔砖

烧结多孔砖是用黏土、页岩、煤矸石为主要原料,经焙烧而成的,常用于承重部位、孔洞率等于或大于25%,孔的尺寸小而数量多的砖。其孔洞尺寸应符合《烧结多孔砖和多孔砌块》(GB 13544—2011)的要求:圆孔直径必须≤22 mm,非圆孔内切圆直径≤15 mm,手抓孔一般为(30～40)mm×(75～85)mm。多孔砖规格为:

代号 M 砖为 190 mm×190 mm×90 mm;

代号 P 砖为 240 mm×115 mm×90 mm。

烧结多孔砖根据抗压强度分为 MU10、MU15、MU20、MU25、MU30 五个强度等级,其抗压强度、抗折强度均应满足相应强度等级的要求。

烧结多孔砖主要用于六层以下建筑物的承重墙体。M 型砖符合建筑模数,使设计规范化、系列化,提高施工速度,节约砂浆;P 型砖便于与普通砖配套使用。

3. 烧结空心砖

烧结空心砖的原材料组分与烧结多孔砖相同,但其孔洞率较大,经常大于 35%,因此烧结空心砖主要用于砌筑非承重构件。

烧结空心砖规格尺寸较多,有 290 mm×190 mm×90 mm 和 240 mm×180 mm×115 mm 两种类型,砖的壁厚应大于 10 mm,肋厚应大于 7 mm。

烧结空心砖的技术性能应满足国家规范《烧结空心砖与空心砌块》(GB 13545—2003)的要求。根据抗压强度分为 MU10、MU7.5、MU5.0、MU3.5、MU2.5 五个强度级别,同时按密度分为 800、900、1100 三个密度级别。根据尺寸偏差、外观质量、孔洞及其结构、泛霜、石灰爆裂、吸水率分为优等品(A)、一等品(B)和合格品(C)三个质量等级。

4. 非烧结普通砖

非烧结普通砖是以黏土为主要原料,掺入少量胶凝材料,经粉碎、搅拌、压制成型、自然养护而成的,又称为免烧砖。

非烧结普通砖的技术性能应满足国家规范《非烧结普通砖》(JC 422—2003)的要求。免烧砖规格为 240 mm×115 mm×53 mm,有 MU7.5、MU10 和 MU15 三个强度等级。

5. 粉煤灰砖

粉煤灰砖是以粉煤灰和石灰为主要原料,掺入适量的石膏和炉渣,加水混合制成坯料,经陈化、轮碾、加压成型,再经常压或高压蒸养而制成的一种墙体材料。

粉煤灰砖的技术性能应满足国家规范《粉煤灰砖》(JC 239—2001)的要求。其规格为 240 mm×115 mm×53 mm,分为 MU30、MU25、MU20、MU15、MU10 五个强度等级。

粉煤灰砖可用于工业与民用建筑的墙体和基础,但用于基础或用于易受冻融和干湿交替作用的建筑部位,必须使用 MU15 及以上强度等级的砖。

6. 蒸压灰砂砖

蒸压灰砂砖是以石灰和砂为主要原料,经混合搅拌、陈化、轮碾、加压成型、蒸养而制成的墙体材料。

蒸压灰砂砖的技术性能应满足国家规范《蒸压灰砂砖》(GB 11945—1999)的要求。根据抗压强度和抗折强度分为 MU25、MU20、MU15 和 MU10 四个强度等级。其规格为 240 mm×115 mm×53 mm。

MU25、MU20、MU15 等级的蒸压灰砂砖可用于基础及其他建筑;MU10 等级的砖尽可能用于防潮层以上的建筑。灰砂砖不得用于长期受热 200 ℃ 以上、受急冷急热和有酸性介质侵蚀的建筑部位。

（二）石材

砌筑用石材可分为毛石和料石两种。

毛石是指岩石以开采所得、未经加工的形状不规则的石块。毛石有乱毛石和平毛石两种。乱毛石是指其形状不规则的石材；平毛石是指形状不规则，但其中有两个平面大致平行的石材。毛石应呈块状，中部厚度不小于 150 mm。

毛石主要用于砌筑建筑物基础、勒脚、墙身、挡土墙、堤岸及护坡，还可以用来浇筑片石混凝土。

料石是指以人工斩凿或机械加工而成，形状比较规则的六面体块石。通常按加工平整程度分为毛料石、粗料石、半细料石和细料石四种。料石的宽度和厚度均不宜小于 200 mm，长度不宜大于厚度的 4 倍。料石有 MU100、MU80、MU60、MU50、MU40、MU30、MU20、MU15 和 MU10 九个强度等级。

料石主要用于建筑物的基础、勒脚、墙体等部位，半细料石和细料石主要用做镶面材料。

（三）中小型砌块

砌块一般指混凝土空心砌块、加气混凝土砌块、粉煤灰砌块和轻集料混凝土砌块。

混凝土空心砌块以水泥、砂、石和水混合配制而成，有竖向方孔，其规格为 390 mm × 190 mm × 190 mm，如图 3-1 所示。尺寸允许偏差应符合《普通混凝土小型空心砌块》（GB 8239—1997）的规定。混凝土空心砌块按力学性能分为 MU20、MU15、MU10、MU7.5、MU5、MU3.5 六个强度等级。

混凝土砌块由可塑的混凝土加工而成，其形状、大小可随设计要求的不同而改变，因此它既是一种墙体材料，又是一种多用途的新型建筑材料，既可作承重墙体又可作非承重的填充墙体，其隔热、隔音、防火、耐久性等大体与黏土砖相同，能满足一般建筑要求。

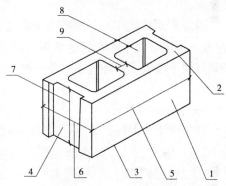

1—条面；2—坐浆面；3—铺浆面；4—顶面；
5—长度（390 mm）；6—宽度（190 mm）；
7—高度（190 mm）；8—壁；9—肋

图 3-1　混凝土空心砌块

加气混凝土砌块是以水泥、矿渣、砂、石灰等为主要材料，加入发气剂经搅拌成型、蒸压养护而成的实心砌块。加气混凝土砌块根据《蒸压加气混凝土砌块标准》（GB 11968—2006）规定，规格一般有两个系列：

A 系列：长度为 600 mm；宽度从 75 mm 开始，75 mm、100 mm、125 mm…，按 25 mm 模数递增；高度为 200 mm、250 mm、300 mm。

B 系列：长度为 600 mm；宽度从 60 mm 开始，60 mm、120 mm、180 mm…，按 60 mm 模数递增；高度为 240 mm、300 mm。

加气混凝土砌块按抗压强度级别有 MU10、MU25、MU35、MU50、MU75 级，按容重级别有 03、04、05、06、07、08 级。

粉煤灰砌块主要利用粉煤灰、炉渣、砂子等废弃资源为原材料，经过创新工艺生产而成，具有容重小（能浮于水面）、保温、隔热、节能、隔音效果优良、可加工性好等优点，是一种新型的节能墙体材料,可以替代空心砌块及墙板作为非承重墙体材料使用,隔热保温是它最大的优势,保温效果是黏土砖的 4 倍,节约电耗 30% ~ 50%。粉煤灰砌块根据《粉煤灰砌块》(JC 238—1991(1996))规定,规格一般有 880 mm × 380 mm × 240 mm 和 880 mm × 430 mm × 240 mm 两种类型,抗压强度级别有 MU10、MU13 级。

二、砂浆

砂浆是由胶凝材料、细集料、掺合料和水按适当比例配合、拌制并经硬化而成的土木工程材料。

根据不同的用途,砂浆可分为砌筑砂浆和粉刷用的抹灰砂浆。砌筑砂浆的作用是填充砌筑块体间的缝隙,使块体受力更加科学;砌筑砂浆可将块体黏结形成一整体,能加强砌体结构的整体性,共同承担上部荷载;砂浆填满砌块间的缝隙还有利于砌体结构的保温、隔热,避免墙体渗漏等。

根据不同的组分,砌筑砂浆可分为水泥砂浆、混合砂浆、石灰砂浆。有时为了改善砂浆的某些特性,会在砂浆搅拌时加入某些添加剂,砂浆种类的选择及其等级的确定应按设计要求。

通常水泥砂浆和混合砂浆用于砌筑潮湿环境和强度要求较高的砌体,但对于基础工程、地下工程及经常遇水的池槽等工程,如地下室、管沟,砌筑时一般只用水泥砂浆。石灰砂浆宜用于砌筑干燥环境中以及强度要求不高的砌体,不宜用于潮湿环境的砌体,如基础工程等。

(一)原材料要求

砂浆所用水泥的品种、强度质量等级应符合设计要求,如水泥强度质量等级不明或水泥出厂日期超过三个月(快硬水泥为一个月),应进行复查,并按照复查结果选用。不同品种、不同质量等级(标号)的水泥不得混合使用。

砂一般宜采用中砂,并应过筛,不得含有杂物。砂浆用砂的含泥量应满足下列要求:对于水泥砂浆和强度等级不小于 M5 的水泥混合砂浆,不应超过 5%;对于强度等级小于 M5 的水泥混合砂浆,不应超过 10%;人工砂、山砂及特细砂,应经试配能满足砌筑砂浆技术条件要求。

生石灰熟化成为石灰膏时应用网过滤,熟化时间不得少于 7 d。应防止干燥、冻结和污染,严禁使用脱水硬化的石灰膏,不得使用未熟化结束的石灰。

(二)砂浆的强度等级

砂浆强度等级是以在标准状态(温度(20 ± 2)℃及相对湿度为 90% 以上的条件下)养护 28 d 的试块的抗压强度为准确定的。砂浆的强度等级包括 M20、M15、M10、M7.5、M5、M2.5 六个。

(三)砂浆的拌制与使用

砂浆应采用砂浆搅拌机来搅拌。搅拌水泥砂浆时,一般应先将砂与水泥投入,干拌均匀后,再加入水搅拌均匀。搅拌水泥混合砂浆时,一般先将砂和水泥投入,干拌均匀后,再投入掺合料,加水搅拌均匀;掺用外加剂时,应将外加剂按规定浓度溶于水中,然后与砂浆一起搅拌,不得将外加剂直接投入搅拌的砂浆中;如采用二次投料法,则先加入部分砂、水和掺合料进行搅拌，将掺合料打散、拌匀后，再投入其余的砂子和全部的水泥进行搅拌，并确保搅拌均匀，混合充分。

砂浆搅拌时间，应自投料完成开始计算，并满足相应的规定：水泥砂浆和水泥混合砂浆不得少于 2 min；如掺有外加剂，则应根据外加剂的要求，适当延长搅拌时间。过分延长搅拌时间将会影响砂浆搅拌机的工作效率。

搅拌完成后和使用时，砂浆应盛在相应的容器中，尽量减少砂浆水分的流失；如果在使用时发现砂浆出现泌水现象，在使用前应重新拌和。

砂浆搅拌机的搅拌及出料应随砌体工程施工速度快慢进行相应的调整，尽量做到砂浆随拌随用。砂浆搅拌完成后到使用，水泥砂浆一般不应超过 3 h，水泥混合砂浆一般不应超过 4 h；如气温较高，超过 30 ℃时，应分别提前 1 h 用完。

为了砌筑方便，砂浆通常需要具有良好的和易性。砂浆的和易性主要取决于砂浆的稠度和保水性，可在砂浆搅拌时加入外加剂，以改善砂浆的某些特性。砂浆稠度的选择主要根据墙体材料、砌筑部位及气候条件而确定。一般实心砖墙和柱，砂浆的流动性宜选 70 ~ 100 mm；而砌筑平拱过梁、毛石及砌块，砂浆的流动性宜为 50 ~ 70 mm。

如果砂浆搅拌不均匀，如掺合料未打散、水泥分布不充分，加料顺序颠倒，掺合料掺加量偏多或材料计量不准确，砂浆的使用时间超过规定等，都会影响砂浆的强度等级；如果砂浆搅拌时不注意，可能会造成砂浆强度出现较大波动，低于设计强度标准值。因此，在搅拌砂浆时，应建立严格的材料计量制度和材料计量校验、维修、保管制度；对于掺合料，应调和成标准稠度进行称量计算，再折算成标准容积，以减小计量误差。

三、现场材料运输

(一)概述

砌筑工程中不仅需要运输大量的砖(石或砌块)、砂浆、钢筋，而且还要运送各种预制构件、脚手架杆件和扣件(包括脚手板)等物，这些建筑材料和建筑构配件必须按要求及时准确地运送到施工现场作业面，而且在运送过程中还需要考虑很多问题，如施工的流水作业问题、工序搭接问题、建筑物或构筑物的特点、材料的运输安全问题、材料的运输量和建筑材料的特点问题等。搅拌的混凝土和砂浆如果运输时间过长，就会凝固，无法使用；如果运输条件太差，在运输过程中出现离析现象，同样会影响材料的质量而无法使用。因此，应充分考虑建筑物的特点、工期、运输量、材料的运输要求等，综合选择既满足使用方便的要求又相对比较经济的运输方案。

(二)垂直运输设备

常用的垂直运输机械包括塔式起重机、汽车式起重机、物料提升架、施工升降机和小型物料提升设备等。

1. 塔式起重机

塔式起重机具有提升、回转、水平运输等功能，不仅是重要的吊装设备，而且也是重要的垂直运输设备。其特点是生产效率高，既可进行垂直运输，又可同时进行水平布料，运输速度快，节省人力，特别适用于工程平面大、工期要求紧的项目，在可能的情况下，宜优先选择。

按固定方式划分,塔式起重机包括固定式、轨道式、附墙式、内爬式;

按吊臂构造划分,塔式起重机包括整体式、伸缩式、折叠式;

按变幅方式划分,塔式起重机包括小车移动式、臂杆伸缩式、臂杆仰俯式;

按架设方式划分,塔式起重机包括自升式、分段架设式、整体架设式、快速拆除式;

按起重性能划分,塔式起重机包括轻型(起重量≤80 t·m)、中型(80 t·m<起重量≤250 t·m)、重型(250 t·m<起重量≤1 000 t·m)和超重型(1 000 t·m<起重量)。

2. 汽车式起重机

汽车式起重机具有塔式起重机的优点,同时汽车式起重机由于可以移动,因此比塔式起重机的水平运输更加方便。但汽车式起重机的垂直运输高度受到汽车载重量、吊臂长度等因素的影响,适用范围受到限制。

3. 物料提升架

物料提升架包括井式提升架(简称"井架")、龙门式提升架(简称"龙门架")、塔式提升架(简称"塔架")和独杆升降台等。它们共同的特点是:

(1)提升采用卷扬机,且卷扬机与架分离安装。

(2)安全设备一般只设防冒顶、防冲座、停层保险装置,因而只允许用于物料提升,严禁载人。

(3)用于十层以下时,多用缆风绳固定;用于十层以上时,应采用附墙方式固定,可在顶端设液压顶升构造,便于安装标准节,提高井架等架子的高度,增加垂直运输高度。

井架是砌筑工程中垂直运输的常用设备之一,通常带有一起重臂和吊盘,起重臂起重能力为 5 ~ 10 kN,在其外伸工作范围内也可进行小面积的水平运输,吊盘的载重能力为 10 ~ 15 kN,经常用于运送手推车或其他散装材料,搭设高度一般为 40 m 左右,但需要设置缆风绳或与正在施工的建筑物或构筑物的主体结构有可靠的连接,以保持井架的安全和稳定。如图 3-2 所示为某一钢井架示意图。

龙门架是由两根三角形截面或巨型截面的立柱和天轮梁(横梁)组成门式架,在龙门架上设置滑轮、导轨、吊盘、缆风绳(或与主体结构有可靠的连接)等。龙门架构造简单、制作方便,常用于多层建筑的垂直运输,起吊高度为 15 ~ 30 m,起重量为 6 ~ 52 kN;一般只能进行材料、机具和小型预制构件的垂直运输等,而对水平运输却力不从心,如图 3-3 所示。

井架和龙门架的吊盘应有可靠的安全装置,以防止吊盘在运行过程中和停车装、卸料时发生坠落事故,在井架和龙门架的顶部还应安装限位器,以防止吊盘冲顶等。

4. 施工升降机

施工升降机又称为施工电梯,分客货两用电梯和专门供货电梯等,是高层建筑施工中主要的垂直运输设备之一,它附着在建筑物上并与建筑物或构筑物的主体结构有可靠的连接,随建筑物而升高。施工升降机应有可靠的限速装置、制动装置、断绳保护开关和塔形缓冲弹簧等安全装置,适用于高层建筑物。施工升降机垂直运输速度快,起重供应能力大,垂直运输高度大,但水平运输无法实现。

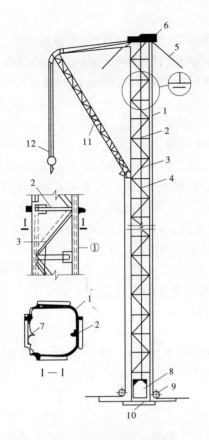

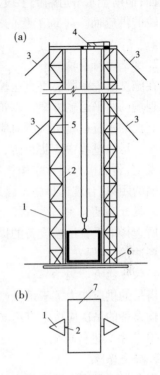

1—柱;2—平撑;3—斜撑;4—钢丝绳;5—缆风绳;6—天轮;7—导轨;
8—吊盘;9—地轮;10—垫木;11—摇臂拔杆;12—滑轮组

图3-2　钢井架

1—立杆;2—导轨;3—缆风绳;4—天轮;
5—吊盘停车安全装置;6—地轮;7—吊盘

图3-3　龙门架

5. 小型物料提升设备

如垂直运输量小、建筑材料或建筑构配件较轻,可以采用小型物料提升设备。此类提升设备由小型机具(一般起重量在1 000 kN以内),如电动葫芦、手扳葫芦、倒链、滑轮、小型卷扬机等与相应的提升架、悬挂架等构成,形成墙头吊、悬臂吊、摇头扒杆吊、台灵吊等。此类小型物料提升设备一般适用于多层建筑施工或作为辅助垂直运输设备。

6. 混凝土泵

混凝土泵是水平和垂直运送混凝土的专用设备,它可以通过混凝土泵车将混凝土直接输送到工作面,甚至可以直接浇捣混凝土构件。混凝土输送泵按照工作方式分为固定式和移动式两种,按泵的工作原理分为挤压式和栓塞式。

(三)垂直运输设备选择要求

施工现场作业面材料运输问题往往是影响建筑施工进度和质量的瓶颈,在进行施工方案选择时,既要考虑建筑物的特点、工期,也要考虑材料的供应量和建筑材料及构配件的特点,综合选择合理的垂直运输机械,如果只追求机械台班最小化,所选择的垂直运输机械在使用时就可能出现问题。一般在进行垂直运输机械选择时,应考虑以下内容。

1. 垂直运输的覆盖面和供应面

以塔臂正常使用时起重或布料最远幅度为半径,塔臂所扫过的覆盖面积称为塔吊的覆盖面;借助于水平运输的手段,垂直运输材料供应所能达到的经济合理的范围,称为垂直运输的供应面。建筑工程的全部工作面均应处于垂直运输设备的覆盖面和供应面之内。

2. 水平运输手段

在施工过程中既要垂直运输,也应考虑水平运输;在考虑垂直运输时,必须同时考虑施工现场的水平运输方案。砌筑工程中水平运输经常采用的是除垂直运输采用塔式起重机外其他的垂直运输机械所对应选择的水平运输设备,散料一般采用双轮手推车或机动翻斗车。运输过程中应防止砖、石、砌块等的缺角、烂面等破损,以及砂浆的分层、离析等现象发生,预制楼板通常采用杠杆车运输。作业面上的水平运输条件较差,应尽量减少水平运输的距离,合理选择施工路线,尽量少在墙体上预留施工洞。

3. 提升高度

所选择的垂直运输设备的提升能力应比实际需要的提升高度大至少 3 m,以防止提升设备冲顶,确保安全。

4. 供应能力

塔吊的供应能力等于吊量(每次可正常吊运材料的体积、质量等)乘以吊次;其他垂直运输设备的吊次应按垂直运输设备和水平运输设备的运次低值进行考虑,然后再乘以 0.5 ~ 0.7 系数进行折减。

5. 安全保障

安全保障是现场管理的头等大事,无论施工方案多经济,如果存在严重的安全隐患,也不应采用,现场安全应常抓不懈,将现场的"安全第一"管理理念落实到实处。

现场材料运输设备是专门用于运送材料的运输工具,严禁人员乘坐;如运输设备可以客货两用,也不得客货混装,应分别运输,确保人员安全。

在进行垂直运输设备选择时,还应注意设备的装设条件、设备的充分利用条件、设备的效能发挥情况等。

第三节　砖砌体施工

一、砌筑前准备

砖砌体工程所用的主要材料是砖及砌筑砂浆。

为了保持砂浆的流动性,便于施工,减少施工时砖从砂浆中吸收过多的水分而影响工程施工质量和工人的砌筑进度,在砌筑时砖的含水率一般应满足《砌体工程施工及验收规范》(GB 50203—2011)的要求;通常普通黏土砖、空心砖砌筑时最佳的含水率是 10% ~ 15%,而灰砂砖、粉煤灰砖其含水率为 8% ~ 12%。一般可提前半天到一天时间对砖进行浇水润湿,气候干燥时,宜提前洒水润湿,严禁砌筑时临时浇水。临时浇水过多会使砌体表面形成一层水膜,在砌筑时会使砌体走样或滑动,影响砌体的垂直度等砌筑质量。

在施工现场检查砖的含水率的最简单的方法是现场取样,将砖切断,在砖截面周边的湿水深度如果能达到 15～20 mm,即可认为砖的含水率满足要求。

二、砖砌体的施工工艺

(一)施工工艺

砖砌体的施工工艺通常有抄(找)平、放(弹)线、摆砖样、立皮数杆、盘角(立、砌盘头角)、挂线、砌筑、勾缝、楼层轴线标高引测及检查等。

1. 抄平、放线

为了保证建筑物平面尺寸和各层标高的正确性,砌筑砌体前,必须准确地确定出基础或各层楼面的标高和墙柱的轴线的位置,以作为砌筑时的控制依据,并用 M7.5 水泥砂浆或 C10 细石混凝土找平,使各段砖墙底部标高符合设计要求。

1)基础抄平、放线

将基础垫层表面清扫干净,用水准仪复核垫层顶表面标高。如垫层顶标高误差不大于 30 mm,可用水泥砂浆找平,若垫层顶标高误差大于 30 mm,宜采用细石混凝土找平。

利用龙门板或轴线定位桩,在基础垫层上表面放出基础中心线,然后根据设计图纸放出基础宽度线。

2)底层抄平、放线

标高复核及轴线放出经检查无误后,可以将相对标高 ±0.000 及各轴线引测到该建筑物的外墙面上,以作为向上控制标高和引测轴线的依据。

当基础砌筑至 ±0.000 标高以下 60 mm(一皮砖厚)时,再次用水准仪检测砖基础的标高,可通过局部增加防潮层厚度来调整墙体标高;然后用经纬仪将龙门板、轴线定位桩上的轴线放到防潮层上面。经认真复核轴线尺寸无误后,根据轴线位置再确定出上部墙体的边线,并根据设计图纸确定出相应门窗洞口的位置。

3)楼层抄平、放线

楼层的标高抄半控制一般利用钢尺从下层的 50 线向上引测确定本层的 50 线,通过本层的 50 线来控制本层各构件的标高,也可用皮数杆进行传递。

楼层的轴线控制一般可以利用经纬仪或铅锤,将底层的控制轴线引到各楼层墙上,轴线引测是放线的关键,必须按照图纸要求尺寸,在楼层上用钢尺复核各控制轴线间的尺寸,准确无误后根据各控制轴线放出各墙、柱的定位轴线,然后放出墙、柱边缘线,画出门窗洞口位置等。

2. 摆砖样

为提高砌砖效率和砌筑质量,在砌筑墙体前应按选定的组砌方法,首先在墙基顶面放线位置试摆砖样(生摆,不铺设砂浆)。摆砖样的目的是在规范允许的范围内,通过调整砖的竖向灰缝厚度,尽量使门窗垛符合砖的模数,以尽量减少砍砖数量(对于设计尺寸与实际砖模数偏差较小的,可以调整砖竖缝),并保证砖及砖缝排列整齐、均匀。摆砖样对于清水墙砌筑尤为重要。

3. 立皮数杆

皮数杆是用于控制每皮砖砌筑时的竖向尺寸以及各构件标高的方木标志杆,如

图3-4所示。皮数杆上画有标准每皮砖和灰缝的厚度；另外，还可以表示出门窗洞口、过梁、楼板等构件的标高，以控制本层构件的标高。

一般地，皮数杆高度约为2 m，可立于墙的转角处；如果墙体过长，可每隔12～15 m再多立一根，皮数杆设立时需用水准仪测定控制、校正标高。

4. 盘角

盘角又可称为立头角、砌头角等，先砌筑墙角。盘角时高度方向一般每次不宜超过五皮砖，应随砌随盘。盘角是确定墙身两面横平竖直的主要依据，盘角时还应和皮数杆相对应，检查无误后方可挂线，根据挂线来砌筑中间墙体。

在盘角时特别注意砖的竖向灰缝应错开。严禁砌成通缝墙体。

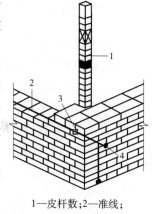

1—皮杆数；2—准线；
3—竹片；4—圆铁钉
图3-4　皮数杆示意图

5. 挂线

挂线是盘角后结合皮数杆连接墙体两端的连线，施工中一般采用麻绳线或棉线等。挂线的目的是使墙体两端的同一皮砖顶面处于同一标高。挂线后，可以保证墙体中间的同一皮砖的顶面标高相同。因此，可以控制每皮砖的标高和每道水平灰缝的厚度，使得铺灰厚度一致，做到砖体排列均匀，砂浆灰缝厚薄一致，提高砖砌体的砌筑质量。三七墙以下，一般采用一边挂线砌筑；三七墙以上，则采用双面挂线砌筑。通常墙体将挂线的一面叫做正手面，墙体不挂线的一面叫背手面，一般正手面墙体的砌筑效果会好于背手面的砌筑效果。

墙体挂线时，应每砌筑一皮或两皮砖向上提一次。

在控制某一道墙体灰缝和标高的同时，应注意建筑物同层其他各墙体同一皮砖也应控制在同一标高上。如果同一层墙体，同一层砖的标高不能在同一高度处交圈，称为"螺丝"墙。在施工时应减少出现"螺丝"墙的概率。为预防出现"螺丝"墙，在砌筑前应首先测定所砌筑部位基面标高误差，通过调整灰缝厚度来调整墙体标高。标高误差宜分配在一步架的各层砖缝中，操作时挂线两端应相互呼应，并经常检查与皮数杆是否对应。

6. 砌筑

砌筑砖墙体时，应注意挑选砖的表面，尽量使暴露在外的砖面完整、规则、统一。

砖的砌筑操作方法很多，与各地的操作习惯、使用工具有关，一般常用的有"三一砌法"，即一刀灰、一块砖、一挤揉。其优点是灰缝容易饱满，砂浆与砖的黏结效果好，墙面整洁。

如采用铺浆法砌筑，应注意铺设砂浆的长度一般不宜超过750 mm，当气温达到30 ℃时，铺浆长度不宜超过500 mm。如果铺灰长度过长，砌筑速度跟不上，砂浆内的水被砖吸收，砂浆过稠，砌筑时就不易被挤揉开，挤浆困难，就不易将铺刮后的无浆处挤满，造成砂浆的饱满度降低，从而影响砌筑质量。

砖砌体组砌既要注意组砌形式正确，也要特别注意砖的竖向灰缝上下错开，砖内外搭砌，严禁产生竖向灰缝通缝现象，砖柱不得采用包心砌法，目的是将砖承受的荷载尽快地传递到更多的砖上，减少因局部过分集中而产生局部破坏，从而导致整个构件的破坏。

240 mm 厚承重墙体的每层墙体的最上一层砖及梁垫下面、砖砌台阶的水平面上及挑出层,均应用整砖顶砌。多孔砖的孔洞应垂直于受压面砌筑。

砌筑时灰缝厚度不宜过大。一般水平灰缝厚度宜控制在 8~12 mm,竖向灰缝宽度一般为 10 mm。竖向灰缝宜采用挤浆法或刮浆法,严禁采用水冲浆灌缝。

应注意,在进行砌体基础施工时,如果基础底面标高不同,应从低处砌起,并应由高处向低处搭砌。当无设计要求时,搭接长度不应小于基础扩大部分的高度。

在墙体上留设施工洞口,洞口侧边距交接处墙面尺寸不得小于 500 mm,洞口净宽度不得超过 1 000 mm,对于抗震设防烈度为 9 度的地区,建筑物砖墙体上临时施工洞口的位置应会同设计单位确定。临时洞口应及时做好补砌工作。

在砌筑门窗洞口时,应按照规定留设木砖,木砖的数量应根据施工规范要求确定,木砖还应进行防腐处理。空心砖留设木砖位置应采用普通黏土砖补砌。

在施工时,应根据施工方案要求,合理搭设脚手架。某些建筑物,如仓库等有气密性要求的,规定墙体上严禁留设脚手架眼;其他建筑物或构筑物,应根据要求合理留设脚手架眼。不得留设脚手架眼的部位有:空斗墙、半砖墙和砖柱;砖过梁上与过梁成 60° 角围成的墙体范围内;宽度小于 1 000 mm 的窗间墙;梁或梁垫下及其左右各 500 mm 范围内;门窗洞口两侧 180 mm 和转角处 420 mm 范围内。

留设的脚手架眼,在脚手架拆除后应及时补好。在补脚手架眼时,应首先将脚手架眼内的杂物清除干净,用水充分湿润后用砂浆和砖块填充密实,并确保砂浆干燥后不会产生裂缝,否则墙面容易在此处漏水。

7.勾缝

勾缝是清水墙砌筑时的最后一道工序。侧表面将来不再进行粉刷的墙体称为清水墙,清水墙砌筑完成后,应进行勾缝。勾缝的作用是使砖灰缝饱满、均匀,使墙面清洁、整齐美观。

勾缝的方法一般包括原浆勾缝和加浆勾缝两种。原浆勾缝是利用原砌筑墙体用砂浆随砌随勾;加浆勾缝是在墙体砌筑完成后,用 1:1 水泥砂浆勾缝,也有采用加色砂浆勾缝的。勾缝应做到横平竖直,深浅一致,缝隙压实光滑、搭接自然。

勾缝完成后,应将墙面清扫干净。

(二)组砌形式

通常将一块砖的六个面中最大的两个面称为大面,次大的两个面称为条面,最小的两个面称为丁面。砌筑时,大面朝向墙外侧的叫做立砖,条面朝外的叫做条砖或顺砖,丁面朝外的叫做丁砖。

根据砖墙体的厚度可将砖墙分为半砖墙(或称为 120 墙)、一砖墙(240 墙)、一砖半墙(370 墙)和两砖墙(490 墙)等。

根据砌筑墙体的密实性,可将墙体分为空斗墙和实心砖墙,其中空斗墙一般不宜作承重墙。

按组砌方式,在墙体厚度不小于 240 mm 时,砌筑方法又可分为一顺一丁、三顺一丁、梅花丁和其他砌法等,如图 3-5 所示。在砌筑时应特别注意砖的竖向灰缝应相互错开 1/4 砖长,即 60 mm。一般情况下,在砌筑工程中应尽量采用梅花丁、一顺一丁的砌筑方法。

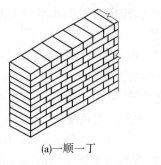
(a)一顺一丁

(b)三顺一丁

(c)梅花丁

图 3-5　砖墙组砌形式

1. 梅花丁

梅花丁(见图 3-5(c))是同一皮砖采用沿墙长度方向顺、丁各一交替向前,同时向上交替组砌的砌筑方式,上下两皮砖的竖向灰缝应错开 1/4 砖长。采用此种砌筑方法砌筑的砌体构件的受力效果最好。

2. 一顺一丁

一顺一丁(见图 3-5(a))是最常用的一种砌筑方法,这种砌法是一皮中全部顺砖与一皮中全部丁砖相互间隔砌成,上下皮间的竖缝相互错开 1/4 砖长。

3. 三顺一丁

这种砌法是三皮中全部顺砖与一皮中全部丁砖间隔砌成,上下皮顺砖与丁砖间竖缝错开 1/4 砖长,上下皮顺砖间竖缝错开 1/2 砖长。墙体中的顺砖皮数越多,砖墙两边的两排顺砖间的连接就越差,整体墙体的承重能力就会大大降低,因此要求最多可以做到三顺一丁(见图 3-5(b))。特别应注意,砌筑时采用的丁砖不仅可以将荷载传递到两顺砖上,同时还有拉结作用,减少顺砖向墙体外鼓现象,以提高其承载能力,所以在砌筑时丁砖不能够采用断砖。

4. 其他砌法

1)全顺砌筑

全顺砌筑,一般适用于半砖墙的砌筑。在砌筑时,应注意每皮砖的搭接为 1/2 砖的厚度。如图 3-6 所示。

图 3-6　全顺砌法

2)全丁砖

全丁砖是指在砌筑过程中,沿墙体长度方向,全部为丁砌。如砌筑烟囱、圆形水井等。

(三) 多孔砖和空心砖墙组砌

多孔砖和空心砖的砌筑原则相同,即灰缝厚薄均匀一致,竖向灰缝错开,尽量使上下两皮砖竖向灰缝间距最大。规格为 190 mm × 190 mm × 90 mm 多孔砖砌筑形式如图 3-7 所示。

规格为 240 mm × 115 mm × 90 mm 的承重多孔砖,一般采用梅花丁或一顺一丁方式砌筑,如图 3-8 所示。

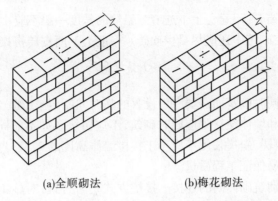

(a)全顺砌法　　　　　　　　(b)梅花砌法

图 3-7　190 mm×190 mm×90 mm 多孔砖砌筑形式

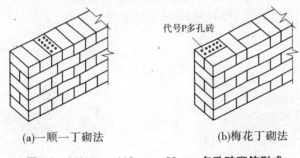

(a)一顺一丁砌法　　　　　　　(b)梅花丁砌法

图 3-8　240 mm×115 mm×90 mm 多孔砖砌筑形式

三、质量要求

砌筑质量应符合《砌体工程施工及验收规范》(GB 50203—2011)的要求。基本质量要求:横平竖直、砂浆饱满、灰缝均匀、内外搭接、上下错缝、接槎牢固。

(一)横平竖直

砌体施工时应注意水平灰缝平直,砌筑时必须立皮数杆、挂线砌筑;竖向灰缝应按照砌筑工艺要求垂直对齐,否则称为游丁走缝,会影响墙体的外观质量。墙体在砌筑过程中,应随时检查墙体的水平度和垂直度,一般要求做到"三皮一吊线,五皮一靠尺"。

(二)砂浆饱满、灰缝均匀

砌筑时应尽量使砖块体处于均匀受压状态,以减小产生拉力和剪力的可能。这就要求在砌筑砌体结构时,块体间的水平灰缝砂浆饱满、厚薄均匀。在实际工程中,为了更好地控制砂浆的饱满度,经常用百格网来检查水平灰缝的饱满度,砂浆的饱满度必须不小于80% 。为了使砖能够均匀受力,要求水平灰缝应有一定的厚度。一般要求水平灰缝厚度应不小于 8 mm,也不宜大于 12 mm。

(三)内外搭接、上下错缝

搭接是同层里外砖块通过相邻上下层的砖块搭砌而使得砌体连接牢固。施工中的砌筑方法,常用的有梅花丁、一顺一丁和三顺一丁等,目的就是加强内外砖块的搭接,使整个墙体形成统一受力的整体。因此,用于搭接砌筑的砖应采用整砖。上下错缝是指上下两皮砖的竖向灰缝应当错开,以避免上下通缝。错缝的长度一般不应小于 60 mm,即 1/4 砖砌块的长度。另外,在砌筑中还应尽量少砍砖。一般上下两皮砖搭接长度小于 25 mm 即可视为通缝。

(四)接槎牢固

当相邻砌体不能同时砌筑而需要专门设置的临时间断(施工缝)时,应考虑留槎和接槎。砖砌体在转角处和墙体交接处应同时砌筑,不应留槎。如不能同时砌筑而必须留槎的,应注意尽量留设斜槎,斜槎长度不应小于接槎墙体高度的 2/3。这种留设方法操作方便,接槎时砂浆饱满,易保证工程质量。

接槎应便于先后砌筑砌体间的连接。接槎方式是否合理,对施工缝处砌体的质量和墙体的整体性有极大的影响,特别是在地震区可能会影响到建筑物的抗震能力。如果留斜槎确实有困难,除转角外可以留直槎,而且必须是留设阳槎,同时应在墙体内设置拉结钢筋,如图 3-9 所示;墙体留直槎时应特别注意不得留设阴槎。

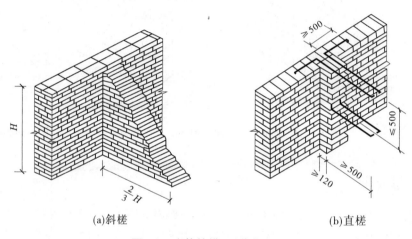

(a)斜槎   (b)直槎

图 3-9　砌体接槎 (单位:mm)

墙体拉结钢筋的间距沿墙高度方向按每不超过 500 mm 设置一道,钢筋长度深入两侧墙中每边不少于 500 mm(对于抗震烈度大于 6 度的地区,不应小于 1 000 mm),埋入墙中长度从墙的留槎处算起,末端应有不小于 90°的弯钩。每道拉结钢筋的根数,一般按墙厚每增加 120 mm 增设一根直径 6 mm 的钢筋;厚度小于 240 mm 的墙体,钢筋也至少设置两根。

在补槎时应注意首先将留槎处的表面清理干净,浇水润湿,填实砂浆,保证灰缝饱满、厚薄均匀,接缝平直。

对于框架结构等房屋的填充墙在砌筑时,墙体的拉结钢筋应与框架中的预埋拉结钢筋连接起来,填充墙与框架柱接槎处应采用砖和砂浆塞紧。墙体砌筑到框架梁底时,应用砖斜砌挤紧框架梁底,斜砖的角度宜为 60°左右。

(五)注意砌体结构的防潮

为防止潮气从基础沿砖砌体向上渗入室内影响室内生活环境,通常在砖墙体和砖柱内设置一道封闭潮气的水平隔离层,这个隔离层就叫做砖砌体的防潮层。砖砌体的防潮层一般设计在室内地面以下距离室内地面 60 mm 的标高处,一般标高为 − 0.060 m。砖砌体的防潮层应沿墙体和柱水平截面同一标高设计,与室内地面一起形成一个封闭系统,阻止潮气上渗,应注意防潮层的连续性和封闭性。

四、砖柱、砖过梁

(一)砖柱

砖柱是利用砖与砂浆砌筑而成的柱体,其截面常见的有方形、矩形、多边形、圆形等。

砖柱砌筑同样也应立皮数杆,而且砌筑时应特别注意摆砖样,选择合理的组砌形式。应做到柱面上下皮砖竖向灰缝相互错开1/2砖长以上,柱心无通天缝,严禁先砌筑四周再填中心的包心砌法,如图3-10所示。砌筑砖柱时,应注意在砖柱上不得留设脚手架眼。

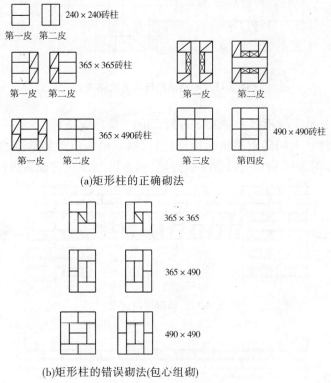

240×240砖柱
第一皮　第二皮

365×365砖柱
第一皮　第二皮　　　　第一皮　第二皮

365×490砖柱
第一皮　第二皮　　　　第三皮　第四皮　490×490砖柱

(a)矩形柱的正确砌法

365×365

365×490

490×490

(b)矩形柱的错误砌法(包心组砌)

图3-10　砖柱的组砌形式

如果是墙的砖垛,应注意砖垛与墙体同时砌筑,砌筑方法同墙体和砖柱,不能先砌墙后砌垛或先砌垛后砌墙。如图3-11所示为一砖墙附砖垛分皮砌法。

(二)砖过梁

砖过梁包括砖拱过梁和钢筋砖过梁。

1. 砖拱过梁

砖拱过梁是用砖和砂浆砌筑而成的过梁,包括砖砌平拱过梁和砖砌弧拱过梁。

砖砌平拱过梁砌筑时,拱脚两端砌成斜面,斜面斜度为1/4~1/5,拱脚处退进20~30 mm。拱底支模在梁跨中应起拱1%,在模板上画出砖及砂浆的砌筑方式,并使过梁的砖的块数为单数。砌筑时从两边向中间砌筑,采用满刀灰法,竖向灰缝应上宽下窄呈楔形,

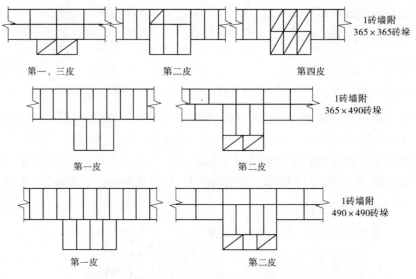

图 3-11　一砖墙附砖垛分皮砌法

下缝不得小于 5 mm,上缝不得大于 15 mm,中间的一块砖应挤紧。

砖砌弧拱做法基本同砖砌平拱。特别注意,拱下模板应等到砂浆强度的 50% 以上后,方可拆除。如图 3-12 所示为砖砌平拱过梁,图 3-13 所示为砖砌弧拱过梁。

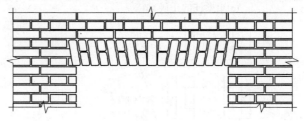

图 3-12　砖砌平拱过梁

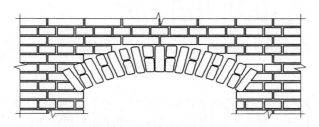

图 3-13　砖砌弧拱过梁

2. 钢筋砖过梁

钢筋砖过梁用普通砖与砂浆砌成,底部配有钢筋。在过梁范围内,砖的强度等级不得低于 MU10,砂浆的强度等级不低于 M2.5,砌筑时宜采用一顺一丁或梅花丁砌法。钢筋直径不小于 5 mm,间距不大于 120 mm,钢筋的配置应根据设计确定;钢筋伸入墙体内的长度不小于 240 mm,端头并设有弯钩。埋钢筋的砂浆层厚度不宜小于 30 mm。如图 3-14

所示为钢筋砖过梁。

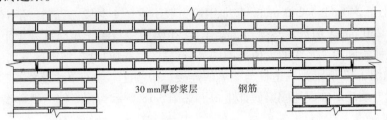

图 3-14　钢筋砖过梁

五、构造柱与马牙槎

设置钢筋混凝土构造柱是提高多层砖混结构抗震能力的一种措施。当多层砖混结构超过《建筑抗震设计规范》(GB 500011—2010)规定的高度限值时,如设置钢筋混凝土构造柱,则在受到相当于设计烈度的地震影响下不致严重损坏。如图 3-15 所示为某砌体结构的构造柱设置平面图。构造柱的设置应在纵横墙的交接处、墙体端部和较大洞口边设置构造柱,构造柱的间距一般不宜大于 4 m。

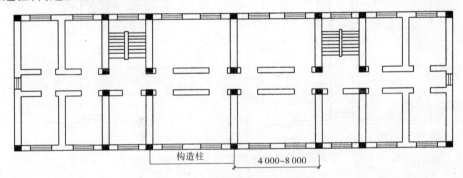

图 3-15　构造柱的设置　(单位:mm)

设计有钢筋混凝土构造柱的砌体,应注意其施工顺序是先砌墙后浇柱。构造柱与墙体连接处,墙体应砌成马牙槎。从每层柱脚开始,先退后进。每一马牙槎进退的水平尺寸为 60 mm,沿高度方向的尺寸不宜超过 300 mm。沿墙体高度每 500 mm 设置 2 Φ 6 的拉结钢筋。拉结钢筋每边伸入墙体内不应小于 1 000 mm,端头应设有弯钩。预留的墙体拉结钢筋不得在施工中随意反复弯折,如有歪斜、弯曲,在封闭构造柱模板前,应校正到位,并绑扎牢固。如图 3-16 所示为构造柱与墙体的连接。

在墙体砌筑完毕后封闭构造柱模板前,应将构造柱钢筋上的砂浆清掉,将构造柱模板内的落地灰、砖渣等杂物清理干净。在浇筑构造柱混凝土前应提前将构造柱的墙体和模板浇水润湿。开始浇筑混凝土前,应在构造柱施工缝结合面处加入适量的水泥砂浆,再开始浇筑混凝土。构造柱混凝土可分段浇筑,每段高度不宜大于 2 m。在施工条件较好并能确保浇筑密实的情况下,也可以每层一次浇成。浇筑时,应注意避免振动器振动砖墙。

设置钢筋混凝土构造柱的墙体,宜采用普通黏土砖与水泥混合砂浆砌筑,砖的强度等级不应低于 MU10,砂浆强度等级也不应低于 M2.5。构造柱的截面一般宽度同墙体厚度,尺寸不小于 240 mm×240 mm。竖向钢筋一般不少于 4 Φ12,箍筋直径不小于 6 mm,间距不大于 250 mm。构造柱必须与圈梁连接,在构造柱与圈梁相交接处上下各 500 mm或每层构造柱长度的 1/6 中的大值范围内,构造柱的箍筋应加密,加密区箍筋间距不大于100 mm。如图 3-17 所示为构造柱与圈梁的连接。构造柱一般不单独设置基础,而是从墙下钢筋混凝土柔性基础或地圈梁底部生根。如图 3-18 所示为构造柱的根部设置。

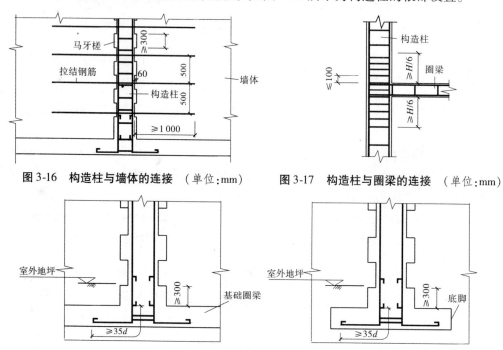

图 3-16　构造柱与墙体的连接　（单位:mm）　　　　图 3-17　构造柱与圈梁的连接　（单位:mm）

图 3-18　构造柱的根部设置　（单位:mm）

六、圈梁

　　为了加强砖混结构房屋的整体稳定性,减少由于地基的不均匀沉降或地震等较大震动荷载对房屋造成的不利影响,提高整个砖混结构房屋的抗变形能力,并可适当局部调整荷载传递路线,在砖混结构中沿墙体通长设置并在同一标高上封闭的梁,称为圈梁。圈梁可分为钢筋砖圈梁和钢筋混凝土圈梁。

　　钢筋砖圈梁是利用在墙体中通长布置上下两道钢筋,两道钢筋间距为 4 ~ 6 皮砖,以共同形成钢筋砖圈梁,如图 3-19 所示。每道钢筋砖圈梁要求钢筋沿墙体通长布置,直径不低于 6 mm,间距不大于 120 mm,对 240 mm 厚的墙体一般至少布置 3 根。对砌筑钢筋砖圈梁部分的砖标号应不低于 MU10,砂浆标号应不低于 M5。

　　钢筋混凝土圈梁的宽度一般同墙体的厚度;如果墙体厚度≥240 mm,则圈梁的宽度不宜小于墙体厚度的 2/3。圈梁高度≥120 mm,纵向钢筋不少于 4 Φ10,钢筋的搭接接头按受拉钢筋考虑,箍筋直径≥6 mm,间距不大于 300 mm。混凝土的强度等级≥C20。钢筋混凝土圈梁应设置在楼盖标高处,尽量与楼盖结构连接成整体,以加强楼盖结构的水平刚度。

圈梁应沿外墙、内纵墙和主要横墙通长设置。每道圈梁应在同一标高内形成封闭系统；如果圈梁由于门窗等洞口被切断不能形成封闭系统，应在洞口上部设置截面不小于圈梁的附加圈梁，附加圈梁与圈梁的搭接长度应大于两者标高差值的2倍，且不小于1 000 mm。如图3-20所示为附加圈梁的设置。

如果圈梁与门窗洞口的过梁在同一标高，位置重叠，出现圈梁代过梁情况，此处的圈梁首先保留原圈梁的配筋，然后按过梁计算梁的受力状态进行设计，将过梁所需要的钢筋数量加到圈梁中。

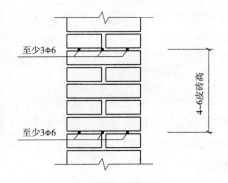

图3-19　钢筋砖圈梁断面

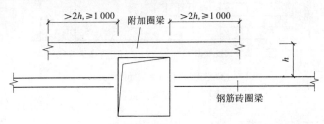

图3-20　附加圈梁的设置　（单位：mm）

第四节　砌块砌体

一、概述

砖砌体施工的优点是操作简单，施工方便，但生产普通实心黏土砖需要大量的农田土；另外，砖墙砌筑时工艺麻烦，施工速度慢。为了缓解这些矛盾，我们可以利用砌块代替普通黏土砖砌筑墙体。砌块根据不同地区的自然条件、气候特点和施工能力，充分利用各种地方材料和工业废料作为原料，如碎石、火山灰渣、炉渣、煤矸石等，制成不同的砌块，利用中小型施工机械进行施工。

按照材料分，常用的砌块有加气混凝土砌块，粉煤灰硅酸盐砌块，混凝土空心中小型砌块，废煤矸石空心砌块，粉煤灰硅酸盐空心中心砌块等。通常将高度在180～350 mm高的砌块称为小型砌块，而将高度在350～950 mm的砌块称为中型砌块。砌块的长度一般为高度的1.5～2.5倍，厚度为180～300 mm，每块砌块重50～200 kg。

在砌块进场前，堆放场地应进行平整，对于土质较差的地方还应该打夯，并做好地面的排水工作。由于砌块规格型号比较多，尺寸有差别，因此砌块进入施工现场前应首先规划好不同材料的堆放位置，既节省现场平面位置，也要注意现场运输、安装方便。现场布置时，应根据砌块的规格、标号等分别整齐堆放，还要考虑方便施工。

小型砌块的堆放高度不宜超过1.6 m。混凝土空心中型砌块堆放高度以一皮为宜。

不宜超过二皮,开口面应向下布置。粉煤灰砌块应上下皮交叉叠放,堆置高度不宜超过3.0 m。

二、砌块施工

由于中小型砌块体积较大,质量较重,施工现场不如砖砌块可以随意搬运,砌块较重时多采用专用的设备进行吊装砌筑,要求必须准确安装就位,因此在吊装前必须事先确定好砌块的安装位置,这就需要在施工前应首先绘制砌块排列图纸。如图 3-21 所示为某砌体结构的砌块排列图。

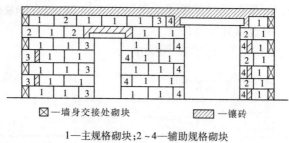

⊠—墙身交接处砌块　　　　▨—镶砖

1—主规格砌块;2~4—辅助规格砌块

图 3-21　砌块排列图

(一)砌块排列方法和要求

(1)砌块排列时,必须根据砌块尺寸和垂直灰缝的宽度以及水平灰缝的厚度计算砌块砌筑度数和排数,以保证砌体的尺寸;砌块排列应按设计要求,从基础面开始排列,或从室内 ±0.000 开始排列。

(2)砌块排列时,尽可能采用主规格和大规格砌块,以提高台班产量。

(3)外墙转角处和纵横墙交接处,砌块应隔皮纵、横墙砌块相互搭砌,即隔皮纵、横墙砌块端面露头,如图 3-22 所示;T 字交接处,应隔皮使横墙砌块端面露头。当该处无芯柱时,应在纵墙上交接处砌两块一孔半的辅助规格砌块,隔皮砌在横墙露头砌块下,砌半孔应位于中间,如图 3-23 所示。当该处有芯柱时,应在纵墙上交接处砌一块三孔大规格砌块,砌块的中间孔正对横墙露头砌块靠外的孔洞,如图 3-24 所示。十字交接处,当该处无芯柱时,在交接处应砌一孔半砌块,各皮垂直相交,其半孔应在中间;当该处有芯柱时,在交接处应砌三孔砌块,各皮垂直相交,中间孔相互对正。

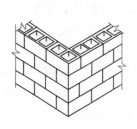

图 3-22　砌块墙转角砌法

图 3-23　砌块墙 T 字交接(无芯柱)砌法

砌块墙的转角处和交接处应同时砌筑,如不能同时砌筑,则应留槎,斜槎的长度应不小于斜槎高度,如图 3-25 所示。

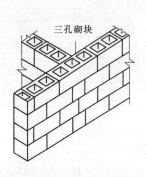

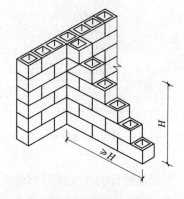

图 3-24　砌块墙 T 字交接处(有芯柱)砌法　　　　　图 3-25　砌块墙斜槎

(4)上下皮砌块应空对空、肋对肋,错缝错砌;个别情况下无法对孔砌筑时,可错孔砌筑,但其搭接长度不应小于 90 mm;中型砌块上下搭接长度不得小于砌块高的 1/3,且不应小于 150 mm;如搭接长度不足,应在水平灰缝内设置拉结钢筋或钢筋网片,拉结钢筋可用 2 根直径 6 mm 的 I 级钢筋,钢筋网片可用直径 4 mm 的钢筋焊接而成。主筋长度应不小于 700 mm,但竖向通缝仍不得超过 2 皮砌块,如图 3-26 所示。

(5)水平灰缝一般为 10 ~ 20 mm,有配筋的水平灰缝为 20 ~ 25 mm。竖向灰缝宽度为 15 ~ 20 mm,当竖向灰缝的宽度大于 40 mm 时,应用与砌块同强度的细石混凝土填实;当竖向灰缝宽度大于 100 mm 时,应用黏土砖镶砌。

(6)当楼层高度不是砌块包括灰缝的整体模数倍数时,应用黏土砖镶砌。

(7)由于黏土砖与混凝土空心小型砌块的材料性能不一样,故承重墙体不得采用砌块与黏土砖混合砌筑。

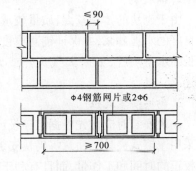

图 3-26　砌块灰缝内设拉结钢筋或网片
(单位:mm)

(8)对设计规定或施工所需要的孔洞口、管道、沟槽和预埋件等,应在砌筑时预留或预埋,不得在砌筑好的墙体上打洞、凿槽。

(9)在楼地面砌筑第一皮砌块时,就在芯柱位置侧面预留孔洞,为便于施工操作,预留孔洞的开口一般应朝向室内,以便清理杂物,绑扎和固定钢筋。

(二)砌块安装的方法

砌块体积较大,质量较重,其安装方式在施工前应首先确定。砌块安装通常采用的方式有两种:

(1)用轻型塔吊完成砌块和预制构件的垂直及水平运输,用台灵架将运至工作面的砌块安装就位。此方式施工速度较快,适用于工程量大的建筑,如图 3-27 所示为砌块吊装示意图。

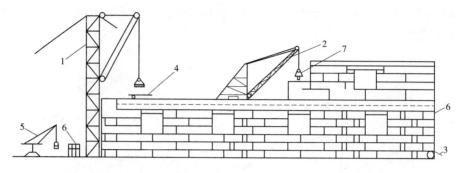

1—井架;2—台灵架;3—杠杆车;4—砌块车;5—少先吊;6—砌块;7—砌块夹

图3-27　砌块吊装示意图

（2）用带起重臂的井架进行砌块和预制构件的垂直运输,用砌块车进行水平运输,用台灵架安装砌块。此方式适用于工程量小的建筑。

（三）砌块砌筑施工

砌块砌筑前应清除砌块表面的污物及杂质,并对砌块的外观进行检查。砌块砌筑时应从转角处或定位砌块处开始,按照施工段依次进行,应遵循先远后近、先下后上、先外后内的原则,在相邻施工段间留阶梯形斜槎。

砌块砌筑的主要工序包括铺灰、砌块安装就位、校正、灌浆、镶砖等。

1. 铺灰

由于砌块的体积较大,质量较重,铺设砂浆时,一般可以采用稠度为 50～70 mm 的稠度良好的水泥砂浆,并保证铺灰厚度。对铺设的砂浆应注意平整饱满,铺灰可先铺 3～5 m 长的水平灰缝,如果天气炎热或天气寒冷,应适当缩短铺灰长度。铺灰的厚度如前所述。

2. 砌块安装就位

砌块安装时应首先根据已经设计好的砌块排列图,选择适当的砌块安装就位,安装时宜采用摩擦式夹具。注意将砌块安装就位时,应尽量做到一次就位成功,这样不但可以减少校正的时间和工作量,而且有利于砂浆灰缝的饱满度,有利于砌块砌筑的质量控制。

砌块砌筑时应横平竖直,表面清洁。设计规定的洞口、沟槽、管道预留洞、预埋件等,一般应在砌筑时预留或预埋。

小型砌块用于砌筑框架填充墙时,应与框架结构中预埋的拉结钢筋连接牢固。对于砌块砌筑到框架梁底时应采取的砌筑方案同砖砌块,采用斜砌顶砖的方法（塞实）。

3. 校正

在安装就位后首先应根据挂的基准线检查砌块的水平度,用托线板检查其垂直度。在校正时注意砂浆灰缝的厚度应满足施工规范的要求。

4. 灌浆

砌筑砌块时应注意砂浆的饱满性。要求砌块的水平灰缝砂浆的饱满度不得低于90%,竖向灰缝的砂浆饱满度不得低于80%。砌块就位、校正完毕,应注意竖向灰缝的灌缝。两侧用夹板夹紧砌块,灌入砂浆,严禁用水冲浆灌缝,砌筑中不得出现瞎缝、透明缝。当竖向灰缝的宽度大于 40 mm 时,应用与砌块同强度的细石混凝土填实。

当砂浆或混凝土收水后,即可对水平缝和竖缝进行原浆勾缝,勾缝的深度一般为3～5 mm。当勾缝完成后,不得再撬动该砌块,以防止破坏砂浆或混凝土的黏结力。

5.镶砖

当竖向灰缝较大时,应采用镶砌普通黏土砖的方法来调整砌块的缝隙。镶砌的黏土砖标号一般不低于MU10,黏土砖的砌筑方法不得采用竖向砌筑或斜向砌筑。镶砖砌体的竖向灰缝和水平灰缝宽度应控制在15～30 mm以内。

镶砖的最后一皮砖和安放在梁、楼板等构件下的砖层,均需用顶砖镶砌。顶砖必须用无裂缝的完整砖。

每个楼层砌筑完成后应复核标高,如有误差必须进行找平校正。如需移动已经砌好的砌块,应清除原有的砂浆,重新铺设砂浆砌筑。

第五节 石砌体施工

一、概述

砖和砌块材料是通过人类加工、生产而形成的建筑材料,可根据需要来调整其特点,因此其品种较多,质量容易控制,市场容易获得,设计方便。石砌体是良好的天然建筑材料,用石砌体砌筑的房屋既具有古朴庄重的气势,又具有冬暖夏凉的优势,石材较砖砌块具有强度高、耐腐蚀等优点,又容易就地取材,因此在砌体结构中也广泛采用;石材也经常作为装饰材料,用于室内外装修,如常见的有花岗石(火成岩)、石灰石(水成岩,俗称大青石)和大理石(变质岩),其中大理石、花岗岩加工后常作为饰面装修材料,大理石的下脚料可以作为磨石子饰面的集料。但由于石砌体的材料形状不太规则,材料质量、强度等不容易控制,使用时相对受到一定的限制,因此石砌块多使用在墙体基础、挡土墙、桥梁墩台等建筑物或构筑物中,在砌筑时应注意清除石块表面的泥土等杂质,以利于石块与砂浆的黏结。

砌筑用石块,应首先选择那些质地坚硬、没有裂纹、无风化的石块;石砌块的强度等级应不低于MU20。砂浆应采用水泥砂浆或水泥混合砂浆。砂浆强度等级选择:石基础应不低于M5,墙体应不低于M2.5,根据石块的尺寸,合理搭配使用。

二、石砌体施工与砌筑质量

(一)毛石

毛石是指爆破后直接得到,或稍作平整加工得到的形状不规则的块石。块石按照其平整度可分为乱毛石(形状不规则)和平毛石(有两个及以上面大致平整)。砌筑用毛石的外形尺寸一般在200～400 mm,其中部厚度要求不小于200 mm,质量为20～30 kg,主要用于砌筑毛石基础和毛石挡土墙等。

毛石基础一般采用M5水泥砂浆铺灰法砌筑。砌筑基础前,必须首先放出石砌体的中心线及边线并复核准确,并复核各砌筑部分原有标高,如存在高低不平,应采用细石混凝土填平。一般砌筑毛石基础应双边拉准线砌筑;基础大放脚第一层及转角处应首先坐浆,然后选择大而平的石块,大面朝下平放安砌,砌好后要以双脚左右晃摇不动为好,使地基受力均匀,基础稳固,否则应采用石块加浆填塞密实或更换石块。毛石基础可作为墙下条形基础和柱下独立基础;毛石基础按其断面形状可分为矩形、梯形和阶梯形等。基础顶面宽度应比墙体底面宽度大 200 mm,基础底面宽度根据设计计算确定。如采用梯形基础,应注意基础的斜边长度应不小于 600 mm。阶梯基础每个阶梯厚度不应小于 300 mm,挑出宽度应不大于 200 mm,使整个石基础满足刚性砌体大放脚的砌筑要求。毛石基础扩大部分一般都做成阶梯形,每阶内至少砌筑两皮毛石。上级阶梯的石块至少应压砌下级阶梯石块的 1/2。相邻阶梯的毛石应相互错缝搭砌。如图 3-28 所示为某砌体结构的毛石基础。

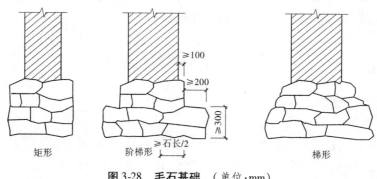

图 3-28　毛石基础　(单位:mm)

　　毛石砌块应分皮卧砌,上下错缝,内外搭砌,不能采用外面侧立石块中间填心的砌筑方法。毛石砌体应采用铺灰法砌筑,灰缝厚度不宜大于 20 mm。要求石块间不得出现空洞、瞎缝,要求石块间不得有相互接触现象。石块间如出现较大的缝隙,应先填塞砂浆,然后嵌入相应规格的小石头,用手锤敲紧,再用砂浆填满剩余的空间,使各石块搭砌紧密,石块间基本吻合。一般每皮毛石砌块厚度为 300 mm,上下皮毛石间搭接不少于 80 mm,而且不得有通缝。每个楼层(包括基础)砌体的最上一皮,应选择较大毛石砌筑。

　　砌筑毛石砌体前,应根据不同的砌筑部位选择适当大小的石块,应注意选一个面作为墙面,原则是"有面取面,无面取凸",对凸面可将不需要的部分用手锤找平,再上墙砌筑。

　　毛石砌体的转角和交接处应同时砌筑,否则应留踏步槎,但踏步槎的高度不应超过一步架。为了增强毛石墙体的整体稳定性,应根据规定设置拉结石(顶头石)。顶头石是长条形石块,如基础宽度或墙体厚度不大于 400 mm,拉结石的长度一般与墙或基础的厚度相同。如果基础宽度大于 400 mm,可以有两块拉结石内外搭接,搭接长度不小于 150 mm,且其中任一块长度不小于基础宽度或墙体厚度的 2/3。上下层拉结石应均匀分布,相互错开,在立面上呈梅花状分布。毛石基础的拉结石中距不应大于 2 m,毛石墙体一般每 0.7 m² 墙面至少应设置一块,且同皮内拉结石的中距不应大于 2 m。如图 3-29 所示为拉结石布置图。

　　在毛石砌筑过程中,毛石间的灰缝一般应进行勾缝处理。灰缝勾缝时一般应先剔缝,即首先将墙面表层灰缝间的浮灰渣、碎石片、垃圾等杂物彻底清除干净,一般需将灰缝向墙内刮深 20~30 mm,以便进行勾缝处理,墙面用水喷洒湿润,不整齐的地方加以修整。

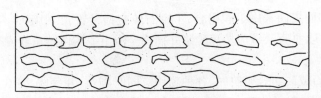

图 3-29　拉结石布置图

勾缝可采用 1∶1 水泥砂浆统一勾缝,也可以用青灰或石灰浆加入麻刀、纸筋等砂浆进行勾缝,应注意勾缝的线条均匀一致,深浅相同;勾缝可采用平缝或凸缝,但应尽量保持砌筑缝隙的自然性。

当毛石砌体与砖墙相接时应同时砌筑,两种材料间的空隙应用砂浆和小石头填满。如利用毛石砌筑挡土墙,挡土墙的基础、主动面土和被动面土的密实度都应满足规范要求,防止出现挡土墙四周土体滑动。应特别注意在挡土墙上留设泄水孔;泄水孔的设置一般按每米高度上间隔 2 m 设置一个,并在泄水孔与土体间设置碎石作为疏水层,便于挡土墙后土体内的水轻松地排至挡土墙外。另外,在砌筑毛石挡土墙时,要求每砌筑 3～4 层为一个分层高度,应找平一次。

考虑到砌筑时砂浆的强度很低、毛石几何形状的不规则和整个墙体的稳定性,毛石砌体每日砌筑的高度不应超过 1.2 m。

(二) 料石

毛石经过加工,使外形有一定的规则的石材叫料石;料石根据加工的精细程度可分为毛料石、粗料石、半细料石和细料石等类型;按砌筑后外露面加工形式可分为蘑菇石、雨点石(钻花石)、剁斧石、磨光面石和冰纹石等。

砌筑料石基础或墙面时应采用双面拉线砌筑,砌筑方法同砖砌体,首先同样是先盘角,然后向墙中间砌筑。料石墙基础和料石墙体的第一皮及每层楼的最上面的一皮料石,都应采用丁砌方式。砌筑前应根据料石及灰缝的厚度预先计算出需要砌筑的层数,使其符合砌体竖向尺寸。料石砌体的灰缝厚度,应按料石的种类确定:粗料石砌体不宜大于 20 mm,细料石砌体不宜大于 5 mm。如图 3-30 所示为料石墙体的砌筑形式。

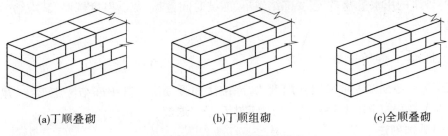

(a)丁顺叠砌　　　　　　(b)丁顺组砌　　　　　　(c)全顺叠砌

图 3-30　料石墙体的砌筑形式

在料石砌体施工时,应将料石放置平稳,铺设砂浆厚度应略高于规定灰缝厚度:细料石、半细料石宜高出 3～5 mm;粗料石、毛料石宜高出 6～8 mm。料石墙体砌筑时也应注意灰缝上下错缝搭接;墙体厚度大于或等于两块料石宽度时,如同皮料石全部顺砌,则应砌一皮丁砌层,如同皮内采用丁顺组合,丁砌石应交错设置,其中距应不大于 2 m。砌体应采用铺浆法砌筑,垂直灰缝应填满砂浆并插捣至溢出。砌体转角处或交接处,应用石块相互搭接砌筑。

在料石和毛石或砖组合砌筑时,各种砌块应同时砌筑,并每隔 2～3 皮料石用丁砌层与毛石砌体或砖砌体拉结组砌,丁砌料石的长度宜与组合墙体厚度相同。

料石砌体亦应上下错缝搭砌,砌体厚度大于或等于两块料石宽度时,如同皮内全部采用顺砌,每砌两皮后,应砌一皮丁砌层;如同皮内采用丁顺组砌,丁砌石应交错设置,其中距不应大于 2 m。

同毛石墙体原理,料石墙每天的砌筑高度不宜超过 1.2 m。如果是砌筑料石清水墙,在墙面上不得留设脚手架眼。

第六节　砖体的冬期施工

《建筑工程冬季施工规程》(JGJ/T 104—2011)规定:根据当地多年气象资料统计,当室外日平均气温连续 5 d 稳定低于 5 ℃ 即进入冬期施工,当室外日平均气温连续 5 d 高于 5 ℃ 即解除冬期施工。冬期施工砌筑用砂浆易遭冻结,影响施工操作和砌体强度,故规定砌筑工程在此期间应采取冬期施工措施,以确保工程质量。

一、砌体工程冬期施工条件与要求

(1)块材在砌筑前应清除冰霜,在负温条件下,块体不浇或少浇水,应加大砂浆的稠度。

(2)石灰膏不受冻,块体不遭水浸冻,砂中无冰块和大于 10 mm 的冻块。

(3)适当减小灰缝厚度(如砖墙 8～10 mm)。

(4)水泥宜采用普通硅酸盐水泥。

(5)水和砂可预先加热,其中水温不得超过 80 ℃,砂温不得超过 40 ℃。

(6)每日砌筑完成后,应在砌体表面覆盖保温材料。

(7)砂浆的用水量越多、遭受冻结越早、冻结时间越长、灰缝厚度越厚,其冻结的危害程度越大。

二、砖石工程冬期施工方法

砌筑工程冬期施工常采用外加剂法、冻结法和暖棚法。其中冻结法施工在《建筑工程冬季施工规程》(JGJ/T 104—2011)规定中已予以取消。

(一)外加剂法

外加剂法是将砂浆的拌和水预先加热,砂和石灰膏(黏石膏)在搅拌前也应保持正温,在拌和水中掺入外加剂,使砂浆经过搅拌、运输,在砌筑时具有 5 ℃ 以上的正温,砂浆在砌筑后可以在负温条件下硬化,不必采取防止砌体沉降变形措施的一种冬期施工方法。该法能够保证工程质量,操作方便,经济适用,是我国砌筑工程冬期施工中采用最为广泛的一种施工方法。

外加剂可使用氯盐或亚硝酸钠等盐类,氯盐应以氯化钠为主,当气温低于-15 ℃时,也可与氯化钙复合使用,氯盐掺量应按表3-1选用。

表3-1　氯盐外加剂掺量(占用水质量)　　　　　　　　　　　　(%)

氯盐及砌体材料种类		日最低气温			
		≥-10 ℃	-11~-15 ℃	-16~-20 ℃	-21~-25 ℃
氯化钠(单盐)	砖、砌块	3	5	7	—
	砌石	4	7	10	
复盐	氯化钠	砖、砌块	—	—	5	7
	氯化钙		—	—	2	3

其施工方法要点如下:

(1)当采用掺盐砂浆法时,宜将砂浆强度等级按常温施工的强度等级提高一级。

(2)砂浆掺外加剂,增加搅拌时间。

(3)用两次投料法热拌,砂浆温度不低于5 ℃。

(4)砌后覆盖保温。

(5)掺盐砂浆法的缺点是易吸湿、析盐、锈蚀钢筋。另外,由于氯盐对埋设在砌体中的钢筋及钢预埋件具有腐蚀作用,所以配筋砌体不得采用该方法。在对装饰工程有特殊要求的建筑物,处于潮湿环境下的建筑物,变电所、发电站等接近高压电线的建筑物,经常处于地下水位变化范围内,而又没有防水措施的砌体中也不得采用氯盐砂浆。

(二)暖棚法

暖棚法是利用简易结构和廉价的保温材料,将需要砌筑的砌体和工作面临时封闭起来,棚内加热,使之在正温条件下砌筑和养护。暖棚法费用高,热效低,劳动效率不高,因此宜少采用。一般对于地下工程、基础工程以及量小又急需使用的砌体结构,可考虑采用暖棚法施工。

暖棚的加热,可优先采用热风装置,如用天然气、焦炭炉等,且必须注意安全防火。

用暖棚法施工时,砖石和砂浆在砌筑时的温度不应低于5 ℃,而距所砌的结构底面0.5 m处的棚内温度也不应低于5 ℃。

确定暖棚的热耗时,应考虑围护结构的热量损失、基土吸收的热量(在砌筑基础和其他地下结构时)和在暖棚内加热或预热材料的热量损耗。

砌体在暖棚内的养护时间,根据暖棚内的温度,按表3-2确定。

表3-2　暖棚法砌体的养护时间

暖棚内温度(℃)	5	10	15	20
养护时间(d)	≥6	≥5	≥4	≥3

思考题

3-1　砌体结构中,砂浆的作用是什么?砂浆有哪些种类?其适用范围如何?其原材料有什么要求？砂浆在拌制、试验取样、使用时应注意哪些问题？

3-2　砖砌体施工前为什么要首先给砖进行浇水？提前的时间及如何控制砌筑时砖的含水率？

3-3　砖的砌筑工序有哪些？抄平放线时应注意哪些问题？施工中为什么要在砌筑前摆砖样？皮数杆的作用是什么？什么是"三一砌法"？为什么要推广这种砌筑工艺？

3-4　砖砌体墙体的组砌形式有哪些？其特点是什么？砖砌体的砌筑工程质量要求有哪些？为什么严禁使用包心砌法？为什么砖柱上不得留设脚手架眼？

3-5　在施工中墙体的防潮层一般如何处理？

3-6　什么是构造柱？为什么构造柱要做成马牙槎？马牙槎的构造要求有哪些？如何生根？如何与墙体连接？施工时应注意哪些问题？

3-7　砌体结构中圈梁的作用是什么？圈梁的截面如何？一般其设置的位置在哪里？其设置的原则是什么？如果圈梁不能交圈，应如何处理？圈梁和过梁位置发生重叠应如何处理？

3-8　为什么砌块施工前要画砌块排列图？绘制排列图时应注意哪些问题？

3-9　砌块砌筑施工工序有哪些？为什么安装好的砌块不应再移动？如何进行灰缝灌缝？砌块镶砖时应注意哪些问题？

3-10　粉煤灰砌块砌体在施工时，其质量要求有哪些？轻集料混凝土空心砌块在施工时，其质量要求有哪些？

3-11　石砌体与砖砌体相比，其特点有哪些？应如何选择砌筑材料？毛石砌体施工时应注意哪些？砌筑毛石挡土墙时应注意什么问题？料石砌体施工时应注意哪些问题？

3-12　现场用脚手架的作用有哪些？在搭设时应考虑哪些问题？在安装时应注意哪些问题？在使用时应注意哪些问题？脚手架的拆除应注意什么？

3-13　在什么条件下，砖砌体必须采取冬期施工措施？其方法有哪些？

3-14　什么叫外加剂法？什么叫暖棚法？施工时应注意些什么？

第四章　混凝土结构工程

混凝土结构工程是指根据设计要求将钢筋和混凝土两种材料,利用模板浇制而成的各种形状和大小的构件或结构。

钢筋和混凝土是两种不同性质的材料,之所以能共同工作,主要是由于混凝土硬化后紧紧握裹钢筋,钢筋又受混凝土保护而不致锈蚀;而钢筋与混凝土的线膨胀系数又相接近(钢筋为 0.000 012/℃,混凝土为 0.000 010 ~ 0.000 014/℃),当外界温度变化时,不会因胀缩不均而破坏两者间的黏结。但能否保证钢筋与混凝土共同工作,关键仍在于施工,应予以高度重视。

混凝土结构工程具有耐久性、耐火性、整体性、可塑性好、节约钢材、可就地取材等优点,在工程建设中应用极为广泛。但混凝土结构工程也存在自重大、抗裂性差、现场浇捣受季节气候条件的限制、补强修复较困难等缺点。然而随着科学技术的发展,混凝土强度等级不断提高,高强低合金钢的生产应用,混凝土施工工艺的不断改进和发展,新材料、新技术、新工艺的不断出现,上述一些缺点正逐步得到改善,使得混凝土的应用领域不断扩大。

第一节　钢筋工程

一、钢筋的种类及性能

钢筋有多种分类方法。按生产工艺可分为热轧钢筋、冷加工钢筋、碳素钢丝、刻痕钢丝、钢绞线和热处理钢筋等,其中后面四种主要用于预应力混凝土工程。按化学成分可分为碳素钢钢筋和普通低合金钢钢筋,碳素钢钢筋按含碳量的多少,又可分为低碳钢钢筋(含碳量小于 0.25%)、中碳钢钢筋(含碳量 0.25% ~ 0.7%)、高碳钢钢筋(含碳量 0.7% ~ 1.4%)三种。普通低合金钢是在低碳钢和中碳钢的成分中加入少量合金元素,获得强度高和综合性能好的钢种。热轧钢筋按屈服强度(MPa)可分为 HPB235 级、HRB335 级、HRB400 级和 HRB500 级等,而且级别越高,其强度及硬度越高,塑性逐级降低。按外形可分为光圆钢筋和带肋钢筋。按供应形式,为便于运输,通常将直径为 6 ~ 10 mm 的钢筋卷成圆盘,称盘圆或盘条钢筋;将直径大于 12 mm 的钢筋轧成 6 ~ 12 m 长一根,称直条钢筋。按直径大小可分为钢丝(直径 3 ~ 5 mm)、细钢筋(直径 6 ~ 10 mm)、中粗钢筋(直径 12 ~ 20 mm)和粗钢筋(直径大于 20 mm)。按钢筋在结构中的作用不同可分为受力钢筋、架立钢筋和分布钢筋。

(一)常用的热轧钢筋

热轧钢筋是经热轧成型并自然冷却的成品钢筋,分为热轧光圆钢筋和热轧带肋钢筋两种。热轧光圆钢筋应符合国家标准《钢筋混凝土用钢　第 1 部分:热轧光圆钢筋》(GB 1499.1—2008)的规定。热轧带肋钢筋应符合国家标准《钢筋混凝土用钢　第 2 部分:热轧带肋钢筋》(GB 1499.2—2007)的规定。

(1)热轧光圆钢筋:如图 4-1 所示。钢筋按屈服强度特征值分为 HPB235 级、HPB300 级。

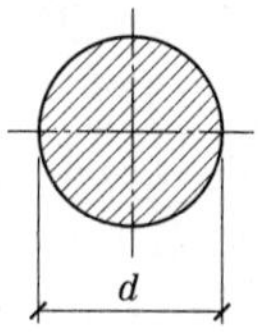

(2)热轧带肋钢筋:横截面通常为圆形,且表面带肋的混凝土结构用钢材,如图 4-2 所示。

热轧带肋钢筋按强度等级分为 HRB335 级、HRB400 级、HRB500 级。常用热轧钢筋的力学机械性能见表 4-1。

d—钢筋直径

图 4-1　光圆钢筋的截面形状

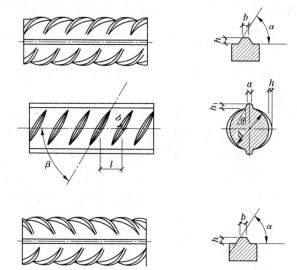

d—钢筋内径;α—横肋斜角;h—横肋高度;β—横肋与轴线夹角;
h_1—纵肋高度;θ—纵肋斜角;a—纵肋顶宽;l—横肋间距;b—横肋顶宽

图 4-2　月牙肋钢筋(带纵肋)表面及截面形状

表 4-1　热轧钢筋的力学机械性能

表面形状	牌号	公称直径 d(mm)	屈服强度(MPa)	抗拉强度(MPa)	断后伸长率(%)	最大力下总伸长率 A_{gt}(%)	弯曲性能(d—钢筋公称直径)	
			不小于				弯曲角度	弯心直径
光圆	HPB235		235	370	25	10	180°	d
	HPB300		300	420	25	10		
带肋	HRB335 HRBF335	6 ~ 25	335	455	17		180°	3d
		28 ~ 40						4d
		>40 ~ 50						5d
	HRB400 HRBF400	6 ~ 25	400	540	16	75		4d
		28 ~ 40						5d
		>40 ~ 50						6d
	HRB500 HRBF335	6 ~ 25	500	630	15			6d
		28 ~ 40						7d
		>40 ~ 50						8d

(二)冷轧带肋钢筋

冷轧带肋钢筋是采用普通低碳钢、优质碳素钢或低合金钢热轧圆盘条为母材,经冷轧减径后在其表面冷轧成具有三面或两面月牙形横肋的钢筋。冷轧带肋钢筋应符合国家行业标准《冷轧带肋钢筋》(GB 13788—2008)的规定。

冷轧带肋钢筋按强度等级分为550级、650级、800级和970级。其中,550级钢筋宜用于钢筋混凝土结构构件中的受力钢筋、钢筋焊接网、箍筋、构造钢筋以及预应力混凝土结构中的非预应力钢筋;650级、800级和970级钢筋宜用于预应力混凝土构件中的预应力主筋。冷轧带肋钢筋的力学性能和工艺性能指标见表4-2。

表4-2　冷轧带肋钢筋的力学性能和工艺性能指标

钢筋级别	钢筋直径 (mm)	抗拉强度 σ_b (N/mm²)	伸长率不小于		弯曲试验 180°	反复弯曲 次数
			δ_{10}(%)	δ_{100}(%)		
CRB550	5~12	550	8.0	—	$D=3d$	—
CRB650	5、6	650	—	4.0	—	3
CRB800	5	800	—	4.0	—	3
CRB970	5	970	—	4.0	—	3

注:1. 抗拉强度按公称直径 d 计算。

2. 表中 D 为弯心直径,d 为钢筋公称直径;钢筋受弯曲部位表面不得产生裂纹。

3. 当钢筋的公称直径为4 mm、5 mm、6 mm时,反复弯曲试验的弯曲半径分别为10 mm、15 mm、15 mm。

4. 对成盘供应的各级别钢筋,经调直后的抗拉强度仍应符合表中的规定。

(三)冷轧扭钢筋

冷轧扭钢筋是将低钢热轧圆条钢筋经专用钢筋冷轧扭机调直,冷轧并冷扭一次成型,具有规定截面形式和相应节距的连续螺旋状钢筋。冷轧带肋钢筋应符合国家行业标准《冷轧扭钢筋》(JG 190—2008)的规定。冷轧扭钢筋具有较高的强度,而且有足够的塑性,与混凝土黏结性能优异,代替 HPB235 级钢筋可节约钢材约3%,有着明显的经济效益和社会效益。

Ⅰ、Ⅱ、Ⅲ型冷轧扭钢筋的强度设计值均较 HPB235 级、HRB335 级钢筋高,考虑混凝土强度与钢筋强度相匹配,规定混凝土强度等级不应低于C20,预应力构件不应低于C30,可充分利用钢筋强度。冷轧扭钢筋的主要性能指标见表4-3。

表4-3　冷轧扭钢筋的主要性能指标

钢筋级别	型号	钢筋直径 (mm)	抗拉强度 f_{yk}(N/mm²)	伸长率 A (%)	180°弯曲弯心 直径 =3d
CTB550	Ⅰ	6.5、8、10、12		$A_{11.3}\geq 4.5$	受弯曲部位钢筋表面 不得产生裂纹
	Ⅱ	6.5、8、10、12	≥550	$A\geq 10$	
	Ⅲ	6.5、8、10		$A\geq 12$	
CTB650	预应力Ⅲ		≥650	$A_{100}\geq 4$	

(四)钢筋的验收

(1)钢筋出厂时,应在每捆(盘)上都挂有两个标牌(注明生产厂、生产日期、钢号、炉罐号、钢筋级别和直径等标记),并附有质量证明书,钢筋进场时应进行复验。进场时应按炉罐(批)号及直径分别存放,按规定进行表面质量检查,并按现行国家有关标准的规定抽取试样做力学性能试验,合格后方可使用。

热轧钢筋进场时应按批进行检查和验收,每批由同一牌号、同一炉罐号、同一规格的钢筋组成。每批质量不大于 60 t。超过 60 t 的部分,每增加 40 t 或不足 40 t 的余数,增加一个拉伸试验试样和一个弯曲试验试样。

冷轧带肋钢筋进场时应按批进行检查和验收。每批由同一钢号、同一规格和同一级别的钢筋组成,质量不大于 50 t。

冷轧扭钢筋进场时应分批进行检查和验收。每批由同一钢厂、同一牌号、同一规格的钢筋组成,质量不大于 10 t。当连续检验 10 批均为合格时检验批质量可扩大一倍。

(2)表面质量检查。钢筋应无有害的表面缺陷(裂纹、结疤和折叠)。只要经钢丝刷刷过的试样质量、尺寸、横截面面积和拉伸性能不低于有关标准要求,锈皮、表面不平整或氧化铁皮不作为拒收理由;但试样不符合拉伸性能或弯曲性能要求时,则认为这些缺陷是有害的。钢筋可按实际质量或理论质量交货。当钢筋按实际质量交货时,应随机从不同钢筋上截取,数量不少于 5 根(每根试样的长度不少于 500 mm)。钢筋实际质量与理论质量的允许偏差应符合表 4-4 的规定。

表 4-4　钢筋实际质量与理论质量的允许偏差

公称直径(mm)	实际质量与公称质量的偏差(%)
6 ~ 12	±7
14 ~ 20	±5
22 ~ 25	±4

钢筋实际质量与公称质量的偏差(%)按式(4-1)计算。

$$质量偏差 = \frac{试样实际质量 - 试样总长度 \times 公称质量}{试样总长度 \times 公称质量} \times 100\% \qquad (4-1)$$

热轧钢筋进场时,应从每批钢筋中抽取 5% 进行外观检查。冷轧带肋钢筋进场时,应每批抽取 5%(但不少于 5 盘或 5 捆)进行外形尺寸、表面质量和质量偏差的检查,检查结果应符合要求,如其中有一盘(捆)不合格,则应对该批钢筋逐盘或逐捆检查。冷轧扭钢筋进场时,从每批钢筋中抽取 5% 进行外形尺寸、表面质量和质量偏差的检查。

(3)力学性能试验。热轧钢筋从每批钢筋中任选两根钢筋,每根取两个试件分别进行拉伸试验(包括屈服点、抗拉强度和伸长率)和冷弯试验。如有一项试验结果不符合要求,则从同一批中另取双倍数量的试件重做各项试验。如仍有一个试件不合格,则该批钢筋为不合格品。

冷轧带肋钢筋的力学性能应逐盘、逐捆进行检验。从每盘或每捆取两个试件,一个做拉伸试验,一个做冷弯试验。试验结果如有一项指标不符合要求,则该盘钢筋判为不合格。

冷轧扭钢筋从每批钢筋中随机抽取3根钢筋,各取一个试件。其中,两个试件做拉伸试验,一个试件做冷弯试验。当全部试验项目均符合要求时,则该批钢筋判为合格。如有一项试验结果不符合要求,则应加倍取样复检判定。

二、钢筋的加工

钢筋加工包括调直、除锈、下料切断、弯曲成型等工作。

(一)钢筋调直

钢筋的调直可采用冷拉调直、调直机调直、锤直或扳直等方法。采用冷拉方法调直钢筋时,HPB235级钢筋的冷拉率不宜大于4%,HRB335级、HRB400级及HRBF400级钢筋的冷拉率不宜大于1%。粗钢筋可采用锤直或扳直的方法进行调直。

(二)钢筋除锈

钢筋的表面应洁净。油渍、漆污和用锤敲击时能剥落的浮皮、铁锈等应在使用前清除干净。在焊接前,焊点处的水锈应清除干净。钢筋的除锈一般可通过以下两个途径:一是在钢筋冷拉或钢丝调直过程中除锈,对大量钢筋的除锈较为经济省力;二是用机械方法除锈,如采用电动除锈机除锈,对钢筋的局部除锈较为方便。此外,还可采用手工除锈(用钢丝刷、砂盘)、喷砂除锈等。

(三)钢筋下料切断

钢筋下料切断可采用钢筋切断机或手动液压切断器进行切断。钢筋下料切断将同规格钢筋根据不同长度长短搭配,统筹排料;一般应先断长料,后断短料,减少短头和损耗。断料时应避免用短尺量长料,防止在量料中产生累计误差。宜在工作台上标出尺寸刻度线并设置控制断料尺寸用的挡板。

在切断过程中,如发现钢筋有劈裂、缩头或严重的弯头等必须切除;如发现钢筋的硬度与该钢种有较大的出入,应及时向有关人员反映,查明情况。钢筋的断口,不得有马蹄形或起弯等现象。

(四)钢筋弯曲成型

1. 钢筋弯钩和弯折的有关规定

对于受力钢筋,HPB235级钢筋末端应做180°弯钩,其弯弧内直径不应小于钢筋直径的2.5倍,弯钩的弯后平直部分长度不应小于钢筋直径的3倍。钢筋弯钩计算简图如图4-3所示。

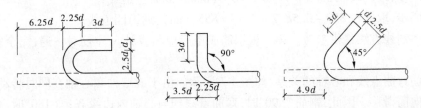

图4-3　钢筋弯钩计算简图

钢筋做不大于90°的弯折时(见图4-4(a)),弯折处的弯弧内直径不应小于钢筋直径的 5 倍。当设计要求钢筋末端需做 135° 弯钩时(见图 4-4(b)),HRB335 级、HRB400 级钢筋的弯弧内直径 D 不应小于钢筋直径的 4 倍,弯钩的弯后平直部分长度应符合设计要求。

对于箍筋,除焊接封闭环式箍筋外,箍筋的末端应做弯钩。弯钩形式应符合设计要求;当设计无具体要求时,应符合下列规定:箍筋弯钩的弯弧内直径除满足不应小于钢筋直径的 2.5 倍外,尚应不小于受力钢筋的直径;箍筋弯钩的弯折角度,对一般结构不应小于 90°,对有抗震等要求的结构应为 135°(见图 4-5);箍筋弯后的平直部分长度,对一般结构,不宜小于箍筋直径的 5 倍,对有抗震等要求的结构,不应小于箍筋直径的 10 倍。

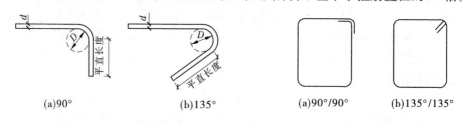

(a)90°   (b)135°   (a)90°/90°   (b)135°/135°

图 4-4   受力钢筋弯折   图 4-5   箍筋示意图

2. 弯曲成型工艺

钢筋弯曲成型宜采用弯曲机进行。钢筋弯曲前,对形状复杂的钢筋(如弯起钢筋),根据钢筋料牌上标明的尺寸,用石笔将各弯曲点位置划出。划线时应注意:根据不同的弯曲角度扣除弯曲调整值,其扣法是从相邻两段长度中各扣一半;钢筋端部带半圆弯钩时,该段长度划线时增加 $0.5d$(d 为钢筋直径);划线工作宜从钢筋中线开始向两边进行;两边不对称的钢筋,也可从钢筋一端开始划线,如划到另一端有出入,则应重新调整。

【例 4-1】 今有一根直径 20 mm 的弯起钢筋,其所需的形状和尺寸如图 4-6 所示,试对其进行划线。

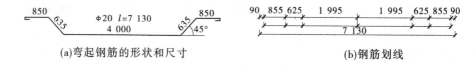

(a)弯起钢筋的形状和尺寸   (b)钢筋划线

图 4-6   弯起钢筋的划线

解   第一步,在钢筋中心线上划第一道线;

第二步,取中段 $4\ 000/2 - 0.5d/2 = 1\ 995$(mm),划第二道线;

第三步,取斜段 $635 - 2 \times 0.5d/2 = 625$(mm),划第三道线;

第四步,取直段 $850 - 0.5d/2 + 0.5d = 855$(mm),划第四道线。

上述划线方法仅供参考。第一根钢筋成型后应与设计尺寸校对一遍,完全符合后再成批生产。

钢筋弯曲点线和心轴的关系,如图 4-7 所示。由于成型轴和心轴在同时转动,就会带动钢筋向前滑移。因此,钢筋弯 90° 时,弯曲点线约与心轴内边缘齐;弯 180° 时,弯曲点线距心轴内边缘为 $(1.0 \sim 1.5)d$(钢筋硬时取大值)。对 HRB335 级与 HRB400 级钢筋,不能弯过头再弯过来,以免钢筋弯曲点处发生裂纹。

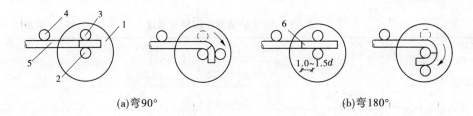

(a)弯90°　　　　　　　　　　　　　(b)弯180°

1—工作盘;2—心轴;3—成型轴;4—固定挡铁;5—钢筋;6—弯曲点线

图 4-7　钢筋弯曲点线与心轴的关系

三、钢筋的配料和代换

钢筋配料即将设计图纸中各个构件的配筋图表,编制成便于实际加工、具有准确下料长度(钢筋切断时的直线长度)和数量的表格,即配料单。钢筋配料时,为保证工作顺利进行,不发生漏配和多配,最好按结构顺序进行,且将各种构件的每一根钢筋编号。钢筋下料长度的计算是配料计算中的关键。由于结构受力上的要求,大多数成型钢筋在中间需要弯曲和两端弯成弯钩,如图 4-8 所示。

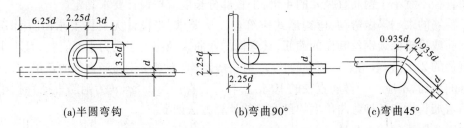

(a)半圆弯钩　　　　　　　　(b)弯曲90°　　　　　　　　(c)弯曲45°

图 4-8　钢筋弯折处长度变化示意图

钢筋弯曲时弯曲处内壁缩短、外壁伸长、中心线长度不变,在弯曲处形成圆弧。但钢筋的度量方法一般是沿直线(弯曲处为折线)量外包尺寸。因此,在配料中不能直接根据图纸中尺寸下料。影响下料长度计算的因素很多,如混凝土保护层厚度有变化,弯折钢筋的直径、级别、形状、弯心半径的大小以及端部弯钩的形状等,在进行下料长度计算时都应该考虑到。

(一)保护层厚度

钢筋的保护层是指从混凝土外表面至受力钢筋外表面的距离,主要起保护钢筋免受大气锈蚀的作用;不同部位的钢筋保护层厚度也不同。受力钢筋的混凝土保护层厚度应符合设计要求,当设计无具体要求时,不应小于受力钢筋直径,并应符合表 4-5 的规定。

(二)钢筋弯曲量度差和端部弯钩

钢筋弯曲后中心线长度不变化,但图纸上标注的大多是钢筋的折线外包尺寸,外包尺寸明显大于钢筋的轴线长度,如果按照外包尺寸下料、弯折,就会造成钢筋的浪费,而且也给施工带来不便(由于尺寸偏大,致使保护层厚度不够,甚至不能放进模板)。根据弯折后钢筋成品的轴线总长度下料才是正确的加工方法,而在弯曲处外包尺寸和中心线长度之间存在一个差值,这一差值就被称为"量度差"。量度差的大小与钢筋直径、弯曲角度、弯心直径等因素有关。

表 4-5　钢筋的混凝土保护层厚度　　　　　　　（单位:mm）

环境与条件	构件名称	混凝土强度等级		
		低于 C25	C25 及 C30	高于 C30
室内正常环境	板、墙、壳	15		
	梁、柱	25		
露天或室内高湿度环境	板、墙、壳	35	25	15
	梁、柱	45	35	25
有垫层	基础	35		
无垫层		70		

为增强钢筋与混凝土的连接,钢筋末端一般需加工成弯钩形式。HPB235 级钢筋末端需要做 180°弯钩,其圆弧段弯曲直径 D 不应小于钢筋直径 d 的 2.5 倍,平直部分长度不宜小于钢筋直径 d 的 3 倍。HRB335 级、HRB400 级钢筋末端需做 90°或 135°弯折时,弯曲直径不宜小于钢筋直径 d 的 4 倍,平直部分长度应按设计要求确定。

箍筋的末端需做弯钩,弯钩形式应符合设计要求,当设计无具体要求时,用 HPB235 级钢筋或冷拔低碳钢丝制作的箍筋,其弯钩的弯曲直径应大于受力钢筋直径,且不小于箍筋直径的 2.5 倍;弯钩平直部分的长度,对一般结构,不宜小于箍筋直径的 5 倍,对有抗震要求的结构,不应小于箍筋直径的 10 倍。当弯心直径为 $2.5d$(d 为钢筋直径)时,半圆弯钩的增加长度和各种弯曲角度的量度差的计算方法如下。

1. 半圆弯钩增加长度

如图 4-8(a)所示,弯心直径为 $2.5d$,平直部分为 $3d$。

弯钩全长

$$3d + 3.5d \times \pi/2 = 8.5d$$

弯钩增加长度(包括量度差)

$$8.5d - 2.25d = 6.25d \tag{4-2}$$

其余端部弯钩增加值的计算同上,可得 90°弯钩为 $3.5d$,135°弯钩为 $4.9d$。

2. 弯曲量度差

(1)弯曲 90°时(见图 4-8(b),弯心直径 D 为 $2.5d$,外包标注)的量度差:

外包尺寸

$$2(D/2 + d) = 2(2.5d/2 + d) = 4.5d$$

中心线尺寸

$$(D + d)\pi/4 = (2.5d + d)\pi/4 = 2.75d$$

量度差

$$4.5d - 2.75d = 1.75d \tag{4-3}$$

(2)弯曲 45°时(见图 4-8(c),弯心直径 D 为 $2.5d$,外包标注)的量度差:

外包尺寸

$$2(D/2 + d)\tan(45°/2) = 2(2.5d/2 + d)\tan(45°/2) = 1.86d$$

中心线尺寸

$$(D + d)\pi 45°/360° = (2.5d + d)\pi 45°/360° = 1.37d$$

量度差

$$1.86d - 1.37d = 0.49d \tag{4-4}$$

若 $D = 4d$，则量度差为 $0.52d$。

（3）弯曲角为 α 时，弯心直径为 D，外包标注的量度差的计算公式如下：

外包尺寸

$$2(D/2 + d)\tan(\alpha/2) \tag{4-5}$$

中心线尺寸

$$(D + d)\pi\alpha/360° \tag{4-6}$$

量度差

$$(D + 2d)\tan(\alpha/2) - (D + d)\pi\alpha/360° \tag{4-7}$$

在实际工作中，为了方便计算，钢筋弯曲量度差可按表 4-6 的取值进行计算。

表 4-6　钢筋弯曲量度差取值　　　　　　　（单位：mm）

钢筋弯曲角度	30°	45°	60°	90°	135°
钢筋弯曲量度差	0.35d	0.5d	0.85d	2d	2.5d

3. 箍筋调整值

箍筋调整值为弯钩增加长度和弯曲调整值两项相加或相减（采用外包尺寸时相减，采用内包尺寸时相加），计算方法同上，只是弯心直径和端部弯钩平直段长度有所调整，为简化计算，可直接在表 4-7 中查用。

表 4-7　箍筋调整值　　　　　　　（单位：mm）

箍筋量度方法	箍筋直径			
	4 ~ 5	6	8	10 ~ 12
量外包尺寸	40	50	60	70
量内包尺寸	80	100	120	150 ~ 170

钢筋下料长度计算可采用下列公式

$$直钢筋下料长度 = 构件长度 - 保护层厚度 + 弯钩增加长度 \tag{4-8}$$

$$弯起钢筋下料长度 = 直段长度 + 斜段长度 - 弯曲量度差 + 弯钩增加值 \tag{4-9}$$

$$箍筋下料长度 = 箍筋周长 + 箍筋调整值 \tag{4-10}$$

【**例 4-2**】　某预制钢筋混凝土梁 L1：梁长 6 m，断面 $b \times h = 250$ mm $\times 600$ mm，保护层厚度为 25 mm，钢筋简图见表 4-8。试计算梁 L1 中钢筋的下料长度。

表 4-8　钢筋配料单

构件名称	钢筋编号	钢筋简图	符号	直径（mm）	下料长度（mm）	数量	质量（kg）
L1 梁	①	5 950	Φ	20	6 200	2	
	②	250 400 778 4 050 778 400 250	Φ	20	7 036	2	
	③	5 950	Φ	12	6 100	2	
	④	550 200	Φ	6	1 600	31	

解　①号筋下料长度为:$5\,950 + 2 \times 6.25 \times 20 = 6\,200(\mathrm{mm})$;

②号筋下料长度为:$(250 + 400 + 778) \times 2 + 4\,050 - 4 \times 0.5 \times 20 - 2 \times 2 \times 20 + 2 \times 6.25 \times 20 = 7\,036(\mathrm{mm})$;

③号筋下料长度为:$5\,950 + 2 \times 6.25 \times 12 = 6\,100(\mathrm{mm})$;

④号筋下料长度为:$(550 + 200) \times 2 + 100 = 1\,600(\mathrm{mm})$。

(三)钢筋的代换

1. 钢筋代换的原则

在施工过程中,在征得设计单位同意后,可对钢筋进行代换。但代换时必须充分了解设计意图和代换钢筋的性能,严格遵守规范的各项规定,按以下原则进行钢筋代换:

(1)不同种类钢筋的代换,应按钢筋受拉承载力设计值相等的原则进行。

(2)当构件受抗裂、裂缝宽度或挠度控制时,钢筋代换后应进行抗裂、裂缝宽度或挠度验算。

(3)代换后,应满足《混凝土结构设计规范》(GB 50010—2010)中所规定的最小配筋率、钢筋间距、锚固长度、最小钢筋直径、根数等要求。

(4)对重要受力构件,不宜用 HPB235 级光圆钢筋代替 HRB335 级和 HRB400 级带肋钢筋。

(5)梁的纵向受力钢筋和弯起钢筋应分别进行代换。

(6)对有抗震要求的框架,不宜以强度等级较高的钢筋代替原设计的钢筋。

当必须代换时,其代换钢筋的抗拉强度实测值与屈服强度实测值的比值不应小于1.25,且钢筋的屈服强度实测值与钢筋的强度标准值的比值,当按 1 级抗震设计时,不应大于 1.25,当按 2 级抗震设计时,不应大于 1.4。

2. 钢筋代换的方法

(1)等强度代换:当构件受强度控制时,钢筋代换可按代换前后强度相等的原则进行。

$$n_2 \geqslant n_1 d_1^2 f_{y1} / (d_2^2 f_{y2}) \tag{4-11}$$

式中　n_1、d_1、f_{y1}——原设计钢筋根数、直径、抗拉强度设计值;

n_2、d_2、f_{y2}——拟代换钢筋根数、直径、抗拉强度设计值。

（2）等面积代换：当构件按最小配筋率配筋时，钢筋代换可按代换前后面积相等的原则进行。

$$A_{s1} = A_{s2} \tag{4-12}$$

式中　A_{s1}——原设计钢筋的计算面积；

　　　A_{s2}——拟代换钢筋的计算面积。

四、钢筋的连接

常用钢筋连接方法有焊接连接、绑扎连接、机械连接等。

（一）焊接连接

焊接连接方法可改善结构的受力性能，节约钢筋用量，提高工作效率，保证工程质量，故在工程施工中得到广泛应用。

焊接质量与钢材的可焊性有关系。钢材的可焊性与碳元素及一些合金元素的含量有关，含碳量增加会引起可焊性降低，锰元素含量的增加也会引起可焊性降低，而适当的钛元素则会改善钢材的可焊性。钢筋焊接质量检验，应符合行业标准《钢筋焊接及验收规程》（JGJ 18—2003）和《钢筋焊接接头试验方法标准》（JGJ/T 27—2001）的规定。

工程中经常采用的焊接方法有闪光对焊、电弧焊、电渣压力焊等。

1. 闪光对焊

钢筋闪光对焊是指将两钢筋安放成对接形式，利用电阻热使接触点金属熔化，产生强烈飞溅，形成闪光，迅速施加顶锻力完成的一种压焊方法。闪光对焊不需要焊药，施工工艺简单，工作效率高，造价较低，故应用广泛。

钢筋对焊是在对焊机上进行的。需对焊的钢筋分别固定在对焊机的两个电极上，通以低电压的强电流，先使钢筋端面轻微接触，电路贯通，由于钢筋端部不太平整，接触面积很小，故电阻很大，使得接触处温度上升极快，金属很快熔化，金属熔液汽化，从而形成火花飞溅，称为闪光。然后加压顶锻，使两钢筋连为一体，接头冷却后便形成对焊接头。闪光对焊主要适用于直径 6～40 mm 的 HRB335 级、HRB400 级和直径 8～20 mm 的 HPB235 级钢筋连接。

（1）焊接工艺。

钢筋闪光对焊的焊接工艺可分为连续闪光焊、预热闪光焊和闪光－预热闪光焊等，根据钢筋品种、直径、焊机功率，施焊部位等因素选用。

连续闪光焊的工艺过程包括连续闪光和顶锻过程（见图 4-9（a））。施焊时，先闭合一次电路，使两根钢筋端面轻微接触，此时端面的间隙中即喷射出火花般熔化的金属微粒——闪光，接着徐徐移动钢筋使两端面仍保持轻微接触，形成连续闪光。当闪光到预定的长度，使钢筋端头加热到将近熔点时，就以一定的压力迅速进行顶锻。先带电顶锻，再无电顶锻到一定长度，焊接接头即告完成。

预热闪光焊是在连续闪光焊前增加一次预热过程，以扩大焊接热影响区。其工艺过程包括预热、闪光和顶锻过程（见图 4-9（b））。施焊时先闭合电源，然后使两根钢筋端面交替地接触和分开，这时钢筋端面的间隙中即发出断续的闪光，而形成预热过程。当钢筋

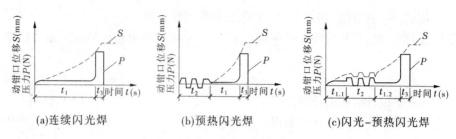

(a)连续闪光焊　　　　(b)预热闪光焊　　　　(c)闪光–预热闪光焊

图4-9　钢筋闪光对焊工艺过程图解

达到预热温度后进入闪光阶段,随后顶锻而成。

闪光–预热闪光焊是在预热闪光焊前加一次闪光过程,目的是使不平整的钢筋端面烧化平整,使预热均匀。其工艺过程包括一次闪光预热、二次闪光及顶锻过程(见图4-9(c))。施焊时首先连续闪光,使钢筋端部闪平,然后同预热闪光焊。

(2)钢筋的对接焊接宜采用闪光对焊,其焊接工艺方法按下列规定选择:

当钢筋直径较小(10~20 mm),钢筋牌号较低时,可采用连续闪光焊;

当钢筋直径大于20 mm,且钢筋端面较平整时,宜采用预热闪光焊;

当钢筋直径大于20 mm,且钢筋端面不平整时,应采用闪光–预热闪光焊。

连续闪光焊所能焊接的钢筋上限直径,应根据焊机容量、钢筋牌号等具体情况而定。

(3)闪光对焊时,应选择合适的调伸长度、烧化留量、顶锻留量以及变压器缓数等焊接参数。连续闪光焊时的留量应包括烧化留量、有电顶锻留量和无电顶锻留量。闪光–预热闪光焊时的留量应包括一次烧化留量、预热留量、二次烧化留量、有电顶锻留量和无电顶锻留量。连续闪光焊和闪光–预热闪光焊的各项留量图解如图4-10所示。

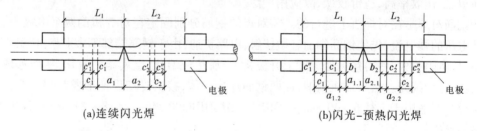

(a)连续闪光焊　　　　　　　　(b)闪光–预热闪光焊

L_1、L_2—调伸长度;$a_1 + a_2$—闪光留量;$a_{1.1} + a_{2.1}$——次闪光留量;$a_{1.2} + a_{2.2}$—二次闪光留量;

$b_1 + b_2$—预热留量;$c_1 + c_2$—顶锻留量;$c_1' + c_2'$—有电顶锻留量;$c_1'' + c_2''$—无电顶锻留量

图4-10　闪光对焊各项留量图解

(4)钢筋闪光对焊的操作要领是:预热要充分,顶锻前瞬间闪光要强烈,顶锻要快而有力。

(5)质量检查与验收。外观检查时,每批抽查10%的闪光对焊接头并不少于10个。在同一台班内,由同一焊工完成的300个同牌号、同直径钢筋焊接接头应作为一批。当同一台班内焊接的接头数量较少时,可在一周之内累计计算;累计仍不足300个接头时,应按一批计算。检查结果应符合下列要求:接头处不得有横向裂纹;与电极接触处的钢筋表面不得有明显烧伤;接头处的弯折角不得大于3°;接头处的轴线偏移不得大于钢筋直径的0.1倍,且不得大于2 mm。力学性能试验,应从每批接头中抽取6个试件进行试验,其中3个做拉伸试验,3个做弯曲试验。封闭环式箍筋闪光对焊接头,以600个同牌号、同规格的接头作为一批,只做拉伸试验。

2. 电弧焊

钢筋电弧焊是指以焊条作为一极,钢筋为另一极,利用弧焊机在焊条与焊件之间产生高温电弧,使得焊条和电弧燃烧范围内的金属焊件很快熔化从而形成焊接接头,其中电弧是指焊条与焊件金属之间空气介质出现的强烈持久的放电现象。电弧焊的应用非常广泛,常用于钢筋的搭接接长、钢筋与钢板的焊接、装配式钢筋混凝土结构接头的焊接、钢筋骨架的焊接及各种钢结构的焊接等。

电弧焊常用交流弧焊机。焊接时,先把焊条和焊件分别连接在弧焊机的两极上,然后引弧。引弧就是先将焊条轻轻接触焊件金属,形成短暂短路,再提起离焊件一定高度,从而焊条与焊件间的空气介质呈电离状态,即已引燃电弧,便可开始焊接。焊缝余高是指焊缝表面焊趾连线上的那部分金属的高度。

钢筋电弧焊包括帮条焊、搭接焊、坡口焊、窄间隙焊和熔槽帮条焊5种接头形式。

(1)为了保证焊接接头质量,避免焊接接头脆断,钢筋电弧焊焊接时,应符合下列要求:

应根据钢筋牌号、直径、接头形式和焊接位置,选择焊条、焊接工艺和焊接参数;焊接时,引弧应在垫板、帮条或形成焊缝的部位进行,不得烧伤主筋;焊接地线与钢筋应接触紧密;焊接过程中应及时清渣,焊缝表面应光滑,焊缝余高应平缓过渡,弧坑应填满。

(2)帮条焊。帮条焊时,若采用双面焊,接头中应力传递对称、平衡,受力性能良好;若采用单面焊,则较差。因此,宜采用双面焊(见图4-11(a));当不能进行双面焊时,方可采用单面焊(见图4-11(b))。这种接头形式适用于直径10~40 mm 的 HRB335 级、HRB400 级和直径10~20 mm 的 HPB235 级钢筋连接。

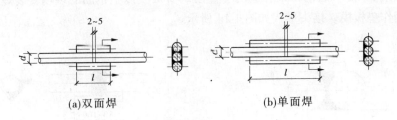

(a)双面焊　　　　　　　(b)单面焊

d—钢筋直径;*l*—帮条长度

图4-11 钢筋帮条焊接头 (单位:mm)

帮条长度应符合表4-9的规定。当帮条牌号与主筋相同时,帮条直径可与主筋相同或小一个规格;当帮条直径与主筋相同时,帮条牌号可与主筋相同或低一个牌号。

(3)搭接焊。搭接焊时,宜采用双面焊(见图4-12(a))。当不能进行双面焊时,方可采用单面焊(见图4-12(b))。搭接长度可与表4-9中帮条长度相同。搭接焊主要适用于直径10~40 mm 的 HRB335 级、HRB400 级和直径10~20 mm 的 HPB235 级钢筋连接。

帮条焊接头或搭接焊接头的焊缝厚度 *s* 不应小于主筋直径的0.3倍,焊缝宽度不应小于主筋直径的0.8倍(见图4-13)。

表 4-9　钢筋帮条长度

钢筋牌号	焊缝形式	帮条长度 l(mm)
HPB235	单面焊	≥8d
	双面焊	≥4d
HRB335 HRB400 HRBF400	单面焊	≥10d
	双面焊	≥5d

注:d 为主筋直径。

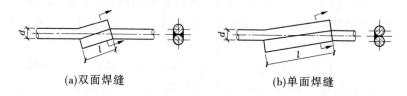

（a）双面焊缝　　　　　　　　（b）单面焊缝

图 4-12　钢筋搭接焊接头

　　帮条焊或搭接焊时,钢筋的装配和焊接应符合下列要求:帮条焊时,两主筋端面的间隙应为 2~5 mm;搭接焊时,焊接端钢筋应预弯,并应使两钢筋的轴线在同一直线上,保证接头受力性能良好;帮条焊时,帮条与主筋之间应用 4 点定位焊固定;搭接焊时,应用 2 点固定。定位焊缝与帮条端部或搭接端部的距离宜不小于 20 mm,避免定位过小、冷却快而发生裂纹和产生淬硬组织,形成脆断;焊接时,应在帮条焊或搭接焊形成焊缝中引弧;在端头收弧前应填满弧坑,并应使主焊缝与定位焊缝的始端和终端熔合。

　　（4）熔槽帮条焊。熔槽帮条焊适用于直径 20 mm 及以上钢筋的现场安装焊接。焊接时应加角钢作垫板模。接头形式如图 4-14 所示。

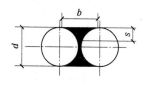

图 4-13　焊缝尺寸示意

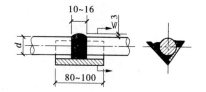

图 4-14　钢筋熔槽帮条焊接头　（单位:mm）

　　施焊工艺基本上是连续进行,中间敲渣一次。焊后进行加强焊及侧面焊缝的焊接,其接头质量符合要求,效果较好。角钢长 80~100 mm,并与钢筋焊牢,具有帮条作用。

　　角钢尺寸和焊接工艺应符合下列要求:角钢边长宜为 40~60 mm;钢筋端头应加工平整;从接缝处垫板引弧后应连续施焊,并应使钢筋端部熔合,防止未焊透、气孔或夹渣;焊接过程中应停焊清渣 1 次;焊平后,再进行焊缝余高的焊接,其高度不得大于 3 mm;钢筋与角钢垫板之间,应加焊侧面焊缝 1~3 层,焊缝应饱满,表面应平整。

　　（5）预埋铁件的 T 形接头。预埋件钢筋电弧焊 T 形接头可分为贴角焊和穿孔塞焊两种,如图 4-15 所示。

穿孔塞焊时,钢板的孔洞应做成喇叭口,其内口直径应比钢筋直径大 4 mm,倾斜角度为 45°,钢筋缩进 2 mm。贴角焊时,当采用 HPB235 级钢筋时,角焊缝焊脚 K 不得小于钢筋直径的 0.5 倍;当采用 HRB335 级和 HRB400 级钢筋时,焊脚 K 不得小于钢筋直径的 0.6 倍。施焊中,电流不宜过大,不得使钢筋咬边和烧伤。

(6)坡口焊。坡口焊接头有平焊和立焊两种,如图 4-16 所示。坡口平焊时,V 形坡口角度为 55°~65°;坡口立焊时,坡口角度为 45°~55°,其中下钢筋为 0°~10°,上钢筋为 35°~45°。主要适用于直径 18~40 mm 的 HRB335 级、HRB400 级和直径 18~20 mm 的 HPB235 级钢筋连接。

坡口焊的准备工作和焊接工艺应符合下列要求:坡口面应平顺,切口边缘不得有裂纹、钝边和缺棱;坡口角度可按图 4-16 中数据选用;钢垫板厚度宜为 4~6 mm,长度宜为 40~60 mm;平焊时,垫板宽度应为钢筋直径加 10 mm;立焊时,垫板宽度宜等于钢筋直径;焊缝的宽度应大于 V 形坡口的边缘 2~3 mm,焊缝余高不得大于 3 mm,并平缓过渡至钢筋表面;钢筋与钢垫板之间应加焊二三层侧面焊缝;当发现接头中有弧坑、气孔及咬边等缺陷时,应立即补焊。

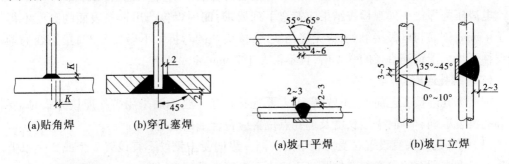

(a)贴角焊 (b)穿孔塞焊   (a)坡口平焊 (b)坡口立焊

图 4-15 预埋铁件的 T 形接头 （单位:mm）   **图 4-16 钢筋坡口焊接头** （单位:mm）

3.电渣压力焊

电渣压力焊是利用电流通过渣池产生的电阻热将钢筋端部熔化,然后施加压力使钢筋焊接在一起。电渣压力焊的操作简单、易掌握、工作效率高、成本较低、施工条件也较好,主要用于现浇钢筋混凝土结构中竖向或斜向(倾斜度在 4:1 范围内)钢筋的接长,适用于直径 14~32 mm 的 HRB335 级、HRB400 级和直径 14~20 mm 的 HPB235 级钢筋。

(1)电渣压力焊工艺过程应符合下列要求:焊接夹具的上下钳口应夹紧于上、下钢筋上;钢筋一经夹紧,不得晃动;引弧可采用直接引弧法,或铁丝臼(焊条芯)引弧法;引燃电弧后,应先进行电弧过程,然后,加快上钢筋下送速度,使钢筋端面与液态渣池接触,转变为电渣过程,最后在断电的同时,迅速下压上钢筋,挤出熔化金属和熔渣;接头焊毕,应稍作停歇,方可回收焊剂和卸下焊接夹具;敲去渣壳后,四周焊包凸出钢筋表面的高度不得小于 4 mm。

(2)电渣压力焊的工艺过程包括引弧、电弧、电渣和顶压。引弧过程:宜采用铁丝圈引弧法,也可采用直接引弧法。铁丝圈引弧法是将铁丝圈放在上、下钢筋端头之间,高约 10 mm,电流通过铁丝圈与上、下钢筋端面的接触点形成短路引弧。直接引弧法是在通电后迅速将上钢筋提起,使两端头之间的距离为 2~4 mm 引弧。当钢筋端头夹杂不导电物质或过于平滑造成引弧困难时,可以多次把上钢筋移下与下钢筋短接后再提起,达到引弧的目的。

电弧过程:靠电弧的高温作用,将钢筋端头的凸出部分不断烧化;同时将接口周围的焊剂充分熔化,形成一定深度的渣池。

电渣过程:渣池形成一定深度后,将上钢筋缓缓插入渣池中,此时电弧熄灭,进入电渣过程。由于电流直接通过渣池,产生大量的电阻热,使渣池温度升到近 2 000 ℃,将钢筋端头迅速而均匀熔化。

顶压过程:当钢筋端头达到全截面熔化时,迅速将上钢筋向下顶压,将熔化的金属、熔渣及氧化物等杂质全部挤出结合面,同时切断电源,焊接即告结束。

(3)焊接参数。电渣压力焊的焊接参数主要包括焊接电流、焊接电压和焊接时间等。

(4)质量检查与验收。电渣压力焊接头的质量检验,应分批进行外观检查和力学性能检验,并应按下列规定作为一个检验批:在现浇钢筋混凝土结构中,应以 300 个同牌号钢筋接头作为一批;在房屋结构中,应以不超过两个楼层中 300 个同牌号钢筋接头作为一批,当不足 300 个接头时,仍作为一批。每批随机切取 3 个接头做拉伸试验。

电渣压力焊接头外观检查结果应符合下列要求:四周焊包凸出钢筋表面的高度不得小于 4 mm;钢筋与电极接触处,应无烧伤缺陷;接头处的弯折角不得大于 3°;接头处的轴线偏移不得大于钢筋直径的 0.1 倍,且不得大于 2 mm。

(二)绑扎连接

钢筋绑扎连接工艺简单、工效高,不需要连接设备。当钢筋采用绑扎连接方式时,要求绑扎位置准确、牢固,搭接长度及绑扎点位置应符合下列规定:

(1)钢筋的接头宜设置在受力较小处。同一纵向受力钢筋不宜设置 2 个或 2 个以上接头。接头末端至钢筋弯起点的距离不应小于钢筋直径的 10 倍。

(2)同一构件中相邻纵向受力钢筋的绑扎搭接接头宜相互错开。绑扎搭接接头中钢筋的横向净距不应小于钢筋直径,且不应小于 25 mm。钢筋绑扎搭接接头连接区段的长度为 $1.3l_1$(l_1 为搭接长度),凡搭接接头中点位于该连接区段长度内的搭接接头均属于同一连接区段。同一连接区段内,纵向钢筋搭接接头面积百分率为该区段内有搭接接头的纵向受力钢筋截面面积与全部纵向受力钢筋截面面积的比值,如图 4-17 所示。

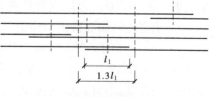

图 4-17　同一连接区段内的纵向受拉钢筋绑扎搭接接头

同一连接区段内,纵向受拉钢筋搭接接头面积百分率应符合设计要求。当设计无具体要求时,应符合下列规定:对梁类、板类及墙类构件,不宜大于 25%;对柱类构件,不宜大于 50%。当工程中确有必要增大接头面积百分率时,对梁类构件,不应大于 50%;对其他构件,可根据实际情况放宽。

(3)纵向受力钢筋绑扎搭接接头的最小搭接长度应符合规范的规定。当纵向受拉钢筋的绑扎搭接接头面积百分率不大于 25% 时,其最小搭接长度应符合表 4-10 的规定。

表 4-10 纵向受拉钢筋的最小搭接长度

钢筋种类	混凝土强度等级			
	C15	C20～C25	C30～C35	≥C40
HPB235 级光圆钢筋	45d	35d	30d	25d
HPB335 级带肋钢筋	55d	45d	35d	30d
HPB400 级带肋钢筋	—	55d	40d	35d

注:两根直径不同钢筋的搭接长度,以较细钢筋的直径计算。

当纵向受拉钢筋搭接接头面积百分率大于25%,但不大于50%时,其最小搭接长度应按表4-10中的数值乘以系数1.2取用;当接头面积百分率大于50%时,应按表4-10中的数值乘以系数1.35取用。

(4)钢筋的搭接连接还应符合《混凝土结构设计规范》(GB 50010—2010)的其他相关规定。

在任何情况下,受拉钢筋的搭接长度不应小于300 mm。纵向受压钢筋搭接时,其最小搭接长度应根据上述受拉钢筋的规定确定相应数值后,乘以系数0.7取用。在任何情况下,受压钢筋的搭接长度不应小于200 mm。

(三)机械连接

钢筋机械连接是指通过钢筋与连接件的机械咬合作用或钢筋端面的承压作用,将一根钢筋中的力传递至另一根钢筋的连接方法。机械连接方法具有工艺简单、节约钢材、改善工作环境、接头性能可靠、技术易掌握、工作效率高、节约成本等优点。钢筋机械连接方法分类及适用范围见表4-11。

表 4-11 钢筋机械连接方法分类及适用范围

机械连接方法		适用范围	
		钢筋级别	钢筋直径(mm)
钢筋套筒挤压连接		HRB335、HRB400、RRB400	16～40
钢筋锥螺纹套筒连接		HRB335、HRB400、RRB400	16～40
钢筋镦粗直螺纹套筒连接		HRB335、HRB400、RRB400	16～40
钢筋滚压直螺纹套筒连接	直接滚压	HRB335、HRB400	16～40
	挤肋滚压		16～40
	剥肋滚压		16～50

常用的有冷压连接、锥螺纹连接和套筒灌浆连接等。钢筋机械连接接头的设计、应用与验收应符合行业标准《钢筋机械连接通用技术规程》(JGJ 107—2010)。

1.一般规定

1)接头的性能等级

根据抗拉强度以及高应力和大变形条件下反复拉压性能的差异,接头分为三个等级。

Ⅰ级接头,抗拉强度不小于被连接钢筋实际抗拉强度或1.10倍钢筋抗拉强度标准值,并具有高延性及反复拉压性能;Ⅱ级接头,抗拉强度不小于被连接钢筋抗拉强度标准值,并具有高延性及反复拉压性能;Ⅲ级接头,抗拉强度不小于被连接钢筋屈服强度标准值的1.35倍,并具有一定的延性及反复拉压性能。

2)接头应用

接头等级的选定应符合下列规定:混凝土结构中要求充分发挥钢筋强度或对接头延性要求较高的部位,应采用Ⅰ级或Ⅱ级接头;混凝土结构中钢筋应力较高但对接头延性要求不高的部位,可采用Ⅲ级接头。钢筋连接件的混凝土保护层厚度宜符合现行国家标准《混凝土结构设计规范》(GB 50010—2010)中受力钢筋混凝土保护层最小厚度的规定,且不得小于15 mm。连接件之间的横向净距不宜小于25 mm。

结构构件中纵向受力钢筋的接头宜相互错开,钢筋机械连接的连接区段长度应按35d计算(d为被连接钢筋中的较大直径)。在同一连接区段内有接头的受力钢筋截面面积占受力钢筋总截面面积的百分率(以下简称接头百分率),应符合下列规定:

接头宜设置在结构构件受拉钢筋应力较小部位,当需要在高应力部位设置接头时,在同一连接区段内Ⅲ级接头的接头百分率不应大于25%,Ⅱ级接头的接头百分率不应大于50%,Ⅰ级接头的接头百分率可不受限制。接头宜避开有抗震设防要求的框架的梁端、柱端箍筋加密区;当无法避开时,应采用Ⅰ级接头或Ⅱ级接头,且接头百分率不应大于50%。受拉钢筋应力较小部位或纵向受压钢筋,接头百分率可不受限制。对直接承受动力荷载的结构构件,接头百分率不应大于50%。

2. 钢筋套筒挤压连接

带肋钢筋套筒挤压连接是将两根待接钢筋插入钢套筒,用挤压连接设备沿径向挤压钢套筒,使之产生塑性变形,依靠变形后的钢套筒与被连接钢筋纵、横肋产生机械咬合后成为整体的钢筋连接方法,如图4-18所示。

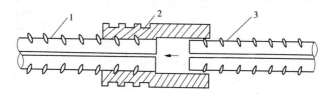

1—已挤压的钢筋;2—钢套筒;3—未挤压的钢筋

图4-18 钢筋套筒挤压连接

(1)钢筋套筒挤压连接具有工艺简单、可靠程度高、受人为操作因素影响小、对钢筋化学成分要求不如焊接时那样严格等优点。但操作工人工作强度大,有时液压油污染钢筋,综合成本较高。

(2)钢套筒材料宜选用强度适中、延性好的优质钢材,其实测力学性能应符合下列要求:

屈服强度$\sigma_s = 225 \sim 350 \text{ N/mm}^2$,抗拉强度$\sigma_b = 375 \sim 500 \text{ N/mm}^2$,延伸率$\delta_5 \geqslant 20\%$,硬度$HB = 102 \sim 133$。

钢套筒的屈服承载力和受拉承载力的标准值不应小于被连接钢筋的屈服承载力和受

拉承载力标准值的 1.10 倍。钢套筒的尺寸与材料应与一定的挤压工艺配套,必须经生产厂型式检验认定。施工单位采用经过型式检验认定的套筒及挤压工艺进行施工,不要求对套筒原材料进行力学性能检验。

3. 钢筋锥螺纹套筒连接

钢筋锥螺纹套筒连接是将两根待接钢筋端头用套丝机做出锥形外丝,然后用带锥形内丝的套筒将钢筋两端拧紧的钢筋连接方法,如图 4-19 所示。它是通过连接套与连接钢筋螺纹的啮合,来承受外荷载。

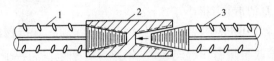

1—已连接的钢筋;2—锥螺纹套筒;3—待连接的钢筋
图 4-19　钢筋锥螺纹套筒连接

这种接头质量稳定性一般,施工速度快,综合成本较低。近年来,在普通型锥螺纹接头的基础上,增加钢筋端头预压或锻粗工序,开发出 GK 型钢筋等强锥螺纹接头,可与母材等强。

1) 锥螺纹套筒的加工与检验

锥螺纹套筒的材质:对 HRB335 级钢筋采用 30～40 号钢,对 HRB400 级钢筋采用 45 号钢。

锥螺纹套筒的尺寸应与钢筋端头锥螺纹的牙形和牙数匹配,并应满足承载力略高于钢筋母材的要求。锥螺纹套筒的加工宜在专业工厂进行,以保证产品质量。各种规格的套筒外表面均有明显的钢筋级别及规格标记。套筒加工后,其两端锥孔必须用与其相应的塑料密封盖封严。锥螺纹套筒的验收,应检查:套筒的规格、型号与标记,套筒的内螺纹圈数、螺距与齿高,螺纹有无破损、歪斜、不全、锈蚀等现象。

2) 钢筋锥螺纹的加工与检验

钢筋下料,应采用砂轮切割机。其端头截面应与钢筋轴线垂直,并不得翘曲。经检验合格的钢筋,方可在套丝机上加工锥螺纹。

钢筋连接端的锥螺纹需在钢筋套丝机上加工,一般在施工现场进行,为保证连接质量,每个锥螺纹丝头都需用牙形规和卡规逐个检查,不合格者切掉重新加工,合格的丝头需拧上塑料保护帽,以避免丝头受损。一般一根钢筋只需一头拧上保护帽,另一头可直接采用扭力扳手,按规定的力矩值将锥螺纹连接套事先拧上。这样既可保护钢筋丝头又方便施工,提高工作效率。

3) 钢筋锥螺纹接头质量检验

连接钢筋时,应检查连接套筒出厂合格证、钢筋锥螺纹加工检验记录。

钢筋连接工程开始前及施工过程中,应对每批进场钢筋和接头进行工艺检验:每种规格钢筋母材进行抗拉强度试验;每种规格钢筋接头的试件数量不应少于 3 个;接头试件应达到现行行业标准《钢筋机械连接通用技术规程》(JGJ 107—2010)中相应等级的强度要求。

随机抽取同规格接头数的 10% 进行外观检查。应满足钢筋与连接套的规格一致,接头丝扣无完整丝扣外露。如发现有一个完整丝扣外露,即为连接不合格,必须查明原因,责令工人重新拧紧或进行加固处理。

用质检的力矩扳手,抽检接头的连接质量。抽检数量:梁、柱构件按接头数的 15%,且每个构件的接头抽检数不得少于 1 个;基础、墙、板构件按各自接头数,每 100 个接头作为一个验收批,不足 100 个也作为一个验收批,每批抽检 3 个接头。抽检的接头应全部合格,如有 1 个接头不合格,则该验收批接头应逐个检查,对查出的不合格接头应采用电弧贴角焊缝方法补强,焊缝高度不得小于 5 mm。

接头的现场检验按验收批进行。同一施工条件下的同一批材料的同等级、同规格接头,以 500 个为一个验收批进行检验与验收,不足 500 个也作为一个验收批。对接头的每一验收批,应在工程结构中随机抽取 3 个试件做单向拉伸试验,按设计要求的接头性能等级进行检验与评定。在现场连续检验 10 个验收批,全部单向拉伸试件一次抽样均合格时,验收批接头数量可扩大一倍。

4. 钢筋镦粗直螺纹套筒连接

钢筋镦粗直螺纹套筒连接是先将钢筋端头镦粗,再切削成直螺纹,然后用带直螺纹的套筒将钢筋两端拧紧的钢筋连接方法(见图 4-20)。这种接头的螺纹精度高,接头质量稳定性好,操作简便,连接速度快。

质量要求:连接套筒表面无裂纹,螺牙饱满,无其他缺陷;牙形规检查合格,用直螺纹塞规检查其尺寸精度;连接套筒两端头的孔,必须用塑料盖封上,以保持内部洁净,干燥防锈。

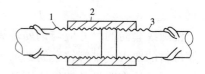

1—已连接的钢筋;2—直螺纹套筒;
3—正在拧入的钢筋

图 4-20　钢筋镦粗直螺纹套筒连接

钢筋下料时,应采用砂轮切割机,切口的端面应与轴线垂直,不得有马蹄形或挠曲。钢筋下料后,在液压冷锻压床上将钢筋镦粗。钢筋冷镦后,在钢筋套丝机上切削加工螺纹。钢筋端头螺纹规格应与连接套筒的型号匹配。钢筋螺纹加工后,随即用配置的量规逐根检测。合格后,再由专职质检员按一个工作班 10% 的比例抽样校验。如发现有不合格螺纹,应全部逐个检查,并切除所有不合格螺纹,重新镦粗和加工螺纹。

5. 钢筋滚压直螺纹套筒连接

钢筋滚压直螺纹套筒连接是利用金属材料塑性变形后冷作硬化增强金属材料强度的特性,使接头与母材等强的连接方法。根据滚压直螺纹成型方式,又可分为直接滚压螺纹、挤肋滚压螺纹、剥肋滚压螺纹三种类型。滚压直螺纹接头用连接套筒,采用优质碳素结构钢。连接套筒的类型有标准型、正反丝扣型、变径型、可调型等。

根据待接钢筋所在部位及转动难易情况,选用不同的套筒类型,采取不同的安装方法,如图 4-21 ~ 图 4-24 所示。

工程中应用滚压直螺纹接头时,技术提供单位应提交有效的型式检验报告。

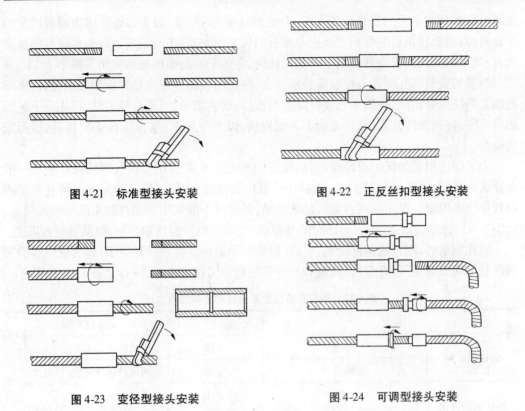

图 4-21　标准型接头安装　　　　　图 4-22　正反丝扣型接头安装

图 4-23　变径型接头安装　　　　　图 4-24　可调型接头安装

用扭力扳手抽检接头的施工质量。抽检数量为:梁、柱构件按接头数的 15%,且每个构件的接头抽检数不得少于 1 个,基础、墙、板构件每 100 个接头作为一个验收批,不足 100 个也作为一个验收批,每批抽检 3 个接头。抽检的接头应全部合格,如有一个接头不合格,则该验收批接头应逐个检查并拧紧。

滚压直螺纹接头的单向拉伸强度试验按验收批进行。同一施工条件下采用同一批材料的同等级、同型式、同规格接头,以 500 个为一个验收批进行检验。在现场连续检验十个验收批,其全部单向拉伸试验一次抽样合格时,验收批接头数量可扩大为 1 000 个。对每一验收批,应在工程结构中随机抽取 3 个试件做单向拉伸试验。当 3 个试件抗拉强度均不小于 I 级接头的强度要求时,该验收批判为合格。如有一个试件的抗拉强度不符合要求,则应加倍取样复验。

滚压直螺纹接头的单向拉伸试验破坏形式有三种:钢筋母材拉断、套筒拉断、钢筋从套筒中滑脱,只要满足强度要求,任何破坏形式均可判断为合理。

五、钢筋工程的安装验收及质量要求

加工完毕的钢筋即可运到施工现场进行安装、绑扎。钢筋绑扎一般采用 20 ~ 22 号钢丝或镀锌钢丝。钢筋绑扎时其交叉点应采用钢丝扎牢;板和墙的钢筋网,除靠近外围两排钢筋的交叉点全部扎牢外,中间部分交叉点可间隔交错扎牢,但必须保证受力钢筋不发生位置偏移;双向受力的钢筋,其交叉点应全部扎牢;梁柱箍筋,除设计有特殊要求外,应与受力钢筋垂直设置;箍筋弯钩叠合处,应沿受力主筋方向错开设置;柱中竖向钢筋搭接时,角部钢筋的弯钩平面与模板面的夹角,对矩形柱应为 45°角,对多边形柱应为模板内角的平分角;对圆形柱钢筋的弯钩平面应与模板的切平面垂直;中间钢筋的弯钩面应与模板面垂直;当采用插入式振捣器浇筑小型截面柱时,弯钩平面与模板面的夹角不得小于 15°。

钢筋的安装绑扎应该与模板安装相配合,柱筋的安装一般在柱模板安装前进行;而梁的施工顺序正好相反,一般是先安装好梁模板,再安装梁筋,当梁高较大时,可先留下一面侧模不安,待钢筋绑扎完毕,再支余下一面侧模,以方便施工;楼板模板安装好后,即可安装板筋。

为了保证钢筋的保护层厚度,常用预制的水泥砂浆块垫在模板与钢筋间。垫块一般布置成梅花形,间距不超过 1 m。构件中有双层钢筋时,上层钢筋一般是通过绑扎短筋或设置垫块来固定。对于基础或楼板的双层筋,固定时一般采用钢筋撑脚来保证钢筋位置,间距 1 m。特别是雨篷、阳台等部位的悬臂板,更需严格控制负筋位置,以防悬臂板断裂。

绑扎钢筋时,配置的钢筋级别、直径、根数和间距均应符合设计要求;绑扎或焊接的钢筋网和钢筋骨架,不得有变形、松脱和开焊等现象。绑扎完毕后,应符合表 4-12 的规定。

表 4-12　钢筋安装位置的允许偏差和检验方法

项目			允许偏差(mm)	检验方法
绑扎钢筋网	长、宽		±10	钢尺检查
	网眼尺寸		±20	钢尺量连续三档,取最大值
绑扎钢筋骨架	长		±10	钢尺检查
	宽、高		±5	钢尺检查
受力钢筋	间距		±10	钢尺量两端、中间各一点,取最大值
	排距		±5	
	保护层厚度	基础	±10	钢尺检查
		柱、梁	±5	钢尺检查
		板、墙、壳	±3	钢尺检查
绑扎箍筋、横向钢筋间距			±20	钢尺量连续三档,取最大值
钢筋弯起点位置			20	钢尺检查
预埋件	中心线位置		5	钢尺检查
	水平高差		+3,0	钢尺和塞尺检查

第二节　模板工程

一、模板系统概述

模板是使混凝土构件按设计的几何尺寸浇筑成型的模型板,是混凝土构件成型的一个十分重要的组成部分。模板系统包括模板和支架两部分。模板的选材、构造合理性、制作和安装质量,都直接影响混凝土结构和构件的质量、成本和进度。

(一)模板的基本要求

为了保证钢筋混凝土结构施工的质量,对模板及其支架有如下要求:保证工程结构和构件各部分形状、尺寸和相互位置的正确;具有足够的强度、刚度和稳定性,能可靠地承受新浇混凝土的质量和侧压力,以及在施工过程中所产生的荷载;构造简单,装拆方便,并便于钢筋的绑扎与安装,符合混凝土的浇筑及养护等工艺要求;模板接缝应严密,不得漏浆。

(二)模板的分类

采用先进的模板技术,对提高工程质量、加快施工速度、提高劳动生产率、降低工程成本和实现文明施工,都具有十分重要的意义。

模板的分类:

按其所用材料,分为木模板、钢模板和其他材料模板(胶合板模板、塑料模板、玻璃钢模板、压型钢模、钢木(竹)组合模板等)。

按施工方法,模板分为拆移式模板和活动式模板。拆移式模板由预制配件组成,现场组装,拆模后稍加清理和修理再周转使用,常用的木模板和组合钢模板以及大型的工具式定型模板,如大模板、台模、隧道模等皆属拆移式模板;活动式模板是指按结构的形状制作成工具式模板,组装后随工程的进展而进行垂直或水平移动,直至工程结束才拆除,如滑升模板、提升模板、移动式模板等。

二、模板的构造与安装

(一)组合式模板构造

组合式模板,是指适用性和通用性较强的模板,用它进行混凝土结构成型,既可按照设计要求事先进行预拼装,整体安装、整体拆除,也可采取散支散拆的方法,工艺灵活简便。常用的组合式模板如下。

1. 木模板

木模板的基本元件是拼板,由板条和拼条组成。板条厚 $25 \sim 50$ mm,宽度不宜超过 200 mm,再用 25 mm × 35 mm 的拼条钉成,由于使用位置不同,荷载差异较大,板条的厚度也不一致。作梁侧模使用时,荷载较小,一般采用 25 mm 厚的木板制作;作承受较大荷载的梁底模使用时,板条厚度加大到 $40 \sim 50$ mm。拼条截面尺寸为 25 mm × 35 mm ～ 50 mm × 50 mm,拼条间距根据施工荷载大小及板条的厚度而定,一般取 $400 \sim 500$ mm。设法增加木模板的周转次数是十分重要的。

2. 组合钢模板

组合钢模板系统由两部分组成:其一是模板部分,包括平面模板、转角模板及将它们连接成整体模板的连接件,如图 4-25、图 4-26 所示;其二是支承件,包括梁卡具、柱箍、钢桁架、支钢架、斜撑等,如图 4-27 ～ 图 4-30 所示。

钢模板又由边框、面板和纵横肋组成。边框和面板常采用 $2.5 \sim 3.0$ mm 厚的钢板轧制而成,纵横肋则采用 3 mm 厚的扁钢与面板及边框焊接而成。钢模厚度均为 55 mm。为便于钢模之间连接,边框上都有连接孔,以便拼接顺利。组合钢模板的规格见表 4-13。

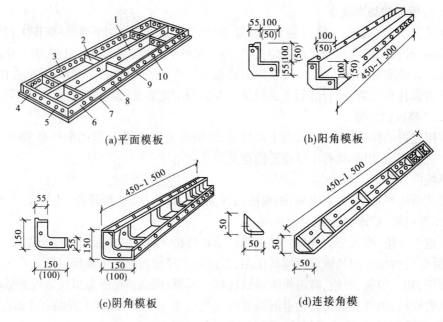

(a)平面模板　　　　　　　　　　(b)阳角模板

(c)阴角模板　　　　　　　　　　(d)连接角模

1—中纵肋;2—中横肋;3—面板;4—横肋;

5—插销孔;6—纵肋;7—凸棱;8—凸鼓;9—U形卡孔;10—钉子孔

图 4-25　钢模板类型　（单位:mm）

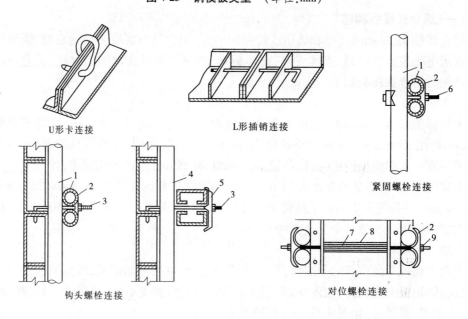

U形卡连接　　　　　　　　L形插销连接

　　　　　　　　　　　　　　　　　　　　紧固螺栓连接

钩头螺栓连接　　　　　　　　对位螺栓连接

1—圆钢管钢楞;2—"3"形扣件;3—钩头螺栓;4—内卷边槽钢钢楞;

5—蝶形扣件;6—紧固螺栓;7—对拉螺栓;8—塑料套管;9—螺母

图 4-26　定型模板连接件示意图

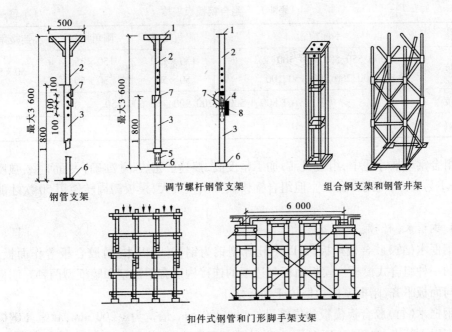

钢管支架　　　调节螺杆钢管支架　　　组合钢支架和钢管井架

扣件式钢管和门形脚手架支架

1—顶板;2—钢管;3—套管;4—转盘;5—螺杆;6—底板;7—钢销;8—转动手柄

图 4-27　钢支架　（单位:mm）

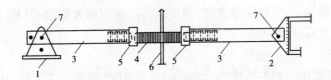

1—底座;2—顶撑;3—钢管斜撑;4—花篮螺钉;5—螺母;6—旋杆;7—销钉

图 4-28　斜撑

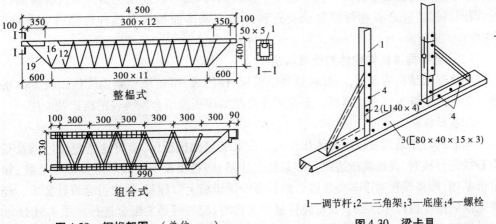

整榀式

组合式

图 4-29　钢桁架图　（单位:mm）

1—调节杆;2—三角架;3—底座;4—螺栓

图 4-30　梁卡具

表 4-13 组合钢模板规格 （单位：mm）

规格	平面模板	阴角模板	阳角模板	连接角模
宽度	600、550、500、450、400、350 300、250、200、150、100	150×150 50×50	150×150 50×50	50×50
长度	1 800、1 500、1 200、900、750、600、450			
肋高	55			

组合钢模尺寸适中，组装灵活，加工精度高，接缝严密，尺寸准确，表面平整，强度和刚度好，不易变形，使用寿命长。但组合钢模板一次投资大，模板需周转使用 50 次才能收回成本。

3. 钢框木（竹）胶合板模板

钢框木（竹）胶合板模板，是以热轧异型钢为钢框架，以木、竹胶合板等作面板，而组合成的一种组合式模板。模板面板与边框的连接构造有明框型和暗框型两种。明框型的框边与面板平齐，暗框型的边框位于面板之下。

钢框木（竹）胶合板模板的规格最长为 2 400 mm，最宽为 1 200 mm，和组合钢模板相比具有以下特点：自重轻；用钢量少；单块模板面积大，拼装工作量小，可减少模板的拼缝，有利于提高混凝土结构浇筑后的表面质量；周转率高，板面为双面覆膜，可以两面使用，使周转次数可达 50 次以上；保温性能好，板面材料的热传导率仅为组合钢模板的 1/400 左右，故有利于冬期施工；模板维修方便，面板损伤后可用修补剂修补；施工效果好，模板刚度大，表面平整光滑，附着力小，支拆方便。

4. 无框模板

无框模板主要由三种主要构件，即面板、纵肋、边肋组成。这三种构件均为定型构件，可以灵活组合，适用于各种不同平面和高度的建筑物、构筑物模板工程，具有广泛的通用性能。横向围檩，一般可采用 4 ϕ 8 mm×3.5 mm 钢管和通用扣件，在现场进行组装，可组装成精度较高的整装整拆的片模。施工中模板损坏时，可在现场更换。面板有覆膜胶合板、覆膜高强竹胶合板和覆膜复合板三种面板。基本面板共有四种规格：1 200 mm×2 400 mm、900 mm×2 400 mm、600 mm×2 400 mm、150 mm×2 400 mm。

（二）现浇框架结构构件的模板构造

现浇框架结构的模板，一般包括基础模板、柱模板、梁模板和楼盖模板以及支撑系统等。常用的模板为组合式模板。下面主要介绍木模板及组合钢模板的构造及应用。

1. 基础模板

基础的特点是高度较小而体积较大。在安装基础模板前，应将地基垫层标高及基础中心线先行核对，弹出基础边线。如系独立柱基，即将模板中心线对准基础中心线；如系带形基础，即将模板对准基础边线。然后再校正模板上口标高，使之符合设计要求。经检查无误后将模板钉牢撑稳。在安装柱基础模板时，应与钢筋工配合进行。图 4-31 所示为基础模板常用形式。如果地质良好、地下水位较低，最下一阶可进行原槽浇筑。模板安装时应牢固可靠，保证混凝土浇筑后不变形、不发生位移。

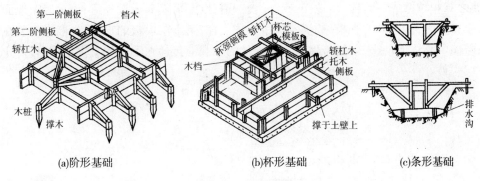

(a)阶形基础　　　　　(b)杯形基础　　　　　(c)条形基础

图 4-31　基础模板

2. 柱模板

柱子的特点是断面尺寸不大而比较高。因此，柱模主要解决垂直度、施工时的侧向稳定及抵抗混凝土侧压力等问题。柱模板底部应留有清理孔，以便于清理安装时掉下的木屑垃圾，待垃圾清理干净，混凝土浇筑前再钉牢。柱身较高时，为使混凝土的浇筑振捣方便，保证混凝土的质量，沿柱高每 2 m 左右设置一个浇筑孔，待混凝土浇到浇筑孔部位时，再钉牢盖板继续浇筑。图 4-32 所示即为矩形柱模板。

在安装柱模板前，应先绑扎好钢筋，同时在基础面上或楼面上弹出纵横轴线和四周边线，固定小方盘；然后立模板，并用临时斜撑固定；再由顶部用垂球校正，检查其标高位置无误后，即用斜撑卡牢固定。当柱高≥4 m 时，一般应四面支撑；当柱高超

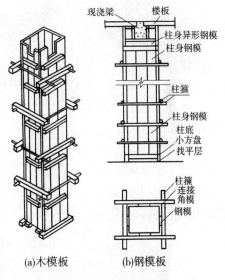

(a)木模板　　　　(b)钢模板

图 4-32　矩形柱模板

过 6 m 时，不宜单根柱支撑，宜几根柱同时支撑连成构架。对通排柱模板，应先装两端柱模板，校正固定，再在柱模上口拉通长线校正中间各柱模板。

3. 梁模板

梁的特点是跨度较大而宽度一般不大，梁高可到 1 m 左右。梁下面一般是架空的。因此，混凝土对梁模板既有横向侧压力，又有垂直压力。这要求梁模板及其支撑系统稳定性要好，有足够的强度和刚度，不致发生超过规范允许的变形。图 4-33 所示为梁模板。

对于圈梁，由于其断面小但很长，一般除窗洞口及其他个别地方是架空外，其他均搁在墙上，故圈梁模板主要是由侧模和固定侧模用的卡具所组成的。底模仅在架空部分使用，如架空跨度较大，也有用支柱(琵琶撑)撑住底模的。图 4-34 所示即为圈梁模板。

梁模板应在复核梁底标高、校正轴线位置无误后进行安装。当梁跨度≥4 m 时，应使梁底模中部略微起拱，以防止灌注混凝土后跨中梁底下垂；如设计无规定，起拱高度宜为全跨长度的 1/1 000 ~ 3/1 000。支柱(琵琶撑)安装时应先将其下地面拍平夯实，放好垫板和楔子；支柱间距当设计无要求时，一般不宜大于 2 m；支柱之间应设水平拉杆、剪刀

撑,使之互相拉撑成一整体,离地面50 cm 设一道,以上每隔2 m 设一道;当梁底距地面高度大于6 m 时,宜搭排架支模,或满堂脚手架式支撑;上下层模板的支柱,一般应安装在同一条竖向中心线上,或采取措施保证上层支柱的荷载能传递在下层的支撑结构上,防止压裂下层构件。

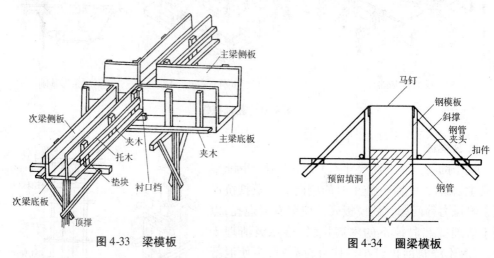

图 4-33 梁模板

图 4-34 圈梁模板

4.现浇楼板模板

楼板的特点是面积大、厚度薄,因而对模板产生的侧压力较小,底模所受荷载也不大,板模板及支撑系统主要用于抵抗混凝土的垂直荷载和其他施工荷载,保证板不变形下垂。因此,模板多采用定型板,以提高安装效率,尺寸不足处用零星木材补足。图 4-35 为有梁板、楼盖钢模板示意图。

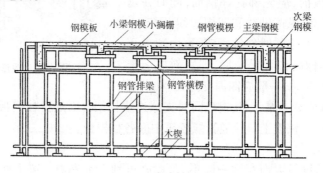

图 4-35 梁、楼板模板

板模板安装时,首先复核板底标高,搭设模板支架,然后用阴角模板从四周与墙、梁模板联结再向中央铺设。为方便拆模,木模板宜在两端及接头处钉牢,中间尽量少钉或不钉;钢模板拼缝处采用最少的 U 形卡即可;支柱底部应设长垫板及木楔找平。

(三)工具式模板

工具式模板是指针对现浇混凝土结构的具体构件(如墙体、柱、楼板等)尺寸,加工制成定型化的模板,做到整支整拆,多次周转,实现工业化施工。

1. 大模板

大模板是一种大尺寸的工具式模板,主要用于剪力墙、框架－剪力墙结构中的剪力墙施工或简体结构中竖向结构的施工。一般是一块墙面用一块大模板。

(1)大模板施工特点:以建筑物的开间、进深、层高为标准化的基础,以大模板为主要手段,以现浇混凝土墙体为主导工序,组织进行有节奏的均衡施工。这种施工方法,施工工艺简单,工程进度快,装修湿作业少,结构整体性和抗震性好,工业化、机械化施工程度高,具有较好的技术经济效果。

(2)大模板组成及要求。一块大模板由面板、加劲肋、竖楞、支撑桁架、稳定机构及附件组成(见图4-36)。

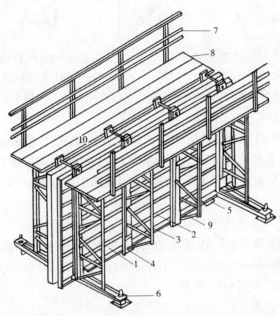

1—面板;2—水平加劲肋;3—支撑桁架;4—竖楞;5—调整水平用的螺旋千斤顶;
6—调整垂直用的螺旋千斤顶;7—栏杆;8—脚手板;9—穿墙螺栓;10—卡具

图4-36　大模板构造示意图

(3)大模板的组合方案及大模板的连接。大模板的组合方案取决于结构体系。对外墙为预制墙板或砌筑者,多用平模方案,即一面墙用一块平模。对内、外墙皆现浇,或内纵墙与横墙同时浇筑者,多用小角模方案(见图4-37),即以平模为主,转角处用 ∟100×10 的小角模。对内、外墙皆现浇的结构体系,除小角模方案外,亦可用大角模组合方案(见图4-38),即一个房间四面墙的内模板用四个大角模组合而成,成为一个封闭体系。大角模较稳定,但在相交处如组装不平会在墙壁中部出现凹凸线条。

大模板之间的连接,内墙相对的两块平模用穿墙螺栓拉紧,顶部的螺栓亦可用卡具代替。外墙的内外模板连接方式一般是在外模板的竖楞上焊一槽钢横梁,用其将外模板悬挂在内模板上;有时亦可将外模板支承在附墙式外脚手架上。向大模板内浇筑混凝土应分层进行,在门窗口两侧应对称均匀下料和捣实,防止固定在模板上的门窗框移位。待混凝土强度达到 1 N/mm² 时方可拆除大模板。拆模后喷水,以养护混凝土。待混凝土强度≥4 N/mm² 时才能吊装楼板于其上。

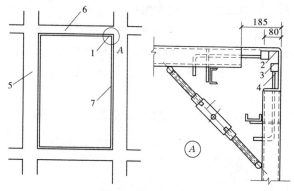

1—小角模;2—偏心压杆;3—合页;
4—钩头螺栓;5—横墙;6—纵墙;7—平模

图 4-37　小角模连接　(单位:mm)

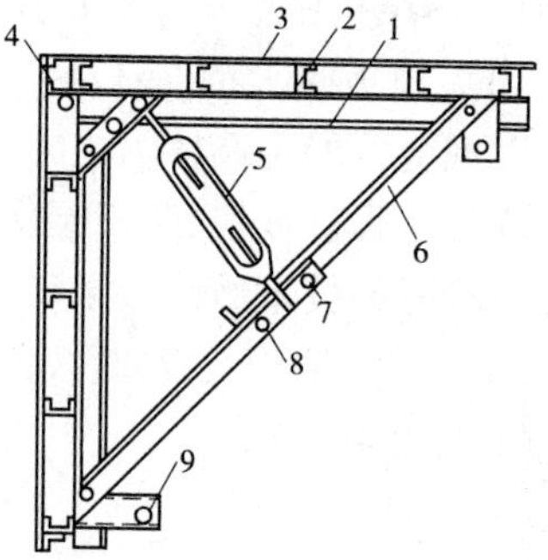

1—横肋;2—竖肋;3—面板;4—合页;5—花篮螺栓;
6—支撑杆;7—固定销;8—活动销;9—地脚螺栓

图 4-38　大角模

2. 滑动模板

滑动模板(简称滑模),是在混凝土连续浇筑过程中,可使模板面紧贴混凝土面滑动的模板。采用滑模施工要比常规施工节约木材(包括模板和脚手板等)70% 左右,节约劳动力 30% ~ 50%,缩短施工周期 30% ~ 50%;滑模施工的结构整体性好,抗震效果明显,适用于高层或超高层抗震建筑物和高耸构筑物施工。

1)滑模系统装置的主要组成部分

模板系统包括提升架,围圈,模板及加固、连接配件;施工平台系统包括工作平台、外圈走道、内外吊脚手架;提升系统包括千斤顶、油管、分油器、针形阀、控制台、支撑杆及测量控制装置。滑模构造如图 4-39 所示。

2)主要部件构造及作用

提升架是整个滑模系统的主要受力部分。各项荷载集中传至提升架,最后通过装设在提升架上的千斤顶传至支撑杆上。提升架由横梁、立柱、牛腿及外挑架组成。

围圈是模板系统的横向连接部分,将模板按工程平面形状组合为整体。围圈也是受力部件,它既承受混凝土侧压力产生的水平推力,又承受模板的质量、滑动时产生的摩擦阻力等竖向力。围圈架设在提升架的牛腿上,各种荷载将最终传至提升架上。围圈一般用型钢制作。

模板是混凝土成型的模具,要求板面平整,尺寸准确,刚度适中。模板高度一般为90 ~ 120 cm,宽度为 50 cm,也可加工成小于 50 cm 的异型模板。

施工平台是滑模施工中各工种的作业面及材料、工具的存放场所。施工平台应视建筑物的平面形状、开门大小、操作要求及荷载情况设计。施工平台必须有可靠的强度及必要的刚度,确保施工安全,防止平台变形导致模板倾斜。如果跨度较大,在平台下应设置承托桁架。吊脚手架用于对已滑出的混凝土结构进行处理或修补,沿结构内外两侧周围布置,高度一般为 1.8 m,可以设双层或三层,吊脚手架要有可靠的安全设备及防护设施。

提升设备由液压千斤顶、液压控制台、油路及支撑杆组成。支撑杆可用直径为 25 mm

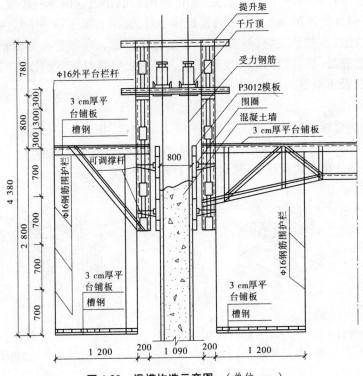

图 4-39　滑模构造示意图　（单位：mm）

的光圆钢筋，每根支撑杆长度以 3.5～5 m 为宜。如有条件并经设计部门同意，则该支撑杆钢筋可以直接打在混凝土中，以代替部分结构配筋，一般可利用 50%～60%。

3. 爬升模板

爬升模板是在混凝土墙体浇筑完毕后，利用提升装置将模板自行提升到上一个楼层，浇筑上一层墙体的垂直移动式模板。爬升模板是将大模板工艺和滑升模板工艺相结合，既保持了大模板施工墙面平整的优点，又保持了滑模利用自身设备使模板向上提升的优点，墙体模板能自行爬升而不依赖于塔式起重机。爬升模板适用于高层建筑墙体、电梯井壁、管道间混凝土施工。爬升模板由钢模板、提升架和提升装置三部分组成，如图 4-40 所示。

4. 台模

台模是浇筑钢筋混凝土楼板的一种大型工具式模板。在施工中，可以整体脱模和转运，利用起重机从浇筑完的楼板下吊出，转移至上一楼层，中途不再落地，所以亦称"飞模"。台模按其支架结构类型分为立柱式台模、桁架式台模、悬架式台模等。

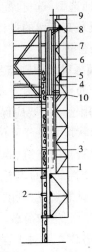

1—爬架；2—螺栓；3—预留爬架孔；4—爬模；
5—爬架千斤顶；6—爬模千斤顶；7—爬杆；
8—模板挑横梁；9—爬架挑横梁；
10—脱模千斤顶
图 4-40　爬升模板

台模适用于各种结构的现浇混凝土,适用于小开间、小进深的现浇楼板,单座台模面板的面积从 2 ~ 6 m² 到 60 m² 以上。台模整体性好,混凝土表面容易平整,施工进度快。台模由台面、支架(支柱)、支腿、调节装置、行走轮等组成。台面是直接接触混凝土的部件,表面应平整光滑,具有较高的强度和刚度。目前常用的面板有钢板、胶合板、铝合金板、工程塑料板及木板等,如图 4-41 所示。

5. 隧道模

隧道模是将楼板和墙体一次支模的一种工具式模板,相当于将台模和大模板组合起来,如图 4-42 所示。隧道模有断面呈"Ⅱ"形的整体式隧道模和断面呈"Γ"形的双拼式隧道模两种。整体式隧道模自重大、移动困难,目前已很少应用。

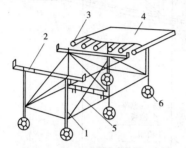

1—支腿;2—可伸缩的横梁;3—檩条;4—面板;5—斜撑;6—滚轮

图 4-41 台模

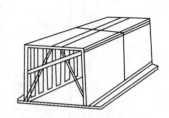

图 4-42 隧道模

三、模板的设计

定型模板和常用的模板拼板,在其适用范围内一般不需进行设计或验算。模板系统的设计,包括选型、选材、配板、荷载计算、结构计算、拟订制作安装和拆除方案及绘制模板图等。模板及其支架的设计应根据工程结构型式、荷载大小、地基土类别、施工设备和材料供应等条件进行。

(一)模板设计原则与步骤

1. 设计的主要原则

(1)实用性。主要应保证混凝土结构的质量。具体要求:①接缝严密,不漏浆;②保证构件的形状尺寸及相互位置的正确;③模板构造简单、支拆方便,并便于钢筋的绑扎、安装和满足混凝土的浇筑、养护等要求。

(2)安全性。保证在施工过程中模板不变形、不破坏、不倒塌。设计时,要使模板及支架具有足够的强度、刚度和稳定性,能够承受新浇混凝土的自重和侧压力,以及在施工生产过程中所产生的荷载。

(3)经济性。针对工程结构构件的具体情况,因地制宜,就地取材,在确保工期、质量的前提下,尽量减少一次投入,增加模板周转,减少支拆用工,实现文明施工。

2. 设计步骤

(1)根据施工组织设计对施工区段的划分、施工工期和流水作业的安排,应先明确需要配制模板的层段数量。

(2)根据工程情况和现场施工条件决定模板的组装方法,如现场是散装散拆,还是预拼装；支撑方法是采用钢楞支撑，还是采用桁架支撑等。

（3）根据已确定配模的层段数量，按照施工图纸中梁、柱、墙、板等构件尺寸，进行模板组配设计。

（4）进行夹箍和支撑件等的设计计算和选配工作。

（5）明确支撑系统的布置、连接和固定方法。

（6）确定预埋件的固定方法、管线埋设方法，以及特殊部位（如预留孔洞）的处理方法。

（7）根据所需钢模板、连接件、支撑及架设工具等列出统计表，以便于备料。

（二）荷载及荷载组合

在设计和验算模板及支架时应考虑下列荷载。

1. 模板及其支架自重标准值

模板及其支架的自重标准值应根据模板设计图纸确定。对肋形楼板及无梁楼板模板的自重标准值，可按表 4-14 采用。

表 4-14　楼板模板自重标准值　　（单位：kN/mm^2）

模板构件名称	木模板	组合钢模板	钢框胶合板模板
平板的模板及小楞	0.30	0.50	0.40
楼板模板（其中包括梁的模板）	0.50	0.75	0.60
楼板模板及其支架（楼层高度为 4 m 以下）	0.75	1.10	0.95

2. 新浇筑混凝土自重标准值

新浇筑混凝土自重标准值，对普通混凝土可采用 24 kN/m^3，对其他混凝土可根据实际重力密度确定。

3. 钢筋自重标准值

钢筋自重标准值应根据设计图纸确定。对一般梁板结构，每立方米钢筋混凝土的钢筋自重标准值可采用下列数值：楼板 1.1 kN/m^3，梁 1.5 kN/m^3。

4. 施工人员及设备荷载标准值

（1）计算模板及直接支撑模板的小楞时，对均布荷载取 2.5 kN/m^2，另应以集中荷载 2.5 kN 再行验算，比较两者所得的弯矩值，按其中较大者采用。

（2）计算直接支撑小楞结构构件时，均布活荷载取 1.5 kN/m^2。

（3）计算支架立柱及其他支撑结构构件时，均布活荷载取 1.0 kN/m^2。

注：1. 对大型浇筑设备如上料平台、混凝土输送泵等按实际情况计算；

2. 混凝土堆集料高度超过 100 mm 以上者按实际高度计算；

3. 模板单块宽度小于 150 mm 时，集中荷载可分布在相邻的两块板上。

5. 振捣混凝土时产生的荷载标准值

对水平面模板可采用 2.0 kN/m^2，对垂直面模板可采用 4.0 kN/m^2（作用范围在新浇筑混凝土侧压力的有效压头高度范围内）。

6. 新浇筑混凝土对模板侧面的压力标准值

影响新混凝土对模板侧压力的因素很多,如水泥的品种与用量、集料种类、水灰比、外加剂等混凝土原材料和混凝土浇筑时的温度、浇筑速度、振捣方法等外界施工条件以及模板情况、构件厚度、钢筋用量、钢筋排放位置等。其中,混凝土的重力密度、混凝土浇筑时的温度、浇筑速度、坍落度、外加剂和振捣方法等是影响新浇混凝土对模板侧压力的主要因素,它们是计算新浇筑混凝土对模板侧面压力的控制因素。

当采用内部振捣器时,新浇筑混凝土对模板的最大侧压力,可按下列二式计算,并取其中的较小值作为侧压力的最大值。混凝土侧压力的计算分布图形如图 4-43 所示。

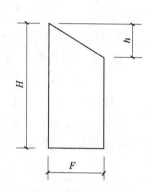

$$F = 0.22\gamma_c t_0 \beta_1 \beta_2 V^{\frac{1}{2}} \qquad (4\text{-}13)$$

$$F = \gamma_c H \qquad (4\text{-}14)$$

图 4-43　混凝土侧压力的计算分布图形

式中　F——新浇筑混凝土对模板的最大侧压力,kN/m^2;

γ_c——混凝土的重力密度,kN/m^3;

t_0——新浇筑混凝土的初凝时间,h,可按实测确定,当缺乏试验资料时,可采用 $t_0 = \dfrac{200}{T + 15}$ 计算(T 为混凝土的温度,℃);

V——混凝土的浇筑速度,m/h;

H——混凝土侧压力计算位置处至新浇筑混凝土顶面的总高度,m;

β_1——外加剂影响修正系数,不掺外加剂时取 1.0,掺具有缓凝作用的外加剂时取 1.2;

β_2——混凝土坍落度影响修正系数,当坍落度小于 30 mm 时,取 0.85,当坍落度为 50～90 mm 时,取 1.0,当坍落度为 110～150 mm 时,取 1.15。

7. 倾倒混凝土时产生的水平荷载标准值

倾倒混凝土时对垂直面模板产生的水平荷载按表 4-15 采用。

表 4-15　倾倒混凝土时产生的水平荷载标准值　　　　　　（单位:kN/m^2）

向模板内供料方法	水平荷载	向模板内供料方法	水平荷载
溜槽、串筒或导管	2.0	容量 0.2～0.8 m^3 的运输器具	4.0
容量小于 0.2 m^3 的运输器具	2.0	容量大于 0.8 m^3 的运输器具	6.0

注:作用范围在有效压头高度以内。

除上述七项荷载外,当水平模板支撑结构的上部继续浇筑混凝土时,还应考虑由上部传递下来的荷载。

计算模板及其支架的荷载设计值时,应采用荷载标准值乘以相应的荷载分项系数求得,荷载分项系数应按表 4-16 采用。

表 4-16 荷载分项系数

项次	荷载类别	γ_i	项次	荷载类别	γ_i
1	模板及其支架自重		5	施工人员及施工设备荷载	
2	新浇筑混凝土自重	1.2	6	振捣混凝土时产生的荷载	1.4
3	钢筋自重		7	倾倒混凝土时产生的荷载	
4	新浇筑混凝土对模板侧面的压力		—		

模板及其支架荷载效应组合的各项荷载应符合表 4-17 的规定。

表 4-17 参与模板及其支架荷载效应组合的各项荷载

模板类别	参与组合的荷载项	
	计算承载能力	验算刚度
平板和薄壳的模板及支架	1,2,3,4	1,2,3
梁和拱模板的底板及支架	1,2,3,5	1,2,3
梁、拱、柱(边长≤300 mm)、墙(厚≤100 mm)的侧面模板	5,6	6
大体积结构、柱(边长>300 mm)、墙(厚>100 mm)的侧面	6,7	6

模板及其支架的设计应符合现行有关规范、标准的规定。当验算模板及其支架的刚度时,其最大变形值不得超过下列允许值:对结构表面外露的模板,为模板构件计算跨度的 1/400;对结构表面隐蔽的模板,为模板构件计算跨度的 1/250;支架的压缩变形值或弹性挠度,为相应的结构计算跨度的 1/1 000。支架的立柱或桁架应保持稳定,并用撑拉杆件固定。当验算模板及其支架在自重和风荷载作用下的抗倾倒稳定性时应符合有关的专门规定。

四、模板的拆除

模板的拆除时间与构件混凝土的强度以及模板所处的位置有关。

(1)模板的拆除,除侧模应以能保证混凝土表面及棱角不受损坏时(混凝土强度大于 1 N/mm²)方可拆除外,底模应按《混凝土结构工程施工质量验收规范》(GB 50204—2002)的有关规定执行,具体见表 4-18。

表 4-18 现浇结构拆模时所需混凝土强度

结构类型	结构跨度(m)	按设计的混凝土强度标准值的百分率计(%)	结构类型	结构跨度(m)	按设计的混凝土强度标准值的百分率计(%)
板	≤2	50	梁、拱、壳	≤8	75
	>2,≤8	75		>8	100
	>8	100	悬臂构件	—	100

注:表中"设计的混凝土强度标准值"指与设计混凝土强度等级相应的混凝土立方体抗压强度标准值。

（2）模板拆除的顺序和方法，应按照配板设计的规定进行，遵循先支后拆，先非承重部位后承重部位，以及自上而下的原则。拆模时，严禁用大锤和撬棍硬砸硬撬。

（3）拆模时，操作人员应站在安全线外，以免发生安全事故，待该片（段）模板全部拆除后，方准将模板、配件、支架等运出堆放。模板运至堆放场地应排放整齐，并派专人负责清理维修，以增加模板使用寿命，提高经济效益。

（4）拆下的模板、配件等，严禁抛扔，要有人接应传递，按指定地点堆放，并做到及时清理、维修和涂刷好隔离剂，以备再用。

（5）已拆除模板及其支架的结构，在混凝土强度符合设计混凝土强度等级的要求后，方可承受全部使用荷载；当施工荷载所产生的效应比使用荷载的效应更不利时，必须经过核算，加设临时支撑。

五、模板工程的质量要求

现浇结构模板安装的偏差应符合表 4-19 的要求。固定在模板上的预埋件和预留孔洞均不得遗漏；安装必须牢固、位置准确，其允许偏差应符合表 4-20 的要求。

表 4-19　现浇结构模板安装的允许偏差

项目		允许偏差（mm）	检查方法
轴线位置		5	钢尺检查
底模上表面标高		±5	水准仪拉线，钢尺检查
截面内部尺寸	基础	±10	钢尺检查
	柱、墙、梁	+4，−5	钢尺检查
层高垂直	全高≤5 m	6	经纬仪或吊线，钢尺检查
	全高＞5 m	8	经纬仪或吊线，钢尺检查
相邻两板表面高低差		2	钢尺检查
表面平整（2 m 长度上）		5	2 m 靠尺和塞尺检查

表 4-20　预埋件和预留孔洞允许偏差

项目		允许偏差（mm）
预埋钢板中心线位置		3
预埋管、预留孔中心线位置		3
预埋螺栓	中心线位置	2
	外露长度	±10,0
预留洞	中心线位置	10
	截面内部尺寸	+10,0

第三节　混凝土工程

混凝土工程是钢筋混凝土结构工程的一个重要组成部分,其质量好坏直接关系到结构的承载能力和使用寿命。混凝土工程包括配料、搅拌、运输、浇筑、养护等施工过程,各工序相互联系又相互影响,因而在混凝土工程施工中,对每一个施工环节都要认真对待,把好质量关,以确保混凝土工程获得优良的质量。

一、混凝土的配料

混凝土的配料包括原材料选择、混凝土配合比的确定、材料称量等方面的内容。

(一)原材料选择

混凝土的原材料包括水泥、砂、石、水和外加剂。

1. 水泥

常用的水泥品种有硅酸盐水泥、普通硅酸盐水泥、矿渣硅酸盐水泥、火山灰质硅酸盐水泥、粉煤灰硅酸盐水泥等五种水泥。水泥的品种和成分不同,其凝结时间、早期强度、水化热、吸水性和抗侵蚀性能等也不相同,这些都直接影响到混凝土的质量、性能和适用范围。使用时可参照表 4-21 选用。

水泥在进场时必须具有出厂合格证或进场试验报告,应对其品种、强度等级、包装或散装仓号、出厂日期等内容进行检查验收。水泥储存时间不宜过长,当对水泥质量有怀疑或水泥出厂超过三个月(快硬硅酸盐水泥为一个月)时,应做复查试验,并根据试验结果使用。

2. 细集料

混凝土用砂有天然砂和人工砂两大类。根据其平均粒径或细度模数可分为粗砂、中砂、细砂和特细砂四种。泵送混凝土宜选用中砂。砂的颗粒级配、含泥量等性质方面必须符合《普通混凝土用砂、石质量及验收方法标准》(JGJ 52—2006)和国家有关标准的规定。

3. 粗集料

混凝土级配中所用粗集料是指粒径大于 5 mm 的碎石或卵石颗粒。卵石表面光滑,空隙率与表面积较小,故相对碎石水泥用量稍少,但与水泥浆的黏结性差一些,故卵石混凝土的强度与碎石混凝土相比要低一些。碎石则刚好相反,所需水泥用量稍多,与水泥浆的黏结性好一些,故碎石混凝土的强度较高,但其成本也较高。碎石或卵石的颗粒级配和最大粒径对混凝土的强度影响较大,级配越好,混凝土的和易性越好,强度也越高。碎石或卵石的颗粒级配、强度、坚固性、有害物质含量等性能应符合《普通混凝土用砂、石质量及验收方法标准》(JGJ 52—2006)和国家有关标准的规定。

4. 水

混凝土拌和用水一般采用饮用水,水质必须符合国家现行标准《混凝土拌合用水标准》(JGJ 63—2006)的规定。

表 4-21　常用水泥的选用

混凝土工程特点或所处环境条件	优先选用	可以使用	不得使用
在普通气候环境中的混凝土	普通硅酸盐水泥	矿渣硅酸盐水泥 火山灰质硅酸盐水泥 粉煤灰硅酸盐水泥	
在干燥环境中的混凝土	普通硅酸盐水泥	矿渣硅酸盐水泥	火山灰质硅酸盐水泥 粉煤灰硅酸盐水泥
在高湿度环境中或永远处在水下的混凝土	矿渣硅酸盐水泥	普通硅酸盐水泥 火山灰质硅酸盐水泥 粉煤灰硅酸盐水泥	
严寒地区的露天混凝土、严寒地区处在水位升降范围内的混凝土	普通硅酸盐水泥（强度等级≥42.5级）	矿渣硅酸盐水泥（强度等级≥42.5级）	火山灰质硅酸盐水泥 粉煤灰硅酸盐水泥
严寒地区处在水位升降范围内的混凝土	普通硅酸盐水泥（强度等级≥42.5级）		矿渣硅酸盐水泥 火山灰质硅酸盐水泥 粉煤灰硅酸盐水泥
受侵蚀性环境水或受侵蚀性气体作用的混凝土			
厚大体积的混凝土	粉煤灰硅酸盐水泥 矿渣硅酸盐水泥	普通硅酸盐水泥 火山灰质硅酸盐水泥	硅酸盐水泥 快硬硅酸盐水泥
要求快硬的混凝土	硅酸盐水泥 快硬硅酸盐水泥	普通硅酸盐水泥	矿渣硅酸盐水泥 火山灰质硅酸盐水泥 粉煤灰硅酸盐水泥
高强（>C40）的混凝土	硅酸盐水泥	普通硅酸盐水泥 矿渣硅酸盐水泥	火山灰质硅酸盐水泥 粉煤灰硅酸盐水泥
有抗渗要求的混凝土	普通硅酸盐水泥 火山灰质硅酸盐水泥		矿渣硅酸盐水泥
有耐磨性要求的混凝土	硅酸盐水泥 火山灰质硅酸盐水泥	矿渣硅酸盐水泥	火山灰质硅酸盐水泥 粉煤灰硅酸盐水泥

5. 外加剂

在混凝土中掺入少量外加剂，可改善混凝土的性能。常用的有早强剂、减水剂、缓凝剂、防冻剂和引气剂等。外加剂的使用应符合《混凝土外加剂应用技术规范》（GB 50119—2003）、《混凝土外加剂》（GB 8076—2008）的规定。

（二）混凝土配合比的确定

混凝土配合比应根据材料供应情况、设计混凝土强度等级、混凝土施工和易性的要求等因素来确定,并应符合合理使用材料和经济的原则。合理的混凝土配合比应能满足两个基本要求:既要保证混凝土的设计强度,又要满足施工所需要的和易性。对于有抗冻、抗渗等要求的混凝土,尚应符合相关的规定。

1. 配制强度

普通混凝土和轻集料混凝土的配合比,应分别按国家现行标准《普通混凝土配合比设计技术规程》(JGJ 55—2000)和《轻骨料混凝土技术规程》(JGJ 51—2002)进行计算,并通过试配、调整后确定。

(1)普通混凝土配合比计算步骤如下:计算出要求的试配强度 $f_{cu,0}$,并计算出所要求的水灰比值 W/C;选取每立方米混凝土的用水量,并由此计算出每立方米混凝土的水泥用量;选取合理的砂率值,计算出粗、细集料的用量,提出供试配用的计算配合比。

(2)以下依次列出计算公式:

计算混凝土试配强度 $f_{cu,0}$,并计算出所要求的水灰比值(W/C)。

混凝土的施工配制强度按下式计算

$$f_{cu,0} \geq f_{cu,k} + 1.645\sigma \tag{4-15}$$

式中　$f_{cu,0}$——混凝土的施工配制强度,MPa;

　　　$f_{cu,k}$——设计的混凝土立方体抗压强度标准值,MPa;

　　　σ——施工单位的混凝土强度标准差,MPa。

σ 的取值,当施工单位具有近期混凝土强度的统计资料时,可按下式求得

$$\sigma = \sqrt{\frac{\sum\limits_{i=1}^{N} f_{cu,i}^2 - N u_{f_{cu}}^2}{N-1}} \tag{4-16}$$

式中　$f_{cu,i}$——统计周期内同一品种混凝土第 i 组试件强度值,MPa;

　　　$u_{f_{cu}}$——统计周期内同一品种混凝土 N 组试件强度的平均值,MPa;

　　　N——统计周期内同一品种混凝土试件总组数,$N \geq 250$。

当混凝土强度等级为 C20 或 C25 时,如计算得到的 $\sigma < 2.5$ MPa,取 $\sigma = 2.5$ MPa;当混凝土强度等级不低于 C30 时,如计算得到的 $\sigma < 3.0$ MPa,取 $\sigma = 3.0$ MPa。

对预拌混凝土厂和预制混凝土构件厂,其统计周期可取为一个月;对现场拌制混凝土的施工单位,其统计周期可根据实际情况确定,但不宜超过三个月。

施工单位如无近期混凝土强度统计资料,可按表4-22 取值。

表4-22 　σ 取值

混凝土强度等级	< C15	C20 ~ C35	> C35
$\sigma(N/mm^2)$	4	5	6

计算出所要求的水灰比值(混凝土强度等级 <60 时)

$$W/C = \frac{\alpha_a f_{ce}}{f_{cu,0} + \alpha_a \alpha_b f_{ce}} \tag{4-17}$$

式中　α_a、α_b——回归系数;

　　　f_{ce}——水泥28 d 抗压强度实测值,MPa;

W/C——混凝土所要求的水灰比。

回归系数 α_a、α_b 通过试验统计资料确定。若无试验统计资料,碎石时,α_a、α_b 分别取 0.46、0.07;卵石时,α_a、α_b 分别取 0.48、0.33。

当无水泥 28 d 实测强度数据时,式中 f_{ce} 值可用水泥强度等级值(MPa)乘上一个水泥强度等级的富余系数 γ_c,富余系数 γ_c 可按实际统计资料确定,无资料时可取 $\gamma_c = 1.13$。f_{ce} 值也可根据 3 d 强度或快测强度推定 28 d 强度关系式推定得出。对于出厂期超过三个月或存放条件不良而已有所变质的水泥,应重新鉴定其强度等级,并按实际强度进行计算。

计算所得的混凝土水灰比值应与规范所规定的范围进行核对,如果计算所得的水灰比大于《普通混凝土配合比设计技术规程》(JGJ 55—2000)的规定,按该技术规程表 4.0.4 取值。

2.选取每立方米混凝土的用水量和水泥用量

1)选取用水量 m_{w0}

水灰比 W/C 在 0.4 ~ 0.8 范围时,根据粗集料的品种及施工要求的混凝土拌和物的稠度,其用水量可按《普通混凝土配合比设计技术规程》(JGJ 55—2000)表 4.0.1 取用。水灰比 W/C 小于 0.4 的混凝土或混凝土强度等级不低于 C60 级以及采用特殊成型工艺的混凝土用水量应通过试验确定。流动性和大流动性混凝土的用水量可以《普通混凝土配合比设计技术规程》(JGJ 55—2000)中坍落度 90 mm 的用水量为基础,按坍落度每增大 20 mm 用水量增加 5 kg,计算出未掺外加剂时的混凝土的用水量。

2)计算每立方米混凝土的水泥用量

每立方米混凝土的水泥用量(m_{c0})可按下式计算

$$m_{c0} = \frac{m_{w0}}{W/C} \tag{4-18}$$

计算所得的水泥用量如小于《普通混凝土配合比设计技术规程》(JGJ 55—2000)表 4.0.4 规定的最小水泥用量,则应按该表取值。混凝土的最大水泥用量不宜大于 550 kg/m³。

(三)混凝土施工配合比的确定

前述混凝土配合比指的是实验室配合比,也就是说砂、石等原材料处于完全干燥状态下。而在现场施工中,砂、石两种原材料都采用露天堆放,不可避免地含有一些水分,而且含水量随着气候变化而变化,配料时必须把这部分含水量考虑进去,才能保证混凝土配合比的准确,从而保证混凝土的质量。所以,在施工时应及时测量砂、石的含水率,并将混凝土的实验室配合比换算成考虑了砂、石含水率条件的施工配合比。

若混凝土的实验室配合比为水泥:砂:石:水 $= 1 : s : g : w$,而现场测出砂的含水率为 w_s,石的含水率为 w_g,则换算后的施工配合比为

$$1 : s(1 + w_s) : g(1 + w_g) : [w - sw_s - gw_g] \tag{4-19}$$

【例 4-3】 已知某混凝土的实验室配合比为 280:820:1 100:199(为每立方米混凝土用量),已测出砂的含水率为 3.5%,石的含水率为 1.2%,搅拌机的出料容积为 400 L,若采用袋装水泥(50 kg 一袋),求每搅拌一罐混凝土所需各种材料的用量。

解　混凝土的实验室配合比折算为 $1:s:g:w = 1:2.93:3.93:0.71$

将原材料的含水率考虑进去,计算出施工配合比为 $1:3.03:3.98:0.56$

每搅拌一罐混凝土水泥用量为

$$280 \times 0.4 = 112(kg),实用两袋水泥 100\ kg$$

则搅拌一罐混凝土砂用量为

$$100 \times 3.03 = 303(kg)$$

搅拌一罐混凝土石用量为

$$100 \times 3.98 = 398(kg)$$

搅拌一罐混凝土水用量为

$$100 \times 0.56 = 56(kg)$$

(四)材料称量

施工配合比确定以后,就需对材料进行称量,称量是否准确将直接影响混凝土的强度。我国施工规范规定混凝土原材料的称量误差不得超过表4-23中允许偏差的规定。

表 4-23　混凝土原材料称量的允许偏差

材料名称	允许偏差(%)
水泥,混合材料	±2
粗、细集料	±3
水,外加剂	±2

二、混凝土的拌制与运输

混凝土的拌制就是水泥,水,粗、细集料和外加剂等原材料混合在一起进行均匀拌和的过程。搅拌后的混凝土要求匀质,且达到设计要求的和易性和强度。

混凝土的运输就是混凝土搅拌完毕后及时将混凝土运输到浇筑地点。

(一)混凝土的拌制

1.搅拌机

目前普遍使用的搅拌机根据其搅拌机制可分为自落式搅拌机和强制式搅拌机两大类。

1)自落式搅拌机

自落式搅拌机主要是利用拌筒内材料的自重进行工作。由于材料黏着力和摩擦力的影响,自落式搅拌机只适用于搅拌塑性混凝土和低流动性混凝土。

双锥形反转出料式搅拌机是一种应用较广的自落式搅拌机,如图4-44所示。内壁焊有叶片,可带动物料上升到一定高度后,再利用自重下落,不断循环,从而完成搅拌工作。其工作特点是正转搅拌、反转出料,结构较简单。

2)强制式搅拌机

强制式搅拌机是利用拌筒内运动着的叶片强迫物料朝着各个方向运动,由于各物料颗粒的运动方向、速度各不相同,相互之间产生剪切滑移而相互穿插、扩散,从而在很短的时间内使物料拌和均匀。强制式搅拌机适用于搅拌坍落度在 3 cm 以下的普通混凝土和轻集料混凝土，如图 4-45 所示。

2. 搅拌制度

为了获得均匀优质的混凝土拌和物，除合理选择搅拌机的型号外，还必须合理确定搅拌制度，即装料容积、搅拌时间和投料顺序等。

1）装料容积

装料容积指的是搅拌一罐混凝土所需各种原材料松散体积之和。一般为搅拌机拌筒几何容积的 1/2 ~ 1/3。若实际装料容积超过额定装料容积一定数值，则各种原材料不易拌和均匀，势必延长搅拌时间，降低搅拌机的工作效率，也不易保证混凝土的质量。反之会降低搅拌机的工作效率。

搅拌完毕混凝土的体积称为出料容积，搅拌机上标明的容积一般为出料容积。

2）投料顺序

在确定混凝土各种原材料的投料顺序时，应考虑到如何才能保证混凝土的搅拌质量，减少机械磨损和水泥飞扬，减少混凝土的黏罐现象，降低能耗和提高劳动生产率等。目前采用的装料顺序有一次投料法、二次投料法等。

（1）一次投料法。将砂、石、水泥依次放入料斗后再和水一起进入搅拌筒进行搅拌。当采用自落式搅拌机时常用的加料顺序是先倒石子，再加水泥，最后加砂。这种加料顺序的优点就是水泥位于砂、石之间，进入拌筒时可减少水泥飞扬，首先接触搅拌机内表面或搅拌叶片的是砂或石，不会引起黏结现象；最后加水搅拌时，不会使水泥吸水成团，产生"夹生"现象，可提高搅拌质量。

（2）二次投料法。二次投料法又可分为预拌水泥砂浆法和预拌水泥净浆法。预拌水泥砂浆法是指先将水泥、砂和水投入拌筒搅拌 1 ~ 1.5 min 后加入石子再搅拌 1 ~ 1.5 min。预拌水泥净浆法是先将水和水泥投入拌筒搅拌 1/2 搅拌时间，再加入砂石搅拌到规定时间。试验表明，由于预拌水泥砂浆或水泥净浆对水泥有一种活化作用，因而搅拌质量明显高于一次加料法。若水泥用量不变，混凝土强度可提高 15% 左右，或在混凝土强度相同的情况下，可减少水泥用量 15% ~ 20%。

3）搅拌时间

搅拌时间指从全部原材料装入拌筒时起，到开始卸料时为止的时间。一般随着搅拌

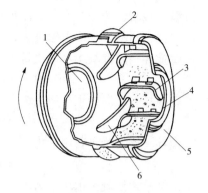

1—进料口；2—大齿轮；3—弧形叶片；
4—卸料口；5—搅拌鼓筒；6—斜向叶片车

图 4-44　自落式搅拌机

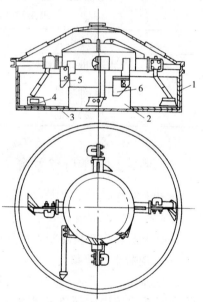

1—外衬板；2—内衬板；3—底衬板；
4—拌叶；5—外刮板；6—内刮板

图 4-45　强制式搅拌机

时间的延长,混凝土的匀质性有所增加,混凝土的强度有所提高。但超过一定限度后,混凝土的强度不再随着搅拌时间的增加而增加,而且时间过长,将导致混凝土出现离析现象,降低搅拌机生产效率。我国规范规定不同情况下搅拌混凝土的最短时间见表4-24。

表4-24　混凝土搅拌的最短时间　　　　（单位:s）

混凝土坍落度（mm）	搅拌机机型	搅拌机出料量（L）		
		< 250	250 ~ 500	> 500
≤30	强制式	60	90	120
	自落式	90	120	150
>30	强制式	60	60	90
	自落式	90	90	120

注:1. 当掺有外加剂时,搅拌时间应适当延长。

　　2. 全轻混凝土宜采用强制式搅拌机搅拌,砂轻混凝土可采用自落式搅拌机搅拌,但搅拌时间应延长60~90 s。

　　3. 当采用其他形式的搅拌设备时,搅拌的最短时间应按设备说明书的规定或经试验确定。

（二）混凝土的运输

混凝土搅拌完毕后应及时将混凝土运输到浇筑地点。其运输方案应根据施工对象的特点、混凝土的工程量、运输的客观条件及现有设备等综合进行考虑。

1. 混凝土运输的基本要求

（1）运输过程中应保持其匀质性,不分层、不离析、不漏浆,运到浇筑地点后应具有规定的坍落度,并保证有充足的时间进行浇筑和振捣。若混凝土到达浇筑地点时已出现离析或初凝现象,则必须在浇筑前进行二次搅拌后方可入模浇筑。

（2）混凝土应以最少的转运次数和最短的时间,从搅拌地点运至浇筑现场,在混凝土初凝前浇筑完毕。混凝土从搅拌机中卸出到浇筑完毕的延续时间不宜超过表4-25的规定。

表4-25　混凝土从搅拌机中卸出到浇筑完毕的延续时间　　　　（单位:min）

混凝土强度等级	气温	
	不高于 25 ℃	高于 25 ℃
不高于 C30	120	90
高于 C30	90	60

注:1. 对掺有外加剂或采用快硬水泥拌制的混凝土,其延续时间应按试验确定。

　　2. 对轻集料混凝土,其延续时间应适当缩短。

（3）当混凝土从运输工具中自由倾倒时,由于集料的重力克服了物料间的黏聚力,大颗粒集料明显集中于一侧或底部四周,从而与砂浆分离,即出现离析。为保证混凝土的质量,规范规定:混凝土自高处倾落的自由高度不应超过2 m;否则,应采用串筒、溜槽或振动溜管等工具协助下落,并应保证混凝土出口的下落方向垂直。串筒的向下垂直输送距离可达8 m。串筒及溜槽外形如图4-46所示。

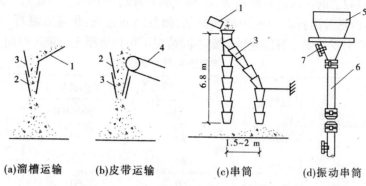

(a)溜槽运输　　(b)皮带运输　　(c)串筒　　(d)振动串筒

1—溜槽;2—挡板;3—串筒;4—皮带运输机;5—漏斗;6—节管;7—振动器

图 4-46　防止混凝土离析的措施

2. 运输工具

运输混凝土的工具很多,应根据工程情况和设备配置选用。

手推车主要用于短距离水平运输,具有轻巧、方便的特点。机动翻斗车适用于短距离混凝土的运输或砂、石等散装材料的倒运。

混凝土搅拌运输车是一种用于长距离运输混凝土的施工机械。在整个运输过程中,混凝土搅拌筒始终在作慢速转动,从而使混凝土在长途运输后仍不会出现离析现象,以保证混凝土的质量。

井架主要用于多层或高层建筑施工中混凝土的垂直运输;塔式起重机是高层建筑施工中垂直和水平运输的主要运输机械,可很好地完成混凝土的运输任务。

利用混凝土泵输送混凝土是当今混凝土工程施工中的一项先进技术。混凝土泵利用泵体的挤压力将混凝土挤压进管路系统并到达浇筑地点,同时完成水平运输和垂直运输。混凝土泵连续浇筑混凝土、中间不停顿、施工速度快、生产效率高,工人劳动强度明显降低,还可提高混凝土的强度和密实度。混凝土泵适用于一般多、高层建筑,水下及隧道等工程的施工。

混凝土输送管一般采用钢管制作,管径有 100 mm、125 mm、150 mm 几种规格,标准管长 3 m,还有 1 m 和 2 m 长的配套管,另外还有 90°、45°、30°、15°等不同角度的弯管,用于布管时管道弯折处使用。管径的选择根据混凝土集料的最大粒径、输送距离、输送高度和其他工程条件来决定,为防止堵塞,石子的最大粒径与输送管径之比:碎石为 1:3,卵石为 1:2.5。

管道布置时应符合"路线短、弯道少、接头密"的原则。布置水平管道时,应由远到近,将管道布置到最远的浇筑点,然后在浇筑过程中逐渐向泵的方向拆管。地面水平管一般是固定的,楼面水平管则需每浇筑一层就重新铺设一次。垂直管可以沿建筑物外墙或外柱铺接,也可利用塔吊的塔身设置,垂直管道应在底部设置基座,以防止管道因重力和冲击而下沉,并在竖管下部设止回阀,防止停泵时混凝土倒流。

在采用混凝土泵泵送混凝土前,应先用水湿润管道,然后泵送水泥浆或水泥砂浆,使管道处于充分湿润状态后,再正式泵送混凝土。若开始时就直接泵送混凝土,管道在压力状态下大量吸水,导致混凝土坍落度明显减小,会出现堵管等质量事故,因而在泵送混凝土前充分湿润管道非常必要。若混凝土供应能力不足,宜减慢泵送速度,以保证混凝土泵连续工作。如果中途停歇时间超过 45 min 或混凝土出现离析,应立即用压力水冲洗管道,避免混凝土凝固在管道内。压送时,不要把料斗内剩余的混凝土降低到 200 mm 以下,否则混凝土泵易吸入空气,导致堵塞。

三、混凝土的浇筑施工

混凝土的浇筑施工就是将混凝土拌和料浇筑在符合设计要求的模板内,加以捣实,使其成为能达到设计质量强度要求,并满足正常使用要求的结构或构件。混凝土的浇筑施工过程包括浇筑与捣实,是混凝土施工的关键,对混凝土的密实性、结构的整体性和构件的尺寸准确性都起着决定性的作用。

(一) 混凝土浇筑

1. 浇筑前准备工作

混凝土浇筑前应检查模板的标高、尺寸、位置、强度、刚度等是否满足要求,模板接缝是否严密;钢筋及预埋件的数量、型号、规格、摆放位置、保护层厚度等是否满足要求,并做好隐蔽工程;模板中的垃圾应清理干净;木模板应浇水湿润,但不允许留有积水。

2. 混凝土浇筑的一般规定

混凝土应在初凝前浇筑,如已有初凝现象,则应进行一次强力搅拌,使其恢复流动性后,方许入模;如有离析现象,亦需重新拌和后才能浇筑;在浇筑竖向结构混凝土前,应先在底部填以 50~100 mm 厚与混凝土成分相同的水泥砂浆,以避免构件下部由于砂浆含量减少而出现蜂窝、麻面、露石等质量缺陷。为保证混凝土密实,混凝土施工时必须分层浇筑、分层捣实。其浇筑层的厚度应符合表 4-26 的规定。

表 4-26　混凝土浇筑层厚度　　　　　　　　（单位:mm）

捣实混凝土的方法		浇筑层的厚度
插入式振捣		振捣器作用部分长度的 1.25 倍
表面振动		200
人工振捣	在基础、无筋混凝土或配筋稀疏的结构中	250
	在梁、墙板、柱结构中	200
	在配筋密列的结构中	150
轻集料混凝土	插入式振捣	300
	表面振动(振动时需加荷)	200

规范规定,混凝土运输、浇筑和间歇的全部时间不得超过表 4-27 的规定,若超过此时间,该部位应设置为施工缝。

为使混凝土结构具有较好的整体性,混凝土的浇筑应连续进行。若因技术或组织的原因不能连续进行浇筑,且中间停歇时间有可能超过混凝土的初凝时间,则应在混凝土浇筑前确定在适当位置留设施工缝。施工缝就是指先浇混凝土已凝结硬化,再继续浇筑混凝土的新旧混凝土间结合面,它是结构的薄弱部位,因而宜留在结构受剪力较小且便于施工的部位。柱应留水平缝,梁、板、墙应留垂直缝。

表 4-27　混凝土运输、浇筑和间歇的允许时间　　　　　　　（单位:min）

混凝土强度等级	气温	
	不高于 25 ℃	高于 25 ℃
不高于 C30	210	180
高于 C30	180	150

注:当混凝土中掺有促凝或缓凝型外加剂时,其允许时间应根据试验结果确定。

施工缝的留设位置应符合下列规定:①柱,宜留置在基础的顶面、梁或吊车梁牛腿的下面、吊车梁的上面、无梁楼板柱帽的下面,如图 4-47 所示;②与板连成整体的大截面梁,留设在板底面以下 20～30 mm 处,当板下有梁托时,留设在梁托下部;③单向板,留设在平行于板的短边的任何位置;④有主次梁的楼板宜顺着次梁方向浇筑,施工缝应留设在次梁跨度的中间 1/3 范围内,如图 4-48 所示;⑤墙,宜留设在门洞口过梁跨中 1/3 范围内,也可留在纵横墙的交接处;⑥双向受力楼板、大体积混凝土结构、拱、弯拱、薄壳、蓄水池、斗仓、多层刚架及其他结构复杂的工程,施工缝的位置应按设计要求留设。

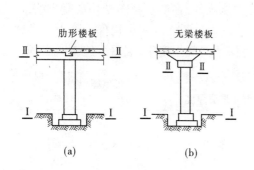

Ⅰ—Ⅰ、Ⅱ—Ⅱ表示施工缝的位置

图 4-47　浇筑柱的施工缝留设位置

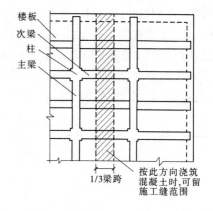

图 4-48　有主次梁楼板施工缝留设位置

当从施工缝处开始继续浇筑混凝土时,必须待已浇筑的混凝土抗压强度达到 1.2 N/mm² 后才能进行,而且需对施工缝作一些处理,以增强新旧混凝土的联结,尽量降低施工缝对结构整体性带来的不利影响。处理过程是:先清除已硬化的混凝土表面上水泥薄膜和松动石子以及软弱混凝土层,并加以充分湿润、冲洗干净,且不得留有积水;然后在浇筑混凝土前先在施工缝处铺一层水泥浆或与混凝土内成分相同的水泥砂浆;浇筑混凝土时,需仔细振捣密实,使新旧混凝土结合紧密。

（二）混凝土结构的浇筑方法

1.现浇框架结构混凝土

框架结构的主要构件有基础、柱、梁、楼板等。其中柱、梁、板等构件是沿垂直方向重复出现的,施工时,一般按结构层来划分施工层。当结构平面尺寸较大时,还应划分施工段,以便组织各工序流水施工。

框架柱基形式多为台阶式基础。台阶式基础施工时一般按台阶分层浇筑,中间不允许留施工缝;倾倒混凝土时宜先边角后中间,确保混凝土充满模板各个角落,防止一侧倾倒混凝土挤压钢筋造成柱插筋的位移;各台阶之间最好留有一定时间间歇,以给下面台阶混凝土一段初步沉实的时间,以避免上下台阶之间出现裂缝,同时也便于上一台阶混凝土的浇筑。

在框架结构每层每段施工时,混凝土的浇筑顺序是先浇柱,后浇梁、板。柱的浇筑宜在梁板模板安装后进行,以便利用梁板模板稳定柱模并作为浇筑混凝土的操作平台用;一排柱子浇筑时,应从两端向中间推进,以免柱模板在横向推力作用下向另一方倾斜;柱在浇筑前,宜在底部先铺一层 50～100 mm 厚与所浇混凝土成分相同的水泥砂浆,以免底部产生蜂窝现象;柱高在 3 m 以下时,可直接从柱顶浇入混凝土,若柱高超过 3 m,断面尺寸小于 400 mm×400 mm,并有交叉箍筋,应在柱侧模每段不超过 2 m 的高度开口(不小于30 cm 高),装上斜溜槽分段浇筑,也可采用串筒直接从柱顶进行浇筑;随着柱子浇筑高度的上升,混凝土表面将积聚大量浆水而可能造成混凝土强度不均匀现象,宜在浇筑到适当的高度时,适量减少混凝土的配合比用水量。如柱、梁和板混凝土是一次连续浇筑,则应在柱混凝土浇筑完毕后停歇 1～1.5 h,待其初步沉实,排除泌水后,再浇筑梁、板混凝土。

梁、板混凝土一般同时浇筑,浇筑方法应先将梁分层浇捣成阶梯形,当达到板底位置时即与板的混凝土一同浇捣,而且倾倒混凝土的方向与浇筑方向相反。当梁高超过 1 m时,可先单独浇筑梁混凝土,水平施工缝设置在板下 20～30 mm 处。

2. 大体积混凝土浇筑

根据《大体积混凝土施工规范》(GB 50496—2009)的定义,大体积混凝土是指混凝土结构物实体最小几何尺寸不小于 1 m 的大体量混凝土,或预计会因混凝土中胶凝材料水化引起的温度变化和收缩而导致有害裂缝产生的混凝土。

大体积混凝土结构的施工特点:一是整体性要求较高,往往不允许留设施工缝,一般都要求连续浇筑;二是结构的体量较大,浇筑后混凝土产生的水化热量大,并聚积在内部不易散发,从而形成内外较大的温差,引起较大的温差应力。因此,大体积混凝土施工时,为保证结构的整体性,应合理确定混凝土浇筑方案;为保证施工质量,应采取有效的技术措施降低混凝土内外温差。

1)浇筑方案的选择

为了保证混凝土浇筑工作能连续进行,避免留设施工缝,应在下一层混凝土初凝之前,将上一层混凝土浇捣完毕。因此,在组织施工时,首先应按下式计算每小时需要浇筑混凝土的数量(亦称浇筑强度),即

$$V = BLH/(t_1 - t_2) \tag{4-20}$$

式中　V——每小时混凝土浇筑量,m^3/h;

　　　B、L、H——浇筑层的宽度、长度、厚度,m;

　　　t_1——混凝土初凝时间,h;

　　　t_2——混凝土运输时间,h。

根据混凝土的浇筑量,计算所需要搅拌机、运输工具和振动器的数量,并据此拟订浇

筑方案和进行劳动组织。大体积混凝土浇筑方案需根据结构大小、混凝土供应等实际情况决定,一般有全面分层、分段分层和斜面分层三种方案,如图 4-49 所示。

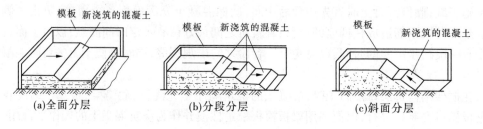

(a)全面分层　　　　　　(b)分段分层　　　　　　(c)斜面分层

图 4-49　大体积基础混凝土浇筑方案

(1)全面分层(见图 4-49(a))。就是在整个结构内全面分层浇筑混凝土,要求每一层的混凝土浇筑必须在下层混凝土初凝前完成。此浇筑方案适用于平面尺寸不太大的结构,施工时宜从短边开始,顺着长边方向推进,有时也可从中间开始向两端进行或从两端向中间推进。

(2)分段分层(见图 4-49(b))。如采用全面分层浇筑方案,混凝土的浇筑强度太高,施工难以满足时,则可采用分段分层浇筑方案。它是将结构从平面上分成几个施工段,从厚度上分成几个施工层,混凝土从底层开始浇筑,进行一定距离后就回头浇筑第二层混凝土,如此依次浇筑以上各层。施工时要求在第一层第一段末端混凝土初凝前,开始第二段的施工,以保证混凝土接触面结合良好。该方案适用于厚度不大而面积或长度较大的结构。

(3)斜面分层(见图 4-49(c))。当结构的长度超过厚度的 3 倍时,宜采用斜面分层浇筑方案。施工时,混凝土的振捣需从浇筑层下端开始,逐渐上移,以保证混凝土的施工质量。

2)混凝土温度裂缝的产生原因

混凝土在凝结硬化过程中,水泥进行水化反应会产生大量的水化热。强度增长初期,产生的水化热越来越多,蓄积在大体积混凝土内部,热量不易散失,致使混凝土内部温度显著升高,而表面散热较快,这样在混凝土内外之间形成温差,混凝土内部产生压应力,而混凝土外部产生拉应力,当温差超过一定程度后,就易拉裂外表混凝土,即在混凝土表面形成裂缝。在混凝土内逐渐散热冷却产生收缩时,由于受到基岩或混凝土垫层的约束,接触处将产生很大的拉应力。一旦拉应力超过混凝土的极限抗拉强度,便在与约束接触处产生裂缝,甚至形成贯穿裂缝。这将严重破坏结构的整体性,对混凝土结构的承载能力和安全极为不利,在工程施工中必须避免。

3)防治温度裂缝的措施

温度应力是产生温度裂缝的根本原因,规范要求混凝土浇筑块体的里表温差不宜大于 25 ℃,混凝土浇筑体表面与大气温差不宜大于 20 ℃。大体积混凝土施工可采用以下措施来控制内外温差:

宜选用水化热较低的水泥,如矿渣水泥、火山灰质水泥或粉煤灰水泥;在保证混凝土强度的条件下,尽量减少水泥用量和每立方米混凝土的用水量;粗集料宜选用粒径较大的卵石,应尽量降低砂、石的含泥量,以减少混凝土的收缩量;尽量降低混凝土的入模温度,在气温较高时,可在砂、石堆场,运输设备上搭设简易遮阳装置,采用低温水或冰水拌制混凝土;必要时可在混凝土内部埋设冷却水管,利用循环水来降低混凝土温度;扩大浇筑面和散热面,减小浇筑层厚度和延长混凝土的浇筑时间,以便在浇筑过程中尽量多地释放出水化热,可在混凝土中掺加缓凝剂;为了减少水泥用量,提高混凝土的和易性,可在混凝土中掺入适量的矿物掺料,如粉煤灰等,也可采用减水剂;加强混凝土保温、保湿养护措施,严格控制大体积混凝土的内外温差(设计无要求时,温差不宜超过 25 ℃),故可采用草包、炉渣、砂、锯末等保温材料,以减少表层混凝土热量的散失,降低内外温差;从混凝土表层到内部设置若干个温度观测点,加强观测,一旦出现温差过大的情况,便于及时处理等。

3. 水下浇筑混凝土

在钻孔灌注桩、地下连续墙等基础工程以及水利工程施工中常会需要直接在水下浇筑混凝土,地下连续墙是在泥浆中浇筑混凝土。水下或泥浆中浇筑混凝土一般采用导管法。

1)导管法所用的设备及浇筑方法

导管法浇筑水下混凝土的主要设备有金属导管、承料漏斗和提升机具等(见图 4-50)。导管一般由钢管制成,管径为 200 ~ 300 mm,每节管长 1.5 ~ 2.5 m。各节管之间用法兰盘加止水胶皮垫圈通过螺栓密封连接,承料漏斗一般用法兰盘固定在导管顶部。在施工过程中,承料漏斗和导管悬挂在提升机具上。

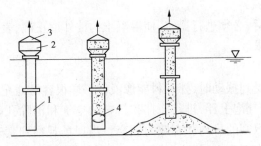

1—导管;2—承料漏斗;3—提升机具;4—球塞
图 4-50　导管法浇筑水下混凝土

球塞可用软木、橡胶、泡沫塑料等制成,其直径比导管内径小 15 ~ 20 mm。在施工时,先将导管沉入水中,底部距水底约 100 mm,用铁丝或麻绳将一球塞悬吊在导管内水位以上 0.2 m 处,然后向导管内浇筑混凝土。

待导管和承料漏斗装满混凝土后,即可剪断吊绳,进行混凝土的浇筑。水深 10 m 以内时,可以立即剪断;水深大于 10 m 时,可将球塞降到导管中部或接近管底时再剪断吊绳。混凝土靠自重推动球塞下落,冲出管底后向四周扩散,形成一个混凝土堆,必须保证将导管底部埋于混凝土中。混凝土不断地从承料漏斗加入导管,管外混凝土面不断上升,导管也相应地进行提升,每次提升高度控制在 150 ~ 200 mm 范围内,且保证导管下端始终埋入混凝土内,其最小埋置深度如表 4-28 所示,最大埋置深度不宜超过 5 m,以保证混凝土的浇筑顺利进行。

表 4-28　导管的最小埋置深度　　　　　　　　（单位:m）

混凝土水下浇筑深度	导管埋入混凝土的最小深度	混凝土水下浇筑深度	导管埋入混凝土的最小深度
≤10	0.8	15 ~ 20	1.3
10 ~ 15	1.1	>20	1.5

2)对混凝土的要求

水下浇筑的混凝土是靠重力作用向四周流动而完成浇筑和密实的,因而混凝土必须具有较好的流动性。为保证混凝土顺利浇筑不堵管,要求粗集料的最大粒径不得大于导管内径的 1/5,也不得大于钢筋净距的 1/4。要求混凝土在一定时间内,其原有的流动性不下降,以便浇筑过程中在混凝土堆内能较好地扩散成型,也就是要求混凝土具有良好的流动性保持能力,一般用流动性保持指标(K)来表示。混凝土坍落度不低于 150 mm 时所持续的时间(h)即为流动性保持指标,一般要求 $K \geq 1$ h。混凝土黏聚性较强时不易离析和泌水,在水下浇筑中才能保证混凝土的质量;配制时可适当增加水泥用量,提高砂率至40% ~47% ,泌水率控制在 1% ~2% ,以提高混凝土的黏聚性。

3)导管法水下浇筑混凝土的其他要求

导管法水下浇筑混凝土的关键:一是保证混凝土的供应量大于导管内混凝土必须保持的高度和开始浇筑时导管埋入混凝土堆内必须的埋置深度所要求的混凝土量;二是严格控制导管提升高度,且只能上下升降,不能左右移动,以避免造成管内返水。

(三)混凝土的振捣

混凝土浇筑入模后,必须进行捣实,使混凝土构件外形正确、表面平整、强度和其他性能符合设计及使用要求。

1. 振实原理

当混凝土拌和料受到振动时,拌和料能像液体一样很容易地充满容器;物料颗粒在重力作用下下沉,能迫使气泡上浮,排除原拌和料中的空气和消除孔隙,使混凝土集料和水泥砂浆在模板中得到致密的排列和有效的填充。当现场观察到其表面气泡已停止排除,拌和物不再下沉并在表面出现浮浆时,则表示已被充分振实。

2. 振动设备的选择及操作要点

振动机械按其工作方式不同分为内部振动器、表面振动器、外部振动器和振动台等。它们各有自己的工作特点和适用范围,需根据工程实际情况进行选用。

1)内部振动器

内部振动器又称插入式振动器,由振动棒、软轴和电动机三部分组成(见图 4-51)。工作时,依靠插入混凝土中的振动棒产生的振动力,使混凝土密实成型。常用于大体积混凝土、基础、柱、梁、墙、厚度较大的板及预制构件的捣实工作。

插入式振动器的振捣方法有两种(见图 4-52):一种是垂直振捣,即振动棒与混凝土表面垂直,其特点是容易掌握插点距离、控制插入深度(不得超过振动棒长度的 1.25倍)、不易产生漏振、不易触及钢筋和模板、混凝土受振后能自然沉实、均匀密实;另一种是斜向振捣,即振动棒与混凝土表面呈一定角度,其特点是操作省力、效率高、出浆快、易于排除空气、不会发生严重的离析现象、振动棒拔出时不会形成孔洞。

使用插入式振动器垂直操作时的要点是:直上和直下,快插与慢拔;插点要均匀,切勿漏插点;上下要抽动,层层要扣搭;时间掌握好,密实质量佳。操作要点中的"快插慢拔":快插是为了防止先将表面混凝土振实而无法振捣下部混凝土,与下面混凝土发生分层、离析现象;慢拔是为了使混凝土填满振动棒抽出时所形成的空隙。振动过程中,宜将振动棒上下略微抽动,以使上下混凝土振捣均匀。

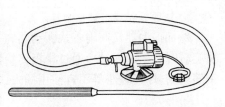

图 4-51　插入式振动器

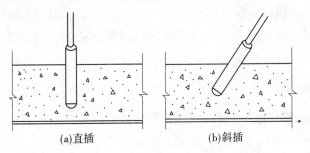

(a)直插　　　　　　　　(b)斜插

图 4-52　插入式振动器振捣方法

振捣时插点排列要均匀,可采用行列式或交错式(见图 4-53)的次序移动,且不得混用,以免漏振。每次移动间距应不大于振捣器作用半径的 1.5 倍,一般振动棒的作用半径为 30～40 cm。振动器与模板的距离不应大于振动器作用半径的 0.5 倍,并应避免碰撞模板、钢筋、芯管、吊环、预埋件等。

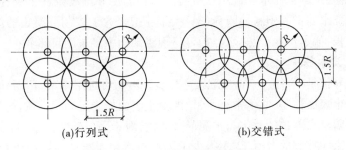

(a)行列式　　　　　　　　(b)交错式

图 4-53　插入式振动器的插点排列

分层振捣混凝土时,每层厚度不应超过振动棒长的 1.25 倍;在振捣上一层时,应插入下层 50 mm 左右,以消除两层之间的接缝,同时必须在下层混凝土初凝以前完成上层混凝土的浇筑。振动时间要掌握恰当,过短混凝土不易被捣实,过长又可能使混凝土出现离析。一般每个插入点的振捣时间为 20～30 s,使用高频振动器时最短不应小于 10 s,而且以混凝土表面呈现浮浆,不再出现气泡,表面不再沉落为准。

2)表面振动器

表面振动器又称平板式振动器。它是将在电动机转轴上装有左右两个偏心块的振动器固定在一个平板上而成的。电机开动后,带动偏心块高速旋转,从而使整个设备产生振动,通过平板将振动传给混凝土。其振动作用深度较小(150～250 mm),仅适用于厚度较薄而表面较大的结构,如平板、楼地面、屋面等构件。

3)外部振动器

外部振动器又叫附着式振动器,它是固定在模板外侧的横挡或竖挡上,振动器的偏心块旋转时产生的振动力通过模板传给混凝土,从而使混凝土被振捣密实。它适用于振捣钢筋较密、厚度较小等不宜使用插入式振动器的结构。

4)振动台

振动台是一个支承在弹性支座上的工作平台,平台下面有振动机构,模板固定在平台上。振动机构工作时带动工作台一起振动,从而使在工作台上制作的混凝土构件得到振实。振动台主要用于混凝土制品厂预制构件的振捣。混凝土构件厚度小于 200 mm 时,可将混凝土一次装满振捣,如厚度大于 200 mm,则需分层浇筑,每层厚度不大于 200 mm,或随浇随振。

四、混凝土的养护

混凝土成型后,为保证混凝土在一定时间内达到设计要求的强度,并防止产生收缩裂缝,应及时做好混凝土的养护工作。混凝土的强度增长是依靠水泥水化反应进行的结果,而影响水泥水化反应的主要因素是温度和湿度。温度越高水化反应的速度越快,而湿度高则可避免混凝土内水分丢失,从而保证水泥水化作用充分,当然水化反应还需要足够的时间,时间越长水化越充分,强度就越高。因此,混凝土养护实际上是为混凝土硬化提供必要的温度、湿度条件。混凝土养护分为自然养护和人工养护,自然养护是指在自然气温条件下(平均气温高于 5 ℃),用适当的材料对混凝土表面采取覆盖、浇水、挡风、保温等养护措施,使混凝土的水泥水化作用在所需的适当温度和湿度条件下顺利进行。自然养护又分为覆盖浇水养护和塑料薄膜养护。人工养护是人工控制混凝土的温度和湿度,使混凝土强度增长,如蒸汽养护、热水养护等。现浇结构中多采用自然养护。

(一)覆盖浇水养护

覆盖浇水养护是指混凝土在浇筑完毕 3 ~ 12 h 内,可选用草帘、芦席、麻袋、锯末等适当材料将混凝土表面覆盖,并经常浇水,使混凝土表面处于湿润状态的养护方法。

混凝土覆盖浇水养护的时间与水泥品种有关,对于采用硅酸盐水泥、普通硅酸盐水泥或矿渣硅酸盐水泥拌制的混凝土,不得少于 7 d;对掺用缓凝型外加剂或有抗渗要求的混凝土,不得少于 14 d。每日浇水的次数以能保持混凝土具有足够的湿润状态为宜。一般气温在 15 ℃ 以上时,在混凝土浇筑后最初 3 昼夜中,白天至少每 3 h 浇水一次,夜间也应浇水两次;在以后的养护中,每昼夜应浇水 3 次左右;在干燥气候条件下,浇水次数应适当增加。

(二)塑料薄膜养护

塑料薄膜养护就是以塑料薄膜为覆盖物,使混凝土表面与空气隔绝,可防止混凝土内的水分蒸发,水泥依靠混凝土中的水分完成水化作用而凝结硬化,从而达到养护的目的。塑料薄膜养护有两种方法:

(1)薄膜布直接覆盖法。它是指用塑料薄膜布把混凝土表面敞露部分全部严密地覆盖起来,保证混凝土在不失水的情况下得到充分的养护。其优点是不必浇水,操作方便,能重复使用,能提高混凝土的早期强度,加速模具的周转。

(2)喷洒塑料薄膜养生液法。它是指将塑料溶液喷涂在混凝土表面,溶液挥发后在混凝土表面结成一层塑料薄膜,使混凝土表面与空气隔绝,封闭混凝土内的水分,使其不再被蒸发,从而完成水泥水化作用。这种养护方法一般适用于表面积大或浇水养护困难的情况。

五、混凝土的质量检查

混凝土的质量检查包括施工过程中的质量检查和施工后的质量检查。施工中的检查主要是对混凝土拌制和浇筑过程中材料的质量及用量、搅拌地点和浇筑地点的坍落度等进行检查,在每一工作班内至少检查2次;当混凝土配合比由于外界影响有变动时,应及时检查;对混凝土搅拌时间也应随时进行检查。对于预拌混凝土,应注意在施工现场进行坍落度检查。

施工后的质量检查主要是对已完工的混凝土进行外观质量检查和强度检查。对有抗冻、抗渗等特殊要求的混凝土,还应进行抗冻、抗渗性能检查。

(一)混凝土浇筑完毕后的强度检验

检查混凝土质量应通过留置试块做抗压强度试验的方法进行。当有特殊要求时,还需做混凝土的抗冻性、抗渗性等试验。

1. 试块制作

用于检验结构构件混凝土质量的试件,应在混凝土浇筑地点随机制作,采用标准养护。标准养护就是在温度(20±3)℃和相对湿度为90%以上的潮湿环境或水中的标准条件下进行养护。评定强度用试块需在标准养护条件下养护28 d,再进行抗压强度试验,所得结果就作为判定结构或构件是否达到设计强度等级的依据。

混凝土抗压强度试验的试块是边长为150 mm的立方体,实际施工中允许采用的混凝土试块的最小尺寸应根据集料的最大粒径确定,当采用非标准尺寸的试块时,应将其抗压强度值乘以折算系数,换算为标准尺寸试件的抗压强度值。允许的试件最小尺寸及其强度折算系数应符合表4-29的规定。

表4-29　允许的试件最小尺寸及其强度折算系数

集料最大粒径(mm)	试块边长(mm)	强度折算系数
≤30	100	0.95
≤40	150	1.00
≤50	200	1.05

2. 试件组数确定

工程施工中,试件留置的组数应符合下列规定:每拌制100盘且不超过100 m³的同配合比混凝土,其取样不得少于一次;每工作班拌制的同配合比的混凝土不足100盘时,其取样不得少于一次;对现浇混凝土结构,每一现浇楼层同配合比混凝土取样不得少于一次,同一单位工程每一验收项目同配合比混凝土取样不得少于一次。

每次取样应至少留置一组(三个)标准试件,同条件养护的试件组数可根据实际需要确定。对于预拌混凝土,其试件的留置也应符合上述规定。

3.每组试件强度代表值

每组三个试件应在同盘混凝土中取样制作,并按下面规定确定该组试件的混凝土强度代表值:取三个试件强度的平均值;当三个试件强度中的最大值或最小值之一与中间值之差超过中间值的15%时,取中间值;当三个试件强度中的最大值和最小值与中间值之差均超过中间值的15%时,该组试件不应作为强度评定的依据。

(二)外观检查及允许偏差

混凝土结构构件拆模后,应从其外观上检查其表面有无麻面、蜂窝、露筋、裂缝、孔洞等缺陷。现浇混凝土结构构件尺寸的允许偏差应符合表4-30 的规定。

表4-30　现浇混凝土结构构件尺寸的允许偏差　　　　　　(单位:mm)

项目			允许偏差
轴线位置	基础		15
	独立基础		10
	墙、柱、梁		8
	剪力墙		5
垂直度	层高	≤5 m	8
		>5 m	10
	全高		$H/1\,000$ 且 ≤30
标高	层高		±10
	全高		±30
截面尺寸			+8, -5
表面平整(2 m 长度以上)			8
预埋设施中心线位置	预埋件		10
	预埋螺栓		5
	预埋管		5
预留洞中心线位置			15
电梯井	井筒长度对定位中心线		+25,0
	井筒全高垂直度		$H/1\,000$ 且 ≤30

注:H 为结构全高。

第四节　混凝土的冬期施工

一、混凝土冬期施工原理

(一)温度与混凝土凝结硬化的关系

混凝土的凝结硬化是水泥水化作用的结果。水泥水化作用的速度在合适的湿度条件下主要取决于环境的温度,温度越高,水泥的水化作用就越迅速、完全,混凝土的硬化速度就越快,强度就越高;当温度较低时,混凝土的硬化速度较慢,强度较低。当温度降至 0 ℃以下时,混凝土中的水会结冰,水泥不能与冰发生化学反应,水化作用基本停止,强度无法提高。因此,为确保混凝土结构的质量,混凝土结构工程应采取冬期施工措施,并应及时采取气温突然下降的防冻措施。

(二)冻结对混凝土质量的影响

混凝土中的水结冰后,体积膨胀(8% ~9%),在混凝土内部产生冻胀应力,很容易使强度较低的混凝土内部产生微裂缝。同时,减弱混凝土和钢筋之间的黏结力,从而极大地影响结构构件的质量。受冻的混凝土在解冻后,其强度虽能继续增长,但已不能达到原设计的强度等级。

(三)冬期施工临界强度

试验证明,混凝土遭受冻结带来的危害与遭冻的时间早晚、水灰比有关。遭冻时间愈早、水灰比愈大,则后期混凝土强度损失愈多。当混凝土达到一定强度后,再遭受冻结,由于混凝土已具有的强度足以抵抗冻胀应力,其最终强度将不会受到损失。因此,为避免混凝土遭受冻结带来的危害,使混凝土在受冻前达到的这一强度称为混凝土冬期施工的临界强度。

规程规定,冬期施工的混凝土,受冻前必须达到的临界强度值为:硅酸盐水泥或普通硅酸盐水泥配制的混凝土,为设计的混凝土强度标准值的30%;矿渣硅酸盐水泥配制的混凝土,为设计的混凝土强度标准值的40%,但不大于 C10 的混凝土,不得小于 5.0 N/mm^2。

冬期施工的重点,就是尽量不让混凝土受冻,或让其受冻时,已达到临界强度值而保证混凝土最终强度不受到损失。

二、混凝土冬期施工的工艺要求

(一)混凝土材料选择及搅拌

配制冬期施工的混凝土,应优先选用硅酸盐水泥或普通硅酸盐水泥(早期强度增长快,水化热高等),要求选用的水泥强度等级不应低于 42.5 级,最小水泥用量不宜少于 300 kg/m^3,水灰比不应大于 0.6。

冬期施工中要保证混凝土结构不受破坏,至少需要混凝土在受冻前达到临界强度,这就需要混凝土早期具备较高的温度,以满足强度较快增长的需要。温度升高需要热量,一部分热量来源是水泥的水化热,另外一部分则只有采用加热的方法获得。最有效、最经济的方法是加热水。因为水不但易于加热,而且比热也大。当加热水不能获得足够的热量时,可加热粗、细集料,一般采用蒸汽加热。任何情况下,不得直接加热水泥,可在使用前把水泥运入暖棚,使其缓慢均匀提高一定温度。

由于温度较高时,水泥会出现假凝现象,而影响混凝土的强度增长,故规程对原材料的最高加热温度作了限制,如表 4-31 所示。

表 4-31　拌和用水及集料最高加热温度　　　　　　　（单位:℃）

项目	拌和水	集料
强度等级小于 52.5 级的普通硅酸盐水泥,矿渣硅酸盐水泥	80	60
强度等级等于及大于 52.5 级的普通硅酸盐水泥,硅酸盐水泥	60	40

若不对粗、细集料加热,水可加热到 100 ℃,但水泥不应与 80 ℃以上的水直接接触,投料顺序应先投入集料和加热后的水,然后再加水泥,以免水泥出现假凝现象。

冬期施工中,混凝土拌和物所需要的温度由当时的外界气温和混凝土入模温度等因素来确定,然后再确定材料需要的加热温度。

（二）混凝土的运输与浇筑

混凝土搅拌完毕从搅拌机卸出后,尚需要经过运输才能入模浇筑,在这一过程中要防止混凝土的热量散失而冻结。混凝土在浇筑前,应清除模板和钢筋上的冰雪和污垢,运输和浇筑混凝土用的容器应具有保温措施。

冬期施工时,不允许在强冻胀性地基土上浇筑混凝土。在弱冻胀性地基土上浇筑混凝土时,应采取保温措施,保障基土不受冻。在非冻胀性地基土上浇筑混凝土时,应保证混凝土在受冻前达到临界强度。

分层浇筑大体积混凝土时,为防止上层混凝土的热量被下层混凝土过多吸收,分层浇筑的时间间隔不宜过长。规程要求已浇筑层的混凝土在被上一层混凝土覆盖前,其温度不得低于按热工计算的温度,且不得低于 2 ℃。

三、混凝土冬期施工的方法

混凝土浇筑后应采用适当的方法进行养护,保证混凝土在受冻前至少已达到临界强度,才能避免混凝土受冻而发生强度损失。冬期施工中混凝土的养护方法很多,有蓄热法、外部加热法、掺外加剂法等,各自有不同的适用范围。

（一）蓄热法

蓄热法就是采用保温材料覆盖在混凝土的表面,尽量减少混凝土中水泥水化热和热拌混凝土中原有热量的散失,延缓混凝土的冷却速度,保证混凝土在冻结前达到所要求的强度的一种冬期施工方法。适用于室外最低气温不低于 -15 ℃时,地面以下的工程或表面系数不大于 15(结构冷却的表面面积与其全部体积的比值)的结构混凝土的冬期养护。

（二）加热养护

当混凝土在一定龄期内采用蓄热法养护达不到要求时,可采用加热养护等其他养护方法。具体加热养护的方法很多,有蒸汽加热法、电热法等。

（1）蒸汽加热法:就是在混凝土浇筑以后在构件或结构的四周通以压力不超过 70 kPa

的低压饱和蒸汽进行养护。混凝土在较高温度和湿度条件下,可迅速达到要求的强度。采用蒸汽加热的具体方法有暖棚法、加热模板法等。

暖棚法是将整个结构用棚盖住,内部通以蒸汽,使棚内温度升高,从而达到加热混凝土的目的。养护时,棚内温度不得低于 5 ℃,并应保持混凝土表面湿润。采用暖棚法养护对热能的利用率不高,加热混凝土不直接,温度不好控制,但施工较方便。

加热模板法主要用于大模板工程中,它是用钢管代替大模板的横竖龙骨,并将钢管连接成贯通的回路,在钢管中通以蒸汽,可加热模板,模板再与混凝土进行热交换,从而达到加热养护混凝土的目的。为了减少热量损失,还在大模板的背面设有保温层。养护达到要求强度后,应在混凝土冷却至 5 ℃后拆除模板和保温层,当混凝土和外界温差大于 20 ℃时,拆模后的混凝土表面应采取使其缓慢冷却的临时覆盖措施。蒸汽加热模板法具有耗用蒸汽少、热能利用率高、对混凝土加热均匀等优点,故在冬期施工中应用广泛。

(2)电热法:就是通过电加热混凝土的方法来进行养护,常用的有电极法和电热器法。

电极法是在混凝土浇筑时插入电极(φ 6 ~ φ 12 钢筋),通以交流电,利用混凝土作导体,将电能转变为热能,对混凝土进行养护。为保证施工安全,防止热量散失,应在混凝土表面覆盖后进行电加热。加热时,混凝土的升、降温速度应满足规范规定的要求,养护混凝土的最高温度不得超过表 4-32 的规定。

表 4-32　电热法养护混凝土的最高温度　　　　　　　　　（单位:℃）

结构表面系数(m^{-1})		
< 10	10 ~ 15	> 15
40		35

混凝土内部电阻随着混凝土强度的提高而增长,当强度较高时,加热效果不好,故混凝土采用电热法养护时仅应加热到设计的混凝土强度标准值的 50%,且电极的布置应保证混凝土受热均匀。加热过程中,应经常观察混凝土表面的湿度,当表面开始干燥时,应先停电,浇温水湿润混凝土表面,待温度有所下降后,再继续通电加热。

电热器法是利用电流通过安有电阻丝的电热器发热来对结构或构件加热。养护时,把电热器贴近混凝土构件表面来加热混凝土。这是一种间接加热法,热效率不如电极法高,耗电量也大,但施工较方便,也不受混凝土中钢筋疏密的影响。

电热法具有施工方便、设备简单、适应范围广等优点,但耗费大量电能,成本较高,故只在其他养护方法不能满足要求的前提下才采用。

(三)外加剂的应用

在混凝土内掺入适量的外加剂,可改善混凝土的某些性能,使其满足混凝土冬期施工的需要。目前工程施工中常用的外加剂有早强剂、防冻剂、减水剂、加气剂等。

1.防冻剂和早强剂

冬期施工中,常将防冻剂和早强剂共同使用,使得混凝土在负温下不但不冻结,而且强度还可以较快增长,从而尽快达到临界强度。

由于氯盐对钢筋有腐蚀作用,下列钢筋混凝土结构中不得掺用氯盐:高湿度空气环境中使用的结构;处于水位升降部位的结构;露天结构或经常受雨水淋的结构;与镀锌钢材或与铝铁相接触部位的结构;有外露钢筋预埋件而无防护措施的结构;与含有酸、碱或硫酸盐等侵蚀性介质相接触的结构;使用过程中经常处于环境温度为 60 ℃ 以上的结构;使用冷拉钢筋或冷拔低碳钢丝的结构;薄壁结构,中级或重级工作制吊车梁、屋架、落锤或锻锤基础等结构;电解车间或直接靠近直流电源的结构;直接靠近高压电源的结构;预应力混凝土结构。当采用素混凝土时,氯盐掺量不得大于水泥质量的 3% 。

2. 减水剂

混凝土中掺入减水剂,在混凝土和易性不变的情况下,可大量减少施工用水,因而混凝土孔隙中的游离水减少,混凝土冻结时承受的破坏力也明显减小。同时,由于施工用水的减少,可提高混凝土中防冻剂和早强剂的溶液浓度,从而提高混凝土的抗冻能力。

常用的减水剂如木质素磺酸钙减水剂,用量为水泥用量的 0.2% ~ 0.3% ,可减水 10% ~15% ,提高强度 10% ~ 20% 。高效减水剂如 NNO 减水剂,用量为水泥用量的 0.5% ~0.8% ,减水 10% ~25% ,提高强度 20% ~25% ,增加坍落度 2 ~3 倍,用于冬期施工作用显著,但价格较高。

3. 加气剂

在混凝土中掺入加气剂,能在混凝土中产生大量微小的封闭气泡。混凝土受冻时,部分水被冰的膨胀压力挤入气泡中,从而缓解了冰的膨胀压力和破坏性,而防止混凝土遭到破坏。常用加气剂为松香热聚物,其用量为水泥用量的 0.005% ~0.015% 。使用时需将加气剂配成溶剂使用,其配合比为加气剂∶氢氧化钠∶热水 = 5∶1∶150 ,热水温度控制在 70 ~80 ℃ 范围内。

思考题

4-1　试述钢筋与混凝土共同工作的原理。

4-2　简述钢筋混凝土施工工艺过程。

4-3　试述钢筋的焊接方法。如何保证焊接质量?

4-4　如何计算钢筋的下料长度?

4-5　试述钢筋代换的原则及方法。

4-6　对模板有何要求? 设计模板应考虑哪些原则?

4-7　现浇结构拆模时应注意哪些问题?

4-8　简述外加剂的种类和作用。

4-9　混凝土配料时为什么要进行施工配合比换算? 如何换算?

4-10　试述施工缝留设的原则和处理方法。

4-11　大体积混凝土施工应注意哪些问题?

4-12　如何进行水下混凝土浇筑?

4-13　试述湿度、温度与混凝土硬化的关系。自然养护和加热养护应注意哪些问题?

4-14　为什么要规定冬期施工的临界强度? 冬期施工应采取哪些措施?

习　题

4-1　某建筑物有5根L1梁,每根梁配筋如图4-54所示,试编制5根L1梁钢筋配料单。

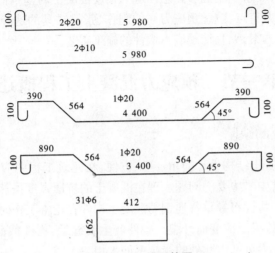

图4-54　L1梁配筋图

4-2　某主梁筋设计为5 Φ 25的Ⅱ级钢筋,现在无此钢筋,仅有Φ28与Φ20的Ⅱ级钢筋,已知梁宽为300 mm,应如何代换?

4-3　某梁采用C30混凝土,原设计纵筋为6 Φ 20($f_y = 310$ N/mm²)Ⅱ级钢筋,已知梁断面$b \times h = 300$ mm × 300 mm,试用HPB235级钢筋($f_y = 210$ N/mm²)进行代换。

4-4　某剪力墙长、高分别为5 700 mm和2 900 mm,施工气温为25 ℃,混凝土浇筑速度为6 m/h,采用组合式钢模板,试选用内、外钢楞。

4-5　设混凝土水灰比为0.6,已知设计配合比为水泥∶砂∶石子 = 260 kg∶650 kg∶1 380 kg,现测得工地砂含水率为3%,石子含水率为1%,试计算施工配合比。若搅拌机的装料容积为400 L,每次搅拌所需材料又是多少?

4-6　一设备基础长、宽、高分别为20 m、8 m、3 m,要求连续浇筑混凝土,搅拌站设有三台400 L搅拌机,每台实际生产率为5 m³/h,若混凝土运输时间为24 min,初凝时间为2 h,每浇筑层厚度为300 mm,试确定:

(1)混凝土浇筑方案;

(2)每小时混凝土的浇筑量;

(3)完成整个浇筑工作所需的时间。

第五章　预应力混凝土工程

通过本章的学习,要求学生能够熟悉预应力钢筋混凝土的基本概念,重点掌握预应力构件的生产工艺和受力特点,熟悉预应力筋的制作、张拉锚具的选择、张拉设备的检验及预应力施工质量控制方案,无黏结预应力构件的施工工艺等。

第一节　预应力混凝土工程概述

一、普通混凝土的缺陷

虽然普通钢筋混凝土结构设计简单、施工方便,在建筑工程中应用广泛,但其本身却存在有一定的不足,其中最主要的问题表现在混凝土的抗压强度虽然较大,但其抗拉强度和变形能力很低,这一特性将导致普通钢筋混凝土构件在正常工作时,其受拉部位往往会过早地达到混凝土抗拉极限应变而开裂。构件产生裂缝后,构件截面裂缝处的混凝土退出工作,该截面上的拉力全部由此处的受拉钢筋承担。

在混凝土出现受拉裂缝时,混凝土的拉应变为 0.000 1 ~ 0.000 15。通过虎克定律,材料的应力应变关系,可以很容易计算出此时构件中与混凝土具有相同拉伸应变的钢筋应力为 20 ~ 30 N/mm^2,约为钢筋抗拉强度设计值的 1/10。这一结论表明,在普通钢筋混凝土结构中,如构件的抗拉钢筋应力不大于 20 ~ 30 N/mm^2,则钢筋与混凝土共同变形,不出现裂缝。一旦受拉钢筋的应力超过 20 ~ 30 N/mm^2,其变形将超过混凝土的极限变形能力而使混凝土产生裂缝;即使混凝土构件允许出现裂缝,考虑混凝土裂缝宽度的限制,钢筋应力也只能达到 150 ~ 250 N/mm^2,这也仅相当于低强度Ⅰ级钢筋强度的设计值,远远没有充分发挥钢筋抗拉强度高的特点,因此高强度钢筋不适用于普通钢筋混凝土构件。为充分发挥高强度建筑材料的优越性,在建筑结构设计、施工中,可利用预应力钢筋混凝土技术解决工程中某些对构件变形或抗裂等要求高的问题,以适应现代化建设的需要。

二、预应力混凝土的特点

预应力钢筋混凝土的基本原理是构件在承受外荷载以前,首先通过某种方法使构件的受拉区的受力主筋伸长,使其产生拉应力;此类钢筋与构件的受拉区的混凝土形成一个整体时,此部分的钢筋拉应力就相当于给其周围的受拉区混凝土施加了同样的压力。当施加预应力的预应力钢筋混凝土构件承受外荷载时,受拉区的混凝土应力变化将从原来预应力钢筋施加的压应力逐步减小到零,再逐步加大,当其应力达到混凝土的抗拉强度时,混凝土才会开裂,因此预应力钢筋混凝土构件可以避免或延迟构件受拉区混凝土的开裂时间,减少裂缝的出现和宽度,使构件的抗裂度和刚度得以提高,如图 5-1 所示。

对预应力钢筋,在制作预应力构件时首先被施加预拉应力;在构件承受外荷载后,预

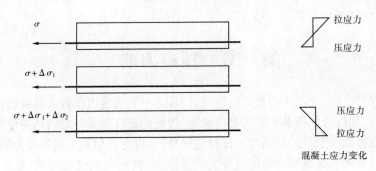

图 5-1　预应力钢筋工作原理

应力钢筋所承受的拉应力进一步加大,直到达到钢筋的极限强度。因此,预应力钢筋混凝土构件可以充分发挥预应力钢筋的受拉强度高的优势,使材料受力更加合理。因此,预应力钢筋混凝土构件可以选用高强度受力钢筋。

与普通钢筋混凝土相比,预应力混凝土可以充分发挥钢筋和混凝土各自材料的优点,它可以改善结构的使用性能,提高结构的耐久性;减小构件截面高度,减轻自重,充分利用高强钢材,具有良好的裂缝闭合性能与变形恢复性能;提高抗剪承载力;提高抗疲劳强度。此外,预应力混凝土结构具有良好的经济性,特别适合于对混凝土开裂有特殊要求的构件,为建造现代化大跨度结构创造了条件。虽然预应力混凝土的单方造价高于普通钢筋混凝土,但预应力技术自问世以来,以其强大的生命力,在世界各国都得到了广泛的应用。实践证明,预应力钢筋混凝土是当前很有发展前途的结构材料之一,其使用范围和数量是衡量一个国家建筑技术水平的重要标志。目前,我国预应力混凝土结构体系主要有部分预应力混凝土现浇框架结构体系、无黏结预应力混凝土现浇楼板结构体系、整体预应力装配式板柱结构体系等,在特种构筑物中,预应力电视塔、贮液池、筒仓、安全壳等相继使用。另外,预应力在房屋加固与改造等方面也得到广泛应用。近年来,随着高强钢材、高强度混凝土的发展和现代建筑工业的革命,更推动着预应力混凝土施工技术和工艺的不断进步和提高,使预应力混凝土的应用范围愈来愈广阔。

虽然预应力混凝土具有较多的优点,但也必须知道预应力混凝土的施工需要专门的机械设备,施工工艺也较复杂,操作要求较严,预应力混凝土施工周期也较长,因此相应的费用高。特别提请注意的是,在预应力混凝土构件的施工中,不得掺用对钢筋有侵蚀作用的氯盐如氯化钠等,否则会发生严重的质量事故。

预应力混凝土结构中所采用的混凝土应具有高强、轻质和高耐久的性质。一般要求混凝土的强度等级不低于 C30。目前,我国在一些重要的预应力混凝土结构中已开始采用 C50 ~ C60 的高强混凝土,最高混凝土强度等级已达到 C80。随着预应力结构跨径的不断增加,混凝土构件的自重也随之增大,结构的承载能力将大部分用于平衡结构的自重。追求更高的强度自重比是混凝土材料发展的目标之一。此外,从预应力混凝土的特点出发,要求预应力混凝土具有早强、早硬的特点,以便于加快施工进度,提高机械设备及模板的利用率。

根据生产预应力混凝土构件的工艺,施工中常用的方法有先张法、后张法等;使预应力筋产生拉应力的方法可以是机械张拉、电加热等方法;预应力筋与混凝土的协同工作方式有黏结和无黏结两种方式。

第二节　预应力筋

预应力筋是预应力混凝土最重要的组成材料之一,它通常由单根或成束的钢丝、钢绞线或钢筋组成。预应力筋的基本要求是高强度、较好的塑性以及较好的黏结性能,发展趋势是高强度、低松弛、粗直径、耐腐蚀。按材质划分,预应力筋包括金属预应力筋和非金属预应力筋两类,常用的金属预应力筋可分为高强钢筋、钢丝和钢绞线三类,非金属预应力筋主要指纤维增强塑料(即 ERP)预应力筋等。目前,满足塑性性能要求的钢材的极限强度可达 1 800 ~ 2 000 MPa,近年来在预应力筋的耐久性、非金属预应力筋等方面也有很大的发展。

一、预应力筋的品种与性能

(一)高强钢筋

高强钢筋可分为冷拉热轧低合金钢筋和热处理低合金钢筋两种。冷拉钢筋是指经过冷拉提高了屈服强度的热轧低合金钢筋。过去我国采用的冷拉钢筋有冷拉Ⅱ级、冷拉Ⅲ级和冷拉Ⅳ级钢筋等,现已逐渐淘汰。热处理钢筋的螺纹外形,有带纵肋和无纵肋两种,如图 5-2 所示。

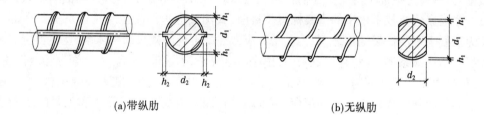

(a)带纵肋　　　　　　　　　　　　(b)无纵肋

图 5-2　热处理钢筋外形

高强钢筋中含碳量和合金含量对钢筋的焊接性能有一定的影响,尤其当钢筋中含碳量达到上限或直径较粗时,焊接质量不稳定。实际施工中可在钢筋端部冷轧螺纹,或是钢厂用热轧方法直接生产一种无纵肋的精轧螺纹钢筋,如图 5-3 所示,可利用套筒连

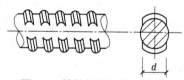

图 5-3　精轧螺纹钢筋的外形

接长。目前,我国生产的精轧螺纹钢筋直径有 25 mm 及 32 mm,钢筋的屈服点为 750 MPa 及 900 MPa。

(二)高强钢丝

高强钢丝又称碳素钢丝,是用优质高碳钢盘条经索式体化处理,酸洗或磷化后冷拔制成的。高强钢丝根据深加工的要求不同,又可分为冷拉钢丝、消除应力钢丝、刻痕钢丝、低松弛钢丝和镀锌钢丝等。

冷拉钢丝是经冷拔后直接用于预应力混凝土的钢丝,这种钢丝存在残余应力,屈强比低,伸长率小,仅用于铁路轨枕、压力水管和电杆等。

消除应力钢丝(又称矫直回火钢丝)是将预应力钢筋经矫直回火,解决了钢丝的矫直问题,同时可消除钢丝冷拔过程中产生的残余应力,提高钢丝的屈服强度和弹性模量,改善钢丝的塑性,同时获得良好的伸直性,施工方便,广泛应用于房屋、桥梁、市政、水利等工程项目。

刻痕钢丝是用冷轧或冷拔的方法使钢丝表面产生周期变化的凹痕或凸纹,其性能与消除应力钢丝相同。表面刻痕可增加钢丝与混凝土的握裹力。这种钢筋可用于先张法混凝土构件。

低松弛钢丝又称稳定化处理钢丝,是冷拔后在张力状态经回火处理的钢丝。经稳定化处理的钢丝,弹性极限和屈服强度提高,应力松弛率大大降低,但单价稍贵,考虑到构件的抗裂性能提高、钢材用钢量减少等因素,综合评价,使用该钢丝的经济效果较好。这种钢丝已逐步在房屋、桥梁、市政、水利等大型工程中广泛应用,具有较强的生命力。

镀锌钢丝是利用热镀或电镀的方式在钢丝表面镀锌,其性能与低松弛钢丝相同,但其抗腐蚀能力大大提高,价格较贵,主要用于悬索桥和斜拉桥的拉索以及环境条件恶劣的工程结构物的拉杆等。

(三)钢绞线

预应力混凝土用钢绞线是用多根冷拉钢丝在绞线机上螺旋形绞合,并经消除应力回火处理制成的。钢绞线的整根破断力大,柔性好,施工方便,具有广泛的发展前景。

根据捻制结构不同,预应力钢绞线可分为 1×2 钢绞线、1×3 钢绞线、1×7 钢绞线等。1×2 钢绞线和 1×3 钢绞线仅用于先张法预应力混凝土构件中;1×7 钢绞线是由 6 根外层钢丝围绕着一个中心钢丝(其直径加大 2.5%)绞成的,用途广泛。

钢绞线的表面质量要求:①成品钢绞线的表面不得带有润滑剂、油渍等,允许有轻微的浮锈;②钢绞线的伸直性,取弦长 1 m 的钢绞线,其弦与弧的最大自然矢高 <25 mm。

二、预应力筋的检验

预应力钢材在出厂时,在每捆(盘)上都挂有标牌,并附有出厂质量证明书,在预应力筋进场时,必须按照规定检查验收。

(一)热处理钢筋检验

热处理钢筋应成批验收,每批由同一外形截面尺寸、同一热处理制度和同一炉罐号的钢筋组成,每批质量不大于 60 t。从每批钢筋中选取 10% 盘数(不少于 25 盘)进行表面质量与尺寸偏差检查,钢筋表面不得有裂纹、结疤和折叠。检查结果必须满足国家规范要求,如检查结果不合格,则应将该批钢筋进行逐盘检查。

从每批钢筋中选取 10% 盘数(不少于 25 盘)进行拉伸试验。如有一项不合格,则该不合格盘报废,再从未试验过的钢筋中双倍取样进行复检,如仍有不合格项,则该批钢筋应判为不合格品,不得使用。

(二)碳素钢丝检验

碳素钢丝应成批验收,每批应由同一牌号、同一规格、同一生产工艺制度的钢丝组成。每批质量不大于 60 t。钢丝外观应逐盘检查,表面不得有裂纹、小刺、劈裂、机械损伤、氧化铁皮和油渍。钢丝直径按 10% 盘选取,但不得少于 6 盘。

外观检查合格后,从每批中任选10%盘(不少于6盘)的钢丝,从每盘钢丝的两端各截取一个试样,一个做拉伸试验(抗拉强度与伸长率),一个做反复弯曲的疲劳试验。如检查结果有不合格项,则该盘钢丝为不合格品,并从同一批未经检验的钢丝盘中再双倍取样进行复检,如仍有不合格项目,则该批钢丝为不合格品,不得使用。钢筋的屈服强度检验,按2%盘数选取,但不得少于3盘。

(三)钢绞线检验

预应力钢绞线应成批验收,每批应由同一牌号、同一规格、同一生产工艺制度的钢绞线组成,每批质量不大于60 t。从每批钢绞线中只能够任取3盘,进行表面质量、直径偏差、捻距和力学性能试验。屈服强度和松弛试验每季度由生产厂抽检一次,每次不得少于一根。

从每盘所选的钢绞线端部正常部位取一根试样进行上述试验。检查结果,如有不合格项则不合格盘报废,再从未试验过的钢绞线中双倍取样进行不合格项目的复检,如仍有不合格项,则该批钢绞线不合格,不得使用。

三、预应力筋的存放

预应力筋强度高、塑性低,在无应力状态下对腐蚀的影响比普通钢筋更敏感,在运输或存放过程中如遭受雨露、潮湿或腐蚀性介质的侵蚀,容易发生锈蚀,不仅会降低材料质量,甚至会造成钢材的脆断。因此,预应力钢材运输和储存时必须注意:①长途运输时应严密覆盖,确保不受雨淋;②储存时应架空堆放在有棚仓库内,其周围不得有腐蚀性介质;③存放时间不宜过长,否则宜用乳化剂喷涂表面。

第三节　先张法施工

先张法是在浇筑混凝土前,首先张拉预应力钢筋(或钢丝),并将其临时固定在台座或钢模上,然后浇筑混凝土,待混凝土强度达到设计强度的75%以上,保证混凝土与预应力筋有足够的黏结时,放松预应力筋,因预应力筋的弹性回缩,且混凝土与预应力筋此时具有相同的变形传递应力,给混凝土施加预压应力,如图5-4所示。

先张法通常适用在长线台座(50～200 m)上,成批生产配置直线预应力筋的混凝土构件,如空心板、屋架、直线梁或檩条等,也可采用槽式台座,生产深梁、箱梁、盾构的管片等,采用流水线生产预制楼板也有采用钢模板作为台座的。先张法具有生产效率高、施工工艺简单、固定使用的夹具可以重复使用等优点,多用于预制构件厂,也可以在施工现场生产。

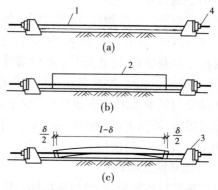

1—预应力筋;2—混凝土构件;3—台座;4—夹具

图5-4　先张法施工工艺示意图

一、台座

台座是先张台座法工艺中的重要设备之一。用台座法生产预应力混凝土构件时,需要将张拉后的预应力钢筋固定在台座横梁上,台座将承受全部预应力的拉力,因此台座必须具有足够的强度、刚度和稳定性,以减少台座的变形、滑移而引起预应力值的损失,同时台座还必须进行抗倾覆设计,确保极限承载力设计要求和满足正常使用要求。

按构造的形式不同,台座的形式繁多,可以分为墩式台座、槽式台座和钢模台座等类型,选用时应根据构件的种类、张拉吨位和施工条件而定,因地制宜。

(一)墩式台座

以混凝土墩作为传力结构的台座称为墩式台座,它由混凝土台墩、横梁和台面组成,一般用于平卧生产的中小型构件,如屋架、空心板、平板等。台座尺寸由场地大小、构件类型和生产产量等因素确定,其长度通常为 50～150 m。这样可以利用预应力钢筋长的特点,张拉一次可以生产出多根构件,既减少张拉及临时固定工作,又可以减少钢筋滑动或台座变形引起的应力损失。在台座的端部应留出张拉操作用地和通道,两侧要有构件运输和堆放的场地。台座的承载力应根据构件的张拉力,可按台座每米宽的承载力为200～550 kN设计台座。

1. 台墩

台墩是墩式台座的主要承力构件,一般埋设在地下,由现浇钢筋混凝土做成,它主要依靠墩台的自重和土压力作用来平衡预应力张拉时产生的倾覆力。为了加大抗倾覆力矩,台墩一般设计成带有外伸的部分,既减少台座的用料与埋深,如图 5-5 所示。台墩应具有足够的强度、刚度和稳定性,稳定性验算一般包括抗倾覆验算和抗滑移验算,如采用混凝土台面,并考虑与台墩共同工作,可不进行抗滑移验算,而应验算台面的承载力。

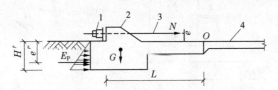

1—承力横梁;2—台座牛腿;3—预应力钢筋;4—混凝土台面

图 5-5 墩式台座抗倾覆计算简图

2. 台面

台面一般是在夯实的碎石垫层上浇筑一层厚度为 60～100 mm 的素混凝土而成的,混凝土的强度等级可为 C15～C20;台面是预应力构件成型的胎模,也是施工的主要活动场所,要求台面表面平整、光滑。需要注意,台面既要承受预应力构件的自重及施工垂直荷载,在水平方向还需要承受台墩传来的压力,是一个受力构件。台面的宽度一般为 2～3 m;考虑到当地温差变化和经验要求,应沿台面长度方向每隔 10 m 设置一条伸缩缝。

也可以采用预应力滑动台面,不留变形缝。预应力滑动台面一般是在原有的混凝土台面或新浇筑的混凝土基层上刷隔离剂,张拉预应力钢筋,浇筑混凝土面层后,待混凝土达到放张强度,切断锚固预应力筋而发生滑动,这种台面使用效果良好。

3. 横梁

台座的两端设置固定预应力钢筋的钢制横梁,一般可用型钢制作。在设计横梁时,除考虑在张拉应力作用下,钢梁必须有足够的强度外,还需要验算钢梁的变形能力,从预应力损失角度看,需要将钢梁的挠度控制在 2 mm 范围以内,并不得产生翘曲。预应力筋的定位板必须安装准确,其挠度不大于 1 mm。

(二)槽式台座

槽式台座由端柱、传力柱、横梁和台面等组成,既可承受张拉力,又可作蒸汽养护槽,适用于张拉吨位较高的大型构件,如屋架、吊车梁等。既可在预制构件厂制作,也可在施工现场利用已预制的柱、桩等构件装配成简易的槽式台座生产。

槽式台座的构造如图 5-6 所示。其长度一般不大于 76 m,宽度随构件外形及制作方法而定,一般不小于 1 m。为便于运送混凝土和进行蒸汽养护,槽式台座一般与地面相平,但必须考虑地下水位和解决现场的排水问题等。端柱和传力柱的断面必须平整,对接接头必须紧密;柱与柱垫连接必须牢靠。为便于拆迁,台座的传力柱也可分段浇筑。

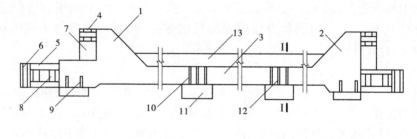

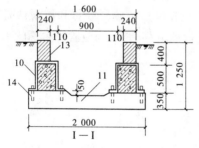

1—张拉端柱;2—锚固端柱;3—中间传力柱;4—上横梁;5—下横梁;6—横梁;7、8—垫块;
9—连接板;10—卡环;11—基础板;12—砂浆嵌缝;13—砖墙;14—螺栓

图 5-6　槽式台座构造示意图 （单位:mm）

设计槽式台座时,应特别注意台座的强度验算和抗倾覆验算。

(三)钢模台座

钢模台座是将制作构件的模板作为预应力钢筋的锚固支座的一种台座,它具有不需要专用的场地、施工速度快、工人操作方便、构件可批量生产等优点,主要适用于生产大型屋面板、盾构隧道管等构件,但该方法只能生产相对应尺寸的构件,如改变构件尺寸,需更换相应台座。如图 5-7 所示为大型屋面板钢模台座示意图。

二、张拉机械与夹具

(一)张拉机械

张拉机械应当操作方便、安全可靠,准确控制张拉应力,以稳定的速率加载。预应力筋张拉时可以单根张拉,也可以成组张拉。单根张拉时,可采用电动螺杆张拉机、穿心式千斤顶或卷扬机,如图5-8和图5-9所示;成组张拉时,一组钢筋锚固在一个活动横梁上。由于张拉力较大,一般采用油压千斤顶,如图5-10所示。

(二)夹具

夹具是利用先张法在张拉预应力筋和张

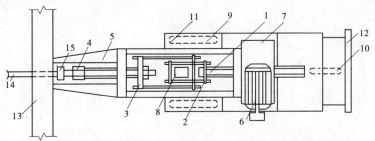

1—侧模;2—底模;3—活动铰;4—预应力筋锚固孔

图5-7　大型屋面板钢模台座示意图

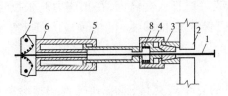

1—螺杆;2、3—拉力架;4—张拉夹具;5—顶杆;6—电动机;7—减速箱;8—测力计;
9、10—胶轮;11—底盘;12—手柄;13—横梁;14—预应力筋;15—锚固夹具

图5-8　电动螺杆张拉机

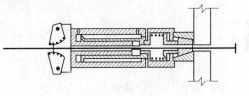

(a)张拉　　　　　　　　　　　　(b)临时锚固,回油

1—钢筋;2—台座;3—穿心式夹具;4—弹性顶压头;5、6—油嘴;7—偏心式夹具;8—弹簧

图5-9　穿心式千斤顶(YC-20)

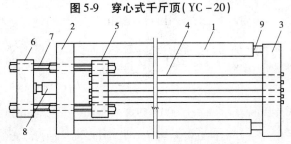

1—台座;2、3—横梁;4—预应力筋;5—拉力架横梁;6—反力梁;7—螺杆;8—油压千斤顶;9—放张装置

图5-10　横梁式成组预应力张拉装置

拉完毕后用于夹持钢筋,临时锚固钢筋的工具。张拉时采用的夹具称为张拉夹具,张拉完毕后临时固定预应力筋的夹具叫锚固夹具,夹具应能够重复使用。作为先张法预应力筋的夹具,必须安全可靠,加工尺寸准确,构造简单,使用方便,通用性、适应性强,节省材料,成本低,能够多次周转使用,便于拆装,张拉迅速;在使用时不能发生变形或滑移,预应力损失少,而且应该对钢筋的损伤小。

根据加持的预应力筋的类型不同,可以将夹具分为钢丝夹具和钢筋夹具;根据夹具的作用或位置不同分为张拉夹具和锚固夹具。夹具的种类和型号繁多,且发展较快,在此仅介绍常见的部分夹具。

1. 钢丝夹具

1）锚固夹具

常用的钢丝锚固夹具有圆锥齿板式夹具、圆锥三槽式夹具、楔形夹具等,如图 5-11 所示。它们的原理都是利用了锥销式体系,锚固时将齿板或锥销打入套筒,借助摩擦力将钢丝固定。

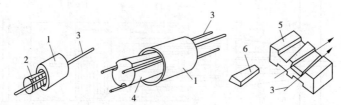

(a)圆锥齿板式夹具　　(b)圆锥三槽式夹具　　(c)楔形夹具

1—套筒;2—齿板;3—钢丝;4—锥销;5—锚板;6—楔块

图 5-11　钢丝锚固夹具

锥销式夹具具备自锁和自锚的能力,将锥销或齿板打入套筒内,在预应力筋张拉时,由于摩擦力作用,张拉筋拉动锥销或齿板挤入套筒一定位移后,可将预应力筋牢牢地锁紧。

2）张拉夹具

张拉时加持钢筋的张拉夹具种类很多,常见的有钳式夹具、偏心式夹具和楔形夹具等,如图 5-12 所示。它们同样是借助摩擦力和挤压力加持钢丝,适用于台座上进行钢丝张拉。

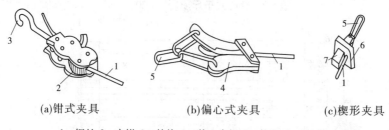

(a)钳式夹具　　　　　　(b)偏心式夹具　　　　　　(c)楔形夹具

1—钢丝;2—夹钳;3—挂钩;4—偏心齿板;5—拉环;6—锚板;7—楔块

图 5-12　钢丝张拉夹具

2. 钢筋夹具

钢筋的锚固可以采用螺丝端杆锚具、镦头锚具和销片夹具等。张拉时可用连接器与螺丝端杆锚具连接,或用销片夹具进行连接。

镦头锚具是将钢筋或钢丝镦粗大头后,卡在承力板的槽口或钻孔内,将钢筋或钢丝锚固。适用于钢筋或钢丝的固定端的锚固,如图 5-13 所示。销片夹由圆套筒和锥形销片组成。销片有两片式和三片式两种,如图 5-14 所示。钢筋的张拉端通常采用螺丝端杆锚具固定,螺丝端杆锚具与钢筋锚具间需用连接器连接,如图 5-15 所示。连接器还可用于钢筋与钢筋间的连接。

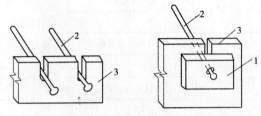

1—垫板;2—镦头钢筋(钢丝);3—承力钢板

图 5-13　固定端镦头锚具

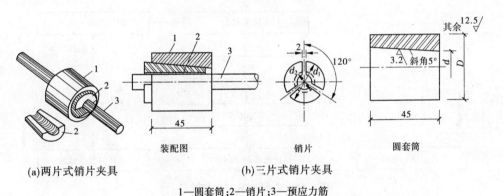

(a)两片式销片夹具　　　(h)三片式销片夹具

1—圆套筒;2—销片;3—预应力筋

图 5-14　套筒销片式夹具　(单位:mm)

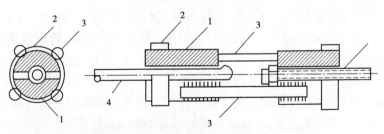

1—半圆套筒;2—钢圈;3—连接钢筋;4—预应力筋;5—螺杆

图 5-15　套筒双拼式连接器

夹具是预应力施工中的重要受力部件,必须安全可靠。必须有出厂合格证明书,进场时应按混凝土结构工程施工及验收规范抽取试件作外观、硬度检查,并组装成夹具和预应力筋组装件做静载锚固性能试验和疲劳性能试验,试验要求同后张法锚具中的Ⅰ类锚具。

三、先张法施工工艺

先张法预应力混凝土构件在台座上生产时,其施工工艺主要包括预应力筋的铺设、预应力筋的张拉、混凝土的浇筑与养护、预应力筋的放张等施工过程,其流程如图 5-16 所示。施工中可视具体情况适当调整。

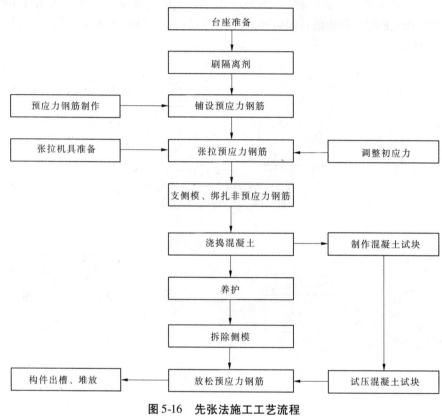

图 5-16　先张法施工工艺流程

(一)预应力筋的铺设

张拉前,应首先安置好预应力筋,根据设计进行预应力筋的张拉。为了便于脱模,应首先对台面及模板涂刷隔离剂。应注意,如预应力钢筋受到污染,将影响其与混凝土的黏结,减少相互间的应力传递。因此,一般需在隔离剂干燥后再铺设预应力钢筋,并应在预应力钢筋下先铺设垫块,避免隔离剂玷污钢筋。

预应力钢筋铺设时,钢筋接长或与螺杆连接可以采用套筒双拼式连接器。钢筋采用焊接时,应合理设置接头位置,尽量避免将焊接接头留入构件中。

(二)预应力筋的张拉

在台座上生产先张法预应力构件时,预应力筋的张拉方式有单根张拉和多根同时张拉。

单根预应力筋张拉所需要的设备构造简单,张拉设备所需功率不大,但生产效率低;多个预应力钢筋同时张拉时,能提高工效,但所需设备相对复杂,需要的张拉机械功率大。一般在施工现场常采用单根张拉方案,在预制构件厂经常采用多根同时张拉方案。

　　需要注意,成组张拉时,钢筋的下料长度应相等。如钢筋长短不等,会造成张拉完毕后各根钢筋应力不同,甚至造成较短钢筋断裂现象。施工规范规定,对长度不大于 6 m 的先张法预应力构件,当钢丝成组张拉时,同组钢丝下料长度的相对差值不得大于 2 mm。为保证钢丝长度的准确,钢丝下料长度一般采用应力下料法,即将钢丝拉到一个规定应力后,测量其长度,然后做标记,放松后截断钢丝。张拉前,还应预先检查调整钢丝的初应力,使其相互间的应力一致。预应力钢筋的张拉工序是决定预应力混凝土构件生产中的关键环节之一,必须认真重视;在生产中必须严格控制张拉应力、张拉程序等。

　　1. 张拉应力

　　张拉应力大小的控制,当采用电动螺杆张拉机、卷扬机时,一般在张拉端挂上弹簧测力计,张拉时,可从弹簧测力计上直接读出张拉力;当采用油压千斤顶时,可由其油压表读数推算出张拉力,此时应考虑油缸工作阻力的影响。弹簧测力计、千斤顶和油压表,都要经过定期检验和校正。

　　预应力筋张拉时的控制应力应按设计规定采用,控制应力的大小将直接影响构件的工作效果。如设计确定的控制应力偏小,则施加给预应力钢筋的应力小,预应力效果不明显;如控制应力过大,钢筋所承受的拉应力接近破坏应力,使构件的安全储备减小。因此,在确定张拉方案时应认真选择合适的张拉应力,并在生产中严格控制。张拉应力过大还易造成钢筋产生较大的塑性变形或断裂、混凝土构件在施工中损坏等问题;如预应力筋处于高应力状态,构件出现裂缝时的荷载与构件破坏荷载接近,可能会使构件在破坏前无明显的预兆,这在工程中是不允许的。

　　预应力钢筋的控制应力一般按设计规定采用,如表 5-1 所示。为了弥补预应力筋某些应力损失,一般需要进行超张拉,但施工时的最大张拉控制应力不得超过表 5-1 中最大张拉控制应力限值的规定,否则,可能会使得钢筋的应力超过流限,产生较大的塑性变形。

表 5-1　张拉控制应力限值

预应力筋种类	先张法	后张法
消除应力钢丝、钢绞线	$0.75f_{ptk}$	$0.75f_{ptk}$
热处理钢筋	$0.70f_{ptk}$	$0.65f_{ptk}$

注:f_{ptk} 为预应力筋极限抗拉强度标准值;当符合下列情况之一时,表中的张拉控制应力限值可以提高 $0.05f_{ptk}$:

(1)为提高构件在施工阶段的抗裂性,而在使用阶段受压区内设置的预应力筋;

(2)为部分抵消由于应力松弛、摩擦、钢筋分批张拉以及预应力筋与台座间的温差等因素产生的预应力损失。

　　2. 张拉程序

　　预应力筋的张拉程序是使预应力钢筋达到预应力值的工艺过程,对预应力钢筋施工质量影响较大,在预应力筋张拉前必须设计出完整具体的施工方案。预应力筋张拉通常采用以下两种方案之一:

$$0 \xrightarrow{\text{持续 2 min}} 105\% \sigma_{con} \longrightarrow \sigma_{con}$$

$$0 \longrightarrow 103\% \sigma_{con}$$

其中,σ_{con} 为预应力筋张拉控制应力。

　　上述两种张拉程序中,均考虑了超张拉,其目的是将预应力筋的松弛提前释放。所谓预应力筋的"松弛",是钢材在常温、高应力状态下,具有不断产生塑性变形的特征。预应力筋松弛的数值与控制应力和持续的时间有关:控制应力越大松弛越大;松弛还随时间的延长而加大,但在张拉后的第一个 1 min 内,可完成总损失的50%左右,24 h 内可完成80%,如先超张拉,再持续 2 min,可减少50%以上的松弛损失。方案超张拉的3%是为了弥补钢筋松弛和其他未考虑到的原因造成的预应力损失。

3. 施工中应注意的问题

(1)台座法张拉预应力筋时,为避免台座承受过大的偏心压力,应尽量首先张拉台座截面中心处的预应力筋,根据实际情况选择合理的张拉方案。

(2)张拉机具与预应力筋应在同一直线上,张拉应以稳定的速率逐渐加大拉力。

(3)拉到规定应力,安装锚具时,不能用力过猛,以防折断钢丝。

(4)预应力筋张拉完毕后锚固时,张拉端的预应力筋内缩量不得大于设计规定值;锚固后,预应力筋对设计位置的偏差不得大于 5 mm,并不大于构件截面短边长度的4%。

(5)预应力筋张拉过程中,必须注意安全操作规定,严禁正对钢筋的两端站立人员,防止断筋回弹伤人。

(6)冬季张拉预应力筋时,周围温度宜≥ -15 ℃。

4. 预应力值校核

预应力筋的预应力值一般用其伸长值校核,通过此项校核可以综合反映张拉应力是否足够,预应力筋是否有异常现象等。当实测伸长值和理论伸长值的差值与理论伸长值相比,比值在5% ~10%时,表明张拉后预应力值满足设计要求,否则应停止张拉,查明原因并采取措施进行调整后,方可继续张拉。

(三)混凝土的浇筑与养护

在确定预应力混凝土配合比时,应考虑尽量减少混凝土的收缩和徐变,以减少预应力损失。混凝土的收缩和徐变都与水泥的品种、用量,水灰比,集料空隙率等因素有关。

预应力筋张拉完毕后,钢筋绑扎、模板拼装和混凝土的浇筑等工作应尽快跟上。混凝土在振捣时,振动棒不得碰撞预应力筋,而且混凝土在未达到强度前,也不允许碰撞或踩动预应力筋;预应力混凝土构件必须确保混凝土的振捣密实。

台座法生产一般采用自然养护,当气温较低或必须加快生产周期时,可采用湿热养护。应特别注意,采用湿热养护时,由于预应力筋张拉后锚固在台座上,如温度上升过快,会使预应力筋伸长而减小预应力筋受到的应力,引起预应力损失,而且此部分应力损失不会随混凝土的凝结而恢复。因此,采用湿热养护时,一般采用二次升温法进行养护。具体做法是:在混凝土尚未凝结、未与预应力钢筋黏结时进行初次升温,初次升温的温差一般不超过 20 ℃;二次升温是当混凝土具备一定的强度(7.5 ~10 MPa),混凝土与预应力钢筋间的黏结应力足够抵抗由于温差变形后,再将温度升至养护温度进行养护,此时,预应力筋与混凝土一起变形,预应力筋不再增加应力损失。

(四)预应力筋的放张

预应力筋放松前,张拉力由台座承担,此时构件受到的预应力为零。由于预应力筋与混凝土的黏结,当预应力筋放张后,预应力筋收缩,张拉应力立即施加于混凝土构件上。所以,在预应力筋放张前,预应力筋与混凝土间必须具有足够的黏结应力,混凝土强度必须满足设计要求。如无专门设计说明,混凝土的强度不得低于设计标准值的75%。

1. 放张顺序

预应力筋的放张顺序应符合设计和施工验收规范要求。在放张时应注意:

(1)对承受轴心预压力的构件(如加压杆、桩等),所有预应力筋应同时放张。

(2)对承受偏心预压力的构件(如吊车梁等),应先同时放张预应力较小区域的预应力筋,再同时放张预应力较大区域的预应力筋。

(3)当不能按上述规定放张时,应分阶段、对称、相互交错地放张,以防构件在放张过程中产生翘曲、开裂、断筋等现象。

2. 放张方法

预应力的放张工作,应缓慢进行,防止冲击。放张时应注意:

(1)当预应力筋采用钢丝时,配筋不多的中小型钢筋混凝土构件,钢丝可用砂轮锯或切断机切断等方法放张;配筋多的钢筋混凝土构件,钢丝应同时放张,如逐根放张,则最后几根可能会承受过大的拉应力而突然断裂,容易使构件端部开裂。长线台座上放张时,宜从生产线中间处切断,以减少回弹量,且有利于脱模,对每一块板,应从外向内对称放张,以免构件发生偏心受力,造成两边开裂;放张后预应力筋的切断顺序一般由放张端开始,逐次切向另一端。

(2)对预应力筋数量较少的粗钢筋构件,可采用在烘烤区轮换给每个粗钢筋加热,使其同步升温,同步均匀减小应力,同时钢筋长度逐渐伸长,待出现颈缩时,切断钢筋。

(3)如预应力筋配置较多,不允许采用剪断或割断等方式突然放张,以避免最后放张的几个预应力筋产生过大的冲击而断裂,造成构件开裂;应采用千斤顶或在台座与横梁间设置砂箱和楔块,或在准备切割的一端预先浇筑混凝土块等方法进行缓慢放张。

(4)采用湿热养护的预应力混凝土构件,宜热态放张预应力。

第四节　后张法施工

后张法施工的施工工序是先制作混凝土构件,在放置预应力筋的部位预先留设穿预应力筋孔道,然后穿入预应力筋,使预应力筋与构件的混凝土首先处于分离状态;待构件的混凝土强度达到设计规定要求后,在构件端部用张拉机具张拉预应力钢筋至设计规定的控制应力,然后借助混凝土锚具将预应力筋锚固于构件端部,最后进行孔道灌浆,使预应力筋与构件的混凝土黏结在一起,共同工作。

张拉预应力筋的同时,使混凝土产生预压应力。如图5-17所示为后张法预应力混凝土构件生产的示意图。

后张法预应力混凝土构件施工分为有黏结预应力施工和无黏结预应力施工。预应力筋张拉后,通过灌浆使预应力筋与混凝土共同工作的施工方法,称为有黏结预应力施工。这种方法可以使预应力筋与混凝土相互黏结,协同工作,减轻了锚具传递预应力作用,提高了锚具的可靠性,适用广泛。不灌浆的称为无黏结预应力施工,其特点参见下节。

与先张法施工相比,后张法施工的特点是不需要台座设备,不需要较大的场地;大型构件可分块制作,运抵现场进行拼装,利用预应力筋连成整体,施工灵活性大;适宜在工厂

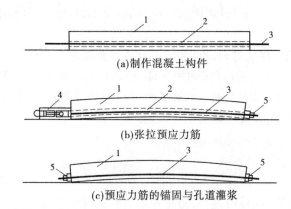

(a)制作混凝土构件

(b)张拉预应力筋

(c)预应力筋的锚固与孔道灌浆

1—混凝土构件;2—预留孔道;3—预应力筋;4—张拉千斤顶;5—锚具

图 5-17 后张法预应力混凝土构件生产示意图

或工地预制,在现场安装的大中型预应力构件、特种结构和构筑物等。后张法施工也可用于对已有工程的修复。另外,后张法既适用于配直线预应力筋的构件,也适用于配曲线预应力筋的构件。

与先张法相比,后张法张拉钢筋后,首先需要将预应力筋固定在混凝土构件的端头锚具上,锚具不能重复使用,需要永久保留在混凝土构件上。因此,后张法预应力筋锚具的消耗量大、成本高,而且后张法施工工序多,施工工艺复杂。

一、张拉设备

后张法的张拉设备主要包括锚具和张拉千斤顶。其中,后张法预应力锚具种类繁多,施工中,预应力筋和锚具是配套使用的。

(一)锚具

锚具是后张法结构或构件中承受预应力筋的张拉力,并将其传递到混凝土上的永久性的锚固装置,是结构或构件的重要组成部分,也是保证预应力值损失可控和结构安全的关键设备。在设计和加工时,应注意使锚具具有足够的强度和刚度,以保障预应力损失少,工作可靠;满足分级张拉、补张拉等张拉工艺的要求,宜具有能放松预应力筋的性能,锚固时预应力筋的内缩值符合国家规范标准,使用方便;而且锚具应构造简单,尺寸准确,成本低廉。

在进行锚具质量检查时,应注意检查锚具、夹具和连接器必须具有出厂合格证,进场时应注意做好检验批、外观、硬度、静载锚固性试验等检查。抽检数量、取样方法及检查结果必须满足国家规定要求。

根据其锚固方式不同,锚具可分为支承式锚具(螺丝端杆锚具、镦头锚具等)、夹片式锚具(单孔夹片锚具、多孔夹片锚具和 JM 型锚具等)、锥塞式锚具(钢制锥形锚具、槽销锚具等)和握裹式锚具(压花锚具、挤压锚具)。

1.螺丝端杆锚具

螺丝端杆锚具是由螺丝端杆、螺母及垫板组成的,如图 5-18 所示。其强度不得低于预应力筋的抗拉强度实测值。螺丝端杆锚具适用于锚固直径不大于 36 mm 的冷拉Ⅱ级与Ⅲ级钢筋,也可作为先张法夹具使用。

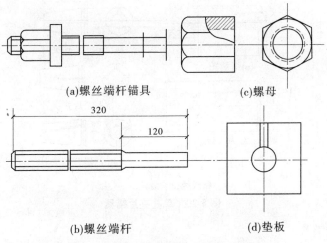

(a)螺丝端杆锚具　　　　　(c)螺母

(b)螺丝端杆　　　　　(d)垫板

图 5-18　螺丝端杆锚具　（单位:mm）

螺杆的长度一般为 320 mm,当构件长度超过 30 m 时,一般为 370 mm,其净截面面积应不小于所焊接预应力筋的面积;螺丝端杆与预应力筋的焊接应在预应力筋冷拉前进行,以防止因焊接高温影响预应力筋的冷强效应,而且焊后再冷拉是对焊接点的一次拉伸检验。冷拉时螺母的位置应在螺丝端杆的端部,经冷拉后螺丝端杆不得发生塑性变形。

2. 帮条锚具

帮条锚具如图 5-19 所示,它可以作为冷拉Ⅱ级与Ⅲ级钢筋固定端锚具用。帮条材料采用与预应力筋同级别的钢筋,衬板采用 Q235 钢。安装帮条时,三根帮条与衬板相接触的截面应在同一垂直面上,避免衬板不均匀受力而产生扭曲;施焊帮条时,严禁在预应力筋上引弧,严禁将地线搭在预应力筋上。

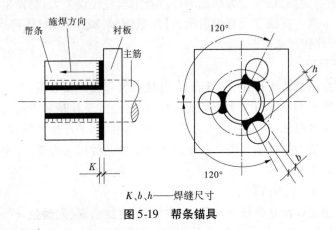

K、b、h——焊缝尺寸

图 5-19　帮条锚具

3. 单孔式锚具

如图 5-20 所示为单孔式锚具示意图,锚具由锚环与夹片组成。夹片的种类很多,按片数可分为三片式与两片式,按开缝形式可分为直开缝与斜开缝。

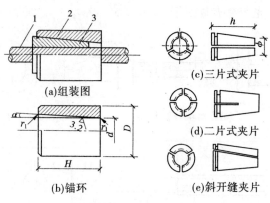

1—钢绞线;2—锚环;3—夹片
图 5-20　单孔夹片锚具

4.钢制锥形锚具

锥形锚具是由钢质锚环和锚塞组成的,如图 5-21 所示。锥形锚具适用于锚固钢丝束,锚环内孔的锥度与锚塞的锥度一致;锚固时,将锚塞插入锚环顶紧,钢丝束就被加紧在锚塞周围。该锚具适用于锚固以锥锚式千斤顶张拉的钢丝束。

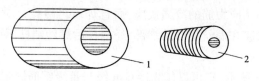

1—锚环;2—锚塞
图 5-21　锥形锚具

锥形锚具的尺寸较小,便于分散布置。锚具工作时,钢丝束锚固呈辐射状态,弯折处受力较大,易使钢丝受伤,钢丝受力状态不好。若钢丝直径误差大,易产生滑丝现象,严重的其至产生钢丝滑落。在锚塞上有细齿槽,可加紧钢丝,减少滑动,还可加大顶锚力。如顶锚力过大,会咬伤钢丝束。

(二)张拉千斤顶

张拉千斤顶包括液压千斤顶、高压油泵、外接油管和测定仪表等。

液压千斤顶按机型不同可分为拉杆式千斤顶、穿心式千斤顶和锥锚式千斤顶等;液压式千斤顶是靠高压油泵驱动,完成预应力筋的张拉、锚固和千斤顶的回程动作的。测定仪表是准确确定张拉应力的计量装置。张拉设备应由专人使用和保管,并定期维护与标定。

1.常用千斤顶型号

1)拉杆式千斤顶(代号 YL)

拉杆式千斤顶是单活塞张拉千斤顶,由主油缸、主缸活塞、回油缸、回油活塞、连接器、传力架、活塞拉杆等组成,如图 5-22 所示。拉杆式千斤顶适用于张拉带螺丝端杆锚具、锥形螺杆锚具、钢丝镦头锚具等锚具的预应力筋。目前常用的是 YL60 型千斤顶,最大张力600 kN,张拉行程 150 mm。

张拉时,先将预应力筋通过连接器与千斤顶连接牢固,千斤顶支撑在构件端部的预埋钢板上。张拉时,高压油推动活塞,拉动螺丝端杆,带动预应力筋伸长;当仪表显示达到设计规定要求时,拧紧螺丝端杆上的螺母;卸下千斤顶,张拉结束。

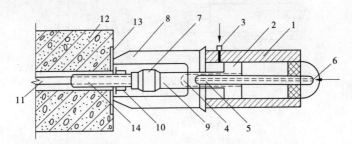

1—主油缸;2—主缸活塞;3—进油孔;4—回油缸;5—回油活塞;6—回油孔;7—连接器;8—传力架;
9—活塞拉杆;10—螺母;11—预应力筋;12—混凝土构件;13—预埋铁板;14—螺丝端杆

图 5-22 拉杆式千斤顶张拉原理示意图

2)穿心式千斤顶(代号 YC)

穿心式千斤顶具有一个穿心孔,是利用双液压缸张拉预应力筋和顶压锚具的双作用千斤顶,既适用于张拉带 JM 型锚具的钢筋束或钢绞线束,也可配上撑脚与拉杆,作为拉杆式穿心千斤顶。穿心式千斤顶系列有 YC20D 型、YC60 型与 YC120 型,如图 5-23 所示为 YC60 型千斤顶构造,它是一种用途最广泛的穿心式千斤顶。

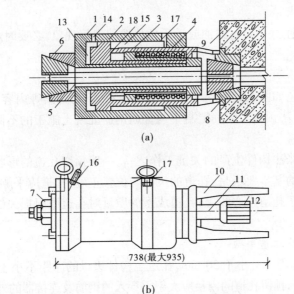

(a)

(b)

1—张拉油缸;2—张拉活塞;3—顶压活塞;4—弹簧;5—预应力筋;6—工具锚;7—螺母;
8—锚环;9—构件;10—撑脚;11—张拉杆;12—连接器;13—张拉工作油室;
14—顶压工作油室;15—张拉同程油室;16—张拉缸油嘴;17—顶压缸油嘴;18—油孔

图 5-23 YC60 型千斤顶 (单位:mm)

3)锥锚式千斤顶(代号 YZ)

锥锚式千斤顶是具有张拉、顶锚和退楔功能的三作用的千斤顶,仅用于带钢制锥形锚具的钢丝束,如图 5-24 所示。

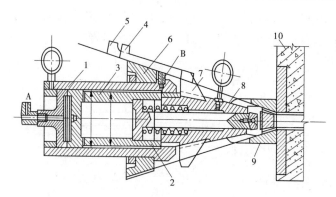

1—主缸;2—副缸;3—退楔缸;4—楔块(张拉时位置);5—楔块(退出时位置);
6—锥形卡环;7—退楔翼片;8—钢丝;9—锥形锚具;10—构件;A、B—进油嘴

图 5-24　锥锚式千斤顶

2. 千斤顶使用注意事项

后张法施工时应根据所用的预应力筋的种类及其锚具等情况,恰当选用,以满足施工质量要求。在选择时,应特别注意:

(1)千斤顶不得在超规定负荷或行程的情况下使用。

(2)当一次张拉指标未达到设计规定时,可考虑分级重复张拉,但所使用的锚具和夹具应满足相应的要求。

(3)张拉时,应注意是否有漏油或千斤顶位置偏斜等现象,必要时应回油调整。

二、后张法施工工艺

后张法施工工艺如图 5-25 所示。其中安装模板、钢筋骨架等内容参见钢筋混凝土等章节,本节仅就后张法预应力钢筋混凝土与普通钢筋混凝土施工的不同之处进行阐述。

(一)预留孔道

预留孔道是后张法构件生产的关键工作之一,一般预留孔道的形状有直线、曲线和折线等类型。对孔道的基本要求是:孔道的尺寸与位置正确,孔道应平顺,接头应不漏浆,端部预埋钢板应垂直于孔道中心线等;孔道成型的质量对孔道摩阻损失的影响较大,应注意严格把关。

1. 预留孔道时应注意事项

(1)预留孔道间距不宜小于 50 mm,孔道至构件边缘的净距不小于 40 mm。

(2)为便于穿筋,预留孔道的内径应大于需穿入的钢筋及连接器的外径等 10~20 mm。

(3)在构件两端及跨中应设置灌浆孔或排气孔,其孔径为 20 mm,孔距≤12 m。

(4)如制作时构件需要预先起拱的,预留孔道应同时起拱。

2. 预留孔道的成孔方式

1)钢管抽芯法

钢管抽芯法适用于直线孔道,该方法要求:钢管的表面必须圆滑,且在预埋前应在钢管上除锈和刷隔离剂;在预应力筋的位置上预埋钢管,在混凝土浇筑后,间隔一定时间转动钢管,待混凝土初凝后、终凝前,抽出钢管,形成预留孔道。

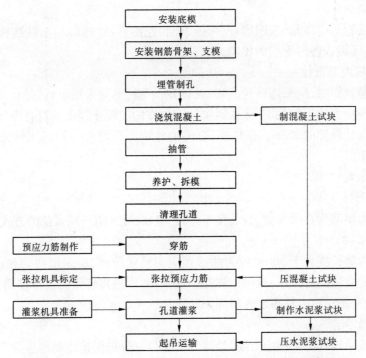

注:对块体拼装构件,还应增加块体验收、拼装、立缝灌浆和连接板焊接等工序。

图 5-25　后张法施工工艺

为固定钢管位置,减小其位移,可采用如图 5-26 所示的钢筋井字架与钢筋骨架相连的方式固定钢管;钢筋井字架每隔 1.0 m 左右设置一道。钢管需接长时,钢管的接头可采用薄铁皮卷曲成管套在接头处(见图 5-27),并注意防止该处水泥的灌入。

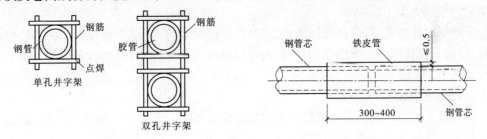

图 5-26　固定钢管或胶管位置的井字架　　图 5-27　钢管或胶管接头处理示意图（单位:mm）

应特别注意抽管的时间,过早会造成塌孔,太晚则抽管困难;抽管的顺序为先上后下,边抽边转,速度均匀,用力与孔道呈一直线。抽管后,应及时检查孔道情况,并做好孔道的清理工作,防止穿筋困难。

2) 胶管抽芯法

胶管抽芯法适用于直线、曲线或折线的孔道留孔。在混凝土浇筑前,应在胶管内充入 0.6~0.8 N/mm² 的压缩空气或压力水;待浇筑的混凝土初凝后,放出压缩空气或水,管径回缩,与混凝土脱离,便于将管子抽出。

3）预埋管法

金属波纹管具有质量轻、刚度好、弯折方便、连接容易、与混凝土黏结良好等优点,埋入混凝土内,可做成各种形状的预应力筋孔道。

（二）预应力筋张拉

预应力筋制作时,应采用砂轮或切割机切断下料,不得采用电弧切割。预应力筋的张拉是后张法预应力施工的关键,张拉时构件或构件的混凝土强度应符合设计要求,且不应低于混凝土设计强度的 75%。张拉前,应将构件端部预埋件与锚具接触处的焊渣、毛刺等残渣清除干净。

1. 张拉方式

1）一端张拉

如预应力钢筋为直线布置,且长度不超过 30 m,可采用一端张拉的方式。

2）两端张拉

当预应力筋长度大于 30 m,或为曲线预应力筋张拉时,应采用两端张拉。可在同一根预应力筋的两端同时张拉,也可以先在一端张拉,然后再将张拉设备移到预应力筋的另一端再张拉,补足预应力后再永久锚固。

2. 张拉顺序

当构件或结构有多束预应力筋时,需分批张拉。分批张拉的顺序应符合设计要求;当设计无规定时,一般应考虑对称张拉的顺序,以避免构件在偏心压力作用下产生扭转或侧弯。分批张拉时,后批张拉时会造成混凝土的进一步变形而造成已张拉批的预应力筋的应力损失,所以先批张拉的预应力筋在确定张拉应力时应考虑此差值。

对施工现场平卧叠制的构件,其张拉的顺序是先上后下、逐层进行;为了减少上下层间因摩擦引起的预应力损失可逐层加大张拉力。根据重叠构件的层数和隔离剂的不同,增加的张拉力为 1%～5%。

根据构件的类型、张拉锚固体系、应力松弛损失等因素,综合确定预应力的张拉操作程序;后张拉程序与先张法相同,一般仍以控制应力为主,但同时进行预应力筋伸长值的校核。

（三）孔道灌浆与封锚

进行孔道灌浆的预应力混凝土也称为有黏结预应力混凝土。有黏结预应力混凝土可以控制构件裂缝的开展,减小两端锚具的负荷应力。

预应力筋张拉、锚固完成后,应立即进行孔道灌浆工作。孔道灌浆的目的首先是保护预应力筋,减少其生锈现象的发生;其次是使预应力筋与混凝土黏结在一起,共同工作。因此,孔道灌浆的质量情况将对钢筋与混凝土间的传力效果影响非常大,应特别注意。

1. 灌浆材料

孔道灌浆应采用强度等级不低于 42.5 的普通硅酸盐水泥配制的水泥浆;为保证水泥浆具有良好的流动性、较小的干缩性和泌水性,水泥浆的水灰比应控制在 0.4～0.45;搅拌后 3 h 的泌水率应控制在 2%,最大不得超过 3%;为改善水泥浆的性能,可掺入适量减水剂,如掺入占水泥质量 0.25% 的木质素磺酸钙等,但严禁掺入含氯化物、硫化氢、硝酸盐等或对预应力筋有腐蚀作用的外加剂。

灌浆用的水泥浆的试块可用边长为70.7 mm的立方体试模制作,试块28 d的抗压强度等级不应低于30 MPa。

2. 灌浆工艺

灌浆前应全面检查预应力筋孔道及灌浆孔、泌水孔、排气孔等是否洁净、畅通。根据设计与施工方案确定是否采用压力水冲洗、润湿孔道。

灌浆用的水泥浆应采用机械搅拌,并须过滤;为防泌水沉淀,水泥浆应不断搅拌;灌浆的顺序宜先灌下层孔道,再灌上层孔道。灌浆工作应缓慢均匀,不得中断,并应注意排气通畅。在灌满孔道至两端冒出浓浆并封闭排气孔后,宜继续加压至0.5~0.7 N/mm²,稳压2 min后再封闭灌浆孔。当孔道直径较大且水泥浆中未掺入微膨胀剂或减水剂时,可采用二次压浆法,其间隙时间宜为30~40 min,以提高灌浆的密实性。

冷天施工时,灌浆前孔道周边的温度需在5 ℃以上,水泥浆的温度在灌浆时宜在10~25 ℃,灌浆后至少5 d保持在5 ℃以上。

3. 端头封锚

预应力筋锚固后的外露长度应≥30 mm,且钢绞线应不小于其直径的1.5倍,多余部分宜采用砂轮锯切割;孔道灌浆后应及时将锚具用混凝土封闭保护。

封锚的混凝土应采用比构件设计强度高一等级的细石混凝土,其尺寸应大于预埋钢板尺寸,锚具的保护层厚度不应小于50 mm;应注意锚具封闭后与周边混凝土间不得有裂纹。

第五节　无黏结预应力混凝土施工

无黏结预应力混凝土是后张法预应力技术的发展,其主要施工工艺为:将无黏结预应力筋准确定位,并与普通钢筋一起绑扎形成钢筋骨架,然后浇筑混凝土;待混凝土强度达到设计要求(不低于混凝土设计强度的75%)后进行预应力张拉,张拉达到要求,用锚具将预应力筋锚固,形成无黏结预应力结构或构件。无黏结预应力因不需要预留孔道,避免了预留孔道、穿预应力筋及压力灌浆等工序,施工方便;但无黏结预应力筋所承受的荷载几乎全部传递给锚具,因此对锚具要求高,锚具周围混凝土承压大,应特别注意。

无黏结预应力特别适用于在曲线配筋的结构或大面积预应力楼板中应用。

一、无黏结预应力筋

无黏结预应力筋应在施加预应力时以及在以后的受力过程中,沿全长与周围混凝土不黏结,因此预应力筋的制作必须注意其特殊性。无黏结预应力筋通常是由预应力筋、涂料层和包裹层组成的,如图5-28所示。

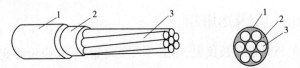

1—塑料护套;2—油脂;3—钢绞线或钢丝束

图5-28　无黏结预应力筋

无黏结预应力筋中的涂料层是使预应力筋与混凝土隔离,减小张拉时的摩擦力,并防止预应力筋腐蚀。涂料层多采用防腐蚀润滑油脂,要求其性能应做到:

(1)抗腐蚀性能好,且应具有良好的化学稳定性,对周围材料无侵蚀作用。

(2)润滑性能好,摩擦阻力小;施工时韧性好,抗机械损伤性好,不断裂、不流淌。

(3)防水性能好,不透水、不吸湿。

包裹层材料常采用高密度聚乙烯塑料,以使其具有足够的抗拉强度、韧性和抗磨性,确保预应力筋在运输、存储、铺设和混凝土浇筑时,不易发生破损,以保护内部的预应力筋。

无黏结预应力筋在工厂制作成型后整盘供应,现场存放时应注意堆放在通风干燥处,露天堆放时应搁置在板架上,并进行覆盖。使用时应按所需长度和锚固要求下料,铺设实际操作时还应综合考虑预应力筋的张拉伸长值、混凝土压缩徐变、锚固端保护层厚度等内容。应注意,无黏结预应力筋不应有死弯,如出现时必须截断。无黏结预应力筋中的每根钢丝均应是通长的,严禁有接头。

二、无黏结预应力筋施工

无黏结预应力筋在铺设前应仔细检查其包裹层,如有局部轻微破损的,需用防水胶带缠绕补好,破损严重的应予以更换。

预应力筋在铺设时,应严格按设计要求的位置、曲线形状正确就位并固定牢靠。为保障钢筋位置准确,可采用垫铁马凳控制;马凳间距一般可控制在 1 m 左右,并将预应力筋与马凳或非预应力筋用铁丝扎牢,防止在混凝土浇筑中预应力筋易位。

无黏结预应力筋一般长度较大,且多为曲线配筋,施加预应力时多采用两端同时张拉;无黏结预应力筋的张拉与普通后张法的张拉方法基本相同,但应采取措施,减小预应力筋与混凝土间的摩阻力。施工时,为降低摩阻力损失值,宜采用多次重复张拉工艺。

无黏结预应力筋一般采用镦头锚具,张拉完毕后,应及时对锚固区进行保护。目前无黏结预应力筋锚固端头处理方法有两种:一是在孔道内注入足量的防腐油脂(以油脂从另一注油孔溢出为止),并加以封闭,如图 5-29 所示。二是在孔道内注入环氧树脂水泥砂浆,要求其抗压强度不低于 35 MPa,灌浆时应同时将锚头封闭,防止钢丝锈蚀,同时也起到一定的锚固作用,如图 5-30 所示。预留孔道中注入油脂或环氧树脂水泥砂浆后,再用 C30 细石混凝土封闭锚头部位,并确保封闭界面不得产生裂缝。

第六节 预应力混凝土工程的质量保证及安全措施

一、张拉设备的标定及选用

施加预应力用的机具设备及仪表,应由专人负责管理,并应做好定期维护和标定(校验)工作。

张拉设备应配套标定,以确定张拉力与压力表读数的关系曲线。标定张拉设备的试验机或测力计精度不得低于2%;压力表的精度不低于 1.5 级,最大量程不小于设备张拉

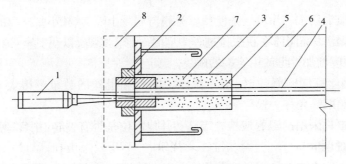

1—油枪；2—锚具；3—端部孔道；4—有涂层的无黏结预应力筋；
5—无涂层的无黏结预应力筋；6—构件；7—注入孔道内的油脂；8—混凝土封闭

图 5-29 锚头端部处理方法一

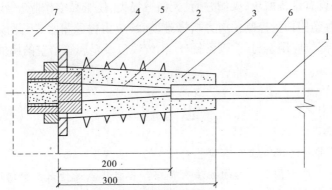

1—有涂层的无黏结预应力筋；2—无涂层的端部钢丝；3—环氧树脂水泥砂浆；

4—锚具；5—端部加固螺旋钢筋；6—构件；7—混凝土封闭

图 5-30 锚头端部处理方法二 （单位:mm）

力的 1.3 倍。张拉设备的标定期限一般不超过半年。如发生千斤顶拆卸修理、千斤顶久置后重新使用、压力表受到碰撞或有失灵现象、更换压力表、张拉中预应力筋发生断裂事故偏多或张拉伸长值误差较大等情况,都应对张拉设备重新标定。

二、预应力施工应注意事项

(一)做好准备工作

预应力施工前,应充分做好准备工作,既要认真学习仪器设备的操作规程,编写合理的施工组织设计,并严格认真执行,又要仔细检查仪器设备,注意所用仪器设备的工作环境和相关要求;应在施工中安排专人负责,随时检查仪器设备的工作情况,发现问题及时处理。

(二)张拉注意事项

(1)在预应力张拉过程中,必须特别注意安全问题,在任何情况下,作业人员不得站在预应力筋的两端,同时在张拉千斤顶的后面应设置防护装置。

(2)操作人员和测量人员应站在千斤顶侧边操作,严格遵守操作规程;油泵在开动过程中,操作人员不得擅自离开,否则应切断电路或把所有的油阀门全部松开。

(3)张拉时应认真做到孔道、锚环与千斤顶三对中,以便张拉工作顺利进行,并尽量减少孔道摩擦损失。

（4）钢丝束镦头锚固体系在张拉过程中应随时拧上螺母，以便安全；锚固时如遇钢丝束偏长或偏短，应增加螺母或用连接器解决。

（5）多根钢丝束同时张拉时，构件截面中断丝和滑丝的数量不得大于钢丝总数的3%，但每根钢丝束只允许一根。

（6）每根构件张拉完毕后，应检查端部和其他部位是否有裂缝，并填写张拉记录表。

（三）其他说明

张拉预应力的方法除采用张拉设备给预应力筋施加张拉力外，还可采用电热张拉法。

电热张拉法是利用热胀冷缩的原理，在钢筋上通电使之热胀伸长，待达到伸长设计值时将两端锚固，随后冷却，使混凝土构件产生预压应力。

电热张拉法具有设备简单、操作方便、无摩擦损失、便于高空作业等优点，但该方法耗电多，仅靠预应力筋伸长量控制预应力指标难度大，应力偏差量多，因此该方法只在机械张拉无法进行的部位应用。另外，碳素钢丝、钢绞线以及金属管留空的构件不得采用电热张拉法。

思考题

5-1　什么是预应力混凝土？有哪些特点？

5-2　使混凝土产生预压应力的方法有哪些？各自特点是什么？如何选用？

5-3　简述先张法的工艺流程和主要设备组成。

5-4　什么是预应力超张拉？其目的和要求是什么？

5-5　为什么在张拉时应严格控制张拉应力？

5-6　简述后张法的工艺流程和主要设备组成。

5-7　后张法孔道灌浆的作用是什么？有何要求？

5-8　简述无黏结预应力施工的特点。

第六章 结构安装工程

结构安装工程在土木工程中占有较大的比重,是主要的分项工程之一。本章主要介绍结构安装时常见的机械类型和安装方式,要求熟悉各种起重机械的特点、原理和选择要求,以及构件吊装工艺中的制作、运输、堆放和吊装要求等。

在工业与民用建筑工程中,如结构按施工方法分类,有一类结构,采用在工厂或施工现场制作或预制构件、在现场进行组装和吊装的方法进行施工,由这些预制构件装配组成的结构称为装配式结构。常见的预制构件包括柱、梁、屋架、板等,现场利用起重设备将这些构件按照设计要求安装就位的施工过程,称为结构安装工程。

由于各构件在预制施工时不需要像现浇结构工程那样必须遵守先后顺序,因此各构件的生产可任意、成批进行,这样既有利于加快工程施工进度,又能提高建筑施工的机械化水平和劳动生产率。结构安装工程可以使结构构件生产工厂化,结构施工装配化。

为充分发挥结构施工装配化的优越性,在拟订结构安装工程施工方案时,要根据房屋的特点、现场机械设备条件、施工工期的要求及施工现场的平面布置等,合理选择吊装机械,确定合理的构件吊装工艺和结构安装流程,选择起重设备的开行路线。本章就工程施工中常用的运输机械、起重机械的类型作简单介绍,并对相关设备的施工方法与施工中应注意的问题进行说明。

第一节 运输机械及起重机械

构件安装工程施工的设备包括索具和起重机械。索具包括白棕绳、钢丝绳、吊具、滑轮组、卷扬机等;起重机械主要有桅杆式起重机、自行式起重机及塔式起重机等。

一、索具

(一)白棕绳

白棕绳由剑麻茎纤维搓成线,由线搓成股,由股再拧成绳,有三股、四股和九股三种,又可分为浸油和不浸油两类。浸油白棕绳不易腐烂,但质料硬,不易弯曲,强度比不浸油的绳降低 10% ~20%。不浸油白棕绳在干燥状态下,弹性和强度较好,但受潮后易腐烂,使用年限较短。

成卷白棕绳在拉开使用时,应先把绳卷平放;为减少绳子扭结,从卷内拉出绳头,然后根据需要切断;切断前应用细铁丝或麻绳将断口两侧扎紧。在穿绕滑轮时,滑轮的直径应大于绳直径的 10 倍;在使用时,如白棕绳发生扭结,应设法抖直,否则绳子受拉容易扭断。应尽量避免白棕绳在粗糙的构件或地面上拖拉;绑扎边角锐利的构件时,应加衬垫。在穿绕滑轮时,滑轮的直径应大于绳直径的 10 倍。白棕绳的允许拉力应根据设计计算确定。

(二)钢丝绳

钢丝绳是由直径相同的光面钢丝捻成钢丝股,由六股钢丝股和一股绳芯搓捻而成的,按每股钢丝的根数可分为 6×19、6×37 和 6×61 三种规格,按钢丝和钢丝股搓捻的方向可分为顺捻绳和反捻绳两种。顺捻绳是每股钢丝的搓捻方向与钢丝股的搓捻方向相同,其柔性好,表面平整,不易磨损,但易松散和扭结卷曲,吊重物时易使重物旋转,因此一般用于拖拉或牵引装置;反捻绳是每股钢丝的搓捻方向与钢丝股的搓捻方向相反,钢丝绳较硬,吊重物时不扭结旋转,多用于吊装。

钢丝绳的允许拉力应满足下式要求

$$[S_g] \leqslant \frac{\alpha F_g}{K} \tag{6-1}$$

式中　$[S_g]$——钢丝绳的允许拉力,kN;

　　　α——换算系数,参见表6-1;

　　　F_g——钢丝绳的钢丝破段拉力总和,kN;

　　　K——钢丝绳的安全系数,参见表6-2。

表 6-1　钢丝绳破断拉力换算系数

钢丝绳结构	6×19	6×37	6×61
换算系数 α	0.85	0.82	0.80

表 6-2　钢丝绳安全系数

用途	安全系数	用途	安全系数
作缆风绳	3.5	用于索、无弯曲时	6 ~ 7
用于手动起重设备	4.5	用于捆绑吊索	8 ~ 10
用于电动起重设备	5 ~ 6	用于载人升降机	14

(三)吊具

1. 吊索

吊索又称千斤绳,主要用于绑扎和起吊构件,分为环状吊索和开式吊索,用于吊索与吊索、吊索与构件的吊环连接件称为卡环(又称卸甲),按销子与弯环的连接方式可分为螺栓式卡环和活络式卡环,如图 6-1 所示。活络式卡环的销子端头和弯环孔眼无螺纹,可直接抽出,常用于柱子吊装。

吊索由白棕绳或钢丝绳制成,在吊装时,吊索的拉力取决于所吊装物体的质量和吊索的水平夹角;施工要求吊索的水平夹角应 $\geqslant 30°$,一般可取 $45° \sim 60°$,如图 6-2 所示。吊索的拉力不应超过吊索的允许拉应力。

2. 横吊梁

横吊梁又称铁扁担,常用于柱和屋架等构件的吊装。用横吊梁吊柱可使柱身保持垂直,便于安装;用横吊梁吊屋架可以降低起吊高度,保证吊索的起吊角度,减小吊装时吊索水平分力对屋架产生相应的压力。

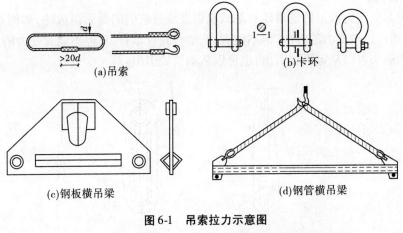

(a)吊索　　　　　　　　　　　　　(b)卡环

(c)钢板横吊梁　　　　　　　　　　(d)钢管横吊梁

图 6-1　吊索拉力示意图

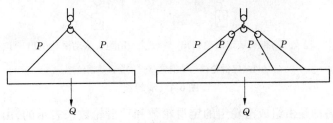

图 6-2　吊索拉力示意图

横吊梁的常用形式如图 6-3 所示:滑轮横吊梁由吊环、滑轮和轮轴等部分组成,一般用于起吊小于 8 t 重的柱;钢板横吊梁由 Q235 钢板制作而成,一般用于 10 t 以下柱的安装;桁架横吊梁用于双机台吊安装柱;钢管横吊梁的钢管长度可达 6~12 m,多用于起吊屋架等长度较大的构件。

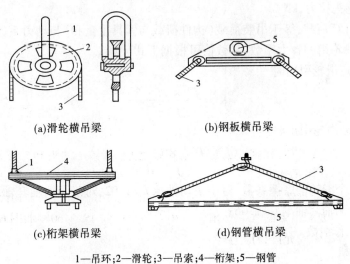

(a)滑轮横吊梁　　　　　　　　　　(b)钢板横吊梁

(c)桁架横吊梁　　　　　　　　　　(d)钢管横吊梁

1—吊环;2—滑轮;3—吊索;4—桁架;5—钢管

图 6-3　横吊梁

（四）滑轮组

滑轮组是由一定数量的定滑轮和动滑轮以及绕过它们的绳索组成的,如图 6-4 所示。其中,定滑轮可以改变力的方向,但不能省力;动滑轮可以省力,但不能改变力的方向。滑轮组的绳索跑头可以从定滑轮引出,也可以从动滑轮引出。

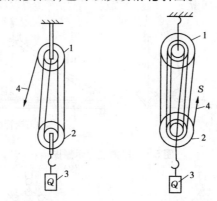

(a)跑头从定滑轮引出　　　　　(b)跑头从动滑轮引出

1—定滑轮;2—动滑轮;3—重物;4—钢丝绳

图 6-4　滑轮组

滑轮组的名称是由组成滑轮组的定滑轮数和动滑轮数来表示的,由四个定滑轮和四个动滑轮组成的滑轮称为"四四"滑轮组,由五个定滑轮和四个动滑轮组成的滑轮组称为"五四"滑轮组,以此类推。

滑轮组能省多少力,其跑头拉力 S 的大小如何,主要取决于滑轮组的工作线数和滑轮轴处的摩擦阻力。滑轮组引出绳头（又称跑头）的拉力,可以用下式确定

$$S = KQ \tag{6-2}$$

式中　S——跑头拉力,kN;

　　　Q——计算荷载,等于吊装荷载(构件荷载与索具重量和)与动力系数的乘积,kN;

　　　K——滑轮组的省力系数,其数值可根据下式计算

当绳头从定滑轮引出时

$$K = \frac{f^n \times (f-1)}{f^n - 1} \tag{6-3}$$

当绳头从动滑轮引出时

$$K = \frac{f^{n-1} \times (f-1)}{f^n - 1} \tag{6-4}$$

式中　f——单个滑轮的摩擦系数,对于滚动轴承 $f = 1.02$,对于青铜轴套轴承 $f = 1.04$,对于无轴套轴承 $f = 1.06$;

　　　n——工作线数。

（五）卷扬机

卷扬机按动力来源可分为手动卷扬机和电动卷扬机。建筑施工中常用的卷扬机为电动式,有慢速和快速两种。慢速卷扬机(JJM)主要用于冷拉钢筋、张拉预应力筋工艺和结构吊装工程;快速卷扬机(JJK)主要用于垂直运输、水平运输和打桩作业。卷扬机的主要

技术参数有卷扬机的牵引力、钢丝绳的速度和卷筒容量等。

1.卷扬机的安装固定方法

卷扬机需要提供的牵引力较大,因此在使用时必须将其固定牢固。工程施工时,常采用地锚予以锚固,以防止工作时卷扬机产生滑动或倾覆等事故。根据卷扬机提供牵引力的大小,固定卷扬机的方法常用的有4种,如图6-5所示:螺栓锚固法、水平锚固法、立桩锚固法和压重锚固法。

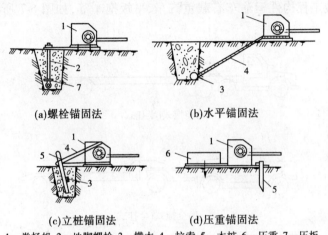

(a)螺栓锚固法　　　　　(b)水平锚固法

(c)立桩锚固法　　　　　(d)压重锚固法

1—卷扬机;2—地脚螺栓;3—横木;4—拉索;5—木桩;6—压重;7—压板

图6-5　固定卷扬机方法

2.卷扬机布置与安装时应注意事项

(1)钢丝绳绕入卷筒的方向应与卷筒轴线垂直。

(2)在卷扬机正前方应设置导向滑车,导向滑车至卷筒轴线的距离≥15倍卷筒长度,即倾斜角 α 值≤2°,如图6-6所示。

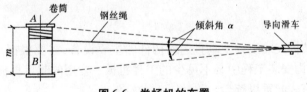

图6-6　卷扬机的布置

(3)卷扬机至构件安装位置的水平距离应大于构件的安装高度,即当构件被吊装到安装位置时,操作者视线仰角应≤45°。

3.卷扬机使用时应注意事项

(1)卷扬机必须有良好的接地或接零装置,接地电阻≤10 Ω。

(2)卷扬机在使用前要先做空载正、反转试验5次,达到扭转平稳,无不正常响声,传动、制动机构灵活可靠,各紧固件及连接部位无松动现象,润滑良好,无漏油现象。

(3)钢丝绳的选用应符合原厂说明书规定。卷筒上的钢丝绳全部放出时应留至少3圈;钢丝绳末端应固定可靠;卷筒边缘外周至最外层钢丝绳的距离应≥1.5倍的钢丝绳直径。

（4）卷筒上的钢丝绳应排列整齐,如发现重叠或斜绕,应停机重新排列;严禁在转动中用手拉、脚踩钢丝绳。

（5）物件提升后,操作人员不得离开卷扬机;停电或休息时,必须将提升物降至地面。

二、运输设备

结构吊装工程的构件运输和履带式起重机的中距离转运,均需要采用运输车辆来完成。常见的安装工程构件运输车有载重汽车、平板拖车等,如图6-7所示为平板拖车示意图。

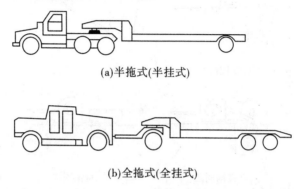

(a)半拖式(半挂式)

(b)全拖式(全挂式)

图 6-7　平板拖车示意图

起重机转移,一般需使用平板拖车;构件运输则根据构件质量和外形尺寸选用载重汽车、平板拖车或拖拉机等;对质量较轻、外形尺寸不大的构件（如 1.5 m×6 m 的屋面板、6 m 的吊车梁等）,相比较载重汽车和平板拖车,因为载重汽车运输效率高,对道路的转弯半径要求小,一般选用载重汽车。如运输质量较重且长的构件,如柱、屋架等,则常使用平板拖车,在较偏僻地区,有时使用拖拉机作为牵引车进行运输。

三、起重机械

起重机械是结构安装工程中垂直运输构件的主要设备,需要根据工程特点和实际情况适当选择,是结构安装工程中必不可少的工程机械。常用的起重机械有桅杆式起重机、自行式起重机和塔式起重机等。

（一）桅杆式起重机

桅杆式起重机又称拔杆或把杆,它是用木材或钢管制作的,是最简单的起重设备。常用的桅杆式起重机有独脚拔杆、人字拔杆、悬臂拔杆和牵引式桅杆起重机等。桅杆式起重机的特点是:制作简单、拆装方便、受环境限制小、起重量大,特别是大型构件吊装而又缺少大型起重机械时,桅杆式起重机械更显示出它的优越性;但该起重机械需要设较多的缆风绳,因此要移动位置比较困难,而且这种起重机械的起重半径小,灵活性差。因此,桅杆式起重机一般用于缺乏其他起重机械或安装工程量比较集中,施工场地狭小而构件又比较集中的工程。

1.独脚拔杆

按材料分,独脚拔杆有木质独脚拔杆、钢管独脚拔杆和型钢格构式拔杆三种。独脚拔杆是由拔杆、起重滑轮组、卷扬机、缆风绳及锚碇等组成的,如图6-8所示。

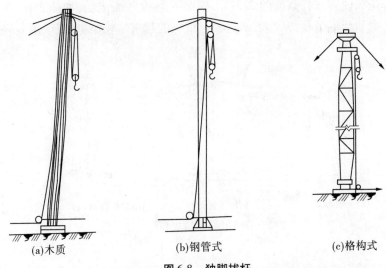

(a)木质　　　　　　(b)钢管式　　　　　(c)格构式

图6-8　独脚拔杆

拔杆主要是依靠缆风绳来保持稳定的,因此缆风绳的根数应根据起重量、起重高度以及缆风绳的强度而定,缆风绳的数量一般应设置6～12根,但最少不得少于4根;缆风绳与地面的夹角 α 一般取30°～45°,角度过大会对拔杆产生较大压力。独脚拔杆在使用时,拔杆应保持一定的倾角,一般应不超过10°,以便吊装构件时避免对拔杆的碰撞。

独脚拔杆在竖立时可以采用滑行法、旋转法和起扳法等方法。

2. 人字拔杆

人字拔杆是由两根圆木(或钢管)、缆风绳、滑轮组、导向轮等组成的,在人字拔杆的顶部交叉处悬挂滑轮组,拔杆下端两脚的距离为高度的1/3～1/2;考虑到受力合理,使用方便,人字拔杆的两杆在顶部相交成的角度一般取20°～30°,以钢丝绳绑扎或铁件铰接。人字拔杆的缆风绳一般不少于5根,如图6-9所示。

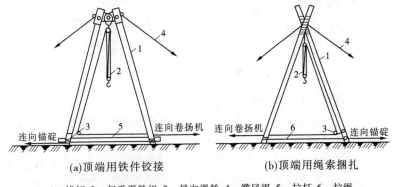

(a)顶端用铁件铰接　　　　　　(b)顶端用绳索捆扎

1—拔杆;2—起重滑轮组;3—导向滑轮;4—缆风绳;5—拉杆;6—拉绳

图6-9　人字拔杆

人字拔杆具有侧向稳定性好,缆风绳用量少的特点,但人字拔杆起吊构件活动范围小,一般仅用于安装重型柱,也可作为辅助起重机设备用于安装厂房屋盖上的轻型构件。

3. 悬臂拔杆

悬臂拔杆是在独脚拔杆高度的 2/3 处,安装一起重臂而成的,如图 6-10 所示。它的特点是起重高度和起重半径都较大,但这种起重机的起重量较小,多用于吊装轻型材料或构件等。

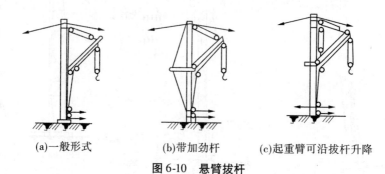

(a)一般形式　　　　　(b)带加劲杆　　　　　(c)起重臂可沿拔杆升降

图 6-10　悬臂拔杆

4. 牵引式桅杆起重机

牵引式桅杆起重机是在独脚拔杆下端安装一根可以回转和起伏的起重臂而成的,如图 6-11 所示。这种起重机不仅起重臂可以起伏,而且整个机身可进行 360°回转,因此可以把构件吊装起来运到有效半径内的任何位置,而且它具有起重量和起吊半径都较大的特点,有较强的灵活性,但相应要求的缆风绳的数量也较多,且应注意不能影响起重臂的起伏和回转。

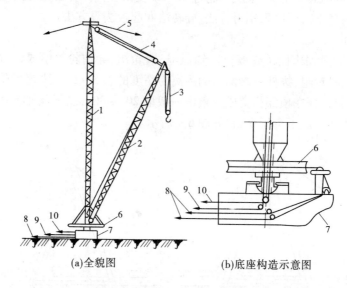

(a)全貌图　　　　　　　(b)底座构造示意图

1—拔杆;2—起重臂;3—起重滑轮组;4—变幅滑轮组;5—缆风绳;
6—回转盘;7—底座;8—回转索;9—起重索;10—变幅索

图 6-11　牵引式桅杆起重机

(二)自行式起重机

自行式起重机是指无需组装,可以直接使用,而且其位置可以自行移动的起重机。这类起重机的特点是起重机灵活性大,移动方便,有利于加快施工进度。常见的自行式起重机类型包括汽车式起重机、轮胎式起重机和履带式起重机。

1. 汽车式起重机

汽车式起重机是装在普通汽车底盘或特制汽车底盘上的一种起重机,是自行式全回转式起重机,它的汽车驾驶室与起重机操作室是分开的,如图 6-12 所示。汽车式起重机具有行驶速度快、转移迅速、机动性强的特点,而且对路面的破坏性小。因此,汽车式起重机特别适用于流动性大,经常变换地点的作业方式。但这种起重机的稳定性较差,为提高其稳定性,尽量避免起重过程中对汽车底盘及轮胎造成更大的压力,在吊装物体时,应首先平整场地,以保证机身基本水平,伸其支腿并支撑牢固。另外,汽车式起重机不适合在泥泞或松软的地面上工作,也不能带负荷行驶。

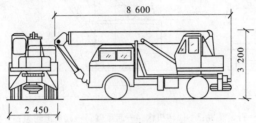

图 6-12　汽车式起重机 （单位:mm）

根据起重量的大小,可将汽车式起重机划分为轻型、中型和重型三种。其中,起重量在 20 t 以内的为轻型,起重量大于或等于 50 t 的称为重型。按起重臂的形式可分为桁架臂和箱形臂两种形式;按照传动形式可分为机械传动、液压传动和电力传动等方式。

2. 轮胎式起重机

轮胎式起重机是把起重机安装在加重型轮胎和轮轴组成的特质底盘上的一种全回转式起重机,其上部构造与履带式起重机基本相同,但行走装置为轮胎,如图 6-13 所示。因此,轮胎式起重机可以在城市的路面上行驶而不会伤害路面。轮胎式起重机也设有四个可伸缩的支腿,在平坦的道路上,如吊装质量小的构件,可不放支腿;一般情况考虑轮胎的承载能力,应使用支腿,而且使用支腿可以大大增加起重机的稳定性。轮胎式起重机可用于装卸和一般工业厂房的安装及低层混凝土结构预制板的安装工作。

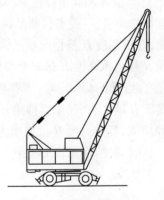

图 6-13　轮胎式起重机

同汽车式起重机相比,轮胎式起重机的横向尺寸较大,所以其稳定性较好,而且轮胎式起重机的车身短,转弯半径小,但行驶速度较慢,所以不适宜长距离行驶,也不适于在松软或泥泞的地面上工作。

3. 履带式起重机

履带式起重机是一种自行式、能够进行 360° 回转的起重机,如图 6-14 所示。它操作灵活,行驶方便,可在一般道路上行驶,对道路的承载力要求不高,在平整坚实的道路上还可负载行驶,但行走速度较慢;履带对路面的破坏性较大,因此当需要长距离移动时,需用平板拖车运输。

履带式起重机有较大的起重能力和工作速度,且其臂杆可以接长或更换,但其稳定性差,因此不宜超负荷吊装,一般常用于单层工业厂房、旱地桥梁等结构的安装及其他吊装工程。

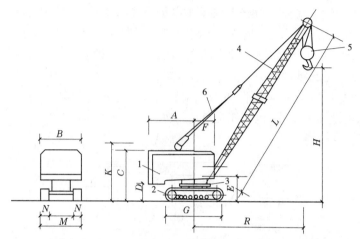

1—机身;2—行走装置;3—回转机构;4—起重臂;5—起重滑轮组;6—变幅滑轮组

图 6-14　履带式起重机

1)履带式起重机的技术性能

履带式起重机是一种常用的起重机械,其主要技术性能包括三个主要参数:起重量 Q、起重半径 R 和起重高度 H。起重量 Q 是指起重机安全工作情况下所允许起吊的最大起重物的质量,一般不包括吊钩的质量;起重半径 R 是指起重机回转中心至吊钩的水平距离;起重高度 H 是指起重吊钩中心至停机面的垂直距离。需注意的是,起重量 Q、起重半径 R 和起重高度 H 这三个参数间存在相互制约的关系,而且与起重臂的长度 L 和仰角 α 有关;当臂长 L 一定时,随着起重臂仰角 α 的增加,起重量 Q 增加,起重半径 R 减小,起重高度 H 增大;当起重臂仰角 α 一定时,随着起重臂长度的增加,起重量 Q 减小,起重半径 R 增大,起重高度 H 也将增大。

目前,在结构安装工程中常用的国产履带式起重机主要有以下几种型号:W_1-50、W_1-100、W_1-200、西北 78D(80D)等,履带式起重机的外形尺寸参见表 6-3,其技术性能参见表 6-4。

2)履带式起重机的操作要求

为了保证施工安全,履带式起重机在操作中应注意以下问题:

(1)起重机作业范围内不得有影响作业的障碍物,起重臂下方不得有人通过或停留,严禁用起重机载运人员。

(2)起重机必须按规定的起重性能作业,不得起吊质量不明的物体,严禁用起重机钩斜拉、斜吊;吊装前应首先试吊。

(3)满载起吊时,起重机必须置于坚实的水平地面上,先将重物吊离地面 200 ~ 300 mm,经检查并确认起重机的稳定性、制动器的可靠性和绑扎的牢固性后,再继续起吊;起吊时,动作要平稳,禁止同时进行两种及两种以上的动作。

（4）对无提升限定装置的起重机，起重臂最大仰角不得超过78°。

（5）双机台吊时，构件的质量不得超过两台起重机所允许起重量总和的75%。

（6）起重机负载行走时，起重臂应与履带平行，重物应拴控制摆动的拉绳。

表6-3　履带式起重机外形尺寸　　　　　　　　　　（单位：mm）

符号	名称	型号			
		W₁-50	W₁-100	W₁-200	西北78D（80D）
A	机身尾部距回转中心的距离	2 900	3 300	4 500	3 450
B	机身宽度	2 700	3 120	3 200	3 500
C	机身顶部到地面的距离	3 220	3 675	4 125	—
D	机身底部到地面的距离	1 000	1 045	1 190	1 220
E	起重臂下铰中心距地面高度	1 555	1 700	2 100	1 850
F	起重臂下铰中心至回转中心距离	1 000	1 300	1 600	1 340
G	履带长度	3 420	4 005	4 950	4 500（4 450）
M	履带架宽度	2 850	3 200	4 050	3 250（3 500）
N	履带板宽度	550	675	800	680（760）
J	行走底架距地面高度	300	275	390	310
K	机身上部支架距地面高度	3 480	4 170	6 300	4 720（5 270）

表6-4　履带式起重机技术性能

参数		单位	型号						
			W₁-50			W₁-100		W₁-200	
	起重臂长度	m	10	18	18［带鸟嘴］	13	23	15	30	40
	最大起重半径	m	10	17	10	12.5	17	15.5	22.5	30
	最小起重半径	m	3.7	4.5	6	4.23	6.5	4.5	8	10
起重量	最小起重半径时	kN	100	75	20	150	80	500	200	80
	最大起重半径时	kN	26	10	10	35	17	82	43	15
起重高度	最小起重半径时	m	9.2	17.2	17.2	11	19	12	26.8	26
	最大起重半径时	m	3.7	7.6	14	5.8	16	3	19	25

3）履带式起重机的稳定验算

起重机的稳定性是指整个机身在起重作业时的稳定程度。履带式起重机在进行超负荷吊装或接长吊杆时，应特别注意进行稳定性验算，以保证起重机在吊装中不会发生倾覆事故。根据受力分析，在起重臂与起重机行驶方向垂直时，起重机的稳定性最差，如图6-15所示，此时，应以履带中心点 A 为倾覆中心，验算起重机的稳定性。

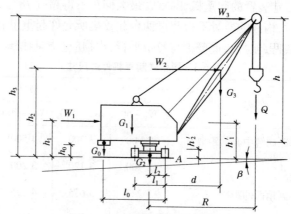

图 6-15　履带式起重机稳定验算

（1）当考虑吊装荷载以及附加荷载（如刹车惯性力、回转离心力，以及风荷载等）时，起重机的稳定性应满足式（6-5）

$$K_1 = M_稳 / M_倾 \geqslant 1.15 \tag{6-5}$$

（2）当仅考虑吊装荷载，不考虑附加荷载时，起重机的稳定性应满足式（6-6）

$$K_2 = M_稳 / M_倾 \geqslant 1.4 \tag{6-6}$$

以上两式中，K_1、K_2 为稳定安全系数。为计算方便，倾覆力矩取由吊重一项所产生的使起重机可能倾覆的力矩，而稳定力矩则取全部稳定力矩与其他倾覆力矩之差；在施工中，为计算简单，常采用 K_1 验算。将上式展开如下

$$K_1 = \frac{G_1 l_1 + G_2 l_2 + G_0 l_0 - (G_1 h_1 + G_2 h_2 + G_0 h_0 + G_3 h_3)\sin\theta - G_3 l_3 - M_F - M_G - M_L}{(Q + q)(R - l_3)} \geqslant 1.15 \tag{6-7}$$

$$K_2 = \frac{G_1 l_1 + G_2 l_2 + G_0 l_0 - G_3 h_3}{(Q + q)(R - l_3)} \geqslant 1.4 \tag{6-8}$$

$$M_F = W_1 h_1 + W_2 h_2 + W_3 h_3 \tag{6-9}$$

$$M_G = P_G (R - l_2) = \frac{Qv}{gt}(R - l_2) \tag{6-10}$$

$$M_L = P_L h_3 = \frac{(Q + q)Rn^2}{900 - n^2 h} h_3 \tag{6-11}$$

式中　　G_0——起重机的平衡重的重量，kN；

　　　　G_1——起重机机身可转动部分的重量，kN；

　　　　G_2——起重机机身不转动部分的重量，kN；

　　　　G_3——起重臂的重量，当起重臂接长时，应为起重臂接长后的合计重量，kN；

　　　　Q——吊装物体的重量，包括构件及索具等的重量，kN；

　　　　q——起重滑轮组与吊钩的重量，kN；

　　　　l_0、l_1、l_2、l_3——上述对应 G_0、G_1、G_2、G_3 的重心至倾覆中心点 A 的距离，m；

　　　　M_F——风荷载产生的倾覆力矩，kN·m；

　　　　W_1、W_2、W_3——作用在相应部位的风荷载，kN；

h_1、h_2、h_3——相应的风荷载到地面的作用距离,m;

M_G——构件下降时突然刹车产生的惯性力引起的倾覆力矩,kN·m;

P_G——起吊过程中,构件下降时突然刹车产生的惯性力,kN;

v——吊钩下降速度,m/s,取吊钩起吊速度的1.5倍;

g——重力加速度,$g = 9.8$ m/s²;

t——从吊钩下降速度 v 变到0所需制动时间,取1 s;

M_L——起重机回转时的离心力所引起的倾覆力矩,kN·m;

P_L——起重机回转时产生的离心力,kN;

n——起重机回转速度,取1 r/min;

h——所吊构件处于最低位置时,其重心至起重臂顶端的距离,m。

当进行超负荷吊装或接长起重臂吊装时,需对起重臂进行工作状态下和非工作状态下的强度和稳定验算。

(三)塔式起重机

塔式起重机是一种具有垂直塔身的全回转臂式起重机,它塔身直立,起重臂安装在塔身顶部并可做360°回转,具有较高的起重高度、较大的工作幅度和起重能力,工作速度快、生产效率高,机械运转安全可靠,操作和安拆方便,除结构安装工程外,也广泛应用于多层和高层建筑的垂直运输。塔式起重机具有较大的工作空间,其安装位置应尽量靠近在建施工的建筑物。

塔式起重机的种类繁多,一般按其起重能力、行走机构等可分为多种类型,其特点参见表6-5。常见的塔式起重机的类型有轨道式起重机、爬升式起重机和附着式起重机。

表6-5　塔式起重机的类型和特点

分类指标	类型	特点
起重能力	轻型	起重能力 5~30 kN
	中型	起重能力 30~150 kN
	重型	起重能力 150~400 kN
行走机构	固定式	整体稳定性好,与轨道行走比,起重量 Q 和起重高度 H 大
	轨道行走式	机动性强、变换位置方便,但稳定性较固定式差
高度变化	附着式	平面坐标不变,垂直位置可随在建工程的工作面升高而加高
	内爬式	
变幅方式	起重臂变幅	起重臂与塔身铰接,变幅时调整起重臂的仰角
	起重小车变幅	变幅简单、操作方便,可负荷变幅,工作幅度大
回转方式	下回转式	回转机构在塔身下部,塔身与起重臂同时旋转,因此起重量和起重高度受限
	上回转式	固定式、自升式均属于上回转式;特点是结构简单,安装方便,但重心高,塔身需加配重

1. 轨道式起重机

轨道式塔式起重机能在直线或曲线的轨道上行驶,能负荷行走,又可称为自行式塔式起重机;能同时完成垂直和水平运输,生产效率高;但需要铺设轨道,装拆、转移麻烦,因此机械台班费用高。另外,轨道式塔式起重机需要在轨道上行走,因此其稳定性较固定式差,其起重量、起重高度和起重半径都受限。常用的型号有 QT1 – 2 型、QT1 – 6 型、QT – 60/80 型等,如图 6-16 所示。

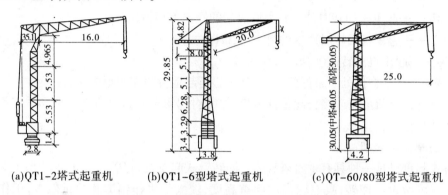

(a)QT1-2塔式起重机　　(b)QT1-6型塔式起重机　　(c)QT-60/80型塔式起重机

图 6-16　轨道式塔式起重机　（单位:m）

2. 爬升式起重机

爬升式塔式起重机又称为内爬式塔式起重机,一般安装在建筑物的电梯井或特设的开间内的结构上,借助爬升系统随结构的升高而加高,适用于现场狭窄的高层建筑结构施工。爬升式起重机的爬升过程如图 6-17 所示。

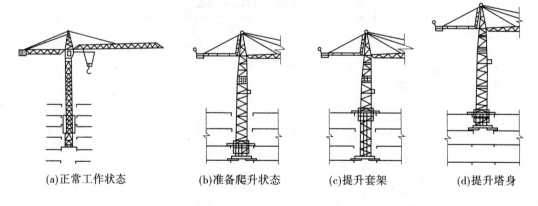

(a)正常工作状态　　(b)准备爬升状态　　(c)提升套架　　(d)提升塔身

图 6-17　爬升式起重机爬升示意图

爬升式起重机的特点是:起重机塔身短、质量轻,起重高度大,安装简单,以建筑物作为支撑,不占建筑物外围空间;缺点是在作业时,司机不能看到起吊的全过程,需通过信号指挥。

3. 附着式起重机

附着式塔式起重机直接固定在建筑物近旁的混凝土基础上,借助顶升系统随建筑物的增高而自行向上接高或向下拆除。为了提高其稳定性,减少塔身的计算自由长度,规定每隔 10 ~ 20 m 将塔身与建筑物用锚固装置连接起来,如图 6-18 所示。该起重机适用于高层建筑施工,常用的型号有 QT4 – 10 型、QT1 – 4 型等。

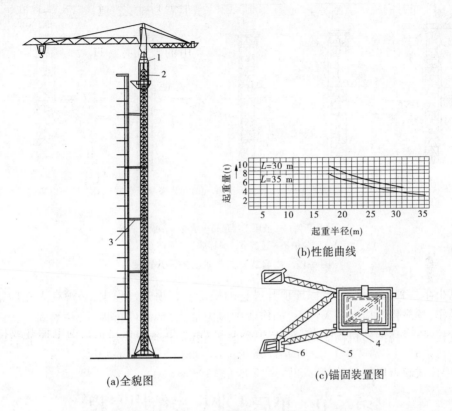

(a)全貌图

(b)性能曲线

(c)锚固装置图

1—液压千斤顶;2—顶升套架;3—锚固装置;4—塔身套箍;5—撑杆;6—柱套箍

图 6-18 附着式塔式起重机

附着式塔式起重机的顶升接高系统由顶升套架、引进轨道及小车、液压顶升级组等三部分组成;液压爬升系统主要包括顶升塔架、长行程液压千斤顶、支承座、顶升横梁以及定位销等。液压千斤顶的缸体装在塔吊上部结构的底端承座上,活塞杆通过顶升横梁支承在塔身顶部,其顶升过程可分以下五个步骤,如图 6-19 所示。

(1)将标准节吊到摆渡小车上,并将过渡节与塔身标准节相连的螺栓松开,准备顶升,如图 6-19(a)所示。

(2)开动液压千斤顶,将塔吊上部结构包括顶升套架向上顶升超过一个标准节的高度,然后用定位销将套架固定;塔吊重量通过定位销传递到塔身,如图 6-19(b)所示。

(3)液压千斤顶回缩,形成引进空间,将装有标准节的摆渡小车开到引进空间内,如图 6-19(c)所示。

(4)利用液压千斤顶稍微提起接高的标准节,推出摆渡小车,将标准节平稳地落在下面的塔身上,并用螺栓拧紧,如图 6-19(d)所示。

(5)拔出定位销,下降过渡节,使之与已接高的塔身连成整体,如图 6-19(e)所示。

重复以上的工序,一次一般要接高若干节塔身标准节;注意在顶升前,必须将平衡重

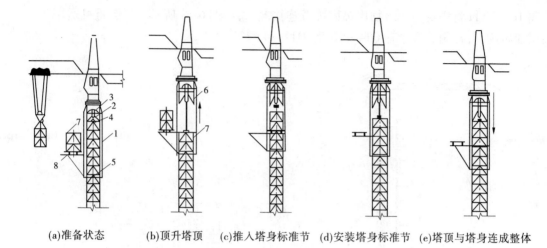

(a)准备状态　　(b)顶升塔顶　　(c)推入塔身标准节　　(d)安装塔身标准节　　(e)塔顶与塔身连成整体

1—顶升套架;2—液压千斤顶;3—承座;4—顶升横梁;
5—定位销;6—过渡节;7—标准节;8—摆渡小车

图 6-19　附着式塔式起重机的顶升过程

和起重小车移到指定位置,以保证顶升过程的稳定。在顶升过程中,必须有人专门指挥,专人操作;顶升作业应在白天进行,如作业中风力加大,必须停止顶升,并紧固连接螺栓;顶升过程中,应将回转机构制动,严禁回转塔身及其他作业;发现问题,及时停止,待排除故障后再继续。

第二节　单层工业厂房结构安装

　　单层工业厂房由于构件类型少,数量多,主要承重构件除基础为现浇构件外,其他构件如基础梁、柱、吊车梁、屋架等,均为预制构件,一般采用装配式钢筋混凝土结构。施工过程中,将会根据运输能力、构件的尺寸和质量等因素综合确定施工方案;预制构件中较大型的一般在施工现场就地制作;中小型的多集中在工厂生产,然后运送到现场安装,且单层工业厂房平面空间大,高度较高,有利于机械化施工。如图 6-20 所示,单层工业厂房的主导工作是结构吊装。

一、结构安装前准备工作

　　单层工业厂房的结构构件有柱、连系梁、吊车梁、屋架、天窗架、支撑系统和屋面板等,在工程施工过程中,需要根据设计要求,分别将构件各自就位,因此结构吊装工程是一个工序严谨、环环相扣的过程,而且在吊装时工期紧、要求高,吊装前必须充分做好准备工作。

　　由于工业厂房需吊装的构件种类数量多、时间紧,为了进行合理有序的施工,在进行吊装前,必须首先做好各项准备工作,其中包括清理及平整场地,修建临时道路;构件运输、就位和堆放;构件的强度、型号、尺寸、数量和外观等的检查;构件的拼装与加固;构件

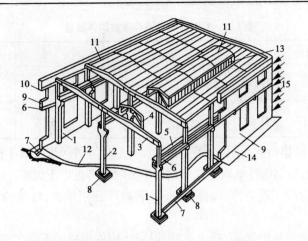

1—边列柱;2—中列柱;3—屋面大梁;4—天窗架;5—吊车梁;6—连系梁;7—基础梁;8—基础;
9—外墙;10—圈梁;11—屋面板;12—地面;13—天窗扇;14—散水;15—风力
图 6-20　单层工业厂房装配式钢筋混凝土骨架及主要构件

的弹线、编号及吊具的准备以及施工现场的供水、供电准备;基础的准备等。

(一)构件的运输

在工厂生产或施工现场制作的构件,在进行吊装前都要运送到吊装的指定地点就位。施工中需要根据构件的外形尺寸、质量大小、数量、运距以及现场条件等因素综合选定合适的运输方式,构件在运输过程中,必须保证构件不损坏、不变形,并为吊装工作创造有利条件。一般应考虑以下因素:

(1)运输时,所运输的构件的混凝土强度等级必须满足设计要求;当无设计规定时,不得低于混凝土设计强度的 70%,屋架和薄壁构件应达到 100%。

(2)运输道路必须平整坚实,具有足够的路面宽度和转弯半径。

(3)钢筋混凝土构件的垫点和装卸车时的吊点,不论上车运输或卸车堆放,都应按设计要求进行。叠放在车上或堆放在现场的构件,构件间的垫木要在同一垂直位置上,且厚度相等。

(4)构件在运输时要固定牢固,以防止中途倾倒;运输速度应根据施工现场路面确定。

(5)构件进场应按结构构件吊装平面布置图所示位置堆放,以避免二次搬运。

(二)构件的堆放

构件的堆放场地有专用堆放场地、临时堆放场地和现场堆放场地三种,前两种多设置在预制构件厂及附近,现场堆放场地是指构件在施工现场预制的场地和构件吊装前运输到现场安装地点就位堆放及拼装的场地。现场堆放场地内构件堆放的平面布置根据施工组织设计确定。

为有计划地安排施工场地,充分利用现有资源,应根据构件的类型、外形尺寸及堆放方式等,进行核算,统筹规划,以期提高场地利用效率。每平方米堆场可堆放的构件数量可参考表 6-6。

表 6-6　　每平方米场地可堆放构件数量

项次	1	2	3	4	5	6	7
构件名称	柱	吊车梁	基础梁	托架	屋架	楼梯踏步	大型屋面板、间壁板、楼梯板
可堆放构件数量（件/m²）	0.10	0.15	0.20	0.21	0.12	4.00	0.80

构件的堆放应根据构件的刚度、受力情况和外形尺寸等因素采取平放或立放；一般板类构件采取平放，桁架类构件采取立放。构件堆放时应考虑以下因素：

（1）构件堆放应按工程名称、构件类型、吊装顺序分别堆放，堆放位置应在起重机械的回转半径内。

（2）堆放场地必须平整坚实，排水良好，以防止构件因地面不均匀沉降而造成倾斜或倾倒而破坏；堆放构件时应使构件与地面间留有一定的空隙。

（3）构件就位时，应根据设计的受力情况搁置在垫木或支架上，并应保持其稳定。

（4）重叠堆放的构件，吊环应向上，标志应朝外；构件间各垫木的位置应在一条垂直线上，并根据构件与垫木的强度、地面承载能力、堆垛的稳定性以及施工方便性来确定堆垛的高度。

（5）采用支架靠放的构件，必须对称靠放和吊运，构件间应用垫木隔开。

（三）构件的拼装

构件拼装有平拼和立拼两种方法。平拼不需要任何脚手架，焊接多为平焊，所以操作方便，焊接质量容易保证，但焊接后需要增加"翻身、立正"工序，对平面外抗变形能力较差的构件，如屋架等，容易在翻身时产生多余变形或损坏。因此，平拼一般仅适用于小型构件的拼装；对于大型构件，如跨度在 9 m 以上的天窗架和跨度在 18 m 以上的桁架，应采用立拼。

为了减少构件翻身、立正时产生损坏，对于侧向刚度较差的构件，如屋架、天窗架等，在翻身、立正时可采用增加横杆进行临时加固等方法，如图 6-21 所示。

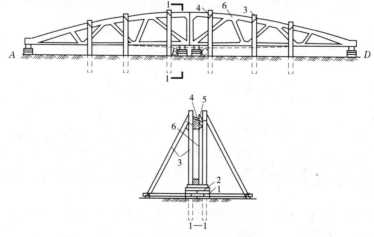

1—砖砌支垫；2—方木或钢筋混凝土垫块；3—三角架；4—8#铅丝；5—木楔；6—屋架块体

图 6-21　预应力混凝土屋架的拼装

（四）构件的质量检查、弹线及编号

为提高工程质量，加强工程管理，减少返工现象，在吊装工作开始前，应对所有的构件在吊装前进行一次全面的检查，检查的内容主要包括构件的外形和构件的强度等。

1. 构件的外形

构件的外形检查主要是检查构件的型号、外形尺寸、数量，预埋件的位置，预留洞口的位置与尺寸，构件表面是否存在蜂窝、麻面、裂缝等缺陷，以及偏差结果是否符合施工验收规范规定要求，进行拼装的构件还必须检查拼装的效果是否符合设计要求。

2. 构件的强度

在吊装过程中，构件要受到自重和其他外来荷载的作用，因此要求构件的混凝土强度必须达到设计要求后才可以进行吊装。如设计无要求，像柱等构件需达到设计强度的70% 以上，像屋架等需达到设计强度的100% 。

3. 弹线与编号

经检查质量合格的构件在清理后，即可在其上面弹出吊装定位准线，以作为吊装安装定位、校正的依据。具体做法是：

首先在柱身的三面弹出几何中心线，此线应与柱基础杯口上的定位轴线相吻合；在柱顶面、牛腿面上要弹出屋架、吊车梁的吊装定位线。

其次，在屋架上弦顶面上弹出几何中心线，并延伸至屋架两端下部，再从屋架中心向两端分别弹出天窗架、屋面板的吊装准线；在屋架的两个端头弹出屋架的吊装定位线，以便使屋架安装对位及校正；吊车梁应在其两端及顶面弹出吊装定位线。

在对构件弹线的同时，还应依据设计图纸对构件进行编号，并标注在明显位置，对上下、左右难以分辨的构件还应注明方向，并均应标注在统一的位置上。

（五）基础的准备

装配式混凝土柱一般为杯形基础，基础准备工作的内容主要包括基础的杯口弹线和杯底抄平。

1. 杯口弹线

在杯口顶面弹出纵、横定位轴线及柱相对应的吊装定位线，作为柱吊装对位及校正的依据，如图 6-22 所示。

2. 杯底抄平

为了保证柱牛腿面标高的准确，在吊装前要对杯形基础的杯底标高进行调整（或称为抄平）。调整前应首先测量出杯底原有的标高，如柱子截面较小，可只测杯底的中点，如柱子截面较大，应测量四个角点；然后测量出柱脚低面至牛腿面的实际长度，计算出杯底标高的调整值，并标注在杯口内；最后用 1∶2 水泥砂浆或细石混凝土将杯底的偏差找平，以保证柱牛腿顶面的设计标高准确。杯底标高调整完成后，应采取相应的措施加以保护，以防杂物落入。

应注意，为减少柱牛腿顶的超高现象，在进行基础施工时，一般应控制杯底标高先略低于设计标高（通常低 50 mm），待杯底抄平时再调整至设计标高。

基础杯口顶面定位线与柱身定位线相对应，可确定柱子在吊装时是否达到设计位置。

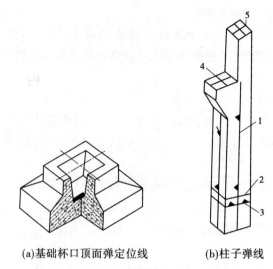

(a)基础杯口顶面弹定位线　　　　　　(b)柱子弹线

1—柱身对位线;2—地坪标高线;3—基础顶面线;4—吊车梁对位线;5—柱顶中心线

图 6-22　基础杯口顶面弹定位线

二、构件吊装工艺

构件的吊装过程一般包括绑扎→吊升→对位→临时固定→校正→最后固定等。

(一)柱的吊装

1. 柱的绑扎

柱的绑扎位置和绑扎点数,应根据柱的长度、形状、截面、配筋部位、设计要求、吊装方式和起重机性能情况等因素综合确定。其合理的绑扎点位置,应按柱子吊装时产生的应力大小满足设计要求,一般可按吊装时,柱产生的正负弯矩绝对值相等的原理来确定。一般地,对自重在 13 t 以下的中、小型柱,绑扎一点;对重型柱或配筋小而细长的柱需要绑扎两点,甚至三点。

有牛腿的柱,一点绑扎的位置常选择在牛腿以下,如上部较长,也可绑扎在牛腿以上。工字形截面柱的绑扎点应选择在矩形截面处,否则应在绑扎位置用方木加固翼缘。双肢柱的绑扎点应选在平腹杆处。在吊索与构件间应垫上麻袋、木板等,以免吊索与构件间摩擦造成相互损伤。

按柱起吊后柱身是否垂直,可将绑扎方法分为斜吊法和直吊法。

1)斜吊法

如图 6-23 所示,当柱的宽面抗弯能力能满足起吊要求,柱身较长,起重杆长度不足时,可采用一点绑扎法。该方法的特点是直接把柱在平卧的状态下,从底模上吊起,不需要翻身,也不用铁扁担;柱身起吊后呈倾斜状,吊索在柱宽面的一侧,起重钩可低于柱的顶面,起重高度可较小。但柱身倾斜,将会使就位、对正比较困难。

2)直吊法

当柱平放起吊的抗弯强度不足时,需将柱翻身,然后起吊,如图 6-24 所示。这种方法起吊柱子在翻身后,柱该方向的刚度大,抗弯能力强;起吊后柱呈竖直状态,与基础杯底垂

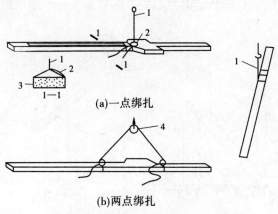

(a)一点绑扎

(b)两点绑扎

1—吊索;2—椭圆销卡环;3—柱子;4—滑车

图 6-23 斜吊绑扎法

直,容易对位。直吊法一般应用横吊梁(铁扁担),起重机吊钩超过柱顶,需要起重机的起重高度比较高,起重臂比较长。

此外,当柱较长、较重时,可采用两点斜吊或直吊。

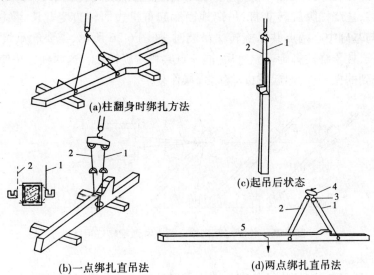

(a)柱翻身时绑扎方法

(b)一点绑扎直吊法

(c)起吊后状态

(d)两点绑扎直吊法

1—第一支吊索;2—第二支吊索;3—滑轮;4—铁扁担;5—柱重心

图 6-24 直吊绑扎法

2.柱的吊升方法

1)单机吊装

根据柱子的长度、质量,起重设备的性能和现场施工条件,确定柱的吊装方案是采用单机吊装还是双机抬吊,采用单机吊装时,吊装方案有旋转法和滑行法两种。

(1)旋转法。

起重机边提升吊钩边回转起重臂,使柱绕柱脚旋转而呈直立状态,然后将其插入杯口,如图 6-25 所示。采用此方法时,应注意尽量将柱布置在柱基础附近,柱脚指向柱基础,同时应使柱的绑扎点、柱脚和基础中心位于以起重半径为半径的圆弧上,因此该方法也称为三点共弧旋转法。

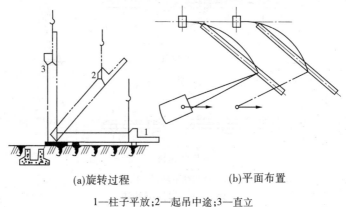

(a)旋转过程　　　　　　　　　(b)平面布置

1—柱子平放;2—起吊中途;3—直立

图 6-25　旋转法吊柱

如条件有限,亦可采用两点共弧线法,即使绑扎点与柱脚或柱脚与基础中心位于以起重半径为半径的圆弧上。当采用绑扎点与柱脚两点共弧线旋转法吊装时,需要起重机边升吊钩边回转,柱绕柱脚旋转立直,吊离地面后起重机边回转边变臂长,将柱插入杯口。当采用柱脚与基础中心两点共弧旋转法吊装时,如图 6-26 所示,需要起重机边升吊钩边回转边变臂长,柱子绕柱脚旋转立直后,同三点共弧线旋转法。这两种方法使柱子布置相对灵活,柱受到的振动少,但起重机动作多,操作复杂。

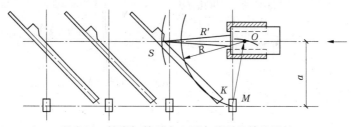

图 6-26　柱脚与基础中心两点共弧旋转法吊柱

（2）滑行法。

采用滑行法吊装柱时,柱子的绑扎点应靠近基础杯口布置,且绑扎点与基础杯口中心位于以起重半径为半径的圆弧上;吊装过程中,起重机只升钩,起重臂不转动,使柱脚沿地面滑行逐渐直立;吊离地面后,起重机转臂使柱子对准基础杯口,安装就位,如图 6-27 所示。

滑行法的特点是柱的布置比较灵活,起吊半径小,起重臂不转动,操作简单;对较重、较长的柱子,现场狭小无法进行旋转法布置的情况,采用滑行法施工较方便,但滑行过程中柱会受到一定的震动;为减小吊装过程中柱脚与地面间的摩阻力,可在柱脚设置滑行材料,如滚筒、托木等,并铺设滑行道。

2）双机抬吊

当柱的质量、尺寸较大,一台起重机无法满足要求时,可采用两台起重机抬吊。双机

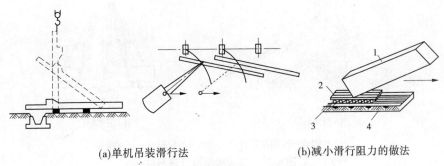

(a)单机吊装滑行法　　　　　　(b)减小滑行阻力的做法

1—柱子;2—托木;3—滚筒;4—滑行轨道

图 6-27　滑行法吊柱

吊装的方法有双机抬吊旋转法和双机抬吊滑行法。

(1)双机抬吊旋转法。

如图 6-28 所示,吊装柱子时,双机位于柱子的同一侧,主吊机吊柱子的上端,副吊机吊柱子的下端;柱的布置应使两个吊点与基础中心分别处于各自的起吊半径上。起吊时,两机同时升钩,使柱底脚离地 $s+0.3$ m;然后,两吊机的起重臂同时向杯口基础旋转,伴随着的是副吊机 A 只旋转不提升;主吊机 B 边旋转边提升吊钩,直到柱子立起来;再以等速缓缓落钩,将柱插入杯口中。

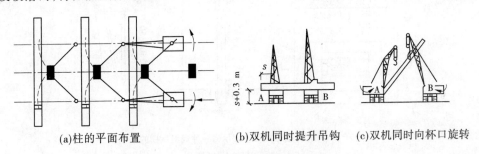

(a)柱的平面布置　　　(b)双机同时提升吊钩　(c)双机同时向杯口旋转

图 6-28　双机抬吊旋转法吊柱

(2)双机抬吊滑行法。

双机抬吊滑行法要求柱的平面布置与单机吊装滑行法相同,且要求两台起重机相对而立,其吊钩均应位于基础杯口中心的上方,如图 6-29 所示。起吊时,两台起重机以同样的速度升钩、旋转。

3)双机抬吊柱子作业时应注意事项

(1)两台起重机的型号应尽量相同。

(2)根据具体吊装设计安排,选择绑扎位置与方法,对起重机进行合理的载荷分配,且各起重机的分配载荷不宜超过其额定起重量的80%。

(3)起吊时,两台起重机的动作必须相互配合,严防出现超载现象。

3. 柱的对位与临时固定

柱脚插入杯口后,并不立即降到杯底,而应在悬离杯底 30～50 mm 处,首先进行对位;对位时,应先从柱四周向杯口插入 8 只楔子;利用撬杠改变楔块位置,使柱子的安装中

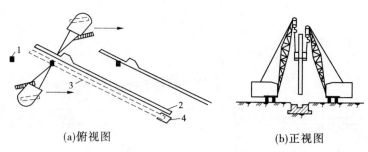

(a)俯视图　　　　　　　　　(b)正视图

1—基础;2—柱预制位置;3—柱翻身后位置;4—滚动支座

图 6-29　双机抬吊滑行法吊柱

心线对准杯口的安装中心线,并保持柱子基本垂直;当对位完成后,即可落钩将柱脚放入杯底,并复查中线,待符合要求后,将四边的楔子打紧,使柱临时固定,再将起重机吊钩脱开柱,如图 6-30 所示。在打紧楔子时,应注意两人同时在柱的两端对称敲打,以防柱脚位移。

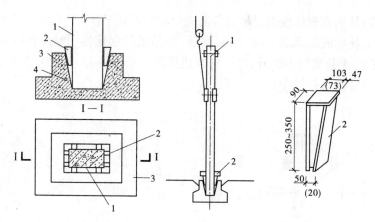

1—柱子;2—钢楔(括号内数字表示另一种规格钢楔的尺寸);

3—杯形基础;4—石子

图 6-30　柱子的对位与临时固定　(单位:mm)

4. 柱的校正

吊装以后要进行平面、高差及垂直度的校正。由于平面位置校正在柱子对位时已经完成,而标高的控制是通过控制柱基础杯底找平来实现的,已控制在允许范围内,因此吊装后的校正主要是进行柱子的垂直度校正。

柱垂直度检查,一般采用两台经纬仪从柱相邻的两边检查柱的吊装中心线的垂直度。一台设置在横轴线上,另一台设置在与纵轴线呈不大于 15°角的位置上。如果经纬仪的位置合适,一次最多可以检查三根柱子,如图 6-31 所示,图中 H 为吊装柱的安装高度。

经检查,如偏差较小且柱重在 10 t 以下,可用打紧或稍放松楔子的方法来纠正;当偏差较大时,可用螺旋千斤顶的平顶法、斜顶法以及撑杆校正法和缆风绳等方法进行校正,如图 6-32 所示。

根据工程情况,在进行校正时应注意:

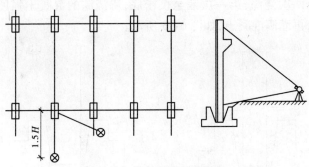

图6-31　柱子的垂直度检查

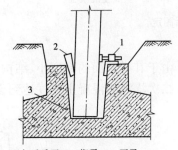

1—丝杠千斤顶;2—楔子;3—石子

(a)螺旋千斤顶平顶法校正柱垂直度

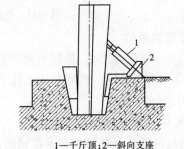

1—千斤顶;2—斜向支座

(b)螺旋千斤顶斜顶法校正柱垂直度

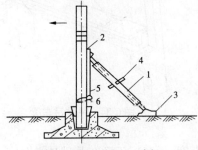

1—钢管;2—头部摩擦板;3—底板;
4—转动手柄;5—钢丝绳;6—卡环

(c)钢管撑杆校正器

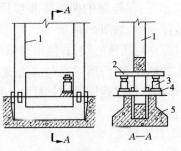

1—双肢柱;2—钢梁;3—千斤顶;
4—垫木;5—基础

(d)千斤顶立顶法

图6-32　柱垂直度的校正

（1）先校正偏差大的,后校正偏差小的,如果两个方向偏差数字接近,则先校正柱子的小面,后校正柱子的大面。

（2）校正时,不宜一次校正到位,需要两个方向多次循序校正到位。

（3）校正完成后,复查平面位置,如偏差在5 mm以内,打紧楔子,并可在柱与基础间空隙处填少许石子,将柱脚卡死,以保证柱的平面与垂直度不再变动。

5.柱的最后固定

为了防止柱子在校正后再产生新的偏差,在校正后应立即进行最后固定。柱子的最后固定是采用细石混凝土浇筑灌缝;灌缝时,应将柱底杂物清理干净,并洒水湿润。灌缝的细石混凝土要分两次浇灌:第一次灌至楔子底,待浇灌的混凝土强度达到设计强度的25%后,拔去楔子,再灌满混凝土,如图 6-33 所示。

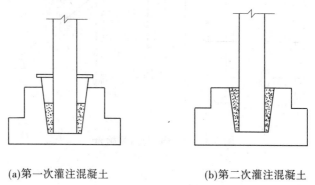

(a)第一次灌注混凝土   (b)第二次灌注混凝土

图 6-33　柱的最后固定

(二) 吊车梁的吊装

吊车梁的类型通常有 T 型、鱼腹型和组合型。由于其横截面的高度小、结构对称,因此在吊装时一般采用平吊法,而且必须在柱子杯口二次浇灌的混凝土强度达到设计强度的 75% 后方可进行。

1. 绑扎、起吊、就位与临时固定

吊车梁的起吊绑扎点应对称布置在梁的两端,吊钩对准梁的重心;两条起吊的绳应等长,起吊后应基本保持水平;吊车梁的两头需要留设溜绳,避免起吊时碰撞柱子,如图 6-34 所示。

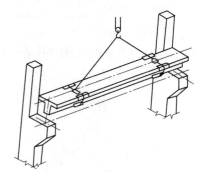

对位时应注意缓慢落钩,并使吊车梁端面中心线与牛腿面的轴线重合;当梁高与底边宽比值在 4 以内时,吊车梁的稳定性较好,对位后,一般无需临时固定措施。

图 6-34　吊装吊车梁

2. 校正、最后固定

吊车梁的校正内容包括标高、平面位置和垂直度,标高校正已在基础抄平时完成,平面位置和垂直度的校正,由于在安装屋架、支撑等构件时可能引起吊车梁位置的准确性,因此对于一般中小型吊车梁,通常会在厂房结构校正和固定后进行,对较重的吊车梁可边吊边校,在厂房结构校正和固定后再复查一次。

吊车梁的垂直度的校正可用靠尺、线锤检查,如偏差超过 5 mm,可在梁底与柱牛腿面间垫斜垫铁予以纠正。

吊车梁平面位置的校正主要是检查吊车梁纵向轴线的直线度是否满足规范要求,检查方法有通线法和平移轴线法。

1) 通线法

通线法又称拉钢丝法。根据定位轴线,在厂房两端的地面上定出吊车梁的安装轴线位置并打入木桩,用钢尺检查两列吊车梁的轨距是否满足要求;然后用经纬仪将厂房两端的四根吊车梁的位置校正正确,再在柱列两端的吊车梁上设高约 200 mm 的支架,拉钢丝通线,根据通线检查并校正吊车梁的中心线,如图6-35所示。该方法适用于吊车梁数量不多的情况。

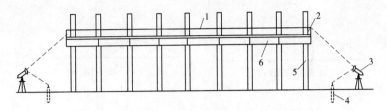

1—通线;2—支架;3—经纬仪;4—木桩;5—柱子;6—吊车梁

图6-35 通线法校正吊车梁

2)平移轴线法

在柱列边设置经纬仪,逐根将杯口上柱的吊装中心线投影到吊车梁顶面处的柱身上,并作出标志。若柱吊装中心线到定位轴线的距离为a,且柱定位轴线到吊车梁定位轴线间的距离为λ(一般可取$\lambda=750$ mm),则标志距吊车梁定位轴线应为$\lambda-a$。据此,逐根调整吊车梁的中心线,并检查吊车梁的轨距是否满足要求,如图6-36所示。该方法适用于吊车梁数量多、纵轴线长,使用通线法钢丝不易拉紧的情况。

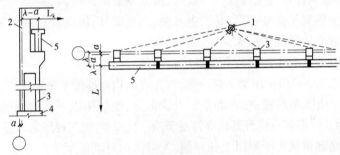

1—经纬仪;2—标志;3—柱子;4—柱基;5—吊车梁

图6-36 平移轴线法校正吊车梁

吊车梁校正后,立即将吊车梁与柱的预埋铁件用连接钢板焊牢,并在吊车梁与柱的空隙处灌注细石混凝土。

(三)屋架的吊装

1.屋架的绑扎

屋架的绑扎点应选在上弦节点处,左右对称,并且绑扎吊索的合力作用点(绑扎中心)应高于屋架重心,如图6-37所示,这样可以使屋架在起吊后保持一垂直立面,避免倾覆和转动。为减少屋架在吊装时承受较大的横向应力,必须注意,吊索绑扎时与屋架的水平夹角不宜太小,在扶直时不宜小于60°,在吊装时不宜小于45°。为减小起吊高度,一般使用横吊梁方式吊装。

在选择起吊点时,当屋架跨度在18 m以内时,一般选用两个绑扎点;当跨度在18 m以上时,则需选择四个绑扎点。

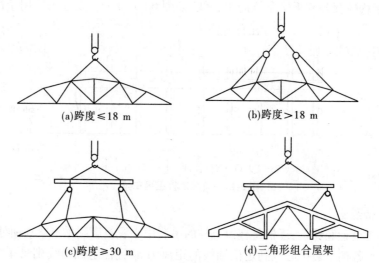

(a)跨度≤18 m　　　　　　　　(b)跨度>18 m

(c)跨度≥30 m　　　　　　　　(d)三角形组合屋架

图6-37　屋架绑扎与吊装

2. 屋架的扶直与就位

单层工业厂房的屋架一般均在施工现场平卧叠浇,在吊装前,需将其从平卧状态扶成直立状态,并吊放到设计规定位置。一般地,屋架安装的高度高,跨度大,厚度小,在吊装过程中容易产生屋架平面外变形,易产生开裂,甚至破坏,因此在对屋架进行扶直与就位时应对屋架采取必要的加固措施。

屋架的扶直方法有正向扶直和反向扶直两种。

正向扶直是起重机位于屋架下弦一侧,首先将吊钩对准屋架平面中心,收紧吊钩;然后起重臂稍微抬起使屋架脱模;接着起重机升钩起臂,使屋架以下弦为轴转成直立状态,如图6-38(a)所示。一般起重机升臂比降臂易于操作且安全,施工现场宜尽量采用该方法。

反向扶直是起重机位于屋架上弦一侧,先将吊钩对准屋架平面中心,收紧吊钩,使起重臂稍微抬起,使屋架脱模;然后起重机升钩降臂,使屋架以下弦为轴转成直立状态,如图6-38(b)所示。

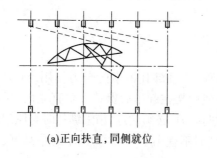
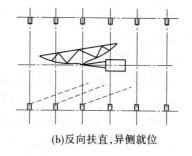

(a)正向扶直,同侧就位　　　　　　　　(b)反向扶直,异侧就位

图6-38　屋架的扶直方法

应注意,如屋架间因叠浇有黏连时,应先用撬杠将上下层屋架分开,注意不能用起重机硬拉,以免造成屋架损坏;屋架扶直后,应立即吊放到构件平面布置图规定位置,一般靠柱边斜放或3~5榀为一组平行柱边就位,然后用铁丝、支撑等与已安装牢固的柱扎牢。

3.屋架的吊装与临时固定

屋架在吊装前应先直立放置在合适的位置上,以便起吊后直接安装就位到柱顶,避免起重机负荷开行,减小振动,以保护构件。为减少屋架在吊装时发生平面外变形,必要时,可在屋架两侧采用型钢等进行临时加固。

将屋架吊起后,缓缓降至柱顶,屋架的对位应以建筑物的轴线为准,对位前应事先将建筑物轴线用经纬仪投放在柱顶面,吊装时应使屋架的两端两个方向的轴线与柱顶轴线重合,屋架临时固定后起重机才能脱钩。

中小型屋架一般采用单机吊装,当屋架跨度超过 24 m 时,应采用双机抬吊的方式吊装。常用的双机抬吊的方式有一机回转、一机跑吊方式和双机跑吊方式两种,如图 6-39 所示。

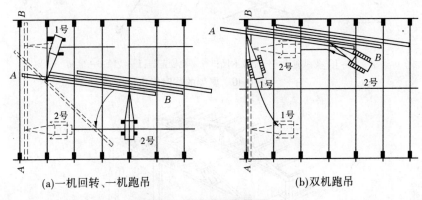

(a)一机回转、一机跑吊   (b)双机跑吊

图 6-39 屋架的双机抬吊

屋架一般高度大,宽度小,平面外刚度小,容易发生平面外倾倒变形,因此必须特别注意将其固定。吊装的第一榀屋架临时固定必须可靠,它自身的稳定性差,同时也是第二榀屋架的支撑,因此必须做好临时固定。一般将第一榀屋架采用四根缆风绳从两侧加以固定,而其他各榀屋架可利用屋架校正器(工具式支撑)临时固定在前一榀屋架上,如图 6-40 所示。每榀屋架至少需要两个屋架校正器。

4.屋架的校正与固定

屋架的校正主要是进行垂直度的检查与校正。检查一般采用经纬仪或垂球吊线方式,校正主要采用屋架校正器或缆风绳等。

1)经纬仪检查

一般在屋架的上弦中间及两端各安装一卡尺,卡尺与屋架平面垂直。从屋架上弦的几何中心线量取 500 mm 并在卡尺上作标志;在屋架一端距屋架中心线 500 mm 处的地面上安装一台经纬仪,检查三个卡尺上的标志是否在同一垂直面上,如图 6-41 所示。

2)垂球吊线检查

卡尺设置与经纬仪检查方法相同,从屋架上弦的几何中心线向卡尺方向量取 300 mm 并在三个卡尺上作出各自标志,然后在两端的卡尺标志处拉一条通线,在中央卡尺标志处下垂吊线垂球,检查三个卡尺上标志是否在同一垂直面上。

校正无误后,应立即用电焊焊牢,进行最后的固定。电焊时应在屋架两端同时对角施

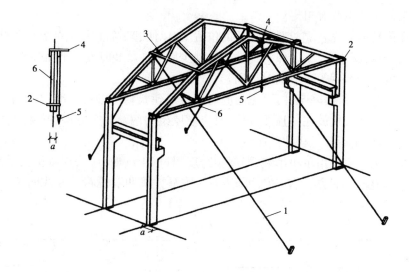

1—缆风绳;2、4—挂线木尺;3—屋架校正器;5—线锤;6—屋架

图 6-40　屋架的临时固定

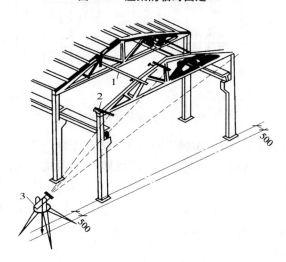

1—屋架间支撑;2—卡尺;3—经纬仪

图 6-41　用经纬仪检查校正屋架的垂直度　（单位:mm）

焊,避免两端同侧施焊,以防焊缝收缩使屋架倾斜。

（四）天窗架的吊装

一般情况下,天窗架是单独进行吊装的。吊装时应等天窗架两侧的屋面板吊装后再进行,并用工具式夹具或绑扎木杆临时加固。待天窗架的垂直度和位置校正后,即可焊接固定。也可在地面上先将天窗架与屋架拼装成整体,然后同时吊装,这种吊装对起重机的起重量和起重高度要求较高,应根据条件选择。

（五）屋面板的吊装

单层工业厂房的屋面板一般采用大型的槽形板,板四角设有吊装用吊环,一般采用一钩多吊方式吊装,如图 6-42 所示。

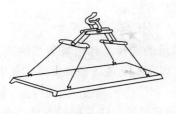

(a)单块屋面板的吊装　　　　　　　　(b)多块屋面板的吊装

图6-42　屋面板的吊装

为了避免屋架承受半边荷载,屋面板吊装顺序应自两边檐口开始,对称向屋架中点铺放;在每块板对位后应立即电焊固定,每块板至少应保证有三个角点焊接,并保证焊缝质量。

三、构件吊装方案

装配式结构,特别是单层工业厂房结构安装前,应先拟订结构安装方案。结构安装方案的主要内容包括结构的吊装方式、起重机的选择及开行路线的确定、构件的平面布置等问题。在确定安装方案时应根据厂房的结构型式、跨度、安装高度,构件的质量和长度、吊装工期以及现有起重设备和现场条件等因素综合考虑,确定出既经济合理,又满足施工要求,并易于操作的施工方案。

(一)结构的吊装方式

单层工业厂房结构吊装方法有分件吊装法、节间吊装法和综合吊装法等方案。

1. 分件吊装法

分件吊装法是在厂房结构吊装时,起重机每开行一次仅吊装一种或几种构件,如第一次吊装柱子,并进行校正与加固,第二次吊装吊车梁、连系梁及柱间支撑,第三次分节吊装屋架、天窗架、屋架支撑和屋面板等。

采用分件吊装法,可以使起重机每次开行均吊装同类型的构件,起重机可根据构件的质量及安装高度来选择,不同构件选用不同型号的起重机,以充分发挥起重机的工作性能,且起吊过程中索具更换次数少,吊装速度快、效率高,可给构件校正、焊接固定,混凝土浇筑养护提供充足时间。该方法的缺点是不能为后续工作及早提供工作面,起重机的开行路线长,屋面板吊装往往另需要辅助起重设备。

2. 节间吊装法

节间吊装法是指起重机在吊装过程内一次开行中,分节间吊装完成各种类型的全部构件或大部分构件的施工方法。其特点是起重机的开行路线短,可及早为下道工序提供工作面,但该方法要求起重机选用起重量较大的型号,起重机的性能不能充分发挥,索具需要频繁更换,安装速度慢,构件供应和平面布置复杂,构件校正及最后固定时间紧迫等,钢筋混凝土结构厂房的吊装一般不采用该方法,它仅用于钢结构厂房或门式结构的安装。

3. 综合吊装法

综合吊装法是指建筑物内一部分构件如柱、柱间支撑、吊车梁等构件采用分件吊装法吊装,一部分构件如屋盖的全部构件采用节间吊装法吊装。该方法综合了分件吊装法和节间吊装法的优点,因此结构吊装工程中多采用此方法。

（二）起重机的选择

起重机的选择包括起重机的类型、型号和数量的选择。起重机类型的选择主要是根据厂房结构的特点、跨度,构件的质量、安装高度以及施工现场条件和现有起重设备、吊装方法确定,一般中小型厂房可采用自行式起重机;如厂房的跨度大、构件重、安装高度大,根据结构特点,可选用大型自行式起重机、塔式起重机等。起重机的型号选择还要根据构件的尺寸、质量及安装高度等因素进行综合考虑,重点验算起重机的起重量 Q、起重高度 H 和回转半径 R 三个工作参数。

1. 起重量 Q

起重机的起重量 Q 必须大于所安装最重构件的重量 Q_1 与索具重量 Q_2 之和,即

$$Q \geqslant Q_1 + Q_2 \tag{6-12}$$

2. 起重高度 H

起重机的起重高度必须满足所吊装构件的起吊高度要求,如图 6-43 所示。

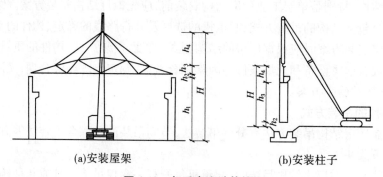

(a)安装屋架　　　　　　　　　　(b)安装柱子

图 6-43　起重高度计算简图

$$H \geqslant h_1 + h_2 + h_3 + h_4 \tag{6-13}$$

式中　H——起重机的起重高度(从停机面至吊钩中心的距离),m;

　　　h_1——停机面至安装支座顶面的距离,m;

　　　h_2——安装间隙,一般 $\geqslant 0.3$ m;

　　　h_3——绑扎点至起吊后构件底面的距离,m;

　　　h_4——绑扎点至吊钩中心的距离,即索具高度,m。

3. 回转半径 R

起重半径的确定,可以分为以下三种情况考虑。

1)起重机位置没有限制

如起重机不受条件限制地开到构件吊装位置旁进行吊装,对起重半径没有什么要求,则只要计算起重量和起重高度后,即可查阅起重机性能曲线或性能表来选择起重机型号和起重臂长,并可查得在一定的起重量 Q 和起重高度 H 下的起重半径 R,还可为确定起重机的开行路线以及停机位置提供参考。

2)起重机位置有限制

如起重机不能直接开到构件旁边进行吊装,就需根据起重量 Q、起重高度 H 和起重半

径 R 三个参数,查阅起重机性能曲线或性能表来选择起重机型号和起重臂长。

3)起重臂跨越障碍物吊装

当起重臂需要跨越已安装好的结构去吊装构件时,为了避免起重臂与已安装结构碰撞,还应确定起重机的最小臂长 L 和相应的起重半径 R,并据此及起重量 Q、起重高度 H 查阅起重机性能曲线或性能表,选择起重机的型号和起重臂长 L。确定起重机的最小起重臂长的方法有数解法和图解法。

数解法的计算简图如图 6-44 所示,起重臂的最小长度可按下式计算

$$L \geqslant l_1 + l_2 = \frac{h}{\sin\alpha} + \frac{f + g}{\cos\alpha} \tag{6-14}$$

式中　L——起重臂的长度,m;

　　　h——起重臂底铰至构件吊装支座顶面的距离,$h = h_1 - E$,m;

　　　h_1——停机面至构件吊装支座顶面的高度,m;

　　　E——起重臂底铰至停机面的距离,m;

　　　f——起重吊钩需跨越已安装好结构的水平距离,m;

　　　g——起重臂轴线与已安装好结构间的水平距离,一般 $\geqslant 1$ m。

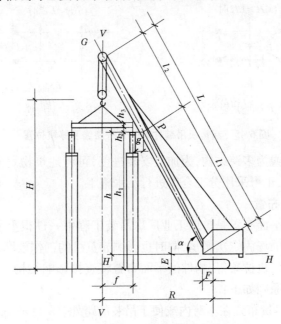

图 6-44　吊装屋面板时起重机最小臂长计算简图

如将式(6-14)看成是起重臂 L 关于起重臂仰角 α 的函数,并对 α 求导得式(6-15),起重臂长存在极小值。

$$\alpha = \arctan \sqrt[3]{\frac{h}{f + g}} \tag{6-15}$$

将式(6-15)代入式(6-14)即可求出最小臂长,再由实际选用的起重臂长 L 和起重臂仰角 α 计算起重半径,得式(6-16)

$$R = F + L\cos\alpha \tag{6-16}$$

式中　F——起重机回转中心至起重臂底铰的距离,m;

　　　其他符号意义同上。

(三)起重机开行路线及停机位置

起重机的开行路线和停机位置与起重机的性能、构件的尺寸与质量、构件的平面布置及安装方式等因素有关。

当安装柱时,视跨度大小、构件尺寸与质量及起重机性能等选择沿跨中开行或沿跨边开行。如起重机的起重半径 R 与厂房跨度 L 的关系为 $R \geqslant L/2$,起重机可沿跨中开行,每个停机位可吊两根柱,如图 6-45(a)所示;当 $R < L/2$ 时,起重机可沿着跨边开行,如图 6-45(b)所示;如起重半径 R 与柱间距 b、起重机开行路线距跨边轴线距离 a 间满足 $R \geqslant \sqrt{\left(\dfrac{L}{2}\right)^2 + \left(\dfrac{b}{2}\right)^2}$,则可吊装四根柱,如图 6-45(c)所示;如 $R < \sqrt{a^2 + \left(\dfrac{b}{2}\right)^2}$,则可吊装两根柱,如图 6-45(d)所示。

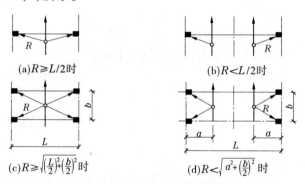

(a)$R \geqslant L/2$时　　　　　　　　　(b)$R < L/2$时

(c)$R \geqslant \sqrt{\left(\frac{L}{2}\right)^2 + \left(\frac{b}{2}\right)^2}$时　　　　　　(d)$R < \sqrt{a^2 + \left(\frac{b}{2}\right)^2}$时

图 6-45　起重机吊装柱时的开行路线及停机位置

如厂房面积较大或为多跨结构,为加快安装进度,可将建筑物划分成若干区段,选择多台起重机同时作业,也可采用分工合作进行流水施工。

(四)构件的平面布置

现场预制构件的平面布置是单层工业厂房吊装工程中一件很重要的工作,构件的平面布置不仅影响构件的场内二次搬运,同时也影响起重机的工作效率,而且可能会影响到起重机的开行路线与停机位置等,构件的平面布置将直接影响结构安装工作的进度与质量。构件平面布置的原则如下:

(1)每跨构件应尽量布置在本跨内或便于吊装的跨外。

(2)满足安装工艺要求,尽可能布置在起重机的回转半径内,以减少起重机负荷行驶。

(3)构件布置应"重近轻远",即将重量大的构件就近放置,重量轻的构件可放置在稍远的位置上。

(4)便于施工。考虑将来构件安装时吊装方便,尽量减少起重机无效用工,提高起重机的工作效率。

(5)方便混凝土浇筑和预应力施工等工序要求,且方便构件堆放。

(6)合理使用场地,保证起重机的行驶路线畅通和安全回转。

第三节 装配式结构吊装

多层装配式框架结构吊装的特点是:建筑物高度大,需安装的预制构件类型多、数量大,且接头复杂、技术要求高。因此,在选择吊装施工方案时,应特别注意垂直运输机械的选择与布置、吊装施工顺序和吊装方法等问题。

一、吊装方案

(一)起重机的选择

起重机的选择应根据建筑物的垂直及水平运输工程量、需吊装构件的尺寸与质量大小、施工方案、计划工期的要求、建筑物的高度与平面尺寸以及现有机械类型等综合选定;选择时,应首先分清结构情况,绘制剖面图,如图 6-46 所示,并在图上绘制各种需吊装主要构件的重量 Q 以及所需起重半径 R,然后根据起重机所需最大起重力矩 $M(M = Q_i R_i)$ 及最大起重高度来选择起重机。先以自行式塔式起重机为例,简述起重机的布置情况。

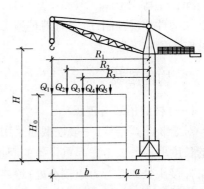

图 6-46 塔式起重机工作参数示意图

(二)起重机的布置

起重机的布置方案主要根据建筑物的平面形状、构件的质量、起重机的性能以及现场地形等条件综合确定。一般起重机的布置有以下四种情况,如图 6-47 和表 6-7 所示。

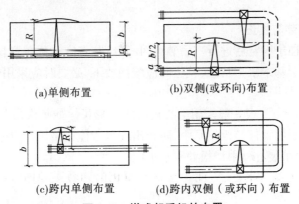

(a)单侧布置 (b)双侧(或环向)布置

(c)跨内单侧布置 (d)跨内双侧(或环向)布置

图 6-47 塔式起重机的布置

(三)预制构件的布置

现场预制构件应考虑以下要求:

(1)应尽量将预制构件布置在起重机的起重半径范围内,以减少现场的二次搬运。

(2)首先将重型构件布置在起重机旁,以减小起重机的起吊负荷力矩;构件布置地点宜尽量靠近就位点,以提高起重机的工作效率。

表 6-7　塔式起重机的布置适用情况

布置形式		起重半径	适用情况
跨外	单侧	$R \geqslant a + b$	房屋宽度较小(≤15 m),构件重量较轻(≤20 kN)
	环形	$R \geqslant a + b/2$	房屋宽度较大(>15 m),构件重量较重
跨内	单侧	$R \leqslant b$	建筑场地狭窄、起重机不能布置在建筑物外侧或在外侧不能满足要求
	环形	$R \leqslant b/2$	构件较重、起重机单侧布置不满足吊装要求又不能跨外布置

注:a 为塔式起重机的轨道中心至建筑物外侧距离,一般取 3~5 m;b 为建筑物宽度,m;R 为建筑物起重机吊装最远构件时的起重半径,m。

如构件叠层预制,应同时满足施工工序要求,先吊装的构件应布置在上层,后吊装的构件应布置在下层。

二、构件吊装

(一)柱的吊装与校正

对于装配式结构,一般柱截面采用上下相等的矩形截面,以便预制和安装。单根预制柱的长度取值既要考虑起重设备的起重量,还要考虑柱的受力情况,柱与柱接头处应设置在梁柱接头处或受弯力矩较小处;每层柱的接头应在同一标高处,以便统一构件的规格,减少构件的类型。对于截面较小的柱,应特别注意构件的长细比及吊装时构件绑扎点的位置,防止在吊装时出现开裂或折断现象。

柱子在安装过程中都应随时进行校正,防止出现累计误差严重的情况,特别是在各关键点如起吊脱钩后电焊前进行初校,柱接头焊接后进行第二次校正,以随时修正因焊接的不均匀受热而造成的误差;在安装梁和楼板后还必须再检查一次,以消除焊接应力和装配过程中产生的偏差。

(二)梁板的吊装与校正

梁的吊装应在柱子固定后进行。吊装梁时,其绑扎点宜对称布置且选用等长的索具,以便在起吊时梁处于基本水平状态,就位时应缓慢放下,必要时应采用垫铁垫平梁柱接头支座。

多层建筑的楼(屋)面板一般采用空心板或双 T 形板。如每次吊装的数量大于一块,应注意在吊装时适当加大板与板的间距,防止出现因碰撞或挤压造成楼板破坏,起吊索具应注意对称,确保在吊装过程中楼板处于水平状态。

三、构件接头

在多层装配式框架结构中,构件接头的质量直接影响整个结构的稳定和刚度,必须充分重视,本部分仅就柱的接头和梁柱的接头进行简介。

(一)柱的接头

柱的接头类型常用的有榫式接头、插入式接头和浆锚接头三种。

1. 榫式接头

榫式接头如图 6-48(a)所示,是上下柱在预制时各向外伸出一定长度(≥25d,d 为钢筋直径)的钢筋,上柱底部带有突出的榫头,柱安装时使钢筋对准,用剖口焊焊接,然后用比柱混凝土强度等级高25%的细石混凝土掺微膨胀剂浇筑接头,待接头混凝土强度达到设计强度的75%后,再吊装上层构件。

2. 插入式接头

插入式接头如图6-48(b)所示,是将上节柱做成榫头,下节柱顶部做成杯口,上节柱插入杯口内,用水泥砂浆灌成整体。此种接头不用焊接,安装方便,但在大偏压时,必须采取构造措施,以防受拉边产生裂缝。

3. 浆锚接头

浆锚接头如图6-48(c)所示,是在上柱底部外伸四根长度为300～700 mm 的锚固钢筋,下柱顶部预留四个深350～750 mm,孔径为$(2.5～4)d(d$ 为钢筋直径)的浆锚孔。接头前,先将浆锚孔清洗干净并注入快凝砂浆;然后在下节柱的顶面满铺10 mm 厚的砂浆;最后把上柱锚固筋插入孔内,使上下柱连成整体,也可采用先插入锚固筋,然后进行灌浆或压浆的工艺。

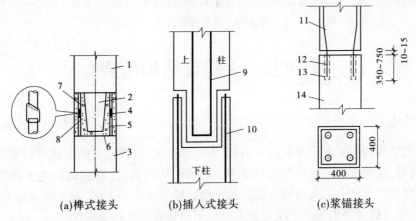

(a)榫式接头　　(b)插入式接头　　(c)浆锚接头

1—上柱;2—上柱榫头;3—下柱;4 剖口焊;5—下柱外伸钢筋;

6—砂浆;7—上柱外伸钢筋;8—后浇接头混凝土;9—榫头纵向钢筋;

10—下柱钢筋;11—上柱;12—上柱外伸锚固钢筋;13—浆锚孔;14—下柱

图6-48 柱的接头 (单位:mm)

(二)梁柱的接头

梁与柱接头方法很多,一般常见的有三种方式:明牛腿式刚性接头、齿槽式接头和整体式接头等。

明牛腿式刚性接头如图6-49(a)所示,是在梁吊装后,将梁端预埋钢板与柱的牛腿上预埋钢板焊接后,起重机即可脱钩,然后进行梁与柱的焊接。这种接头安装方便,节点刚度大,受力可靠,但牛腿占据一定的空间,一般适用于多层厂房。

齿槽式接头如图6-49(b)所示,是利用柱接头的齿槽来传递梁端剪力;施工就位时将梁临时搁置在牛腿上,面积较小,为确保安全,需将梁端的上部接头钢筋焊接好两根后才允许起重机脱钩。

整体式接头如图6-49(c)所示,是目前应用最广泛的一种。柱每层一节,上柱带榫头,梁搁置在柱上,梁底钢筋按锚固要求向上弯起或焊接,在节点核心区内安装箍筋后,浇筑混凝土至楼板面,待混凝土强度达到 10 N/mm² 以上后,吊装上柱。上柱与下柱的钢筋采用搭接连接,搭接长度为 20d(d 为钢筋直径),然后进行第二次浇筑混凝土到上柱的榫头上部,留 35 mm 左右的空隙,用 1:1:1 的细石混凝土捻缝。此方案接头整体性好,但施工工序多。

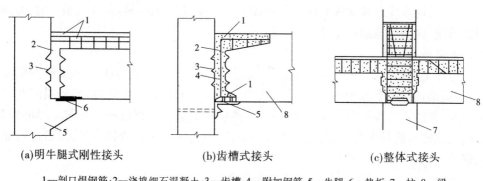

(a)明牛腿式刚性接头　　　　(b)齿槽式接头　　　　(c)整体式接头

1—剖口焊钢筋;2—浇捣细石混凝土;3—齿槽;4—附加钢筋;5—牛腿;6—垫板;7—柱;8—梁

图 6-49　梁与柱的接头

第四节　大跨度结构吊装

一、概述

大跨度结构的平面形式常见的有桁架、钢架和拱式结构等,空间形式有网架、薄壳、悬索、膜结构等,这类结构的特点是安装复杂、位置高、跨度大,选择合适的施工方案是其施工中最重要的环节之一。大结构安装方法不仅直接和结构的类型、起重机械有关,而且对工程造价、施工进度等也是一个决定因素。以下简单介绍几种常用的吊装方法。

二、常用的吊装方法

(一)分块(条)吊装法

分块(条)吊装法是将整个空间网架分割成块(条)状单元,然后分别吊装就位,再拼接成整体的施工方法。该方法可减少高空拼装作业工作量,也可选择更加合理的起重机械。

如图 6-50 所示为某体育馆斜放四角锥网架采用分块吊装的实例。该网架平面尺寸为 45 m×36 m,从中间十字对开分为 4 块(每块之间留出一节间),每个单元尺寸为 15.75 m×20.35 m,质量约为 12 t,用一台悬臂式拔杆在跨外移动吊装就位。就位后,利用网架中央搭设的井字架作为临时支撑。

如图 6-51 所示为某体育馆双向正方形网架采用分条吊装的实例。该网架平面尺寸为 45 m×45 m,质量约为 52 t,共分为 3 条吊装单元。就位后,用两台 40 t 起重机抬吊就位。

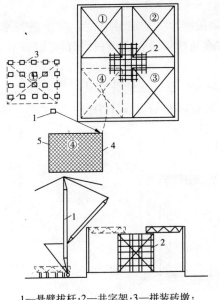

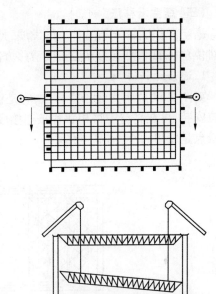

1—悬臂拔杆;2—井字架;3—拼装砖墩;
4—临时封闭杆;5—吊点;
①~④—分块网架的编号

图6-50　分块吊装法

图6-51　分条吊装法

(二) 整体吊装法

整体吊装法是指网架就地错位拼装后,直接用起重机械吊装就位的方法。此方法不需搭设高位拼装平台,高空作业工作量少,易于保证接头焊接质量,但该方法需要较大起重量的起重机械,而且施工技术也比较复杂。如图6-52所示为某体育馆圆形三向网架,体育馆直径124.6 m,重600 t,支撑在周边36根钢筋混凝土柱上。施工中采用6根拔杆整体起吊,充分显示了我国当时的土木工程施工技术水平。

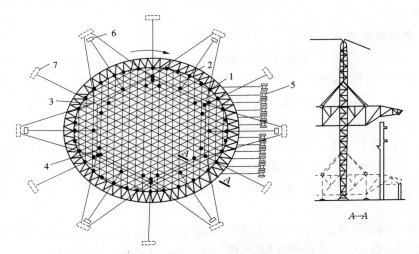

A—A

1—柱;2—网架;3—拔杆;4—吊点;5—起重卷扬机;6—校正卷扬机;7—地锚

图6-52　用6根拔杆整体吊装

（三）高空滑移法

高空滑移法是分条吊装法的发展,是将网架条状单元组合体在建筑物上进行水平滑移对位总拼的一种施工方法。按滑移方法分为逐条滑移法和逐条积累滑移法两种。

1. 逐条滑移法

如图 6-53 所示为逐条滑移法,它是将条状单元一条一条地分别从一端滑移到另一端就位安装,再在高空中将相邻各条连接成整体,因此需要搭设操作平台的脚手架。该方法的特点是摩阻力小,需高空作业。

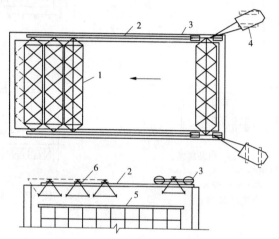

1—网架;2—轨道;3—小车;4—履带式起重机;5—操作平台;6—后装的杆件

图 6-53　逐条滑移法

2. 逐条积累滑移法

如图 6-54 所示为逐条积累滑移法,该方法是先将条状单元滑移一段距离后(能容纳第二条单元的宽度),连接第二条单元,接着两条单元再整体向前滑移,以容纳第三条单元,然后连接第三条,以此类推,如此循环继续,直到连接上最后一条单元,并将其整体滑移到设计位置。

（四）整体提升法

整体提升法是将网架在地面上拼装成整体后,通过吊杆将网架提升至设计标高的施工方法。在提升过程中,可专设临时提升用支撑系统,但一般用结构柱作为临时支撑。提升设备可采用千斤顶或升板机,提升点的位置宜与网架的支座位置相同。随着我国升板、滑模施工技术的发展,已广泛使用升板机和液压千斤顶作为网架整体提升设备,并创造了升梁台网、升网提模、滑模升网等新工艺,开拓了利用小型设备安装大型网架的新途径。

某建筑物屋面采用斜四角锥形网架,该网架平面尺寸为 45 m × 60 m,重 116 t,由 38 根钢筋混凝土框架柱支撑,柱距 5.5 m,柱高 16.20 m,施工方案采用升梁抬网法,如图 6-55 所示。

提升前将网架就位总拼,首先在地面将预制的框架梁分间安装,网架支撑于框架梁中央,每根梁的两端各设一提升吊点,梁与梁间用 10# 槽钢横向连接成整体,升板机安装于柱顶,通过吊杆与梁端吊点连接,在升梁的同时,也将网架安装就位。

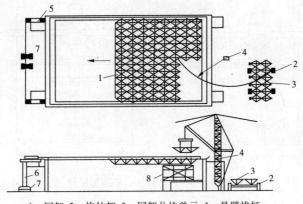

1—网架;2—拖拉架;3—网架分块单元;4—悬臂拔杆;
5—牵引滑轮组;6—反力架;7—卷扬机;8—操作平台

图 6-54　逐条积累滑移法

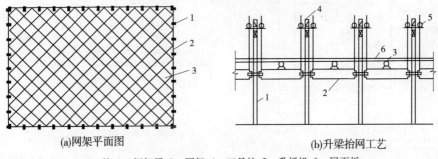

(a)网架平面图　　　　　　　　　　(b)升梁抬网工艺

1—柱;2—框架梁;3—网架;4—工具柱;5—升板机;6—屋面板

图 6-55　升梁抬网法

(五)整体顶升法

整体顶升法是将网架在地面上拼装完成后,将千斤顶设于网架之下,利用结构柱作为网架顶升的临时支撑结构。如图 6-56 所示为结构柱作为临时支撑的顶升顺序。

在设计整体顶(提)升施工方案时应注意:

(1)网架顶(提)升时的受力情况应尽量与结构的实际受力情况类似。

(2)每个顶(提)升设备所承受的荷载应尽量相同。

(3)考虑设备的实际使用安全性,可将设备的额定起重量进行折减。

(4)应严格控制网架提升过程中各吊点的顶(提)升差异,减少对结构内力、提升设备及网架偏移的影响,发现偏移,应立即查明原因,适度逐步纠正,严禁操之过急,避免发生事故。

(5)作为结构柱或搭设的临时支撑,应注意其刚度应满足顶(提)升施工方案的要求,防止其出现失稳情况,必要时应进行加固,顶(提)升时应注意结构柱的变形情况。

总之,在进行大跨度结构吊装施工中,我国创造了极其丰富的施工经验,也许还有更简单、适用、经济、科学的方法等待我们的总结或发现,因此需要我们不断总结经验,努力思考,勇于实践。当然,具体工程的施工方案应根据不同的施工条件、设备条件、现场情况

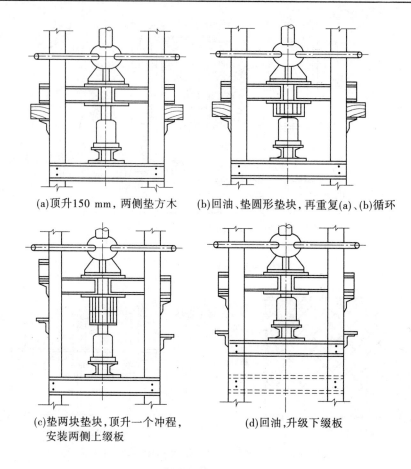

(a)顶升150 mm,两侧垫方木 (b)回油、垫圆形垫块,再重复(a)、(b)循环

(c)垫两块垫块,顶升一个冲程, (d)回油,升级下缀板
安装两侧上缀板

图 6-56　顶升过程图

和工期要求进行全面分析,综合考虑,以确定出更合理的施工方案,切忌不顾条件差异,生搬硬套。

另外,在进行大跨度结构吊装时,还应注意:

(1)在设备选型时,既要考虑构件本身的自重、体积等问题,还要考虑施工方案要求,既要考虑工程进度需要,也应注意安装质量的要求,同时还必须考虑工程造价问题。

(2)构件在运输和吊装时,受力状态可能发生变化,因此在设计时必须进行相关内容的验算和加强,在施工中必须注意加强与设计单位沟通。

(3)施工现场工作面窄、高空作业多,施工时易发生安全事故,应特别加强施工方案的选择,同时应对工人加强安全教育,并采取相应的安全技术措施。

思考题

6-1　常用卷扬机的类型有哪些? 卷扬机的锚固方式有哪几种?

6-2　履带式起重机的主要起重参数有哪些? 其相互关系如何?

6-3　如何进行起重机的稳定性验算?

6-4　塔式起重机有哪些类型？各适用范围如何？如何根据技术参数选用塔式起重机？

6-5　单层工业厂房结构安装工程中，安装前应进行哪些准备工作？

6-6　柱子吊装时，柱的绑扎有哪几种方法？如何进行屋架的临时固定、校正和最后固定？

6-7　如何检查与校正吊车梁的垂直度？如何固定？

6-8　如何扶直和吊装屋架？如何确定其绑扎点？如何校正与固定？

6-9　单层工业厂房吊装时，分件吊装与节间吊装各有什么特点？

6-10　大跨度结构的吊装方式有哪些？

第七章　脚手架工程

第一节　概　述

脚手架是土木工程施工中必备的重要的临时设施,其是为解决高部位施工而搭设的工作平台,为工人高部位作业提供了保障,有时还用来堆放材料和工器具,也可用做运输通道。

脚手架工程在建筑业有着广泛的应用,它可以应用于砌筑工程、混凝土工程和装饰装修工程等场合。

一、脚手架的分类

脚手架的种类有很多,按搭设位置的不同可以分为外脚手架和里脚手架,外脚手架搭设在外墙的外围,用于外墙体的砌筑或装饰,里脚手架搭设在建筑物的内部,用于内墙体的砌筑或装饰;按用途的不同可以分为砌筑脚手架、装饰装修脚手架和支撑用脚手架等;按使用材料的不同可以分为木脚手架、竹脚手架、塑料脚手架和金属脚手架等;按构造形式的不同可以分为多立杆式脚手架、框式脚手架、桥式脚手架、吊式脚手架、悬挂式脚手架、挑式脚手架、升降式脚手架和工具式脚手架(多用做楼层之间的操作平台)等。

二、脚手架应满足的基本要求

为了满足施工的要求,确保不发生安全事故,脚手架应满足如下一些基本要求:

(1)脚手架要保证有足够的强度、刚度和稳定性,这就要求脚手架的材料和构造都要符合要求,连接要牢固,在各种荷载和气候条件下都能做到不变形、不倾斜、不摇晃。

(2)脚手架要保证有足够的宽度(通常宽度为 1.5~2 m,若只用于堆料和人工操作,宽度通常为 1~1.5 m,若还用于运输,则宽度要为 2 m 以上),能满足人工操作、材料堆放和运输等的要求。

(3)脚手架应该搭设简单、拆装方便,并能多次周转使用。

(4)要严格控制脚手架的使用荷载,确保有较大的安全储备,均布荷载情况下不大于 2.7 kN/m²,集中荷载作用下不大于 1.50 kN。

(5)要加强对脚手架的管理和维修,严把质量关。

(6)要做到因地制宜,就地取材,尽量节约材料。

第二节 扣件式钢管脚手架

一、扣件式钢管脚手架的特点及组成

（一）扣件式钢管脚手架的特点

扣件式钢管脚手架属于多立杆式外脚手架的一种，在各类脚手架中其应用最为广泛。扣件式钢管脚手架装拆方便、搭设灵活、强度高、承载力大、坚固耐用、搭设高度高、能多次周转使用、能适应建筑物平面和高度的变化，具有很强的通用性，其加工方便，一次投资费用低，使用较为经济。

（二）扣件式钢管脚手架的组成

扣件式钢管脚手架主要由扣件和钢管组成骨架连同脚手板、防护构件等共同组成。

1. 扣件

扣件是钢管与钢管之间的连接件，它应该采用可锻铸铁或铸钢制作，采用螺栓紧固。其基本形式有三种：直角扣件、对接扣件和旋转扣件，如图 7-1 所示。直角扣件用于两根垂直交叉的钢管之间的连接，对接扣件用于两根钢管的对接连接，旋转扣件用于两根平行或斜交的钢管之间的连接。

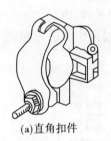  

(a)直角扣件 (b)对接扣件 (c)旋转扣件

图 7-1 扣件形式

2. 钢管杆件

钢管杆件包括立杆、大横杆、小横杆、斜撑、抛撑和剪刀撑等，如图 7-2 所示。

脚手架钢管杆件宜采用 $\phi 48.3 \times 3.6$ 的钢管。每根钢管的最大质量不应大于 25.8 kg，以便确保施工安全，保证运输方便。

3. 脚手板

脚手板可以采用钢材、木材或竹子来制成，单独一块脚手板的质量不宜大于 30 kg，冲压钢制脚手板通常是用 2 mm 厚的钢板压制而成的，通常长度为 2~4 m，宽度为 250 mm，表面要采取相应的防滑措施。木制脚手板一般是由杉木或松木制成的，厚度不宜小于 50 mm，宽度为 200~250 mm，长 3~4 m，两端均应设置直径不小于 4 mm 的镀锌钢丝箍两道，以防止木脚手板端部发生破坏。竹脚手板由毛竹或楠竹制成，通常制成竹串片板及竹笆板，常用的规格为 3 000 mm×250 mm×50 mm，脚手板的两端必须绑扎牢固，脚手板不准有探头板并且不能有超过允许的变形和缺陷。

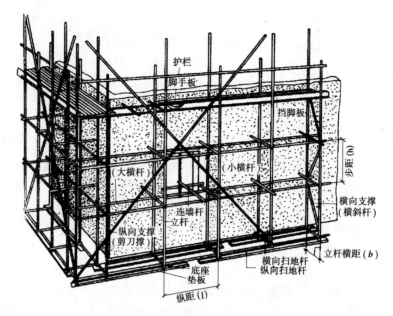

图 7-2　扣件式钢管脚手架的组成

4. 连墙件

连墙件的作用是将立杆与主体结构连接在一起,防止脚手架外倾,可按二步三跨或三步三跨进行设置,设置的时候宜优先选用菱形(见图 7-3),也可以采用方形或矩形。连墙件布置的间距应满足表 7-1 的要求。

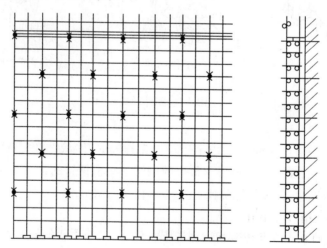

图 7-3　连墙件的布置

5. 底座

底座是设置在立杆底部的垫座,它包括固定底座和可调底座两种形式,是用来承受脚手架立杆传递下来的荷载的,可以采用 8 mm 厚、150 mm 长的钢板作为底板,然后将外径为 60 mm、壁厚为 3.5 mm、高为 150 mm 的钢管焊接在底板上从而制成底座的。底座通常有内插式和外套式两种形式,规格尺寸参见图7-4。内插式的外径 D_1 比立杆内径小 2 mm,外套式的内径 D_2 比立杆外径大 2 mm。

表 7-1　连墙件布置的最大间距

搭设方法	高度(m)	竖向间距(h)	水平间距(l_a)	每根连墙件覆盖面积(m^2)
双排落地	≤50	$3h$	$3l_a$	≤40
单排悬挑	>50	$2h$	$3l_a$	≤27
单排	≤24	$3h$	$3l_a$	≤40

注:h—步距;l_a—纵距。

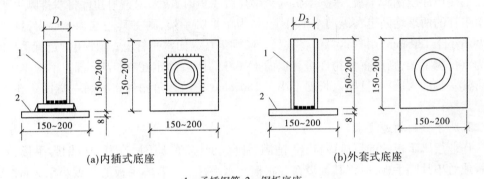

(a)内插式底座　　　　　　　　　　　　(b)外套式底座

1—承插钢管;2—钢板底座

图 7-4　扣件式钢管脚手架底座　（单位:mm）

二、扣件式钢管脚手架的构造要求

(一)搭设尺寸

扣件式钢管脚手架按立杆布置方式的不同有单排和双排两种搭设方式。单排脚手架仅在外墙外侧设一排立杆,其小横杆一端搁置在墙上,另一端与大横杆相连接,这种搭设方式稳定性较差;双排脚手架是在外墙外侧设两排立杆,使其自身构成空间桁架结构,这种搭设方式具有非常好的稳定性。

《建筑施工扣件式钢管脚手架安全技术规范》(JGJ 130—2011)规定了常用密目式安全立网全封闭式单、双排脚手架的设计尺寸,同时规定了脚手架的搭设高度,即单排脚手架搭设高度不宜超过 24 m,双排脚手架搭设高度不宜超过 50 m,高度超过 50 m 的双排脚手架,应采取分段搭设等措施。

(二)纵、横向水平杆及脚手板的构造要求

1. 纵向水平杆的构造要求

纵向水平杆即大横杆应设置在立杆的内侧,且其单根杆的长度不小于 3 跨,当纵向水平杆需要接长时,应采用对接扣件连接,也可以采用搭接,同时还须遵守如下规定:

(1)两根相邻纵向水平杆的接头不应设置在同步或同跨内,对于不同步、跨的两个相邻接头,其在水平方向上要错开不小于 500 mm 的距离,同时各个接头的中心至最近主节点的距离不应大于纵距的 1/3。

（2）搭接长度不应小于 1 m,应等间距设置 3 个旋转扣件进行固定,端部扣件盖板边缘至搭接纵向水平杆杆端的距离不应小于 100 mm。

（3）当使用冲压钢脚手板、木脚手板、竹串片脚手板时,纵向水平杆要作为横向水平杆的支座,用直角扣件将其固定在立杆上;当使用竹笆脚手板时,要采用直角扣件将纵向水平杆固定在横向水平杆上,布置时要等间距且间距不大于 400 mm。

2. 横向水平杆的构造要求

在主节点处必须要设置一根横向水平杆即小横杆并用直角扣件进行扣接,严禁将其拆除,对于作业层上非主节点处的横向水平杆,宜根据支承脚手板的需要等间距设置且最大间距不大于纵距的 1/2。

当使用冲压钢脚手板、木脚手板或竹串片脚手板时,应采用直角扣件将双排脚手架横向水平杆的两端均固定在纵向水平杆上,若为单排脚手架,则将其一端插入墙内,且插入长度不小于 180 mm,用直角扣件将其另一端固定在纵向水平杆上;当使用竹笆脚手板时,若为双排脚手架,则用直角扣件将其横向水平杆的两端固定在立杆上,若为单排脚手架,则将其一端插入墙内,且插入长度不小于 180 mm,采用直角扣件将其另一端固定在立杆上。

3. 脚手板的构造要求

作业层脚手板的铺设应该符合"铺满、铺稳、铺实"的原则,若为冲压钢脚手板、木脚手板或竹串片脚手板,应将其铺设在三根横向水平杆上。若脚手板的长度小于 2 m,可将其支承在两根横向水平杆上,要注意使脚手板的两端与横向水平杆固定牢固,严防倾翻。

脚手板的铺设可以采用对接平铺或搭接铺设的方式。采用对接平铺的方式时,脚手板接头处应设置两根横向水平杆,脚手板外伸长度应取 130～150 mm,且保证两块脚手板外伸长度之和不大于 300 mm;脚手板采用搭接铺设方式时,接头应支在横向水平杆上,搭接长度不小于 200 mm,且伸出横向水平杆的长度不小于 100 mm。

竹笆脚手板应按其主竹筋垂直于纵向水平杆的方向铺设,且应该对接平铺,四个角应采用直径不小于 1.2 mm 的镀锌钢丝将其固定在纵向水平杆上,作业层端部的脚手板探头长度应取 150 mm,其板的两端均应固定于支承杆件上。

（三）立杆的构造要求

脚手架的每根立杆底部均应设置底座或垫板,立杆顶端栏杆宜高出女儿墙上端 1 m,宜高出檐口上端 1.5 m。

脚手架必须要设置纵、横向扫地杆。纵向扫地杆应采用直角扣件固定在距钢管底端不大于 200 mm 处的立杆上,横向扫地杆应采用直角扣件固定在紧靠纵向扫地杆下方的立杆上。

单、双排脚手架和满堂脚手架的立杆接长除顶层顶步外,其余各层各步接头必须采用对接扣件连接。

脚手架立杆的对接和搭接应符合下列规定:

（1）当立杆采用对接接长时,立杆的对接扣件应交错布置,两根相邻立杆的接头不应设置在同步内,同步内隔一根立杆的两个相隔接头在高度方向错开的距离不宜小于 500 mm,各接头中心至主节点的距离不宜大于步距的 1/3。

(2)当立杆采用搭接接长时,搭接长度不应小于1 m ,并应采用不少于2 个旋转扣件固定,端部扣件盖板的边缘至杆端距离不应小于100 mm。

(四)连墙件的构造要求

连墙件设置时应靠近主节点,偏离主节点的距离不应大于300 mm,设置时要从底层第一步纵向水平杆处开始设置,当在该处设置有困难时,需采取其他可靠的措施予以固定。

开口型脚手架的两端必须设置连墙件,且连墙件的垂直间距不大于建筑物的层高,同时不大于4 m。连墙件中的连墙杆通常要水平设置,当不能水平设置时,应向脚手架一端下斜连接。高度24 m 以上的双排脚手架,应采用刚性连墙件与建筑物相连接。

当脚手架下部暂不能设连墙件时应采取防倾覆措施。当搭设抛撑时,抛撑应采用通长杆件,并用旋转扣件将其固定在脚手架上,与地面的倾角应为45°~60°,连接点中心至主节点的距离不大于300 mm,抛撑应在连墙件搭设后再行拆除。

(五)剪刀撑与横向斜撑的构造要求

双排脚手架需要设置剪刀撑和横向斜撑,单排脚手架需要设置剪刀撑。高度在24 m及以上的双排脚手架应在外侧全立面连续设置剪刀撑,高度在24 m 以下的单、双排脚手架,均必须在外侧两端、转角及中间间隔不超过15 m 的立面上,各设置一道剪刀撑,并应由底至顶连续设置。

单、双排脚手架剪刀撑的设置应符合下列规定:

(1)每道剪刀撑的宽度不应小于4 跨,且不小于6 m,斜杆与地面的倾角应为45°~60°。

(2)剪刀撑斜杆的接长应采用搭接或对接的方式。

(3)剪刀撑斜杆应该用旋转扣件将其固定在与之相交的横向水平杆的伸出端或立杆上,旋转扣件中心线至主节点的距离不大于150 mm。

双排脚手架横向斜撑的设置应符合下列规定:

(1)横向斜撑应在同一节间由底至顶层呈之字形连续布置。

(2)高度在24 m 以下的封闭型双排脚手架可不设横向斜撑,高度在24 m 以上的封闭型脚手架,除拐角应设置横向斜撑外,中间应每隔6 跨距设置一道。

(六)满堂脚手架的构造要求

满堂脚手架为满堂扣件式钢管脚手架的简称,指的是在纵、横两个方向,由不少于三排立杆并与水平杆、水平剪刀撑、竖向剪刀撑、扣件等构成的脚手架,该架体顶部作业层施工荷载通过水平杆传递给立杆,顶部立杆呈偏心受压状态。

满堂脚手架的立杆上应该增设防滑扣件并使其安装牢固,同时要与立杆和水平杆连接的扣件相顶紧,当立杆需要接长时,必须采用对接扣件进行连接,水平杆长度不宜小于3 跨,搭设高度不宜超过36 m,施工层不能超过1 层。

满堂脚手架应在架体外侧四周及内部纵、横向每6~8 m 由底至顶设置连续竖向剪刀撑。当架体搭设高度在8 m 以下时,要在架顶部设置连续水平剪刀撑;当架体搭设高度在8 m 及以上时,要在架体底部、顶部及竖向间隔不超过8 m 处分别设置连续的水平剪刀撑。水平剪刀撑宜设置在竖向剪刀撑斜杆相交的平面,剪刀撑的宽度为6~8 m,用旋转扣件将剪刀撑固定在与之相交的水平杆或立杆上,旋转扣件的中心线到主节点的距离不大于 150 mm。

满堂脚手架的高宽比不宜大于 3,当高宽比大于 2 时,应在架体的外侧四周和内部以 6~9 m 的水平间隔和 4~6 m 的竖向间隔设置连墙件与建筑结构进行拉结,当条件不满足,无法设置连墙件时,要采取相应的措施,比如设置钢丝绳等进行固定。

满堂脚手架需要设置爬梯且爬梯踏步的间距不大于 300 mm,操作层支撑脚手板的水平杆间距不大于 1/2 跨距。

(七)型钢悬挑脚手架的构造要求

型钢悬挑脚手架宜采用双轴对称截面的型钢作悬挑梁,钢梁截面的高度不小于 160 mm,尾部两处或两处以上需要固定在钢筋混凝土梁板结构上,用于锚固的 U 形钢筋拉环或锚固螺栓应采用冷弯成型,且直径不小于 16 mm。U 形钢筋拉环、锚固螺栓与型钢之间的间隙要用钢楔或硬木楔楔紧,每个型钢悬挑梁外端宜设置钢丝绳或钢拉杆与上一层建筑结构斜拉结,所用的钢丝绳和建筑结构斜拉结的吊环使用 HPB235 级钢筋,直径不小于 20 mm。

悬挑钢梁的悬挑长度需按设计确定,其固定段的长度不小于悬挑段长度的 1.25 倍,在钢梁的固定端需要用 2 个(对)或 2 个(对)以上的 U 形钢筋拉环或锚固螺栓与建筑结构的梁板固定。U 形钢筋拉环或锚固螺栓应预埋至混凝土梁、板底层钢筋位置,并应与混凝土梁、板底层钢筋焊接或绑扎牢固,其构造做法如图 7-5 和图 7-6 所示。当悬挑钢梁与建筑结构采用螺栓钢压板连接固定时,钢压板的尺寸不应小于 100 mm × 10 mm(宽 × 厚),当采用螺栓角钢压板连接时,角钢的规格不应小于 63 mm × 63 mm × 6 mm。

应该按照悬挑架架体立杆的纵距确定悬挑梁的间距,每一纵距设置一根,悬挑架外立面的剪刀撑应该按照自下而上的顺序连续设置,锚固型钢的主体结构混凝土强度等级不能低于 C20。

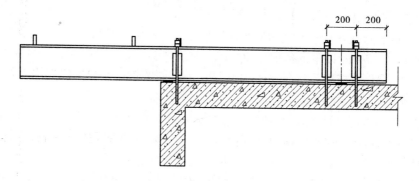

图 7-5 悬挑钢梁穿墙构造 (单位:mm)

三、扣件式钢管脚手架的施工要求

(一)施工前的地基处理及相应的准备

扣件式钢管脚手架在施工之前要做好相应的准备,准备工作主要有对各种构配件进

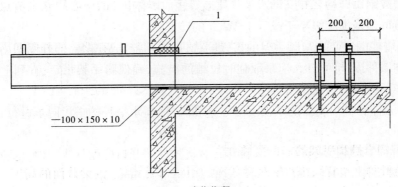

1—木楔楔紧

图7-6　悬挑钢梁楼面构造　（单位:mm）

行检查和验收,对场地进行平整和清理等。

在脚手架搭设之前,还要对地基进行处理。脚手架地基与基础的施工,必须根据脚手架所承受的荷载、搭设高度、搭设场地的土质情况与现行国家标准《建筑地基基础工程施工质量验收规范》(GB 50202—2002)的有关规定进行。

脚手架立杆垫板或底座底面标高宜高于自然地坪50~100 mm,脚手架基础经验收合格后,应按施工组织设计或专项方案的要求放线定位,铺设垫板,安放立杆底座,并确保位置准确、铺放平稳,不得悬空。

(二)脚手架的搭设

脚手架搭设时所遵循的原则如下:

(1)脚手架的搭设必须要与施工进度相配合,一次搭设的高度不应超过相邻连墙件以上两步,否则,当无法设置连墙件时应采取撑拉固定等措施与建筑主体结构拉结。

(2)应采用长度不少于2跨、厚度不小于50 mm、宽度不小于200 mm的木垫板,且垫板和底座要准确地放在定位线上。

(3)搭设立杆时,应每隔6跨设置一根抛撑,直到连墙件安装稳定之后才能根据情况进行拆除。

(4)当架体搭设至有连墙件的主节点时,在搭设完该处的立杆、纵向水平杆、横向水平杆后立即设置连墙件。

(5)脚手架纵向水平杆应随立杆按步搭设,采用直角扣件与立杆固定,双排脚手架横向水平杆的靠墙一端至墙装饰面的距离不大于100 mm,单排脚手架的横向水平杆不应设置在下列部位:

①设计上不允许留脚手眼的部位;

②过梁上与过梁两端成60°角的三角形范围内及过梁净跨度1/2的高度范围内;

③宽度小于1 m的窗间墙;

④梁或梁垫下及其两侧各500 mm的范围内;

⑤砖砌体的门窗洞口两侧200 mm(其他砌体为300 mm)和转角处450 mm(其他砌体为600 mm)的范围内;

⑥墙体厚度小于或等于180 mm;

⑦独立或附墙砖柱,空斗砖墙、加气块墙等轻质墙体;

⑧砌筑砂浆强度等级小于或等于 M2.5 的砖墙。

(6)连墙件的安装要与脚手架的搭设同步进行,不能滞后安装,当脚手架施工操作层高出相邻连墙件以上两步时,应采取临时拉结的措施,确保脚手架稳定,直到上一层连墙件安装完毕后再根据情况进行拆除。

(7)剪刀撑和横向斜撑的搭设要与立杆和纵、横向水平杆的搭设同步进行,不能滞后安装。

(8)扣件的规格必须与钢管外径相同,对接扣件的开口应朝下或朝内,以防止雨水进入,各杆件端头伸出扣件盖板边缘的长度不应小于 100 mm。

(9)铺设在拐角和斜道平台口处的脚手板,需要用镀锌钢丝将其固定在横向水平杆上,以防止滑动。

四、扣件式钢管脚手架的拆除

脚手架的拆除作业必须按照从上到下的顺序逐层进行,严禁上下层同时作业。

连墙件要随脚手架一起逐层进行拆除,严禁先将连墙件整层或数层拆除后再拆脚手架,当分段拆除的高差大于两步时,需增设连墙件进行加固,当脚手架拆至下部最后一根长立杆的高度(约 6.5 m)时,应先在适当的位置搭设临时抛撑加固,然后拆除连墙件。

第三节 碗扣式钢管脚手架

一、碗扣式钢管脚手架的特点及组成

(一)碗扣式钢管脚手架的特点

碗扣式钢管脚手架是一种新型的承插锁固定式钢管脚手架,这种脚手架吸取了国外同类型脚手架的先进接头和配件工艺,具有接头构造合理、制作工艺简单、功能多、适用范围广和装拆方便的优点。由于杆件是轴心相交的,所以这种脚手架受力稳定可靠、承载力大,避免了螺栓作业,零散扣件不易丢失和损坏。但碗扣式钢管脚手架的设置位置比较固定,杆件比较重,通常价格比较高。

(二)碗扣式钢管脚手架的组成

碗扣接头是碗扣式钢管脚手架的关键部件,它包括上碗扣、下碗扣、横杆接头和上碗扣的限位销等零部件,如图7-7(a)所示。上、下碗扣和限位销都设置在立杆上,其中上碗扣能沿着立杆上下串动并能灵活转动,主要起了锁紧的作用,下碗扣和限位销都被焊接在立杆上,限位销起到了锁紧上碗扣的作用。在碗扣节点上能同时安装 1~4 根横杆,各横杆相互之间可以组成任意角度,所以使得碗扣式钢管脚手架能够搭设成各种形式。

碗扣式钢管脚手架在组装时要先处理好地基,然后放置垫座和安装立杆,安装接头时,先将上碗扣的缺口与限位销对齐,然后将横杆的接头插入下碗扣的圆槽内,将上碗扣沿着限位销滑落下来,并压紧和顺时针旋转上碗扣,利用限位销将其固定,最后用小锤轻敲,便完成了接头的连接,如图7-7(b)所示。

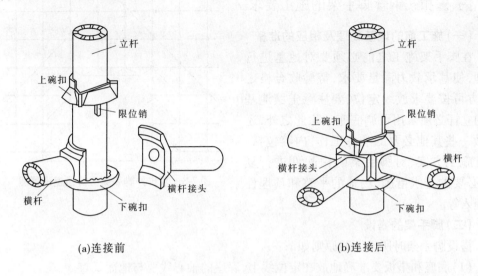

(a)连接前　　　　　　　　　　　　(b)连接后

图7-7　碗扣式钢管脚手架的节点构成

二、碗扣式钢管脚手架的构造要求

碗扣式钢管脚手架横杆的步距宜选为1.8 m,横距(廊道宽度)宜选为1.2 m,立杆的纵向间距可以选择不同规格的系列尺寸,但脚手架首层的立杆应该采用不同的长度并交错布置,通常的做法是:首层使用长度分别为1.8 m和3.0 m的立杆,以上各层均采用3.0 m长的立杆一直安装到顶层,顶层再用1.8 m和3.0 m的立杆将其总长度予以找平。脚手架立杆下方需配置可调底座或垫座,底部的横杆即扫地杆严禁拆除。

在有纵向及廊道横杆的碗扣节点上、脚手架的拐角及端部等位置需要按规定安装专用斜杆,专用斜杆上带有旋转横杆接头,作用是提高脚手架框架平面的稳定性。当脚手架高度小于或等于20 m时,需要每隔5跨设置一组竖向的通高斜杆,当脚手架高度大于20 m时,需要每隔3跨设置一组,设置时斜杆要对称布置。

碗扣式钢管脚手架连墙件中的连墙杆应该设置在有廊道横杆的碗扣节点处,并与脚手架的立面及墙体保持垂直,每一层的连墙杆均应在同一平面内,且水平间距不大于4跨,当连墙件竖向之间的间距大于4 m时,必须要在连墙件内外的立杆之间设置廊道斜杆或者十字撑。

脚手架上的脚手板若是平放在横杆上,则必须要与脚手架进行可靠的连接,脚手板上探头的长度不应该小于150 mm。若脚手板为钢脚手板,则其挂钩必须要完全落在廊道横杆上,并带有自锁装置,严禁浮放。作业层的脚手板框架外侧需要设置挡脚板及防护栏,防护栏可以采用二道横杆制作。

双排脚手架设置人行通道时,需要在通道上部架设专用梁,通道两侧的脚手架需要加设斜杆,做法如图7-8所示。

三、碗扣式钢管脚手架的施工要求

(一)施工前的地基处理及相应的准备

在脚手架施工之前必须要对地基进行处理,使其承载力满足要求,待验收合格之后,方可按要求放线定位,要注意土壤地基上的立杆必须采用可调底座。除此之外,还要做一些其他必要的准备工作,内容包括:制订施工方案、对脚手架的构配件进行复检、必要的排水措施、场地的平整和预埋件的埋入等。

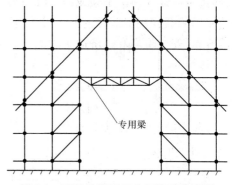

图7-8　双排外脚手架人行通道设置图

(二)脚手架的搭设

搭设脚手架时所遵循的原则如下:

(1)底座和垫板要准确地放在定位线上,底座的轴心线要与地面垂直。

(2)搭设要按照立杆→横杆→斜杆→连墙件的顺序进行,每次上升的高度不大于3 m。

(3)搭设需分阶段进行,并与建筑物的施工保持同步,第一阶段的摺底高度通常为6 m,以后每次搭设的高度必须要比即将施工的楼层高度高出1.5 m。

(4)搭设过程中要注意调整脚手架全高的垂直度,最大偏差不得超过100 mm。

(5)若脚手架的内外侧有挑梁,则挑梁范围内只允许承受人行荷载,严禁堆放物料。

(6)随着脚手架的升高,必须及时设置连墙件,严禁任意拆除。

(7)搭设到顶层时,需对整个架体结构进行检查,及时解决存在的缺陷,排除危险因素。

四、碗扣式钢管脚手架的拆除

在脚手架拆除之前,要对其连接和支撑体系进行检查,同时还要对在岗工人进行有针对性的安全技术交底,得到批准后方可实施拆除工作。在拆除之前,还要对脚手架上的器具和多余的材料及杂物进行清理。实施拆除作业时,必须要划出安全区并设置警戒标志,派专人看管,拆除作业要按照从上到下的顺序逐层进行,严禁上下层同时拆除,连墙件不可提前拆除,必须要等到拆到该层时才能将其拆除,用起重设备将捆好的已经拆除的构配件吊运到地面(也可采用人工传递到地面),严禁抛扔。

第四节　门式钢管脚手架

一、门式钢管脚手架的特点及组成

(一)门式钢管脚手架的特点

门式钢管脚手架又称为框组式钢管脚手架或多功能门型脚手架,是一种在工厂生产、在现场搭设的脚手架,是目前国际上应用最为普遍的脚手架之一,不仅可以作为外脚手架,而且可以作为内脚手架或满堂脚手架,其搭设不需要计算,而只需根据产品目录中所列的使用荷载和规定就可进行。门式钢管脚手架具有结构合理、受力性能好、承载力高、装拆容易、安全可靠和经济适用的优点,但同时也具有构架尺寸不灵活、定型脚手板较重等缺点。

(二)门式钢管脚手架的组成

如图7-9所示,门式钢管脚手架以门架、交叉支撑、连接棒、挂扣式脚手板、锁臂和底座等为基本结构,再以水平加固杆、剪刀撑和扫地杆予以加固,采用连墙件将其与建筑物的主体结构相连接。

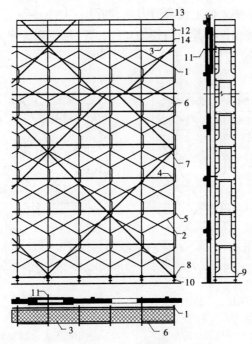

1—门架;2—交叉支撑;3—挂扣式脚手板;4—连接棒;5—锁臂;6—水平加固杆;7—剪刀撑;
8—纵向扫地杆;9—横向扫地杆;10—底座;11—连墙件;12—栏杆;13—扶手;14—挡脚板

图7-9 门式钢管脚手架

门架是门式钢管脚手架的主要构件,用焊接钢管作为受力构件,包括立杆、横杆和加强杆等。脚手架的配件有连接棒、锁臂、交叉支撑、挂扣式脚手板、底座和托座,门架在垂直方向的连接采用的是连接棒和锁臂,在纵向采用的是交叉支撑。剪刀撑是成对设置在架体外侧或内部的交叉斜杆,用于将两榀门架连接起来;水平加固杆设置在架体层间门架两侧的立杆上,用于增强架体的刚度;挂扣式脚手板是一种定型钢制脚手板,在其两端设有挂钩,可将其扣紧在两榀门架的横梁上,供工人站立同时能增强门架的刚度,所以无论有无作业层都需要每隔3~5层设置一层脚手板。

二、门式钢管脚手架的构造要求

(1)门架要能配套使用,要保证连接方便、可靠,但不同型号的门架和配件不能混用,上、下榀门架之间的组装必须设置连接棒,连接棒与门架立杆之间的间隙不大于 2 mm。脚手架顶端栏杆宜高出女儿墙上端或檐口上端 1.5 m,内侧立杆离墙面的净距不大于 150 mm。

(2)脚手架所用的配件要与门架相配套,并保证与门架之间有可靠的连接;底部门架立杆下端需设置固定底座和可调底座,可调底座和可调托座的调节螺杆直径不小于 35 mm,螺杆的伸出长度不大于 200 mm。

(3)当脚手架的搭设高度小于或等于 24 m 时,必须在脚手架的转角处、两端和中间间隔不超过 15 m 的外侧立面各设置一道剪刀撑,如图 7-10(a)所示,若搭设高度大于 24 m,则需在脚手架全外侧立面上设置剪刀撑,如图 7-10(b)所示。剪刀撑与地面的倾角宜为 45°~60°,采用旋转扣件将其与门架的立杆扣紧,每道宽度不大于 6 个跨距但也不小于 4 个跨距,不大于 10 m 但也不小于 6 m。

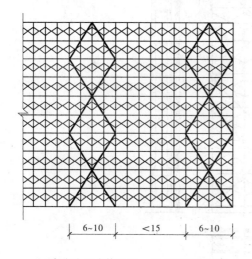
(a)高度小于或等于24 m时剪刀撑的布置

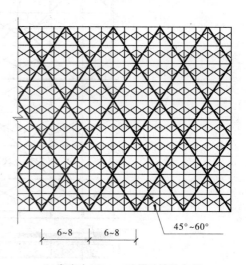
(b)高度大于24 m时剪刀撑的布置

图 7-10　门式钢管脚手架剪刀撑的布置 (单位:m)

(4)在门架两侧的立杆上需要设置纵向的水平加固杆,采用扣件将其与门架立杆相扣紧,注意在顶层及有连墙件的位置必须要设置这种水平加固杆。

(5)在建筑物的转角处及脚手架的内外侧立杆上要按步设置水平连接杆和斜撑杆来连接转角处的两榀门架。

(6)在脚手架的转角处必须增设连墙件,连墙件的垂直间距不大于建筑物的层高,且不大于 4.0 m。连墙件的设置应满足表 7-2 的规定。

(7)搭设场地必须平整坚实,回填土需分层回填,逐层夯实,场地排水顺畅,没有积水。脚手架地面的标高需高出自然地面标高 50~100 mm。

(8)悬挑脚手架悬挑支承结构的位置应该与门架立杆的位置相对应,每一跨距设置一根型钢悬挑梁。

三、门式钢管脚手架的搭设

门式钢管脚手架的搭设顺序通常为:铺放垫木→拉线、放底座→自一端起立门架并随即安装剪刀撑→安装水平梁架或脚手板→装梯子→装设纵向水平杆→安装连墙件→装加强整体刚度的长剪刀撑→安装顶部栏杆。

脚手架的搭设需要和施工同步进行,每次搭设的高度不超过最上层连墙件的两步;门架的组装要从一端向另一端逐步进行,安装时按照从上到下的顺序按步架设,搭设的方向要逐层改变,但不能从两端相向搭设,也不能从中间向两端搭设。

表 7-2　连墙件最大间距或最大覆盖面积

序号	脚手架搭设方式	脚手架高度（m）	连墙件间距		每根连墙件覆盖的面积（m²）
			竖向	水平向	
1	落地、密目式安全网全封闭	≤40	3h	3l	≤40
2			2h	3l	≤27
3		>40			
4	悬挑、密目式安全网全封闭	≤40	3h	3l	≤40
5		40~60	2h	3l	≤27
6		>60	2h	2l	≤20

注:1. 序号 4~6 为架体位于地面上的高度;

　　2. 表中 h 为步距,l 为跨距;

　　3. 按每根连墙件覆盖面积选择连墙件时,连墙件的竖向间距不大于 6 m。

交叉支撑和脚手板需要与门架同时安装,连接门架的锁臂和挂钩必须要处于锁住状态。在施工作业层的外侧周边需设置 180 mm 高的挡脚板和两道栏杆,上道栏杆高度为 1.2 m,下道栏杆需居中设置,挡脚板和栏杆均应设置在门架立杆的内侧。

悬挑脚手架在搭设之前需要首先检查预埋件和支承型钢悬挑梁的混凝土,看其是否达到规定的强度。

四、门式钢管脚手架的拆除

脚手架在拆除之前要做好相应的准备,包括检查将被拆除的架体、进一步完善拆除方案和清除架体上的障碍物等。要按照从上到下的顺序拆除架体,不能上下同时拆除,构配件和加固杆若位于同一层上,则拆除时需遵循先上后下、先外后内的顺序;连墙件的拆除非常重要,不能在拆除架体之前先将连墙件整层或数层拆除,它必须要与脚手架一起逐层拆除。

拆除连接部件时,要先将止退装置旋转到开启位置,然后再行拆除,不能硬拉和敲击;当架体需分段拆除时,不拆除部分的两端需要先采取相应的加固措施然后再行拆除。

第五节　升降式脚手架

一、升降式脚手架的特点及组成

(一)升降式脚手架的特点

升降式脚手架主要适用于高层和超高层建筑的结构和装饰装修工程的施工中,它不需要在建筑结构的外表面全高搭设,只需要根据实际施工情况在满足施工操作及安全的高度和范围内进行搭设。这种脚手架可以进行升降作业,当主体结构进行施工时,脚手架从下向上提升,待主体结构施工完毕,脚手架再从上到下降落,方便装修作业;地面不需要做支承脚手架的坚实地基,而且不占施工场地,所以具有良好的社会效益和经济效益,目前已被广泛地采用。但这种脚手架一次性投资较大,费料耗工,脚手架及其承担的荷载要传给与之相连的结构,所以对这部分结构的强度有一定的要求。另外,在脚手架的方案设计和施工过程中仍存在着较多的问题,脚手架的安全问题尤其值得注意。

(二)升降式脚手架的组成

升降式脚手架的构成包括架体结构、附着支承结构、升降设备和防坠设备等。架体结构由定型焊接段组合而成,底部安有支撑桁架;附着支承结构采用高强度穿墙螺栓与建筑主体结构相连接;升降设备目前常用的主要有电动环链葫芦、液压提升设备和卷扬机,这些设备的出现取代了早期的人工手拉环链葫芦,提高了施工的工作效率;防坠设备能使脚手架及时停止,最大可能地保证施工安全。

二、升降式脚手架的构造要求

(1)架体的高度不大于 5 倍的楼层高,宽度不大于 1.2 m。

(2)架体的外立面必须要沿着全高设置剪刀撑,剪刀撑的跨度不大于 6.0 m,与水平面的夹角为 45°~60°,悬挑端成对设置对称的斜拉杆,斜拉杆要以竖向主框架为中心,并且与水平面的夹角不小于 45°。

(3)当附着支承结构采用普通的穿墙螺栓与工程结构相连接时,需采用双螺母固定,螺杆露出螺母不少于 3 扣,附着支承结构与工程结构相连接地方的混凝土强度等级需按计算确定,同时不小于 C10。

(4)只能采用螺栓而不能采用钢管扣件或碗扣方式将防倾装置与竖向主框架或附着支承结构相连接,在升降和使用的情况下,同一竖向平面的防倾装置不能少于 2 处,最上与最下防倾覆支承点之间的最小间距不小于架体全高的 1/3。

(5)必须在每一个竖向主框架提升设备处设置一个防坠装置,防坠装置和提升设备必须分别设置在两套附着支承结构上。

(6)架体底层的脚手板必须严密铺设,并用平网和密目安全网兜底。

(7)在每一作业层架体外侧必须设置上、下两道防护栏杆和挡脚板,其中上、下栏杆的高度分别为 1.2 m 和 0.6 m,挡脚板的高度为 0.18 m。

三、升降式脚手架的搭设和拆除

升降式脚手架包括自升降式脚手架、互升降式脚手架和整体升降式脚手架。

(一)自升降式脚手架

自升降式脚手架的升降是通过手动或电动倒链交替对活动架和固定架升降予以实现的,活动架和固定架能做相对的上下运动。当脚手架处于工作状态时,用附墙螺栓将活动架和固定架锚固在墙体上,此时两架之间不做相对运动,当脚手架处于升降状态时,其中的一个架子被锚固在墙体上,另一个架子使用倒链进行升降,此时两个架子之间有相对运动,最终通过两个架子的交替附墙和升降,脚手架可沿着墙体上预留的孔洞逐层升降完成施工任务。需要注意的是,预留孔洞时,孔洞的中心必须在同一条直线上,在脚手架爬升之前必须要对预留孔洞做检查,若有偏差应及时修正,预留的穿墙螺栓孔和预埋件须与工程结构的外表面相垂直,中心误差小于 15 mm。

脚手架在安装时先用临时螺栓将上、下固定架连接起来,组成一片,附墙安装,把 2 片升降架连成一跨(通常 2 片为一组),组装成一个独立的升降单元,附墙螺栓要从墙外穿入,校正后在墙内紧固。脚手架需有超过结构一层的高度以满足工程施工的需要,在脚手架组装完后,在上固定架之上用钢管和对接扣件再接高一步,然后在各升降单元的顶部扶手栏杆处设置临时连接杆,用钢管扣件将立杆内侧与模板支撑系统相连接,以增强脚手架的整体稳定性。在安装时还需注意保证水平梁架及竖向主框架在两个相邻的附着支承结构处的高差不大于 20 mm。

脚手架组装完毕后需进行相应的检查,待检查合格之后方可进行升降操作。脚手架的爬升过程分活动架的爬升和固定架的爬升两个阶段,如图 7-11 所示,活动架爬升时倒链的吊钩分别挂在固定架和活动架的相应吊钩内,待倒链受力之后卸掉活动架上附墙支座处的螺栓,这样活动架便被倒链挂在了固定架上,之后在两端进行同步爬升,活动架便缓慢地爬升到了预定位置,最后用附墙螺栓将其固定在墙体上,卸下倒链便完成了活动架的爬升过程。活动架的爬升过程完成之后便开始固定架的爬升过程。固定架的爬升过程与活动架非常类似,待固定架的爬升过程也完成后,脚手架便完成了一个完整的爬升过程,等爬升到一个施工高度后,再重新安装连接杆,此时可以利用脚手架进行施工,如此反复,直到脚手架爬升到结构顶部。

脚手架的降落过程是顺着预留孔洞从上到下逐步进行的,在降落过程中,还可以完成预留孔洞的修补工作,直到落回地面。

脚手架在升降的过程中,要注意严格控制各个提升点的同步性,保证相邻提升点之间的高差不大于 30 mm,整架最大的升降差不大于 80 mm。根据设备、劳动力和施工的进度等情况爬升过程可以分阶段进行,在升降之前必须将所有可能对升降造成妨碍的障碍物予以拆除。

脚手架在拆除之前需要先将脚手架上的垃圾杂物进行清除,然后按照从上到下的顺序依次进行,拆除时需要制订可靠的措施以防止人员和物料坠落,同时严禁抛扔物料,拆除后的材料和设备须及时保养,以便于能多次重复利用。在雷雨、大雪、浓雾等恶劣天气下,不能进行升降和拆除作业,并事先要采取措施对架体进行固定,夜间也不能进行升降

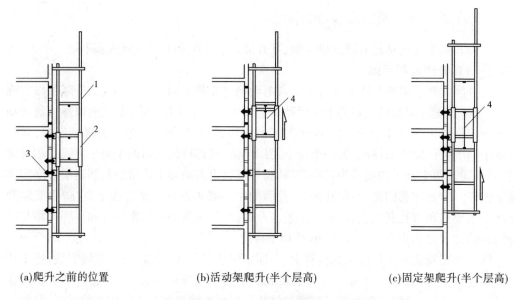

(a)爬升之前的位置　　　　　(b)活动架爬升(半个层高)　　　　(c)固定架爬升(半个层高)

1—活动架;2—固定架;3—附墙螺栓;4—倒链

图 7-11　自升降式脚手架的爬升

作业。

(二)互升降式脚手架

互升降式脚手架将脚手架分为甲、乙两种单元(见图 7-12),这两种单元通过倒链交替完成升降任务,当脚手架处于工作状态时,两种单元均利用附墙螺栓锚固在墙体上,相互之间没有相对运动,当脚手架处于升降状态时,其中一个单元固定在墙体上,另一个进行升降,这样两架之间便产生了相对运动,最终通过两种单元的交替附墙和升降,脚手架沿着预留孔洞完成升降工作。

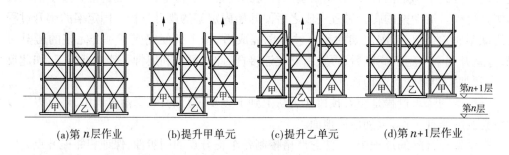

(a)第 n 层作业　　　(b)提升甲单元　　　(c)提升乙单元　　　(d)第 n+1 层作业

图 7-12　互升降式脚手架的爬升

在脚手架搭设之前也需要做相应的准备工作,比如孔洞的预留和预埋件的埋设等,搭设脚手架时,可以先将脚手架单元在地面上组装好之后再将其吊装到预定的位置,也可以在预定的位置搭设操作平台,然后在平台上进行安装。待架子安装检查合格后方可进行升降工作,首先将一个单元提升到预定位置,随即将其与墙身进行固定,然后开始提升相邻的单元,到预定位置后按同样的方法将其固定,接着将相邻脚手架单元连接起来,最后在单元之间的操作层上铺上脚手板,工人便可以操作施工了。下降过程与提升过程非常类似,只是操作按照从上到下的顺序进行罢了。

这种脚手架结构简单,操作容易,架子搭设高度不大,用料较省,作业安全,适用于高层建筑的施工。

(三)整体升降式脚手架

如图 7-13 所示,整体升降式脚手架是以电动倒链为提升机将整个脚手架沿着建筑外墙或柱向上提升的,这种脚手架非常适合于超高层建筑的施工,具有整体性好、升降方便和机械程度高的优点。脚手架的搭设高度与建筑物施工层的层高有关,通常将建筑标准层的 4 个层高再加上一步安全栏的高度作为脚手架架体的总高,搭设时可将一个标准层的层高分成两个步架,然后以此步距为基础来确定架体的横杆和立杆的间距。

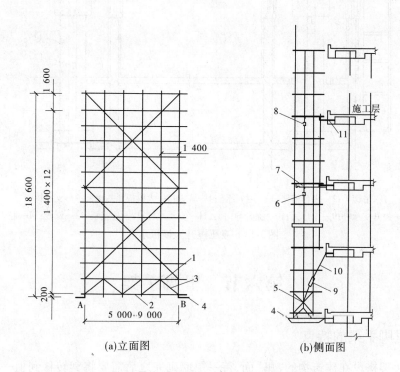

(a)立面图　　　　　　　(b)侧面图

1—上弦杆;2—下弦杆;3—承力桁架;4—承力架;5—斜撑;6—电动倒链;
7—挑梁;8—倒链;9—花篮螺栓;10—拉杆;11—螺栓

图 7-13　整体升降式脚手架　(单位:mm)

考虑到建筑物底部几层的层高通常不太一致,而整体升降式脚手架的搭设高度又为建筑物的 4 个施工层层高之和,所以对于建筑物的底部几层,往往先搭设落地脚手架以方便施工,到主体施工至 3~5 层便可以搭设整体升降式脚手架,搭设时要先安装承力架,并将其内侧用螺栓固定在混凝土的边梁上,外侧用斜拉杆固定在上层边梁上,在斜拉杆的中部有花篮螺栓,可以通过花篮螺栓将承力架调平,安装承力架上的立杆,接下来搭设承力桁架和整个架体,一边搭设一边设置拉结点和斜撑,在高出承力架二层层高的位置安装钢挑梁,使倒链挂在挑梁上,倒链的吊钩挂在承力架的花篮挑梁上,然后在架体上的每层铺满厚木板,架体外侧悬挂安全网,这样便完成了脚手架的安装。

目前,还有一种整体升降式脚手架叫液压升降整体脚手架,这种脚手架系统是利用建(构)筑物内部的支承立柱及其顶部的平台桁架,依靠液压升降装置实现脚手架的整体升降的,适用于高层或超高层建筑物或构筑物的施工,还可用于升降建筑模板,图7-14为液压升降整体脚手架提升模板的示意图。

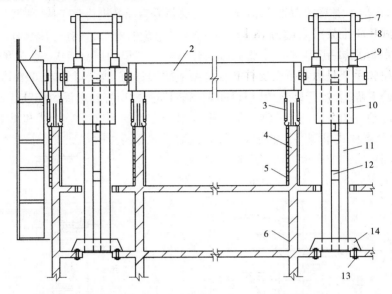

1—吊脚手;2—平台桁架;3—手拉倒链;4—墙板;5—大模板;6—楼板;7—支承挑架;
8—提升支承杆;9—千斤顶;10—提升导向架;11—支承立柱;12—连接板;13—螺栓;14—底座

图7-14　液压提升大模板示意

第六节　里脚手架

一、里脚手架的特点

里脚手架搭设在建筑物的"里"面,待一层墙砌完之后需要将其转移到上一层楼面继续使用,通常可以用于在楼层上砌墙或室内装饰,如内粉刷等。

在使用的时候,这种脚手架需要不断地转移和拆装,所以具有轻便灵活、拆装方便、转移迅速、占地少和用料少等特点。

二、里脚手架的种类

里脚手架的种类较多,在无需搭设满堂脚手架时,通常将其做成工具式的,包括折叠式里脚手架、支柱式里脚手架和伞脚折叠式里脚手架等;按构造形式的不同可以分为扣件式里脚手架和框组式里脚手架等。

(一)折叠式里脚手架

折叠式里脚手架可应用于建筑层间隔墙、围墙和内粉刷的场合,通常可由角钢、钢筋或钢管等材料制成,图 7-15 为角钢折叠式里脚手架示意图。这种脚手架是由角钢制成的,在脚手架上铺脚手板,以方便施工,若为砌筑时用,其架设的间距不能超过 2.0 m;若为粉刷时用,则其架设的间距不能超过 2.5 m,搭设可以分为两步,第一步高为 1.00 m,第二步高为 1.65 m,且每一个脚手架质量为 25 kg。

钢筋和钢管折叠式里脚手架用于砌筑时,其架设间距均不能超过 1.8 m,若用于粉刷,其架设间距均不能超过 2.2 m,但每一个钢筋折叠式里脚手架的质量为 21 kg,而每一个钢管折叠式里脚手架的质量为 18 kg。

(二)支柱式里脚手架

支柱式里脚手架是由若干个支柱和横杆组成的,在其上铺设脚手板,主要适用于砌筑工程或内粉刷工程,若用于砌筑,其搭设间距不能超过 2.0 m,若用于粉刷或装饰装修,其搭设间距不能超过 2.5 m。这种脚手架根据其组合方式的不同有套管式和承插式之分。图 7-16 为套管支柱式里脚手架的示意图,这种脚手架在搭设时将插管插入套管之中,以销孔之间的间距来调节高度,在插管顶端的凹槽内搁置方木横杆,用以铺设脚手板,通常架设高度为 1.57 ~ 2.17 m,单个架重为 14 kg。

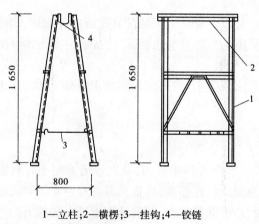

1—立柱;2—横楞;3—挂钩;4—铰链

图 7-15 角钢折叠式里脚手架 (单位:mm)

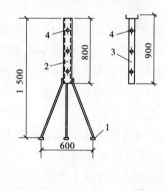

1—支脚;2—立管;3—插管;4—销孔

图 7-16 套管支柱式里脚手架 (单位:mm)

思考题

7-1 脚手架的作用是什么?有哪些基本要求?

7-2 扣件式钢管脚手架的构造要求如何?搭设中应注意哪些问题?

7-3 碗扣式钢管脚手架的构造有哪些特点?搭设中应注意哪些问题?

7-4 门式钢管脚手架的构造有哪些特点?搭设中应注意哪些问题?

7-5 升降式脚手架有哪些类型?其构造有何特点?

7-6 试述自升式脚手架的类型及其构造的特点。

7-7 何谓里脚手架?其结构有何特点?

第八章　防水工程

第一节　地下防水工程

地下建筑业随着建筑事业的蓬勃发展而日益发展壮大,但由于其所处位置的特殊性,使其常年受到地下水和潮湿的不利影响,因此地下工程必须要做严格的防水处理,以满足正常使用的要求。

目前,我国地下工程所采用的主要的防水形式有防水混凝土防水、水泥砂浆防水层防水和卷材防水层三种。

一、防水混凝土防水

防水混凝土防水也称为结构的自防水,是以调整混凝土的配合比或掺外加剂、钢纤维等方法,减少混凝土内部的孔隙率或改变孔隙的形态及分布特征,以提高混凝土本身的密实性和抗渗性,从而最终达到防水或防渗的目的。

目前,常用的防水混凝土主要有普通防水混凝土、掺外加剂的防水混凝土和膨胀水泥防水混凝土三类。

(一)各种防水混凝土的性能及配制

1. 普通防水混凝土

普通防水混凝土所用的原材料与普通混凝土大致相当,它是在普通混凝土骨料级配的基础上,通过调整配合比来控制或减少混凝土的孔隙率,以提高其自身密实性和抗渗性的一种混凝土。这种混凝土具有施工方便、造价低等优点,因而适用于地上和地下的防水工程。

1)原材料的相关要求

普通防水混凝土所采用的水泥等级不低于32.5级,我国《地下工程防水技术规范》(GB 50108—2008)规定,水泥品种宜采用硅酸盐水泥或普通硅酸盐水泥,当采用其他品种的水泥时需要由试验来确定,不能使用过期或受潮结块的水泥,同时不能将不同品种或强度等级的水泥混合使用;普通防水混凝土的骨料级配必须要好,通常可采用坚固耐久且粒形良好的干净的碎石、卵石或碎矿渣,最大粒径不宜大于40 mm,泵送时其最大粒径不应大于输送管径的1/4,吸水率不大于1.5%,不能使用碱活性骨料;宜选用坚硬、抗风化性强的中、粗砂,不宜选用海砂,平均粒径在0.4 mm左右;所选用的水应为不含有害物质的洁净水。

2)配制方法

普通防水混凝土的施工配合比应通过试验来确定,以便能很好地控制水灰比,通过采用适当地增加砂率和水泥用量的方法,可以提高混凝土的密实性和抗渗性,其抗渗等级不能小于 P6。考虑到实验室试配时实际条件与试验条件之间的差别,通常要求试配混凝土的抗渗等级要比设计要求提高 0.2 MPa,通常水灰比不大于 0.6,每立方米混凝土的水泥用量不少于 320 kg,砂率以 35% ~40% 为宜,坍落度以 3 ~5 cm 为宜,当采用泵送工艺时,可以不受此限制。

2. 掺外加剂的防水混凝土

掺外加剂的防水混凝土是在混凝土拌和物中加入适量的外加剂,如加入微量的有机物(引气剂、减水剂、三乙醇胺等)或无机盐(氯化铁)等,以改善混凝土的和易性,提高其密实度和抗渗性,以达到防水的目的。

1) 加入引气剂的防水混凝土

这种混凝土是在普通的混凝土中加入微量的引气剂制成的,混凝土在硬化之后会形成一个封闭的水泥浆壳,它会堵塞混凝土内部的毛细管通道,从而使得混凝土的抗渗性得以提高。常用的引气剂有松香热聚物、松香酸钠、烷基磺酸钠和烷基苯磺酸钠,目前我国要求加气混凝土的含气量控制在 3% ~5% 范围,松香热聚物的掺量为水泥质量的 0.005% ~0.015%,松香酸钠掺量为水泥质量的 0.03%,水灰比控制在 0.5 ~0.6 之间,水泥用量为 250 ~300 kg,砂率为 28% ~35%,砂石级配、坍落度与普通混凝土要求相同。

加入引气剂的防水混凝土有较好的抗冻性能,它能经受住 150 ~200 次的冻融循环,主要适用于对抗水性和耐久性要求较高的防水工程。

2) 加入减水剂的防水混凝土

这种混凝土是在普通混凝土中加入适量的减水剂制成的,加入减水剂之后,既能满足和易性的要求,又可大大降低拌和的用水量(通常可减少 10% ~20%),从而使得混凝土在硬化之后的毛细孔减少,以此来提高混凝土的抗渗性。通常采用木质素磺酸钙作为减水剂,其掺量为水泥质量的 0.15% ~0.3%;若采用糖蜜作减水剂,其掺量为水泥质量的 0.2% ~0.35%;若采用 MF、NNO 作减水剂,其掺量为水泥质量的 0.5% ~1.0%。

加入减水剂的防水混凝土具有良好的和易性,混凝土强度等级能提高 10% ~30%,抗渗性可提高一倍以上。它适合于一般防水工程及对施工工艺有特殊要求的防水工程(如薄壁防水结构)。

3) 加入三乙醇胺的防水混凝土

这种混凝土是在普通混凝土中掺入水泥质量 0.05% 的三乙醇胺防水剂配制而成的。三乙醇胺能增强水泥颗粒的吸附分散作用和化学分散作用,加快水泥的水化作用。当水泥水化生成物增多时,水泥结晶变细,结构变得更加密实,从而提高了混凝土的抗渗能力。

加入三乙醇胺的防水混凝土早期强度高,抗渗性能好,适用于工期紧、要求早强及抗渗压力大于 2.5 MPa 的防水工程。

4) 加入氯化铁的防水混凝土

这种混凝土是在普通混凝土中加入了氯化铁而制成的,具有较高的密实性和抗渗性,其抗渗压力可达 2.5 ~4.0 MPa,主要适用于深层的防水工程、水下或修补堵漏等工程。

（二）防水混凝土工程施工

1. 施工要求

防水混凝土在施工之前应做好降、排水工作,不得在有积水的环境中浇筑混凝土;用于防水混凝土工程的模板应平整、拼缝严密不漏浆,同时模板的支撑要牢固稳定,通常固定模板所用的铁丝或螺栓不宜穿过防水混凝土结构,以避免水沿缝隙渗入。当墙较长需要对拉螺栓固定模板时,应在预埋套管或螺栓上加焊止水环,拆模后应将留下的凹槽用密封材料封堵密实,并用聚合物水泥砂浆抹平阻止渗水通路,如图8-1 所示。

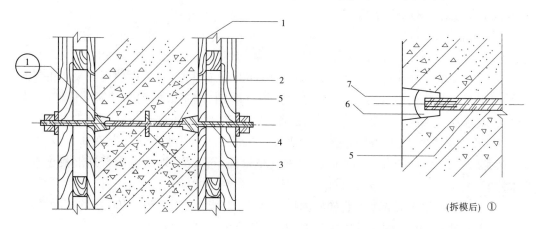

（拆模后） ①

1—模板;2—结构混凝土;3—止水环;4—工具式螺栓;5—固定模板用螺栓;6—密封材料;7—聚合物水泥砂浆

图8-1　固定模板用螺栓的防水构造

在绑扎钢筋时,需要按设计要求留下足够的保护层,通常保护层厚度不小于30 mm,不能有负误差,留设保护层应以相同配合比的细石混凝土或水泥砂浆制成垫块,防水混凝土结构内部设置的各种钢筋或绑扎铁丝,不得接触模板,以防止水沿钢筋渗入。

防水混凝土应采用机械搅拌、振捣,搅拌时间不得少于2 min,同时要注意避免漏振、欠振和超振,当掺外加剂时,要将搅拌时间延长为2 ~ 3 min;要采用分层连续浇筑的方法浇筑防水混凝土,分层的厚度不能大于500 mm,两层之间浇筑的时间间隔不应超过2 h,夏季时可适当缩短;防水混凝土进入终凝后(一般是浇筑后4 ~ 6 h)要立即进行覆盖养护,养护的时间不得少于14 d。

防水混凝土拌和物在运输以后如果出现离析的现象,必须要进行二次搅拌,如果坍落度损失之后不能满足施工要求,则应加入原水胶比的水泥浆或掺加同品种的减水剂进行搅拌,严禁直接加水。

2. 施工缝的处理

施工缝是防水的薄弱部位之一,防水混凝土在施工时应尽量不留或少留施工缝,当留设施工缝时,通常采用的形式有平口缝、凸缝、高低缝、金属止水缝等,如图8-2 所示。施工中的施工缝应符合以下规定:

(1)墙体水平施工缝不应留在剪力最大处或底板与侧墙的交接处,底板混凝土应连续浇筑,不得留施工缝。墙体一般只许留水平施工缝,一般留在高出底板上表面不小于200 mm 的墙身上,距穿墙孔洞边缘不少于300 mm。

（2）垂直施工缝应避开地下水和裂隙水较多的地段，并宜与变形缝相结合。

（3）在浇筑混凝土之前，应将水平施工缝表面的浮浆和杂物予以清除，然后铺设净浆或涂刷混凝土界面处理剂或水泥基渗透结晶型防水涂料等材料，接着再铺设 30 ~ 50 mm 厚的 1:1 水泥砂浆，并应及时浇筑混凝土。

（4）垂直施工缝浇筑混凝土前，应将其表面清理干净，再涂刷混凝土界面处理剂或水泥基渗透结晶型防水涂料，并应及时浇筑混凝土。

（5）所选用的遇水膨胀止水条应与接缝表面密贴，同时具有缓胀性能，7 d 的净膨胀率不宜大于最终膨胀率的 60%，最终膨胀率宜大于 220%。

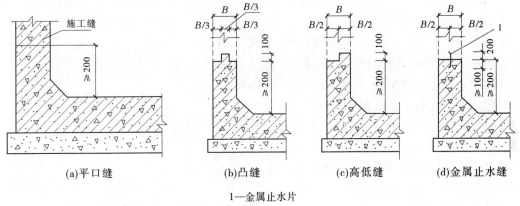

(a)平口缝　　　　(b)凸缝　　　　(c)高低缝　　　　(d)金属止水缝

1—金属止水片

图 8-2　施工缝的接缝形式　（单位:mm）

二、水泥砂浆防水层防水

水泥砂浆防水层防水是利用砂浆本身具有较强的憎水性和较好的密实性的特点，在建筑物或构筑物的底面和两侧分层涂抹一定厚度的水泥砂浆以达到抗渗防水的目的。水泥砂浆防水层是一种刚性防水层，这种防水层抵抗变形的能力比较差，所以可应用于地下工程主体结构的迎水面或背水面，而对于受振动荷载影响及容易产生不均匀沉降的工程和结构则不适合应用，对于温度高于 80 ℃ 及受腐蚀和反复冻融的砖砌体工程也不适合应用。

常用的水泥砂浆防水层主要有刚性多层防水层、掺外加剂的防水砂浆防水层和膨胀水泥或无收缩性水泥砂浆防水层等类型。

(一)刚性多层防水层

刚性多层防水层是利用素灰(即较稠的纯水泥浆)和水泥砂浆分层交替抹面、均匀压实而构成的多层整体式防水层，具有较高的抗渗能力。当把这种防水层做在迎水面时，宜采用五层交叉抹面;当做在背水面时，宜采用四层交叉抹面。做在迎水面的五层交叉抹面做法如图 8-3 所示。

五层交叉抹面法的具体做法是:第一层和第三层为素灰层，厚度通常为 2 mm，需要分两次抹压密实，第一层的素灰层作用是与基层黏结和防水，第三层素灰层的作用主要是防水，它涂抹在粗糙又潮湿的水泥砂浆层表面上，使得水泥水化得更加充分，结晶更为致密，隔断了防水层的毛细孔网，使得其抗渗能力大大增强;第二层和第四层为水泥砂浆层，每层厚度为 4～5 mm,主要作用是对素灰层进行保护、养护和加固,也兼起一定的防水作用;第五层的水泥砂浆层厚度为 1 mm,在第四层水泥砂浆抹压两遍后,用毛刷均匀涂刷水泥浆一道并随第四层一道压光,使表面光洁,堵塞表面的空隙,进一步增强防水层的抗渗能力。

水泥砂浆五层防水层分工明确,相互合作来抵抗水的渗透,各层密实性好、粘贴紧密。当外界温度变化时,每一层的收缩变形均受到其他层的约束,不易发生裂缝,同时各层配合比、厚度及施工时间均不同,毛细孔形成也不一致,后一层施工能对前一层的毛细孔起堵塞作用,所以具有较高的抗渗能力,能达到良好的防水效果,但这种防水层属于刚性防水,因而在使用范围上仍受到一定的约束。

每层防水层施工要连续进行,不留施工缝。若必须留施工缝,则应留成阶梯坡形槎,如图 8-4 所示,接槎要依照层次顺序操作,层层搭接紧密。接槎一般宜留在地面上,亦可留在墙面上,但均需离开阴、阳角处 200 mm。

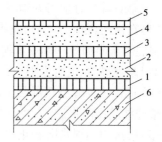

1、3—素灰层;2、4—砂浆层;
5—水泥砂浆;6—结构基层
图 8-3　多层刚性防水层

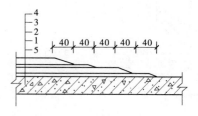

1、3—素灰层;2、4—砂浆层;5—结构基层
图 8-4　防水层留槎　(单位:mm)

(二)掺外加剂的防水砂浆防水层

掺外加剂的防水砂浆防水层是指在普通水泥砂浆中掺入一定量的防水剂形成防水砂浆,防水剂与水泥水化作用形成不溶性物质或憎水性薄膜,使水泥砂浆内的毛细孔填充、堵塞,从而获得较高的密实度,抗渗能力得以提高,具体做法如图 8-5 所示。

常用的有防水浆、避水浆、防水粉、氯化铁防水剂、硅酸钠防水剂等。例如,掺氯化铁防水剂时,首先对基层进行清理,然后在基层上先刷一道水泥砂浆,接着分两次抹垫层的防水砂浆,其配合比为

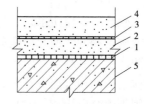

1、3—水泥浆一道;2—外加剂防水砂浆垫层;
4—防水砂浆面层;5—结构基层
图 8-5　刚性外加剂防水层

1:2.5:0.3(水泥:砂:防水剂),水灰比为 0.45～0.5,厚度为 12 mm,抹好垫层的防水砂浆之后,通常隔 12 h 左右,再刷一道水泥浆,并随刷随抹面层防水砂浆,其配合比为 1:3:0.3(水泥:砂:防水剂),水灰比为 0.5～0.55,其厚度为 13 mm,也分二次抹。面层防水砂浆抹完之后,在终凝前应反复多次抹压密实并且压光。

(三)膨胀水泥或无收缩性水泥砂浆防水层

这种防水层主要是利用水泥的膨胀和无收缩的特性来提高砂浆的密实性和抗渗性,其水灰比为 0.4～0.5,砂浆的配合比为 1:2.5(水泥:砂)。涂抹方法与防水砂浆相同,但由于砂浆凝结较快,故在常温下配制的砂浆要求必须在 1 h 内使用完毕。

在配制防水砂浆时,宜采用强度等级不低于 32.5 级的普通硅酸盐水泥、膨胀水泥或

矿渣硅酸盐水泥,宜采用中砂或粗砂。基层表面要坚实、平整、粗糙、洁净。涂刷前基层应洒水湿润,以增强基层与防水层的黏结力。阴、阳角均应做成圆弧或钝角,其半径一般为:阳角 10 mm ,阴角 50 mm。水泥砂浆防水层的高度均应至少超出室外地坪 150 mm。

水泥砂浆防水层施工时,气温不应低于 5 ℃,不得在雨天、五级及以上大风中施工,掺用氯化物金属盐类防水剂及膨胀剂的防水砂浆,不应在 35 ℃ 以上或烈日照射下施工。防水层做完后,应立即进行养护,养护时的环境温度不宜低于 5 ℃,并保持砂浆表面湿润,养护时间不应少于 14 昼夜。

三、卷材防水层

(一)卷材及胶结材料的选择

地下卷材防水层宜采用耐腐蚀的卷材和胶结材料,如胶油沥青卷材、沥青玻璃布卷材,再生胶卷材等。卷材防水层施工时所选用的基层处理剂、胶泥剂、密封材料等配套材料,均应具有良好的耐水性、耐久性、耐刺穿性、耐腐蚀性和耐菌性,同时与铺贴的卷材材性相容,如铺贴石油沥青卷材必须用石油沥青胶结材料,铺贴胶油沥青卷材必须用胶油沥青胶结材料。防水层所用的沥青,其软化点应比基层及防水层周围介质可能达到的最高温度高出 20 ~ 25 ℃,且不低于 40 ℃。沥青胶结材料的加热温度、使用温度及冷底子油的配制方法参见屋面防水部分。

(二)卷材的铺贴方法

将卷材防水层铺贴在地下需防水结构的外表面时,称为外防水。这种方法可以借助土压力将其压紧,并与承重结构一起抵抗有压地下水的渗透和侵蚀作用,防水效果好。外防水的卷材防水层铺贴方式,按其与防水结构施工的先后顺序,可分为外防外贴法和外防内贴法两种。

1.外防外贴法

外防外贴法是在垫层上先铺贴好底板卷材防水层,进行地下需防水结构的混凝土底板与墙体施工,待墙体侧模拆除后,再将卷材防水层直接铺贴在墙面上,然后砌筑保护墙,如图 8-6 所示。其施工顺序是先在混凝土底板垫层上做 1:3 的水泥砂浆找平层,待其干燥后,再铺贴底板卷材防水层,并在四周伸出与墙身卷材防水层搭接。保护墙分为两部分,下部为永久性保护墙,高度不小于 $(B + 200)$ mm(B 为底板厚度);上部为临时保护墙,高度一般为 450 ~ 600 mm,用石灰砂浆砌筑,以便拆除。保护墙砌筑完毕后,再将伸出的卷材搭接接头临时贴在保护墙上。然后进行混凝土底板与墙身施工,墙体拆模后,在墙面上抹水泥砂浆找平层并刷冷底子油,再将临时保护墙拆除,找出各层卷材搭接接头,并将其表面清理干净,依次逐层铺贴,最后砌筑永久性保护墙。

采用外防外贴法铺贴卷材防水层时,应符合下列规定:

(1)应先铺平面,后铺立面,交接处应交叉搭接。

(2)临时性保护墙宜采用石灰砂浆砌筑,内表面宜做找平层。

(3)从底面折向立面的卷材与永久性保护墙的接触部位,应采用空铺法施工;卷材与临时性保护墙或围护结构模板的接触部位,应将卷材临时贴附在该墙上或模板上,并应将顶端临时固定。

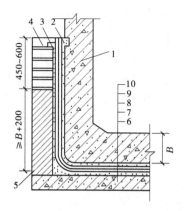

1—需防水结构墙体;2—永久性木条;3—临时性木条;4—临时性保护墙;5—永久性保护墙;
6—垫层;7—找平层;8—卷材防水层;9—保护层;10—底板

图 8-6　外防外贴法　（单位:mm）

（4）当不设保护墙时,从底面折向立面的卷材接槎部位应采取可靠的保护措施。

（5）混凝土结构完成,铺贴立面卷材时,应先将接槎部位的各层卷材揭开,并应将其表面清理干净,如卷材有局部损伤,应及时进行修补;卷材接槎的搭接长度,高聚物改性沥青类卷材应为 150 mm,合成高分子类卷材应为 100 mm;当使用两层卷材时,卷材应错槎接缝,上层卷材应盖过下层卷材。卷材防水层甩槎、接槎构造如图 8-7 所示。

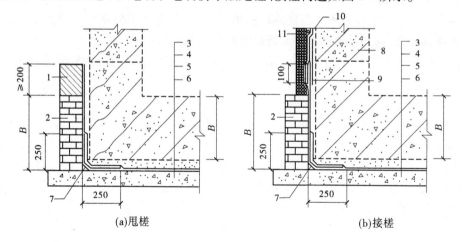

(a)甩槎　　　　　　　　　　　　　　　　　　(b)接槎

1—临时保护墙;2—永久保护墙;3—细石混凝土保护层;4—卷材防水层;5—水泥砂浆找平层;6—混凝土垫层;
7—卷材加强层;8—结构墙体;9—卷材加强层;10—卷材防水层;11—卷材保护层

图 8-7　卷材防水层甩槎、接槎构造　（单位:mm）

2. 外防内贴法

外防内贴法是在垫层四周先砌筑保护墙,然后将卷材防水层铺贴在垫层与保护墙上,最后进行地下需防水结构的混凝土底板与墙体施工, 如图 8-8 所示。其施工顺序是先在混凝土底板垫层四周永久性砌筑保护墙,在垫层表面上及保护墙内表面上抹 1:3 水泥砂浆找平层,待其基本干燥并满涂冷底子油后,沿保护墙及底板铺贴防水卷材。铺贴完毕后,在立面上,应在涂刷防水层最后一道沥青胶时,趁热粘上干净的热砂或散麻丝,待其冷却后,立即抹一层 10 ~ 20 mm 厚的 1:3 水泥砂浆保护层;在平面上铺设一层 30 ~ 50 mm 厚的 1:3 水泥砂浆或细石混凝土保护层,最后再进行需防水结构的混凝土底板和墙体施工。

采用外防内贴法铺贴卷材防水层时,应符合下列规定:

(1)混凝土结构的保护墙内表面应抹厚度为 20 mm 的 1:3 水泥砂浆找平层,然后铺贴卷材。

(2)卷材宜先铺立面,后铺平面;铺贴立面时,应先铺转角,后铺大面。

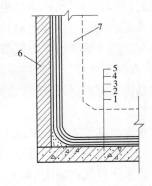

1—垫层;2—找平层;3—卷材防水层;
4—保护层;5—底板;6—保护墙;7—需防水结构墙体

图 8-8 外防内贴法

外防内贴法与外防外贴法相比,卷材防水层施工较简便,底板与墙体防水层可一次铺贴完,不必留接槎,施工占地面积较小;但也存在着对防水层影响大、结构不均匀沉降、易出现渗漏水的现象,竣工后若出现渗漏水,修补较为困难,因此工程上只有当施工条件受限时,才采用外防内贴法施工。

(三)卷材防水层的施工

卷材防水层在施工时应注意以下几个方面:

(1)铺贴卷材的基层应坚实、平整、清洁且无松动现象,阴、阳角处应做圆弧或折角,并应符合所用卷材的施工要求。

(2)卷材在铺贴之前,基层表面应干燥,并应涂刷基层处理剂,若基层表面潮湿,干燥有困难时,则第一层卷材可用沥青胶结材料铺贴在潮湿的基层上,但应使卷材与基层贴紧,必要时卷材层数应比设计增加一层。

(3)铺贴立面卷材防水层时,基层表面应涂满冷底子油以提高卷材与基层之间的黏结,防止卷材下滑,待冷底子油干燥后再铺贴。为提高卷材与基层的黏结,铺贴卷材时,每层沥青胶涂刷应均匀,其厚度一般为 1.5 ~ 2.5 mm。

(4)外防外贴法铺贴卷材应先铺平面,后铺立面,平立面交接处应交叉搭接;外防内贴法宜先铺立面,后铺平面。铺贴立面时,应先铺转角,后铺大面。卷材的搭接长度要求长边不应小于 100 mm,短边不应小于 150 mm。上下两层和相邻两幅卷材的接缝应相互错开 1/3 幅宽,并不得相互垂直铺贴。在平面与立面的转角处,卷材的接缝应留在平面上距离立面不小于 600 mm 处。所有转角处均应铺贴附加层。附加层可用两层同样的卷材或一层抗拉强度较高的卷材。附加层应按加固处的形状仔细粘贴紧密,卷材与基层和各层卷材间必须粘贴紧密,多余的沥青胶接材料应挤出,搭接缝必须用沥青胶仔细封严。

(5)最后一层卷材铺贴好后,应在其表面均匀地涂刷一层厚为 1 ~ 1.5 mm 的热沥青胶结材料。

四、涂料防水层

涂料防水层适用于受侵蚀性介质或受振动作用的地下工程迎水面或背水面的涂刷。

由于其施工简便,成本较低,防水效果较好,因而在防水工程中得以广泛的应用。

涂料防水层包括无机防水涂料和有机防水涂料。无机防水涂料可选用掺外加剂、掺混合料的水泥基防水涂料或水泥基渗透结晶型防水涂料,有机防水涂料可选用反应型、水乳型、聚合物水泥等涂料。无机防水涂料宜用于结构主体背水面,有机防水涂料宜用于地下工程主体结构的迎水面,用于背水面的有机防水涂料应具有较高的抗渗性,且与基层有较好的黏结性。

有机防水涂料基层表面应基本干燥,不应有气孔、凹凸不平、蜂窝麻面等缺陷。涂料施工前,基层阴、阳角应做成圆弧形;无机防水涂料基层表面应干净、平整、无浮浆和明显积水。涂料防水层严禁在雨天、雾天、五级及以上大风时施工,不得在施工环境温度低于5 ℃及高于35 ℃或烈日暴晒时施工。涂膜固化前如有降雨可能,应及时做好已完涂层的保护工作。防水涂料应分层刷涂或喷涂,涂层应均匀,不得漏刷漏涂;接槎宽度不应小于100 mm。

有机防水涂料施工完后应及时做保护层,保护层应符合下列规定:

(1)底板、顶板应采用20 mm 厚1:2.5 水泥砂浆层和40～50 mm 厚的细石混凝土保护层,防水层与保护层之间宜设置隔离层。

(2)侧墙背水面保护层应采用20 mm 厚1:2.5 水泥砂浆。

(3)侧墙迎水面保护层宜选用软质保护材料或20 mm 厚1:2.5 水泥砂浆。

五、堵漏技术

渗漏水往往是由结构层存在的孔洞、裂缝和毛细孔所引起的。在堵漏之前,必须查明渗漏的原因,确定渗漏的位置,弄清水压的大小。应根据不同情况,采取相应的措施。堵漏的原则是:先把大漏变小漏,缝漏变点漏,片漏变孔漏,然后堵住漏水。

堵漏方法和材料较多,如水泥胶浆、环氧树脂、丙凝浆液、甲凝浆液、氰凝浆液等。

(一)快硬性水泥胶浆堵漏

这种胶浆直接以水泥和促凝剂按1:(0.5～1)拌和而成,其凝结时间很快(通常 1 min 左右),以便能迅速地堵住渗漏水。使用时,要注意随拌随用。堵漏前先做试配,一般从开始拌和到凝固,以 1～2 min 为宜,凝固过快或过慢都不合适,要适当加水或调整配合比重新试配。

(二)氰凝灌浆堵漏

氰凝又名聚异氰酸脂,它是由多种化学原料按一定比例、一定顺序配制而成的氰凝浆液。

氰凝浆液的特点是:当浆液没有遇到水之前,不发生化学反应,是稳定的,故要密闭贮存;当浆液遇水后立即反应,黏度逐渐增加,生成不溶于水又不透水的凝固体,且具有较高的抗压强度。由于水是化学反应的组成部分,因此浆液不会被水冲淡或流失;浆液遇水反应时,放出二氧化碳,使浆液发生膨胀,向四周渗透扩散,直到反应结束时才停止膨胀和渗透。

堵漏时,施工操作可分为基层处理、布置灌浆孔、埋设注浆嘴、封闭漏水孔(除注浆嘴外,其他漏水部位均用快硬胶浆堵住,以免氰凝浆液漏出)、试灌、灌浆、封口等 7 个工序。

灌注浆液时,其动力可用空气压缩机、电动泵、手掀泵等机具。

第二节　屋面防水工程

屋面防水工程是房屋建筑的一项重要的工程,根据屋面防水材料的不同,屋面分为卷材防水屋面(柔性防水屋面)、涂膜防水屋面、细石混凝土防水屋面(刚性防水屋面)等。

一、卷材防水屋面

卷材防水屋面是目前屋面防水的一种主要方法,在工业与民用建筑工程中,其应用十分广泛。它是用胶结材料将卷材固定在屋面上使其起到防水作用的屋面,这种屋面防水性能好、质量轻,防水层具有较好的柔韧性,能适应一定程度的结构振动和胀缩变形,但通常造价较高,卷材容易老化、起鼓,耐久性差,维修工作量较大,施工工序较多,工作效率低,一旦发生渗漏,修补找漏较为困难。常用的卷材有沥青防水卷材、高聚物改性沥青防水卷材和合成高分子防水卷材等。

(一)卷材防水屋面的构造

如图8-9所示,卷材防水屋面通常由结构层、隔气层、保温层、找平层、防水层和保护层组成,在一定的气温条件和使用条件下,其中的隔气层和保温层也可不设。

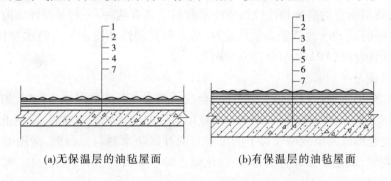

(a)无保温层的油毡屋面　　　　　　(b)有保温层的油毡屋面

1—保护层;2—卷材防水层;3—结合层;4—找平层;5—保温层;6　隔气层;7—结构层

图8-9　卷材防水屋面构造示意

(二)卷材防水屋面的材料

1.沥青

沥青是一种有机胶凝材料,具有不透水、不导电、耐酸、耐碱和耐腐蚀的优点,因而是屋面防水工程所用的理想材料。沥青分为石油沥青和焦油沥青两大类,在土木工程中,常用的是石油沥青。石油沥青按其用途又可分为建筑石油沥青、道路石油沥青和普通石油沥青三类。建筑石油沥青黏性较高,多用于建筑物的屋面、地下工程防水和油毡制造;道路石油沥青则用于拌制沥青混凝土和沥青砂浆或道路工程;普通石油沥青因其温度稳定性差,黏性较低,在建筑工程中一般不单独使用,而是与建筑石油沥青掺配经氧化处理后使用。

性能不同的沥青不能混合使用,因此沥青在贮存时,应按不同品种、牌号分别存放,同时注意避免雨水或阳光直接淋晒,并要远离火源。

2. 卷材

1) 沥青防水卷材

沥青防水卷材是用原纸、纤维毡等胎体材料浸涂沥青,然后在其表面撒上粉状、粒状或片状的材料制成可卷曲的片状防水材料。按其制作方法的不同可分为浸渍(有胎卷材)和辊压(无胎卷材)两种:凡是用厚纸或玻璃丝布、石棉布、棉麻织品等胎料浸渍石油沥青制成的卷状材料,称为有胎卷材;而将石棉、橡胶粉等掺入沥青材料中,经辊压制成的卷状材料称为辊压卷材或无胎卷材。

有胎卷材通常包括石油沥青油毡和石油沥青油纸两种。根据每平方米原纸质量(单位:g),石油沥青油毡有 200 号、350 号和 500 号三种标号,油纸有 200 号和 350 号两种标号。卷材防水屋面工程所用的油毡一般应采用标号不低于 350 号的石油沥青油毡。油毡和油纸在运输、堆放时应竖直搁置,高度不超过两层;应贮存在阴凉通风的室内,避免日晒雨淋及高温高热。

2) 高聚物改性沥青防水卷材

高聚物改性沥青防水卷材是以合成高分子聚合物改性沥青为涂盖层,以纤维织物或纤维毡为胎体,以粉状、粒状、片状或薄膜材料为覆盖材料而制成的可卷曲的片状材料,其厚度一般为 3 mm、4 mm 或 5 mm,以沥青基为主体。

目前,我国所指的高聚物改性沥青防水材料主要有两种:一种是弹性体改性沥青防水卷材,主要指的是 SBS 改性沥青柔性卷材;另一种是塑性体防水沥青防水卷材,主要包括 APP 改性沥青卷材、APAO、APO 防水卷材等。

3) 合成高分子防水卷材

合成高分子防水卷材是以合成橡胶、合成树脂或二者的共混体为基料,加入适量的化学助剂和填充料等,经过不同工序加工而成的可卷曲的片状防水材料,或把上述材料与合成纤维等复合形成两层或两层以上的可卷曲的片状防水材料。目前,常用的有三元乙丙橡胶防水卷材、氯化聚乙烯防水卷材、氯化聚乙烯 – 橡胶共混体防水卷材、氯硫化聚乙烯防水卷材等。

合成高分子防水卷材的弹性和抗拉强度高、耐热性能好、耐腐蚀能力强,这使得这种卷材对基层的变形有着较强的适应性,使用年限更长,减小了维修和翻新的工作及费用。

3. 冷底子油

冷底子油是用 10 号或 30 号石油沥青加入挥发性溶剂(又称为稀释剂,比如汽油、柴油、煤油或苯等)配制而成的溶液,因其经常应用于防水工程的底层,故称冷底子油。根据溶剂的种类不同通常分为慢挥发性冷底子油(石油沥青与轻柴油或煤油之间的比例为 4∶6)与快挥发性冷底子油(石油沥青与汽油或苯之间的比例为 3∶7)。

冷底子油黏度小,具有很好的流动性,但其渗透性和憎水性较差,涂刷在混凝土、砂浆或木材等基面上,能很快地渗入基层的孔隙中,待溶剂挥发后,便与基面牢固结合,为使沥青胶结材料与找平层之间有很强的黏结力。喷涂冷底子油的时候,一般应待找平层干燥后再进行,不宜在有雨、雾或露的环境中施工,通常要求与冷底子油相接触的水泥砂浆的含水率小于 10%,若需在潮湿的找平层上涂喷冷底子油,则应待找平层水泥砂浆略具强度能够操作时,方可进行。冷底子油可喷涂或涂刷,涂刷应薄而均匀,不得有空白、麻点或气泡。待冷底子油油层干燥后,即可铺贴卷材。

4. 沥青胶结材料

沥青胶结材料是用一种或两种标号的沥青按一定的配合比熔合,掺入 10% ~ 15% 的粉状填充料混合熬制而成的沥青胶结材料,掺入填充料主要是为了提高沥青的耐热度、韧性、黏结力和抗老化性能,所用的填充材料可采用石灰石粉、白云石粉、滑石粉和云母粉等。

沥青胶结材料用于粘贴油毡作防水层或作为沥青防水涂层以及接头填缝之用,沥青胶结材料的配制,一般采用 10 号、30 号或 60 号的石油沥青,或上述两种或三种牌号的沥青熔合制成。当采用两种标号的沥青进行熔合时,其配合比可按下列公式计算:

$$B_g = \frac{T - T_2}{T_1 - T_2} \times 100\% \tag{8-1}$$

$$B_d = 100\% - B_g \tag{8-2}$$

式中　B_g——熔合物中高软化点石油沥青含量(%);

　　　B_d——熔合物中低软化点石油沥青含量(%);

　　　T——熔合后沥青胶结材料所需的软化点,℃;

　　　T_1——高软化点石油沥青的软化点,℃;

　　　T_2——低软化点石油沥青的软化点,℃。

5. 胶黏剂

胶黏剂是高聚物改性沥青卷材和合成高分子卷材的粘贴材料,它是能将同种、两种或两种以上的同质或异质的制件(或材料)连接在一起,固化后具有足够强度的有机或无机的、天然或合成的一类物质,统称为胶黏剂或黏结剂或黏合剂,习惯上简称为胶。

(三)卷材防水屋面的施工

1. 沥青卷材防水屋面的施工

1)基层与找平层的处理

屋面结构层一般为钢筋混凝土结构,要有足够的强度和刚度,承受荷载时不产生显著变形,当采用装配式钢筋混凝土板时,要求板要安置平稳,板端的缝要密封处理,板端和板的侧缝应用细石混凝土进行灌封,并浇筑密实,其强度等级不能低于 C20。板缝经处理之后宽度仍大于 40 mm 时,应在板下设吊模补放构造钢筋之后再浇筑细石混凝土。

找平层的作用是保证卷材铺贴平整且牢固,要求必须清洁、干燥,其排水坡度应符合相应的设计要求。常用的找平层有:水泥砂浆找平层、细石混凝土找平层和沥青砂浆找平层,找平层与突出屋面的结构,如女儿墙、风道口等的连接处、管根处及基层的转角处,如檐口、天沟等处均应做成圆弧状,圆弧的半径参见表 8-1。找平层应留分格缝,并嵌填密封材料,缝宽为 20 mm,留设在预制板支承端的拼缝处,纵横向缝的最大间距,当找平层为水泥砂浆或细石混凝土时,不宜大于 6 m,当找平层为沥青砂浆时,则不宜大于 4 m,并于缝口上加铺 200 ~ 300 mm 宽的油毡条,并用沥青胶结材料单边点贴。铺设防水层(或隔气层)前找平层必须干燥、洁净。基层处理剂(或称冷底子油)的选用应与卷材的材性相容。基层处理剂可采用喷涂或刷涂施工,要保证喷、涂均匀,待第一遍干燥后再进行第二遍喷、涂,待最后一遍干燥后,方可铺设卷材。

表 8-1　转角处的圆弧半径

卷材种类	圆弧半径(mm)
沥青防水卷材	100 ~ 150
高聚物改性沥青防水卷材	50
合成高分子防水卷材	20

当采用水泥砂浆找平层时,找平层的厚度为 15 ~ 20 mm,水泥砂浆配合比(体积比)为 1∶2.5 ~ 1∶3,水泥强度等级不低于 32.5 级,水泥砂浆抹平收水后应二次压光,充分养护,不得有酥松、起砂、起皮及起壳现象,否则必须进行修补;当采用细石混凝土找平层时,细石混凝土强度等级为 C15,找平层厚度为 15 ~ 35 mm,找平层应平整坚实,无松动、翻砂现象;当采用沥青砂浆找平层时,其配合比(质量比)为 1∶8,沥青砂浆施工时要严格控制温度。

2)卷材铺贴

卷材铺贴之前应先熬制好沥青胶并清除卷材表面的撒料,沥青胶的沥青成分应与卷材中沥青成分相一致,卷材铺贴层数一般为 2 ~ 3 层,沥青胶铺贴厚度一般为 1 ~ 1.5 mm,最厚不得超过 2 mm。在卷材大面积铺贴之前,应先做好节点密封、附加层和屋面排水较集中部位(如屋面与水落口连接处、檐口或天沟等部位)与分格缝的空铺条处理等工作,然后由屋面最低标高处向上施工。施工段的划分宜设在屋脊、檐口、天沟、变形缝等处。卷材的铺贴方向应根据屋面坡度或周围是否受振动荷载而确定,当屋面坡度小于 3% 时,卷材宜平行于屋脊铺贴;当屋面坡度在 3% ~ 15% 之间时,卷材可平行或垂直屋脊铺贴;当屋面坡度大于 15% 或屋面受振动时,卷材应垂直于屋脊铺贴。卷材防水屋面的坡度不宜超过 25%,否则应在短边搭接处将卷材用钉子钉入找平层内固定,以防卷材下滑。此外,在铺贴高聚物改性沥青防水卷材和合成高分子防水卷材时,可平行或垂直屋脊铺贴,但此时上下层卷材不得相互垂直铺贴。

卷材铺贴应采用搭接法,如图 8-10 所示,各种卷材的搭接宽度应符合相应的要求,同时,相邻两幅卷材的接头还应相互错开 300 mm 以上,以免接头处多层卷材相重叠而黏结不实,叠层铺贴,上下层两幅卷材的搭接缝也应错开 1/3 幅宽。当用高聚物改性沥青防水卷材点粘或空铺时,两头部分必须全粘 500 mm 以上,为防防水卷材接缝处漏水,卷材间应具有一定的搭接宽度,通常各层卷材的搭接宽度,长边不应小于 70 mm,短边不应小于 100 mm,上下两层及相邻两幅卷材的搭接缝均应错开,搭接缝处必须用沥青胶结材料仔细封严。

当卷材平行于屋脊铺贴时,由檐口开始,各层卷材的排列如图 8-11(a)所示,两幅卷材的长边搭接(又称压边),应顺水流方向,短边搭接(又称接头),应顺主导风向。平行于屋脊铺贴效率高,材料损耗少。此外,由于卷材的横向抗拉强度远比纵向抗拉强度高,因此此方法可以防止卷材因基层变形而产生裂缝。当卷材垂直于屋脊铺贴时,则应从屋脊开始向檐口进行,各层卷材的排列如图 8-11(b)所示,压边应顺年最大频率风向,接头应顺水流方向搭接。同时,屋脊处不能留设搭接缝,必须使卷材相互越过屋脊交错搭接以增

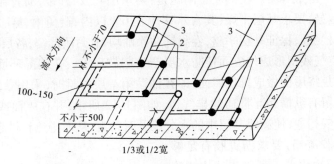

1—第一层卷材;2—第二层卷材的铺贴要求;3—干铺卷材条宽300 mm

图 8-10　卷材平行屋脊时铺贴的搭接要求　（单位:mm）

强屋脊的防水性和耐久性,叠层铺设的各层卷材,在天沟与屋面的连接处,应采用叉接法搭接,搭接缝应错开,接缝宜留在屋面或天沟的侧面,不宜留在沟底。

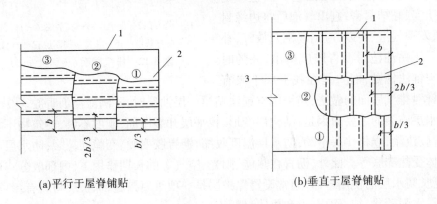

(a)平行于屋脊铺贴　　　　　　　(b)垂直于屋脊铺贴

①②③—卷材的层次;b—卷材的幅宽;
1—屋脊;2—山墙;3—主导风向

图 8-11　卷材的铺贴方向

　　卷材铺贴在整个工程中应采取"先高后低、先远后近"的施工顺序,即当铺贴连续多跨或高低跨房屋的屋面时,应先铺高跨后铺低跨,等高的大面积屋面,先铺离上料地点较远的部位,后铺较近部位,对同一坡面,则应先铺好水落口、天沟、女儿墙和沉降缝等地方,特别是应做好泛水,然后顺序铺贴大屋面的卷材。

　　卷材的铺贴方法有浇油法、刷油法、刮油法和撒油法等四种。浇油法是将沥青胶浇到基层上,然后推着卷材向前滚动使卷材与基层粘贴紧密;刷油法是用毛刷将沥青胶刷于基层,刷油长度以300~500 mm 为宜,出油边不应大于50 mm,然后快速铺压卷材;刮油法是将沥青胶浇到基层上后,用5~10 mm 的胶皮刮板刮开沥青胶铺贴;撒油法是在铺第一层卷材时,先在卷材周边涂满沥青,中间用蛇形花撒的方法撒油铺贴,其余各层则仍按浇油、刷油、刮油方法进行铺贴,此法多用于基层不太干燥需做排气屋面的情况。待各层卷材铺贴完后,在其面层上浇一层2~4 mm 厚的沥青胶,趁热撒上一层粒径为3~5 mm 的小豆石(绿豆砂),并加以压实,使豆石和沥青胶黏结牢固,未黏结的豆石随即清扫干净。

沥青卷材防水层最容易产生的质量问题是:防水层起鼓、开裂,沥青流淌、老化,屋面漏水等,为防止起鼓,要求基层干燥,其含水率应在 6% 以内,避免雨、雾、霜天施工,隔气层良好;防止卷材受潮;保证基层平整,卷材铺贴涂油均匀、封闭严密,各层卷材粘贴密实,以免水分蒸发、空气残留形成气囊而使防水层产生起鼓现象。在潮湿环境下解决防水层起鼓的有效方式是将屋面做成排气屋面,即在铺贴第一层卷材时,采用条铺、花铺等方法使卷材与基层间留有纵横相互贯通的排气道,如图 8-12 所示,并在屋面或屋脊上设置一定的排气孔与大气相通,使潮湿基层中的水分能及时排走,从而避免卷材起鼓。

为防止沥青胶流淌,要求沥青胶有足够的耐热度、较高的软化点。可用浇油法或涂刷法施工,浇涂的宽度要略大于油毡的宽度,并且要涂刷均匀,其厚度控制在 1~1.5 mm,且屋面坡度不宜过大。为使油毡不致歪斜,可先弹出墨线,按墨线推滚油毡。油毡一定要铺平压实,黏结紧密,赶出气泡后将边缘封严;如果发现气泡、空鼓,应当场割开放气,补胶修理。压贴油毡时沥青胶应挤出,并随时刮去。空铺法铺贴油毡,是在找平层干燥有

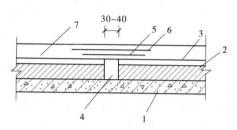

1—屋面板;2—保温层;3—找平层;4—排气道;
5—卷材条点贴;6—卷材条加固层;7—防水层

图 8-12 排气屋面 (单位:mm)

困难或针对排气屋面的做法,当采用空铺法贴第一层油毡时,不满涂浇沥青胶。

防水层破裂的主要原因是:结构层变形、找平层开裂屋面;刚度不够,建筑物不均匀下沉;沥青胶流淌,卷材接头错动;防水层温度收缩,沥青胶变硬、变脆而拉裂;防水层起鼓后内部气体受热膨胀等。此外,沥青在热能、阳光、空气等的长期作用下,内部成分将逐渐老化,为延长防水层的使用寿命,通常设置保护层是一项重要措施,保护层材料有绿豆砂、云母、蛭石、水泥砂浆、细石混凝土和块体材料等。

2. 高聚物改性沥青卷材防水屋面的施工

1)基层的处理

高聚物改性沥青卷材防水屋面可用水泥砂浆、沥青砂浆和细石混凝土找平层作基层,施工前要将验收合格的基层表面上的尘土和杂物清理干净。要求找平层抹平压光,坡度符合设计要求,不允许有空鼓、开裂、起砂、脱皮和凹凸不平等缺陷存在,其含水率一般不宜大于 9%,找平层不应有局部积水现象。找平层与突起物(如女儿墙、烟囱、通气孔、变形缝等)相连接的阴角,应做成均匀光滑的小圆角;找平层与檐口、排水口、沟脊等相连接的转角,应抹成光滑一致的圆弧形。高聚物改性沥青卷材施工时,需按产品说明书配套使用,基层处理剂是将氯丁橡胶沥青胶黏剂加入人工汽油进行稀释,然后搅拌均匀,用长把滚刷均匀地涂刷在基层的表面上,常温经过 4 h 后,开始铺贴卷材。

2)施工要点

高聚物改性沥青卷材的施工方法有冷粘法铺贴、热熔法铺贴和自粘法铺贴三种。

A. 冷粘法铺贴

冷粘法施工的卷材主要是指 SBS 改性沥青卷材、APP 改性沥青卷材和铝箔面改性沥青卷材等。在施工之前,首先应清除基层表面的突起物,并将尘土、杂物等扫除干净,随后

用基层处理剂进行基层处理,涂刷时要注意保证均匀一致。待基层处理剂干燥之后,可先对排水口、管根等容易发生渗漏的薄弱部位,在其中心 200 mm 范围内,均匀涂刷一层胶黏剂,涂刷厚度以 1 mm 左右为宜,胶黏剂涂刷应均匀,不露底,不堆积,根据胶黏剂的性能,应控制胶黏剂涂刷与卷材铺贴的间隔时间,胶黏剂干燥后即可形成一层无接缝和弹塑性的整体增强层。铺贴卷材时,应根据卷材的配置方案(一般坡度小于 3% 时,卷材应平行于屋脊配置;坡度大于 15% 时,卷材应垂直于屋脊配置;坡度在 3% ~15% 之间时,可据现场条件自由选定),在流水坡度的下坡开始弹出基准线,边涂刷胶黏剂边向前滚铺卷材,确保卷材下无空气和异物,并及时辊压,使之黏接牢固。用毛刷涂刷时,蘸胶液应饱满,涂刷要均匀。平面与立面相连接处的卷材,应由下向上压缝铺贴,并使卷材紧贴阴角,不允许有明显的空鼓现象存在。当立面卷材超过 300 mm 时,应用氯丁系列胶黏剂(404胶)进行粘贴或用木砖钉木压条与粘贴并用的方法处理,以达到粘贴牢固和封闭严密的目的。卷材纵横搭接宽度为 100 mm,一般情况下接缝用胶黏剂黏合,也可采用汽油喷灯进行加热熔接,但后者效果更为理想。卷材铺贴应做到平整顺直,搭接尺寸准确,不得扭曲、皱折,搭接部位的接缝应满涂胶黏剂,用溢出的胶黏剂对卷材搭接缝的边缘以及末端收头部位进行黏合封闭处理,其宽度不应小于 10 mm。必要时,也可在经过密封处理的末端收头处,再用掺入水泥质量 20% 的 107 胶水泥砂浆进行压缝处理。

B. 热熔法铺贴

热熔法施工的卷材以 APP 改性沥青卷材为主。采用热熔法施工可节省冷粘剂,降低防水工程的造价,特别是当气温较低或屋面基层略有湿气时尤其适合。基层处理时,要求基层处理剂涂刷均匀,厚薄一致,必须待涂刷基层处理剂 8 h 以上方能进行施工作业,待干燥后,按设计节点构造做好处理,按规范要求排布卷材、定位、画线,弹出基线。热熔时,应将卷材沥青膜底面向下,对正粉线,用火焰喷枪对准卷材与基层的结合面,同时加热卷材与基层,要注意使火焰加热器的喷嘴距卷材面的距离适中,一般为 0.5 m 左右,幅宽内加热应均匀,以卷材表面熔融至光亮黑色为度,不得过分加热或烧穿卷材,厚度小于 3 mm 的高聚物改性沥青防水卷材严禁采用热熔法施工。卷材表面热熔后应立即滚铺卷材,滚铺时应排除卷材下面的空气,使之平展不得有折皱,并辊压粘贴牢固,不得空鼓。搭接部位经热风焊枪加热后粘贴牢固,溢出的自粘胶刮平封口。

为屏蔽或反射阳光的辐射和延长卷材的使用寿命,在防水层铺设工作完成后,可在防水的表面上采用边涂刷冷粘剂,边铺撒蛭石粉保护层,或均匀涂刷银色或绿色涂料作保护层。

高聚物改性沥青卷材严禁在雨天、雪天施工,五级风及其以上时不得施工,气温低于 0 ℃时也不宜施工。

C. 自粘法铺贴

自粘法铺贴卷材时,在铺贴之前基层表面应均匀涂刷基层处理剂,待干燥后应及时铺贴卷材。铺贴卷材时,应将自粘胶底面的隔离纸全部撕净,卷材下面的空气应排尽,并辊压黏结牢固,铺贴的卷材应平整顺直,搭接尺寸准确,不得扭曲、皱折,搭接部位宜采用热风加热,随即粘贴牢固,接缝口应用密封材料封严,宽度不小于 10 mm。

3. 合成高分子卷材防水屋面施工

高分子卷材防水屋面施工的主体材料,常用的有三元乙丙橡胶卷材、氯化聚乙烯 – 橡胶共混防水卷材、氯磺化聚乙烯防水卷材、氯化聚乙烯防水卷材以及聚氯乙烯防水卷材等。高分子卷材还配有基层处理剂、基层胶黏剂、接缝胶黏剂、表面着色剂等。其施工工艺大致分为基层处理和防水卷材的铺贴两个步骤。

合成高分子卷材防水屋面应以水泥砂浆找平层作为基层,找平层表面要求平整,其配合比为 1∶3(体积比),厚度为 15 ~ 30 mm,其平整度用 2 m 长直尺检查时,最大空隙不应超过 5 mm,空隙仅允许平缓变化,基层必须干燥,含水率一般不应大于 9%,同时要求基层牢固、无松动或起砂现象。基层与突出屋面结构相连的阴角,应抹成均匀一致和平整光滑的圆角,而基层与檐口、天沟、排水口等相连接的转角则应做成半径为 100 ~ 200 mm 的光滑圆弧。其涂刷宽度为距离中心 200 mm 以上,厚度以 1.5 mm 左右为宜,固化时间应大于 24 h。

待上述工序均完成后,将卷材展开摊铺在平整干净的基层上,用滚刷蘸满氯丁系胶黏剂(404 胶等),均匀涂布在卷材上,涂布厚度要均匀,不得漏涂,但沿搭接缝部位 100 mm 处不得涂胶。涂胶黏剂后静置 10 ~ 20 min,待胶黏剂结膜干燥到不粘手指时,将卷材用纸筒芯卷好,然后将胶黏剂均匀涂布在基层处理剂已基本干燥的洁净基层上,经过 10 ~ 20 min 干燥,接触时不粘手指,即可铺贴卷材,卷材搭接宽度为 100 mm。卷材铺贴的一般原则是:铺设多跨或高低跨屋面时,应按先铺高跨后铺低跨,先铺远处后铺近处的顺序来进行;铺设同一跨屋面时,应按先铺设排水比较集中的部位,按标高由低向高的顺序进行。卷材应顺着长方向进行配制,并使卷材长方向与水流坡度相垂直,其长边搭接应顺流水坡度方向。

卷材的铺贴应根据配制方案进行,粘贴卷材时用刷子均匀涂刷在翻开的卷材的接头两面,待干燥 30 min 后即可粘贴,沿先弹出的基准线,将已涂布胶黏剂的卷材圆筒从流水下坡开始展铺,卷材不得有折皱,也不得用力拉伸卷材,并应排除卷材下面的空气,使辊压粘贴牢固,卷材收头处重叠三层,须用聚氨酯嵌缝膏密封,在收头处再涂刷一层聚氨酯涂膜防水材料,在尚未固化时再用含胶水砂浆压缝封闭,防水层经检查合格,即可涂保护层涂料。卷材铺好后,应将搭接部位的结合面清扫干净,采用与卷材配套的接缝专用胶黏剂(如氯丁系胶黏剂),在接缝结合面上均匀涂刷,待其干燥不粘手指后,辊压粘牢。

合成高分子卷材防水屋面保护层施工与高聚物改性沥青卷材防水屋面保护层施工要求相同。

(四)屋面构造层次

1. 传统式保温屋面

传统式保温屋面的构造层次由下到上依次为:结构层(现浇或预制的钢筋混凝土板)、隔气层、保温层、找平层、防水层、保护层,这种屋面的构造层次之间存在的制约因素比较多,容易发生屋面渗漏或保温层失效等问题,而且由于保温层大多是采用松散保温材料或与水性胶结材料拌和铺设而成的,它使用水泥砂浆找平层,这使得不能得到充分干燥的保温层和找平层内的剩余水分在隔气层和防水层的封闭下蒸发不出去,不但影响保温效果,而且在防水层受到暴晒之后就会导致防水层产生膨胀、鼓泡或开裂,以至于最后出现渗漏。防水层一旦渗漏,又会导致保温层蓄水从而降低或丧失保温功能,保温效果一旦降低,就将出现房屋冬不保温、夏不隔热的情况,使得室内的生存环境逐渐变坏。

2.倒置式屋面

倒置式屋面的构造层次按照从下到上的顺序依次为:结构层、找平层、防水层、保温层、隔离层、保护层,它是在构造层次上将传统式保温屋面的防水层与保温层的设置部位互相倒置,故称其为倒置式屋面。倒置式屋面目前在我国的应用还较少,在发达国家已有 20～30 年的应用历史,它可以较好地克服传统式保温屋面所存在的诸多问题。它的主要优点是:由于防水层置于保温层之下,可以保护防水层免受紫外线的直接照射,大幅度降低防水层和结构层的热应力,减少了结构层温差变形对防水层的影响,避免防水层产生由温差变形引起的裂纹或裂缝,延缓了防水层的热老化速度,防止防水层早期破坏,从而有效地提高防水层的耐久性,有利于发挥屋面的绝热效能和节能效果,延长了屋面使用寿命,减少了施工工序,降低了工程成本。当然,从施工角度看,这类屋面做法对防水层的施工质量特别是细部构造防水的要求很高,必须确保不出现渗漏,否则维修较为困难。

倒置式屋面采用的保温材料必须具有良好的憎水性、很高的抗湿性和较低的吸水率,最常用的保温材料是发泡聚苯乙烯板,板状保温材料制品施工非常简便,既可以采用干铺,又可以采用与防水层材性相容的胶黏剂进行点粘。板材的厚度应根据材料导热系数由设计确定,在寒冷地区使用,其厚度一般在 50 mm 左右即可。

二、涂膜防水屋面

涂膜防水屋面是指在屋盖体系中,板缝采用油膏嵌缝,板面压光具有一定的防水能力,在屋面基层上涂刷以高分子合成材料为主体的防水涂料,经固化后形成一层具有一定厚度和弹性的整体的坚韧防水膜,其构造如图 8-13 所示。它适用于各种混凝土屋面的防水,其中以装配式钢筋混凝土屋面的应用较为普遍。

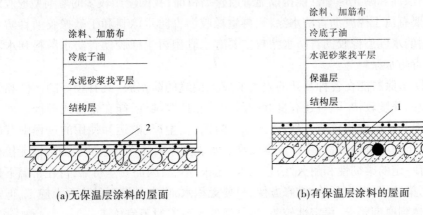

(a)无保温层涂料的屋面　　　　　　(b)有保温层涂料的屋面

1—细石混凝土;2—油膏嵌缝

图 8-13　涂膜防水屋面构造示意

（一）防水材料

1. 防水涂料

防水涂料是指以液体高分子合成材料为主体，涂刷在结构物的表面，能形成具有一定弹性的防水膜物料。防水涂料在常温下呈无定型状态，具有以下优点：防止板面风化，延伸性好，质量轻，能形成无接缝的完整防水膜，施工简单，维修方便等。

防水涂料品种很多，常用的板面防水涂料有如下几种。

1）沥青基防水涂料

沥青基防水涂料是以沥青为基料，在乳化剂水溶液的作用下，经过乳化剂的强烈搅拌分散，沥青被分散成 $1\sim6~\mu m$ 的细颗粒，被乳化剂包裹起来形成的乳化液。将其涂刷在板面上，待水分蒸发后，沥青颗粒聚成膜，便形成均匀稳定、黏结良好的防水层。沥青基防水涂料有水乳型和溶剂型之分，广泛应用于建筑物的防潮防水、金属等物体表面防潮防水耐酸防腐的涂装，主要包括石棉乳化沥青涂料和石灰膏乳化沥青涂料等。乳化沥青涂料是一种冷施工防水涂料，其石灰膏乳化沥青配合比见表 8-2。

表 8-2　石灰膏乳化沥青配合比

石油沥青	石灰膏（干石灰质量）	石棉绒	水
30～35	14～18	3～5	45～50

2）高聚物改性沥青防水涂料

高聚物改性沥青防水涂料又称橡胶沥青类防水涂料，它是以沥青为基料，用合成高分子聚合物进行改性，配制而成的水乳型防水涂料或溶剂型防水涂料，其成膜物质中的胶粘材料是沥青和橡胶（再生橡胶或合成橡胶）。这种涂料有水乳型和溶剂型之分，如果是以橡胶对沥青进行改性作为基础，用再生橡胶对其进行改性，以减小沥青的感温性，增加其弹性，改善其在低温下的脆性和抗裂性；如果用氯丁橡胶对其进行改性，能使沥青的气密性、耐化学腐蚀性和耐光性等性能得以显著改善。目前，我国使用较多的溶剂型橡胶沥青防水涂料主要有氯丁橡胶沥青防水涂料、再生橡胶沥青防水涂料和丁基橡胶沥青防水涂料等；所使用的水乳型橡胶沥青防水涂料主要有水乳型再生橡胶沥青防水涂料和水乳型氯丁橡胶沥青防水涂料等。

溶剂型防水涂料能在各种复杂的表面形成无接缝的防水膜，具有较好的韧性和耐久性，涂料成膜的速度较快，同时还有良好的耐水性和抗腐蚀性，能在常温或较低温度下进行冷施工。但其一次成膜较薄，以汽油或苯为溶剂，在生产、贮运和使用的过程中有燃爆的危险，且氯丁橡胶价格较贵，生产成本较高。水乳型涂料能在复杂的表面形成无接缝的防水膜，具有一定的柔韧性和耐久性，它无毒、无味、不燃，因而安全可靠，可在常温下进行冷施工，不污染环境，操作简单，维修方便，只要无积水，可在稍潮湿的表面上施工，但需多次涂刷才能达到厚度要求，稳定性较差，当气温低于 5 ℃时不宜施工。

3）合成高分子防水涂料

合成高分子防水涂料是以合成橡胶或合成树脂为主要的成膜物质，添加触变剂、防流挂剂、防沉淀剂和增稠剂等添加剂和催化剂，经过特殊工艺加工配制而成的单组分或多组分的防水涂料,用于Ⅰ、Ⅱ级屋面防水设防中的一道防水或单独用于Ⅲ级屋面防水设防。

最常用的合成高分子防水涂料有聚氨酯防水涂料和丙烯酸酯防水涂料等。聚氨酯防水涂料是双组分化学反应固化型的高弹性防水涂料,将其涂刷在基层表面上,经过常温交联固化后,能形成一层橡胶状的整体弹性涂膜,以此可以阻挡水对基层的渗透,从而起到防水作用。聚氨酯涂膜具有弹性好、延伸能力强,对基层的伸缩或开裂适应性强,温度适应性好,耐油、耐化学药品腐蚀性能好,涂膜无接缝的优点,适用于高层建筑屋面结构复杂的设有刚性保护层的上人屋面。它施工方便,因而应用广泛。丙烯酸酯防水涂料是以一种丙烯酸酯类共聚树脂乳液为主体配制而成的水乳型涂料,它可以与水乳型氯丁橡胶沥青防水涂料和水乳型再生橡胶沥青防水涂料等配合使用,使防水层具有浅色的外观。该涂料形成的涂膜呈橡胶状,柔韧性和弹性都很好,能抵抗基层龟裂时所产生的应力,可以进行冷施工,可涂刷、刮涂和喷涂,施工方便,该涂料以水为稀释剂,无溶剂污染,不燃、无毒,施工安全,此外,还可调制成各种色彩,使屋面具有良好的装饰效果。

合成高分子防水涂料具有绿色环保、耐老化性能好、黏结力强、渗透性好、延伸率高和施工方便等优点,因而应用较为广泛。

2.密封材料

密封材料是指能承受住接缝位移以达到气密、水密目的而嵌入建筑接缝中的材料。建筑工程用的密封材料,系指充填于建筑物及构筑物的接缝、门窗框四周、玻璃镶嵌部位以及裂缝处,能起到水密、气密性作用的材料。目前,我国常用的屋面密封材料包括改性沥青密封材料和合成高分子密封材料两大类。

1)改性沥青密封材料

改性沥青密封材料是以沥青为基料,用适量的合成高分子聚合物进行改性,加入填充料和其他化学助剂(如着色剂等),经过特定的生产工序加工配制而成的膏状密封材料。目前,改性沥青密封材料的主要品种有丁基橡胶改性沥青密封膏、SBS改性沥青密封膏和再生橡胶改性沥青油膏等。

改性沥青基嵌缝油膏是以石油沥青为基料,掺以少量废橡胶粉、树脂或油脂类材料以及填充料和助剂制成的膏状体,适于钢筋混凝土屋面板板缝嵌填。它具有炎夏不流淌,寒冬不脆裂,黏结力强,延伸性、耐久性、弹塑性好及常温下可冷施工等特点,主要用于一般建筑的接缝、孔洞、管口等部位的防水和抗渗以及防水层收头处理。通常,用橡胶或树脂等改性的改性沥青密封材料按耐热度和低温柔性,可分为701、702、703、801、802和803六个标号。

2)合成高分子密封材料

合成高分子密封材料是以合成高分子材料为主体,加入适量的化学助剂、填充料和着色剂,经过特定的生产工艺加工而成的膏状密封材料。

目前应用的主要有聚氯乙烯胶泥、水乳型丙烯酸酯密封膏和聚氨酯弹性密封膏等。聚氯乙烯胶泥具有良好的耐热性、黏结性、弹塑性、防水性及较好的耐寒、耐腐蚀性和抗老化能力,不仅可应用于屋面嵌缝,而且可应用于屋面满涂,其价格适中,能适用于各种坡度的屋面防水工程,也适用于有硫酸、盐酸、硝酸和氢氧化钠等腐蚀介质的屋面工程;水乳型丙烯酸酯密封膏具有良好的黏结性、延伸性、耐低温性、耐热性及抗大气老化性,可将多种色彩与密封基层相配色,并且可在潮湿基层上施工,操作较为方便。聚氨酯弹性密封膏是一种新型密封材料,具有模量低、延伸率大、弹性高、黏结性好、耐低温、耐水、耐油、耐酸碱、抗疲劳及使用年限长、价格适中等优点,可用于防水要求中等或偏高的工程。

(二)涂膜防水屋面的施工

1. 自防水屋面板的制作

构件自防水屋顶是一种利用钢筋混凝土屋面板本身的密实性,通过对屋面板的板面和板缝进行处理而使其具有防水功能的屋顶。自防水屋面板应具有足够的密实性、抗渗性和抗裂性,同时,还必须做好附加层,以满足防水的要求。这种屋顶是承重结构和屋面结合在一起的,因而质量较轻,能节约材料和造价,且施工简单,维修方便,在我国南部和中部地区的工业厂房中应用较为广泛。制作屋面板时,混凝土宜用不低于 32.5 级普通硅酸盐水泥,粗骨料的最大粒径不超过板厚的 1/3,一般为不超过 15 mm,细骨料宜采用中砂或粗砂,粗细骨料的含泥量应分别不超过 1% 和 2%,每立方米混凝土中水泥的最小用量不小于 330 kg,水灰比不大于 0.55,还可掺入适量的外加剂。在浇筑时,宜采用高频低振幅的小型平板振动器使之振捣密实,在混凝土收水之后应再次进行压实抹光,自然养护的时间不能少于 14 昼夜。

2. 板缝嵌缝施工

构件自防水屋顶也存在着诸如屋面板裂缝、渗漏等问题,为了保证屋面防水的质量,屋面板及其节点的设计要合理、得当,板面可涂上再生橡胶 – 沥青防水涂料、水乳型防水冷胶料或乳化沥青等防水涂料,以提高其防水性能;屋面板的制作要达到较好的密实性、抗渗性和抗裂性,板面要平整,单块屋面板的尺寸可适当加大,以减少接缝。运输和吊装时,要保证板面完整,板缝接合力求严密。

1)板缝的处理

当屋面结构采用装配式钢筋混凝土板时,板缝上口的宽度,应调整为 20 ~ 40 mm;当板缝宽度大于 40 mm 或上窄下宽时,板缝应设构造钢筋。板缝下部应用不低于 C20 的细石混凝土浇筑并捣固密实,且预留嵌缝深度,可取接缝深度的 0.5 ~ 0.7 倍,如图 8-14 所示。板缝在浇筑混凝土之前,应充分浇水湿润,冲洗干净。在浇筑混凝土时,必须随浇随清除接缝处构件表面的水泥浆,混凝土要充分养护,接触嵌缝材料的混凝土表面必须

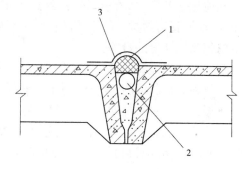

1—密封材料;2—背衬材料;3—保护层

图 8-14　板缝密封的防水处理

平整、密实,不得有蜂窝、露筋、起皮、起砂和松动的现象。

2)嵌缝材料防水施工

在嵌缝之前,必须先用刷缝机或钢丝刷清除板缝两侧表面的浮灰和杂物,并将其吹净,要注意在清理板缝浮灰时,板缝必须要保证干燥,在清除之后用基层处理剂进行涂刷,涂刷应均匀,不得漏涂,宜在铺放背衬材料之后进行,待其干燥后,及时热灌或冷嵌密封材料,非保温屋面的板缝上应预留凹槽,并嵌填密实材料,板缝应用细石混凝土浇捣密实。

当采用改性沥青密封材料热灌施工时,应采用由下向上的顺序进行,注意要尽量减少接头的数量,一般应先灌垂直于屋脊的板缝,后灌平行于屋脊的板缝,同时,在纵横交叉处宜沿平行于屋脊的两侧板缝各延伸浇灌 150 mm,并留成斜槎;当采用改性沥青密封材料冷嵌法施工时,应先用少量密封材料批刮在缝槽两侧,分批次将密封材料嵌填在缝内,用力压嵌密实,并与缝壁黏结牢固,嵌填时,密封材料与缝壁不得留有空隙,并防止裹入空气,接头应采用斜槎。当采用合成高分子密封材料施工时,单组分密封材料可直接使用,多组分密封材料应根据规定的比例准确计量,拌和均匀,每次拌和量、拌和时间和拌和温度应按所用密封材料的要求严格控制,密封材料可使用挤出枪或腻子刀嵌填,嵌填应饱满,防止形成气泡和孔洞,抹找平层时,分格缝与板端缝对齐、均匀顺直,并嵌填密封材料。若采用挤出枪施工,应根据接缝的宽度选用口径合适的挤出嘴,均匀挤出密封材料嵌填,并由底部逐渐充满整个接缝,涂层施工时,板端缝部位空铺的附加层,每边距板缝边缘不得小于 80 mm,多组分密封材料拌和后应在规定的时间内用完,未混合的多组分密封材料和未用完的单组分密封材料应密封存放,密封材料严禁在雨天或雪天施工,当风力在 5 级以上时也不能施工,此外,还应考虑密封材料施工时的气温环境。

3. 板面防水涂膜施工

在嵌缝完毕之后需进行板面防水涂膜施工,一般采用手工抹压、涂刷或喷涂等方法进行。涂膜防水应根据防水涂料的品种分层分遍涂布,不得一次涂成,第一层一般不需要刷冷底子油,待先涂的涂层干燥成膜后,方可涂布后一遍涂料,干燥时间视当地温度和湿度而定,一般为 4~24 h,涂膜防水层不得有渗漏或积水的现象。当采用涂刷方法时,上下层应交错涂刷,接槎宜在板缝处,每层涂刷厚度应均匀一致。

涂膜防水层的厚度要求为:沥青基防水涂膜在Ⅲ级防水屋面单独使用时不应小于 8 mm,在Ⅳ级防水屋面或复合使用时不小于 4 mm;高聚物改性沥青防水涂膜,在屋面防水等级为Ⅱ级时不应小于 3 mm,在Ⅲ级防水屋面上复合使用时不小于 1.5 mm;合成高分子防水涂膜不小于 2 mm,在Ⅲ级防水屋面上复合使用时不小于 1 mm。防水涂膜施工,需要铺设胎体增强材料,当屋面坡度小于 15% 时,可以平行于屋脊铺设,而当屋面坡度大于15% 时,则应垂直于屋脊铺设,并由屋面最低处向上操作。胎体长边的搭接宽度不得小于50 mm,短边的搭接宽度不得小于 70 mm,若采用两层胎体增强材料,上下层不得互相垂直铺设,搭接缝应错开,同时其间距不应小于幅宽的1/3。在天沟、檐口、檐沟和泛水等部位,均加铺有胎体增强材料的附加层,水落口周围与屋面交接处,应作密封处理,并加铺两层有胎体增强材料的附加层;在板端、板缝、檐口与屋面板交接处,先干铺一层宽度为150~300 mm 的塑料薄膜缓冲层,铺贴玻璃丝布或毡片时应采用搭接法,长边搭接宽度不小于70 mm,短边搭接宽度不小于 100 mm,上下两层及相邻两幅的搭接缝应错开 1/3 幅宽,但上下两层不得互相垂直铺贴。

沥青基防水涂膜施工时,施工顺序为先做节点、附加层,再进行大面积涂布,涂层中夹铺胎体增强材料时,应边涂边铺胎体,胎体应刮平排除气泡,并与涂料粘牢;屋面转角活立面涂层,应涂布多遍,不得流淌、堆积,用细砂、云母、蛭石等撒布材料作保护层时,应筛去粉砂,在涂刷最后一遍涂料时,边涂边撒布均匀,不得露底,待涂料干燥后,清除多余的撒布材料,施工气温宜为 5~35 ℃。

在高聚物改性沥青防水涂膜施工时,屋面基层的干燥程度应根据涂料的特性而定,若采用溶剂型涂料,则基层应干燥,基层处理剂应充分搅拌,涂刷均匀,覆盖完整,干燥后方可进行涂膜施工。其最上层涂层的涂刷不应少于两遍,其厚度不应小于 1 mm。若用水乳型涂料,以撒布料作保护层,则在撒布后应进行辊压粘牢,溶剂型涂料施工环境气温宜为 −5～35 ℃,水乳型涂料施工环境气温宜为 5～35 ℃。

在合成高分子防水涂膜施工时,应待屋面基层干燥后再涂布基层处理剂,涂布要均匀,不能过薄或过厚,也不允许见底,在底胶涂布后需干燥固化 24 h 以上,才能进行防水涂膜施工。防水涂料可用涂刮或喷涂的方法进行涂布,当采用涂刮时,每遍涂刮的方向宜与前一方向相垂直,重涂的时间间隔要以前遍涂膜干燥的时间来确定,如聚氨酯涂膜宜为 24～72 h。多组分涂料应按配合比准确计量,搅拌均匀,配制后要及时使用,配料可加入适量的促凝剂或缓凝剂,当在涂层中夹铺胎体增强材料时,位于胎体下面的涂层厚度不宜小于 1 mm,最上面的涂层不应少于两遍。涂膜防水屋面应设涂层保护层,当保护层为撒布材料时,在涂刷最后一遍涂层之后,涂层尚未固化之前,将撒布材料撒在涂层上;当保护层为块材时,要在涂膜完全固化之后,再进行块材的铺贴,并按规范要求留设分格缝,分格面积不宜大于 100 m²,分格缝宽度不宜小于 20 mm。

三、细石混凝土防水屋面

刚性防水屋面可以用细石混凝土、补偿收缩混凝土或块体材料等作为屋面的防水层,它们依靠混凝土的密实并配以采取一定的构造措施,以达到防水的目的。此处重点介绍细石混凝土刚性防水屋面。

(一)屋面的构造做法

细石混凝土刚性防水屋面,如图 8-15 所示,通常是在屋面板上浇筑一层厚度不小于 40 mm 的细石混凝土作为屋面的防水层。刚性防水屋面的坡度宜为 2%～3%,并应采用结构找坡,其混凝土强度等级不能低于 C20,水灰比不应大于 0.55,每立方米混凝土中水泥的最小用量不应小于 330 kg,灰砂比宜为

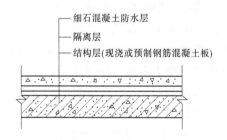

细石混凝土防水层
隔离层
结构层(现浇或预制钢筋混凝土板)

图 8-15　细石混凝土刚性防水屋面构造

1:2～1:2.5,含砂率宜为 35%～40%,在混凝土中应配置直径为 4～6 mm、间距为 100～200 mm 的双向钢筋网片,钢筋网片在分格缝处应断开,其保护层厚度不小于 10 mm。

水泥宜采用普通硅酸盐水泥,不得使用火山灰质硅酸盐水泥,当采用矿渣硅酸盐水泥时应采取减小泌水性的措施,水泥的强度等级不低于 32.5 级,防水层的细石混凝土和砂浆中,粗骨料的最大粒径不宜大于 15 mm,含泥量不应大于 1%;细骨料应采用粒径为 0.3～0.5 mm 的中砂或粗砂,含泥量不应大于 2%,拌和水应采用不含有害物质的自来水或可饮用的天然水。

(二)屋面的施工工艺

1. 分格缝设置

防水层必须设置分格缝,分格缝又称分仓缝,其位置应按设计要求来确定,如设计无

明确规定,则宜留在结构应力变化较大的部位,如设置在装配式屋面板的支承端、屋面转折处、防水层与突出屋面板的交接处,并应与板缝对齐,其纵横间距不宜大于 6 m。一般情况下,屋面板支承端每个开间应留横向缝,即一间一分格,屋脊应留纵向缝,分格的面积以 20 m² 左右为宜,分格缝上口宽为 30 mm,下口宽为 20 mm,应嵌填密封材料。

2. 细石混凝土防水层施工

为了减小结构变形对防水层的不利影响,在浇筑防水层细石混凝土之前,宜在防水层与基层之间设置隔离层,它是将防水层和结构层完全脱离,在结构层和防水层之间增加一层厚度为 10 ~ 20 mm 厚的黏土砂浆,或铺贴卷材隔离层。在隔离层做好后,应清除隔离层表面的浮渣和杂物,然后在其上定好分格缝位置,再用分格木条隔开作为分格缝,接着在隔离层上刷一道水泥浆,使防水层与隔离层紧密结合,然后按先远后近、先高后低的原则浇筑细石混凝土。要注意:一个分格缝范围内的混凝土必须一次浇筑完毕,不得留有施工缝,分格缝做成直立反边,如图 8-16 所示,并与板一次浇筑成型。浇筑混凝土时应保证双向钢筋网片设置于防水层中部,防水层混凝土应采用机械捣实,表面泛浆后抹平,收水后再次压光。待混凝土初凝后,将分格木条取出,分格缝处必须有防水措施,通常采用油膏嵌缝,有的在缝口上再做覆盖保护层。

细石混凝土防水层施工时,屋面泛水与屋面防水层应一次做成,否则会因混凝土或砂浆的收缩不同和结合不良造成渗漏水,泛水高度不应低于 120 mm,如图 8-17 所示,以防止雨水倒灌或爬水现象引起渗漏水。

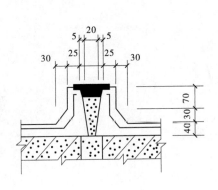

图 8-16　分隔缝的做法　（单位:mm）

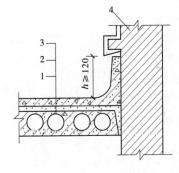

1—结构层;2—隔离层;
3—细石混凝土防水层;4—砖墙

图 8-17　泛水的施工　（单位:mm）

细石混凝土防水层,由于其收缩弹性很小,对地基的不均匀沉降和外荷载等引起的位移和变形以及对温差和混凝土收缩和徐变所引起的应力变形等敏感性较大,容易产生开裂。因此,这种屋面多用于结构刚度好,无保温层的钢筋混凝土屋盖上。只要设计合理,施工措施得当,防水效果是可以得到保证的。此外,在施工中还应注意的是:防水层的细石混凝土所用水泥的品种、最小用量、水灰比,以及粗、细骨料规格和级配等应符合规范的要求,混凝土防水层的施工气温宜为 5 ~ 35 ℃,不得在负温和烈日暴晒下施工;防水层混凝土浇筑后,应及时养护,并保持湿润,补偿收缩混凝土防水层宜采用水养护,养护时间不得少于 14 昼夜。

思考题

8-1　常用的防水混凝土有哪几类？各自都有哪些性能？

8-2　防水混凝土在施工时有哪些要求？

8-3　防水层的卷材铺贴方法有哪些？各种方法在施工时有哪些相同或不同之处？

8-4　防水混凝土为什么能够防水？其配制方法是怎样的？

8-5　冷底子油的作用有哪些？在工程中是如何配置的？

8-6　沥青卷材都有哪些铺贴方法？各种方法是如何进行施工的？

8-7　传统式保温屋面和倒置式屋面的区别有哪些？两种方法各有哪些优缺点？

8-8　何为刚性防水屋面？其质量要求有哪些？

8-9　试述涂膜防水的施工方法。

第九章 装饰工程

第一节 概 述

建筑装饰工程是指采用装饰材料或饰物对建筑物的内外表面及空间进行的各种处理的工程,其主要功能是保护建筑物各种构件免受自然界风、霜、雨、雪等的侵蚀,增强建筑物的保温、隔热、隔音、防潮、防腐蚀等能力,提高构件的耐久性,延长建筑物的使用寿命,改善室内外环境,使建筑物整洁、美观。

按相关规范规定,装饰工程必须进行设计,设计应符合城市规划、消防、环保和节能等有关规定,其防火、防雷和抗震设计应符合现行国家标准的规定,设计完成后应出具完整的施工图设计文件。装饰工程设计必须保证建筑物的结构安全和主要使用功能。当涉及主体和承重结构变动或增加荷载时,必须由原结构设计单位或具备相应资质的设计单位核查有关原始资料,对既有建筑结构的安全性进行检验、确认。

装饰工程所用材料的品种、规格和质量应符合设计要求和国家现行标准规定。材料在运输、储存和施工过程中,必须采取有效措施防止损坏、变质和污染环境。

承担建筑装饰工程施工的单位应具有相应的资质,并应建立质量管理体系。施工单位应编制施工组织设计并经审查批准。施工单位应按有关的施工工艺标准或经审定的施工技术方案施工,并应对施工全过程实行质量控制。施工中,严禁违反设计文件擅自改动建筑主体、承重结构或主要使用功能;严禁未经设计确认和有关部门批准擅自拆改水、暖、电、燃气、通信等配套设施。管道、设备工程的安装及调试应在装饰工程施工前完成,必须同步进行的应在饰面层施工前完成。装饰工程不得影响管道、设备的使用和维护。涉及燃气管道的装饰工程必须符合有关安全管理的规定。

装饰工程具有工程量大、工期长、用工量大、造价高、质量要求高、成品保护难等特点,而且装饰材料和装饰施工技术更新较快,施工管理复杂。为提高工程质量,加快工程进度,降低工程成本,应不断提高装饰工程的工业化、专业化施工水平,大力发展新材料、新工艺、新技术。

按《建筑装饰装修工程质量验收规范》(GB 50210—2001)规定:装饰装修工程可分为抹灰工程、门窗工程、吊顶工程、轻质隔墙工程、饰面板(砖)工程、幕墙工程、涂饰工程、裱糊与软包工程、细部工程、建筑地面工程等子分部工程。

本章主要介绍抹灰工程、饰面板(砖)工程、涂饰工程、裱糊工程等传统装饰工程,由于外墙保温工程具有保温和装饰两大功能,因此将外墙保温工程也列入本章中一并介绍。

第二节　抹灰工程

一、抹灰工程的分类与组成

抹灰工程是将灰浆涂抹在房屋建筑的墙、地、顶棚等表面上的一种传统做法的装饰工程,在我国某些地区又被称为"粉刷"。

(一)抹灰工程的分类

抹灰工程分类方法较多,常见的分类方法如下所述。

按施工部位不同,抹灰工程分为内墙抹灰、外墙抹灰和地面抹灰。

按砂浆的类型不同,抹灰工程分为水泥砂浆抹灰、石灰砂浆抹灰、混合砂浆抹灰、保温砂浆抹灰、防水砂浆抹灰等。

按使用材料、使用要求和装饰效果不同,抹灰工程分为一般抹灰和装饰抹灰两大类。

1. 一般抹灰

按质量要求和操作工序不同,一般抹灰又可分为普通抹灰和高级抹灰。

1)普通抹灰

普通抹灰适用于一般居住、公共和工业建筑(如住宅、教学楼、办公楼、工业厂房等),以及高级装修建筑物中的附属用房。

普通抹灰一般由一遍底层、一遍中层、一遍面层组成。

2)高级抹灰

高级抹灰适用于具有高级装饰要求的大型公共建筑(如宾馆、饭店、商场、影剧院等)、住宅、纪念性建筑物等。

高级抹灰由一遍底层、数遍中层、一遍面层组成。

具体工程的抹灰等级应由设计单位按照国家有关规定,根据技术、经济条件和装饰需要综合考虑确定,并在施工图中注明。当设计无要求时,按普通抹灰验收。

2. 装饰抹灰

装饰抹灰是指利用材料特点和工艺处理,使抹灰面具有不同的质感、纹理及色泽效果的抹灰类型和施工方式。其底层和中层的做法与一般抹灰相同,主要区别在于两者具有不同的装饰面层。

装饰抹灰可分为砂浆装饰抹灰和石渣装饰抹灰。

1)砂浆装饰抹灰

砂浆装饰抹灰有拉条灰、拉毛灰、洒毛灰、假面砖,以及喷涂、滚涂、弹涂、仿石和彩色抹灰等。

2)石渣装饰抹灰

石渣装饰抹灰根据使用材料、施工方法、装饰效果不同,分为水刷石、水磨石、斩假石和干粘石等。

根据国内外装饰抹灰的实际情况,《建筑装饰装修工程质量验收规范》(GB 50210—2001)仅保留了水刷石、斩假石、干粘石和假面砖等项目,删除了水磨石、拉条灰、拉毛灰、洒毛灰、喷砂、喷涂、滚涂、弹涂、仿石和彩色抹灰等项目,它们的装饰效果可以由涂饰工程解决。对于较大规模的饰面工程,应综合考虑其用工用料和环保、节能等经济效益与社会效益等多方面的因素,如水刷石,由于浪费水资源,并对环境有污染,应尽量减少使用。

(二)抹灰工程的组成

抹灰层一般由底层、中层(或几遍中层)及面层组成,如图9-1所示。普通抹灰为一底层、一中层、一面层,三遍完成。高级抹灰工序为一底层、几遍中层、一面层,多遍完成。

底层为黏结层,主要作用是使抹灰与基体牢固地黏结并初步找平,厚度10～12 mm。底层所用材料随基层(直接承受装饰装修施工的表面层)不同而异。如基层为砖、石、砌

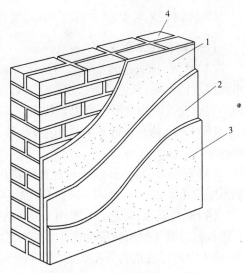

1—底层;2—中层;3—面层;4—基层
图9-1 抹灰层的组成

块等,一般采用水泥砂浆、石灰砂浆和混合砂浆;如基层为混凝土,为保证黏结牢固,一般采用水泥混合砂浆、水泥砂浆或聚合物水泥砂浆;如基层为木板,由于其与砂浆黏结力低,且湿胀干缩,抹灰易脱落,因而多采用麻刀混合砂浆。

中层的主要作用是找平,厚度一般为7～9 mm。

面层主要起装饰作用,可使表面光滑细致,使用材料应按设计要求确定。

(三)抹灰的厚度要求

为了使抹灰层与基层黏结牢固,防止起鼓开裂,并使抹灰层的表面平整,抹灰应分层施工,各抹灰层的厚度根据基体的材料、抹灰砂浆种类、墙面表面的平整度和抹灰质量要求以及各地气候情况而定。涂抹水泥砂浆每遍厚度宜为5～7 mm,涂抹石灰砂浆和水泥混合砂浆每遍厚度宜为7～9 mm。对于混凝土大板和大模板建筑的内墙面和楼板底面,视其施工质量而定,如表面平整度较好,垂直偏差少,其表面可以不抹灰,用腻子分遍刮平,待各遍腻子黏结牢固后,表面刷浆即可,总厚度为2～3 mm。

抹灰层的平均总厚度,应视具体部位及基体材料而定(见表9-1):如顶棚为板条、空心砖、现浇混凝土,总厚度不大于15 mm,内墙为普通抹灰总厚度不大于20 mm,内墙为高级抹灰总厚度不大于25 mm,外墙抹灰总厚度不大于20 mm,勒脚及突出墙面部分的抹灰总厚度不大于25 mm。当抹灰总厚度大于或等于35 mm时,应采取加强措施。

表9-1 抹灰层的平均总厚度控制

序号	工程对象		抹灰层平均总厚度(mm)
1	内墙	普通	20
		高级	25
2	外墙		20(勒脚及突出墙面部分为25)
3	石墙		35

二、材料技术要求和施工环境要求

（一）材料技术要求

（1）水泥：抹灰用的水泥宜为强度等级不小于 32.5 MPa 的硅酸盐水泥、普通硅酸盐水泥以及白水泥、彩色硅酸盐水泥，白水泥及彩色硅酸盐水泥主要用于装饰抹灰，不同品种不同强度等级的水泥不得混合使用。

（2）砂子：抹灰用砂子宜选用中砂，砂子使用前应过筛（不大于 5 mm 的筛孔），不得含有杂物。

（3）石灰膏（粉）：抹灰用石灰膏的熟化期不应少于 15 d。罩面用磨细石灰粉的熟化期不应少于 3 d。

（4）彩色石粒：彩色石粒是由天然大理石破碎而成的，具有多种颜色，多用做水刷石、斩假石的骨料。使用时应冲洗干净，并要求颗粒坚硬、有棱角，不得含有风化的石粒、黏土、碱质及其他有机物等有害物质。

（5）颜料：装饰灰浆应掺入耐酸和耐晒（光）的矿物颜料，常用颜料有：氧化铁黄、铬黄、氧化铁红、甲苯胺红、铬蓝、钛青蓝、铬绿、氧化铁紫、氧化铁黑、炭黑等。

（6）砂浆：对一般抹灰砂浆而言，底层砂浆的稠度一般为 100～120 mm，中层砂浆稠度为 70～80 mm，面层砂浆稠度约为 100 mm。

（二）施工环境要求

室内外抹灰工程施工的环境条件应满足施工工艺的要求。施工环境温度不应低于 5 ℃。当必须在低于 5 ℃气温下施工时，还应采取保温或加入防冻剂等措施，确保砂浆抹灰层初凝前不受冻。

三、一般抹灰工程

一般抹灰适用于石灰砂浆、水泥砂浆、水泥混合砂浆、聚合物水泥砂浆、麻刀灰、纸筋灰、石膏灰等材料的抹灰工程施工。

（一）施工工艺

一般抹灰施工工艺流程为：基层处理→做灰饼、标筋→做护角→抹灰→表面清理。

1. 基层处理

基层处理是抹灰工程的第一道工序，也是影响抹灰质量的关键，目的是增强基体和底层砂浆的黏结，防止空鼓、裂缝和脱落等质量隐患，因此应剔平基层表面突出部位，凿毛光滑部位并将残渣污垢等清理干净。为了避免抹灰层过早脱水，影响强度，产生空鼓，内墙基层还应根据室内气温和操作环境洒水湿润。基层处理一般应符合下列规定：

（1）砖砌体，应清除表面杂物、尘土，抹灰前应洒水湿润。

（2）混凝土，表面要凿毛或在表面洒水润湿后涂刷 1∶1 水泥砂浆（加适量胶黏剂）。

（3）加气混凝土，应在湿润后边刷界面剂，边抹强度不大于 M5 的水泥混合砂浆。表面凹凸不平的部位应剔平或用 1∶3 水泥砂浆补平。

不同材质基层交接处，如砖墙与混凝土墙等，应先铺设防裂加强材料，采用加强网时，加强网应绷紧、钉牢，其与各基层的搭接宽度应不小于 100 mm，以防止抹灰层因基层伸缩系数不同而开裂,如图 9-2 所示。

2. 做灰饼、标筋

做灰饼、标筋根据抹灰总厚度规定及基层表面平整度、垂直度,以一面墙做基准,吊垂直、套方找规矩,确定抹灰的厚度,抹灰厚度最薄处不应小于 7 mm。

在距地面 2 m 左右高、距墙两边阴角 100 ~ 200 mm 处,用底层抹灰砂浆(1:3 水泥砂浆)做两个边长约 50 mm 的四方块,称为灰饼。灰饼的厚度可根据抹灰层厚度、墙面平整度及垂直度确定,一般为 10 ~ 15 mm。然后以这两个灰饼为基准,在其下方的踢脚线上口再做两个灰饼,用托线板或吊线

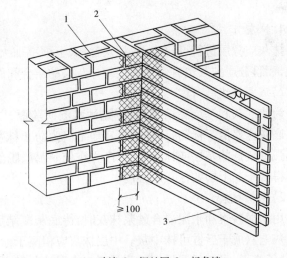

1—砖墙;2—钢丝网;3—板条墙

图 9-2　砖木交接处基体处理　(单位:mm)

锤确定其厚度。灰饼稍干后,分别在两端灰饼间拉一条水平引线,沿引线每隔 1 200 ~ 1 500 mm 补做灰饼。应注意:凡窗口或垛角处必须做灰饼。

为控制抹灰厚度和平整度,大面积抹灰前应做标筋。做标筋前先将墙面浇水湿润,然后在上下灰饼间用砂浆抹上一条宽约 100 mm 的灰条,作为抹底层及中层的厚度控制和赶平的标准,此即为标筋,如图 9-3 所示。

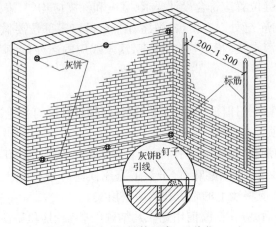

图 9-3　做灰饼、标筋示意　(单位:mm)

顶棚抹灰一般不做灰饼和标筋,可在靠近顶棚四周的墙面上弹出一条水平线以控制抹灰层厚度,并以此作为抹灰找平的依据。

3. 做护角

在内墙面的阳角和门洞口侧壁的阳角、柱角等易受碰撞之处,要求抹灰线条清晰、挺直,并防止碰撞,因此应做护角处理。当有设计要求时,阳角护角做法应符合设计要求。

当设计无要求时,应采用1:2水泥砂浆做暗护角,其高度不应低于2 m,每侧宽度不应小于50 mm。

4. 抹灰

抹灰应分层进行,以免一次抹灰过厚,干缩率加大,从而出现空鼓、裂缝、脱落等质量问题,而且分层抹灰也有利于基层与抹灰层的结合和面层的压光。

1)底层抹灰

为使底灰和基层黏结牢固,应先洒水湿润墙面,以防止基层干燥而吸收砂浆中的水分。底灰应略低于标筋,用抹子压实搓毛。为防止抹灰层在凝结过程中产生的收缩应力破坏强度较低的基层或抹灰底层,产生空鼓、裂缝、脱落等质量问题,要求底灰的抹灰层强度不得低于其上层的抹灰层强度。

2)中层抹灰

用水泥砂浆和水泥混合砂浆抹灰时,待底灰凝结后方可抹中灰;用石灰砂浆抹灰时,待底灰七八成干后方可抹中灰。中层抹灰应稍高于标筋。涂抹砂浆后用刮杆自下而上刮匀,抹子搓平,局部低凹处用砂浆补平。中层抹灰后应检查表面平整度和垂直度,检查阴、阳角是否方正和垂直,发现质量缺陷应立即处理。

3)面层抹灰

室内常用的面层材料有麻刀石灰、纸筋石灰、石膏灰等。面层应分层涂抹,每遍厚度为1~2 mm。面层抹灰经赶平压实后,面层总厚度对于麻刀石灰不得大于3 mm,对于纸筋石灰、石膏灰不得大于2 mm,因为面层抹灰厚度太大,容易因收缩产生裂缝,影响质量与美观。

室外面层抹灰常用水泥砂浆。由于面积较大,为了不显接槎,防止抹灰层收缩开裂,还应设置分格缝,分格缝位置应符合设计要求,宽度和深度应均匀,表面应光滑,棱角应整齐。留槎位置应设在分格缝处。在窗台、雨篷、阳台、檐口等部位要做流水坡度和滴水线(槽),如图9-4所示。滴水线(槽)应整齐顺直,滴水线应内高外低,滴水槽的宽度和深度均不应小于10 mm。

5. 表面清理

抹灰完毕后,应将粘在门窗框、墙面等处的灰浆及时清除,打扫干净。

(二)施工注意事项

(1)对穿墙管道的洞孔、楼板洞、门窗框与立墙交接缝隙处、墙面脚手架洞均应用1:3水泥砂浆或水泥混合砂浆(加少量麻刀)分层嵌塞密实。外墙抹灰工程施工前应先安装钢木门窗框、护栏等,并应将墙上的施工孔洞堵塞填实。

(2)水泥砂浆拌好后,应在初凝前用完。凡结硬的砂浆,其和易性、保水性差,硬化收缩性大,黏结强度低,不得继续使用。

(3)抹灰层与基层之间及各抹灰层之间必须黏结牢固,抹灰层应无脱层、空鼓,面层应无爆灰和裂缝。当要求抹灰层具有防水、防潮功能时,应采用防水砂浆。

(4)抹灰层的总厚度应符合设计要求。水泥砂浆不得抹在石灰砂浆层上,罩面石膏灰不得抹在水泥砂浆层上。

(5)各种砂浆抹灰层,在凝结前应防止快干、水冲、撞击、振动和受冻,在凝结后应采

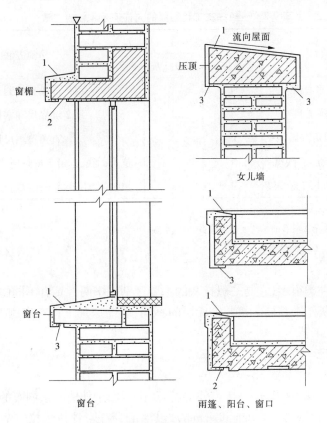

1—流水坡度;2—滴水线;3—滴水槽

图9-4 流水坡度、滴水线(槽)示意

取措施防止沾污和损坏。水泥砂浆抹灰层应在抹灰24 h后在湿润条件下养护。

(三)一般抹灰工程质量控制及检验

(1)一般抹灰所用材料的品种和性能应符合设计要求,水泥的凝结时间和安定性复验应合格。砂浆的配合比应符合设计要求。

(2)普通抹灰表面应光滑、洁净、接槎平整,分格缝应清晰。高级抹灰表面应光滑、洁净、颜色均匀、无抹纹,分格缝和灰线应清晰美观。

(3)护角、孔洞、槽、盒周围的抹灰表面应整齐、光滑,管道后面的抹灰表面应平整。

(4)一般抹灰工程质量的允许偏差和检验方法应符合表9-2的规定。

(5)检验批、检验数量应符合以下规定:

①相同材料、工艺和施工条件的室外抹灰工程每500~1 000 m² 应划分为一个检验批,不足500 m² 也应划分为一个检验批。相同材料、工艺和施工条件的室内抹灰工程每50个自然间(大面积房间和走廊按抹灰面积30 m² 为一间)应划分为一个检验批,不足50间也应划分为一个检验批。

②检查数量为:室内每个检验批应至少抽查10%,并不得少于3间;不足3间时应全数检查。室外每个检验批每100 m² 应至少抽查一处,每处不得小于10 m²。

表 9-2　　一般抹灰工程质量的允许偏差和检验方法

项次	项目	允许偏差（mm）		检验方法
		普通抹灰	高级抹灰	
1	立面垂直度	4	3	用 2 m 垂直检测尺检查
2	表面平整度	4	3	用 2 m 靠尺和塞尺检查
3	阴、阳角方正	4	3	用直角检测尺检查
4	分格条（缝）直线度	4	3	拉 5 m 线，不足 5 m 拉通线，用钢直尺检查
5	墙裙、勒脚上口直线度	4	3	拉 5 m 线，不足 5 m 拉通线，用钢直尺检查

注：1. 普通抹灰，本表第 3 项阴角方正可不检查。

　　2. 顶棚抹灰，本表第 2 项表面平整度可不检查，但应平顺。

四、装饰抹灰工程

装饰抹灰的种类很多，它与一般抹灰的主要区别在于两者具有不同的装饰面层，而底层抹灰和中层抹灰基本相同。按装饰面层的不同，装饰抹灰工程有水刷石、斩假石、干粘石、假面砖等施工工艺。

（一）施工工艺

1. 水刷石施工

水刷石具有美观、效果好、施工方便等特点，一般用于外墙。水刷石的骨料可选用中、小八厘石粒（粒径分别约为 6 mm 和 4 mm），玻璃渣、粒砂，骨料颗粒应坚硬、均匀、洁净、色泽一致。抹灰用水泥可采用彩色水泥、白水泥或普通水泥。颜料应采用耐碱、耐光、分散性好的矿物颜料。

施工工艺为：底层和中层抹灰同一般抹灰，中层抹灰验收合格后，按设计要求在中层抹灰面上分格弹线，根据弹线用素水泥浆将分格条沿线贴上，分格条要求横平竖直。

在中层抹灰面上浇水湿润，薄刮一层 1 mm 厚的素水泥浆（水灰比为 0.37~0.4），以增加面层与中层的黏结。随即将不同色彩的水泥石子浆（水泥：石子 = 1:(1~1.25)）填入分格中，填入厚度比分格条高出 1~2 mm，刮平压实，使石子密实且分布均匀。

待水泥初凝后，若用手指按上去无指痕，即可用刷子蘸水或喷雾器自上而下刷掉面层浮浆，使石子露出灰浆面 1~2 mm。面层洗刷后，适时起出分格条，并及时用水泥砂浆勾缝上色。

2. 斩假石施工

斩假石又称剁斧石，是一种由凝固后的水泥石屑砂浆经斩凿加工而成的人造假石饰面。用不同的骨料或掺入不同的颜料，可以制成仿花岗石、玄武石、青条石等。

施工工艺为：在已硬化的水泥砂浆中层抹灰上洒水湿润，按设计要求弹线分格并黏结分格条。待分格条有一定强度后，便可抹面层石渣，先抹一层素水泥浆，随即抹体积比为 1:1.25（水泥：石渣）内掺 30% 石屑的水泥石渣浆面层，厚度为 10 mm 左右。赶平压实后用软毛刷蘸水刷掉表面水泥浆，使露出的石渣均匀一致。

面层抹灰完毕 24 h 后浇水养护。常温下面层养护 2~3 d 后可开始试剁，气温较低时

(5～15℃)应在养护4～5 d后开始试剁,试剁以石子不脱落,较易剁出斧痕为准。

斩剁前应先弹线,按线斩剁,以免剁纹跑偏。如面层已过于干燥,应洒水湿润。斩剁的顺序一般为先上后下,由左至右,先剁转角和四周,后剁大面。剁石方向要一致,剁纹深浅和间距要均匀,剁纹深度一般以1/3石渣粒径为宜。

斩好后及时取出分格条,并修正分格缝,然后清扫干净,及时遮盖,不得沾水、污染。

为了保证楞角完整无缺,使斩假石有真石感,可在分格缝和阴、阳角周边留出15～20 mm的边框线不斩。如必须斩,应用较轻锐利小斧斩成横纹,以免损坏边角。如圆弧或其他曲线的花饰,须分段斩剁并预先计划好斩纹的形状。

斩剁完毕后,用干净扫帚将墙面清扫干净,勾缝并上色。

3. 干粘石施工

干粘石饰面是水泥砂浆面上直接压粘石渣所形成的饰面层,是水刷石的替代产品,具有操作简单、施工方便、造价低廉、表面美观等特点,一般用于外墙饰面,但房屋底层、勒脚等不宜采用干粘石。

施工工艺为:在已硬化的水泥砂浆中层上浇水湿润,按设计要求弹线分格并镶嵌分格条,抹上一层5 mm的1:(2～2.5)的水泥砂浆层,随即抹厚为2 mm的1:0.5水泥石灰膏浆黏结层,同时将配有不同颜色(或同色)的小八厘(粒径4 mm)石渣甩粘到黏结层上,并拍平压实。注意不得把灰浆拍出,以免影响美观。石渣嵌入深度不小于其粒径的1/2,常温下24 h后洒水养护。

以上为手工做法,还可采用机械做法,即用喷枪将石子均匀有力地喷射于黏结层上。喷枪要对准墙面,距离墙面300～400 mm,压力为0.6～0.8 MPa为宜。边喷边用抹子轻压,使表面平整。

4. 假面砖施工

假面砖又叫仿釉面砖,是在水泥砂浆中掺入氧化铁黄或氧化铁红等颜料,通过手工操作达到模仿面砖装饰效果的饰面做法。具有造价低、用工少、操作简单等特点,尤其适用于装配式墙板外墙饰面。

施工工艺为:首先抹13 mm厚的1:0.3:3水泥混合砂浆底层,待其硬化后洒水湿润,按每步脚手架为一个水平工作段,一个工作段内弹出上、中、下三条水平墨线,以便控制面层划沟平直度。然后抹3～4 mm厚的饰面砂浆,饰面砂浆配合比为水泥:石灰:氧化铁黄:氧化铁红:砂=100:20:(6～8):1.2:150。

砂浆收水后,用铁梳子沿着靠尺板由上向下画纹,然后根据面砖宽度用铁勾子沿靠尺板横向划出砖缝沟,其深度为3～4 mm,露出中层砂浆即成为假面砖,最后将墙面清理干净。

(二)装饰抹灰工程质量控制及检验

(1)抹灰前基层表面的尘土、污垢、油渍等应清除干净,并应洒水润湿。

(2)装饰抹灰工程所用材料的品种和性能应符合设计要求。水泥的凝结时间和安定性复验应合格。砂浆的配合比应符合设计要求。

(3)抹灰工程应分层进行。当抹灰总厚度大于或等于35 mm时,应采取加强措施。不同材料基体交接处表面的抹灰,应采取防止开裂的加强措施,当采用加强网时,加强网与各基体的搭接宽度不应小于 100 mm。

（4）各抹灰层之间及抹灰层与基体之间必须黏接牢固,抹灰层应无脱层、空鼓和裂缝。

（5）装饰抹灰工程的表面质量应符合下列规定：

①水刷石表面应石粒清晰、分布均匀、紧密平整、色泽一致,应无掉粒和接槎痕迹。

②斩假石表面剁纹应均匀顺直、深浅一致,应无漏剁处;阳角处应横剁并留出宽窄一致的不剁边条,棱角应无损坏。

③干粘石表面应色泽一致,不露浆、不漏粘,石粒应黏结牢固、分布均匀,阳角处应无明显黑边。

④假面砖表面应平整、沟纹清晰、留缝整齐,色泽一致,应无掉角、脱皮、起砂等缺陷。

（6）装饰抹灰分格条（缝）的设置应符合设计要求,宽度和深度应均匀,表面应平整光滑,棱角应整齐。

（7）有排水要求的部位应做滴水线（槽）。滴水线（槽）应整齐顺直。滴水线应内高外低,滴水槽的宽度和深度均不应小于 10 mm。

（8）装饰抹灰工程质量的允许偏差和检验方法应符合表 9-3 的规定。

表 9-3　装饰抹灰工程质量的允许偏差和检验方法

项次	项目	允许偏差（mm）				检验方法
		水刷石	斩假石	干粘石	假面砖	
1	立面垂直度	5	4	5	5	用 2 m 垂直检测尺检查
2	表面平整度	3	3	5	4	用 2 m 靠尺和塞尺检查
3	阳角方正	3	3	4	4	用直角检测尺检查
4	分格条（缝）直线度	3	3	3	3	拉 5 m 线,不足 5 m 拉通线,用钢直尺检查
5	墙裙、勒脚上口直线度	3	3	—	—	拉 5 m 线,不足 5 m 拉通线,用钢直尺检查

（9）检验批、检验数量应符合以下规定：

①相同材料、工艺和施工条件的室外抹灰工程每 500～1 000 m² 应划分为一个检验批,不足 500 m² 也应划分为一个检验批。相同材料、工艺和施工条件的室内抹灰工程每 50 个自然间（大面积房间和走廊按抹灰面积 30 m² 为一间）应划分为一个检验批,不足 50 间也应划分为一个检验批。

②检查数量为:室内每个检验批应至少抽查 10%,并不得少于 3 间;不足 3 间时应全数检查。室外每个检验批每 100 m² 应至少抽查一处,每处不得小于 10 m²。

第三节　饰面板（砖）工程

饰面板（砖）工程是将天然石饰面板、人造石饰面板、金属饰面板或饰面砖等安装或粘贴到基体表面上以形成装饰面层的施工过程。饰面板（砖）表面平整,边角整齐,具有不同色彩和光泽,装饰效果好,多用于要求较高的装饰装修工程。

按施工工艺不同,饰面板(砖)工程可分为饰面板安装工程和饰面砖粘贴工程。饰面板安装工程一般适用于内墙饰面板安装工程和高度不大于 24 m、抗震设防烈度不大于 7 度的外墙饰面板安装工程。

饰面砖粘贴工程一般适用于内墙饰面砖粘贴工程和高度不大于 100 m、设防烈度不大于 8 度、采用满粘法施工的外墙饰面砖粘贴工程。

一、材料的技术要求及施工环境要求

(一)材料的技术要求

(1)水泥:宜采用强度等级为 32.5 MPa 或 42.5 MPa 的矿渣硅酸盐水泥或普通硅酸盐水泥,应有出厂证明或复验合格单,若出厂日期超过三个月或水泥已结有小块则不得使用。

饰面板(砖)应表面平整、边缘整齐,棱角不得损伤,并应有产品合格证。

(2)砂子:粗中砂,用前过筛,其他应符合规范的质量标准。

(3)饰面板:大理石、花岗石饰面板,表面不得有隐伤、风化等缺陷,不宜用易退色的材料包装。预制人造石饰面板,应表面平整、几何尺寸准确,面层石料均匀、洁净、颜色一致。

(4)饰面砖:饰面砖的表面应光洁、方正、平整、质地坚固,其品种、规格、尺寸、色泽、图案应均匀一致,必须符合设计规定。不得有缺楞、掉角、暗痕和裂纹等缺陷。其性能指标均应符合现行国家标准的规定,釉面砖的吸水率不得大于 10%。

(5)锚固件、连接件:应用铜、不锈钢或镀锌处理及其他防锈处理方法。

(6)胶结材料的品种、掺合比例应符合设计要求并具有产品合格证。

(7)拌制砂浆应使用不含有害物质的洁净水。

(二)施工环境要求

饰面板(砖)工程施工的环境条件应满足施工工艺的要求。环境温度及所用材料温度的控制应符合下列要求:

(1)采用掺有水泥的拌和料粘贴(或灌浆)时,即湿作业时施工现场环境温度不应该低于 5 ℃。

(2)采用有机胶黏剂粘贴时,不宜低于 10 ℃。

(3)如环境温度低于上述规定,应采取保证工程质量的有效措施。

二、饰面板安装工程

饰面板安装主要包括石材饰面板安装和金属饰面板安装。

(一)石材饰面板安装工艺

石材饰面板的安装包括天然石材安装和人造石材安装。根据规格大小的不同,石材饰面板的安装主要有粘贴法、灌浆法和干挂法等。

在采用传统的湿作业法,如灌浆法安装天然石材时,石材安装前应对石材饰面采用"防碱背涂剂"进行背涂处理。背涂方法应严格按照"防碱背涂剂"涂布工艺施涂。这是因为水泥砂浆在水化时析出大量的氧化钙,泛到石材表面,产生不规则的花斑,俗称泛碱现象,将会严重影响建筑物室内外石材饰面的装饰效果。

1. 粘贴法施工

小规格薄板若边长小于 400 mm,可采用粘贴法施工,类似于饰面砖的粘贴。粘贴法的工艺流程如下所述。

1) 基层处理

混凝土基体施工时应将凸出基层的混凝土剔平,表面光滑的应凿毛或用界面剂进行表面处理;砖基体施工时,应将基层表面清扫干净并浇水湿润。

2) 抹底灰

基层底灰一般采用 12 mm 厚的 1:3 水泥砂浆打底,底灰应分层涂抹,每层厚度宜为 5 ~ 7 mm,随即抹平搓实。

3) 弹线定位

底灰干燥后,在墙面上按设计图纸及实际粘贴部位进行分块弹线,在底层按照分块线进行石板摆放、调整。

4) 粘贴饰面板

饰面板粘贴前,应在基层底灰上用素水泥浆进行拉毛处理,同时将挑选好的饰面板用水浸泡并取出晾干。粘贴时在石材背面和基层均匀、饱满地涂抹胶黏剂(胶黏剂的配合比应符合产品说明书的要求),石材就位时应准确,并应立即挤紧、找平、找正,进行顶、卡固定。溢出胶液应随时清除。

5) 清理、嵌缝

在石板安装完成后清除表面的余浆痕迹,按设计的颜色要求调制色浆进行擦缝,边嵌边擦干净,使缝隙密实、均匀、干净、颜色一致。

2. 灌浆法施工

当大规格板边长大于 400 mm 时,可采用灌浆法安装,其工艺流程如下所述。

1) 基层处理

将基体表面灰尘、污垢等清除,表面光滑的要进行凿毛处理,剔出预埋件,洒水清洗湿润。

2) 绑扎钢筋网

用直径为 6 mm 的钢筋焊接或绑扎成间距为 300 ~ 500 mm 的钢筋网片,采用与预埋件、膨胀螺栓焊接方式将钢筋网片固定在基体上。

3) 饰面板钻孔、剔槽

为保证饰面板与钢筋网片可靠连接,应在饰面板上下两个边钻孔,孔径应符合设计及施工要求,一般为 4 ~ 5 mm,距板材两端约为板宽的 1/4,且不得钻透。在孔洞的后面剔出一条宽度及深度略大于钢丝直径的沟槽,以便钢丝不露出板面。

4) 绑扎铜丝

将铜丝或不锈钢丝穿入孔洞,一端插入孔底并固定,另一端顺沟槽塞入槽内,保证板材上下端面没有铜丝突出,影响板材接缝密实。

5）涂防护剂

石材表面充分干燥（含水率小于8%）的情况下用石材防护剂进行六面防护处理，此工序应在无污染的条件下进行，一般涂刷两遍，第2遍涂刷应在第1遍防护剂干燥的条件下进行。

6）安装饰面板

如图9-5所示，安装顺序一般是自下而上逐层进行的，同一层板材安装时由中间向两侧或由一端向另一端进行，饰面板的位置要根据板厚、灌浆厚度及钢筋网片焊接所占位置确定。安装时，通过铜丝或不锈钢丝将板材绑扎在钢筋网片上，板材的平整度、垂直度和接缝宽度可利用木楔进行调整。

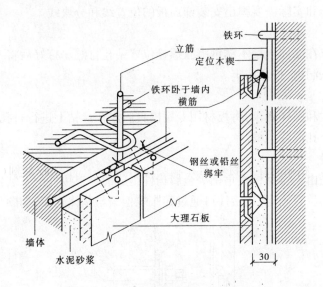

铁环
立筋
定位木楔
铁环卧于墙内
横筋
钢丝或铅丝绑牢
大理石板
墙体
水泥砂浆
30

图9-5　饰面板安装固定示意　（单位：mm）

7）临时固定

板材就位后，每隔100～150 mm用石膏灰（石膏加20%的水泥）贴于板外表面纵横板缝交接处，石膏灰固定后可产生较大的强度且不易开裂，可临时黏结固定板材，以防移动，待石膏凝结硬化后进行灌浆。

8）灌浆

每安装固定一层板材就要进行灌浆。灌浆前应先浇水湿润石板背面和基层，并应用填缝材料临时封闭石材板缝，避免漏浆。灌浆宜采用1:2.5水泥砂浆，砂浆稠度为80～120 mm。灌浆应分层进行，每层灌注高度宜为150～200 mm，且不得超过板高的1/3，插捣应密实，待其初凝后方可灌注上层水泥砂浆。灌浆时应注意：①不要只在一处灌注，应沿水平方向均匀地浇灌；②每次灌注高度不宜过高，否则易使板材膨胀移位，影响饰面平整；③用木棒轻轻插捣，达到饱满度为止。

9）清理、嵌缝

为避免在石材外表面产生污痕，灌浆全部完成后2 h开始铲除板材外表面的余浆，将外表面清理干净。然后用与板材颜色相同的色浆进行嵌缝，使拼缝缝隙灰浆饱满、密实、干净及颜色一致。

3.干挂法施工

干挂法是一种较新型的施工工艺,其原理是在主体结构上设主要受力点,通过金属挂件将石材固定在建筑物上,形成石材装饰幕墙。石材饰面板采用干挂法施工时,还应符合石材幕墙工程施工技术要求。这种方法多用于 30 m 以下的钢筋混凝土结构,不适宜用于砖墙或加气混凝土墙。其工艺流程如下所述。

1)基层处理

剔除基体表面影响扣件安装的突出部分,清理表面浮尘、污垢并洒水湿润。

2)弹线定位

根据设计图样和实际需要弹出安装饰面板的位置线和分块线。

3)墙体打洞

根据设计要求在墙体上按不锈钢膨胀螺栓位置钻孔打洞。打好后将不锈钢螺栓满涂环氧树脂胶后置入洞内,拧紧胀牢。

4)板材打孔

根据设计尺寸和图样要求,将板材用专用模具固定在台钻上进行打孔或剔槽,板材上下两边各形成两个孔洞或沟槽。

5)固定连接件

连接件一般是由不锈钢板或角钢等金属构件组成的。连接件的安装位置应根据设计要求和板材钻孔的位置确定,连接件可通过膨胀螺栓等与基体连接,如图9-6所示。

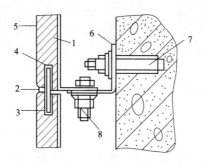

1—玻璃布增强层;2—嵌缝渍膏;3—钢针;4—长孔(填充环氧树脂);5—石材板;
6—安装角钢;7—膨胀螺栓;8—紧固螺栓

图9-6　干挂法构造示意

6)安装饰面板

安装时从底层开始,干挂板材时应保证板材的水平度和垂直度满足有关规定,水平方向的相邻板材之间用5 mm 的不锈钢钢销钉销牢,经找平吊直后,将板固定在上下连接件上并用环氧树脂胶密封。

7)清理、嵌缝

每一施工段安装后经检查无误后,方可清扫拼接缝,填入橡胶条或素水泥浆,然后用打胶机进行硅胶涂封,清理表面杂物。

(二)金属饰面板安装工艺

金属饰面板一般作为建筑物特别是高层建筑物的外墙饰面,也可作为内墙和顶棚装饰,具有质感丰富、线条挺拔、轻质高强、耐久性好等优点。金属饰面板按材料可分为单一材料板和复合材料板两类。单一材料板由单一金属材料组成,如钢板、铝板、铜板、不锈钢板等;复合材料板由两种以上材料组成,如铝合金板、镀锌板、烤漆板等。按板面或截面形式不同,金属饰面板有光面平板、纹面平板、压型板、波纹板等。

1. 铝合金装饰板安装工艺

铝合金装饰板是目前最常见的外墙金属饰面板,又称为铝合金压型板,它以铝、铝合金为原料,经辊压冷压加工成各种断面的金属板材,具有质量轻、强度高、刚度好、耐腐蚀、经久耐用等优良性能。板表面经阳极氧化或喷漆处理后,可形成装饰要求的多种色彩。使用时要求表面平整、光滑、无裂缝和折皱,颜色一致,边角整齐,涂层厚度均匀。

在安装铝合金装饰板时,需要先将骨架的横、竖杆通过连接件与结构固定,再将铝合金板作为饰面板固定在骨架上,骨架的横、竖杆一般采用铝合金型材、型钢(如角钢、槽钢等)或方木。

铝合金板墙安装施工工艺流程:弹线→固定骨架的连接件→固定骨架→安装铝合金板→收口构造处理。

1)弹线

按设计图纸和现场实测尺寸,确定金属板支承骨架的安装位置。核查和清理结构表面连接骨架的预埋件。根据控制轴线、水平标高线,弹出金属板安装的基准线,包括纵横轴线和水准线。

弹线前应对结构主体测量检查,若结构垂直度和平整度误差较大,将会影响骨架的垂直与平整。弹线应尽量一次性完成,出现错误应随时调整,确保骨架施工质量。

弹线是决定铝合金饰面板安装精度的重要环节,弹线必须准确,经复验后方可进行下道工序的施工。

2)固定骨架的连接件

骨架的横竖杆件通过连接件与结构固定。而连接件与结构之间,可以与结构预埋件焊接,也可在墙上打膨胀螺栓,无论哪种方法,其位置必须保证准确。因为具有使用灵活,尺寸误差小,位置准确等特点,在实际中多采用第二种方法。

连接件施工主要是保证牢固,如焊缝的长度、高度、膨胀螺栓的埋置深度等,均应严格把关。对于关键部位,如大门入口处的上部膨胀螺栓,还应做拉拔试验,以检查其是否符合设计要求。角钢、槽钢等连接件,还应在表面镀锌,并在焊缝处刷防锈漆。

3)固定骨架

骨架应预先进行防腐处理。安装骨架位置要准确,结合要牢固。安装时严格按控制基线进行。骨架安装过程中要注意加强对基体的保护,钻孔位置要准确,钻头要垂直,以减少对基体的损伤。

安装完成后,应对中心线和表面竖向平面度(表面标高)等做全面的检查验收。对高层建筑外墙,为了保证板的安装精度,还要用经纬仪对横、竖杆进行贯通检查。变形缝、变截面处应妥善处理,使之满足使用要求。骨架横、竖杆件间距一般应不大于500 mm。

4）安装铝合金板

从每面墙的边部竖向第一排下部的第一块板开始,自下而上安装,并且边安装边吊线检查。安装应安全牢固,便于操作。铝合金板固定在骨架上的方法很多,常用方法有两种:一种是将板条用螺钉拧到型钢或木骨架上;另一种是将板条卡在特制的龙骨上。前者连接牢固,耐久性好,常用于外墙饰面工程。后者施工方便,连接简单,适宜受力不大的室内墙面或吊顶饰面工程。

（1）铝合金板条安装。

铝合金饰面板条宽度一般不大于 150 mm,厚度大于 1 mm,标准长度 6 m,表面经氧化镀膜处理。

安装时用自攻螺丝将铝合金板条直接拧固在骨架上。为了达到螺钉暗装的效果,可采用后条压前条的构造方法,使前块板条安装固定的螺钉被后块板条扣压遮盖。

（2）蜂窝铝板安装。

在蜂窝铝板周边用异形钢边框嵌固,使之具有足够的刚度,并用 PVC 泡沫塑料填充空隙,聚氨酯密封胶封堵防水。

将嵌有复合蜂窝铝板的异形钢边框用螺栓固定在空心方形钢管立柱上,形成饰面墙板。再通过型钢连接件将空心方形钢管立柱和骨架横肋角钢连接固定。

5）收口构造处理

若铝合金板弯曲,或板材接缝处高低不平,会影响板材的防水性能。这种影响在边角、伸缩缝、沉降缝等特殊部位尤为明显,为保证其顺直完美,并适应建筑物伸缩、沉降、防水等功能要求,应采用特制专用铝合金型板进行妥善处理,如转角部位常采用一条厚度为 1.5 mm 的直角形铝合金角板与两侧饰面板相连。

2. 彩色压型钢板安装工艺

彩色压型钢板是以镀锌钢板为基材经辊压、冷弯成异形断面（V 形、U 形、梯形或波形）,表面涂装彩色防腐涂层或烤漆而制成的轻型复合板材。具有质轻高强,色泽丰富,施工方便,抗震、防火、防雨性能好等特点,现已被广泛推广应用。

压型钢板施工工艺流程为:预埋连接件→安装骨架→安装彩色压型钢板→板缝处理。

1）预埋连接件

连接件的作用是连接龙骨与基体。在砖基体上可埋入防腐木砖或带螺栓的预制混凝土块;在混凝土基体上可埋置带锚筋的铁片。当无预埋件时,可采用膨胀螺栓将连接件与基体固定在一起。

2）安装骨架

龙骨采用型钢,并在安装前作防腐、防火处理。固定龙骨前应先拉水平线和垂直线,并确定连接件的位置。龙骨与连接件焊接或螺栓连接,确保连接牢固可靠。

3）安装彩色压型钢板

安装前要先检查龙骨位置,计算好板材及缝隙宽度,最好进行预排、画线定位;同时检查板材尺寸、规格是否齐全,颜色是否一致。安装应按构造详图进行,安装顺序可按节点的连接接口方式确定,顺一个方向连接。板材与龙骨可用螺钉或卡条连接。

4）板缝处理

彩色压型钢板的板缝要根据设计要求处理,可先塞入填充物,再填防水材料。边角部位、变形处等特殊部位要妥善处理,以免影响板材防水性能。处理方法同前述铝合金饰面板。

3.彩色不锈钢饰面板安装工艺

彩色不锈钢饰面板是在不锈钢板上进行技术和艺术加工,使其成为各种色彩绚丽的不锈钢装饰板,表面颜色有蓝、紫、红、青、绿、金黄、橙等,色泽随光照角度的不同会发生变幻的调色效果,具有坚固耐用、美观新颖的特点。

彩色不锈钢饰面板的安装技术与铝合金饰面板相同,施工程序为:弹线→固定骨架的连接件→固定骨架→安装彩色不锈钢饰面板→收口构造处理。

（三）饰面板安装质量控制与检验

（1）饰面板的品种、规格、颜色、性能应符合设计要求,木龙骨、木饰面板和塑料饰面板的燃烧性能等级应符合设计要求。

（2）饰面板表面应平整、洁净、色泽一致,无裂痕和缺损石材表面要光滑、无泛碱等污染。

（3）饰面板安装工程的预埋件与连接件的数量、规格、位置、连接方法和防腐处理必须符合设计要求。饰面板安装必须牢固。

（4）饰面板嵌缝应密实、平直,宽度和深度应符合设计要求,嵌填材料应一致。

（5）采用湿作业方法施工的饰面板工程,石材应进行防碱背涂处理。饰面板与基体之间的灌注材料应饱满、密实。

（6）饰面板上的孔洞应套割吻合,边缘应整齐。孔及槽的数量、位置和尺寸要符合设计要求。

（7）饰面板安装的允许偏差和检验方法应符合表9-4的规定。

表9-4　饰面板安装的允许偏差和检验方法

项次	项目	允许偏差（mm）							检验方法
		石材			瓷板	木材	塑料	金属	
		光面	剁斧石	蘑菇石					
1	立面垂直度	2	3	3	2	1.5	2	2	用2m垂直检测尺检查
2	表面平整度	2	3	—	1.5	1	3	3	用2m靠尺和塞尺检查
3	阴、阳角方正	2	4	4	2	1.5	3	3	用直角检测尺检查
4	接缝直线度	2	4	4	2	1	1	1	拉5m线,不足5m拉通线,用钢直尺检查
5	墙裙、勒脚上口直线度	2	3	3	2	2	2	2	拉5m线,不足5m拉通线,用钢直尺检查
6	接缝高低差	0.5	3	—	0.5	0.5	1	1	用钢直尺和塞尺检查
7	接缝宽度	1	2	2	1	1	1	1	用钢直尺检查

（8）检验批及检查数量应满足以下规定：

①相同材料、工艺和施工条件的室内饰面板工程每 50 间（大面积房间和走廊按施工面积 30 m² 为一间）应划分为一个检验批，不足 50 间也应划分为一个检验批。

②相同材料、工艺和施工条件的室外饰面板工程每 500 ~ 1 000 m² 应划分为一个检验批，不足 500 m² 也应划分为一个检验批。

③检查数量：室内每个检验批应至少抽查 10%，并不得少于 3 间；不足 3 间时应全数检查。室外每个检验批每 100 m² 应至少抽查一处，每处不得小于 10 m²。

三、饰面砖粘贴工程

饰面砖按种类可分为釉面砖、外墙面砖、陶瓷锦砖和玻璃锦砖等。

饰面砖粘贴工程按施工部位不同分为内墙饰面砖粘贴工程、外墙饰面砖粘贴工程。内墙饰面砖粘贴工程主要采用传统直接抹浆（水泥砂浆、水泥浆等）粘贴法、胶粘法（胶黏剂、多功能建筑胶粉等）。外墙饰面砖粘贴工程采用满粘法施工，一般采用传统直接抹浆（水泥砂浆、水泥浆等）粘贴。

（一）饰面砖粘贴工艺

1. 釉面砖

釉面砖是采用瓷土或优质陶土烧制而成的表面釉薄片状的精陶制品，正面挂釉，又被称为瓷砖或釉面瓷砖。底胎均为白色，挂釉面有白色和其他颜色，可带有多种花纹和图案。釉面砖表面光滑，易于清洗，美观耐用，具有较好的装饰效果。由于其胚体具有一定的吸水率（小于 21%），在潮湿环境中容易吸湿膨胀，故而釉面砖一般多用于室内。

粘贴前应挑选规格、颜色一致的面砖，并在清水中浸泡直至不冒水泡，然后晾干。为保证基层与基体黏结牢固，粘贴前还应进行基层处理，要求基层湿润、洁净、平整。

粘贴前应在基层上弹线分格，弹出水平、垂直控制线，定出水平标准和皮数，进行预排，排列方法有直缝排列和错缝排列两种。接缝宽度应符合设计要求。

在基层上用废瓷砖按粘贴厚度做间距 1 500 mm 的灰饼，并竖向用板校正垂直，横向用线绳拉平。阳角处做灰饼的面砖正面和侧边均应吊垂直，即要双面挂直。

粘贴时先浇水湿润底层，根据弹线稳好平尺板，作为粘贴第一皮瓷砖的依据。一般从阳角开始粘贴，逐层向上，使非整砖留在次要部位或阴角处。如遇到突出的管线、灯具、卫生设备支承物，应用整砖套割吻合，不得用非整砖拼凑粘贴。

粘贴材料一般用 1:2 水泥砂浆，也可用专用胶或聚合物水泥砂浆，为改善砂浆的和易性，还可在水泥砂浆中掺入不大于水泥质量 15% 的石灰膏。一般应将黏结材料均匀涂抹于瓷砖背面，逐块粘贴，但采用掺聚合物水泥砂浆做黏结层可以先抹一行，然后铺贴一行。聚合物水泥砂浆应随调随用，全部工作宜在 3 h 内完成。

砖缝一般用勾缝剂或 1:1 水泥浆处理，待墙面与嵌缝材料硬化后，将面砖表面清洗干净。

2. 外墙面砖

外墙面砖是以陶土为原料，半干压法成型，经 1 100 ℃ 高温煅烧而成的粗炻类制品。表面可上釉或不上釉。具有质地坚实，吸水率低，色调美观，耐水抗冻，经久耐用等优点，多用于外墙饰面。

为保证基层与基体黏结牢固,粘贴前应进行基层处理,要求基层湿润、洁净、平整。用7 mm 厚的 1:3 水泥砂浆打底找平并拉毛,粘贴前应按设计要求弹线分格,按分格排砖,避免切砖。可整体自上而下分层分段进行,每段仍自上而下粘贴,先贴墙柱、腰线等墙面突出物,再贴整片墙面。

贴后用勾缝剂或 1:1 水泥砂浆填缝,并将面砖表面清洗干净。

3.陶瓷锦砖和玻璃锦砖

锦砖按成分可分为陶瓷锦砖和玻璃锦砖,又称马赛克。生产时将小片马赛克拼贴在牛皮纸上,以方便安装。

陶瓷锦砖是用优质瓷土烧成,一般做成 18.5 mm × 18.5 mm × 5 mm、39 mm × 39 mm × 5 mm 的小方块,或边长为 25 mm 的六角形等。出厂前已按各种图案反贴在牛皮纸上,每张大小 300 mm × 300 mm,称做一联。施工时将每联纸面向上,贴在半凝固的水泥砂浆面上,用长木板压面,使之粘贴平实,待砂浆硬化后洗去皮纸,可形成精美图案。陶瓷锦砖色泽多样,质地坚实,经久耐用,能耐酸、耐碱、耐火、耐磨,抗压力强,吸水率小,不渗水,易清洗,多用于室内卫生间地面,并可作装饰要求较高的外墙饰面材料。

玻璃锦砖也叫玻璃马赛克。它与陶瓷锦砖在外形和使用方法上基本相同,有红、黄、蓝、白、金、银色等各种丰富的颜色,有透明、半透明、不透明等品种,大小一般为 20 mm × 20 mm × 4 mm,背面略凹,四周侧边呈斜面,有利于与基面黏结牢固。其具有表面光滑,便于清洁,不吸水,质量轻,体积小,施工方便,价格低廉等优点,主要用于外墙面、地面的装饰。

锦砖的施工工艺基本相同,以陶瓷锦砖为例,流程如下:

(1)基层处理。要求基层湿润、洁净、平整。

(2)吊垂直、找规矩。根据墙面结构、平整度找出贴陶瓷锦砖的规矩。

(3)打底灰。一般分两次进行,底灰抹完后,经终凝浇水养护。

(4)弹线。贴陶瓷锦砖前应放出施工大样,根据高度弹出若干条水平线以及垂直线。弹线时,应计算好陶瓷锦砖的张数,使两线之间保持整张数。

(5)铺贴陶瓷锦砖。将贴有马赛克的纸板面朝上放在托板上,用 1:1 水泥细砂干灰填缝,再刮一层 1~2 mm 厚的素水泥浆,随即将托板上的马赛克纸板对准分格线贴于底层上,并拍平拍实。

(6)揭纸、调缝。陶瓷锦砖铺贴半小时后,可用长毛刷蘸清水润湿牛皮纸,待纸面完全湿透后,自上而下将纸揭下。揭纸后,认真检查缝隙的大小是否均匀及平直情况,将不合格处用钢片拨正调直。

(7)勾缝。将同色水泥浆抹入缝隙,并用刮板将水泥浆刮实、刮满、刮严。

(二)饰面砖粘贴质量控制与检验

(1)饰面砖的品种、规格、图案、颜色和性能应符合设计要求。

(2)饰面砖粘贴工程的找平、防水、黏结和勾缝材料及施工方法应符合设计要求及国家现行产品标准和工程技术标准的规定。

(3)饰面砖粘贴必须牢固。

(4)外墙饰面砖粘贴前和施工过程中,均应在相同基层上做样板件,并对样板件的饰面砖黏结强度进行检验,其检验方法和结果判定应符合《建筑工程饰面砖粘结强度检验标准》(JGJ 110—2008)的规定。

(5)满粘法施工的饰面砖工程应无空鼓、裂缝。

(6)饰面砖表面应平整、洁净、色泽一致,无裂痕和缺损。

(7)阴阳角处搭接方法、非整砖使用部位应符合设计和国标的要求。

(8)墙面突出物周围的饰面砖应整砖套割吻合,边缘应整齐。墙裙、贴脸突出墙面的厚度应一致。

(9)饰面砖接缝应平直、光滑,填嵌应连接、密实;宽度和深度应符合设计要求。

(10)有排水要求的部位应做滴水线(槽)。滴水线(槽)应顺直,流水坡向应正确,坡度应符合设计要求。

(11)饰面砖粘贴的允许偏差和检验方法应符合表9-5的规定。

(12)检验批及检查数量应满足以下规定:

①相同材料、工艺和施工条件的室内饰面砖工程每50间(大面积房间和走廊按施工面积30 m² 为一间)应划分为一个检验批,不足50间也应划分为一个检验批。

②相同材料、工艺和施工条件的室外饰面砖工程每500～1 000 m² 应划分为一个检验批,不足500 m² 也应划分为一个检验批。

③检查数量:室内每个检验批应至少抽查10%,并不得少于3间;不足3间时应全数检查。室外每个检验批每100 m² 应至少抽查一处,每处不得小于10 m²。

表 9-5   饰面砖粘贴的允许偏差和检验方法

项次	项目	允许偏差(mm)		检验方法
		外墙面砖	内墙面砖	
1	立面垂直度	3	2	用2 m垂直检测尺检查
2	表面平整度	4	3	用2 m靠尺和塞尺检查
3	阴、阳角方正	3	3	用直角检测尺检查
4	接缝直线度	3	2	拉5 m线,不足5 m拉通线,用钢直尺检查
5	接缝高低差	1	0.5	用钢直尺和塞尺检查
6	接缝宽度	1	1	用钢直尺检查

第四节   裱糊工程

一、概述

裱糊工程是指将壁纸或墙布用胶黏剂裱糊在建筑物内墙、柱面和顶棚表面或其他构件表面的一种装饰工程,可以起到美化居住环境,满足使用要求、保护墙体及顶棚等作用。各种彩色图案的壁纸和墙布,具有耐用、美观、施工方便等特点,特别是其色彩、花纹丰富多彩,装饰效果新颖别致,因而在室内装饰中得到广泛应用。

二、材料的技术要求及施工作业要求

(一)材料的技术要求

1. 壁纸及墙布

壁纸、墙布应整洁,图案清晰。壁纸、墙布的图案、品种、色彩等应符合设计要求,并应附有产品合格证。PVC 壁纸的质量应符合现行《聚氯乙烯壁纸》(GB 8945—1988)的规定。壁纸中的有害物质限量值应符合《室内装饰装修材料壁纸中有害物质限量》(GB 18585—2001)的规定。运输和贮存时,所有壁纸、墙布均不得日晒雨淋;压延壁纸和墙布应平放;发泡壁纸和复合壁纸则应竖放。

2. 胶黏剂

胶黏剂应按壁纸和墙布的品种选配,并应具有防霉、耐久等性能,如有防火要求则胶黏剂应具有耐高温不起层性能。

3. 腻子

基层涂抹的腻子,应坚实牢固,不得粉化、起皮和裂缝;腻子的黏结强度应符合《建筑室内用腻子》(JG/T 298—2010)N 型的规定。

(二)施工作业要求

(1)室内抹灰工程、地面湿作业工程、门窗工程、吊顶工程及涂饰工程等已完成。混凝土和墙面抹灰已完成,门窗油漆已完成。

(2)水电及设备在顶棚、墙面预留预埋位置及数量符合设计要求。

(3)基层表面平整度、立面垂直度及阴阳角方正达到高级抹灰要求。墙面含水率符合墙面裱糊工程的有关规定。

(4)现场湿作业施工环境温度宜在 5 ℃以上;裱糊时空气相对湿度不得大于85%,应防止温度及湿度剧烈变化。

三、裱糊工程施工工艺

壁纸和墙布种类很多,其中以塑料壁纸、玻璃纤维墙布和无纺墙布应用较多。

(一)壁纸的裱糊

壁纸的施工工艺一般可概括为:基层处理→弹线→裁纸→浸水→刷胶→裱糊壁纸→清理修整。

1. 基层处理

裱糊前,应进行基层处理,要求如下:

(1)为防止基层泛碱导致壁纸变色,在新建筑物的混凝土或抹灰基层墙面刮腻子前应涂刷抗碱封闭底漆。

(2)为防止壁纸脱落或起鼓,在裱糊前应清除旧墙面疏松的旧装修层,并涂刷界面剂。

（3）为避免壁纸接缝处开裂或脱落，基层腻子应平整、坚实、牢固，无粉化、起皮和裂缝；腻子的黏结强度应符合《建筑室内用腻子》（JG/T 298—2010）N 型的规定。

（4）为避免水蒸气蒸发而引起壁纸表面起鼓，应控制混凝土或抹灰基层含水率不得大于8%；木材基层的含水率不得大于12%。

（5）为防止出现对花困难、离缝和搭接现象，应保证基层表面平整度、立面垂直度及阴阳角方正达到高级抹灰的质量要求。

（6）基层表面颜色应一致，否则将导致裱糊后壁纸表面发花。若基层色差大，设计选用的又是易透底的薄型壁纸，应对基层进行处理以使其颜色一致。

（7）裱糊前应用封闭底胶涂刷基层。底胶不仅能防止腻子粉化及基层吸水，为粘贴壁纸提供合格工作面，还可使壁纸在对花、校正位置时易于滑动。

2. 弹线

为使壁纸粘贴的花纹、图案、线条纵横连贯，在基层底胶干后，应根据房间大小、门窗位置、壁纸宽度和花纹图案进行弹线。

（1）顶棚：通过吊直、套方、找规矩的办法弹出顶棚中心线，以便从中间向两边对称控制。墙与顶棚交接处的处理原则：凡有挂镜线的按挂镜线弹线，没有挂镜线的则按设计要求弹线。

（2）墙面：将房间四角的阴阳角通过吊垂直、套方、找规格，确定进行壁纸分块弹线控制的起始阴角。一般从进门左阴角处开始，以壁纸宽度弹垂直线，作为裱糊时的操作基准线。

3. 裁纸

根据墙面尺寸及壁纸类型、图案、规格尺寸，规划分幅裁纸，并在每边预留出 20 ~ 30 mm 作为裁边。裁纸一般应在工作台上进行，边裁边将纸幅编号，以便按顺序粘贴。

壁纸的纸幅必须垂直，以保证花纹、图案纵横连贯一致。分幅拼花裁切时，要照顾主要墙面的花纹图案，要对称、完整及富有光泽效果。裁切时刀刃贴紧尺边，尺子压紧壁纸，用气均匀，一气呵成，不得中间停止或改变持刀角度。裁边应平直整齐，不能有纸毛、飞刺等。裁切后的壁纸卷起平放待用，不要立放。裁切的一边只能搭接，不能对缝。

4. 浸水

以纸为底层的壁纸遇水会受潮膨胀，干燥后水分蒸发而使得壁纸收缩变形。裱糊前，应根据壁纸的品种确定是否需要进行浸水。对聚氯乙烯塑料壁纸应浸水数分钟；对金属壁纸裱糊前应浸水 1 ~ 2 min；复合壁纸不得浸水；带背胶的壁纸裱糊前应在水中浸泡数分钟；纺织纤维壁纸不宜在水中浸泡，宜用湿布清洁背面。

5. 刷胶

胶黏剂应按壁纸的品种选配，应具有防霉、耐久等性能。刷胶应涂抹均匀，不裹边、不起堆，以防溢出后弄脏壁纸；应涂刷全面，避免因漏刷而导致壁纸黏结不牢。基层表面刷胶的宽度要比壁纸宽 20 ~ 30 mm。壁纸背面刷胶后，胶面间对叠，避免胶干过快。

采用聚氯乙烯塑料壁纸裱糊墙面时应在基层表面涂刷胶黏剂；裱糊顶棚时，基层和壁纸背面均应涂刷胶黏剂。对于复合壁纸，裱糊前应先在壁纸背面涂刷胶黏剂，放置数分钟，裱糊时再在基层表面涂刷胶黏剂。金属壁纸应采用专用的壁纸粉胶，一边在背面刷胶,一边将刷过胶的部分向上卷在事先备好的发泡壁纸卷上。带背胶的壁纸裱糊顶棚时应涂刷一层稀释的胶黏剂。

6. 裱糊壁纸

1）顶棚裱糊

顶棚裱糊应从中间开始向两边进行。将第一幅壁纸边缘靠齐弹线,应注意纸的两边各留出 20 mm 裁纸量,先不压实,以便于与第二幅壁纸裱糊时拼花对缝。随后裱糊第二幅壁纸,两幅壁纸搭接重叠 20 mm,用裁切刀沿搭接的重叠部位中心裁切,随即撕去搭槎处的多余纸条,用刮板将接缝压实刮牢。顶棚两端阴角处用钢板尺比齐、拉直,用刮板及辊子压实,最后用湿毛巾将接缝处挤出的胶痕擦净。

2）墙面裱糊

开关、插座等突出墙面的电器盒,裱糊前应先卸去盒盖。以阴角处已弹好的垂直线作为第一幅壁纸裱糊的准线。每裱糊 2~3 幅后,要吊线检查垂直度,以免造成累计误差。

墙面应采用整幅裱糊,先垂直面后水平面,先细部后大面,先保证垂直后对花拼缝,垂直面是先上后下,先长墙面后短墙面,水平面是先高后低。阴角处拼缝应搭接,阳角处应包角不得有接缝。与挂镜线、踢脚板等部位的连接应紧密,不得有缝隙。花形拼接如出现困难,错槎应尽量留置于不显眼的阴角处,大面避免出现错槎和花形混乱的现象。

7. 清理修整

壁纸黏贴完后,应检查是否有鼓包、翘边、气泡或表面折皱等,对未贴好的部分应进行清理修整。如出现鼓包,可将鼓包切开,将多余的胶黏剂挤出后压实;如出现翘边,可在翘起处加刷胶黏剂,重新粘贴压实;如出现气泡,可将起泡处切开,挤出气体后加胶黏剂压实;如出现折皱,应趁壁纸未干时,用湿毛巾抹拭纸面,使之湿润,用手慢慢将壁纸舒平,待无折皱时,再用橡皮刮板赶压平整。壁纸干结时须撕下壁纸,清理干净基层后重新裱糊。

（二）墙布的裱糊

以玻璃纤维墙布和无纺墙布为例,其裱糊工艺与塑料壁纸基本相同,但应注意以下几点。

1. 基层处理

玻璃纤维墙布和无纺墙布布料较薄,容易透底,处理基层时一定要注意。

2. 裁布

裁剪前应根据墙面尺寸进行分幅,并在墙面弹出分幅线。然后确定需要粘贴的长度,并应适当放长 100~150 mm,再按墙布的花色图案及深浅选定裁剪,以便同幅墙面颜色一致,图案完整。

3. 浸水

玻璃纤维墙布和无纺墙布无吸水膨胀现象,无须进行浸润。

4. 刷胶

刷胶时应选用黏结强度较高的胶黏剂。裱糊前应在基层表面涂胶,墙布背面不涂胶,因为胶黏剂容易渗透到墙布表面影响美观。

5. 裱糊墙布

对花时不得横拉斜扯以免造成整块墙布变形、脱落。可将裁好的墙布按对花要求自上而下缓缓放下,墙布上边应留出约 50 mm,再用湿毛巾将墙布抹平贴实,裁去多余布料。

四、裱糊工程的质量控制及检验

(1)壁纸、墙布的种类、规格、图案、颜色和燃烧性能等级必须符合设计要求及国家现行标准的有关规定。

(2)裱糊工程基层处理质量应达到高级抹灰的要求。

(3)裱糊后各幅拼接应横平竖直,拼接处花纹、图案应吻合,不离缝、不搭接,距墙面 1.5 m 处正视不显拼缝。

(4)壁纸、墙布应粘贴牢固,不得有漏贴、补贴、脱层、空鼓和翘边。

(5)裱糊后的壁纸、墙布表面应平整,色泽应一致,不得有波纹起伏、气泡、裂缝、皱褶及斑污,斜视时应无胶痕。

(6)复合压花壁纸的压痕及发泡壁纸的发泡层应无损坏。

(7)壁纸、墙布与各种装饰线、设备线盒应交接严密。

(8)壁纸、墙布边缘应平直整齐,不得有纸毛、飞刺。

(9)壁纸、墙布阴阳转角垂直,棱角分明,阴角处搭接应顺光,阳角处应无接缝。

(10)检验批及检查数量应满足以下规定:

①同一品种的裱糊工程每 50 间(大面积房间和走廊按施工面积 30 m² 为一间)应划分为一个检验批,不足 50 间也应划分为一个检验批。

②裱糊工程每个检验批应至少抽查 10%,且不得少于 3 间,不足 3 间时应全数检查。

第五节 涂饰工程

涂料是油漆和涂料的统称。早期的涂料主要原料是天然植物油和天然树脂,都含有油类,习惯上常被称为油漆,而现代涂料主要原料为合成树脂,基本上不含油类。涂饰工程是将涂料施涂于基层表面,使之与基层黏结,形成连续、完整、坚韧的装饰保护膜层,从而达到装饰、美化和保护基层免受外界侵蚀的目的。

涂饰工程按采用的建筑涂料主要成膜物质的化学成分不同,可分为水性涂料涂饰、溶剂型涂料涂饰、美术涂饰工程。水性涂料涂饰工程包括乳液型涂料、无机涂料、水溶性涂料等涂饰工程,溶剂型涂料涂饰工程包括丙烯酸酯涂料、聚氨酯丙烯酸涂料、有机硅丙烯酸涂料等涂饰工程。美术涂饰工程包括室内外套色涂饰、滚花涂饰、仿花纹涂饰等涂饰工程。

一、涂料的组成与分类

(一)涂料的组成

1. 主要成膜物质

主要成膜物质的主要成分包括油脂、天然树脂、合成树脂等,也称胶黏剂或固着剂,是决定涂膜硬度、耐水性、耐磨性等性质的最主要成分,作用是将其他组分黏结成一整体,并附着在被涂基层的表层以形成坚硬的保护膜。它具有单独成膜的能力,也可以黏结其他组分共同成膜。

2. 次要成膜物质

次要成膜物质本身没有成膜能力,它需要借助主要成膜物质的黏结作用而成为涂膜的组成部分。例如,对涂膜的性能及颜色起重要作用的颜料就是一种次要成膜物质。

3. 辅助成膜物质

辅助成膜物质主要包括溶剂和助剂两大类,它不能构成涂膜或不是涂膜的主体,但对涂料的成膜过程有很大影响,或对涂膜的性能起一定的辅助作用。

(二)涂料的分类

建筑涂料的产品种类很多,分类方法也较多,一般可按以下几种方法进行分类。

1. 按涂料所形成涂膜的质感分类

(1)薄涂料,特点是黏度低,涂刷后能形成较薄的涂膜,表面光滑、平整、细致,但对基层凹凸线型无任何改变作用。

(2)厚涂料,特点是黏度较高,具有触变性,上墙后不流淌,成膜后能形成一定粗糙质感的较厚的涂层,涂层经拉毛或滚花后富有立体感。

(3)复层涂料,由封底涂料、主层涂料与罩面涂料三种涂料组成。

2. 按涂料分散介质(稀释剂)不同分类

(1)溶剂型涂料,它是以有机高分子合成树脂为主要成膜物质,以有机溶剂为稀释剂,加入适量的颜料、填料及辅助材料,经研磨而成的涂料。

(2)水乳型涂料,它是在一定工艺条件下在合成树脂中加入适量乳化剂形成的以极细小的微粒形式分散于水中的乳液,以乳液中的树脂为主要成膜物质,加入适量的颜料、填料及辅助材料,经研磨而成的涂料。

(3)水溶型涂料,以水溶性树脂为主要成膜物质,并加入适量的颜料、填料及辅助材料经研磨而成的涂料。

3. 按使用的部位不同分类

涂料按使用的部位不同可分为外墙涂料、内墙涂料、顶棚涂料、地面涂料、门窗涂料及屋面涂料等。

4. 按涂料的特殊功能不同分类

涂料按特殊功能不同可分为防火涂料、防水涂料、防虫涂料及防霉涂料等。

二、材料技术要求及施工作业要求

(一)材料技术要求

1. 涂料

涂料的品种、颜色应符合设计要求,并应有产品性能检测报告和产品合格证书。

2. 腻子

涂饰工程所用腻子的黏结强度应符合国家现行标准的有关规定。基层腻子应平整、坚实、牢固,无粉化、起皮和裂缝;厨房、卫生间墙面必须使用耐水腻子。

(二)施工作业要求

(1)水性涂料涂饰工程施工的环境温度应在 5 ~ 35 ℃之间,并注意通风换气和防尘。

（2）涂饰工程应在抹灰、吊顶、细部、地面及电气工程等已完成并验收合格后进行。其中新抹的砂浆常温要求 7 d 以后,现浇混凝土常温要求 28 d 以后,方可涂饰建筑涂料,否则会出现粉化或色泽不均匀现象。

三、涂饰工程施工工艺

涂饰工程施工工艺基本相同,大致包括基层处理、刮腻子与打磨、涂料的涂饰等工序。

(一)基层处理

基层直接影响到涂料的附着力、平整度、色调的谐调和使用寿命,因此基层应进行处理使之符合涂饰工程的施工要求。

（1）新建筑物的混凝土或抹灰基层在涂饰涂料前应涂刷抗碱封闭底漆。对泛碱、析盐的基层应先用 3% 的草酸溶液清洗;然后用清水冲刷干净或在基层上满刷一遍抗碱封闭底漆,待其干后刮腻子,再涂刷面层涂料。

（2）旧墙面在涂饰涂料前应清除疏松的旧装修层,并涂刷界面剂。

（3）基层腻子应平整、坚实、牢固,无粉化、起皮和裂缝;内墙腻子的黏结强度应符合《建筑室内用腻子》(JG/T 298—2010)的规定。其中,厨房、卫生间墙面必须使用耐水腻子。

（4）为保证涂料与基层的黏结力以及涂层不出现起皮、空鼓等现象,混凝土或抹灰基层涂刷溶剂型涂料时,含水率不得大于 8% ,涂刷乳液型涂料时,含水率不得大于 10% 。木材基层的含水率不得大于 12% 。

（5）对不同类型基层,其表面还应符合以下要求:

①混凝土及水泥砂浆抹灰基层:基层表面须干净、坚实,无酥松、脱皮、起壳、粉化等现象。将表面浮尘、污垢等清扫干净,铲除酥松部分,缺棱掉角处用 1:3 水泥砂浆(或聚合物水泥砂浆)修补,麻面、缝隙及凹陷处用腻子填补修平。处理后的表面应平整光滑、线角顺直。

②纸面石膏板基层:应按设计要求对板缝、钉眼进行处理后,满刮腻子、砂纸打光。

③清漆木质基层:清除表面灰尘、污垢,缝隙用腻子填补密实、刮平收净、砂纸打光。处理后表面应平整光滑、颜色谐调一致,表面无污染、裂缝、残缺等缺陷。

④调和漆木质基层:清除表面灰尘、污垢,缝隙用腻子填补密实、刮平收净,砂纸打光。处理后表面应平整、无严重污染。

⑤金属基层:基层表面的油渍、锈斑、焊渣、毛刺均应清除干净,表面刷防锈漆。

(二)刮腻子、打磨

由于涂膜对光线的反射作用,基层表面的砂眼和凸凹不平将在光影作用下展现无遗,影响饰面美观。所以基层应刮腻子多遍并找平,刮腻子的遍数应根据涂饰工程的质量等级、基层表面的平整度以及涂料类型确定。

每遍腻子干燥后用砂纸打磨,以保证基层表面平整光滑。

(三)涂料的涂饰

1.涂饰方法的选择

涂饰工程应在充分了解各种建筑涂料性能的基础上,根据建筑物所处环境、建筑标准、施工季节以及基层的状况,合理选择涂饰方法,一般可采用刷涂、滚涂、喷涂和弹涂等,以前三种方法应用较广。

(1)刷涂法。它是用油漆刷、排笔等将涂料刷涂在基层的一种施工方法。此方法操作方便,适应性广,除极少数流平性较差或干燥太快的涂料不宜采用外,大部分薄涂料或云母片状厚质涂料均可采用。宜按先左后右、先上后下、先难后易、先边后面的顺序进行。

(2)滚涂法。它是用滚筒或毛辊蘸取涂料并将其涂布到基层的一种施工方法。将蘸取漆液的毛辊先按 W 方式运动将涂料大致涂在基层上,然后用不蘸取漆液的毛辊紧贴基层上下、左右来回滚动,使漆液在基层上均匀展开,最后用蘸取漆液的毛辊按一定方向满滚一遍。阴角及上下口宜采用排笔刷涂找齐。

(3)喷涂法。它是利用压力或压缩空气将涂料涂布于基层的一种施工方法。涂料在高速喷射的空气流带动下,呈雾状小液滴喷到基层表面上形成涂层。喷枪压力宜控制在0.4~0.8 MPa 范围内。喷涂时喷枪与墙面应保持垂直,距离宜在 500 mm 左右,匀速平行移动。两行重叠宽度宜控制在喷涂宽度的1/3。喷涂的涂层较均匀,颜色也较均匀,施工效率高,适用于大面积施工。可使用各种涂料进行喷涂,尤其是外墙涂料用的较多。

(4)弹涂法。它是利用自动或手动弹涂器将涂料以圆点形状弹到被涂面上的一种施工方法。弹涂应先进行封底处理,可采用丙烯酸无光涂料刷涂,面干后弹涂色点浆。若分数次弹涂,每次用不同颜色的涂料,被涂面由不同色点的涂料装饰,相互衬托,可使饰面增加装饰效果。弹涂饰面层黏结能力强,可用于各种基层,获得坚韧、美观、立体感强的涂饰面层。

2.施工注意事项

(1)涂料在使用前应搅拌均匀并在规定的时间内用完。用于同一表面处的涂料颜色应一致。涂料的黏度应调整合适,使其在施工时不流坠、不显刷纹,如需稀释剂应注意采用该涂料所规定使用的稀释剂,不能滥用。

(2)涂料的涂饰遍数应根据涂饰工程的质量等级确定。涂饰溶剂型涂料时,后一遍涂料必须在前一遍涂料干燥后进行;涂饰乳液型和水溶性涂料时后一遍涂料必须在前一遍涂料表干后进行。每层涂料都不宜过厚,应涂饰均匀,各层必须结合牢固。

(3)木质基层涂刷清漆。本质基层上的节疤、松脂部位应用虫胶漆封闭,钉眼处应用油性腻子嵌补。在刮腻子、上色前,应涂刷一遍封闭底漆,然后反复对局部进行拼色和修色,每修完一次,刷一遍中层漆,干后打磨,直至色调谐调统一,再做饰面漆。

(4)木质基层涂刷调和漆。先满刷清油一遍,待其干后用油腻子将钉孔、裂缝、残缺处嵌刮平整,干后打磨光滑,再刷中层和面层油漆。

(5)浮雕涂饰的中层涂料应颗粒均匀,用专用塑料辊蘸煤油或水均匀滚压,厚薄一致,待完全干燥固化后,才可进行面层涂饰,面层为水性涂料的应采用喷涂,面层为溶剂型涂料的应采用刷涂,间隔时间宜在 4 h 以上。

(6)涂料、油漆打磨应待涂膜完全干透后进行,打磨应用力均匀,不得磨透露底。

四、涂饰工程质量控制及检验

涂饰工程应在涂层养护期满后进行质量验收。

室外涂饰工程每一栋楼的同类涂料涂饰的墙面每 500～1 000 m² 应划分为一个检验批,不足 500 m² 也应划分为一个检验批。室内涂饰工程同类涂料涂饰的墙面每 50 间(大面积房间和走廊按涂饰面积 30 m² 为一间)应划分为一个检验批,不足 50 间也应划分为一个检验批。

检查数量应符合下列规定:室外涂饰工程每 100 m² 应至少检查一处,每处不得少于 10 m²。室内涂饰工程每个检验批应至少抽查 10%,并不得少于 3 间;不足 3 间时应全数检查。

(一)水性涂料涂饰工程施工质量控制及检验

(1)水性涂料涂饰工程所用涂料的品种、型号和性能应符合设计要求。

(2)水性涂料涂饰工程的颜色、图案应符合设计要求。

(3)水性涂料涂饰工程应涂饰均匀、黏结牢固,不得漏涂、透底、起皮和掉粉。

(4)水性涂料涂饰工程的基层处理应符合规范(见前文)的要求。

(5)薄涂料的涂饰质量和检验方法应符合表 9-6 规定。

(6)厚涂料的装饰质量和检验方法应符合表 9-7 规定。

(7)复层涂料的装饰质量和检验方法应符合表 9-8 规定。

(8)涂层与其他装修材料和设备衔接处应吻合,界面应清晰。

表 9-6　薄涂料的涂饰质量和检验方法

项次	项目	普通涂饰	高级涂饰	检验方法
1	颜色	均匀一致	均匀一致	观察
2	泛碱、咬色	允许少量轻微	不允许	
3	流坠、疙瘩	允许少量轻微	不允许	
4	砂眼、刷纹	允许少量轻微砂眼,刷纹通顺	无砂眼,无刷纹	
5	装饰线、分色线直线度允许偏差(mm)	2	1	拉 5 m 线,不足 5 m 拉通线,用钢直尺检查

表 9-7　厚涂料的装饰质量和检验方法

项次	项目	普通涂饰	高级涂饰	检验方法
1	颜色	均匀一致	均匀一致	观察
2	泛碱、咬色	允许少量轻微	不允许	
3	点状分布	—	疏密均匀	

表9-8　复层涂料的装饰质量和检验方法

项次	项目	质量要求	检验方法
1	颜色	均匀一致	
2	泛碱、咬色	不允许	观察
3	喷点疏密程度	均匀,不允许连片	

(二)溶剂型涂料涂饰工程施工质量控制及检验

(1)溶剂型涂料涂饰工程所选用涂料的品种、型号和性能应符合设计要求。

(2)溶剂型涂料涂饰工程的颜色、光泽、图案应符合设计要求。

(3)溶剂型涂料涂饰工程应涂饰均匀、黏结牢固,不得漏涂、透底、起皮和反锈。

(4)溶剂型涂料涂饰工程的基层处理应符合规范要求。

(5)色漆的涂饰质量和检验方法应符合表9-9规定。

(6)清漆的涂饰质量及检验方法应符合表9-10规定。

表9-9　色漆的涂饰质量和检验方法

项次	项目	普通涂饰	高级涂饰	检验方法
1	颜色	均匀一致	均匀一致	观察
2	光泽、光滑	光泽基本均匀 光滑无挡手感	光泽均匀一致 光滑	观察、手摸检查
3	刷纹	刷纹通顺	无刷纹	观察
4	裹棱、流坠、皱皮	明显处不允许	不允许	观察
5	装饰线、分色线直线度允许偏差(mm)	2	1	拉5 m线,不足5 m拉通线,用钢直尺检查

注:无光色漆不检查光泽。

表9-10　清漆的涂饰质量及检验方法

项次	项目	普通涂饰	高级涂饰	检验方法
1	颜色	基本一致	均匀一致	观察
2	木纹	棕眼刮平、木纹清楚	棕眼刮平、木纹清楚	观察
3	光泽、光滑	光泽基本均匀 光滑无挡手感	光泽均匀一致 光滑	观察、手摸检查
4	刷纹	无刷纹	无刷纹	观察
5	裹棱、流坠、皱皮	明显处不允许	不允许	观察

(三)美术涂饰工程施工质量控制及检验

(1)美术涂饰所用材料的品种、型号和性能应符合设计要求。

(2)美术涂饰工程应涂饰均匀、黏结牢固,不得漏涂、透底、起皮、掉粉和反锈。

(3)美术涂饰工程的基层处理应符合本规范的规定。

(4)美术涂饰的套色、花纹和图案应符合设计要求。

(5)美术涂饰表面应洁净,不得有流坠现象。

(6)仿花纹涂饰的饰面应具有被模仿材料的纹理。

(7)套色涂饰的图案不得移位,纹理和轮廓应清晰。

第六节　外墙保温工程

一、概述

建筑物外围护结构的热损耗较大,墙体又是外围护结构的主要组成部分,按价值工程原理,发展外墙保温技术就成了建筑节能设计的重要环节,不仅能节约大量能源,还能给用户提供一个舒适的环境。

外墙保温工程是指将由保温层、保护层和固定材料构成的外墙保温系统通过组合、组装、施工或安装固定在外墙表面上所形成的建筑物实体。按照外墙保温系统设置部位的不同,分为外墙内保温、外墙夹芯保温和外墙外保温。

外墙内保温是将保温材料置于外墙体的内侧。该技术具有造价低,施工方便,技术相对成熟等特点,但在实践中,外墙内保温暴露出许多缺陷,如用户的使用面积减少;"热桥"问题不易解决;易出现结露现象,保温隔热效果差;容易出现内保温面层的开裂;影响用户的二次装修等。因此,随着我国外墙保温要求的逐步提高,特别是既有建筑的节能改造开始提上议事日程后,其使用受到了很大限制,逐渐被外墙外保温所取代。

外墙夹芯保温是将保温材料置于同一外墙的内、外侧墙片之间,而两侧墙片可采用混凝土空心砌块等传统材料。该技术优点有:保温材料的选材要求不高,聚苯乙烯、玻璃棉、岩棉等各种材料均可使用;对施工季节和施工条件要求不高,不影响冬季施工等。但由于存在如墙体偏厚、外围护结构的"热桥"较多等缺点,使得其使用受限。

外墙外保温是将保温材料置于外墙体的外侧。经过多年的实践,证明采用该保温技术的建筑与其他外墙保温技术相比优点有:适用范围广,适用于不同气候地区;使用寿命延长;寿命期费用减少;"热桥"现象少,影响也小;可以采取各种外装饰效果,便于美化外立面;减少内墙面裂缝,方便在室内装修;隔热节能效果明显优于内保温;可大大节省保温材料,综合经济效益显著,是一种积极主动型的外保温技术,应用前景广阔,目前已经被广泛采用。

随着建筑技术的不断进步,外墙外保温做法日趋多样化,技术日益成熟,所采用的保温材料的品种也在不断增多。本节主要介绍几种较常用的外墙外保温做法及施工要求。

二、外墙外保温工程的基本要求

（1）外墙外保温工程应能长期承受自重而不产生有害的变形，应能适应基层的正常变形而不产生裂缝或空鼓。

（2）外墙外保温工程应能承受风荷载和室外气候的长期反复作用而不产生破坏。

（3）外墙外保温工程在罕遇地震发生时不应从基层上脱落。

（4）高层建筑外墙外保温工程应采取防火构造措施。

（5）外墙外保温工程应具有防水渗透性能。

（6）外保温复合墙体的保温、隔热和防潮性能应符合国家现行标准的有关规定。

（7）外墙外保温工程各组成部分应具有物理 – 化学稳定性。所有组成材料应彼此相容并应具有防腐性。在可能受到生物侵害（鼠害、虫害等）时，外墙外保温工程还应具有防生物侵害性能。

（8）在正确使用和正常维护的条件下，外墙外保温工程的使用年限不应少于 25 年。

三、外墙外保温系统的分类及组成

（一）外墙外保温系统的分类

根据构造系统的不同，目前常用的外墙外保温系统主要有以下几种：

（1）EPS 板薄抹灰外墙外保温系统。

（2）胶粉 EPS 颗粒保温浆料外墙外保温系统。

（3）EPS 板现浇混凝土外墙外保温系统。

（4）EPS 钢丝网架板现浇混凝土外墙外保温系统。

（5）机械固定 EPS 钢丝网架板外墙外保温系统。

（6）现场喷涂硬泡聚氨酯外墙外保温系统。

（7）胶粉 EPS 颗粒浆料贴砌保温板外保温系统。

（二）外墙外保温系统的组成

外墙外保温系统主要由保温层、保护层和固定材料等组成。

保温层由保温材料组成，是在系统中起保温作用的构造层。

保护层包括抹面层和饰面层。抹面层是指抹在保温层上，中间夹有增强网，保护保温层，并起防裂、防水和抗冲击作用的构造层。抹面层可分为薄抹面层和厚抹面层。用于 EPS 板和胶粉 EPS 颗粒保温浆料时为薄抹面层，用于 EPS 钢丝网架板时为厚抹面层。饰面层是保温系统的外装饰层，其作用是保护系统免受气候破坏并起装饰作用。它一般直接涂在抹面层上，必要时还需先涂界面剂，作为涂饰面层的准备层。

固定材料包括胶黏剂、锚固件等黏结或锚固材料。

四、外墙外保温系统的材料性能要求

外墙外保温系统主要材料性能要求见表 9-11。

表 9-11　外墙外保温系统主要材料性能要求

检验项目			性能要求	
			EPS 板	胶粉 EPS 颗粒保温浆料
保温材料	密度(kg/m³)		18～22	—
	干密度(kg/m³)		—	180～250
	导热系数(W/(m·K))		≤0.041	≤0.060
	水蒸气渗透系数 (ng/(Pa·m·s))		符合设计要求	符合设计要求
	压缩性能(MPa)(形变10%)		≥0.10	≥0.25 (养护 28 d)
	抗拉强度 (MPa)	干燥状态	≥0.10	≥0.10
		浸水 48 h, 取出后干燥 7 d	—	
	线性收缩率(%)		—	≤0.3
	尺寸稳定性(%)		≤0.3	—
	软化系数		—	≥0.5(养护 28 d)
	燃烧性能		阻燃型	—
	燃烧性能级别		—	B1
EPS 钢丝网架板	热阻 (m²·K/W)	腹丝穿透型	≥0.73(50 mm 厚 EPS 板) ≥1.5(100 mm 厚 EPS 板)	
		腹丝非穿透型	≥1.0(50 mm 厚 EPS 板) ≥1.6(80 mm 厚 EPS 板)	
	腹丝镀锌层		符合 QB/T 3897—1999 规定	
抹面胶浆、抗裂砂浆、界面砂浆	与 EPS 板或胶粉 EPS 颗粒保温浆料拉伸黏结强度(MPa)		干燥状态和浸水 48 h 后≥0.10,破坏界面应位于 EPS 板或胶粉 EPS 颗粒保温浆料	
胶黏剂	拉伸黏结强度(MPa) (与水泥砂浆)	干燥	≥0.60	
		浸水 48 h 后	≥0.40	
	拉伸黏结强度(MPa) (与 EPS 板)	干燥	≥0.10,破坏界面在 EPS 板内	
		浸水 48 h 后	≥0.10,破坏界面在 EPS 板内	
饰面材料			必须与其他系统组成材料相容,应符合设计要求和相关标准规定	
锚栓			符合设计要求和相关标准规定	

五、外墙外保温系统施工

(一)EPS 板薄抹灰外墙外保温系统

EPS 板薄抹灰外墙外保温系统由 EPS 板保温层、薄抹面层和饰面层组成。EPS 板是由可发性聚苯乙烯珠粒经加热预发泡后在模具中加热成型而制得的具有闭孔结构的聚苯乙烯泡沫塑料板材,EPS 板用胶黏剂固定在基层上。薄抹面层中满铺玻纤网。饰面层可为涂料和面砖,以涂料饰面层应用较多(见图9-7);当确需面砖饰面时,应注意粘贴牢靠(见图9-8)。

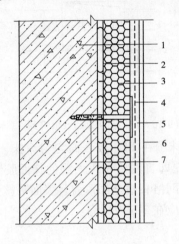
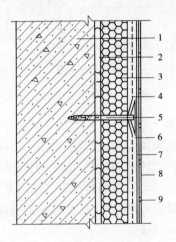

1—基层;2—胶黏剂;3—EPS 板;4—玻纤网;
　5—抹面层;6—涂料饰面;7—锚栓
图9-7　EPS 板涂料饰面系统

1—基层;2—胶黏剂;3—EPS 板;4—耐碱
玻纤网;5—锚栓;6—抹面层;7—面砖黏结剂;
　　　　8—面砖;9—填缝剂
图9-8　EPS 板面砖饰面系统

1. 施工工艺

1)基层处理

将基层(墙面)油、灰尘、污垢、涂料、脱模剂等有碍黏结的材料清理干净;墙面松动或风化的部分应去除后用1:3水泥砂浆填充找平,凸出部分应剔除凿平。处理后用水冲洗干净,保证墙面清洁平整。

处理完毕后可往墙面洒少量水湿润,以利于 EPS 板粘贴。

2)EPS 板粘贴

根据设计要求在墙面上弹线定位,标出 EPS 板的粘贴位置。将胶黏剂涂在板背面,涂胶黏剂面积不得小于板面积的40%。涂胶后立即将板平贴在墙面上滑动就位,均匀揉压,保证粘贴牢固,无松动和空鼓。松动的 EPS 板应取下重贴,大于2 mm 的板间缝隙应用 EPS 板条填实,不得用胶黏剂填塞缝隙。填缝板条不得涂胶黏剂。

EPS 板应按顺砌方式粘贴,竖缝应逐行错缝。墙角处 EPS 板应交错互锁(见图9-9)。门窗洞口四角处 EPS 板不得拼接,应采用整块 EPS 板切割成形,以免出现裂缝。EPS 板接缝应离开洞部至少200 mm(见图9-10)。应做好系统在檐口、勒脚处的包边处理。装饰缝、门窗四角和阴阳角等处应做好局部加强网施工。变形缝处应做好防水和保温构造处理。

3)抹面层施工

EPS 板黏结牢固后(至少24 h)方可进行抹面层施工。

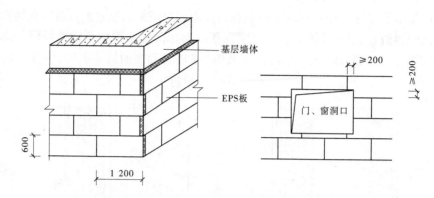

图 9-9　EPS 板排板　（单位:mm）　　图 9-10　门、窗洞口 EPS 板排列　（单位:mm）

抹面层宜采用两道抹灰法施工。用不锈钢抹子在 EPS 板表面均匀涂抹一层面积略大于一块玻纤网的抹面胶浆,厚度约为 2 mm。立即将网格布压入湿的抹面胶浆中,待抹面胶浆稍干硬至可以碰触时抹第二道找平层,使网格布被全部覆盖且表面平整为宜。

抹面胶浆应随用随拌,已搅拌好的抹面胶浆应在 2 h 内用完。

4)饰面层施工

当保温层外表面没有切实有效的构造措施时,原则上不得粘贴面砖,应尽量用涂料装饰面层。涂料腻子必须采用柔性腻子及弹性涂料,防止由于腻子弹性较小无法抵抗保温层释放的应力而导致面层开裂。具体做法可参考涂饰工程。

2. 施工注意事项

(1)施工环境空气温度和基层墙体表面温度不低于 5 ℃,风力不大于 5 级。

(2)异常天气施工时应注意采取防护措施。冬季施工时应注意防冻,夏季施工时应注意防晒,雨天施工时应防止雨水冲刷墙面。

(3)系统在施工过程中,应采取必要的保护措施,防止施工墙面受到污损,待建筑物泛水、密封膏等构造细部按设计要求施工完毕后,方可拆除保护物。

(二)胶粉 EPS 颗粒保温浆料外墙外保温系统

胶粉 EPS 颗粒保温浆料外墙外保温系统由界面层、保温层、抗裂砂浆薄抹面层和饰面层组成。保温层由胶粉料和 EPS 颗粒集料(体积比不小于 80%)加水搅拌成胶粉 EPS颗粒保温浆料喷涂或抹在基层上形成。饰面层可分为涂料和面砖。当采用涂料饰面时,抹面层中应满铺玻纤网(见图 9-11);当采用面砖饰面时,抹面层中应满铺热镀锌电焊网,并用锚栓与基层形成可靠固定(见图 9-12)。

该系统适用于抗震设防烈度不大于 8 度、基层墙体为混凝土或砌体的建筑物。

1. 基层处理

清除浮尘、油污、脱模剂等,墙面凸起、空鼓及疏松部位应剔除,保证基层表面清洁平整,并满刷界面砂浆。

2. 保温层施工

胶粉 EPS 颗粒保温浆料是一种灰浆材料,因此保温层施工类似于抹灰工程施工。首先吊垂直、套方找规矩,弹出厚度控制线及伸缩线、装饰线等,拉垂直、水平控制线;其次按设计要求做灰饼、标筋以控制保温层厚度;最后进行保温层涂抹。胶粉 EPS 颗粒保温浆

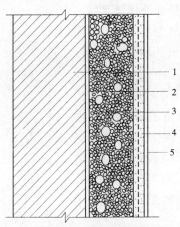

1—基层;2—界面砂浆;3—保温浆料;4—抹面砂浆玻纤网复合层;5—涂料饰面层

图 9-11 涂料饰面保温浆料系统

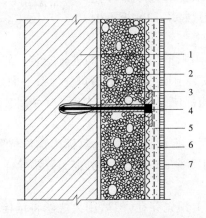

1—基层;2—界面浆料;3—保温浆料;4—锚栓;5—抹面砂浆热镀锌电焊网复合层;

6—面砖黏结砂浆;7—面砖饰面层

图 9-12 面砖饰面保温浆料系统

料宜分遍抹灰,每遍间隔时间应在 24 h 以上,每遍厚度不宜超过 20 mm。第一遍抹灰应压实,最后一遍应找平,并用大杠搓平。

3.薄抹面层及饰面层施工

1)涂料饰面层

先将 3~4 mm 厚的抗裂砂浆均匀抹在保温层表面,立即将裁好的耐碱网布用抹子压入抗裂砂浆内,网格布之间的搭接不应少于 50 mm,并不得有皱折、空鼓或翘边。抗裂砂浆施工 2 h 后刷弹性底涂,使其表面形成防水透气层。待抗裂砂浆层基本干燥后刮两遍柔性腻子,使其表面平整光滑。腻子干燥后进行涂料涂饰。

2)面砖饰面层

先在保温层表面均匀抹一层 3~4 mm 厚的抗裂砂浆,待其干燥至一定强度后钻孔,用塑料锚栓固定热镀锌电焊网。完毕后再抹第二遍抗裂砂浆,厚度宜为 5~6 mm,抗裂砂浆面层必须平整,然后适当喷水养护。达到一定强度后粘贴面砖作为饰面层。

(三)EPS 板现浇混凝土外墙外保温系统

EPS 板现浇混凝土外墙外保温系统(简称无网现浇系统)以现浇混凝土外墙作为基层,EPS 板为保温层。EPS 板内表面(与现浇混凝土接触的表面)沿水平方向开有矩形齿槽,内、外表面均满涂界面砂浆。在施工时将 EPS 板置于外模板内侧,并安装锚栓作为辅助固定件。浇筑混凝土后,墙体与 EPS 板以及锚栓结合为一体。EPS 板表面做抗裂砂浆薄抹面层,薄抹面层中满铺玻纤网。饰面层则主要采用涂料,见图 9-13。

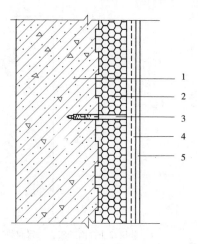

1—现浇混凝土外墙;2—EPS 板;3—锚栓;
4—抗裂砂浆薄抹面层;5—饰面层
图 9-13   无网现浇系统

1. 保温层施工

绑扎完墙体钢筋后在外墙钢筋外侧绑扎水泥垫块(不能使用塑料卡),每块 EPS 板不少于 6 块。

安装 EPS 板时,先安装阴阳角,然后顺两侧进行安装。如施工段较大可在两处或两处以上同时安装。首先在安装上墙的板高低槽口立面及平面处均匀涂刷一层胶黏剂,接着将待安装的 EPS 板在对应部位涂刷胶黏剂,然后进行拼装,使相邻 EPS 板相互紧密黏结。

在拼装好的 EPS 板表面上按设计尺寸弹线,标出锚栓位置。锚栓呈梅花状分布,每块 EPS 板上锚栓数量不少于 5 个,EPS 板拼缝处需布置锚栓,门窗洞口过梁上设一个或多个锚栓。

安装锚栓前,在 EPS 板上预先穿孔,然后用火烧丝将锚栓绑扎在墙体钢筋上。然后安装钢制大模板,将 EPS 板置于墙体大模板内侧,浇筑混凝土使二者有机结合在一起。

混凝土一次浇筑高度不宜大于 1 m,混凝土需振捣密实均匀,墙面及接槎处应光滑、平整。拆模后保温层与墙体同时完成。

2. 抹面层施工

清理保温层面层,使面层洁净无污物。EPS 板表面局部不平整处宜抹胶粉 EPS 颗粒保温浆料修补和找平,修补和找平处厚度不得大于 10 mm。抹面层宜采用两道抹灰法施工。先在 EPS 板表面抹一道抗裂聚合物水泥砂浆,抹完后立即将玻纤网压入聚合物水泥砂浆内,面层凝固后再抹第二道找平层,以玻纤网被全部覆盖且表面平整为宜。

3. 饰面层施工

在聚合物水泥砂浆表面,按设计要求抹弹性腻子和弹性有机涂料饰面。

(四)EPS 钢丝网架板现浇混凝土外墙外保温系统

EPS 钢丝网架板现浇混凝土外墙外保温系统(简称有网现浇系统)以现浇混凝土为基层,EPS 单面钢丝网架板置于外墙外模板内侧,并安装φ6 钢筋作为辅助固定件。浇筑混凝土后,EPS 单面钢丝网架板挑头钢丝和φ6 钢筋与混凝土结合为一体,EPS 单面钢丝网架板表面抹掺外加剂的水泥砂浆形成厚抹面层,外表做饰面层(见图 9-14)。由于该种构造系统有大量腹丝埋置在混凝土中,与结构连接可靠,目前大多做面砖饰面,很少用于涂料饰面;若确需以涂料做饰面,应加抹玻纤网抗裂砂浆薄抹面层。

1. 保温层施工

绑扎完墙体钢筋后,即可在墙面上拼装保温板。首先将保温板靠在墙体钢筋外侧并与之固定。为确保二者之间的可靠连接,除将保温板中内置的斜插腹丝伸入墙体内,还通过保温板插入Φ6钢筋将保温板与墙体钢筋绑扎,然后安装钢制大模板并浇筑混凝土。混凝土一次浇筑高度不宜大于 1 m,混凝土需振捣密实均匀,墙面及接槎处应光滑、平整。拆模后保温层与墙体同时完成。

应注意,EPS 单面钢丝网架板每平方米斜插腹丝不得超过 200 根,斜插腹丝应为镀锌钢丝,板两面应预喷刷界面砂浆。

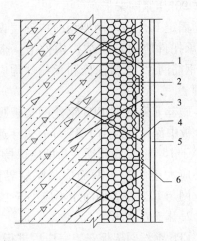

1—现浇混凝土外墙;2—EPS 单面钢丝网架板;
3—掺外加剂的水泥砂浆厚抹面层;
4—钢丝网架;5—饰面层;6—Φ6 钢筋
图 9-14　有网现浇系统

2. 抹面层施工

首先抹水泥砂浆抹面层,抹灰应分层施工,每层抹灰层厚度不宜大于 15 mm,抹灰层平均总厚度不宜大于 30 mm,应严格控制抹面层厚度,并采取可靠抗裂措施确保抹面层不开裂。

3. 饰面层施工

抹面层完成后用柔性胶黏剂粘贴面砖。若采用涂料饰面层,则在保温板表面完成抗裂水泥砂浆抹灰找平层后,加抹玻纤网抗裂砂浆薄抹面层和弹性腻子,面层涂料宜采用弹性有机涂料。

(五)机械固定 EPS 钢丝网架板外墙外保温系统

机械固定 EPS 钢丝网架板外墙外保温系统(简称机械固定系统)由机械固定装置、腹丝非穿透型 EPS 钢丝网架板(即 SB1 板)、掺外加剂的水泥砂浆厚抹面层和饰面层构成(见图 9-15)。以涂料做饰面层时,应加抹玻纤网抗裂砂浆薄抹面层。机械固定装置是指用于将系统固定于基层的专用固定件,包括金属固定件、钢筋网片、金属锚栓和承托件。

该系统适用于砌体、框架填充墙和现浇剪力墙结构。

1. 保温层施工

清理墙面浮灰和杂物,将墙面不平整处修补平整。然后将保温板拼接后安装就位。保温板应与墙体预埋件或锚固件可靠连接,砌体外墙宜采用预埋钢筋网片固定 EPS 钢丝网架板;钢筋混凝土墙可用Φ6 膨胀螺栓通过锚固件固定在墙体上。

当混凝土空心砌块墙体采用预埋钢筋网片作为固定件时,钢筋网片在墙体高度方向上的间距宜为 600 mm。钢筋网片分布筋宜为Φ6 钢筋,间距 500 mm,伸出墙面长度宜超出 EPS 钢丝网架板外表面 100 mm。安装 EPS 钢丝网架板时,使钢筋穿过网架板并向上弯转90°压紧网架板。

固定 EPS 钢丝网架板时应逐层设置承托件,承托件应固定在结构构件上。金属固定件、钢筋网片、金属锚栓和承托件均应作防锈处理。

腹丝非穿透型 EPS 钢丝网架板腹丝插入 EPS 板中深度不应小于 35 mm,未穿透厚度不应小于 15 mm。腹丝插入角度应保持一致,误差不应大于 3°。板两面应预喷刷界面砂浆。钢丝网与 EPS 板表面净距不应小于 10 mm。

2.抹面层施工

EPS 钢丝网架板安装完毕后进行检查、校正、补强,然后进行面层抹灰。网架板抹灰可采用 1:4 水泥砂浆,内掺 3% ~ 5% 抗裂剂。完成水泥砂浆抹面层后,在外表面抹 2 ~ 3 mm 的抗裂砂浆薄抹面层并嵌埋玻纤网。

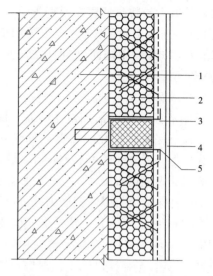

1—基层;2—EPS 钢丝网架板;3—掺外加剂的
水泥砂浆厚抹面层;4—饰面层;5—机械固定装置

图 9-15　机械固定系统

3.饰面层施工

由于抹面层较厚,易出现抹面层开裂现象,目前大多用于做面砖饰面,很少用于涂料饰面。面砖施工时应使用专用黏结浆料粘贴,专用胶粉勾缝。

(六)现场喷涂硬泡聚氨酯外墙外保温系统

现场喷涂硬泡聚氨酯外墙外保温系统(简称 PU 喷涂系统)由基层、界面层、聚氨酯硬泡保温层、现场喷涂聚氨酯界面层、胶粉 EPS 颗粒保温浆料找平层、抹面层和涂料饰面层组成。抹面层满铺玻纤网(见图 9-16),适用于抗震设防烈度不大于 8 度、基层墙体为混凝土或砌体的建筑物。

硬泡聚氨酯是以异氰酸酯、多元醇(组合聚醚或聚酯)为主要原料加入添加剂组成的双组分按一定比例混合发泡成型的闭孔率不低于92%的硬质泡沫塑料。

1.基层处理

清除浮尘、油污、脱模剂等,墙面凸起、空鼓及疏松部位应剔除,保证基层表面清洁平整。为确保聚氨酯与基层墙体的有效黏结,基层表面应充分干燥,并喷刷界面砂浆。

2.吊垂直、套方、弹线

根据建筑要求,在墙面弹出外门窗水平、垂直控制线及伸缩线、装饰线等。在建筑外墙大角及其他必要处挂垂直基准钢线和水平线。对于墙面宽度大于 2 m 处,需增加水平控制

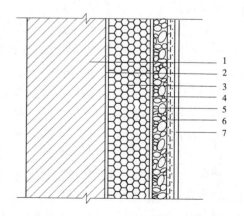

1—基层;2—界面层;3—喷涂 PU;4—界面砂浆;
5—找平层;6—抹面胶浆复合玻纤网;7—涂料饰面层

图 9-16　PU 喷涂系统

线,做标准厚度冲筋。

3. 喷涂硬泡聚氨酯保温层

先在墙面均匀涂刷聚氨酯防潮底漆,然后用喷涂机将硬泡聚氨酯均匀喷涂于墙面上。喷涂时应对阴阳角及与其他材料交接处等不便喷涂的部位,采取遮挡措施以避免污染,宜用相应厚度的聚氨酯硬泡预制型材粘贴。

聚氨酯硬泡喷涂可分遍完成,每遍厚度不宜大于 15 mm。当日的施工作业面必须当日连续喷涂完毕。施工环境温度宜为 10 ~ 40 ℃,风速应不大于 5 m/s(三级风),相对湿度应小于 80%,雨天与雪天不得施工。

4. 涂刷界面砂浆

硬泡聚氨酯保温层喷涂 4 h 内,在保温层表面均匀涂刷聚氨酯界面砂浆。

5. 找平层施工

聚氨酯硬泡喷涂完工至少 48 h 后,进行胶粉 EPS 颗粒保温浆料找平层施工。保温浆料找平层应分两遍施工,每遍间隔在 24 h 以上。第一遍保温浆料应压实,厚度不宜超过 10 mm。第二遍保温浆料应达到厚度要求并用大杠搓平。最后用抹子局部补平。

6. 抹面层及饰面层施工

待保温层施工完成 3 ~ 7 d 且保温层施工质量验收以后,即可进行保护层施工。抗裂抹面层和饰面层施工按照胶粉 EPS 颗粒保温浆料外墙外保温系统相关规定进行。

(七)胶粉 EPS 颗粒浆料贴砌保温板外保温系统

胶粉 EPS 颗粒浆料贴砌保温板外保温系统(简称贴砌保温板系统)由界面砂浆层、胶粉 EPS 颗粒黏结浆料层、保温板、胶粉 EPS 颗粒找平浆料层、抹面层和饰面层构成。抹面层中应满铺玻纤网(见图 9-17)。

该系统适用于抗震设防烈度不大于 8 度、基层墙体为混凝土或砌体的建筑物。

1. 基层处理

清除浮尘、油污、脱模剂等,墙面凸起、空鼓及疏松部位应剔除,保证基层表面清洁平整。基层表面满涂界面砂浆。

2. 吊垂直、套方、弹线

根据建筑要求,在墙面弹出外门窗水平、垂直控制线及伸缩线、装饰线等。在建筑外墙大角及其他必要处挂垂直基准钢线和水平线。

3. 保温层施工

抹 15 mm 厚胶粉 EPS 颗粒黏结浆料后随即粘贴保温板,均匀轻柔挤压保温板,使之埋入浆料,随时用 2 m 靠尺和托线板检查平整度和垂直度。

保温板之间的灰缝宽度宜为 10 mm,灰缝中的黏结浆料应饱满。注意应按顺砌方式粘贴保温板,竖缝应逐行错缝,墙角处排板应交错互锁,门窗洞口四角处保温板不得拼接,应采用整块保温板切割成形,保温板接缝应离开角部至少 200 mm。

保温板贴砌完成 24 h 后在保温板外侧板面满涂界面砂浆。界面砂浆涂刷完成 24 h 后,用胶粉 EPS 颗粒找平浆料在保温板面上找平,找平层厚度不宜小于 15 mm。门窗洞

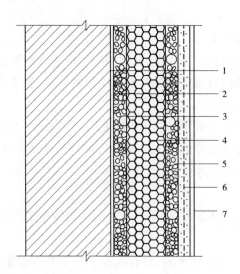

1—基层;2—界面砂浆;3—黏结浆料;4—保温板;

5—找平浆料;6—抹面胶浆复合玻纤网;7—饰面层

图 9-17　贴砌保温板系统

口、墙角等特殊部位均须用找平浆料认真处理。

黏结浆料、保温板、找平浆料共同组成无空腔复合保温层。

4. 抹面层与饰面层施工

找平层施工完成至少 24 h 之后,进行抹面层和饰面层施工,其做法可按照胶粉 EPS 颗粒保温浆料外墙外保温系统的抹面层、饰面层施工相关规定进行。

六、工程质量控制与检验

(1)EPS 板薄抹灰系统和保温浆料系统保温层垂直度和尺寸允许偏差应符合现行国家标准《建筑装饰装修工程质量验收规范》(GB 50210—2001)的规定。

(2)现浇混凝土分项工程施工质量应符合现行国家标准《混凝土结构工程施工质量验收规范》(GB 50204—2002)的规定。

(3)无网现浇系统 EPS 板表面局部不平整处的修补和找平应符合本规程要求。找平后保温层垂直度和尺寸允许偏差应符合现行国家标准《建筑装饰装修工程质量验收规范》(GB 50210—2001)的规定。

(4)有网现浇系统和机械固定系统抹面层厚度应符合有关规定要求。

(5)抹面层和饰面层分项工程施工质量应符合现行国家标准《建筑装饰装修工程质量验收规范》(GB 50210—2001)的规定。

(6)分项工程应以每 500 ~ 1 000 m^2 划分为一个检验批,不足 500 m^2 也应划分为一个检验批;每个检验批每 100 m^2 应至少抽查一处,每处不得小于 10 m^2。

思考题

9-1　装饰工程的作用是什么？可划分为哪些子分部工程？

9-2　简述抹灰工程的分类和组成。

9-3　抹灰为什么要分层施工？

9-4　简述一般抹灰工程施工工艺。

9-5　灌浆法安装饰面板时为何要进行背涂处理？

9-6　简述干挂法施工工艺。

9-7　饰面砖有哪些？试比较它们的优缺点及适用范围。

9-8　简述壁纸裱糊施工工艺。

9-9　壁纸裱糊前是否均需要浸水处理？为什么？

9-10　壁纸裱糊前基层应如何处理？

9-11　壁纸裱糊和墙布裱糊有何不同？

9-12　涂料的主要组成材料有哪些？各起什么作用？

9-13　涂料有哪些涂饰方法？如何选用？

9-14　外墙外保温系统都有哪些组成部分？各自的作用是什么？

9-15　简述常见的外墙外保温系统做法及特点。

9-16　简述现场喷涂硬泡聚氨酯外保温系统施工工艺。

9-17　试比较各种外墙外保温系统抹面层和饰面层各有何不同。

第十章　路桥工程

第一节　路基工程施工

路基是按照路线位置和一定技术要求修筑的带状构造物,是路面的基础,承受由路面传来的行车荷载。

路基施工是以设计文件和施工规范为依据,以工程质量为中心,有组织有计划地将设计图纸转化为工程实体的建筑活动。路基施工的基本方法按技术特点大致分为人工及简单机械化施工、综合机械化施工、爆破施工等。

一、路堤填筑

路堤填筑的主要工序包括填料选择、基底处理、填筑方案选择、填料碾压等。

(一)填料选择

路基作为承重结构,要满足一定的强度和变形能力,路基填料应尽量选择强度高及稳定性好的土、石作为填筑材料。

(1)一般来说,石块、碎石土、卵石土、砂石土强度都较高,稳定性强,透水性也较好,是良好的路基填料。砂土无塑性、透水性强,毛细水上升高度很小,内摩擦系数较大,强度和稳定性较好;但其黏性小,易松散,压实困难,作为路基填料时可加入一些黏性较大的土,改善砂土路基的质量。

(2)砂性土既具有少量的粗颗粒,使路基具有足够的强度和水稳性,又含有一定数量的细粒土,使其具有一定的黏聚力,不致过分松散,一般遇水干得快,不膨胀,干时有足够的黏结性,扬尘少,容易被压实而形成平整密实的路基,是良好的路基填料。

(3)黏性土细颗粒比重大,透水性很差,黏聚力大,具有较大的可塑性、黏结性和膨胀性,毛细现象很显著。干燥时较坚硬,不易被水浸润,湿时难以晾晒,且强度很低。季节性冰冻地区,易产生冻胀和翻浆。这类土要作为路基填料,必须经过改良,或充分压实并采取很好的排水措施。

(4)粉性土含有较多粉土颗粒,干时稍有黏性,但易被压碎,扬尘大;浸水时,很快被湿透成稀泥。毛细作用强烈,季节性冰冻地区,易引起冻胀翻浆,是最差的路基填料。

(5)泥炭、淤泥、冻土、强膨胀土、有机质土及易溶盐含量超过允许的土等,不得直接用于路基填筑。

填料一般应就近选择,以节约运费,并尽量采用附近路堑和附属工程弃方作为填料。对于一些工业废渣,如碱渣、钢渣、粉煤灰等,也应尽量采用。

(二)基底处理

路基基底是路基与原地面的接触部分。为了防止填筑的路基沿接触面滑动,填筑路基前,须对基底面进行清理。

(1)对于密实稳定的土质地基,当地面横坡缓于 1:5 时,在清除地表草皮、腐殖土后,可直接在天然地面上填筑路堤。当横坡为 1:5 ~ 1:2.5 时,清理原地面后,还应沿等高线方向挖成台阶以防止路堤沿原地面滑动,当地面横坡陡于 1:2.5 时需进行特殊设计处理。

(2)当地下水影响路堤稳定时,应采取拦截引排地下水或在路堤底部填筑渗水性好的材料等措施。

(3)应将地基表层碾压密实。在一般土质地段,高速公路、一级公路和二级公路基底的压实度(重型)不应小于 90% ;三、四级公路不应小于 85% 。当路基填土高度小于路面和路床总厚度时,应将地基表层土进行超挖并分层回填压实,其处理深度不应小于重型汽车荷载作用的工作区深度。

(4)路堤基底为耕地或松土时,应先清除有机土、种植土,平整后按规定要求压实。在深耕地段,必要时,应将松土翻挖,土块打碎,然后回填、整平、压实。

(5)当路线经过水田、洼地、池塘时,根据实际情况采取排水疏干、清除淤泥、打砂桩、抛填片石或砂砾石等措施后,方能进行填筑。

(三)填筑方法

路堤的填筑方法主要有分层填筑法、竖向填筑法、混合填筑法。

1. 分层填筑法

填筑路堤时,一般采用水平分层填筑法施工,即按照设计的路堤横断面,将填料沿水平方向自下而上逐层填筑压实。该方法易于使土体达到规定的压实度,形成必需的强度和稳定性,施工时应注意以下几点:

(1)不同性质的土应分别填筑,不得混填。每种填料层累计总厚度不宜小于 0.5 m。

(2)为便于路堤内水分的蒸发和排除,路堤不宜被透水性差的土层封闭。

(3)以透水性较小的土填筑于路堤下层时,应做成 4% 的双向横坡,以利于排水;如用于填筑上层,除干旱地区外,不应覆盖在由透水性较好的土所填筑的路堤边坡上。

(4)不同性质的土宜间隔填筑,这样可使压实后土体的平均强度提高,整体更趋均匀、密实。

(5)不同填料分段填筑时,相邻两段的接头应处理成斜面或筑成台阶(见图 10-1)。此时宜将透水性差的土填在透水性好的土下面,以利于不同土质的压实和紧密衔接;而对于一般填土与水硬性填料的接头,应将水硬性填料填在一般土的下面,以防其硬化后形成的半刚性板因土质的变形引起接头的脱空和开裂。

2. 竖向填筑法

当路线跨越深谷、陡坡地形时,由于地面高差大,作业面小,难以采用水平分层填筑法,多采用竖向填筑法。竖向填筑法一般从路堤的一侧,在一个高度上将集料倒至路堤基底,并逐渐沿纵横向向前填筑,如图 10-2 所示。

3. 混合填筑法

混合填筑法是在路堤下部采用竖向填筑,而上部采用水平分层填筑的方法,如图 10-3 所示。在不利地形条件下采用这种方法填筑路堤,可保证路堤上部的填土质量。

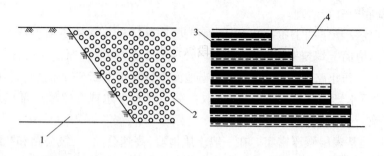

1—弱透水性土(细颗粒土);2—透水性土(粗颗粒土);3—半刚性土;4——般填土

图 10-1　路堤接头处理

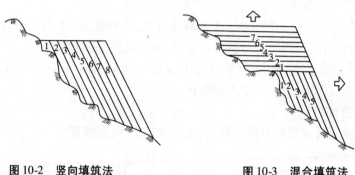

图 10-2　竖向填筑法　　　　　　　**图 10-3　混合填筑法**

二、路堑开挖

(一)土质路堑开挖

1. 横向挖掘法

横向挖掘法是从路堑的端部按设计横断面进行全断面挖掘推进的施工方法。当路堑较深时,为了增加工作面和保证施工安全,可以将路堑分级开挖,错台推进,如图 10-4 所示。每级台阶的深度视施工安全与方便而定,机械挖土时为 3~4 m。每个台阶作业面上可纵向拉开,有独立的运土通道和排水设施,以免相互干扰。

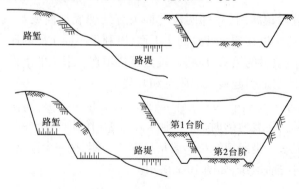

图 10-4　横向挖掘法

2.纵向挖掘法

纵向挖掘法是沿路线走向,以深度不大的纵向开挖,逐次向前推进的施工方法。纵向挖掘法包括分层纵挖法、通道纵挖法和分段纵挖法。

分层纵挖法是按路堑全宽,沿路堑纵向分层挖掘,以形成路堑,如图10-5(a)所示。通道纵挖法是先沿路堑纵向开挖出一条有一定宽度和深度的通道,即面向通道两侧拓宽,直至开挖到路堑边坡后再挖下层通道,如图10-5(b)所示。这种方法适用于较长、较深且两端地面纵坡较小的路堑。分段纵挖法是沿路堑纵向选择一个或几个工作面,从较薄一侧开始向路堑横向开挖,使路堑分成两段或数段,再分别由各段沿路堑纵向分头开挖的方法,如图10-5(c)所示。它适用于较长路堑的开挖,可缩短弃土运距,而且由于多个工作面同时施工,还可缩短工期。

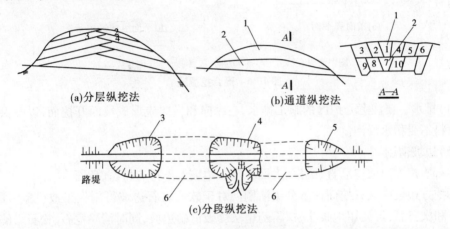

(a)分层纵挖法　　　　　　(b)通道纵挖法

路堤　　　　(c)分段纵挖法

1—第一层通道;2—第二层通道;3—第一段;4—第二段;5—第三段;6—未挖部分

图10-5　纵向挖掘法

3.混合挖掘法

当路线纵向长度和挖深都很大时,宜采用混合挖掘法,即将横挖法与通道纵挖法联合使用,如图10-6所示。为了扩大工作面,先沿路堑纵向开挖出通道,然后开挖出若干横向通道,再沿通道纵横向同时掘进。先开挖的纵向通道即作为运输及机械流水的作业通道。各个施工面可以相互独立,也可以联合流水施工。

(二)石质路堑开挖

石质路堑是通过山区和丘陵地区的一种常见的路基形式。山区和丘陵地区路基石方工程量大,而且集中。爆破是石方路基施工最有效的方法。

开挖岩石路基所采用的爆破方法,应根据石方的集中程度、地形、地质条件及路线横断面形状等具体情况而定。常用的爆破方法有裸露爆破法、浅孔爆破法、药壶炮爆破法、微差爆破、光面爆破和预裂爆破等。爆破法开挖时,应注意如下问题:

(1)须用爆破法开挖的地段,须查明空中缆线及地下管线具体位置以确保安全。

(2)进行爆破作业时必须由经过专业培训并取得爆破证书的专业人员施爆。

(3)开挖边坡外有必须保证安全的重要建筑物,即使采用减弱松动爆破也无法保证建筑物安全时,可采用人工开凿、化学爆破或控制爆破。

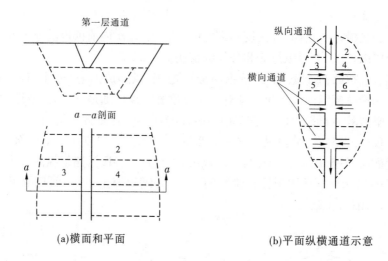

(a)横面和平面 　　　　　　　　(b)平面纵横通道示意

图中箭头表示运土与排水方向,数字表示工作面号数。

图 10-6　混合挖掘法

(4)排水。要注意开挖区的施工排水,在纵向和横向应形成坡面开挖面,以确保爆破出的石料不受积水浸泡。

(5)边坡清刷。

①石质挖方边坡应顺直、圆滑、大面平整。边坡上不得有松石、危石。

②挖方边坡应从开挖面往下分级清刷。对于软质岩石边坡可用人工或机械清刷,对于坚石和次坚石,可使用炮眼法、裸露药包法爆破清刷边坡,同时清除危石、松石。清刷后的石质路堑边坡不应陡于设计规定。

③石质路堑边坡如因过量超挖而影响上部边坡岩体稳定,应用浆砌片石补砌超挖的坑槽。

④路床整修。石质路堑路床底高程应符合设计要求,开挖后的路床基岩标高与设计标高之差应符合规范要求。过高,应凿平;过低,应用开挖的石屑或灰土碎石填平并碾压密实。

三、路基压实

路基压实是保证路基质量的关键工序,有效的压实填土可将土颗粒之间的大部分空气、水分排出,使土体颗粒重新组合,形成密实结构,从而提高土体的强度和稳定性,有效降低土的渗透性。除采用透水性良好的砂石材料外,其他填料均需控制其含水量在最佳含水量的 ±2% 内,方可进行压实。

(1)确定工地施工要求的压实度。路基要求的压实度应根据填挖类型和公路等级及路堤填筑高度按规范而定(见表 10-1)。通常,根据规范的规定,用标准击实试验得出最大干密度和相应最佳含水量。压实度的计算按式(10-1)进行

$$K = \frac{\rho_d}{\rho_0} \times 100\%$$

(10-1)

式中 K——压实度(%);

ρ_d——现场压实土体的干密度,g/cm³;

ρ_0——室内标准击实试验获得的最大干密度,g/cm³。

(2)对于各种压实机具碾压不同土类的适宜厚度,所需压实遍数及填土的最优含水量等,均应根据要求的压实度,通过试验加以确定。高等级公路路基填土压实宜采用振动压路机或35~50 t轮胎压路机进行。采用振动压路机碾压时,第一遍静压,第二遍开始用振动压路机压实。

表 10-1 路基压实度标准

填挖类型		路面底面以下深度(m)	压实度(%)		
			高速公路、一级公路	二级公路	三、四级公路
路堤	上路床	0~0.3	≥96	≥95	≥94
	下路床	0.3~0.5	≥96	≥95	≥94
	上路堤	0.8~1.5	≥94	≥94	≥93
	下路堤	>1.5	≥93	≥92	≥90
零填及路堑		0~0.3	≥96	≥95	≥94
		0.3~0.8	≥96	≥95	—

注:1.表列压实度按《公路土工试验规程》(JTG E40—2007)中重型击实试验法求得的最大干密度的压实度取值。

2.当三、四级公路铺筑沥青混凝土和水泥混凝土路面时,应采用二级公路的规定值。

3.路堤采用特殊填料或处于特殊气候区时,压实度可根据试验路的状况在保证路基强度要求的前提下适当降低。

压实过程中应严格控制填土的含水量。含水量过大时,应将土翻晒至要求的含水量再碾压;含水量过小时,需均匀洒水后再进行碾压。如天然土的含水量接近最佳含水量,填土后应及时压实。

(3)填石路堤在压实前,应先用大型推土机推铺并结合人工整平。填石路堤所要求的密实度、所需的碾压遍数(或夯压遍数)应经试验确定。

(4)土石混填路堤的压实要根据混合料中巨粒土含量的多少来确定。当巨粒土含量较少时,应按填土路堤的压实方法进行压实;当巨粒土含量较大时,应按填石路堤的压实方法进行压实。不论何种路堤,碾压都必须确保均匀密实。

第二节 路面基层(底基层)施工

路面基层是指直接位于路面面层下用高质量材料铺筑的主要承重层,基层可以是一层或两层,一种或两种材料。底基层是在路面基层下,可以是一层或两层以上:一种或两种材料。路面基层(底基层)可分为无机结合料稳定类和粒料类。无机结合料(水泥、石灰)稳定类基层(底基层),在前期具有柔性路面的力学特性,当环境适宜时,其强度和刚度会随着时间的推移而不断增大,但其最终抗弯拉强度和弹性模量,还是较刚性基层低得多,因此把这类基层称为半刚性基层。

一、碎(砾)石基层的施工

(一)级配碎(砾)石基层施工

级配碎(砾)石基层是将粒径不同的石料和砂(或石屑)组成良好级配的混合料,经碾压形成密实的基层结构。

用于二级和二级以上公路基层和底基层的级配碎石应用预先分成的几组不同粒径碎石和4.75 mm以下的石屑组配而成。其他等级公路,可用未筛分的碎石和石屑组配而成。缺乏石屑时,可添加细砂砾或粗砂。级配碎石可用于各级公路的基层和底基层。级配砾石可适用于轻交通的二级和二级以下公路的基层以及各级公路的底基层。

级配碎(砾)石基层施工方法有路拌法和厂拌法两种。

1.路拌法

级配碎(砾)石基层路拌法施工的工艺流程(见图10-7)为:准备下承层、施工放样、运输和摊铺主要集料、洒水湿润、运输和摊铺石屑、拌和并补充洒水、整形、碾压。其施工要点如下:

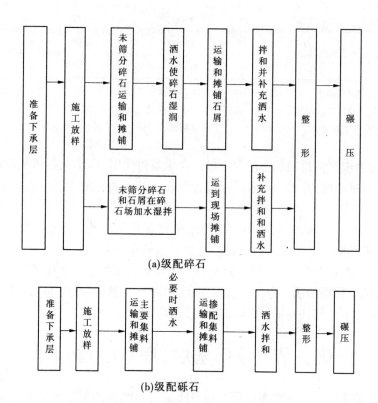

(a)级配碎石

(b)级配砾石

图10-7　级配碎(砾)石基层路拌法施工的工艺流程

(1)准备下承层。在底基层摊铺前,应采用压路机对下承层进行碾压检验。发现软卧层应及时换填;对表面松散的部分,应针对现场情况采用洒水翻拌或换填的方式来处理。保证下承层有足够的密实度及强度,否则会因下承层强度不足,使底基层极易产生裂缝,影响面层使用寿命。

(2)施工放样。在下承层上恢复中线,直线段每15~20 m设一桩,曲线段每10~15 m设一桩。在两侧路肩边缘外0.3~0.5 m设指示桩,进行水平测量,并在指示桩上用明显标记标出基层和底基层的设计高程。

(3)备料。确定未筛分碎石和石屑的掺配比例或不同粒径碎石和石屑的掺配比例,并根据各路段基层的宽度、厚度和规定的压实干密度,计算各段所需要的未筛分碎石和石屑的数量或不同粒径碎石和石屑的数量,同时计算出每车料的堆放距离。

料场中未筛分碎石的含水量应较最佳含水量大1%左右。当未筛分碎石和石屑在料场按设计比例混合时,也应使混合料的含水量比最佳含水量大1%左右,以减少集料在运输过程中的离析现象。

(4)运输和摊铺集料。集料装车时,应使每车料的数量基本相等。在同一供料路段内,宜由远到近卸置集料。卸料距离应严格掌握,避免料不够或过多。未筛分碎石和石屑分别运送时,先送碎石。

摊铺前应事先通过试验确定集料的松铺系数。人工摊铺混合料时,松铺系数为1.40~1.50;平地机摊铺混合料时,松铺系数为1.23~1.35。

(5)拌和及整形。二级及二级以上公路,应采用稳定土拌和机来拌和级配碎石。二级以下公路,在无此种拌和机的情况下,可采用平地机或多铧犁与缺口圆盘耙相配合进行拌和。

用稳定土拌和机拌和时,应拌和两遍以上。拌和深度应直到级配碎石层底。进行最后一遍拌和之前,必要时先用多铧犁紧贴底面翻拌一遍。

采用平地机拌和时,一般需拌和5~6遍,使石屑均匀分布于碎石料中。作业长度每段宜为300~500 m。

采用多铧犁与缺口圆盘耙相配合进行拌和时,用多铧犁在前面翻拌,圆盘耙紧跟在后面拌和,采用边翻边耙的方法,共翻拌4~6遍。

(6)碾压。整形后,当混合料的含水量等于或略大于最佳含水量时,立即用12 t以上的三轮压路机、振动压路机或轮胎压路机进行碾压。直线和不设超高的平曲线段,由两侧路肩开始向路中心碾压;设超高的平曲线段,由内侧路肩向外侧路肩进行碾压。碾压时,后轮应重叠1/2轮宽;后轮必须超过两段的接缝处。后轮压完路面全宽时,为一遍。碾压一直进行到要求的密实度为止,一般需碾压6~8遍,应使表面无明显轮迹。路面的两侧应多压2~3遍。严禁压路机在已完成的或正在碾压的路段上调头或急刹车。

(7)横缝的处理。两作业段的衔接处,应搭接拌和。第一段拌和后,留5~8 m不进行碾压,第二段施工时,前段留下未压部分与第二段一起拌和整平后进行碾压。

(8)纵缝的处理。应避免纵向接缝,在必须分两幅铺筑时,纵缝应搭接拌和。前一幅全宽碾压密实,在后一幅拌和时,应将相邻的前幅边部约30 cm搭接拌和,整平后一起碾压密实。

2.厂拌法

级配碎石混合料可以在中心站采用多种机械进行集中拌和,如强制式拌和机、卧式双转轴浆叶式拌和机、普通水泥混凝土拌和机等,然后运输至现场进行摊铺、整形和碾压。

集中厂拌法施工时应注意,混合料的掺配比例一定要正确。在正式拌制级配碎石混合料前,必须先调试所需的厂拌设备。混合料的颗粒组成和含水量都应达到规定的要求。在采用未筛分碎石和石屑时,如未筛分碎石和石屑的颗粒组成发生明显变化,应重新调整掺配比例。

将级配碎石用于高速公路和一级公路时,应用沥青混凝土摊铺机或其他碎石摊铺机摊铺碎石混合料。用于二级和二级以下公路时,如没有摊铺机,也可用自动平地机(或摊铺箱)摊铺。

(二)填隙碎石基层施工

用单一粒径的粗碎石作集料,形成嵌锁结构,用石屑填满碎石间的孔隙,以增加密实度和稳定性,这种结构称为填隙碎石。填隙碎石基层可用干法施工,也可用湿法施工。干法施工的填隙碎石特别适宜于干旱缺水地区。

填隙碎石基层施工的工艺流程(见图 10-8)为:准备下承层、施工放样、运输和摊铺粗碎石、初压、撒布填隙料、振动压实、第二次撒布填隙料、振动压实、局部撒布填隙料及扫匀、振动压实填满孔隙,干法施工时洒水、终压,湿法时洒水饱和、碾压滚浆、干燥。

其施工要点如下所述。

1. 备料

根据各路段基层或底基层的宽度、厚度及松铺系数(1.20~1.30),计算所需粗碎石的数量;根据运料车辆的车厢体积,计算每车料的堆放距离。填隙料的用量约为粗碎石质量的 30%~40%。

填隙碎石一层的压实厚度通常为碎石最大粒径的 1.5~2.0 倍,碎石最大粒径与压实厚度比值较小(约 0.5)时,松铺系数取 1.3,比值较大时,松铺系数接近 1.2。

2. 撒布填隙料和碾压

1)干法施工

粗碎石层松铺至规定厚度后,用 8 t 两轮压路机初压 3~4 遍,使粗碎石稳定就位。然后用石屑撒布机或类似的设备将干填隙料均匀撒铺在已压稳的粗碎石层上,松铺 2.5~3.0 cm。必要时,用人工或机械扫匀。

用振动压路机慢速碾压,将全部填隙料振入粗碎石的孔隙中。再次撒布填隙料,松铺 2.0~2.5 cm 厚,用人工或机械扫匀,再次振动碾压。

粗碎石表面的孔隙全部填满后,用 12~15 t 三轮压路机最后再碾压 1~2 遍。碾压前,表面洒少量的水,洒水量宜为 3 kg/m² 以上。

干法施工中仅少量洒水甚至不洒水,它依靠压实粗碎石间的嵌锁形成结构强度。这种方法比较适合于干旱缺水地区的施工。

2)湿法施工

湿法施工时的初压、撒布填隙料、碾压、再次撒布填隙料、再次碾压施工过程与干法相同(见图 10-8)。

在粗碎石表面的孔隙全部填满后,立即用洒水车洒水,直至饱和,应注意避免多余的水浸泡下承层。用 12~15 t 三轮压路机跟在洒水车的后面进行碾压。碾压过程中,将湿填隙料继续扫入所出现的孔隙中。需要时,再添加新的填隙料。洒水和碾压应一直进行到填隙料和水形成粉砂浆为止。碾压完成后的路段让水分蒸发一段时间。结构层变干后,应将表面多余的细料,以及细料覆盖层扫除干净。

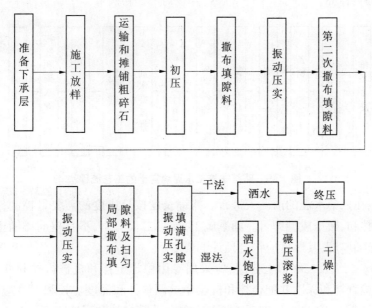

图 10-8　填隙碎石基层路拌法施工的工艺流程

二、稳定土基层的施工

(一)水泥稳定土基层施工

水泥稳定土是用水泥做结合料所得混合料的一个广义的名称,既包括用水泥稳定各种细粒土,也包括用水泥稳定各种中粒土和粗粒土。

在经过粉碎的或原来松散的土中,掺入足量的水泥和水,经拌和得到的混合料在压实和养生后,当其抗压强度符合规定的要求时,称为水泥稳定土。

水泥稳定土基层施工方法有路拌法和厂拌法两种。

1.路拌法

对于二级或二级以下的一般公路,水泥土可采用路拌法施工。其施工工艺流程如图 10-9 所示。其施工要点如下:

(1)准备下承层。水泥稳定土的下承层表面应平整、坚实,具有规定的路拱、没有任何松散的材料和软弱地点。

(2)施工放样。在底基层、老路面或土基上恢复中线,直线段每 15～20 m 设一桩,平曲线段每 10～15 m 设一桩,并在两侧路肩边缘外设指示桩。在两侧指示桩上用明显标记标出水泥稳定土层边缘的设计标高。

(3)备料。根据各路段水泥稳定土层的宽度、厚度及预定的干密度,计算各路段需要的干燥土的数量。根据料场土的含水量和所用运料车辆的吨位,计算每车料的堆放距离。根据稳定土基层的宽度、厚度、预定的干密度和混合料的配合比,根据水泥稳定土层的厚度和预定的干密度及水泥剂量,计算每一平方米水泥稳定土需要的水泥用量,并确定水泥摆放的纵横间距。

（4）摊铺土。应事先通过试验确定土的松铺系数。稳定砂砾一般取 1.3～1.35,稳定细粒土取 1.53～1.58。

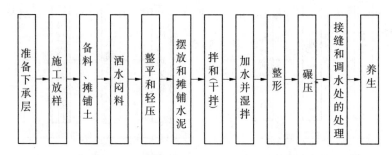

图 10-9　路拌法施工水泥稳定土的工艺流程

准备下承层 → 施工放样 → 备料、摊铺土 → 洒水闷料 → 整平和轻压 → 摆放和摊铺水泥 → 拌和(干拌) → 加水并湿拌 → 整形 → 碾压 → 接缝和调水处的处理 → 养生

摊铺土应在摊铺水泥的前一天进行。摊铺长度按日进度的需要量控制,满足次日完成掺加水泥、拌和、碾压成型即可。雨季施工,如第二天有雨,不宜提前摊铺土,应根据松铺系数检验松铺厚度,其厚度应符合预计的要求。

（5）拌和。二级及二级以上公路,应采用专用稳定土拌和机进行拌和并设专人跟随拌和机,随时检查拌和深度并配合拌和机操作员调整拌和深度。拌和深度应达稳定层底并宜侵入下承层 5～10 mm,以利于上下层黏结。严禁在拌和层底部留有素土夹层。

对于三、四级公路,在没有专用拌和机械的情况下,可用农用旋转耕作机与多铧犁或平地机相配合进行拌和,但应注意拌和效果,拌和时间不能过长。

（6）整形。混合料拌和均匀后,应立即用平地机整平,并整出路拱。在直线段,平地机由两侧向路中心进行刮平;在曲线段,平地机应由内侧向外侧进行刮平,必要时,再返回刮平一次。

（7）碾压。整形后,当混合料的含水量为最佳含水量(+1%～ +2%)时,应立即用轻型压路机并配合 12 t 以上压路机在结构层全宽内进行碾压。直线和不设超高的平曲线段,由两侧路肩向路中心碾压时,应重叠 1/2 轮宽,后轮必须超过两段的接缝处,后轮压完路面全宽时,即为一遍。一般需碾压 6～8 遍。压路机的碾压速度,头两遍以采用 1.5～1.7 km/h 为宜,以后宜采用 2.0～2.5 km/h。采用人工摊铺和整形的稳定土层,宜先用拖拉机或 6～8 t 两轮压路机或轮胎压路机碾压 1～2 遍,然后用重型压路机碾压。

（8）接缝的处理。水泥稳定土基层的接缝按施工时间的不同,有两种处理方式。

同日施工的两工作段的衔接处,应采用搭接。前一段拌和整形后,留 5～8 m 不进行碾压,后一段施工时,前段留下未压部分,应再加部分水泥重新拌和,并与后一段一起碾压。

在已碾压完成的水泥稳定土层末端,沿稳定土挖一条横贯铺筑层全宽的宽约 30 cm 的槽,直挖到下承层顶面。此槽应与路的中心线垂直,靠稳定土的一面应切成垂直面,并放两根与压实厚度等厚、长为压实全宽一半的方木紧贴其垂直面,再用原挖出的素土回填槽内其余部分。第二天,邻接作业段施工摊铺水泥及湿拌后,除去方木,用混合料回填。靠近方木未能拌和的一小段,应用人工补充拌和,整平压实,并刮平接缝处。

（9）养生。在每一施工段碾压完成并经压实检查合格后,应立即进行养生。对于高速公路和一级公路,基层的养生期不宜少于 7 d。对于二级和二级以下的公路,如养生期少于 7 d 即铺筑沥青面层,则应限制重型车辆通行。

养生宜采用湿砂进行,砂层厚宜为 7 ~ 10 cm。砂铺匀后,应立即洒水,并在整个养生期间保持砂的潮湿状态。不得用湿黏性土覆盖。养生结束后,必须将覆盖物清除干净。对于基层,也可采用沥青乳液进行养生。用沥青乳液养生时,沥青乳液的用量按 0.8 ~ 1.0 kg/m² (指沥青用量)选用,宜分两次喷洒。第一次喷洒沥青含量约35%的慢裂沥青乳液,使其能稍透入基层表层。第二次喷洒浓度较大的沥青乳液。如不能避免施工车辆在养生层上通行,应在乳液分裂后撒布 3 ~ 8 mm 的小碎(砾)石,做成下封层。

2.厂拌法

水泥稳定土可以在中心站用厂拌设备进行集中拌和,对于高速公路和一级公路,应采用专用稳定土集中厂拌机械拌制混合料。当采用连接式的稳定土厂拌设备拌和时,应保证集料的最大粒径和级配符合要求。在正式拌制混合料之前,必须先调试所用的设备,使混合料的颗粒组成和含水量都达到规定的要求。原集料的颗粒组成发生变化时,应重新调试设备。

厂拌法施工的工艺流程为准备下承层、施工放样、拌和与运输、摊铺、整形、碾压、接缝处理、养生。其施工要求同路拌法。

(二)石灰稳定土基层施工

石灰稳定土适用于各级公路的底基层,以及二级和二级以下公路的基层,但石灰土不得用做二级公路的基层和二级以下公路高级路面的基层。石灰稳定土路拌法施工的工艺流程与水泥稳定土的施工基本相同(见图 10-10)。

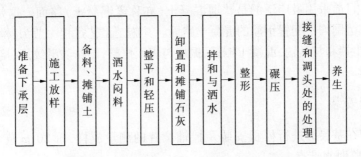

图 10-10　路拌法施工石灰稳定土的工艺流程

石灰稳定土基层施工中的主要质量问题是缩裂,包括干缩和温缩。土的塑性指数愈大或石灰含量愈高,则出现的裂缝愈多愈宽。当其上铺筑的沥青面层较薄时,易形成反射裂缝,严重影响路面的使用性能。为了提高石灰土基层的抗裂性能,应从材料的配合比设计和施工两方面采取措施。这些措施归纳起来有以下几点:

(1)因石灰土含水量过多而产生的干缩裂缝最为显著,因而压实时的含水量一定不能大于最佳含水量,通常以小于最佳含水量1% ~2%为好。

(2)严格控制压实标准,压实度较小时产生的干缩裂缝要比压实度较大时严重。

(3)干缩的最不利情况是在石灰土成型初期,因此要重视初期养生,保证石灰土表面处于潮湿状态。

(4)石灰土施工结束后应及早铺筑面层,使石灰土基层含水量不发生大的变化,以减轻干缩裂缝。

（5）温缩的最不利情况是气温在 0 ～ 10 ℃时,因此施工应在当地气温进入 0 ℃之前一个月结束,以防不利季节产生严重温缩。

（6）在石灰土中掺加集料(如砂砾、碎石等),且集料含量应使混合料满足最佳组成要求,一般为 70% 左右。这不但可提高基层的强度和稳定性,而且使基层的抗裂性有较大提高。

（7）在石灰土基层上铺筑厚度大于 15 cm 的碎石过渡层或设置沥青碎石连接层,可减轻或防止反射裂缝的出现。

（三）石灰工业废渣稳定土基层施工

目前,已广泛采用石灰稳定工业废渣混合料来代替常用的路面基层。可利用的工业废渣包括粉煤灰、煤渣、高炉矿渣、钢渣(已崩解稳定)及其他冶金矿渣、煤矸石等。

石灰工业废渣稳定土可分为两大类:一类是石灰与粉煤灰类,另一类是石灰与其他废渣类,包括煤渣、高炉矿渣、钢渣(已崩解稳定)、其他冶金矿渣、煤矸石等。石灰工业废渣基层施工方法也可分为路拌法和厂拌法两种,其施工工艺与石灰稳定土基层的施工工艺基本相同。

第三节　水泥混凝土路面施工

水泥混凝土路面具有强度高、刚度大、稳定性好、耐久性好、抗滑性能好、日常养护费用少等优点。目前采用最广泛的是普通混凝土(亦称素混凝土)路面。这是一种除了在接缝处和局部范围均不配置钢筋的混凝土路面。其施工工艺过程一般为:模板安装,传力杆安装,混凝土拌和与运输,混凝土摊铺、振捣与表面修整,制作防滑纹理、接缝施工,混凝土养护和填缝。

一、模板安装

支模前应在基层上进行模板安装及摊铺位置的测量放样,每 20 m 应设中心桩,每 100 m 宜布设临时水准点。

模板宜采用钢质的,高度应与混凝土面板厚度相同,接头处应有牢固的拼装配件,且应易于拆装。模板两侧用钢钎打入基层内固定。模板的顶面应与混凝土面板顶面的设计高程一致,模板底面应与基层顶面紧贴,局部低洼处事先用水泥砂浆填封。

模板应安装稳固、顺直、平整、无扭曲,相邻模板连接应紧密平顺,不得有底部漏浆、前后错茬、高低错台现象。模板应能承受摊铺、振实、整平设备的负载行进及冲击和振动,不发生位移。

模板安装检验合格后,与混凝土拌和物接触的表面应涂脱模剂或隔离剂,接头应粘胶带或塑料薄膜等密封。

二、传力杆安装

当两侧模板安装好后,应在需要设置传力杆的胀缝或者缩缝位置上设置传力杆。设置传力杆的目的是保证混凝土路面板之间能有效地传递荷载,防止形成错台。

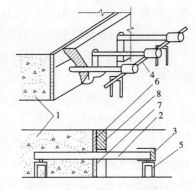

混凝土板连续浇筑时设置胀缝传力杆的做法一般是:在嵌缝板上预留圆孔以便使传力杆穿过;嵌缝板上面设置木制或铁制压缝板条,其旁再安放一块胀缝模板;按传力杆的位置和间距,在胀缝模板下部挖成倒 U 形槽,使传力杆由此通过;传力杆的两端固定在钢筋支架上,支架脚插入基层内(见图 10-11)。

对于混凝土板不连续浇筑,浇筑结束时设置的胀缝,宜采用顶头木模固定法安装传力杆,即在端模板外侧增设一块定位模板。板上同样按照传力杆间距及杆径钻成孔眼,将传力杆穿过端模板孔眼并直至外侧定位模板孔眼。两模板之间可用按传力杆一半长度的横木固定(见图 10-12)。继续浇筑邻板混凝土时,拆除端模板、横木及定位模板,设置胀缝板、压缝板条和传力杆套管。

1—先浇筑的混凝土;2—传力杆;3—金属套筒;
4—钢筋;5—支架;6—压缝板条;
7—嵌缝板;8—胀缝模板

图 10-11 胀缝传力杆的架设

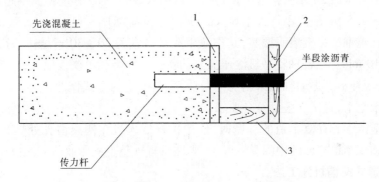

1—端模板;2—外侧定位模板;3—固定横木

图 10-12 胀缝传力杆架设(顶头木模固定法)

三、混凝土拌和与运输

混凝土的拌和可采用两种方式:一种是在工地采用拌和机拌制;另一种是在中心工厂集中拌制,而后运送至摊铺现场。为了按规定的配合比拌制混凝土,必须对各组成材料进行准确的计量。拌和过程中,不得使用沥水、夹冰雪、表面沾染尘土和局部暴晒过热的砂石料。混凝土在运输过程中要防止污染和离析,应根据施工进度、运量、运距及路况,选配车型和车辆总数,总运力应比总拌和能力略有富余,以确保新拌混凝土在规定时间内运到摊铺现场。混凝土运输的最长时间应以初凝时间和留有足够的摊铺操作时间为限,若不能满足此要求,应使用缓凝剂。

四、混凝土摊铺、振捣与表面修整

混凝土摊铺前,应先检查基层的标高和压实度是否符合要求,并检查模板的位置和高度。摊铺时应考虑混凝土振捣后的沉降量,摊铺高度可高出设计厚度约 10%,使振实后的面层标高与设计标高相符。

(一)小型机具施工法

小型机具性能稳定可靠,操作简易,维修方便,机具配套应与工程规模、施工进度相适应。

混凝土拌和物摊铺前,应对模板的位置和支撑稳固情况,以及传力杆、拉杆的安设等进行全面检查,修复破损基层,并洒水润湿。施工时,混凝土拌和料由运输车辆直接卸在基层上,并用人工摊铺均匀。摊铺好的混凝土应迅速进行振捣。振捣时应先用插入式振捣器在模板边缘和角隅处全部顺序插振一次,然后用平板振捣器全面振捣。混凝土全面振捣后,再用振动梁往返拖拉 2 ~ 3 遍,进一步振实并初步整平。最后用平直的滚杠再滚揉表面,使混凝土表面进一步提浆并调匀。

(二)三辊轴机组摊铺施工法

三辊轴机组由三辊轴整平机、排式振捣机和拉杆插入机组成。三辊轴机组摊铺施工法和小型机具施工法的差异在于振捣、整平和安置纵向拉杆。

在摊铺混凝土后,先用密排插入振捣棒进行插入振捣,每次移动距离不超过振捣棒有效作用半径的 1.5 倍,最大不得大于 60 cm,振捣时间宜为 15 ~ 30 s。

然后用三辊轴整平机滚压振实,其作业单元长度宜为 20 ~ 30 m,与振捣工序的时间间隔不超过 10 min。三辊轴整平机滚压振实的料位高度为高出模板顶面 5 ~ 20 mm,过高应铲除,不足应补料。振动轴应采用前进振动、后退静滚的方式作业,来回 2 ~ 3 遍;随后用整平轴静滚整平,直至平整度符合要求。

当单车道摊铺和在双车道的外侧时,使用拉杆插入机在侧模留孔处插入拉杆钢筋。对于一次摊铺双车道路面的中间纵缝部位,则在三辊轴整平机作业前插入拉杆钢筋。

(三)轨道式摊铺机施工法

在轨道式摊铺机施工法中,混凝土的摊铺、振捣和表面整修由成套的专用机械完成。轨道式摊铺机的混凝土摊铺方式有刮板式、螺旋式和箱式三种。

混凝土的振捣密实,可采用振捣机或内部振动式振捣机进行。振捣机的一般构造如图 10-13 所示。在振捣梁前方有一道与铺筑宽度同宽的复平刮梁,它可使松铺的混凝土在全宽度范围内达到要求的高度;其次是用一道全宽的振捣梁拖振。在靠近模板处,需用插入式振捣器补充振捣。内部振动式振捣机主要是用并排安装的振捣棒插入混凝土中,在内部进行振捣密实,振捣棒有斜插入式和垂直插入式两种。

振实后的混凝土须用表面修整机进一步整平、抹光,以获得平整的表面。表面修整机有斜向移动修整和纵向移动修整两种。斜向表面修整机是通过一对与机械行走轴线成 10° ~ 13°的整平梁相对运动来完成的,如图 10-14 所示,其中一根整平梁为振动整平梁。纵向表面修整机整平梁在混凝土表面沿纵向滑动的同时,还进行横向往返移动,随机体前进将混凝土表面整平,如图 10-15 所示。

(四)滑模式摊铺机施工法

滑模式摊铺机施工与轨道式摊铺机施工不同的是,它不需要人工安置模板,滑模式摊

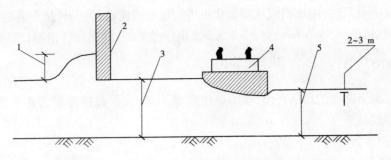

1—堆壅高度(＜15 cm);2—复平刮梁;3—松铺厚度;4—振捣梁;5—面层厚度

图 10-13　振捣机构造

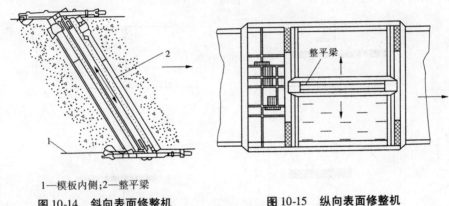

1—模板内侧;2—整平梁

图 10-14　斜向表面修整机　　　　**图 10-15　纵向表面修整机**

铺机的两侧设置有随机移动的滑动模板。在机械行进中,将摊铺路面的各道工序一次完成。

滑模式摊铺机的摊铺过程如图 10-16 所示。首先由螺旋摊铺器把堆积在基层上的水泥混凝土向左右横向摊开,刮平器进行初步刮平,然后由振捣器进行捣实,刮平板进行振捣后整平,形成密实而平整的表面,再利用搓动式振捣板对混凝土层进行振实和整平,最后用光面带进行光面。

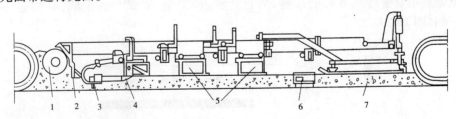

1—螺旋摊推器;2—刮平器;3—振捣器;4—刮平板;5—搓动式振捣板;6—光面带;7—混凝土面层

图 10-16　滑模式摊铺机摊铺示意图

五、制作防滑纹理

为保证行车安全,在混凝土表面应制作抗滑纹理。其方法有两种,一种是在混凝土处于塑性状态或强度很低时,用棕刷或纹理制作机进行拉毛或压纹;另一种是在混凝土完全硬化后,用切槽机切出深 5 ~ 6 mm、宽 2 ~ 3 mm、间距为 20 mm 的横向防滑槽。

六、接缝施工

接缝处是混凝土路面的薄弱环节,接缝施工质量不高,会引起路面板的各种损坏,并影响行车的舒适性。

(一)纵缝

纵缝是指平行于行车方向的接缝。纵缝一般按照路宽 3 ~ 4.5 m 设置,当双车道路面按全幅宽度施工时,可采用假缝加拉杆形式;按一个车道施工时,可做成平头缝、企口缝,有时在平头缝、企口缝中设置拉杆。其构造如图 10-17 所示。

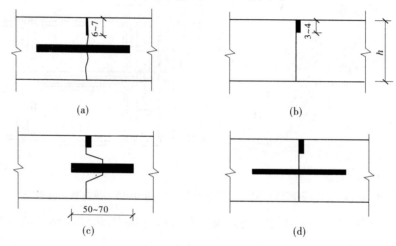

图 10-17　纵缝的构造形式　(单位:cm)

浇筑混凝土前应预先将拉杆固定在模板或基层上,或用拉杆插入机在施工时置入。顶面的缝槽均用锯槽机锯成,假缝深为 6 ~ 7 cm,平头、企口缝深 3 ~ 4 cm,用填缝料填满。

(二)横缝

横缝是垂直于行车方向的接缝,共有三种,即缩缝、胀缝和施工缝,其构造形式见图 10-18和图 10-19。

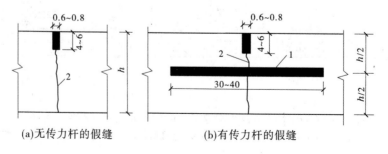

1—传力杆;2—自行断裂缝

图 10-18　缩缝的构造形式　(单位:cm)

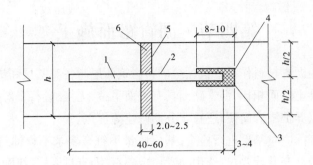

1—传力杆固定端;2—传力杆活动端;3—金属套筒;4—弹性材料;5—嵌缝板;6—沥青填缝料

图 10-19　胀缝的构造形式　（单位:cm）

缩缝可保证混凝土路面板因温度和湿度的降低收缩时沿该薄弱断面缩裂,避免产生不规则裂缝。由于缩缝只在上部 4～6 cm 范围内有缝,又称假缝。施工方法有压缝法与切缝法两种。切缝法是在硬化后的混凝土中用锯缝机锯割出要求深度的槽口,其质量较好,应尽量采用,但应掌握好切缝的时间。为了防止在切缝前混凝土出现早期裂缝,可每隔 3～4 条切缝做一条压缝。压缝法是在混凝土捣实整平后,利用振捣梁将振动压缝刀在缩缝位置振出一条槽,随后将铁制嵌缝板放入,并用原浆修平槽边。当混凝土收浆抹面后,再轻轻取出嵌缝板,修抹缝槽边缘。

胀缝可保证混凝土板体在温度升高时能部分伸张,避免路面板在夏天温度高时产生拱胀和折断破坏,同时胀缝也能起到缩缝的作用。其做法是:先浇筑胀缝一侧混凝土,取出胀缝位置模板后,再浇筑另一侧混凝土,钢筋支架浇筑混凝土内不取出。在混凝土振捣后,先抽动一下压缝板条,而后最迟在终凝前将其抽出。缝隙下部的嵌缝板是用沥青浸制的软木板或油毛毡等材料制成的,缝隙上部浇灌填缝料。

施工缝是由于混凝土不能连续浇筑时设置的横向接缝。施工缝应尽量设在胀缝处,如果不可能,也应设在缩缝处,多车道的施工缝应避免设在同一横断面上。

七、混凝土养护和填缝

混凝土路面铺筑完成或制作抗滑构造完毕后应立即开始养护。可用保湿膜、土工布、湿草袋或麻袋等进行湿养并及时洒水,保持混凝土表面始终处于潮湿状态;也可以在混凝土表面均匀喷洒养生剂,使之形成不透水的薄膜黏附于表面,阻止混凝土中水分的蒸发,保证混凝土的水化作用。机械摊铺的各种混凝土路面宜采用喷洒养生剂同时保湿覆盖的方式进行。养生天数宜为 14～21 d,高温天不宜少于 14 d,低温天不宜少于 21 d。掺粉煤灰的混凝土路面,最短养生时间不宜少于 28 d,低温天应适当延长。

混凝土面板养护期满后应及时填灌接缝处。填缝前必须将缝内清扫干净,并保持干燥,然后浇灌填缝料。填缝料应与混凝土缝壁黏附紧密,不渗水。其灌注深度以 3～4 cm 为宜,下部可填入多孔柔性材料。填缝料的灌注高度,夏天应与板面齐平,冬天稍低于板面。

第四节　沥青路面施工

沥青路面是用沥青材料作结合料黏结矿料修筑面层与各类基层和垫层所组成的路面结构。与水泥混凝土路面相比,沥青路面具有表面平整、无接缝、行车舒适、耐磨、振动小、噪声低、施工期短、养护维修简便、适宜于分期修建等优点。

沥青面层施工前应对基层进行检查,基层质量不符合要求不得铺筑沥青面层。沥青路面的基层按结构组合设计要求,选用沥青稳定碎石、沥青贯入式、级配碎石、级配砂砾等柔性基层;水泥稳定土或粒料、石灰与粉煤灰稳定土或粒料的半刚性基层;碾压式水泥混凝土、贫混凝土等刚性基层;以及上部使用柔性基层,下部使用半刚性基层的混合式基层。半刚性基层沥青路面的基层与沥青面层宜在同一年内施工,以减少路面开裂。

一、层铺法沥青表面处治路面

沥青表面处治路面是用沥青和细集料铺筑而成的厚度不大于 3 cm 的薄层路面面层,适用于三级及三级以下公路的沥青面层,通常采用层铺法施工,其工艺及要求如下:

(1)清扫基层。表面处治施工之前,应将基层清扫干净,使基层的集料大部分外露并保持干燥。对有坑槽、不平整的路段应先修补和整平;若基层整体强度不足,则应先进行补强。

(2)喷洒透层油。在级配碎(砾)石基层和水泥、石灰、粉煤灰等稳定土基层上必须喷洒透层油,以使沥青面层与非沥青材料基层结合良好,并透入基层表面。透层油宜采用慢裂的洒布型乳化沥青,也可用中、慢凝液体石油沥青或煤沥青。

(3)洒布沥青。在透层沥青充分渗透后,或在已做好透层(或封层)并开放交通的基层清扫后,即可洒布第一层沥青。沥青的洒布要均匀,不应有空白或积聚现象,以免日后产生松散或拥包、推挤等缺陷。

(4)铺撒集料。洒布沥青后应趁热迅速铺撒集料,并按规定用量一次撒足,撒布集料后应及时扫匀,达到全面覆盖、厚度一致、集料不重叠、也不露出沥青的要求。

(5)碾压。撒布主集料后,不必等全段撒布完,立即用 6~8 t 钢筒双轮压路机从路边向路中心碾压 3~4 遍,每次轮迹重叠约 30 cm。碾压速度开始不宜超过 2 km/h,以后可适当增加。

双层式和三层式沥青表面处治的第二、三层施工即重复以上第(3)、(4)、(5)道工序。但第二层和第三层可采用 8 t 以上的压路机作业。

(6)通车与初期养护。除乳化沥青表面处治应待破乳、水分蒸发并基本成型后方可通车外,沥青表面处治在碾压结束后即可开放交通,并通过开放交通补充压实,成型稳定。但在初期应设专人指挥交通,控制车速不超过 20 km/h,并控制车辆行驶的路线,使路面全幅宽度均匀压实。沥青表面处治应注意初期养护。当发现有泛油时,应在泛油处补撒与最后一层石料规格相同的嵌缝料并扫匀,过多的浮料应扫出路外。

二、沥青贯入式路面施工

沥青贯入式路面是在初步压实的碎石(或破碎砾石)上,分层浇洒沥青、铺撒嵌缝料,经压实而成的路面结构,其厚度通常为4~8 cm。根据沥青材料贯入深度的不同,贯入式路面可分为深贯入式(6~8 cm)和浅贯入式(4~5 cm)两种。沥青贯入式路面适用于三级及三级以下公路,也可作为沥青路面的联结层或基层。

沥青贯入式路面施工工艺及要求如下:

(1)基层准备。清扫基层,然后浇洒透层或黏层沥青。

(2)摊铺主层石料。采用碎石摊铺机、平地机或人工摊铺主层集料,应避免颗粒大小不均,铺筑后严禁车辆通行。

(3)碾压主层集料。主层集料撒布后,应采用6~8 t的轻型钢筒式压路机自路两侧向路中心碾压,碾压速度宜为2 km/h,每次轮迹重叠约30 cm,碾压一遍后检验路拱和纵向坡度,当不符合要求时,应调整找平后再压。然后用重型钢轮压路机碾压,每次轮迹重叠1/2左右,宜碾压4~6遍,直至主层集料嵌挤稳定、无显著轮迹为止。

(4)浇洒第一层沥青。浇洒方法和沥青表面处治类似。采用乳化沥青贯入时,为防止乳液下漏过多,可在主层集料碾压稳定后,先撒布一部分上一层嵌缝料,再浇洒主层沥青。

(5)采用集料撒布机或人工撒布第一层嵌缝料。撒布后尽量扫匀,不足处应找补。当使用乳化沥青时,石料撒布必须在乳液破乳前完成。

(6)立即用8~12 t钢筒式压路机碾压嵌缝料,轮迹重叠轮宽的1/2左右,宜碾压4~6遍,直至稳定。碾压时随压随扫,使嵌缝料均匀嵌入。当气温较高使碾压过程发生较大推移现象时,应立即停止碾压,待气温稍低时再继续碾压。

(7)按上述方法浇洒第二层沥青、撒布第二层嵌缝料,然后碾压,再浇洒第三层沥青。

(8)按撒布嵌缝料方法撒布封层料。采用6~8 t压路机作最后碾压,宜碾压2~4遍,然后开放交通。

(9)铺筑上拌下贯式路面时,贯入层不撒布封层料,拌和层应紧跟贯入层施工,使上下成为一整体。贯入部分采用乳化沥青时应待其破乳、水分蒸发且成型稳定后方可铺筑拌和层。

三、热拌沥青混合料路面施工

热拌沥青混合料适用于各种等级公路的沥青路面,其施工过程包括四个方面:沥青混合料的拌制、运输、摊铺和压实成型。

(一)沥青混合料拌制

沥青混合料必须在沥青拌和厂内采用专用的拌和机械拌制,且拌和需在一定温度下进行。这样,才能保证沥青达到要求的流动性,良好地裹覆集料颗粒。

(二)沥青混合料运输

热拌沥青混合料宜采用较大吨位的运料车运输。运料车的运力应稍有富余,施工过程中摊铺机前方应有运料车等候。对高速公路、一级公路,宜待等候的运料车多于 5 辆后开始摊铺。

运料车每次使用前后必须清扫干净,在车厢板上涂一薄层防止沥青黏结的隔离剂或防黏剂,但不得有余液积聚在车厢底部。从拌和机向运料车上装料时,应多次挪动汽车位置,平衡装料,以减少混合料离析。运输混合料宜用苫布覆盖保温、防雨、防污染。

运料车进入摊铺现场时,轮胎上不得沾有泥土等可能污染路面的脏物,否则宜设水池洗净轮胎后进入工程现场。沥青混合料在摊铺地点凭运料单接收,若混合料不符合施工温度要求,或已经结成团块、已遭雨淋,不得铺筑。

(三)沥青混合料的摊铺

摊铺沥青面层的基层必须平整、坚实、洁净、干燥,标高和横坡符合要求。路面原有的坑槽应用沥青碎石材料填补,泥沙、尘土应扫除干净。

混合料应采用沥青摊铺机摊铺。施工时应保证混合料摊铺的温度符合规范要求,摊铺厚度应为设计厚度乘以松铺系数。摊铺机必须缓慢、均匀、连续不间断地摊铺,不得随意变换速度或中途停顿,以提高平整度,减少混合料的离析。摊铺速度宜控制在 2 ~ 6 m/min 的范围内。对改性沥青混合料及 SMA 混合料宜放慢至 1 ~ 3 m/min。当发现混合料出现明显的离析、波浪、裂缝、拖痕时,应分析原因,予以消除。

(四)沥青混合料碾压

沥青混合料的碾压是保证路面结构质量的重要环节,也是沥青路面施工的最后一道重要工序。通过压实,集料颗粒间相互挤密并被沥青黏结在一起,使结构层达到设计的密实度、强度和水稳定性要求。碾压过程分为初压、复压和终压三个工序。

初压的目的是整平和稳定混合料,同时为复压创造条件。初压应紧跟摊铺机后碾压,并保持较短的初压区长度,以尽快使表面压实,减少热量散失。摊铺后初始压实度较大,经实践证明采用振动压路机或轮胎压路机直接碾压无严重推移而有良好效果时,可免去初压直接进入复压工序。

复压应紧跟在初压后开始,且不得随意停顿。压路机碾压段的总长度应尽量缩短,通常不超过 60 ~ 80 m。采用不同型号的压路机组合碾压时宜安排每一台压路机作全幅碾压,防止不同部位的压实度不均匀。

终压应紧接在复压后进行,经复压后已无明显轮迹时可免去终压。终压可选用双轮钢筒式压路机或关闭振动的振动压路机碾压不少于 2 遍,至无明显轮迹为止。

(五)接缝处理

路面接缝包括横向接缝和纵向接缝两种。沥青路面的施工必须接缝紧密、连接平顺,不得产生明显的接缝离析。上下层的纵缝应错开 150 mm(热接缝)或 300 ~ 400 mm(冷接缝)以上。相邻两幅及上下层的横向接缝均应错位 1 m 以上。

横向接缝(工作缝)可采用平接缝和斜接缝两种方式。为使接缝位置得当,应在已铺层顶面沿路面中心线方向 2 ~ 3 个位置先后放一把 3 m 长的直尺,并找出表面纵坡或已铺层厚度开始发生变化的断面,然后用切缝机沿此断面切割成垂直面。继续摊铺混合料前,在切割断面上涂刷薄层沥青,以增加新旧路面间的黏结,采用热拌沥青混合料将接缝处加热,再铺筑新接的路面层。

纵向接缝有热接缝和冷接缝两种方式。热接缝是由两台以上摊铺机在全断面以梯队方式作业时采用。先行摊铺的热混合料留下 10~20 cm 宽度暂时不压,作为后续部分的基准面,然后作跨缝碾压以消除缝迹。冷接缝是半幅施工或因特殊原因而产生纵向冷接缝时,宜加设挡板或加设切刀切齐,也可在混合料尚未完全冷却前用镐刨除边缘留下毛茬的方式,但不宜在冷却后采用切割机作纵向切缝。加铺另半幅前应涂洒少量沥青,重叠在已铺层上 50~100 mm,碾压时由边向中间碾压留下 100~150 mm,再跨缝挤紧压实。或者先在已压实路面上行走碾压新铺层 150 mm 左右,然后压实新铺部分。

第五节　墩台施工

桥梁墩台施工是桥梁工程施工中的一个重要部分。其施工质量的优劣,不仅关系到桥梁上部结构的制作与安装质量,而且也影响到桥梁的使用功能。在施工过程中,应准确地测定墩台位置,正确地进行模板制作与安装,同时采用经过检验合格的建筑材料,严格执行施工规范,确保施工质量。

桥梁墩台施工方法通常分为两大类:一类是现场就地浇筑;另一类是拼装预制的混凝土砌块、钢筋混凝土或预应力混凝土构件等。多数工程采用的是前者,优点是工序简单,使用机具较少,技术操作难度较小;缺点是施工期限较长,需耗费较多的人力与物力。近年来,交通建设迅速发展,施工机械也有了很大进步,采用预制装配构件建造桥梁墩台的施工方法有了新的进展,其特点是既可确保施工质量、减轻工人劳动强度,又可加快施工进度、提高工程效益。对施工场地狭窄,尤其对缺少砂石地区或干旱缺水地区等建造墩台更有着重要的意义。

一、墩台模板

(一)模板设计原则

模板宜优先使用胶合板和钢模板;在计算荷载作用下,对模板结构按受力程序分别验算其强度、刚度及稳定性。模板面板之间应平整,接缝严密,不漏浆,保证结构物外露面美观,线条流畅;模板结构简单,制作、拆装方便。

(二)常见模板类型

1. 拼装式模板

拼装式模板是用各种尺寸的标准模板,利用销钉连接,并与拉杆、加劲构件等组成墩台所需形状的模板。如图 10-20 所示,将墩台表面划分为若干小块,尽量使每部分板扇尺寸相同,以便于周转使用。板扇高度通常与墩台分节灌注高度相同,一般为 3~6 m,宽度可为 1~2 m,具体视墩台尺寸和起吊条件而定。

2. 整体吊装模板

整体吊装模板是将墩台模板水平分成若干段,每段模板组成一个整体,在地面拼装后吊装就位(见图 10-21)。分段高度可视起吊能力而定,一般为 2～4 m。

整体吊装模板的优点是:

(1)安装时间短,无需设施工缝,加快施工进度,提高施工质量。

(2)将拼装模板的高空作业改为平地操作,有利于安全施工。

(3)整体吊装模板本身刚性较强,可不设或少设拉筋,节约钢材。

(4)模外框架可作简易脚手架,无需另搭施工脚手架。

(5)结构简单,装拆方便。

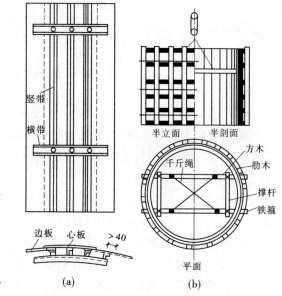

图 10-20　墩台模板划分示意　　　　　图 10-21　圆弧桥墩整体模板　(单位:cm)

3. 组合型模板

组合型模板是以各种长度、宽度及转角标准件,用定型的连接件将钢模板拼成结构用模板,具有体积小、质量轻、运输方便、装拆简单、接缝紧密等优点。它适用于在地面拼装,整体吊装的结构上。

组合构件可分为平面、阳角、阴角、拼角及柔性模板等几种。组合模板精度较高,组拼时要求预拼场地平整。在使用、搬运时必须轻拿轻放,不得抛摔。使用完毕后,要及时清理整修,涂油防锈。

4. 滑动钢模板

滑动钢模板适用于各种类型的桥墩。滑动模板的构造,由于桥墩类型、提升工具的不同,模板构造也稍有不同,但其主要部件与作用大致相同,一般可分为顶架、辐射梁、内外圈、内外支架、模板、平台及吊栏等。各种模板在工程上的应用,应根据墩台高度、墩台形式、机具设备、施工期限等条件,因地制宜,合理选用。

模板安装前应对模板尺寸进行检查;安装时要坚实牢固,以免振捣混凝土时引起跑模漏浆;安装位置要符合结构设计要求。

滑动模板提升设备主要由提升千斤顶、液压控制装置及支撑顶杆几部分组成。

二、混凝土墩台浇筑施工

混凝土施工前,应将基础顶面冲洗干净,凿除表面浮浆,整修连接钢筋。灌注混凝土时,应经常检查模板、钢筋及预埋件的位置和保护层的尺寸,以确保位置正确,不发生变形。混凝土施工中,应切实保证混凝土的配合比、水灰比和坍落度等技术指标满足要求。

桥梁墩台混凝土的施工,要合理安排自拌和站至墩台的水平运输和从墩台地面到墩台顶面的垂直运输。结合工地施工条件、墩台结构形式,选用各种运输机具。尽量减少混凝土在运输过程中的倒装次数,减少离析、漏浆,保证入模混凝土的质量。

墩台混凝土的水平与垂直运输相互配合方式与适用条件可参照运输方式等因素选用。如混凝土数量大,浇筑振捣速度快,可采用混凝土皮带运输机或混凝土输送泵。

三、石砌墩台施工

石砌墩台具有就地取材和经久耐用等优点,在石料丰富地区建造墩台时,在施工期限许可的条件下,为节约水泥,应优先考虑石砌墩台方案。

(一)石料、砂浆与脚手架

石砌墩台是用片石、块石、粗料石以水泥砂浆砌筑的,石料与砂浆的规格要符合有关规定。

将石料运到墩台上,然后分运到安砌地点。用于砌石的脚手架应环绕墩台搭设,用以堆放材料,并支持施工人员砌筑镶面定位行列及勾缝。脚手架一般常用固定式轻型脚手架、简单活动脚手架以及悬吊式脚手架。

(二)墩台砌筑施工要点

(1)在砌筑前应按设计图纸放出实样。

(2)天然地基上的基础砌体施工前,基底已验收完毕。

(3)砌筑基础的第一层砌块时,如基底为土质,只在已砌石块的侧面上铺上砂浆即可,不需坐浆;如基底为石质,应将表面清洗、湿润后,先坐浆再砌石。

(4)砌筑斜面墩台时,斜面应逐层放坡,以保证规定的坡度。砌块间用砂浆黏结并保持一定的厚度,所有砌缝要求砂浆饱满。形状比较复杂的工程,应先作出配料设计图,注明块石尺寸;形状比较简单的,也要根据砌体高度、尺寸、错缝等,先行放样配好料石再砌。

(三)墩台砌筑施工方法

同一层石料及水平灰缝的厚度要均匀一致,丁顺相间。砌石灰缝互相垂直,灰缝宽度和错缝满足规定。

砌石顺序为先角石,再镶面,后填腹。圆端、尖端及转角形砌体的砌石顺序,应自顶点开始,按丁顺排列接砌镶面石。砌筑图如图10-22所示,圆端形桥墩的圆端顶点不得有垂直灰缝,见图10-22(a),砌石应从顶端开始先砌,然后应丁顺相间排列,安砌四周镶面石;尖端桥墩的尖端及转角处不得有垂直灰缝,砌石应从两端开始,见图10-22(b),先砌石块

①,再砌侧面转角②,然后丁顺相间排列,安砌四周的镶面石。

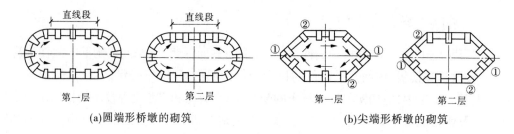

第一层　　　　　　第二层　　　　　　　　第一层　　　　　　第二层

(a)圆端形桥墩的砌筑　　　　　　　　　　(b)尖端形桥墩的砌筑

图 10-22　桥墩的砌筑

四、装配式墩台施工

(一)砌块式墩台施工

砌块式墩台的施工大体上与石砌墩台相同,只是预制砌块的形式因墩台形式不同有很多变化。

(二)柱式墩施工

装配式柱式墩系将桥墩分解成若干轻型部件,在工厂或工地集中预制,再运送到现场装配桥梁。施工顺序为预制构件、安装连接与混凝土养护等。其中拼装接头是关键工序,既要牢固、安全,又要结构简单便于施工。常用的拼装接头有以下几种形式。

(1)承插式接头:将预制构件插入相应的预留孔内,插入长度一般为 1.2～1.5 倍的构件宽度,底部铺设 2 cm 砂浆,四周以半干硬性混凝土填充。承插式接头施工简便,一般立柱与基础多采用这种接头连接。砌筑形式有双柱式、刚架式、排架式和板凳式等。图 10-23～图 10-25 为各种柱式墩构造。

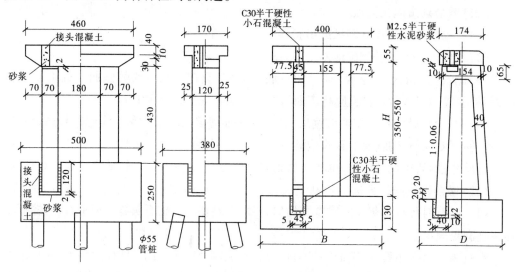

图 10-23　双柱式装配墩 (单位:cm)　　　**图 10-24　刚架式装配墩** (单位:cm)

(2)钢筋锚固接头:构件上预留钢筋或型钢,插入另一构件的预留槽内,或将钢筋相

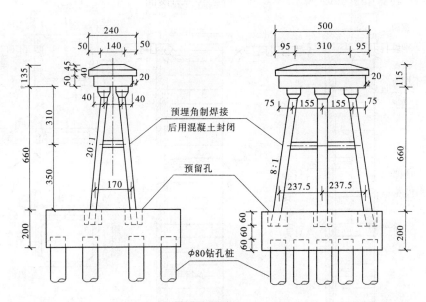

图 10-25　排架式装配墩 （单位：cm）

互焊接，再灌注半干硬性混凝土，钢筋锚固接头多用于立柱与顶帽处的连接。

（3）焊接接头连接：将预埋在构件中的铁件与另一构件的预埋铁件焊接，外部再用混凝土封闭。这种接头易于调整误差，多用于水平连接杆与立柱的连接。

（4）环扣式接头：相互连接的构件按预定位置预埋环式钢筋，安装时柱脚先坐落在承台的柱心上，上下环式钢筋互相错接，扣环间插入 U 形短钢筋焊接，四周再绑扎钢筋一圈，立模浇筑外围接头混凝土。要求上下环扣预埋位置正确，施工较为复杂。

（5）法兰盘接头：在相互连接的构件两端安装法兰盘，连接时用法兰盘连接，要求法兰盘预埋位置必须与构件垂直。接头处可不用混凝土封闭。

（三）后张法预应力混凝土装配墩施工

预应力钢筋混凝土装配墩分为基础、实体墩身和装配墩身三大部分。装配墩身由基本构件、隔板、顶板及顶帽四种不同形状的构件组成，用高强钢丝穿入预留的上下贯通的孔道内，张拉锚固而成（见图 10-26）。实体墩身是装配墩身与基础的连接段，其作用是锚固预应力钢筋，调节装配墩身高度及抵御洪水时漂流物的冲击等。

施工工艺流程分为施工准备、构件预制及墩身装配三方面。实体墩身灌注时要按装配构件孔道的相对位置，预留张拉孔道及工作孔（见图 10-27）。张拉顺序如图 10-28 所示。张拉位置可以在顶帽上张拉，亦可在实体墩下张拉，一般多在顶帽上张拉。孔道压浆前先用高压水冲洗。采用纯水泥浆，为了减少水泥浆的收缩及泌水性能，可掺用为水泥质量 $(0.8 \sim 1.0)/10\,000$ 的铝粉。压浆最好由下而上压注。压浆分初压与复压。初压后，约停 1 h，待砂浆初凝即进行复压。实体墩身的封锚采用与墩身间强度等级相同的混凝土，同时要采取防水措施。顶帽上的封锚采用钢筋网焊在垫板上，单个或多个连在一起，然后用混凝土封锚。

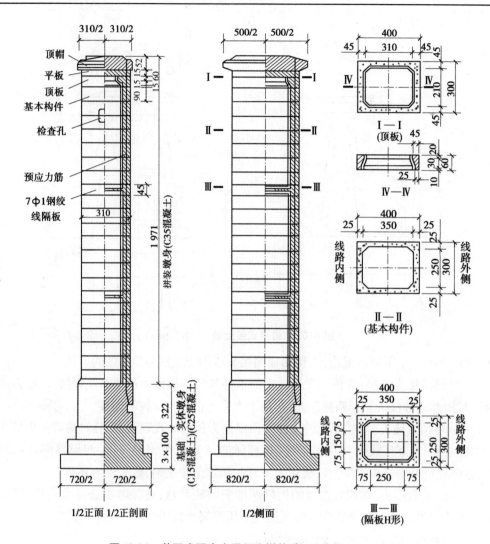

图 10-26　装配式预应力混凝土墩构造　（单位：cm）

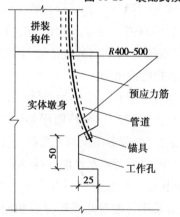

图 10-27　实体墩身张拉工作孔　（单位：cm）

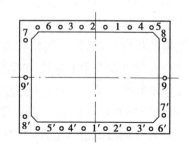

图 10-28　张拉顺序示意

第六节 桥梁施工

桥梁施工总体上分为现场浇筑法和预制装配式两类。

（1）现场浇筑施工。

现场浇筑法无需预制场地，不需要大型起吊、运输设备，梁体的主筋可不中断，桥梁整体性好。但由于施工需要大量的模板，以前仅在小跨径桥或交通不便的地区采用。随着桥跨结构形式的发展，出现了一些较宽的异形桥、弯桥等复杂的混凝土结构，加之近年来临时钢结构和万能杆件系统的大量应用，在其他施工方法都比较困难时，或经过比较，施工方便、费用较低时，也常在中、大跨径桥梁中采用现场浇筑的施工方法。

（2）预制装配式施工。

预制装配式施工是用预制安装的方法进行施工。梁在预制工厂或桥址附近进行预制，然后采用一定的架设方法进行安装。装配式梁桥的造价较现场浇筑式梁桥是高还是低，要根据具体情况来具体分析。当桥址地形条件难以设立支架，而施工队伍有足够的吊装设备，桥梁的工程数量又相当大时，采用装配式施工将是经济合理的。

一、具体施工方法

（一）固定支架就地浇筑法

固定支架就地浇筑法是在桥址处搭设支架，在支架上浇筑桥体混凝土，达到强度后拆除模板、支架。固定支架就地浇筑法施工无需预制场地，而且不需要大型起吊、运输设备，梁体的主筋可不中断，桥梁的整体性好。它的缺点主要是工期长、施工质量不容易控制；对预应力混凝土梁由于混凝土的收缩、徐变引起的应力损失比较大；施工中的支架模板耗用量大，施工费用高；搭设支架影响排洪、通航，施工期间可能受到洪水和漂流物的威胁。

（二）悬臂施工法

悬臂施工法是从桥墩开始，两侧对称进行现浇梁段或将预制节段对称进行拼装。前者称悬臂浇筑施工，后者称悬臂拼装施工，有时也将两种方法结合使用。

悬臂施工的主要特点是：

（1）桥梁在施工过程中产生负弯矩，桥墩也要求承受由施工产生的弯矩，因此悬臂施工宜在营运状态时的结构受力与施工状态时的受力状态比较接近的桥梁中选用，如预应力混凝土 T 型刚构桥、变截面连续梁桥和斜拉桥等。

（2）非墩梁固接的预应力混凝土梁桥，采用悬臂施工时应采取措施，使墩、梁临时固结，因而在施工过程中有结构体系的转换存在。

（3）采用悬臂施工的机具设备种类很多，就挂篮而言，有桁架式、斜拉式等多种类型，可根据实际情况选用。

（4）悬臂施工法可不用或少用支架，施工不影响通航或桥下交通。

(三)拱桥

1. 拱桥的有支架施工

1)拱架

拱架的种类很多,按使用材料可分为木拱架、钢拱架、扣件式钢管拱架、斜拉式贝雷平梁拱架、竹拱架、竹木混合拱架、钢木组合拱架以及土牛拱架等多种形式;按结构形式可分为排架式、撑架式、扇形式、桁架式、组合式、叠桁式、斜拉式等。

制作安装时,拱架尺寸和形状要符合设计要求,立柱位置准确且保证直立,各杆件连接接头要紧密,支架基础要牢固,高拱架应特别注意横向稳定性。拱架全部安装完毕后,应检查确保结构牢固可靠。

钢拱架与钢木组合拱架方式一般有工字梁钢拱架、钢桁架拱架等类型。

2)施工程序

(1)现浇混凝土拱桥。现浇混凝土拱桥施工程序一般分三阶段进行。第一阶段,浇筑拱圈(或拱肋)及反拱上立柱的底座;第二阶段,浇筑拱上立柱、联结系及横梁等;第三阶段,浇筑桥面系。

拱圈或拱肋的浇筑流程:对于满堂式拱架浇筑流程为支架设计、基础处理、拼设支架、安装模板、安装钢筋、浇筑混凝土、养护、拆模、拆除支架。拱架宜采用钢管脚手架、万能杆件拼设,模板可以采用组合钢模、木模等。

拱圈的浇筑可采取连续浇筑和分段浇筑的方式进行。

(2)石(混凝土砌块)拱桥拱圈砌筑。砌筑材料可采用符合设计要求的粗料石、块石、片石、黏土砖或混凝土预制砌块等。可选择较规则和平整的同类石料作为镶面。

砌筑拱圈的基本方法:粗料石拱圈应按编号顺序取用石料;砌筑时砌缝砂浆应铺填饱满;应先坐浆再放块石砌筑;侧面可用插刀捣实砌缝。块石拱圈应分排砌筑,每排中拱石内口宽度应尽量一致;竖缝应呈辐射状,相邻两排间砌缝应互相错开;石块应平砌,每层石料高度应大致相等。

2. 拱圈的悬臂浇筑施工

(1)塔架、斜拉索及挂篮浇筑拱圈。要点是:在拱脚墩、台处安装临时的钢塔架或钢筋混凝土塔架,用斜拉索将拱圈用挂篮浇筑一段系吊一段。从拱脚开始,逐段向拱顶浇筑,直至拱顶合龙,如图 10-29 所示。

(2)斜吊式悬臂浇筑拱圈。借助于专用挂篮,结合使用斜吊钢筋将拱圈、拱上立柱和预应力混凝土桥面板等齐头并进、边浇筑边构成桁架的悬臂浇筑方法。施工时,用预应力钢筋临时作为桁架的斜吊杆和桥面板的临时拉杆,将桁架锚固在桥台(或桥墩)上。过程中作用于斜吊杆的力是通过布置在桥面板上的临时拉杆传至岸边的地锚上。其施工程序如图 10-30 所示。

(四)转体施工法

转体施工法是将桥梁构件先在桥位处的岸边(或路边及适当位置)进行预制,待混凝土达到设计强度后旋转构件就位的施工方法。转体施工其静力组合不变,它的支座位置就是施工时的旋转支承和旋转轴。转体施工可分为平转、竖转和平竖结合的转体施工。

转体施工的主要特点是:

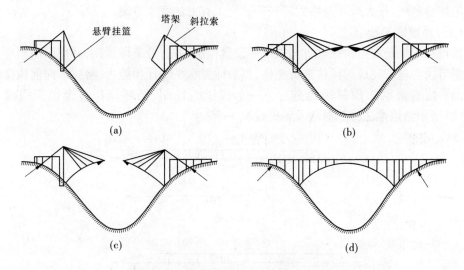

图 10-29　塔架、斜拉索及挂篮浇筑示意

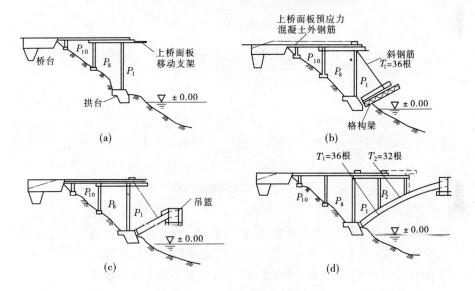

图 10-30　斜吊式现浇施工示意

（1）可以利用地形，方便预制构件。

（2）施工期间不断航，不影响桥下交通。

（3）施工设备少，装置简单，容易制作并便于掌握。

（4）节省木材，节省施工用料。

（5）减少高空作业，施工工序简单，施工迅速；主要构件先期合龙后，给以后施工带来方便。

（6）转体施工适合于单跨和三跨桥梁，可在深水、峡谷中采用，同时也适用于平原地区及城市跨线桥。

（7）大跨径桥梁采用转体施工将会取得较好的技术经济效益。转体重量轻型化、多种工艺综合利用,是大跨径及特大跨径桥梁施工有力的竞争方案。

(五)顶推施工法

顶推施工法是在沿桥纵轴方向的台后设置预制场地,分节段预制,并用纵向预应力筋将预制节段与施工完成的梁体连成整体,然后通过水平千斤顶施力,将梁体向前顶推出预制场地。之后继续在预制场地进行下一节段梁的预制,循环操作直至施工完成。如图 10-31 所示为顶推法施工概貌及辅助设施。

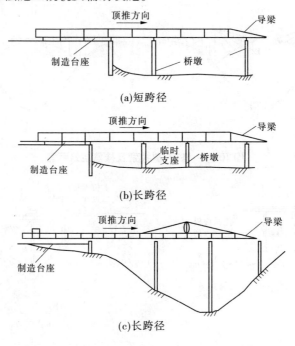

图 10-31 顶推法施工示意

顶推施工法的特点:

(1)顶推法可以使用简单的设备建造长、大桥梁,施工费用低。施工平稳无噪声,可在河流、山谷和高桥墩上采用,也可在曲率相同的弯桥和坡桥上采用。

(2)主梁分段预制,连续作业,结构整体性好,不需要大型起重设备。

(3)桥梁节段固定在一个场地预制,便于施工管理,避免高空作业。同时,模板、设备可多次周转使用。

(4)顶推施工时,梁的受力状态变化很大。施工阶段梁的受力状态与运营时期的受力状态差别较大,在梁截面设计时要同时满足施工与运营要求,造成用钢量较高。

(5)顶推法宜在等截面梁上使用。当桥梁跨径较大时,选用等截面梁会造成材料用量的不经济,也增加施工难度。

除上述施工方法外,比较常用的还有逐孔施工法、横移施工法、提升与浮运施工法等。

逐孔施工法是中等跨径预应力混凝土连续梁的一种施工方法。它使用一套设备从桥梁的一端逐孔施工,直到对岸。有用临时支承组拼预制节段的逐孔施工法、移动支架逐孔现浇施工法以及整孔吊装或分节段施工法等。

横移施工法是在拟待安置结构的位置旁预制该结构,并横向移运该结构物,将它安置在规定的位置上。横移施工法的主要特点是在整个操作期间与该结构有关的支座位置保持不变,即没有改变梁的结构体系。横向移动期间,临时支座需要支承该结构的施工重量。

提升法施工是在将要安置结构物下的地面上预制该结构并把它提升就位。

浮运施工法是将桥梁在岸上预制,通过船只浮运至桥位,利用船的提升设备安装就位的方法。采用浮运施工法要有一系列的大型浮运设备。

二、桥面系及附属工程施工

桥面系包括桥面铺装层、伸缩缝装置、桥面连续、泄水管、支座、桥面防水、桥面防护设施、桥头搭板等,是桥梁服务车辆、行人,实现其功能的最直接部分。

(一)伸缩缝装置及其安装

桥面可以使用的伸缩缝种类很多,按其传力方式及构造特点可以分为对接式、钢质支承式、橡胶组合剪切式、模数支承式、无缝式等。前四类的组成部分可简化为如图10-32所示的形式,第五类的组成可简化为如图10-33所示的形式。

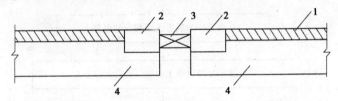

1—桥面铺装;2—伸缩装置锚固;3—伸缩装置的伸缩体;4—梁体
图 10-32　第一至第四类伸缩缝结构示意

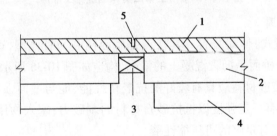

1—桥面铺装;2—桥面整体化混凝土;3—伸缩体;4—梁体;5—锯缝
图 10-33　第五类伸缩缝结构示意

1. 伸缩缝装置的施工顺序

桥梁的伸缩缝装置是影响桥面平整度的重要因素之一。如果施工质量不合理或施工不慎,在 3 m 长度范围内,其高程与桥面铺装的高程有正负误差,将造成行车的不舒适,严重的则会造成跳车。在车辆跳跃的反复冲击下,将很快导致桥梁伸缩装置的破坏。

图 10-32 和图 10-33 两种形式的伸缩装置施工程序是不同的,可分别用图 10-34 和图 10-35 表示。

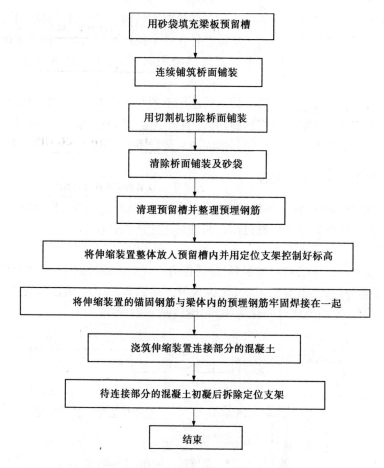

图 10-34　第一至第四类伸缩缝施工顺序

2. 伸缩装置的锚固

（1）无缝式（暗缝式）伸缩装置。其特点是桥面铺装为整体型,适用于伸缩量小于 5 mm 的桥梁,只能用于桥面是沥青混凝土的情况,构造如图 10-36 所示。

施工要求:防水接缝材料应具有较好的抗老化性能,能与壁面强力黏结,适应伸缩变形,恢复性能好,并具有一定强度以抵抗砂石材料的刺破力;塞入物用于防止未固化的接缝材料往下流动,需要有足够的可压缩性能。

（2）填塞对接型伸缩装置。该类伸缩缝的伸缩体所用材料主要有矩形橡胶条、组合式橡胶条、管形橡胶条、M 形橡胶条,也有采用泡沫塑料板或合成树脂材料等。填塞对接型伸缩装置适用于伸缩量为 10 ~ 20 mm 的桥梁结构。

（3）嵌固对接型伸缩装置。此类形式,如 RG 型、FV 型、SW 型、GQF-C 型等,它的特点是将不同形状的橡胶条用不同形状的钢构件嵌固起来,然后通过锚固系统将它们与接缝处的梁体锚固成整体。

（4）钢质支承式伸缩装置。钢质桥梁伸缩装置的构造由梳型板、连接件及锚固系统组成,有的钢梳齿型桥梁伸缩装置在梳齿之间塞有合成橡胶,起防水作用。

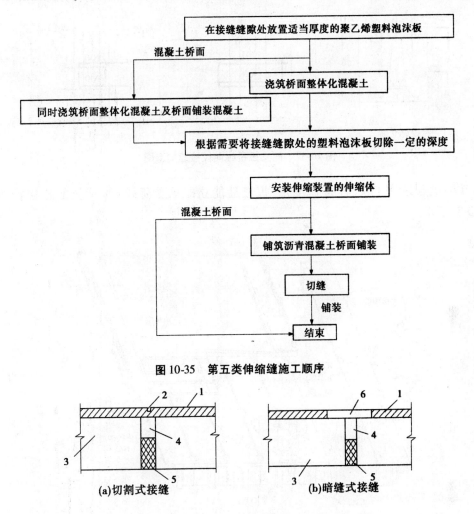

图 10-35 第五类伸缩缝施工顺序

1—沥青混凝土桥面铺装;2—锯缝;3—桥面板;4—防水接缝材料;5—塞人物;6—沥青混合料

图 10-36 无缝式构造示意

(二) 梁间铰接缝施工

1. 简支板桥铰接缝施工

简支板桥纵向铰接缝如图 10-37 所示,企口铰接形状由空心板预制时形成,相邻两块板底部紧密接触,形成铰缝混凝土底模,铰缝钢筋 N10 和 N11 在梁板预制时紧贴着模板向上竖起,浇筑混凝土前将其扳平,焊接或绑扎牢固。用水将缝内冲洗干净并使其充分湿润。拌制混凝土时应严格控制集料粒径和拌和物的和易性,浇筑中用人工插捣器捣实。此项混凝土施工一般与桥面混凝土铺装层同时施工。

2. 简支梁桥梁间接缝施工

常见简支梁桥有 T 形梁和箱形梁,T 形梁的梁间接缝按梁体设计不同有干接缝和湿接缝两种,箱型梁梁间接缝通常采用混凝土现浇湿接缝。

1) 干接缝

干接缝是用钢板或螺栓将相邻两片梁翼板和横隔板焊接起来形成横向联系的方法。

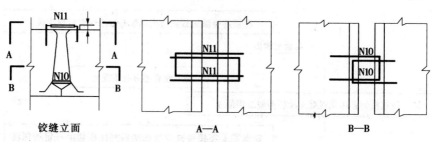

图 10-37　简支板桥纵向铰接缝构造图

该方法的优点是施工快、连接速度快、焊接后能立即承受荷载。T 形梁的连接构造如图 10-38 所示。

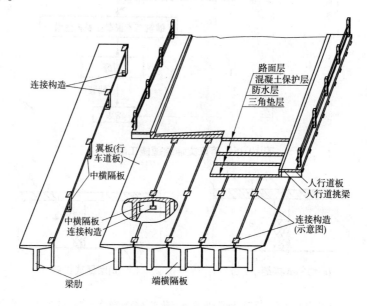

图 10-38　T 形梁的连接构造示意

2）湿接缝

湿接缝是主梁预制时，将翼板端部留出一部分钢筋外伸。梁架设到位后，将相邻两翼板的钢筋焊接连接，然后支模板现浇接缝混凝土，使各片梁横向连接形成整体。接缝构造如图 10-39 所示。翼板接缝混凝土的施工方法为分段吊装模板法，如图 10-40 所示。

（三）桥面铺装层施工

桥面铺装层的作用是实现桥梁的整体

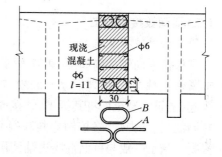

图 10-39　湿接缝构造　（单位：cm）

化，使各片主梁共同受力，同时为行车提供平整舒适的道面。高等级公路及二、三级公路的桥面铺装层为两层。下层为 80～100 mm 的钢筋混凝土，上层为 40～80 mm 的沥青混凝土。四级公路或个别三级公路为减少工程造价，直接采用水泥混凝土桥面，也有三级公

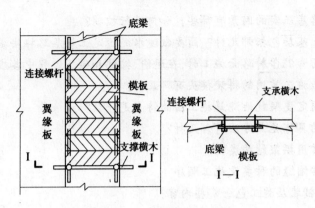

图 10-40　湿接缝施工示意

路在水泥混凝土桥面上铺设一层沥青碎石表层。

1. 钢筋混凝土桥面铺装层施工

1) 梁顶高程的测定和调整

预应力混凝土空心板或梁在预制后存梁期间由于预应力的作用,往往会产生反拱,如果反拱过大就会影响到桥面铺装层的施工,因此设计中对存梁时间、存梁方法都做了一定要求。如果架梁时已发现反拱过大,则应采取降低墩顶高程、减少垫石厚度等方法,保证铺装层厚度。

2) 梁顶处理

为了使现浇混凝土铺装层与梁、板结合成整体,预制梁、板时对其顶面进行拉毛处理。现浇前要用清水冲洗梁顶,清洁并湿润梁顶。

3) 绑扎布设桥面钢筋网

按设计文件要求,下料制作钢筋网,用混凝土垫块将钢筋网垫起,满足钢筋设计位置及混凝土净保护层的要求。

4) 混凝土浇筑

若设计为防水混凝土,其配合比及施工工艺应满足规范要求。浇筑时由一端向另一端推进,连续施工,防止产生施工缝,用平板式振捣器振捣。施工结束后注意养护,高温季节应采用草帘覆盖,并定时洒水养护。

2. 沥青混凝土面层施工

桥面沥青混凝土与同等级公路沥青混凝土路面的材料、工艺、施工方法相同,一般与路面同时施工。采用拌和厂集中拌和,现场机械摊铺。沥青材料及混合料的各项指标应符合设计和施工规范要求。注意铺装后桥面泄水孔的进水口应略低于桥面面层,以保证排水通畅。

思考题

10-1　简述路堤填筑的主要工序及方法。

10-2 影响路基压实的因素有哪些？如何进行控制？

10-3 稳定土基层包括哪几种？简要叙述水泥稳定土基层路拌法施工工艺。

10-4 热拌沥青混合料路面施工时，在运输、摊铺和碾压过程中各应注意哪些问题？

10-5 柱式墩施工常用的拼装接头有哪几种？

10-6 桥梁固定支架就地浇筑施工法的特点是什么？

10-7 桥梁的具体施工方法有哪几种？

10-8 简述常用拱架结构类型。

10-9 简述伸缩缝的种类及施工顺序。

10-10 桥面铺装层施工包含哪些内容？

第十一章　施工组织概论

　　土木建筑施工组织是研究和制订组织土木工程施工全过程既合理又经济的方法和途径。现代建筑工程是许许多多施工过程的组合体,每一种施工过程都能用多种不同的方法和机械来完成。即使是同一种工程,由于施工速度、气候条件及其他许多因素的关系,所采用的方法也不同。施工组织要善于在每一独特的场合下,找到最合理的施工方法和组织方法,并善于应用它。为此,必须运用一定的科学方法来解决土木建筑施工组织的问题。

第一节　土木工程施工的特点

　　与一般工业产品的生产相比较,土木工程产品在生产上的阶段性和连续性、组织上的专门化和协作化等方面与其一致;但其固有的自身特点,对施工的组织与管理影响极大。

一、土木工程产品的特点

　　土木工程产品的生产,是根据每个建设单位的各自需要,按照设计规定,在指定地点进行建造,并且其所用材料、结构与构造、平面与空间组合变化多样,由此决定了土木工程产品的特殊性。

(一)空间固定性

　　任何土木工程产品都是在选定的地点上建造和使用的,土木工程产品在建造过程中直接与地基基础相连接,产品本身及其所承受的荷重要通过基础传给地基,直到拆除都与地基基础连成一体、不可分割。产品一经建造,就只能在建造地点固定地使用,而无法转移,这种一经建造就在空间固定的属性是其最显著的特点。

(二)类型多样性

　　土木工程产品的种类繁多,用途各异。每一种土木工程产品不但需满足用户对其使用功能和质量的要求,而且还要按照当地特定的社会环境、自然条件来设计和建造不同用途的产品。建造每一个土木工程产品,都需要一套单独的设计图纸,而在施工时,又要根据所在地的施工条件,采用不同的施工方法和施工组织,即使采用同一种图纸的土木工程产品,也由于地形、地质、水文、气候等自然条件的影响,以及交通、材料资源等社会条件的不同,在施工时需要对设计图纸及施工方法、施工组织等进行相应的调整和改变。这就造成了土木工程产品类型的多样性。

(三)外形庞大性

　　各种建筑物和构筑物是为人们的生产、生活提供场所和空间的,故其体积庞大,占用空间多。与一般的工业产品相比,土木工程产品的外形更庞大,占据广阔的地面与空间,自重大,需消耗大量的物质资源。

二、土木工程产品的施工特点

土木工程产品的固定性、多样性和体形庞大的特点,决定了土木工程产品生产过程的特殊性。

(一)流动性

土木工程产品体形庞大、固定不能移动且整体难分的特点,决定了其生产的流动性。一般的工业产品、生产者和生产设备是固定的,产品在生产线上流动;土木工程产品则与此相反,产品是固定的,生产者和生产设备不仅要随着工程建造地点的变更而流动,而且还要随着产品施工部位的改变而在不同的空间流动。

组织施工时,必须结合生产的流动性,对施工活动的人、机、物等要素作出合理安排,适应流动性的需要;此外,生产的流动性又与施工顺序紧密联系。考虑到工程产品整体性的要求,生产中各分部、分项工程的生产常常是与装配工作结合进行的,故生产必须严格按顺序进行,即人、机必须按照客观要求的顺序流动,这是施工组织应着重考虑的问题。

(二)唯一性

产品的固定性和多样性决定了土木工程产品生产的唯一性。每一个土木工程产品都必须按照规划和用户需要,在选定地点上单独设计、施工。即使是采用同一种设计图纸或标准设计,由于所处区域不同,建设单位提供的条件不同,交通、材料、资源等施工环境的不同往往需要对设计图纸及施工方法和施工组织等作相应的调整与修改。另一方面每个工程产品都有专门的用途,需采用不同的造型、不同的结构、不同的施工方法,使用不同的材料、设备和建筑艺术形式。根据使用性质、耐用年限和防震要求,采用不同的耐用等级、耐火等级和防震等级。同时新的建筑材料及建筑结构不断涌现,建筑艺术形式经常推陈出新,即使用途相同的建筑产品,采用的材料、结构和艺术形式也会不同,从而使土木工程产品的施工生产具有唯一性。

(三)生产周期长

土木工程产品外形的庞大性决定了施工的生产周期长,生产周期是指建设项目或单位在建设施工过程中所耗用的总时间,也即从施工准备开始到全部建成交付使用为止所耗费的时间。由于土木工程产品空间位置固定、体形庞大、类型多样,所需人员和工种众多,所用物资和设备种类繁杂,生产过程中需要投入大量的人力、物力和财力;同时,土木工程产品的生产全过程还受到工艺流程和生产程序的制约,各专业、各工种工序间必须按照合理的施工顺序先后进行;此外,施工活动受到空间的限制,必须按空间位置顺序由下向上或由上向下进行。以上因素决定了土木工程产品生产周期长的特点。

(四)影响因素多

影响土木工程施工的因素很多,如人为因素、施工技术因素、材料和设备因素、机具因素、设计变更因素、地基因素、资金和物资的供应因素、气候因素、交通与环境因素、各协作单位的配合因素等,都会对工程的施工进度、质量和成本产生很大影响。

(五)生产的露天作业多

土木工程产品外形庞大的特点决定了施工中露天和高空作业多。这就不可避免地使得施工过程容易受到自然气候条件的影响,保证质量和安全的问题尤为突出。为避免影响施工进度的安排和工期,必须在施工中加强管理,事先做好各种防范措施。

(六)生产的区域性

土木工程产品的固定性决定了同一使用功能的产品因其建造地点的不同,必然受到建造地区的自然、技术、经济和社会条件的约束,其结构、构造、艺术形式、室内设施、材料、施工方案等方面的不同,从而决定了土木工程产品的生产具有区域性。

(七)生产关系复杂、综合协作性强

土木工程产品体形庞大,内部设施复杂,涉及的专业多,工种广,建设周期长,其生产过程属于多专业、多工种、平行交叉的综合性生产过程。生产过程中涉及内、外部的多种关系,如各专业工种之间、人与机械之间、人与材料之间以及各不同种类的专业施工企业、建设单位、勘察设计单位及城市规划、土地开发、消防公安、公用事业、环境保护、质量监督、交通运输、银行财政、科研试验、机具设备、物质材料、供电、供水、供热、通信、劳务等社会各部门、领域的外部生产协作配合关系。由上可知,土木工程产品生产的组织协作关系非常复杂。

第二节　施工组织的基本原则

根据国内外工程施工所积累的经验,结合土木工程产品及其生产特点,在项目施工中,应遵守以下基本原则。

一、科学合理安排施工程序和施工顺序

土木工程产品及其生产,有其本身的客观规律,包括施工工艺、技术方面的规律,以及施工程序、顺序方面的规律。

施工工艺及其技术规律,是分部(项)工程固有的客观规律。如钢筋加工工程,其工艺顺序,钢筋调直、除锈、下料、弯曲和成型,任何一道工序也不能省略或颠倒,这不仅是施工工艺要求,也是技术规律要求。在施工组织中必须遵循工程的施工工艺及技术方面的规律。

施工程序和施工顺序是施工过程中的固有规律。施工活动是在同一场地和不同空间同时或前后交错搭接地进行,前面的工作不完成,后面的工作就不能开始。这种前后顺序是由客观规律决定的。

虽然由于土木工程产品的多样性,其施工顺序会随工程性质、施工条件和使用要求的不同而有所不同,但是,我们仍然可以找出其遵循的规律,主要有:

(1)先进行准备工程施工,后进行正式工程施工。但是,这不是说非得将所有的准备工作都完全做好才能开始正式工程的施工,只要准备工作做到能基本满足正式工程开工的需要即可。

(2)正式施工应先进行全场性工程,然后进行各个工程项目的施工。全场性工程是指场地平整、管线铺设、道路铺设等。

(3)永久性工程要尽量和临时工程相结合。一些可供施工期间使用的永久性建筑可以先行建造,以减少临时工程施工,节约临时工程费。开挖和填方的结合要求我们系统地

考虑施工中所必需的取土场、弃土场和场内运输问题。

（4）单位工程或单项工程的施工，既要考虑空间顺序，也要考虑工种顺序。空间顺序解决施工的走向问题，工种顺序解决时间上的搭接问题，应充分利用工作面，争取时间。

二、采用先进的施工技术

在组织施工时采用先进的施工技术是提高劳动生产率、加快施工速度、提高工程质量和降低工程成本的重要手段。近年来，我国对施工技术的科研、应用和推广有了较大的发展，新技术不断涌现，在组织施工时必须结合当时、当地的技术经济条件以及施工机械装备力量，加以应用和推广。

三、采用科学的方法组织施工

施工计划的科学性、合理性是工程施工能否顺利进行的关键。

施工计划的科学性在于对工程施工的总体作出综合判断，采用现代化的分析手段、计算方法，使生产的一系列活动在时间和空间方面、生产能力和劳动资源方面得到最优统筹安排，从而保证生产过程的连续性和均衡性。现代的科学管理方法和管理技术正在逐步渗透到土木工程施工管理中，如常用的流水法施工、网络计划技术、运筹学等；计算机技术在施工管理中的应用，为土木工程施工管理现代化开创了广阔的前景，同时也要求广大施工技术人员既要有丰富的施工实践经验，又必须掌握和应用现代化科学管理的方法和基本技能，提高管理水平。

安排施工计划，必须合理地组织各施工过程、各专业班组之间的平行流水和立体交叉作业，从而使劳动力、施工机械能够不间断地、有秩序地施工。

四、保质保量加快施工速度

对于施工企业而言，加快施工速度是减少施工间接费，降低施工成本，提高施工企业信誉，提高企业竞争能力的有效途径。土木工程施工需要消耗大量的人力、物力，而任何一个施工单位在一定时间内的资源拥有量总是有限的。把有限的施工力量集中起来，优先投入最急需完成的工程中去，加快其施工速度，使工程尽快完成投入生产，这是组织施工的基本原则之一，也是提高经济效益的最有效措施。因此，施工企业在组织施工时，应根据生产能力、工程施工条件的落实情况，以及工程的重要程度，分期分批地安排施工任务。

土木工程产品的特点，决定了土木工程施工的工作面是随生产进展逐步形成的，不可能安排很多的劳动力同时进行工作。因此，在安排施工力量时既要考虑集中，同时又要合理安排各施工过程之间的施工顺序，考虑各专业工种之间的相互协调，合理处理好劳动力、时间、空间的相互关系。在同一生产地点（同一工地），应使主要工程项目与相应的辅助工程项目间相互配套施工，以起到调节施工力量的作用。

必须指出，加快施工速度与保证工程质量，保证施工安全，降低施工成本是密切联系、相辅相成的，否则工期再短也毫无意义。

五、提高预制装配程度

积极采用先进技术,逐步提高预制装配程度。根据设计要求和当地实际可能,积极而稳妥地采用新结构、新工艺、新材料和成熟的先进施工方法,以提高劳动效率,降低工程成本。

扩大预制装配程度,扩大工厂化生产是建筑施工的发展方向,它为充分实现机械化、克服季节影响和施工流动性创造了有利条件,要因地制宜,从实际出发,充分挖掘潜力,统一规划,有计划地进行;要实行工厂预制和现场预制相结合,内部加工和外部加工相结合,根据工程运输力量和附属加工厂条件加以确定。此外,结构标准化也是实现工厂化的主要条件之一。

六、采取季节性施工措施

努力克服冬季、雨季的不利影响,恰当地安排冬季、雨季的施工项目,并采取有效措施,以增加全年施工日数,加快建设进度。

七、实行经济核算,降低工程成本

施工企业应健全经济核算制度,制定各种消耗和费用定额,编制成本计划,拟订和执行有关降低成本的各项措施,进行成本测算和控制,提高企业的经营管理水平,力求以最小的劳动投入取得最佳的经济效果。在编制每一项工程施工方案时,都应有降低工程成本的技术组织措施,作为计划方案择优选取的主要依据之一;对于工程所需的临时设施应尽量利用原有建筑和拟建建筑以及当地的服务能力,减少临时设施数量和施工用地;材料构配件应合理规划进场时间和堆放位置,尽量减少二次搬运,可减少一切非生产性支出。

上述组织施工的基本原则,既是经济规律的客观反映,又是实践经验的总结,应坚定不移地予以执行。

第三节　施工准备工作

施工准备工作是为拟建工程施工创造必要的技术和物资条件、统筹安排施工力量和部署施工现场、确保工程顺利开工和施工活动正常进行而必须事先做好的各项工作。在土木工程施工中,它不仅存在于开工之前,而且贯穿于整个施工过程之中,是施工程序中的重要环节。

一、施工准备概述

(一)施工准备工作的重要性

土木工程施工是一个复杂的组织和实施过程;开工之前,必须认真做好施工准备工作,以提高土木工程施工的计划性、预见性和科学性,从而保证工程质量、加快施工进度、降低工程成本,保证施工能够顺利进行。为了保证工程项目顺利地进行,必须做好施工准备工作。施工准备之所以重要,原因是建筑施工是一项非常复杂的生产活功,需要处理复杂的技术问题,耗用大量的物资,使用众多的人力,动用许多机械设备,涉及的范围广。它具体表现在以下几个方面。

1.遵循建筑施工程序

施工准备工作是施工阶段必须经历的一个重要环节,是施工管理的重要内容之一,是组织土木工程施工客观规律的要求,是土建施工和设备安装顺利进行的根本保证,其根本任务是为正式施工创造良好的条件。不管是整个的建设项目,或是其中的一个单项工程、单位工程,甚至单位工程中的分部、分项工程,在开工之前,都必须进行必要的施工准备。没有做好必要的准备就贸然施工,必然会导致施工现场混乱、物资浪费、停工待料、工程质量不符要求、工期延长等现象的发生,甚至出现安全事故。

2.实现质量、工期、成本、安全四大目标控制,降低施工风险

土木工程项目施工绝大多数是室外作业,其生产受外界干扰及自然因素的影响较大,不可预见风险较多。只有充分做好施工准备工作,积极采取预防措施,加强应变能力,才能有效地对四大目标进行控制,才能有效地降低风险,减少损失。

3.为工程开工和顺利施工创造条件

土木工程项目施工中不仅需要耗用大量材料、使用许多机械设备、组织安排各工种人力、涉及广泛的社会关系,而且还要处理各种复杂的技术问题、协调各种配合关系等。因此,施工前统筹安排和周密准备,才能使工程顺利开工,而且在开工后能连续顺利地施工,得到各方面条件的保证,按合同条件完成工程项目。

4.提高企业综合经济效益,促进企业发展

大量实践证明,施工准备工作的好与坏,将直接影响土木工程产品生产的全过程。凡是重视和做好施工准备工作、积极为工程项目施工创造了一切有利条件的,则该工程能顺利开工,取得施工的主动权;如果违背施工程序,忽视施工准备工作,施工准备不充分,或仓促开工,必然导致在工程施工中遇到各种矛盾,处处被动,最终造成重大的经济损失。

(二)施工准备工作的任务

施工准备工作的任务就是要为工程施工的顺利进行取得必需的法律依据、创造必要的技术条件、物资条件,组织施工人员等。施工准备的具体任务如下。

1.取得工程施工的法律依据

土木工程项目的施工要涉及国家的计划、地方行政、城市规划、交通、消防、公用事业和环境保护等各方面。因此,工程项目开工前要办好各种施工的申请和批准手续,以取得施工的法律依据。

2.掌握工程的特点和关键

由于每一项工程项目都有自己的个性特征,于是在施工准备阶段要熟悉所有的设计文件及有关的工程资料,了解设计意图,了解基础、结构主体、设备安装和装修方面的特殊要求;研究、分析并掌握工程项目的特点和关键,以便采取相应的施工措施,保证工程项目施工的顺利进行。

3.调查并创造各种施工条件

工程项目的施工是在一定的环境下进行的,其中包括了社会条件、经济条件、技术条件、自然条件、施工现场的条件、资源供应的条件等。在施工前要对现有的各种条件进行

调查研究,分析对施工的有利条件和不利条件;积极创造技术、物资、资金、人员、场地等必备条件,以保证满足施工的要求。

4.部署和调配施工人员

认真确定分包单位、合理调配施工人员、完善劳动组织、按施工要求对施工人员进行培训。

5.预测施工中可能发生的变化(或风险),提出相应措施,作好应变准备

由于施工的复杂性及施工周期一般较长的特点,在施工过程中施工现场可能会发生情况的变化,因此在施工准备阶段要预测可能发生的变化,并考虑应采取的措施和对策,尽可能防止和减少损失。

(三)施工准备工作的分类

施工准备工作可按其规模与范围的大小、施工阶段的不同进行分类。

1.按准备工作的规模与范围分类

1)全场性施工准备

全场性施工准备是以整个建筑工地为对象而进行的各项施工准备,其目的和内容都是为全场性施工服务的。它不仅要为全场性的施工活动创造有利条件,而且要兼顾各单位工程施工条件的准备。全场性施工准备也可称为施工总准备。

2)单位工程施工条件准备

单位工程施工条件准备是以一个建筑物或构筑物为对象而进行的施工准备。其目的和内容都是为该单位工程施工服务的,既要为单位工程做好开工前的一切准备,又要为分部(项)工程施工进行作业做准备。

3)分部(项)工程作业条件准备

分部(项)工程作业条件准备是以一个分部(项)工程或冬、雨季施工工程为对象而进行的作业条件准备。

2.按施工阶段分类

施工准备工作按拟建工程所处的施工阶段分为开工前施工准备和工程施工作业条件的施工准备。

(1)开工前施工准备,就是指工程正式开工之前的场地、劳动力、材料、机具、设备等各项准备工作,它带有全局性和总体性。

(2)工程施工作业条件的施工准备,是为某单位工程或某个分部(项)工程,或某个施工阶段、环节所做的准备工作。通常是在工程开工之后进行的,它带有局部性和经常性。

二、施工准备工作的内容

每项工程施工准备工作的内容,根据该工程本身及其具备的条件而异。有的比较简单,有的却十分复杂。例如,只有一个单项工程的施工项目和包含多个单项工程的群体项目,一般小型项目和规模庞大的大、中型项目,新建项目和改扩建项目等,都因工程的特殊需要和特殊条件而对施工准备工作提出了各种不同的具体要求。只有按照施工项目的规划来确定准备工作的内容,并拟订具体的、分阶段的施工准备工作实施计划,才能充分地为施工创造一切必要的条件。

一般土木工程项目施工准备工作的内容可归纳为六个部分:施工信息收集、技术资料准备、施工现场准备、施工物资准备、施工组织准备、季节施工准备。

(一) 施工信息收集

施工信息收集是施工准备工作的重要内容之一,特别是当一个施工单位进入一个新的城市或地区,这项工作显得更加重要。它关系到施工单位全局的部署与安排,对工程项目施工成败具有十分重要的影响。

通过施工信息收集,可查明建设地区的自然条件,以便提供有关资料,作为生产施工的依据;可查明建设地区地方工业、资源、交通运输、劳动资源和生活福利设施等经济因素,获取建设地区技术经济条件资料,以便在施工组织中尽可能利用地方资源和生活福利设施为工程建设服务;同时,施工信息收集也为施工准备和施工资源需求计划提供了依据。

施工信息收集工作主要包括四个方面:原始资料的调查收集、收集建设区域的技术经济条件信息、收集社会生活条件信息以及收集施工现场情况。

1. 原始资料的调查收集

与工程项目相关的原始资料的调查收集主要是对工程条件、工程环境特点和施工自然、技术经济条件的调查收集,对施工技术与组织的基础资料进行收集,以此作为项目准备工作的依据。

1)收集与工程项目特征及要求有关的资料

(1)向建设单位或设计单位了解并取得可行性研究报告或设计任务书、工程地质选择、工程初步设计等方面的资料,以便了解建设目的、任务、设计意图。

(2)清楚设计规模、工程特点。

(3)了解生产工艺流程、工艺设备特点及来源。

(4)明确工程分期分批施工、配套支付使用的顺序要求,图纸交付时间,以及工程施工的质量要求和技术难点等。

2)收集建设地区的地形与环境资料

收集工程所在区域的地形图、城市规划图、工程位置图、控制桩、水准点的位置资料。掌握障碍物的情况,摸清建筑红线、施工边界及地上地下工程技术管线状况等,以便规划施工用地、布置施工总平面图、计算现场土方量、制订消除障碍物的实施计划。

3)收集建设地区的工程地质、水文资料

工程地质、水文资料包括工程钻孔布置图、钻孔柱状图、地质剖面图、地基各项物理力学指标试验报告、地质稳定性资料、暗河及地下水水位变化、流向、流速、流量和水质等资料。这些资料一般可作选择基础施工方法的依据,是组织地下和基础施工所不可缺少的,目的在于确定建设地区的地质构造、人为的地表破坏现象、土壤特征与承载能力等。

4)收集建设地区的气象资料

气象资料收集的目的在于确定建设地区的气候条件。其主要内容包括气温资料、降雨及雪资料、风的资料。

2.收集建设地区的技术经济条件信息

1）收集水、电、热、气资料

a.收集当地给水排水资料

调查当地现有水源的供水能力及其与施工现场用水连接的可能性、接管距离、地点、水压、水质、管径、材料、埋深及水费等资料。若当地现有水源不能满足施工用水要求,则要调查附近可作施工生产、生活、消防用水的地面水或地下水源的水质、水量、取水方式、距离等条件,还要调查利用当地排水设施的可能性、排水距离、去向、有无洪水影响、现有防洪设施等资料。

b.收集供电资料

调查可供施工使用的电源位置、引入工地的路径和条件,可以满足的容量、电压、导线截面及电费等资料;接线地点至工地的距离,地形地物情况;或建设单位、施工单位自有的发变电设备、台数和供电能力。

c.收集供热、供气资料

调查冬季施工时有无供热来源,暖气的供应量、接管地点、管径、埋深及供热价格;建设单位及施工单位自有的供热能力、所需燃料;当地或建设单位可以提供的煤气、压缩空气、氧气的能力以及它们至工地的距离等资料。

2）收集交通运输资料

建筑施工中主要的交通运输方式有铁路、公路、水运和航运等。收集交通运输资料是调查主要材料及构件运输通道的情况,包括道路、街巷、途经的桥涵宽度及高度,允许载重量和转弯半径限制等资料。有超长、超高、超宽或超重的大型构件、大型起重机械和生产工艺设备需整体运输时,还要调查沿途架空电线、天桥的高度,并与有关部门商议避免大件运输对正常交通产生干扰的路线、时间及解决措施。

3）收集"三材"、地方材料及装饰材料等资料

"三材"即钢材、木材和水泥,一般情况下应摸清"三材"市场行情,了解地方材料(如砖、砂、灰、石等)的供应能力、质量、价格、运费情况;当地构件制作、木材加工、金属结构、钢木门窗、商品混凝土、建筑机械供应与维修、运输等情况;脚手架、定型模板和大型工具租赁等能提供的服务项目、能力、价格等条件;收集装饰材料、特殊灯具、防水、防腐材料等市场情况。这些资料用做确定材料的供应计划、加工方式、储存和堆放场地及建造临时设施的依据。

3.收集社会生活条件信息

社会生活条件信息的收集主要是了解当地能提供的劳动力人数、技术水平、劳动力来源、当地生活水平及生活习惯;能提供作为施工用的现有房屋情况;当地主副食产品供应、日用品供应、文化教育、消防治安、医疗单位的基本情况以及能为施工提供的支援能力。这些资料是拟订劳动力安排计划、建立职工生活基地、确定临时设施的依据。

4.收集施工现场情况

施工现场情况包括施工用地范围、是否有周转场地、现场地形,可利用的建筑物及设施、附近建筑物的情况。这些资料可作为布置现场施工平面的依据。施工场地应按设计标高进行平整,清除地上障碍物(如旧建筑、构筑物、电力架空线路、树苗、秧苗、腐殖土和

大石块)、地下障碍物(如旧基础、古墓、文物、地下管线、枯井、沟渠等)。

根据收集的施工信息和所作的各项施工准备,编写信息收集报告介绍工程项目施工的基本情况,一般包括工程概况、施工条件和提出的施工建议方案。

(二)技术资料准备

技术资料的准备,即通常所说的室内准备(业内准备),它是施工准备工作的核心。其内容包括熟悉与会审图纸、编制施工组织设计、编制施工图预算和施工预算等。

1.熟悉与会审图纸

一个建筑物或构筑物的施工依据就是施工图纸,施工技术人员必须在施工前熟悉施工图中各项设计的技术要求。在熟悉施工图纸的基础上,由建设、施工、设计单位共同对施工图纸进行会审。图纸会审是指工程开工之前,由建设单位组织,设计单位对图纸技术要求和有关问题交底,施工单位参加对施工图纸进行审查,经充分协商将意见形成图纸会审纪要,由建设单位正式行文,参加会议各单位加盖公章,作为与设计图纸同时使用的技术文件。

2.编制施工组织设计

编制施工组织设计是施工准备工作的重要组成部分。施工组织设计是全面安排施工生产的技术经济文件,是指导施工的主要依据。编制施工组织设计本身就是一项重要的施工准备工作,所有施工准备的主要工作均集中反映在施工组织设计中。

施工组织设计文件要经过公司技术部门批准,并报业主、监理单位审批,经批准后方可使用。对于深基坑、脚手架、特殊工艺等关键分项工程要编制专项方案,必要时,应请有关专家会审方案,以确保安全施工。

3.编制施工图预算和施工预算

工程预算是反映工程经济效果的经济文件,在我国现阶段也是确定土木建筑工程预算造价的一种形式。建筑工程预算按照不同的编制阶段和不同的作用,可以分为设计概算、施工图预算和施工预算三种。

施工组织设计被批准后,即可着手编制单位工程施工图预算和施工预算,以确定人工、材料和机械费用的支出,并确定人工数量、材料消耗数量及机械台班使用量,以便于签订劳务合同和采购合同。

4.学习并熟悉技术规范、规程和有关技术规定

技术规范、规程是由国家有关部门制定的实践经验的总结,在技术管理上是具有法令性、政策性和严肃性的建设法规。施工各部门必须按规范与规程施工,建筑施工中常用的技术规范、规程主要有以下几种:

(1)建筑施工及验收规范。

(2)建筑安装工程质量检验评定标准。

(3)施工操作规程。

(4)设备维护及检修规程。

(5)安全技术规程。

(6)上级部门所颁发的其他技术规范与规定。

各级工程技术人员在接受任务后,一定要结合本工程实际,认真学习并熟悉有关技术规范、规程,为保证优质、安全、按时完成工程任务打下坚实的技术基础。

(三)施工现场准备

施工现场的准备即通常所说的室外准备,即外业准备,它是为工程创造有利施工条件的保证,其工作应按施工组织设计的要求进行,主要内容有清除障碍物、三通一平、测量放线、搭设临时设施等。

1. 清除障碍物

设计场地应按设计标高进行平整,清除地上障碍物(如旧建筑、树苗、腐殖土、大石块等),地下障碍物(如旧基础、文物、古墓、管线等)拆除或改道,使场地具备放线、开槽的基本条件。这些工作一般是由建设单位来完成的,但也有委托施工单位来完成的。如果由施工单位来完成,一定要事先摸清现场情况,尤其是在城市的老区内,由于原有建筑物和构筑物情况复杂,而且往往资料不全,在清除前需要采取相应的措施,防止发生事故。

对于房屋的拆除,一般只要把水源、电源切断后即可进行拆除。若房屋较大,较坚固,则有可能采用爆破的方法,这需要由专业的爆破作业人员来承担,并且必须经有关部门批准。

架空电线(电力、通信)、地下电缆(电力、通信)的拆除,要与电力部门或通信部门联系并办理有关手续后方可进行。

自来水、污水、煤气、热力等管线的拆除,最好由专业公司来完成。

场地内若有树木,需报园林部门批准后方可砍伐。

拆除障碍物后,留下的渣土等杂物都应清除出场外。运输时,应遵守交通、环保部门的有关规定,运输的车辆要按指定的路线和时间行驶,并采取封闭运输车或在渣土上洒水等措施,以免渣土飞扬而污染环境。

2. 现场"三通一平"

在工程用地范围内,接通施工用水、用电、道路和平整场地的工作简称为"三通一平"。其实工地上的实际需要往往不止是水通、电通、路通,有的工地还需要供应蒸汽,架设热力管线,称为"热通";通煤气,称为"气通";通电话作为联络通信工具,称为"话通";还可能因为施工中的特殊要求,有其他的"通",但最基本的还是"三通"。

3. 测量放线

为了使建筑物或构筑物的平面位置和高程符合设计要求,施工前应按设计单位提供的总平面图,及给定的永久性的经纬坐标桩、水准基桩,建立工程测量控制网,以便建筑物在施工前定位放线。建筑物定位、放线,一般通过设计定位图中平面控制轴线来确定建筑物四周的轮廓位置。测定经自检合格后,提交有关技术部门和甲方(或监理人员)验线,以保证定位的正确性。沿红线(规划部门给定的建筑红线,在法律上起着建筑四周边界用地的作用)建的建筑物放线后还要由城市规划部门验线,以防止建筑物压红线或超红线。

4. 临时设施的搭设

为了施工方便和安全,对于指定的施工用地的周边,应用围栏围挡起来,围挡的形式、材料及高度应符合市容管理的有关规定和要求。在主要入口处设标牌,标明工程名称、施工单位、工地负责人等。

现场生活和生产用的临时设施,在布置安排时,要遵照当地有关规定进行规划布置。如房屋的间距、标准是否符合卫生和防火要求,污水和垃圾的排放是否符合环境的要求等。因此,临时建筑平面图及主要房屋结构图,都应报请城市规划、市政、消防、交通、环境保护等有关部门审查批准。

各种生产、生活用的临时设施,包括各种仓库、混凝土搅拌站、预测构件场、机修站、各种生产作业棚、办公用房、宿舍、食堂、文化生活设施等,均应按批准的施工组织设计规定的数量、标准、面积、位置等要求组织修建。大、中型工程可分批分期修建。

此外,在考虑施工现场临时设施的搭设时,应尽量利用原有建筑物,尽可能减少临时设施的数量,以便节约用地、节省投资。

5. 做好现场补充勘察

对施工现场的补充勘察是为了进一步寻找枯井、防空洞、古墓、地下管道、暗沟和枯树根等,以便及时拟订处理方案,并进行实施,保证基础工程施工的顺利进行和消除隐患。施工现场的补充勘探是一项十分重要的准备工作,对施工质量、工期和成本都产生很大的影响。

(四)施工物资准备

1. 物资准备工作的内容

施工物资准备是指施工中必需的劳动手段(包括施工机械、工具、临时设施)和劳动对象,包括材料、构件等的准备。一般应考虑的内容有建筑材料的准备、预制构件和商品混凝土的准备、施工机具的准备及模板和脚手架的准备。

2. 物资准备工作的程序

施工管理人员需尽早计算出各阶段对材料、施工机械、设备、工具等的需用量,并说明供应单位、交货地点、运输方法等,特别是对预制构件,必须尽早从施工图中摘录出构件的规格、质量、品种和数量,制表造册。向预制加工厂订货并确定分批交货清单和交货地点。对大型施工机械、辅助机械及设备要精确计算工作日并确定进场时间,做到进场后立即使用,用毕立即退场,提高机械利用率,节省机械台班费及停留费。物资准备工作的一般程序如下所述。

(1)编制和制订物资需求供应计划。

(2)选择物资供应商。

(3)签订购销、加工合同。

(4)进场物资验收。

(5)资源组织及调整。

3. 物资的储存和堆放

建筑材料、构(配)件的现场储存和堆放也是一项具体、细致、经常性的工作,要做到分类储存和堆放,还要注意防火、防水和防腐等工作的落实。砂、石、砖等大堆材料分类,集中堆放成方,底脚边用边清;砌体料归类成垛,堆放整齐,碎砖料随用随清,无底脚散料;灰池砌筑符合标准,布局合理、安全、整洁,灰不外送、渣不乱倒;施工设施设备、砖块等集中堆放整齐;大模板成对放稳,角度正确;钢模板及配件、脚手扣件分类分规格,集中存放;竹木杂料,分类堆放,规则成方,不散不乱,不作他用;袋装、散装水泥不混乱,分清强度等级并堆放整齐,有制度、有规定、专人管理、限棚发放、分类插标挂牌、记载齐全、正确、牌物账相符,库容整洁,无"上漏下渗",做好防水工作;钢材、成型钢筋分类集中堆放,整齐成线,钢木门窗分别按规格堆放整齐;木制品防雨、防潮、防火,埋件、铁件分类集中,分格不乱,堆放整齐,混凝土构件分类、分型、分规格,堆放整齐,棱木垫头上下对齐放稳,堆放不超高。特殊材料均要按保管要求,加强管理,分门别类,堆放整齐。冬季施工和雨季施工做好材料储存及防雨水工作。

(五)施工组织准备

一项工程完成得好坏,很大程度上取决于承担这一工程的施工组织的劳动组织情况,它直接关系工程质量、施工进度及工程成本。因此,劳动组织准备是工程开工之前施工准备的一项重要内容。施工组织准备一般包括建立拟建工程项目的管理机构,建立精干的施工队伍,向施工队、组、工人进行组织设计及计划和技术交底,建立健全各项管理制度以及为职工生产后勤保障准备。

(六)季节施工准备

建筑工程施工绝大部分工作是露天作业,特别是冬、雨季对施工生产的影响较大。我国黄河以北每年冰冻期有 4~5 个月,长江以南每年雨天大约在 3 个月以上,给施工增加了很多困难。为保证按期、保质完成施工任务,做好周密的施工计划和充分的准备,是克服季节影响、保持均衡施工的有效措施,因此必须做好冬、雨季施工准备工作。

1. 做好进度安排

施工进度安排应考虑综合效益,除工期有特殊要求必须在冬、雨季施工的项目外,应尽量权衡进度与效益、质量的关系,将不宜在冬、雨季施工的分部工程避开这个季节。如土方工程、室外粉刷、防水工程、道路工程等不宜冬季施工;土方工程、基础工程、地下工程等不宜雨季施工。

2. 冬季施工准备

应从以下几方面做好冬期施工准备:

(1)合理安排冬期施工项目。

(2)做好临时给水、排水管的防冻准备。

(3)落实各种热源供应和管理。

(4)做好测温工作。

(5)冬季物资供应和储备。

(6)加强安全教育、预防火灾发生。

3. 雨季施工准备

雨季施工应做好以下几项准备工作:

(1)做好雨季施工安排,尽量避免雨季窝工造成的损失。

(2)采取有效的技术措施,保证雨季施工质量。

(3)防洪排涝,做好现场排水工作。

(4)做好道路维护,保证运输畅通。

(5)做好物资的储存。

(6)做好机具设备的防护。

（7）加强施工管理，做好雨季施工的安全教育。

4.夏季施工

夏季施工条件差、气温高、干燥，针对夏季施工的这一特点，应编制夏季施工的施工方案及采取的技术措施，如对于大体积混凝土在夏季施工，必须合理选择浇筑时间，做好测温和养护工作，以保证大体积混凝土的施工质量。

夏季经常有雷雨，施工现场应有防雷装置，特别是高层建筑和脚手架等要按规定设临时避雷装置，并确保施工现场用电设备的安全运行。

夏季施工，必须做好施工人员的防暑降温工作，调整好休息时间。从事高温工作的场所及通风不良处，应加强通风和降温措施，做到安全施工。

三、施工准备工作的实施

（一）施工准备工作计划的编制

为了落实各项施工准备工作，加强检查和监督，必须根据各项施工准备工作的内容、时间和人员，编制出施工准备工作计划。施工准备工作计划可参照表 11-1。

表 11-1　　施工准备工作计划

序号	施工准备项目	工作内容	要求	负责单位及具体落实者	涉及单位	要求完成时间	备　注
1							
2							

由于各准备工作之间有相互依存的关系，除用上述表格编制施工准备工作计划外，还可采用编制施工准备工作网络计划的方法，以明确各项准备工作之间的关系，找出关键路线，并在网络计划图上进行施工准备期的调整，尽量缩短准备工作的时间，使各项工作有领导、有组织、有计划和分期分批地进行。

（二）施工准备工作责任制的建立

由于施工准备工作范围广、项目多，故必须有严格的责任制度。把施工准备工作的责任落实到有关部门和个人，以便按计划要求的内容和时间进行工作。现场施工准备工作应由项目经理部全权负责，建立严格的施工准备工作责任制。

（三）施工准备工作的持续开展

施工准备工作必须贯穿施工全过程的始终。工程开工以后，要随时做好作业条件的施工准备工作。施工顺利与否，就看施工准备工作的及时性和完善性。因此，企业各职能部门要面向施工现场，像重视施工活动一样重视施工准备工作，及时解决施工准备工作中的技术、机械设备、材料、人力、资金、管理等各种问题，以提供工程施工的保证条件。项目经理应十分重视施工准备工作，加强施工准备工作的计划性，及时做好协调、平衡工作。

此外，由于施工准备工作涉及面广，除施工单位本身的努力外，还要取得建设单位、监理单位、设计单位、供应单位、银行及其他协作单位的大力支持，分工负责，统一步调，共同做好施工准备工作。

第四节　施工组织设计

一、施工组织设计的概念

在施工之前,对拟建单位工程从人力、施工方法、材料、机械、资金五个方面在时间、空间上作科学合理的安排,安全生产、文明施工,达到优质、低耗、高速的土木工程产品,这种指导施工的文件称为施工组织设计。

施工组织设计是规划和指导拟建工程从工程投标、签订承包合同、施工准备到竣工验收全过程的一个综合性的技术经济文件,是对拟建工程在人力和物力、时间和空间、技术和组织等方面所做的全面合理的安排,是沟通工程设计和施工之间的桥梁。作为指导拟建工程项目的全局性文件,施工组织既要体现拟建工程的设计和使用要求,又要符合建筑施工的客观规律。它应尽量适应施工过程的复杂性和具体施工项目的特殊性,通过科学、经济、合理的规划安排,使工程项目能够连续、均衡、协调地进行施工,满足工程项目对工期、质量、投资方面的各项要求。

二、施工组织设计的作用

施工组织设计是规划和指导拟建工程投标、签订承包合同、施工准备到竣工验收全过程的一个综合性的技术经济文件,用以指导施工组织与管理、施工准备与实施、施工控制与协调、资源的配置与使用等全面性的技术、经济、组织问题,是根据承包组织的需要编制的技术和经济相结合的文件,既解决技术问题又考虑经济效果。它主要有以下几方面的作用:

(1)指导工程投标与签订工程承包合同,作为投标书的内容和合同文件的一部分。

(2)施工组织设计是施工准备工作的重要组成部分,同时又是做好施工准备工作的依据和保证。

(3)施工组织设计是根据工程各种具体条件拟订的施工方案、施工顺序、劳动组织和技术组织措施等,是指导开展紧凑、有序施工活动的技术依据。

(4)施工组织设计所提出的各项资源需要量计划,直接为组织材料、机具、设备、劳动力需要量的供应和使用提供数据。

(5)通过编制施工组织设计,可以合理利用和安排为施工服务的各项临时设施,可以合理地部署施工现场,确保文明施工、安全施工。

(6)通过编制施工组织设计,可以将工程的设计与施工、技术与经济、施工全局性规律和局部性规律、土建施工与设备安装、各部门之间、各专业之间有机结合,统一协调。

(7)通过编制施工组织设计,可分析施工中的风险和矛盾,及时研究解决问题的对策、措施,从而提高了施工的预见性,减少了盲目性。

(8)明确施工重点和影响工期进度的关键施工过程,并提出相应的技术、质量、文明、安全等各项生产要素管理的目标及技术组织措施,提高综合效益。

(9)施工组织设计是统筹安排施工企业生产的投入与产出过程的关键和依据。工程产品的生产和其他工业产品的生产一样,都是按要求投入生产要素,通过一定的生产过程,而后生产出成品,而中间转换的过程离不开管理。施工企业也是如此,从承接工程任务开始到竣工验收交付使用为止的全部施工过程的计划、组织和控制的基础就是科学的施工组织设计。

三、施工组织设计的基本内容

施工组织设计的内容,要结合工程的特点、施工条件和技术水平进行综合考虑,做到切实可行、简明易懂。其主要内容如下所述。

(一)工程概况

工程概况中应概要地说明工程的性质、规模,建设地点,结构特点,建筑面积,施工期限,合同的要求;本地区地形、地质、水文和气象情况;施工力量,劳动力、机具、材料、构件等供应情况;施工环境及施工条件等。

(二)施工部署及施工方案

全面部署施工任务,确定质量、安全、进度、成本目标,合理安排施工顺序,拟订主要工程的施工方案;施工方案是拟建工程所采取的施工方法及相应技术组织措施的总称,是组织施工应首先考虑的根本性问题,应根据工程特点、合同要求、现有和可能争取到的施工条件,选择最合理的施工方案。

施工方案的内容,概括起来主要有四个方面,即施工方法的确定、施工机具的选择、施工顺序的安排、流水施工的组织。制订和选择施工方案应在切实可行的基础上,满足工期、质量和施工生产安全的要求,并尽可能争取施工成本最低、效益最好。施工方案一般用文字叙述,必要时可结合图、表进行说明。

(三)施工进度计划

施工进度计划是表示各项工程的施工顺序和开、竣工时间以及相互衔接关系的计划。通过采用计划的形式,使工期、成本、资源等方面通过计算和调整达到优化配置,符合目标的要求;它带动和联系着施工中的其他工作,使其他工作都围绕着施工进度计划并适应其要求加以安排,使复杂的施工活动成为一个有机的整体。施工进度计划在施工组织设计中起着主导作用,一般用横道计划图或网络计划图来表达。

(四)资源供应计划

所需资源是实现施工方案和进度计划的前提,是决定施工平面布置的主要因素之一。它包括劳动力需求计划,主要材料、机械设备需求计划,预制品订货和需求计划,大型工具、器具需求计划等。施工所需资源的数量和种类是由工程规模、特点和施工方案决定的,其进场顺序和需要时间由进度计划决定。在施工组织设计中,各种资源需要量及进场时间顺序一般用表格的形式表达,称之为资源需要量计划表。

(五)施工准备工作计划

它包括施工准备工作组织和时间安排,施工现场内外准备工作计划,暂设工程准备工作计划,施工队伍集结、物质资源进场准备工作计划等。

(六)施工平面图

施工平面图是施工方案及进度计划在空间上的全面安排。它是把投入的各种资源,即材料、机具、设备、构件、道路、水电网路和生产、生活临时设施等,合理地定置在施工现场,使整个现场能进行有组织、有计划的文明施工。

(七)技术组织措施计划

它包括保证和控制质量、进度、安全、成本目标的措施,季节性施工的措施,防治施工公害的措施,保护环境和生态平衡的措施,强化科学施工、文明施工的措施等。

(八)工程项目风险

它包括风险因素的识别、风险可能出现的概率及危害程度、风险防范的对策、风险管理的重点及责任等。

(九)项目信息管理

它包括信息流通系统,信息中心建立规划,工程技术和管理软件的选用和开发,信息管理实施规划等。

(十)主要技术经济指标

技术经济指标是用以评价施工组织设计的技术水平和综合经济效益,一般用施工周期、劳动生产率、质量、成本、安全、机械化程度、工厂化程度等指标表示。

四、施工组织设计的分类

(一)按设计阶段和编制对象分类

施工组织设计根据设计阶段和编制对象的不同,可以分为三类,即施工组织总设计、单位工程施工组织设计、分部分项工程施工组织设计。

1. 施工组织总设计

施工组织总设计是以一个建设项目为编制对象,规划其施工全过程各项活动的技术、经济的全局性、控制性文件。它是整个建设项目施工的战略部署,涉及范围较广,内容比较概括,一般是在初步设计或扩大初步设计批准后,由总承包单位的总工程师负责,会同建设、设计和分包单位的工程师共同编制。它的目的是对整个工程的施工进行全盘考虑、全面规划,用以指导全场性的施工准备和有计划地运用施工力量,开展施工活动。其作用是:确定拟建工程的施工期限、各临时设施及现场总的施工部署,指导整个施工全过程的组织、技术、经济的综合设计文件,修建全工地暂设工程、施工准备和编制年(季)度施工计划的依据。它主要包括:工程概况,应着重说明工程的规模、造价、特点、建设期限以及外部施工条件等;施工准备工作;施工部署及主要施工对象的施工方案;施工总进度计划;全场性施工总平面图;主要原材料、半成品、预制构件和施工机具的需要量计划等。

2. 单位工程施工组织设计

单位工程施工组织设计是以单位工程为编制对象,用来指导其施工全过程各项活动的技术及经济的局部性、指导性文件。它是拟建工程施工的战术安排,是施工单位年度施工计划和施工组织总设计的具体化,内容更详细。它是在施工图设计完成后,由工程项目主管工程师负责编制的,可作为编制季度、月度计划和分部分项工程施工组织设计的依据。

3. 分部分项工程施工组织设计

分部分项工程施工组织设计是以分部分项工程为编制对象,用来指导其施工活动的技术、经济文件。它结合施工单位的月、旬作业计划,把单位工程施工组织设计进一步具体化,是专业工程的具体施工设计。它一般在单位工程施工组织设计确定了施工方案后,由施工队技术队长负责编制。

(二)按编制目的与阶段分类

根据编制目的与阶段的不同,施工组织设计可划分为两类。

1. 标前设计

标前设计是投标前编制的施工组织设计,其主要作用是指导工程投标与签订工程承包合同,并作为投标书的一项重要内容(技术标)和合同文件的一部分。实践证明,在工程投标阶段编好施工组织设计,充分反映施工企业的综合实力,是实现中标、提高市场竞争力的重要途径。

2. 标后设计

标后设计是签订工程承包合同后编制的施工组织设计,其主要作用是指导施工前的准备工作和工程施工全过程的进行,并作为项目管理的规划性文件,提出工程施工中进度控制、质量控制、成本控制、安全控制、现场管理、各项生产要素管理的目标及技术组织措施,提高综合效益。

上述两类施工组织设计的区别见表 11-2。

表 11-2　两类施工组织设计的区别

种类	服务范围	编制时间	编制者	主要特性	追求的主要目标
标前设计	投标与签约	经济标书编制前	经营管理层	规划性	中标和经济效益
标后设计	施工准备与验收	签约后开工前	项目管理层	作业性	施工效率和效益

五、施工组织设计的编制

根据工程规模、结构特点、技术繁简程度及施工条件的差异,施工组织设计在编制的深度和广度上都有所不同。对于工程规模大、结构复杂、技术要求高、采用新结构、新技术、新材料和新工艺的拟建工程项目,必须编制内容完整的施工组织设计;对于工程规模小、结构简单、技术要求和工艺方法不复杂的拟建工程项目,可以编制相对粗略、简单的施工组织设计,其内容一般仅包括施工方案、施工进度计划和施工总平面布置图等。

(一)施工组织设计的编制依据

施工组织设计是根据不同的使用要求、施工对象、场地特征、施工条件等因素,在充分调查分析原始资料的基础上编制的。不同种类的施工组织设计虽然内容繁简、深浅程度不一,但编制依据基本相似,主要有工程项目的计划任务书、国家和上级的有关指示、设计文件和施工图纸、有关勘察资料、工程承包合同、施工企业拥有资源状况、施工经验和技术水平、国家现行的有关施工规范和质量标准、操作规程、技术定额、施工现场条件等。

(二)施工组织设计的编制程序

编制施工组织设计要遵循一定的程序,按照施工的客观规律,协调和处理好各个影响因素的关系,用科学的方法进行编制。一般的编制程序如下:

(1)分析设计资料,选择施工方案和施工方法。

(2)编制工程进度图。

(3)计算人工、材料、机具需要量,制订供应计划。

(4)临时工程,供水、供电、供热计划。

(5)工地运输组织。

(6)布置施工平面图。

(7)编制技术措施计划与计算技术经济指标。

(8)编写说明书。

(三)编制施工组织设计的注意事项

编制施工组织设计,特别是编制实施性施工组织设计时,应认真处理好以下问题,才能使施工组织设计对施工活动具有指导意义。

(1)在施工组织设计编制过程中,要充分发挥各职能部门的作用,吸收其参加编制和审定;充分利用施工企业的技术素质和管理素质,发挥优势、合理进行工序交叉。

(2)根据工程的特点,解决好施工中的主要矛盾,既要突出重点,又要概括全面,但要防止面面俱到,烦琐冗长。

(3)认真而细致地做好工程排队工作。安排工程进度,是施工组织设计必须解决的关键问题,各项工程的施工顺序和搭接关系以及保证重点工程等问题,只能通过工程排队并合理调整来解决。

(4)对结构复杂、施工难度大以及采用新工艺和新技术的工程项目,要进行专业性研究,必要时组织专门会议,邀请有经验的专业工程技术人员参加,集中群众智慧。

(5)注意技术物资与生活资料的补给,为工地运输创造条件。如新建公路可以从补给线向内修筑,逐段通车,补给线陆续向内延伸,方便运输。

(6)留有余地,便于调整。由于影响施工的因素很多,所以在执行时必然会出现未能预见的问题。这就要求编制时力求可行,执行时又根据现场具体情况进行修改、调整、补充,因此编制的施工组织设计应留有恰当的调整余地。

六、施工组织设计的贯彻、检查和调整

施工组织设计的编制只是为实施拟建工程施工提供了一个可行的理想方案。要使这个方案得以实观,必须在施工实践中认真贯彻、执行。为了保证施工组织设计的顺利实施,要在开工前组织有关人员熟悉和掌握施工组织设计的内容,逐级进行交底,提出对策措施,保证施工组织设计的贯彻执行;要建立和完善各项管理制度,明确各部门的职责范围,保证施工组织设计的顺利实施;更要加强动态管理,及时处理和解决施工中的突发事件和出现的主要矛盾;要经常对施工组织设计执行情况进行检查。必要时对施工组织设计进行调整和补充,以适应变化的、动态的施工活动的需要,保证控制目标的实现。

在贯彻执行施工组织设计中,应当随时检查、发现问题、及时解决。主要指标完成情况的检查内容包括工程进度、工程质量、材料消耗、机械使用和成本费用等。施工过程中受到各种条件的制约多、可变因素也多,当施工主、客观条件发生重大变化时,应根据执行情况的检查,对发现的问题及其产生原因,拟订改进措施或方案,对施工组织设计的有关

部分或指标逐项进行修正、调整和补充，以使施工组织设计实现新的平衡。

施工组织设计的贯彻、检查和调整是一项经常性工作，必须随着施工的进展情况，加强反馈和及时进行，要贯穿于项目施工过程的始终。

思考题

11-1　简述土木工程产品及其生产的特点。

11-2　土木工程生产的组织原则有哪些？

11-3　简述施工准备工作的内容。

11-4　简述施工组织设计的基本内容和分类。

11-5　简述施工组织的基本原则。

第十二章　流水施工基本原理

第一节　概　述

流水作业是组织生产的有效方法,由来已久,应用非常广泛。生产实践已证明,流水作业是大工业生产提高劳动生产效率的有效途径之一。它的基本特征在于使生产过程具有连续性、均衡性和节奏性,即工人(或机器)的连续操作和生产过程不间断。它以合理的专业分工,合理比例的人员(或机器)的协调配合为前提,是一种科学的、先进的组织生产的方法。

土木工程项目施工的流水作业与其他工业产品生产的流水作业有相同之处,也有不同之处。

相同之处:①整个建筑施工过程要分解为各个独立而又相互衔接的生产过程(或称施工阶段),即合理划分施工过程。如机器零件的生产加工有车、洗、磨、钻等工序,房屋建筑工程施工有基础、主体、门窗、楼地面、屋面、装修等施工过程。②专业分工,固定作业是流水作业的重要前提。不管什么行业,只要是流水作业都有明确分工,固定作业。③各个专业工作队组(或专用机械)连续作业。

不同之处:①建筑施工是产品固定,资源(人、材、机)流动。其他工业生产是产品流动、资源固定,产品在不同的生产线上进行流水加工。②其他行业产品加工与装配可以是不同阶段、不同地点,而建筑施工的产品加工与装配是一体的,加工过程是装配施工过程,在固定地点进行。

土木工程产品施工流水作业是利用其产品体积大,把施工对象划分为若干施工段,由各专业队(组)依次在各个施工段完成各自的施工过程,施工可以充分利用时间和空间(工作面),连续、均衡、有节奏地进行,从而提高劳动生产率,加快施工进度,节省施工费用,降低工程成本。

一、施工组织方法

在土木工程施工中,主要有依次施工、平行施工及流水施工三种施工组织方法。

(一)依次施工

依次施工也称顺序施工,将工程对象分解成若干施工过程,按照一定的施工顺序,前一个施工过程完成后,后一个施工过程才开始;或前一个施工段落任务完成后,后一个施工段落才开始施工。依次施工是一种最基本、最原始的施工组织方式。

【例12-1】 某建筑群由 A、B、C、D 四幢相同的建筑物组成,每幢建筑物有基础工程、主体工程、屋面工程和装修工程四个分部工程组成,完成每个分部工程的施工作业所需的时间均为 10 d。试用依次施工组织方法对该建筑群组织施工。

解．依次施工的组织方法如图 12-1 所示。

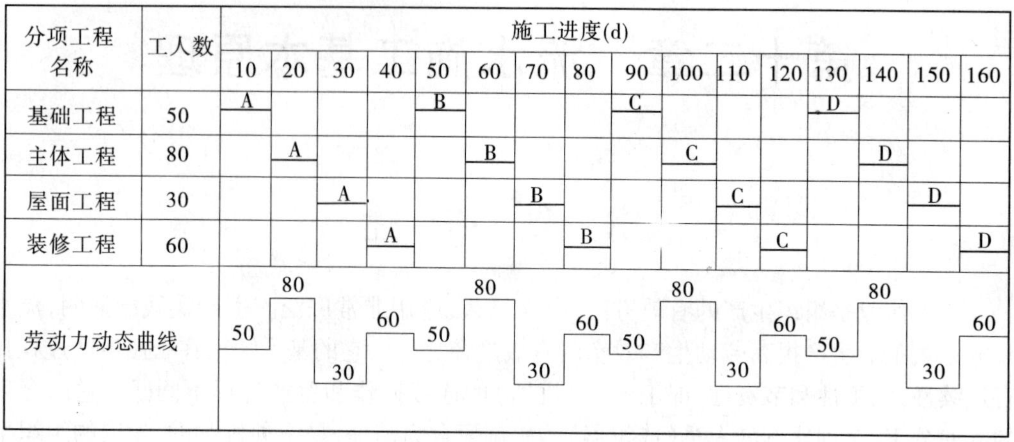

分项工程名称	工人数	施工进度(d)															
		10	20	30	40	50	60	70	80	90	100	110	120	130	140	150	160
基础工程	50	A			B					C				D			
主体工程	80		A			B				C				D			
屋面工程	30			A			B				C				D		
装修工程	60				A			B				C				D	
劳动力动态曲线		50	80	30	60	50	80	30	60	50	80	30	60	50	80	30	60

图 12-1　依次施工

从图 12-1 可以看出,依次施工的优点是现场管理简单,劳动力、材料及设备使用不集中;缺点是工期长、效率低,劳动力、工作面利用不充分;依次施工组织方法主要适用于工期不紧张、工程规模小、工作面有限、劳动力不足的工程。总结依次施工的组织方法有以下特点:

(1)没有充分地利用工作面进行施工,工期长。

(2)若按专业成立工作队,各专业队不能连续作业,有时间间歇,劳动力和物资的使用不均衡。

(3)若由一个工作队完成全部施工任务,不能实现专业化生产,不利于提高劳动生产率和工程质量。

(4)每天投入施工的劳动力、材料和机具的种类比较少,有利于资源供应的组织工作。

(5)施工现场的组织、管理比较简单。

(二)平行施工

平行施工组织方式是将每个施工过程组织几个施工班组,各相同施工过程的所有班组同时施工、同时完成任务。

根据例 12-1,平行施工的组织方法如图 12-2 所示。

从图 12-2 同样可以看出,平行施工的优点是工期最短,劳动力、工作面利用充分;缺点是劳动力、设备及材料等成倍增加,临时设施也相应增加,易产生窝工、效率低,现场管理复杂。平行施工的组织方法主要适用于工期紧、大规模的建筑群、分期施工的工程。平行施工组织方式具有以下特点:

(1)充分地利用了工作面进行施工,工期短。

(2)若每个工程都按专业成立工作队,各专业队不能连续流水作业,劳动力和物资使用不均衡。

(3)若由一个工作队完成一个工程的全部施工任务,不能实现专业化生产,不利于提高劳动生产率和工程质量。

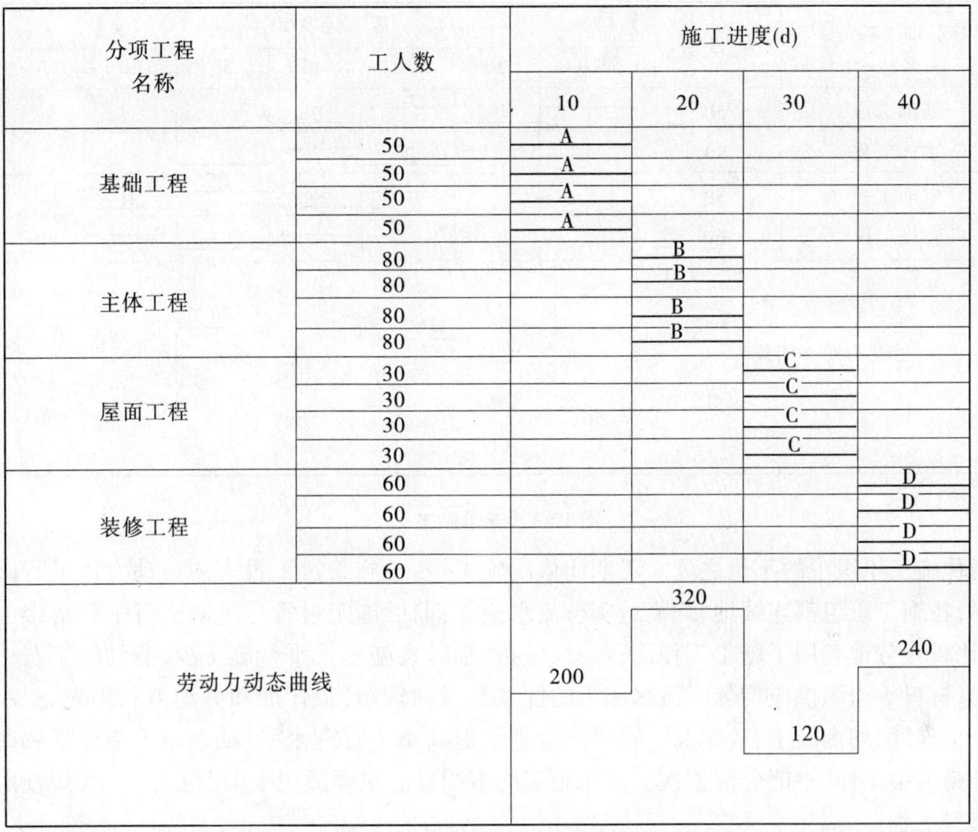

分项工程名称	工人数	施工进度(d)			
		10	20	30	40
基础工程	50	A			
	50	A			
	50	A			
	50	A			
主体工程	80		B		
	80		B		
	80		B		
	80		B		
屋面工程	30			C	
	30			C	
	30			C	
	30			C	
装修工程	60				D
	60				D
	60				D
	60				D
劳动力动态曲线		200	320	120	240

图 12-2　平行施工

（4）每天投入施工的劳动力、材料和机具数量成倍地增加不利于资源供应的组织工作。

（5）施工现场的组织、管理比较复杂。

（三）流水施工

流水施工组织方式是将拟建工程项目的整个建造过程分解成若干个施工过程，也就是划分成若干个工作性质相同的分部、分项工程或工序；同时将拟建工程项目在平面上划分成若干个劳动量大致相等的施工段；在竖向上划分成若干个施工层，按照施工过程分别建立相应的专业工作队；各专业工作队按照一定的施工顺序投入施工，完成第一个施工段上的施工任务后，在专业工作队的人数、使用机具和材料不变的情况下，依次、连续地投入到第二、第三……直到最后一个施工段的施工，在规定的时间内，完成同样的施工任务；不同的专业队在工作时间上最大限度地、合理地搭接起来；当第一施工层各个施工段上的相应施工任务全部完成后，专业队依次地、连续地投入到第二、第三……施工层，保证拟建工程项目的施工全过程在时间上及空间上有节奏、连续、均衡地进行下去，直到完成全部施工任务。

用流水施工组织方法对例 12-1 进行施工安排，如图 12-3 所示。

根据图 12-3 可知：流水施工的组织方式吸收了依次施工和平行施工的优点，克服了

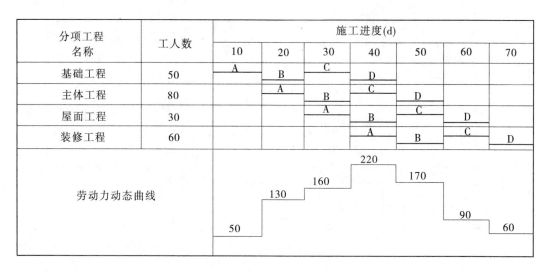

图 12-3　流水施工

前两种施工组织中的不足之处。工期比依次施工短,各施工过程投入的劳动力比平行施工少;各施工班组都连续地、均衡地实行流水施工;前后施工过程尽可能实行平行搭接施工,比较充分地利用了施工工作面;机具、设备、临时设施等比平行施工少,节约施工费用支出,材料等组织供应均匀。流水施工的优点是时间较短,工作面和劳动力利用充分,专业班组连续、均衡施工,效率高、质量好,有利于提高施工管理水平;缺点是不能体现哪些工作是关键工作,不能分清主次。流水施工的组织方法主要适用于工期要求紧、大规模的施工群工程。

二、流水施工的特点

对图 12-1 ~ 图 12-3 进行比较,可以看出流水施工具有以下特点:

(1)流水施工能合理地、充分地利用工作面,争取时间,加速工程的施工进度,从而有利于缩短工期。

(2)流水施工进入各施工过程的班组专业化程度高,为工人提高技术水平和改进操作方法及革新生产工具创造了有利条件,因而促进劳动生产率不断提高和工人劳动条件的改善,同时使工程质量容易得到保证和提高。

(3)流水施工,单位时间完成工程数量,对机械操作过程是按照主导机械生产率来确定的,对手工操作过程是以合理的劳动组织来确定的,因而可以保证施工机械和劳动力得到合理和充分的利用。

(4)流水施工劳动力和物资消耗均衡,加速了施工机械、架设工具等的周转使用次数,而且可以减少现场临时设施,从而节约施工费用支出。

(5)流水施工有利于机械设备的充分利用,也有利于劳动力合理安排和使用,有利于物资资源的平衡、组织与供应,做到计划化和科学化,从而促进施工技术与管理水平不断提高,为文明施工和进行现场的科学管理创造了有利条件。

三、组织流水施工的要点和条件

(一)组织流水施工的要点

1. 划分分部分项工程

将拟建工程,根据工程特点及施工要求,划分为若干分部工程;每个分部工程已根据施工工艺要求、工程量大小、施工班组的组成情况,划分为若干施工过程(即分项工程)。

2. 划分施工段

根据组织流水施工的需要,将拟建工程在平面或空间上,划分为工程量大致相等的若干个施工段。

3. 每个施工过程组织独立的施工班组

每个施工过程尽可能组织独立的施工班组,配备必要的施工机具,按施工工艺的先后顺序,依次地、连续地、均衡地从一个施工段转移到另一个施工段完成本施工过程相同的施工操作。

4. 主要施工过程必须连续地、均衡地施工

对工程量较大、施工时间较长的施工过程,必须组织连续、均衡施工;对其他次要施工过程,可考虑与相邻的施工过程合并,如不能合并,为缩短工期,可安排间断施工。

5. 不同的施工过程尽可能组织平行搭接施工

按先后顺序要求,在有工作面条件下,除必要的技术与组织间歇(如养护等)外,尽可能组织平行搭接施工。

(二)组织流水施工的条件

从上述组织流水施工要点中可以知道,组织流水施工的必要条件是:划分劳动量(或工程量)大致相等的若干个施工区段(流水段),每个施工过程组织独立的施工班组,安排主要施工过程的施工班组进行连续、均衡的流水施工,不同的施工过程按施工工艺要求尽可能组织平行搭接施工。

对于一个工程规模较小、不能划分施工区段的工程任务,同时没有其他工程任务可以与它组织流水施工,则该工程不具备组织流水施工的条件。

四、流水施工的表示方法

(一)横道图

1. 水平指示图表

在流水施工水平指示图表的表达方式中,横坐标表示流水施工的持续时间;纵坐标表示开展流水施工的施工过程,专业工作队的名称、编号和数目;呈梯形分布的水平线段表示流水施工的开展情况,如图12-4(a)所示。

水平指示图表的优点是:绘制简单,施工过程及其先后顺序清楚,时间和空间状况形象直观,进度线的长度可以反映流水施工速度,使用方便,在实际工程中,常用水平指示图表编制施工进度计划。

2. 垂直指示图表

在流水施工垂直指示图表的表达方式中,横坐标表示流水施工的持续时间;纵坐标表

示开展流水施工所划分的施工段编号；n 条斜线段表示各专业工作队或施工过程开展流水施工的情况，如图 12-4(b) 所示。

垂直指示图表的优点是：施工过程及其先后顺序清楚，时间和空间状况形象直观，斜向进度线的斜率可以明显地表示出各施工过程的施工速度；利用垂直指示图表研究流水施工的基本理论比较方便，但编制实际工程进度计划不如横道图方便，一般不用其表示实际工程的流水施工进度计划。

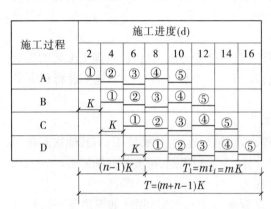

(a)水平指示图表

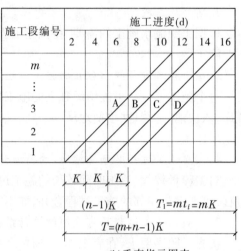

(b)垂直指示图表

T—流水施工计划总工期；T_1——个专业工作队或施工过程完成其全部作业的持续时间；

n—专业工作队或施工过程编号；m—施工段数；K—流水步距；t_i—流水节拍；

A、B、C、D—专业工作队数或施工过程数；①②③④⑤—施工段编号

图 12-4　工程进度计划图表

(二) 网络图

把一项计划(或工程)的所有工作，根据其开展的先后顺序并考虑其相互制约关系，全部用箭线或圆圈表示，从左向右排列起来，形成一个网状的图形，称之为网络图。网络图分为单代号网络图和双代号网络图，关于网络图的内容，我们在第十三章进行阐述。

五、土木工程流水施工的经济效果

流水施工是一种有效的组织措施，也是组织施工的一种有效方法。其特点是施工的连续性和均衡性使各种物资资源可以均衡地使用，使得施工企业的生产能力可以充分地发挥，劳动力得到了合理的安排和使用，从而带来了较好的经济效果。主要表现在以下几方面：

(1)流水施工进入各施工过程的班组专业化程度高，为工人提高技术水平和改进操作方法以及革新生产工具创造了有利条件，因而促进劳动生产率不断提高和工人劳动条件的改善，同时使工程质量得到保证和提高。各个施工过程均采用专业班组操作，可提高工人的熟练程度和操作技能，从而提高工人的劳动生产率，同时，工程质量也易于保证和提高。

(2)流水施工能合理地、充分地利用工作面，争取时间，加速工程的施工进度，从而有

利于缩短工期。前后施工过程衔接紧凑,减少了不必要的时间间歇,使施工得以连续进行,后续工作尽可能提前在不同的工作面上开展,从而加快施工进度、缩短工程工期。根据各施工企业开展流水施工的效果比较,它比顺序施工总工期可缩短1/3左右。

(3)流水施工劳动力和物资消耗均衡,加速了施工机械、架设工具等的周转使用次数,而且可以减少现场临时设施从而节约施工费用支出。采用流水施工,使得劳动力和其他资源的使用比较均衡,从而可避免出现劳动力和资源使用大起大落的现象,减轻施工组织者的压力,为资源的调配、供应和运输带来方便。

(4)流水施工中,单位时间完成工程数量,对机械操作过程按照主导机械生产率来确定,对手工操作过程是以合理的劳动组织来确定的,因而可以保证施工机械和劳动力得到合理和充分的利用。

(5)流水施工有利于机械设备的充分利用,也有利于劳动力合理安排和使用,也有利于物资资源的平衡、组织与供应,从而促进施工技术与管理水平的不断提高。

第二节　流水施工的基本参数

为了说明组织流水施工时,各施工过程在时间上和空间上的开展情况及相互依存关系,必须引入一些描述流水施工进度计划图表特征和各种数量关系的参数,这些参数称为流水施工参数。流水施工参数按其作用的不同,一般可分为工艺参数、空间参数和时间参数三种。

一、工艺参数

工艺参数是指在组织流水施工时,用以表达流水施工在施工工艺上开展顺序及其特征的参数;具体地说,是指在组织流水施工时,将拟建工程项目的整个建造过程分解为施工过程的种类、性质和数目的总称。通常,工艺参数包括施工过程和流水强度两种。

(一)施工过程(n)

在工程项目施工中,施工过程所包括的范围可大可小,既可以是分部工程(如地基基础、主体结构、楼地面、屋面、门窗、智能化工程、装修工程等)、分项工程(如挖土、垫层、支模、扎筋、浇筑混凝土工程等),又可以是单位工程(如土建、给水排水、电气等专业工程,设备安装等)。根据工艺性质不同,它分为制备类施工过程、运输类施工过程和砌筑安装类施工过程等三种。施工过程数一般用n来表示。

一个工程的施工由许多施工过程组成,例如挖土、支模、扎筋、浇筑混凝土等。

(二)流水强度(V)

流水强度(V)是指某一施工过程(或专业工作队)在单位时间内所完成的工程量,如浇捣混凝土施工过程的流水强度是指每工作班浇筑的混凝土立方米数量。流水强度又称为流水能力或生产能力。

流水强度的计算方法如下所述。

(1)机械施工过程的流水强度按下式计算

$$V = \sum_{i=1}^{x} N_i S_i \tag{12-1}$$

式中　V——某施工队的流水强度；

　　　N_i——某类施工机械台数；

　　　S_i——该类施工机械台班生产率；

　　　x——用于同一施工过程的施工机械类数。

（2）手工操作施工过程的流水强度按下式计算

$$V = NS \tag{12-2}$$

式中　N——某一施工过程投入的工人人数；

　　　S——每一工人的每班产量。

二、空间参数

在组织流水施工时，用以表达流水施工在空间布置上所处状态的参数，称为空间参数。空间参数主要有工作面、施工层和施工段数等三种。

（一）工作面

工作面是指施工对象上可供操作工人或施工机械进行施工的活动空间。工作面的大小，反映施工对象上能安排某一施工过程施工人数或机械台数的多少。工作面的大小可以采用不同的计量单位来表示。例如，道路工程，可以采用沿着道路的长度以"m"为单位，浇筑混凝土楼板工程则可以采用楼板的面积以"m²"为单位等。确定施工过程的工作面时，应遵循以下两个原则：

（1）要满足安全施工的要求，即遵守安全技术和施工技术规范的规定。

（2）要有利于提高生产效率，即要充分考虑每个专业工作队或每台施工机械在单位时间内完成的工程量。

工作面的大小，是根据相应工种单位时间内的产量定额、工程操作规程和安全规程等的要求确定的。工作面确定的合理与否，直接影响到专业工种工人的劳动生产效率，对此必须认真加以对待，合理确定。有关工种的工作面可参考表 12-1 确定。

表 12-1　主要工种工作面参考数据

工作项目	每个技工的工作面	说明
钢筋混凝土柱	2.45 m³/人	现浇、机拌、机捣
钢筋混凝土梁	3.20 m³/人	现浇、机拌、机捣
钢筋混凝土墙	5 m³/人	现浇、机拌、机捣
钢筋混凝土楼板	5.3 m³/人	现浇、机拌、机捣
混凝土设备基础	7 m³/人	现浇、机拌、机捣
混凝土基础	8 m³/人	现浇、机拌、机捣
混凝土地坪及面层	40 m²/人	现浇、机拌、机捣

续表 12-1

工作项目	每个技工的工作面	说明
预制钢筋混凝土平板、空心板	1.91 m³/人	机拌、机捣
预制钢筋混凝土大型屋面板	2.62 m²/人	机拌、机捣
门窗安装	11 m²/人	
砖基础	7.6 m/人	以 36 墙计,2 砖乘以 0.8,3 砖乘以 0.55
砌砖墙	8.5 m/人	以 24 墙计,3 砖乘以 0.71,2 砖乘以 0.57
毛石基础	3 m/人	以 600 mm 厚
毛石墙	3.3 m/人	以 400 mm 厚
外墙抹灰	16 m²/人	
内墙抹灰	18.5 m²/人	
卷材屋面	18.6 m²/人	
防水水泥砂浆屋面	16 m²/人	

（二）施工层（r）

在组织流水施工时,为了满足专业工种对操作高度和施工工艺的要求,将拟建工程项目在竖向上划分为若干个操作层,这些操作层称为施工层。施工层一般以 r 表示。

施工层的划分,应按工程项目的具体情况,根据建筑物的高度、楼层来划分。例如,砌筑工程的施工层高度一般为 1.2～1.5 m,室内抹灰、油漆、玻璃和水电安装,可以按楼层划分施工层。

（三）施工段数（m）

在组织流水施工时,通常把施工对象在平面上划分为劳动量相等或大致相等的若干个区段,这些区段称为施工段。它的数目用 m 表示,称为施工段数。每一个施工段在某一段时间内只供给一个施工过程使用。

施工段可以是固定的,也可以是不固定的。在固定施工段的情况下,所有施工过程都采用同样的施工段,施工段的分界对所有施工过程来说都是固定不变的。在不固定施工段的情况下,对不同的施工过程分别规定出一种施工段划分方法,施工段的分界对于不同的施工过程是不同的。固定的施工段便于组织流水施工,采用较广,而不固定的施工段则较少采用。

施工段是组织流水作业的基础,划分施工段的主要目的在于使各个施工过程的施工队能在不同的施工段上进行作业,并使各施工班组能按一定的时间间隔转移到另一个施工段上进行连续施工,即消除等待、停歇时间,又互不干扰。

在划分施工段时,应考虑以下几点:

（1）施工段的分界同施工对象的结构界限（温度缝、沉降缝和建筑单元等）应尽可能一致，以有利于结构的整体性，保证工程质量。

（2）各施工段工作面大小要合理。施工段工作面不宜太小，没有足够的工作面，工人操作不便，既影响工效，又不安全；施工段工作面也不宜太大，工作面过大，会造成工作面利用的不充分而拖延工期。

（3）各施工段上所消耗的劳动量应尽可能相近，以保证各施工班组连续、均衡的施工，其相差幅度不宜超过 10% ~ 15%。

（4）划分的施工段数要适宜。施工段数过多势必要减少人数，使工期延长；施工段数过少则会引起劳动力、机械和材料供应的过分集中，有时还会出现"断流"现象。

（5）有层间关系时，施工分段又分层，应使各施工队能够连续施工，即各施工过程的工作队做完第一段，应能立即转入第二段；做完本层的最后一段，应能立即转入上面一层的第一段。因而每层最少施工段数目 $m_{\min}$ 应满足：$m_{\min} \geqslant n$。

【例 12-2】　某两层的建筑物由支模板、绑扎钢筋、浇混凝土三个施工过程组成，若分别在平面上划分成二、三、四个施工段组织施工，其结果如图 12-5 ~ 图 12-7 所示。

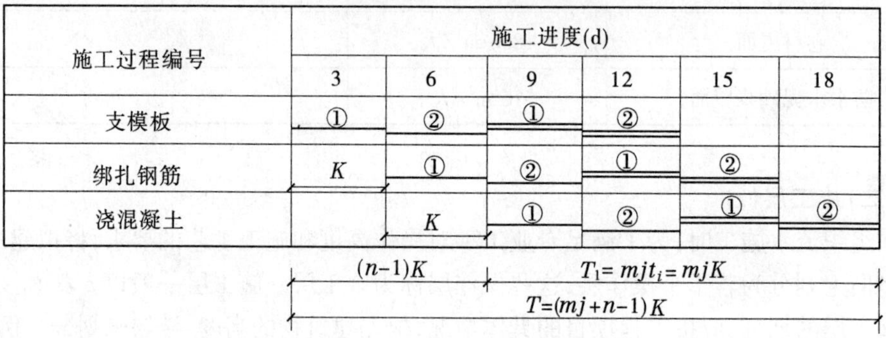

施工过程编号	施工进度(d)					
	3	6	9	12	15	18
支模板	①	②	①	②		
绑扎钢筋	K	①	②	①	②	
浇混凝土		K	①	②	①	②

$$(n-1)K \qquad T_1 = mjt_i = mjK$$
$$T = (mj + n-1)K$$

图 12-5　$m < n$ 时的流水施工图

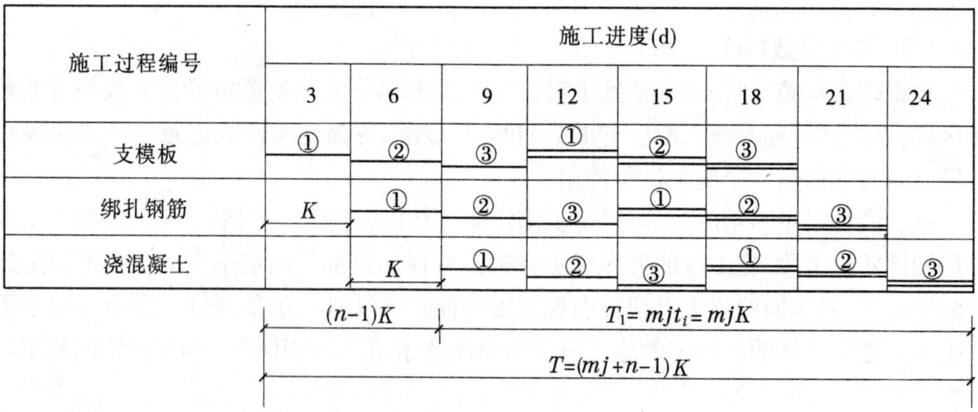

施工过程编号	施工进度(d)							
	3	6	9	12	15	18	21	24
支模板	①	②	③	①	②	③		
绑扎钢筋	K	①	②	③	①	②	③	
浇混凝土		K	①	②	③	①	②	③

$$(n-1)K \qquad T_1 = mjt_i = mjK$$
$$T = (mj + n-1)K$$

图 12-6　$m = n$ 时的流水施工图

由图 12-5 可知，当 $m < n$ 时，施工段上始终有工作队在工作，即没有停歇，工作面得到充分的利用，但工作队在一个施工过程中不能连续施工，有窝工现象，这是组织流水施工

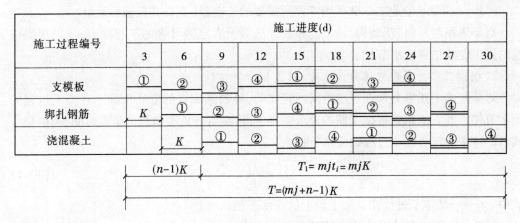

施工过程编号	施工进度(d)									
	3	6	9	12	15	18	21	24	27	30
支模板	①	②	③	④	①	②	③	④		
绑扎钢筋	K	①	②	③	④	①	②	③	④	
浇混凝土		K	①	②	③	④	①	②	③	④

$(n-1)K$　　　　$T_1 = mjt_i = mjK$

$T = (mj + n - 1)K$

图 12-7　$m > n$ 时的流水施工图

所不允许的。

由图 12-6 可知,当 $m = n$ 时,工作队连续施工,无窝工现象,而且施工段上始终有工作队在工作,即施工段上无停歇,工作面得到充分的利用,是比较理想的组织方式。

由图 12-7 可知,当 $m > n$ 时,工作队仍是连续施工,无窝工现象,但施工段有空闲停歇,而这种停歇有时是必要的。

三、时间参数

在组织流水施工时,用以表达流水施工在时间排列上所处状态的参数,称为时间参数。时间参数包括流水节拍、流水步距、平行搭接时间、技术间歇时间、组织间歇时间和流水施工工期等五种。

(一)流水节拍

流水节拍是指在组织流水施工时,某个专业工作队在一个施工段上的施工持续时间。第 j 个专业工作队在第 i 个施工段上的流水节拍一般用 $t_{j,i}$ 表示($j = 1, 2, \cdots, n; i = 1, 2, \cdots, m$)。

流水节拍是流水施工的主要参数之一,它表明流水施工的速度和节奏性。流水节拍的大小决定着单位时间投入的劳动力、机械和材料等资源量的多少,因此流水节拍的确定具有很重要的意义。

1. 确定流水节拍的计算方法

1)定额计算法

$$t_{j,i} = \frac{Q_{j,i}}{S_j R_j N_j} = \frac{P_{j,i}}{R_j N_j} \tag{12-3}$$

式中　$t_{j,i}$——第 j 专业工作队在第 i 施工段上的流水节拍;

　　　$Q_{j,i}$——第 j 专业工作队在第 i 施工段上要完成的工程量或工作量;

　　　S_j——第 j 专业工作队的每一工日(或机械台班)产量定额;

　　　R_j——第 j 专业工作队投入的施工人数(或机械台数);

　　　N_j——第 j 专业工作队的每日工作班次;

$P_{j,i}$——第 j 专业工作队某施工段所需要的劳动量(工日或机械台班量)。

对于采用新材料、新结构、新工艺和新方法等没有定额可循的工程项目,可以根据以往的施工经验估算流水节拍。

2)根据工期的要求来确定流水节拍(工期计算法)

对某些施工任务必须在规定时间内完成的,可根据倒排的方法来确定各施工过程的流水节拍。其方法是先根据工期的要求倒排进度,确定各施工过程的延续时间,再根据公式(12-4)来确定各施工过程的流水节拍。

$$t_i = \frac{T_i}{m_i} \tag{12-4}$$

式中 t_i——某施工过程在某施工段上的流水节拍;

      T_i——某施工过程的持续时间;

      m_i——某施工过程的施工段数。

根据工期要求确定流水节拍时,可反算出所需要的人数(或机械台班数)。在这种情况下,必须检查劳动力、材料和机械供应的可能性,工作面是否足够等。

3)经验估算法

经验估算法又称三时估算法,它是先根据经验估算法算出某施工过程流水节拍的最长、最短和正常(即最可能)三种时间,然后根据公式(12-5)计算出流水节拍。这种方法多适用于采用新工艺、新材料和新技术等没有定额可循的施工过程。

$$t_i = \frac{a + 4c + b}{6} \tag{12-5}$$

式中 t_i——某施工过程在某施工段上的流水节拍;

      a——某施工过程在某施工段上的最短估算时间;

      b——某施工过程在某施工段上的最长估算时间;

      c——某施工过程在某施工段上的正常估算时间。

2. 确定流水节拍时应注意的问题

(1)流水节拍应当取适当整数,不得已时,可取0.5或0.5的倍数。

(2)流水节拍的取值应当考虑专业工作队组织方面的限制和要求,尽量不改变原有的劳动组织形式(人员配备、机具、机械配备基本不变),但又应满足专业工作队对工作面的要求,确保施工操作安全和充分发挥劳动效率。

(3)应先确定主导施工过程的流水节拍,据此再确定其他施工过程的流水节拍,并应尽可能是有节奏的,以便组织有节奏的流水施工。

(4)流水节拍的确定,还要综合考虑劳动力、材料、机具设备的供应情况和施工进度、施工技术、施工工艺的限制和特殊要求。

(5)根据工期要求确定流水节拍时,必须检查劳动力、材料和机械供应的可能性,工作面是否足够等。如果工期紧、节拍小,可以增加工作班次(采用每天两班或三班制)。

(二)流水步距(K)

相邻两个专业工作队,在保证施工顺序、满足连续施工、最大限度搭接和保证工程质量要求的条件下,先后进入流水施工的最小时间间隔,叫流水步距。流水步距属于时间参数,它用符号 K 来表示。如钢筋工作队第 1 天进入第一施工段工作,工作两天做完第一施工段(流水节拍为 2 d),第 3 天开始模板工作队进入第一施工段工作。钢筋工作队与模板工作队先后进入第一施工段的时间间隔为 2 d,那么流水步距 $K = 2$ d。

流水步距的数目取决于参加流水的施工过程数,如施工过程数为 n 个,则流水步距的总数为 $n - 1$ 个。而流水步距的大小,应考虑施工工作面的允许,施工顺序的适宜,技术间歇的合理以及施工期间的均衡等。在施工段不变的情况下,流水步距小,平行搭接多,工期短,反之则工期长。流水步距具体的计算方法很多,应根据不同的流水施工方式确定。

确定流水步距的基本要求如下:

(1)始终保持合理的先后两个施工过程工艺顺序。

(2)尽可能保持各施工过程的连续作业。

(3)做到前后两个施工过程施工时间的最大搭接(即前一施工过程完成后,后一施工过程尽可能早地进入施工)。

(三)平行搭接时间($C_{j, j+1}$)

在组织流水施工时,有时为了缩短工期,在工作面允许的条件下,如果前一个专业工作队完成部分施工任务后,能够提前为后一个专业工作队提供工作面,使后者提前进入前一个施工段,两者仍在同一施工段上平行搭接施工,这个搭接的时间称为平行搭接时间,简称搭接时间,通常用符号 $C_{j, j+1}$ 表示。

(四)技术(工艺)间歇时间($G_{j, j+1}$)

在组织流水施工时,除要考虑相邻专业工作队之间的流水步距外,有时根据建筑材料或现浇构件等的工艺性质,还要考虑合理的工艺等待时间,这个等待时间称为技术间歇时间,常用 $G_{j, j+1}$ 来表示。

(五)组织间歇时间($Z_{j, j+1}$)

由于组织安排需要要求两个相邻的施工过程在规定的流水步距以外增加额外等待时间,这种等待时间称为组织间歇时间。如质量验收、安全检查等。

上述两种间歇时间在组织流水施工时,可根据间歇时间的发生阶段或一并考虑或分别考虑,以灵活应用技术(工艺)间歇和组织间歇的时间参数特点,简化流水施工组织。但二者的概念、作用和内容是不同的,必须结合具体情况灵活处理。

(六)流水施工工期(T)

流水施工工期是指从第一个专业工作队投入流水施工开始,到最后一个专业工作队完成流水施工为止的整个持续时间,是流水施工的主要参数之一。由于一项建设工程往往包含有许多流水组,故流水施工工期一般均不是整个工程的总工期。流水施工工期应根据各施工过程之间的流水步距、工艺间歇和组织间歇时间以及最后一个施工过程中各施工段的流水节拍等确定。

第三节　流水施工的分类

在组织流水施工时,应根据工程项目的特点和实际工程的进度要求,选择相应的合理的流水施工组织形式。流水施工的类型一般可根据流水施工对象的范围和流水节奏的特征给予划分。

一、按流水施工对象的范围划分

根据组织流水施工对象的范围,流水施工通常可分为分项工程流水施工、分部工程流水施工、单位工程流水施工和群体工程流水施工。

(一)分项工程流水施工

分项工程流水施工也称为细部流水施工。它是在一个专业工种内部组织起来的流水施工,是构成流水施工作业的最基本流水线路。例如,基础工程中,土方工作队依次在各施工段上连续完成土方的开挖等。

分项工程流水施工共有两种:一种是工艺细部流水,即各施工过程专业工种施工队按工艺方法确定的施工顺序,相继对某一个施工段进行加工作业而形成的工作线路;另一种是组织细部流水,即某施工过程的专业施工队组按施工组织确定的施工段的施工顺序逐段转移施工而形成的工作线路。

(二)分部工程流水施工

分部工程流水施工也称为专业流水施工。它是在一个分部工程内部、各分项工程之间组织起来的流水施工。在施工进度计划表上,是一组标有施工段或工作队编号的水平进度指示线段或斜向进度指示线段。例如,现浇钢筋混凝土主体结构流水施工,是由支模板、扎钢筋、浇混凝土三个分项工程流水所组成的。

(三)单位工程流水施工

单位工程流水施工也称为综合流水施工。它是在一个单位工程内部、各分部工程之间组织起来的流水施工。在项目施工进度计划表上,它是若干组分部工程的进度指示线段,并由此构成单位工程施工进度计划。

(四)群体工程流水施工

群体工程流水施工也称为大流水施工。它是在一个个单位工程之间组织起来的流水施工反映在项目施工进度计划上的,是一个项目施工总进度计划。

流水施工的分级和它们之间的相互关系,如图 12-8 所示。

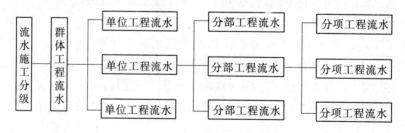

图 12-8　流水施工分级示意

二、按流水节奏的特征划分

流水施工按照流水节奏的特征可以分为两大类:有节奏流水施工和无节奏流水施工。

流水施工分类见图12-9。

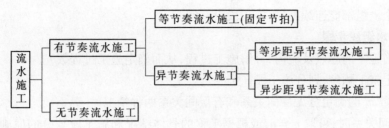

图 12-9　流水施工分类

（一）有节奏流水施工

有节奏流水施工是指在流水组中，每一个施工过程在各段上的流水节拍各自相等，使流水具有一定的规律。它又分为等节奏流水施工和异节奏流水施工。

等节奏流水施工是指在流水组中，各个施工过程的流水节拍全部相同，而流水步距也与流水节拍相等，规律性非常强的流水施工，也称固定节拍流水施工。

异节奏流水施工是指在流水组中，同一个施工过程的流水节拍相同，但各施工过程之间的流水节拍不尽相等的流水施工。根据这种流水按组织的施工队组数多于施工过程数或等于施工过程数，它又可分为等步距异节奏流水施工和异步距异节奏流水施工两种形式。

（二）无节奏流水施工

无节奏流水施工是指对于组织流水施工的每一个施工过程在每一个施工段上的流水节拍不一定完全相等，相互之间也无什么规律可寻。

三、按流水施工空间特点划分

按组织流水的空间特点，流水施工可分为流水段法和流水线法。流水段法常用于建筑及桥梁等体型宽大、构造较复杂的工程，流水线法常用于管线、道路等体型狭长的工程。

第四节　流水施工的组织形式

专业流水是流水施工的最基本的组织方式，专业流水依靠各专业施工队的协作配合彼此按照一定的顺序施工，形成一种节奏性的活动来完成工程对象的相关施工任务。由于参与流水的各施工过程流水节拍的特点不同，组织流水施工的方式也不尽相同。

一、固定节拍流水施工

（一）固定节拍流水特点

（1）流水节拍相等。如果有 n 个施工过程，流水节拍为 t_i，则

$$t_1 = t_2 = t_{n-1} = t_n = t \tag{12-6}$$

（2）流水步距彼此相等，而且等于流水节拍。

$$K_{1,2} = K_{2,3} = K_{n-1,n} = K = t \tag{12-7}$$

（3）专业施工班组数等于施工过程数。

（4）每个班组都能连续施工,施工段没有空闲。

（二）流水组织步骤

（1）明确施工的起点及流向,分解施工过程,从而确定施工过程数 n。

（2）确定施工顺序,划分施工段。

施工段数 m 的确定分无层间关系和有层间关系两种情况。

①无层间关系时,可取 $m=n$,或根据工程的具体情况和施工段划分的原则确定施工段数 m。

②有层间关系时

$$m \geqslant n + \frac{\max \sum Z_1}{K} + \frac{\max \sum Z_2}{K} \qquad (12\text{-}8)$$

式中　$\sum Z_1$——同一楼层内各施工过程间的技术、组织间歇时间之和;

$\sum Z_2$——各楼层间技术、组织间歇时间之和;

K——流水步距。

（三）计算流水施工工期

不分施工层时,全等节拍流水工期可按式(12-9)计算

$$T = (m+n-1)K + \sum Z_{j,j+1} - \sum C_{j,j+1} \qquad (12\text{-}9)$$

划分施工层(j)时,全等节拍流水工期可按式(12-10)计算

$$T = (mj+n-1)K + \sum Z_1 - \sum C_1 \qquad (12\text{-}10)$$

式中　T——流水工期;

m——施工段数;

n——施工过程数;

K——流水步距;

$Z_{j,j+1}$——间歇时间(技术间歇与组织间歇时间之和);

$C_{j,j+1}$——搭接时间;

$\sum Z_1$——同一施工层中间歇时间之和;

$\sum C_1$——同一施工层中搭接时间之和。

（四）绘制流水进度计划表

流水进度的表示有横道图和斜道图两种方式。一般情况下,都使用横道图来表示。

【例12-3】　某分部工程由 A、B、C、D 4 个施工过程组成,在平面上划分为 5 个施工段,流水节拍都为 3 d,无间歇、无搭接。试组织全等节拍流水。

解　由题意可知,$n=4$(4 个施工过程),$m=5$(5 个施工段)。

（1）确定流水步距。按全等节拍流水的特点:$K=t=3$ d。

（2）计算流水工期。按式(12-10)计算

$$T = (5+4-1) \times 3 + 0 - 0 = 24(d)$$

（3）绘制横道图(流水施工进度表),如图 12-10 所示。

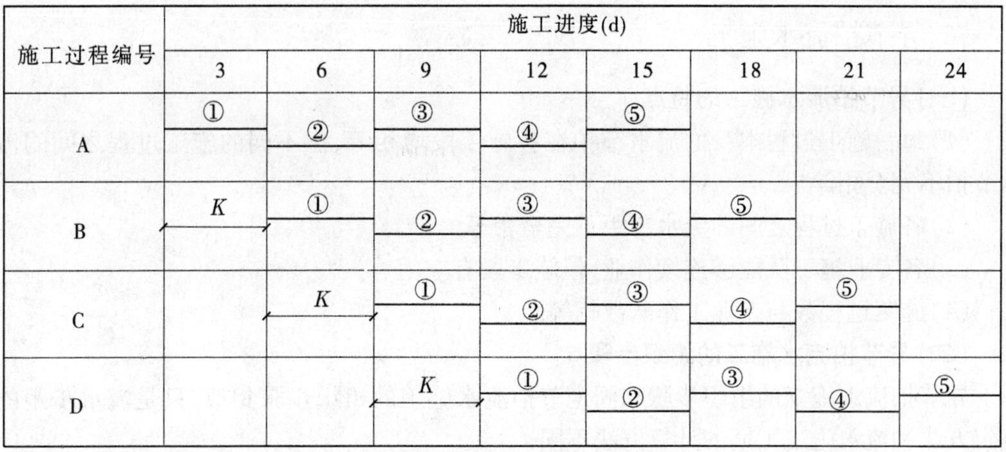

施工过程编号	施工进度(d)							
	3	6	9	12	15	18	21	24
A	①	②	③	④	⑤			
B	K→	①	②	③	④	⑤		
C		K→	①	②	③	④	⑤	
D			K→	①	②	③	④	⑤

图 12-10　固定节拍流水施工进度

【**例 12-4**】　某分部工程由 A、B、C、D 4 个施工过程组成,它在竖向上划分为两个施工层组织施工,流水节拍均为 2 d,施工过程 C 完成后,其相应的施工段上至少有 2 d 的技术间歇,且层间的技术间歇为 2 d。为保证工作队连续作业,试组织流水施工。

解　由题意,已知 $n=4, j=2, t_A=t_B=t_C=t_D=2$ d, $Z_{C-D}=2$ d, $Z_2=2$ d,则

$$K = t = 2 \text{ d}$$

$$m \geqslant n + \frac{\max\sum Z_1}{K} + \frac{\max\sum Z_2}{K} = 4 + \frac{2}{2} + \frac{2}{2} = 6$$

取 $m=6$

$$T = (mj+n-1)K + \sum Z_1 = (6\times2+4-1)\times2+2 = 32(\text{d})$$

绘横道图,如图 12-11 所示。

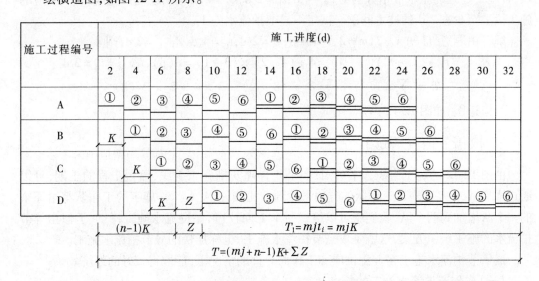

图 12-11　固定节拍流水施工进度

二、异节拍流水施工

(一)异节拍流水施工的特点

(1)每一施工过程本身的流水节拍在各施工段均相等,但不同的施工过程之间的流水节拍不完全相等。

(2)各施工过程之间的流水步距不完全相等。

(3)各专业施工队能够连续作业,但施工段有空闲。

(4)施工过程数与专业工作队数相等。

(二)异节拍流水施工的组织步骤

异节拍流水施工的组织步骤和固定节拍流水施工的组织步骤相似,只是流水步距的确定方法和流水施工工期的计算方法不同。

1. 计算流水步距

当 $t_i \leqslant t_{i+1}$ 时　　　　　　　$K_{i,i+1} = t_i$ 　　　　　　　　　　(12-11)

当 $t_i > t_{i+1}$ 时　　　　$K_{i,i+1} = t_i + (t_i - t_{i+1})(m - 1)$ 　　　　(12-12)

式中　t_i——第 i 个施工过程的流水节拍;

　　　t_{i+1}——第 $i+1$ 个施工过程的流水节拍;

　　　m——施工段数;

　　　$K_{i,i+1}$——第 i 个施工过程和第 $i+1$ 个施工过程间的流水步距。

2. 计算流水施工工期(T)

$$T = \sum K + T_1 + \sum Z \qquad\qquad (12-13)$$

3. 绘制流水施工指示图表

【例 12-5】　某工程项目由 A、B、C 3 个施工过程组成,它在平面上划分为 3 个施工段,各施工过程的流水节拍分别为 $t_A = 4$ d,$t_B = 2$ d,$t_C = 4$ d,施工过程 B 完成后,其相应的施工段上至少有 2 d 的技术间歇。试组织异节拍流水施工。

解　由题意,已知 $n = 3$,$m = 3$,$t_A = 4$ d,$t_B = 2$ d,$t_C = 4$ d,$Z_{B-C} = 2$ d,则

$K_{A-B} = t_A + (t_A - t_B)(m - 1) = 4 + (4 - 2) \times (3 - 1) = 8(d)$,$K_{B-C} = t_B = 2$ d

$$T = \sum K + T_1 + \sum Z = (8 + 2) + 3 \times 4 + 2 = 24(d)$$

绘横道图,如图 12-12 所示。

三、成倍节拍流水施工

由图 12-12 的施工组织方案可知,如果要合理安排施工组织,缩短工程的工期,可以通过增加 A、C 工程施工工作队的方法来达到。比如说,A、C 工作施工的工作队都由原来的一个队增加到两个队,我们就可以组织一个工期较短、保持流水施工特点、类似全等节拍流水的施工组织方案,这就是成倍节拍流水施工,也称加快的异节拍流水施工。

成倍节拍流水施工在资源供应和工作面允许的情况下,能取得较好的经济效果。

(一)成倍节拍流水施工的特点

(1)每一施工过程本身的流水节拍在各施工段上均相等,不同的施工过程之间的流

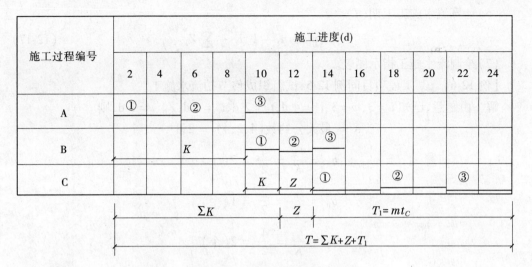

图 12-12　异节拍流水施工进度

水节拍不完全相等,但互为倍数关系。

（2）流水步距彼此相等,且等于流水节拍的最大公约数。

（3）各专业施工队能够连续作业,施工段没有空闲。

（4）施工过程数小于专业工作队数。

（二）成倍节拍流水施工的组织步骤

（1）确定项目施工起点流向,分解施工过程。

（2）根据成倍节拍流水施工的要求,计算流水节拍。

（3）计算流水步距,K 为各流水节拍的最大公约数。

（4）确定各施工过程的专业工作队数。

$$b_i = \frac{t_i}{K} \tag{12-14}$$

$$n_1 = \sum b_i \tag{12-15}$$

（5）划分施工段,确定施工段数 m。

施工段数 m 的确定分无层间关系和有层间关系两种情况:

①无层间关系时,可取 $m = n$,或根据工程的具体情况和施工段划分的原则确定施工段数 m。

②有层间关系时

$$m \geqslant n_1 + \frac{\max \sum Z_1}{K} + \frac{\max \sum Z_2}{K} \tag{12-16}$$

式中　n_1——专业工作队数之和;

　　$\sum Z_1$——同一楼层内各施工过程间的技术、组织间歇时间之和;

　　$\sum Z_2$——各楼层间技术、组织间歇时间之和;

　　K——流水步距。

（6）计算流水施工工期(T）

$$T = (mj + n_1 - 1)K + \sum Z_1 \tag{12-17}$$

（7）绘制流水施工指示图表。

【例 12-6】 某工程项目同例 12-5，试组织成倍节拍流水施工。

解 由题意，已知 $n=3, m=3, t_A=4$ d$, t_B=2$ d$, t_C=4$ d$, Z_{B-C}=2$ d，则

$$K = 最大公约数(4,2,4) = 2 \text{ d}$$

$$b_A = \frac{t_A}{K} = \frac{4}{2} = 2(个)$$

$$b_B = \frac{t_B}{K} = \frac{2}{2} = 1(个)$$

$$b_C = \frac{t_C}{K} = \frac{4}{2} = 2(个)$$

$$n_1 = \sum b_i = 2+1+2 = 5(个)$$

$$T = (mj + n_1 - 1)K + \sum Z_1 = (3 \times 1 + 5 - 1) \times 2 + 2 = 16(\text{d})$$

绘横道图，如图 12-13 所示。

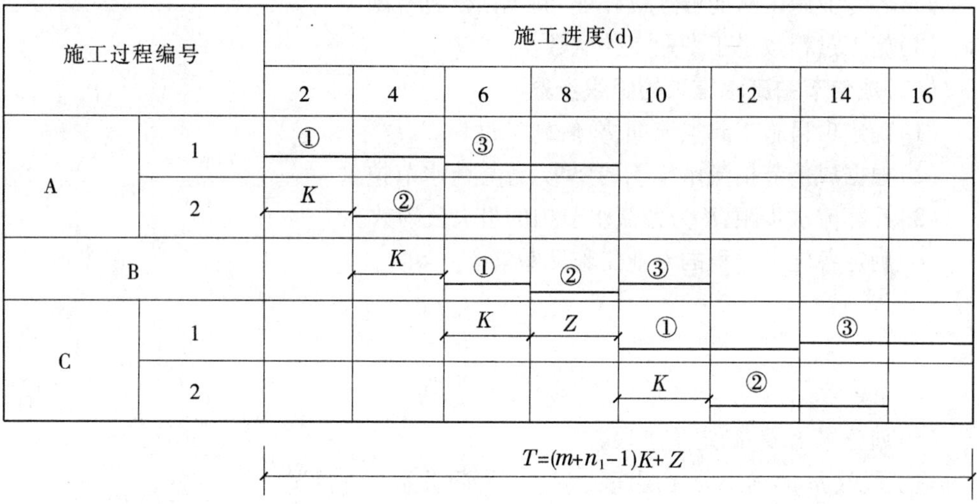

施工过程编号		施工进度(d)							
		2	4	6	8	10	12	14	16
A	1	①		③					
	2	K	②						
B			K	①	②	③			
C	1			K	Z	①		③	
	2				K	②			

$$T=(m+n_1-1)K+Z$$

图 12-13　成倍节拍流水施工进度

【例 12-7】 某项目由 A、B、C 三个施工过程组成，划分两个施工层，已知每层每段的流水节拍分别为 $t_A=4$ d$, t_B=4$ d$, t_C=2$ d。施工过程 B 完成后，相应施工段上至少有技术间歇 2 d，且层间间歇为 2 d。试组织成倍节拍流水施工方案。

解 由题意，已知 $n=3, t_A=4$ d$, t_B=4$ d$, t_C=2$ d$, Z_{B-C}=2$ d$, Z_2=2$ d，则

$$K = 最大公约数(4,4,2) = 2 \text{ d}$$

施工班组数：

$$b_A = \frac{t_A}{K} = \frac{4}{2} = 2(个)$$

$$b_B = \frac{t_B}{K} = \frac{4}{2} = 2(\text{个})$$

$$b_C = \frac{t_C}{K} = \frac{2}{2} = 1(\text{个})$$

$$n_1 = \sum b_i = 2 + 2 + 1 = 5(\text{个})$$

施工段数：$m \geq n_1 + \dfrac{\sum Z_1}{K} + \dfrac{\sum Z_2}{K} = 5 + \dfrac{2}{2} + \dfrac{2}{2} = 7(\text{个})$

取 $m = 7$ 个

工期：$T = (mj + n_1 - 1)K + \sum Z_1 = (7 \times 2 + 5 - 1) \times 2 + 2 = 38(\text{d})$

绘横道图，如图 12-14 所示。

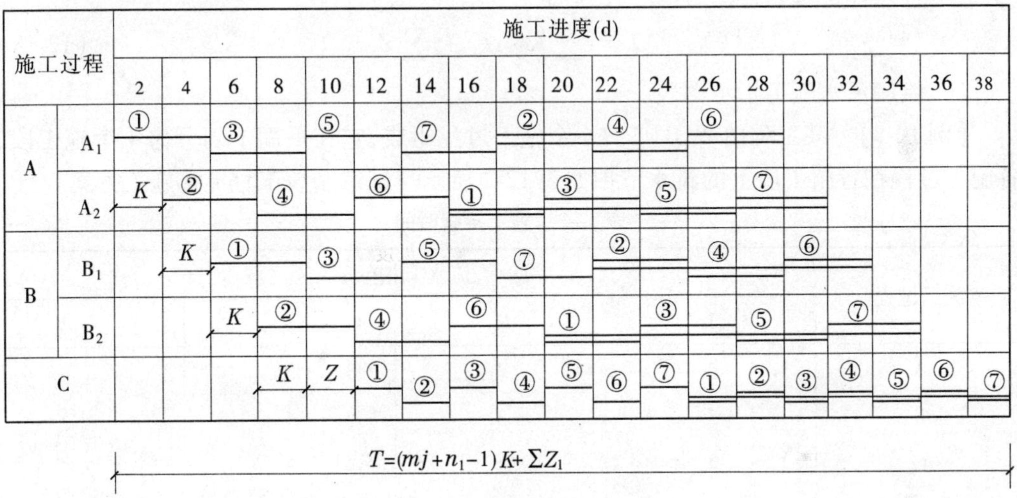

图 12-14　成倍节拍流水施工进度

四、无节奏流水施工

在实际工程中，将施工项目各施工过程分成劳动量大致相等的施工段是有难度的，有时甚至是不能实现的。这时我们只能按照施工顺序，使相邻两个施工过程之间最大限度地搭接，组织成每个专业工作队能够连续作业无节奏流水施工。无节奏流水施工是流水施工的普遍组织形式，而有节奏流水施工是无节奏流水施工的特例。

（一）无节奏流水施工的特点

（1）每个施工过程在各个施工段上的流水节拍不完全相等。

（2）各个施工过程之间的流水步距不完全相等，差异较大。

（3）各施工班组能连续作业，可能有施工段出现空闲。

（4）施工班组数 n_1 等于施工过程数 n。

（二）无节奏流水施工的组织步骤

（1）确定项目施工起点流向，分解施工过程。

（2）确定施工顺序，划分施工段，即确定施工段数 m。

（3）根据无节奏流水施工的要求，计算流水节拍。

（4）计算流水步距。

流水步距的计算方法很多，潘特考夫斯基法又称大差法是一种简捷、准确的计算方法。其计算步骤如下：

①累加数列。根据专业工作队在各施工队上的流水节拍，求累加数列。

②错位相减。根据施工顺序，对所求相邻的两施工过程流水节拍的累加数列错位相减。

③取大差。根据错位相减的结果确定相邻专业工作队间的流水步距，即相减结果中数值最大者。

（5）计算流水施工工期（T）。

$$T = \sum K + T_1 + \sum Z \tag{12-18}$$

（6）绘制流水施工指示图表。

【例 12-8】 某工程由 A、B、C、D 4 个施工过程组成，它在平面上划分为 4 个施工段，各施工过程在各施工段上的流水节拍如表 12-2 所示。试编制该工程流水施工方案。

表 12-2 施工持续时间

施工过程	流水节拍（d）			
	1	2	3	4
A	4	2	5	3
B	5	3	4	4
C	4	4	3	5
D	3	5	1	3

解 根据题设条件，该工程只能组织无节奏流水。

（1）求各施工过程的累加数列。

A：4　6　11　14

B：5　8　12　16

C：4　8　11　16

D：3　8　9　12

（2）错位相减，取大差求流水步距。

$$K_{A-B}:\begin{array}{rrrrr} 4 & 6 & 11 & 14 & \\ -) & 5 & 8 & 12 & 16 \\ \hline 4 & 1 & 3 & 2 & -16 \end{array}$$

$$K_{A-B} = \max(4, 1, 3, 2, -16) = 4 \text{ d}$$

$K_{B-C}:$

$$\begin{array}{rrrr} 5 & 8 & 12 & 16 \\ -)\ 4 & 8 & 11 & 16 \\ \hline 5 & 4 & 4 & 5 \quad -16 \end{array}$$

$$K_{B-C} = \max(5,4,4,5,-16) = 5\ d$$

$K_{C-D}:$

$$\begin{array}{rrrr} 4 & 8 & 11 & 16 \\ -)\ 3 & 8 & 9 & 12 \\ \hline 4 & 5 & 3 & 7 \quad -12 \end{array}$$

$$K_{C-D} = \max(4,5,3,7,-12) = 7\ d$$

（3）确定计划工期。

$$T = \sum K + T_D = (4 + 5 + 7) + 13 = 29(d)$$

（4）绘横道图,如图 12-15 所示。

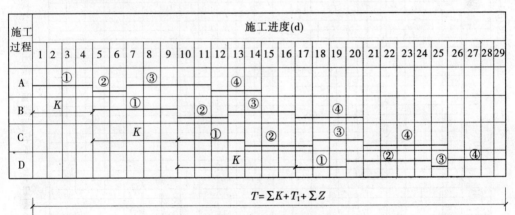

图 12-15　无节奏流水施工进度

第五节　流水施工组织应用示例

一、砖混结构流水施工组织

如图 12-16 所示为一幢 5 层 4 单元砖混结构流水施工进度计划。从图 12-16 可知,其施工组织要点是:

（1）基础分部工程以两个单元为一施工段,共划分为两个施工段。以基槽挖土为主导施工过程,流水节拍为 5 d;相应地将砌砖基础、回填土两个施工过程的流水节拍亦调整为 5 d,组成等节拍流水;灰土垫层的流水节拍为 3 d,只能间断作业。

（2）主体工程每层以一个单元为一施工段,共划分为 4 个施工段,以砌砖墙为主导施

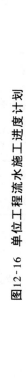

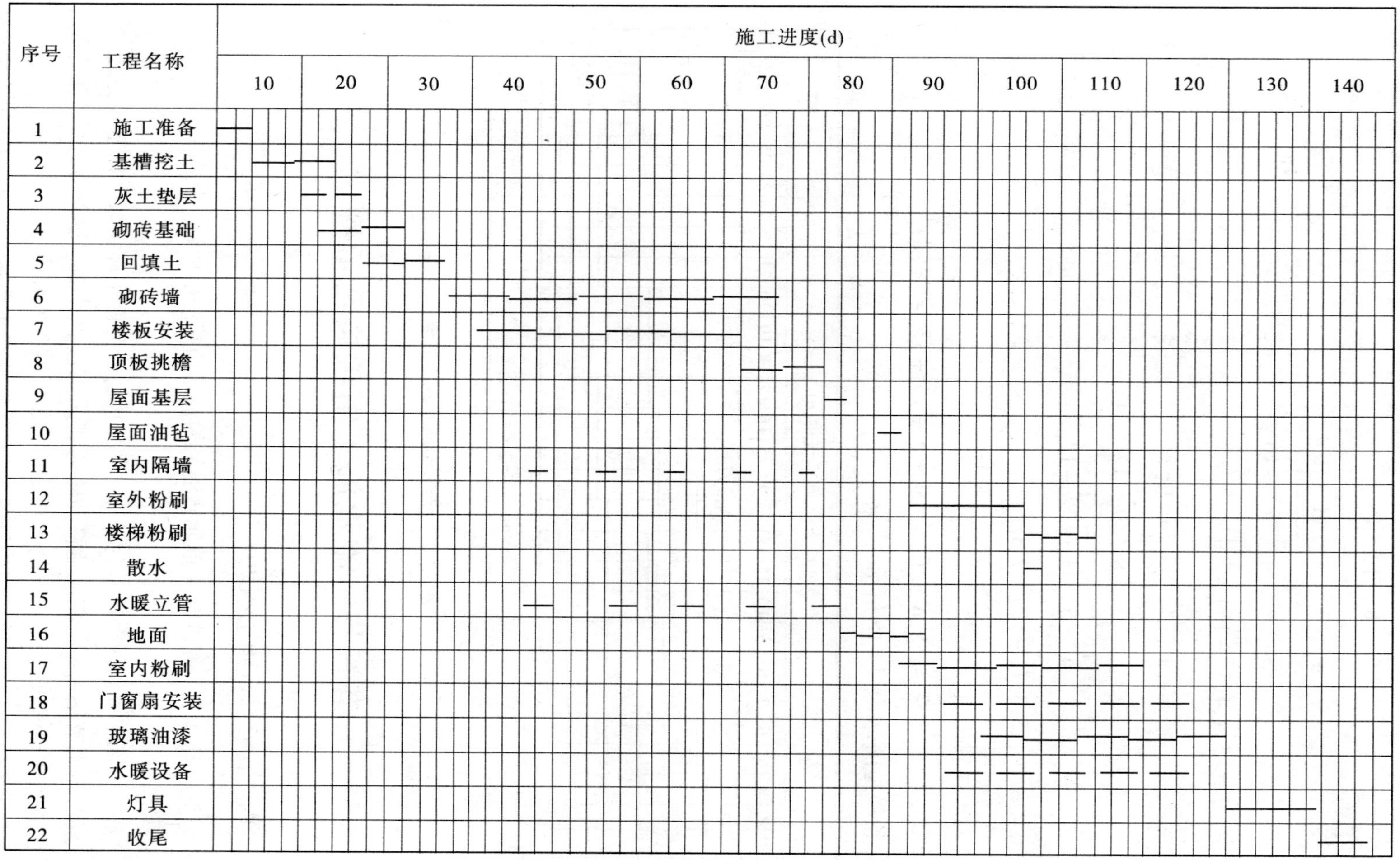
序号
工程名称
施工进度(d)
10
20
30
40
50
60
70
80
90
100
110
120
130
140
1 施工准备
2 基槽挖土
3 灰土垫层
4 砌砖基础
5 回填土
6 砌砖墙
7 楼板安装
8 顶板挑檐
9 屋面基层
10 屋面油毡
11 室内隔墙
12 室外粉刷
13 楼梯粉刷
14 散水
15 水暖立管
16 地面
17 室内粉刷
18 门窗扇安装
19 玻璃油漆
20 水暖设备
21 灯具
22 收尾

图12-16　单位工程流水施工进度计划

工过程,流水节拍为 2 d,将楼板安装施工过程与之相协调,分别组成两条流水线。

(3)装修工程自上而下楼层以抹灰为主导施工过程,组织室内粉刷、门窗扇安装、玻璃油漆、水暖设备等施工过程的等节奏流水。

(4)将室内隔墙、水暖主管等施工与主体工程紧密配合,穿插于楼层施工之中。

(5)充分考虑技术间歇和工艺顺序,如屋面油毡需待基层干燥后方能铺贴,灯具在粉刷、油漆后再进行安装等。

(6)为了缩短工期,尽可能使各施工过程合理地搭接、衔接,形成主体交叉、平行流水施工。

二、现浇钢筋混凝土框架流水施工组织

某 3 层现浇钢筋混凝土框架的工业厂房,柱距 6×6 m,长 $15 \times 6 = 90$(m),宽 $3 \times 6 = 18$(m),中间有两道变形缝(每 30 m 一道),其剖面如图 12-17 所示。流水施工组织的要点如下:

(1)以变形缝为分界线,每层划分 3 个施工段,组织流水施工。这样不影响结构的整体性,且每段的工程量相等,劳动量均匀。

(2)为了简化施工过程,把现浇楼梯的工程量分别并入每层框架中。

(3)以支模板为主导施工过程组织流水施工,确保模板工作队能在每层、每段上连续工作,流水节拍均为 4 d。

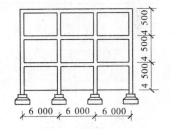

图 12-17　现浇框架厂房剖面图
（单位:mm）

(4)其余施工过程的专业工作队,通过劳动量的调整,分别在各施工段的流水节拍均相等,按施工顺序的先后间断地投入各层各段工作,做到了相互协调、紧密衔接。

(5)由于混凝土浇筑不允许留设施工缝,故需采用三班制连续工作。但由于受到工艺的限制,混凝土工作队不能在每层、每段连续作业。

(6)流水施工指示图表如图 12-18 所示。

三、群体工程流水施工组织

如图 12-19 所示为建造 4 幢同类型房屋的流水指示图表。其特点是:各施工过程的专业工作队能有节奏地围绕 4 幢房屋进行大流水作业,不致产生窝工停歇现象。由于砌墙与门窗安装、内墙抹灰、门窗油漆等施工过程的工程量较大,相应工作队在每幢房屋要工作 6 d,而其余工作队只工作 3 d。为此,特将上述三个施工过程,分别组织两个专业工作队共同完成,甲工作队承担第一幢、第三幢房屋的施工,乙工作队承担第二幢、第四幢房屋的施工,这样便形成了有节奏的成倍节拍流水。

综上所述,在工程实际中,必须针对工程特点,灵活地、综合地运用不同类型的流水组织形式,尤其是单位工程、群体工程的流水施工组织,绝不可能仅有单一的、固定的流水组织形式。

分层	施工过程	工程量		时间定额	劳动量(工日)	流水节拍(d)	工人人数	施工进度(d)
		单位	数量					
第一层	扎柱钢筋	t	11.0	2.4	26.4	1	11	
	支模板	m²	3 240	0.069	223.6	4	18	
	扎梁板钢筋	t	33.0	3.4	112.2	3	11	
	浇筑混凝土	m³	414	1.0	414	2	68	
第二层	扎柱钢筋	t	10.2	2.4	24.5	1	11	
	支模板	m²	3 200	0.069	220.8	4	18	
	扎梁板钢筋	t	23.0	3.4	112.2	3	11	
	浇筑混凝土	m³	412	1.0	412	2	68	
第三层	扎柱钢筋	t	10.2	2.4	24.5	1	11	
	支模板	m²	3 230	0.069	222.9	4	18	
	扎梁板钢筋	t	33.6	3.4	114.2	3	11	
	浇筑混凝土	m³	40.9	1.0	40.9	2	68	

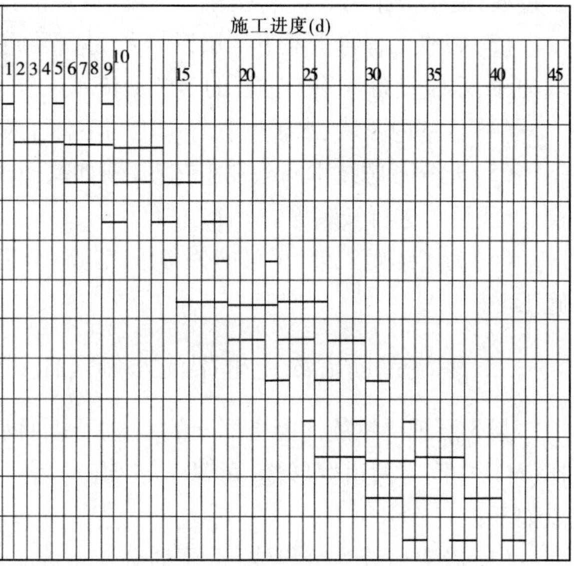

图 12-18　某 3 层工业厂房现浇框架流水施工进度计划

序号	施工过程	人工需要量			施工进度(d)
		工种	每幢工日	每天人数	
1	开挖基槽	普工	12	4	
2	砌筑基础	瓦工	10	3	
3	砌墙与安门窗框	瓦工 木工	36 6	61	
4	安设屋架、挂瓦条	木工	24	8	
5	铺设屋面	瓦工	12	4	
6	安设间避、木门	木工	15	5	
7	砌炉灶、烟囱	砌炉工	12	4	
8	内墙抹灰	抹灰工 木工	36 6	61	
9	铺设地板	木工	12	4	
10	安玻璃	玻璃工	4	1	
11	外墙抹灰	抹灰工	12	4	
12	门窗油漆	油漆工	36	36	

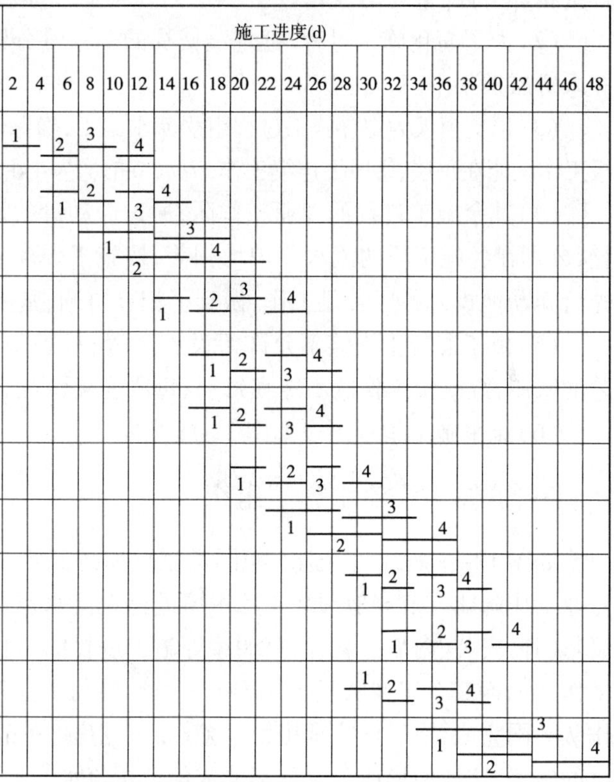

图 12-19　建筑群流水施工进度计划

思考题

12-1　试分析分项工程流水、分部工程流水、单位工程流水三者间的相互关系。

12-2　组织流水施工时,用来表达流水施工的工艺参数通常包括哪些?

12-3　说明流水参数的概念和种类及如何确定流水节拍和流水步距。

12-4　简述时间参数的概念和种类。

12-5　一般成倍流水与非节拍流水施工的共同特点包括哪些?

12-6　试说明成倍节拍流水的概念和建立步骤。

习　题

12-1　某工程由三个施工过程组成,它划分为 6 个施工段,各分项工程在各施工段上的流水节拍依次为:6 d、4 d 和 2 d。为加快流水施工速度,试编制工期最短的流水施工方案。

12-2　某分项工程实物工程量为 1 500 m^3,有 3 个施工段,该分项工程人工产量定额为 5 m^3／工日,计划安排两班制施工,每班 10 人完成该分项工程,则其持续时间为多少天?

12-3　某分部工程组织固定节拍流水施工,施工段数为 4 个,施工过程数为 4 个,按 A→B→C→D 顺序施工,流水节拍均为 2 d,工作 B 和工作 C 之间的技术(组织)间歇为 2 d,则流水工期和流水步距分别为多少?

12-4　已知某工程施工过程数 $M=3$,各施工过程的流水节拍为: $t_1=t_2=t_3=3$ d,施工段数 $m=3$,共有两个施工层。试按固定节拍流水作业方式组织施工,计算总工期,给出水平指示图表和垂直指示图表。

12-5　某建设工程由三幢框架结构楼房组成,每幢楼房为一个施工段,施工过程划分为基础工程、主体结构、屋面工程、室内装修和室外工程 5 项。基础工程在各幢的持续时间为 6 周,主体结构在各幢的持续时间为 12 周,屋面工程在各幢的持续时间为 3 周,室内装修在各幢的持续时间为 12 周,室外装修在各幢的持续时间为 6 周。

(1)为了加快施工进度,在各项资源供应能够满足的条件下,可以按何种方式组织流水施工?该流水施工方式有何特点?

(2)如果资源供应受到限制,不能加快施工进度,该工程应按何种方式组织流水施工?

12-6　某工程由 A、B、C、D 4 个施工过程组成,它在平面上划分为 4 个施工段,各施工过程在各施工段上的流水节拍如表 12-3 所示。试编制该工程流水施工方案。

表 12-3　施工持续时间

施工过程	流水节拍(d)			
	1	2	3	4
A	3	2	3	3
B	3	3	4	4
C	4	4	3	5
D	3	4	1	4

第十三章　网络计划技术

网络计划技术是随着科学技术的发展而产生的,它是一种有效的科学管理方法。它来源于工程实践,在工程实践的各个领域得到了广泛的应用。如投资决策、科学研究、外层空间、情报信息、交通运输、城市规划、工程管理、军事科学等领域,取得了显著的经济效益和社会效益。

网络计划技术起始于 20 世纪 50 年代的美国,20 世纪 60 年代华罗庚教授将其引入国内,称为统筹法。目前,发达国家应用非常普遍,近年来,随着电子计算机的发展,网络计划技术日趋完善,尤其在土木工程施工管理中的应用将会提高到一个更高的水平。

网络计划技术是应用网络图来表达一项计划中各项工作的先后顺序和相互关系,通过对网络计划时间参数的计算,找出关键工作、关键线路以及非关键线路上可以利用的机动时间,按照既定的目标,对网络计划进行优化,选择最优方案。它对计划的执行,进行有效的监督和控制,保证计划目标的顺利实现具有重要的作用。

网络图是网络计划技术的基本模型,它是由箭线和节点组成的一种有限、有序、有向的网状图形。

网络计划技术能够明确地表达各项工作之间相互制约和相互依存的关系,通过网络计划时间参数的计算,能确定各项工作的开始时间和结束时间,找出关键工作和关键线路,便于计划管理人员集中力量抓住主要矛盾,充分利用时差,不断改进网络计划,寻求最佳方案,合理安排人力、物力和财力。对缩短工期、降低成本、提高经济效益具有重要意义。

网络计划技术的种类很多,可以从不同角度进行分类:根据目标的多少可分为单目标网络计划、多目标网络计划,根据工作表示方法的不同可分为双代号网络计划、单代号网络计划,根据时间表达方式的不同可分为时标网络计划、非时标网络计划,根据参数类型的不同可分为肯定型网络计划、非肯定型网络计划,根据工作之间连接关系的不同可分为普通网络计划、流水网络计划和搭接网络计划。

第一节　双代号网络计划

一、双代号网络图的基本概念

双代号网络图是由箭线和两端圆圈节点表达计划所要完成的各项工作及其先后顺序和相互关系的网状图形,如图 13-1 所示。

构成双代号网络图的三要素为箭线(工作)、节点(事件)和线路。

(一)箭线(工作)

工作是泛指按计划任务需要的粗细程度划分而成的一个消耗时间及资源的施工过程。它可以是一个单项工程、单位工程、分部工程、分项工程,甚至还可以是一个工序。工

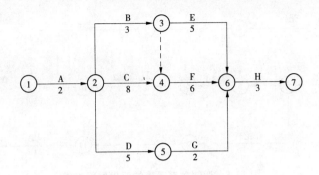

图 13-1　双代号网络图

作是双代号网络图三要素之一,在双代号网络图中每一条箭线表示一项工作。箭线的箭尾节点表示该工作的开始,用 i 表示;箭线的箭头节点表示该工作的结束,用 j 表示;箭线的长短不受限制,可以画成水平直线,也可以画成斜线或折线,工作名称应标注在箭线上方,持续时间应标注在箭线下方,圆圈表示节点,圆圈内的数字表示节点编号。如图 13-2 所示代表双代号网络图中一项工作的表示方法,又称双代号表示法。

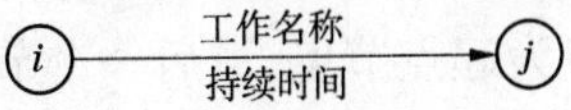

$$i \xrightarrow{\substack{\text{工作名称}\\\text{持续时间}}} j$$

图 13-2　双代号网络图工作表示方法

箭线有虚实之分,实箭线表示一项工作,需要消耗一定的时间及资源,而虚箭线只表示各项工作之间的逻辑关系,既不消耗时间,又不消耗资源。虚工作的表示方法如图 13-3 所示。

$$i \dashrightarrow j$$

图 13-3　虚工作的表示方法

虚工作在双代号网络图中,一般起着工作之间的联系、区分和断路的作用。联系作用是指运用虚工作正确地表达工作之间的组织关系和工艺关系;区分作用是指双代号网络图中每一项工作必须用两个代号和一条箭线表示,若两项工作用同一个代号表示,就必须用虚箭线加以区别;断路作用是在绘制双代号网络图时,断掉某些没有任何联系的工作之间的关系,正确地表示各项工作之间的逻辑关系。如图 13-4 所示为错误的表示方法,如图 13-5 所示为正确的表示方法。

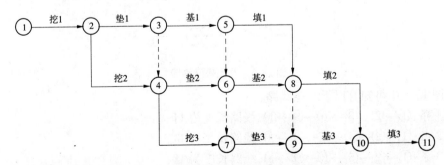

图 13-4　逻辑关系错误的双代号网络图

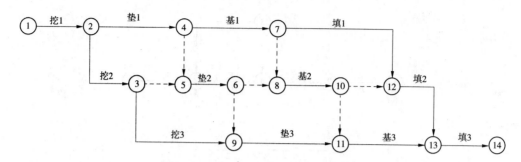

图13-5 逻辑关系正确的双代号网络图

在双代号网络图中,一般把要分析研究的工作用 $i—j$ 表示,紧排在本工作之前的工作称为本工作的紧前工作,紧排在本工作之后的工作称为本工作的紧后工作,与本工作同时进行的工作称为本工作的平行工作。

(二)节点(事件)

双代号网络图中箭线端部的圆圈称为节点,节点表示前面工作的结束和后面工作的开始,它既不消耗时间,又不消耗资源,只表示某项工作开始或结束的瞬间。

双代号网络图中第一个节点为起点节点,最后一个节点为终点节点,其余的节点为中间节点。起点节点只有外向箭线,终点节点只有内向箭线,中间节点既有内向箭线,又有外向箭线。每项工作由两个节点和一条箭线组成,节点编号顺序由小到大,即 $i<j$,可以连续编号,也可以间断编号,严禁重复。

(三)线路

双代号网络图中从起点节点开始,沿箭头方向顺序通过一系列箭线与节点,最终到达终点节点的通路称为线路。线路可依次用该线路上的节点编号来表示,也可依次用该线路上的工作名称表示。一张双代号网络图可能有多条线路,线路中各项工作持续时间之和称为线路的长度,它表示完成该线路各项工作所需要的时间,如图13-6 所示。

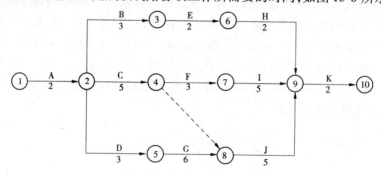

图13-6 双代号网络图

从图13-6 中可知有以下4 条线路:

第1 条:①→②→③→⑥→⑨→⑩,线路长度为11;

第2 条:①→②→④→⑦→⑨→⑩,线路长度为17;

第3 条:①→②→⑤→⑧→⑨→⑩,线路长度为18;

第4 条:①→②→④→⑧→⑨→⑩,线路长度为14。

　　在各条线路中,总的持续时间最长的线路为关键线路。在一张双代号网络图中,至少有一条或几条线路是关键线路,其余的线路为非关键线路。图 13-6 中持续时间最长的线路是第 3 条,总的持续时间为 18,所以,第 3 条为关键线路,余者为非关键线路。关键线路上的工作为关键工作,关键线路用双线或粗线标注。

　　在双代号网络图中,关键线路和非关键线路并不是一成不变的,在一定条件下,可以相互转化。例如,延长某些非关键线路上工作的持续时间,或者缩短某些关键线路上工作的持续时间,就有可能使关键线路转移。

二、双代号网络图的绘制规则

　　(1)双代号网络图必须正确表示各项工作之间的逻辑关系。

　　绘制双代号网络图常见的逻辑关系及表示方法如表 13-1 所示。

表 13-1　双代号网络图中各项工作之间的逻辑关系及表示方法

序号	工作之间的逻辑关系	双代号网络图的表示方法
1	A 完成后进行 B,B 完成后进行 C	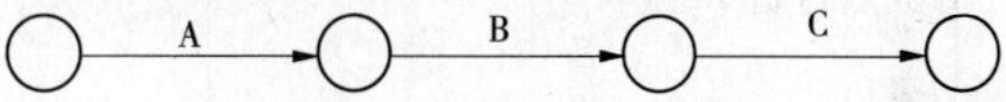
2	A 完成后进行 B 和 C	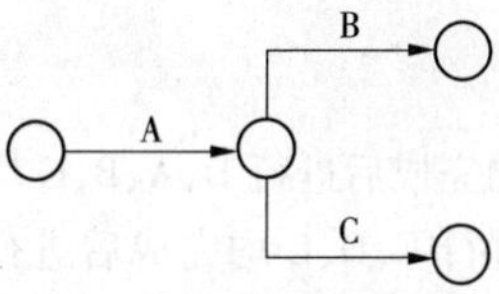
3	A、B 均完成后进行 C	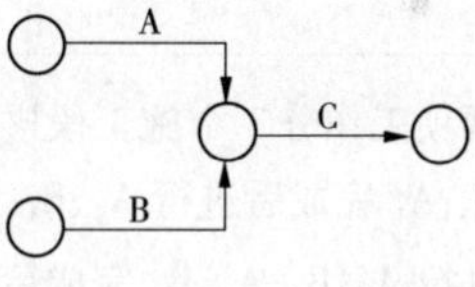
4	A、B 均完成后进行 C 和 D	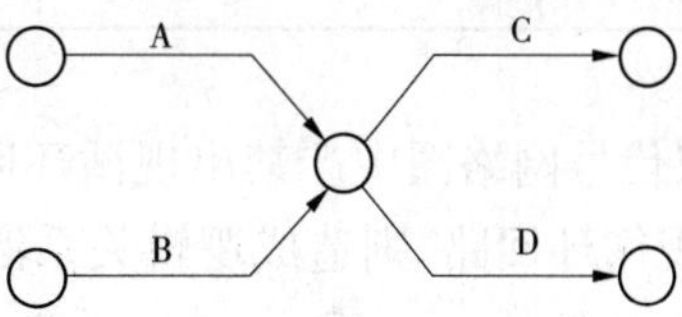
5	A、B、C 同时开始	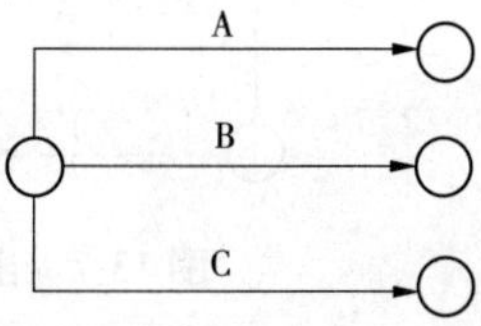

续表 13-1

序号	工作之间的逻辑关系	双代号网络图的表示方法
6	A、B、C 同时结束	
7	A 完成后进行 C，A、B 均完成后进行 D	
8	A、B 均完成后进行 D，B、C 均完成后进行 E	
9	A、B 均完成后进行 D，A、B、C 均完成后进行 E，D、E 均完成后进行 F	
10	A、B 两项工作分 3 个施工段进行流水施工，A_1 完成后进行 A_2、B_1，A_2 完成后进行 A_3、B_2，A_2、B_1 完成后进行 B_2，A_3、B_2 完成后进行 B_3	

（2）双代号网络图中严禁出现循环回路。

如出现循环回路，则造成逻辑关系混乱，如图 13-7 所示。

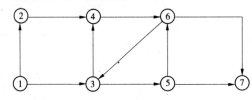

图 13-7　出现循环回路的双代号网络图

（3）双代号网络图中严禁在节点之间出现双向箭头和无箭头的连线，如图 13-8 所示。

（4）双代号网络图中严禁出现没有箭尾节点和箭头节点的箭线，如图 13-9 所示。

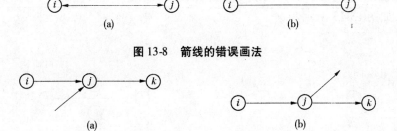

图 13-8　箭线的错误画法

图 13-9　没有箭尾和箭头节点的箭线

（5）当双代号网络图的某些节点有多条外向箭线或多条内向箭线时，为使图形简洁，可使用母线法绘制，如图 13-10 所示。

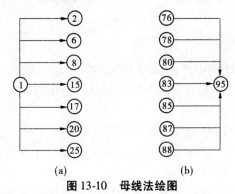

图 13-10　母线法绘图

（6）双代号网络图中不允许出现节点编号相同的工作，如图 13-11 所示。

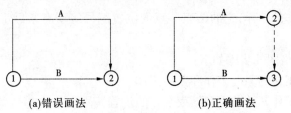

图 13-11　重复编号示意

（7）双代号网络图中只允许有一个起点节点和终点节点，如图 13-12 所示。

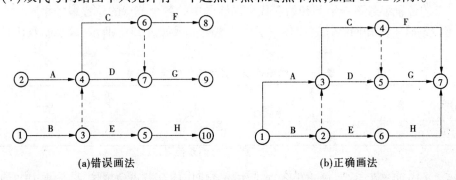

图 13-12　多个起点节点和终点节点示意

（8）绘制双代号网络图时,箭线尽量避免交叉,当交叉不可避免时,可用过桥法或指向法表示,如图13-13所示。

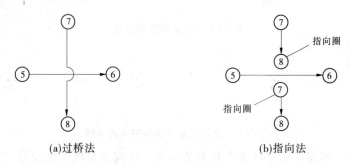

(a)过桥法   (b)指向法

图13-13 箭线交叉处理方法示意

三、双代号网络图的绘制

为了使绘制的双代号网络图不出现竖向实箭线和逆向箭线,在绘制前应首先确定各节点的位置编号,根据各节点的位置编号绘制双代号网络图。

节点位置编号的确定原则如下:

（1）无紧前工作的工作,它的开始节点的位置编号应为零。

（2）有紧前工作的工作,它的开始节点的位置编号等于其紧前工作开始节点位置编号的最大值加1。

（3）有紧后工作的工作,它的结束节点的位置编号等于其紧后工作开始节点位置编号的最小值。

（4）无紧后工作的工作,它的结束节点的位置编号等于有紧后工作结束节点位置编号的最大值加1。

绘制双代号网络图的步骤如下:

（1）确定各项工作的紧前工作和紧后工作。

（2）确定各项工作开始节点和结束节点的位置编号。

（3）根据各项工作的节点位置编号和逻辑关系绘出初始双代号网络图。

（4）检查初始双代号网络图使其符合给定的逻辑关系,修正后的双代号网络图中的各个节点的位置编号不一定与初始双代号网络图中的各个节点的位置编号相同。

【**例13-1**】 已知网络计划中各项工作的逻辑关系如表13-2所示,试绘制双代号网络图。

表13-2 网络计划中各项工作的逻辑关系

工作	A	B	C	D	E	F	G	H
紧前工作	—	—	—	A	A、B	C	E	F

解 （1）列出关系表,确定出各项工作的紧后工作和节点位置编号,如表13-3所示。

表 13-3　关系表

工作	A	B	C	D	E	F	G	H
紧前工作	—	—	—	A	A、B	C	E	F
紧后工作	D、E	E	F	—	G	H	—	—
开始节点的位置编号	0	0	0	1	1	1	2	2
结束节点的位置编号	1	1	1	3	2	2	3	3

（2）绘出双代号网络图，如图 13-14 所示。

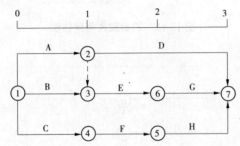

图 13-14　双代号网络图

【**例 13-2**】　已知网络计划中各项工作的逻辑关系如表 13-4 所示，试绘制双代号网络图。

表 13-4　网络计划中各项工作的逻辑关系

工作	A	B	C	D	E	F	G
紧前工作	—	—	—	—	A、B	B、C、D	D

解　（1）列出关系表，确定出各项工作的紧后工作和节点位置编号，如表 13-5 所示。

表 13-5　关系表

工作	A	B	C	D	E	F	G
紧前工作	—	—	—	—	A、B	B、C、D	D
紧后工作	E	E、F	F	F、G	—	—	—
开始节点的位置编号	0	0	0	0	1	1	1
结束节点的位置编号	1	1	1	1	2	2	2

（2）绘出按节点位置编号的初始双代号网络图，如图 13-15 所示。

（3）绘出经修正的双代号网络图，如图 13-16 所示。

四、双代号网络图时间参数的计算

双代号网络图时间参数计算的目的就是要确定各项工作和各个节点的时间参数，确

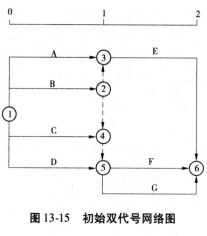

图 13-15　初始双代号网络图

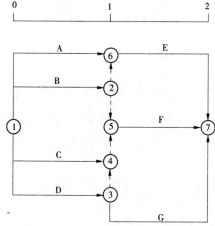

图 13-16　修正后的双代号网络图

定计算工期、关键工作和关键线路,明确非关键工作和非关键线路上有多大的机动时间,为双代号网络计划的调整、优化提供依据。

双代号网络图时间参数的计算方法有工作计算法、节点计算法、表上计算法和电算法等。

(一)工作计算法

1.网络计划的时间参数

1)工作持续时间

一项工作从开始到结束的时间称为工作持续时间,用 D_{i-j} 表示。

2)工期

工期泛指完成任务所需要的时间,可分为计算工期、要求工期和计划工期。

(1)计算工期。

根据网络计划时间参数计算得到的工期称为计算工期,用 T_c 表示。

(2)要求工期。

根据任务委托合同规定的工期为要求工期,用 T_r 表示。

（3）计划工期。

根据计算工期和要求工期,综合考虑确定的工期为计划工期,用 T_p 表示。三者之间的关系如下所述。

①当规定了要求工期时

$$T_\mathrm{p} \leqslant T_\mathrm{r} \tag{13-1}$$

②当未规定要求工期时

$$T_\mathrm{p} = T_\mathrm{c} \tag{13-2}$$

3)工作的时间参数

（1）最早开始时间。

各紧前工作全部完成后,本工作 $i\!-\!j$ 有可能开始的最早时刻,用 $ES_{i\!-\!j}$ 表示。

（2）最早完成时间。

各紧前工作全部完成后,本工作 $i\!-\!j$ 有可能完成的最早时刻,用 $EF_{i\!-\!j}$ 表示。

（3）最迟开始时间。

在不影响整个任务按期完成的条件下,本工作 $i\!-\!j$ 必须开始的最迟时刻,用 $LS_{i\!-\!j}$ 表示。

（4）最迟完成时间。

在不影响整个任务按期完成的条件下,本工作 $i\!-\!j$ 必须完成的最迟时刻,用 $LF_{i\!-\!j}$ 表示。

（5）总时差。

在不影响总工期的前提下,本工作 $i\!-\!j$ 可以利用的机动时间,用 $TF_{i\!-\!j}$ 表示。

（6）自由时差。

在不影响其紧后工作最早开始时间的前提下,本工作 $i\!-\!j$ 可以利用的机动时间,用 $FF_{i\!-\!j}$ 表示。

2. 网络计划时间参数的计算

双代号网络图各项工作有 6 个时间参数,分别为最早开始时间、最早完成时间、最迟开始时间、最迟完成时间、总时差和自由时差。把每项工作 6 个时间参数的计算结果进行标注,如图 13-17 所示。

双代号网络图时间参数的计算步骤如下:

（1）最早开始时间的计算。

工作最早开始时间的计算应从起点节点开始顺着箭线方向依次逐项计算。

以起点节点为开始节点的工作最早开始时间规定为零,即

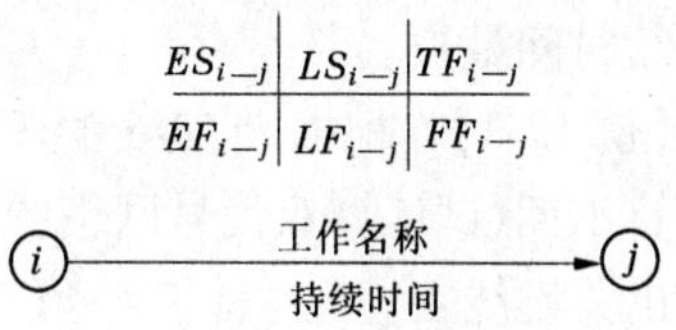

图 13-17　工作计算法的标注内容

$$ES_{i\!-\!j} = 0 \tag{13-3}$$

其他工作的最早开始时间为

$$ES_{i\!-\!j} = \max[EF_{h\!-\!i}] = \max[ES_{h\!-\!i} + D_{h\!-\!i}] \quad (h < i < j) \tag{13-4}$$

（2）最早完成时间的计算。

工作最早完成时间等于最早开始时间与其持续时间之和,即

$$EF_{i\!-\!j} = ES_{i\!-\!j} + D_{i\!-\!j} \tag{13-5}$$

（3）最迟完成时间的计算。

工作最迟完成时间的计算应从终点节点开始逆着箭线方向依次逐项计算,当未规定要求工期时,取计划工期等于计算工期,即

$$T_p = T_c \tag{13-6}$$

当网络计划终点节点的编号为 n 时,计算工期为

$$T_c = \max[EF_{i-n}] \tag{13-7}$$

以网络计划终点节点为箭头节点的工作,其最迟完成时间等于计划工期,即

$$LF_{i-n} = T_p \tag{13-8}$$

其他工作最迟完成时间等于其紧后工作最迟开始时间取最小值,即

$$LF_{i-j} = \min[LS_{j-k}] = \min[LF_{j-k} - D_{j-k}] \quad (i < j < k) \tag{13-9}$$

(4)最迟开始时间的计算。

工作最迟开始时间等于最迟完成时间与其持续时间之差,即

$$LS_{i-j} = LF_{i-j} - D_{i-j} \tag{13-10}$$

(5)总时差的计算。

工作总时差等于其最迟开始时间与最早开始时间之差或其最迟完成时间与最早完成时间之差,即

$$TF_{i-j} = LS_{i-j} - ES_{i-j} \tag{13-11}$$

或

$$TF_{i-j} = LF_{i-j} - EF_{i-j} \tag{13-12}$$

(6)自由时差的计算。

以网络计划的终点节点为箭头节点的工作,其自由时差为

$$FF_{i-n} = T_p - EF_{i-n} \tag{13-13}$$

其他工作的自由时差为

$$FF_{i-j} = ES_{j-k} - EF_{i-j} \quad (i < j < k) \tag{13-14}$$

3. 确定关键工作和关键线路

网络计划中总时差最小的工作为关键工作。当网络计划中计划工期等于计算工期时,总时差为零的工作为关键工作,由关键工作组成的线路为关键线路,关键线路总的工作持续时间最长。

【例 13-3】 根据表 13-6 的逻辑关系及持续时间,绘制双代号网络图,若计划工期等于计算工期,试计算双代号网络图各项工作的 6 个时间参数,确定计算工期和关键工作,并标出关键线路。

表 13-6 某网络计划中各项工作的逻辑关系及持续时间

工作	A	B	C	D	E	F	G	H	I	J
紧前工作	—	—	—	A	B	C	B、D	E	E、F	G、H、I
紧后工作	D	E、G	F	G	H、I	I	J	J	J	—
持续时间	2	3	2	3	8	5	5	2	3	2

解 根据上表中有关信息资料,绘制双代号网络图如图 13-18 所示。

(1)网络计划时间参数的计算。

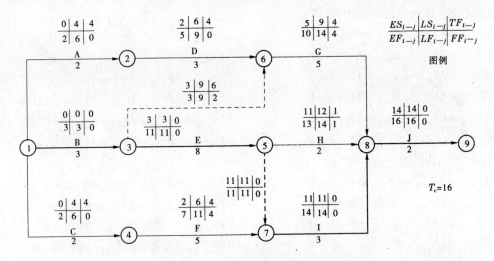

图 13-18　双代号网络图工作计算法示例

① 计算工作的最早开始时间。

$$ES_{1-2} = 0 \qquad ES_{1-3} = 0 \qquad ES_{1-4} = 0 \qquad ES_{2-6} = ES_{1-2} + D_{1-2} = 0 + 2 = 2$$

$$ES_{3-5} = ES_{1-3} + D_{1-3} = 0 + 3 = 3 \qquad\qquad ES_{3-6} = ES_{1-3} + D_{1-3} = 0 + 3 = 3$$

$$ES_{4-7} = ES_{1-4} + D_{1-4} = 0 + 2 = 2 \qquad\qquad ES_{5-7} = ES_{3-5} + D_{3-5} = 3 + 8 = 11$$

$$ES_{5-8} = ES_{3-5} + D_{3-5} = 3 + 8 = 11$$

$$ES_{6-8} = \max[ES_{2-6} + D_{2-6}, ES_{3-6} + D_{3-6}] = \max[2 + 3, 3 + 0] = \max[5, 3] = 5$$

$$ES_{7-8} = \max[ES_{4-7} + D_{4-7}, ES_{5-7} + D_{5-7}] = \max[2 + 5, 11 + 0] = \max[7, 11] = 11$$

$$ES_{8-9} = \max[ES_{6-8} + D_{6-8}, ES_{5-8} + D_{5-8}, ES_{7-8} + D_{7-8}] \doteq \max[5 + 5, 11 + 2, 11 + 3]$$

$$= \max[10, 13, 14] = 14$$

② 计算工作的最早完成时间。

$$EF_{1-2} = ES_{1-2} + D_{1-2} = 0 + 2 = 2 \qquad\qquad EF_{1-3} = ES_{1-3} + D_{1-3} = 0 + 3 = 3$$

$$EF_{1-4} = ES_{1-4} + D_{1-4} = 0 + 2 = 2 \qquad\qquad EF_{2-6} = ES_{2-6} + D_{2-6} = 2 + 3 = 5$$

$$EF_{3-5} = ES_{3-5} + D_{3-5} = 3 + 8 = 11 \qquad\qquad EF_{3-6} = ES_{3-6} + D_{3-6} = 3 + 0 = 3$$

$$EF_{4-7} = ES_{4-7} + D_{4-7} = 2 + 5 = 7 \qquad\qquad EF_{5-7} = ES_{5-7} + D_{5-7} = 11 + 0 = 11$$

$$EF_{5-8} = ES_{5-8} + D_{5-8} = 11 + 2 = 13 \qquad\qquad EF_{6-8} = ES_{6-8} + D_{6-8} = 5 + 5 = 10$$

$$EF_{7-8} = ES_{7-8} + D_{7-8} = 11 + 3 = 14 \qquad\qquad EF_{8-9} = ES_{8-9} + D_{8-9} = 14 + 2 = 16$$

③ 计算工作的最迟完成时间。

$$LF_{8-9} = T_{p} = T_{c} = 16 \qquad\qquad LF_{7-8} = LF_{8-9} - D_{8-9} = 16 - 2 = 14$$

$$LF_{6-8} = LF_{8-9} - D_{8-9} = 16 - 2 = 14 \qquad\qquad LF_{5-8} = LF_{8-9} - D_{8-9} = 16 - 2 = 14$$

$$LF_{5-7} = LF_{7-8} - D_{7-8} = 14 - 3 = 11 \qquad\qquad LF_{4-7} = LF_{7-8} - D_{7-8} = 14 - 3 = 11$$

$$LF_{3-6} = LF_{6-8} - D_{6-8} = 14 - 5 = 9$$

$$LF_{3-5} = \min[LF_{5-8} - D_{5-8}, LF_{5-7} - D_{5-7}] = \min[14 - 2, 11 - 0] = \min[12, 11] = 11$$

$$LF_{2-6} = LF_{6-8} - D_{6-8} = 14 - 5 = 9 \qquad\qquad LF_{1-4} = LF_{4-7} - D_{4-7} = 11 - 5 = 6$$

$$LF_{1-3} = \min[LF_{3-6} - D_{3-6}, LF_{3-5} - D_{3-5}] = \min[9 - 0, 11 - 8] = \min[9, 3] = 3$$

$$LF_{1-2} = LF_{2-6} - D_{2-6} = 9 - 3 = 6$$

④计算工作的最迟开始时间。

$LS_{1-2} = LF_{1-2} - D_{1-2} = 6 - 2 = 4$ $LS_{1-3} = LF_{1-3} - D_{1-3} = 3 - 3 = 0$

$LS_{1-4} = LF_{1-4} - D_{1-4} = 6 - 2 = 4$ $LS_{2-6} = LF_{2-6} - D_{2-6} = 9 - 3 = 6$

$LS_{3-5} = LF_{3-5} - D_{3-5} = 11 - 8 = 3$ $LS_{3-6} = LF_{3-6} - D_{3-6} = 9 - 0 = 9$

$LS_{4-7} = LF_{4-7} - D_{4-7} = 11 - 5 = 6$ $LS_{5-7} = LF_{5-7} - D_{5-7} = 11 - 0 = 11$

$LS_{5-8} = LF_{5-8} - D_{5-8} = 14 - 2 = 12$ $LS_{6-8} = LF_{6-8} - D_{6-8} = 14 - 5 = 9$

$LS_{7-8} = LF_{7-8} - D_{7-8} = 14 - 3 = 11$ $LS_{8-9} = LF_{8-9} - D_{8-9} = 16 - 2 = 14$

⑤计算工作的总时差。

$TF_{1-2} = LS_{1-2} - ES_{1-2} = 4 - 0 = 4$ $TF_{1-3} = LS_{1-3} - ES_{1-3} = 0 - 0 = 0$

$TF_{1-4} = LS_{1-4} - ES_{1-4} = 4 - 0 = 4$ $TF_{2-6} = LS_{2-6} - ES_{2-6} = 6 - 2 = 4$

$TF_{3-5} = LS_{3-5} - ES_{3-5} = 3 - 3 = 0$ $TF_{3-6} = LS_{3-6} - ES_{3-6} = 9 - 3 = 6$

$TF_{4-7} = LS_{4-7} - ES_{4-7} = 6 - 2 = 4$ $TF_{5-7} = LS_{5-7} - ES_{5-7} = 11 - 11 = 0$

$TF_{5-8} = LS_{5-8} - ES_{5-8} = 12 - 11 = 1$ $TF_{6-8} = LS_{6-8} - ES_{6-8} = 9 - 5 = 4$

$TF_{7-8} = LS_{7-8} - ES_{7-8} = 11 - 11 = 0$ $TF_{8-9} = LS_{8-9} - ES_{8-9} = 14 - 14 = 0$

⑥计算工作的自由时差。

$FF_{1-2} = ES_{2-6} - EF_{1-2} = 2 - 2 = 0$ $FF_{1-3} = ES_{3-5} - EF_{1-3} = 3 - 3 = 0$

$FF_{1-4} = ES_{4-7} - EF_{1-4} = 2 - 2 = 0$ $FF_{2-6} = ES_{6-8} - EF_{2-6} = 5 - 5 = 0$

$FF_{3-5} = ES_{5-8} - EF_{3-5} = 11 - 11 = 0$ $FF_{3-6} = ES_{6-8} - EF_{3-6} = 5 - 3 = 2$

$FF_{4-7} = ES_{7-8} - EF_{4-7} = 11 - 7 = 4$ $FF_{5-7} = ES_{7-8} - EF_{5-7} = 11 - 11 = 0$

$FF_{5-8} = ES_{8-9} - EF_{5-8} = 14 - 13 = 1$ $FF_{6-8} = ES_{8-9} - EF_{6-8} = 14 - 10 = 4$

$FF_{7-8} = ES_{8-9} - EF_{7-8} = 14 - 14 = 0$ $FF_{8-9} = T_p - EF_{8-9} = 16 - 16 = 0$

(2)确定计算工期、关键工作和关键线路。

计算工期为 16，图 13-18 中，总时差为零的工作为关键工作，关键工作为 B、E、I、J，由关键工作组成的线路是关键线路，关键线路为①→③→⑤→⑦→⑧→⑨。

（二）节点计算法

节点计算法先计算双代号网络图中各节点的两个时间参数，然后计算各项工作时间参数的方法。

1. 网络计划的时间参数

1）节点最早时间

节点最早时间是表示在双代号网络计划中，该节点的紧前工作全部完成，从这个节点出发的各项工作的最早开始时间，用 ET_i 表示。

2）节点最迟时间

节点最迟时间是表示在双代号网络计划中，以该节点为完成节点的各项工作的最迟完成时间，用 LT_i 表示。

其他时间参数的含义与工作计算法相同。

2. 网络计划时间参数的计算

1）节点最早时间的计算

节点最早时间应从网络计划的起点节点开始，顺着箭线方向依次逐项计算。

一般规定,网络计划中起点节点的最早时间为零。

$$ET_i = 0 \ (i = 1) \tag{13-15}$$

其他节点的最早时间为

$$ET_j = \max[ET_i + D_{i \to j}] \tag{13-16}$$

2)网络计划工期的确定

网络计划的计算工期为

$$T_c = ET_n \tag{13-17}$$

计划工期的确定原则同工作计算法相同。

3)节点最迟时间的计算

节点最迟时间应从网络计划的终点节点开始逆着箭线方向依次逐项计算。

终点节点的最迟时间为

$$LT_n = T_p \tag{13-18}$$

其他节点的最迟时间为

$$LT_i = \min[LT_j - D_{i \to j}] \tag{13-19}$$

4)最早开始时间的计算

$$ES_{i \to j} = ET_i \tag{13-20}$$

5)最早完成时间的计算

$$EF_{i \to j} = ET_i + D_{i \to j} \tag{13-21}$$

6)最迟完成时间的计算

$$LF_{i \to j} = LT_j \tag{13-22}$$

7)最迟开始时间的计算

$$LS_{i \to j} = LT_j - D_{i \to j} \tag{13-23}$$

8)总时差的计算

$$TF_{i \to j} = LT_j - ET_i - D_{i \to j} \tag{13-24}$$

9)自由时差的计算

$$FF_{i \to j} = ET_j - ET_i - D_{i \to j} \tag{13-25}$$

3. 确定关键工作和关键线路

节点计算法确定关键工作和关键线路的方法和工作计算法相同。

【例 13-4】　根据例 13-3 中网络计划各项工作的逻辑关系及持续时间,绘制双代号网络图,若计划工期等于计算工期,按节点计算法计算各个节点和各项工作的时间参数,确定计算工期和关键工作,并标出关键线路。

解　根据例 13-3 中有关信息资料,绘制双代号网络图如图 13-19 所示。

(1)网络计划时间参数的计算。

①计算节点的最早时间。

$ET_1 = 0$　　　　　　　　　　　　　　　$ET_2 = ET_1 + D_{1-2} = 0 + 2 = 2$

$ET_3 = ET_1 + D_{1-3} = 0 + 3 = 3$　　　　$ET_4 = ET_1 + D_{1-4} = 0 + 2 = 2$

$ET_5 = ET_3 + D_{3-5} = 3 + 8 = 11$

$ET_6 = \max[ET_2 + D_{2-6}, ET_3 + D_{3-6}] = \max[2 + 3, 3 + 0] = \max[5, 3] = 5$

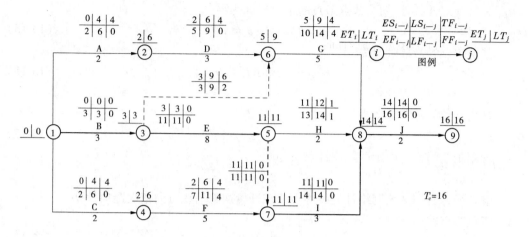

图 13-19   双代号网络图节点计算法示例

$$ET_7 = \max\left[ET_4 + D_{4-7}, ET_5 + D_{5-7} \right] = \max\left[2+5, 11+0 \right] = \max\left[7, 11 \right] = 11$$

$$ET_8 = \max\left[ET_6 + D_{6-8}, ET_5 + D_{5-8}, ET_7 + D_{7-8} \right] = \max\left[5+5, 11+2, 11+3 \right]$$
$$\qquad = \max\left[10, 13, 14 \right] = 14$$

$$ET_9 = ET_8 + D_{8-9} = 14 + 2 = 16$$

网络计划的计算工期为　　　　　　　　$T_c = ET_9 = 16$

②计算节点的最迟时间。

网络计划的计划工期等于计算工期，即　　　$T_p = T_c = 16$

$$LT_9 = T_p = 16 \qquad\qquad\qquad LT_8 = LT_9 - D_{8-9} = 16 - 2 = 14$$

$$LT_7 = LT_8 - D_{7-8} = 14 - 3 = 11 \qquad LT_6 = LT_8 - D_{6-8} = 14 - 5 = 9$$

$$LT_5 = \min\left[LT_8 - D_{5-8}, LT_7 - D_{5-7} \right] = \min\left[14 - 2, 11 - 0 \right] = \min\left[12, 11 \right] = 11$$

$$LT_4 = LT_7 - D_{4-7} = 11 - 5 = 6$$

$$LT_3 = \min\left[LT_6 - D_{3-6}, LT_5 - D_{3-5} \right] = \min\left[9 - 0, 11 - 8 \right] = \min\left[9, 3 \right] = 3$$

$$LT_2 = LT_6 - D_{2-6} = 9 - 3 = 6$$

$$LT_1 = \min\left[LT_2 - D_{1-2}, LT_3 - D_{1-3}, LT_4 - D_{1-4} \right] = \min\left[6 - 2, 3 - 3, 6 - 2 \right]$$
$$\qquad = \min\left[4, 0, 4 \right] = 0$$

③计算工作的最早开始时间。

$$ES_{1-2} = ET_1 = 0 \qquad\quad ES_{1-3} = ET_1 = 0 \qquad\quad ES_{1-4} = ET_1 = 0$$

$$ES_{2-6} = ET_2 = 2 \qquad\quad ES_{3-5} = ET_3 = 3 \qquad\quad ES_{3-6} = ET_3 = 3$$

$$ES_{4-7} = ET_4 = 2 \qquad\quad ES_{5-7} = ET_5 = 11 \qquad\quad ES_{5-8} = ET_5 = 11$$

$$ES_{6-8} = ET_6 = 5 \qquad\quad ES_{7-8} = ET_7 = 11 \qquad\quad ES_{8-9} = ET_8 = 14$$

④计算工作的最早完成时间。

$$EF_{1-2} = ET_1 + D_{1-2} = 0 + 2 = 2 \qquad\quad EF_{1-3} = ET_1 + D_{1-3} = 0 + 3 = 3$$

$$EF_{1-4} = ET_1 + D_{1-4} = 0 + 2 = 2 \qquad\quad EF_{2-6} = ET_2 + D_{2-6} = 2 + 3 = 5$$

$$EF_{3-5} = ET_3 + D_{3-5} = 3 + 8 = 11 \qquad\quad EF_{3-6} = ET_3 + D_{3-6} = 3 + 0 = 3$$

$$EF_{4-7} = ET_4 + D_{4-7} = 2 + 5 = 7 \qquad\quad EF_{5-7} = ET_5 + D_{5-7} = 11 + 0 = 11$$

$$EF_{5-8} = ET_5 + D_{5-8} = 11 + 2 = 13 \qquad EF_{6-8} = ET_6 + D_{6-8} = 5 + 5 = 10$$

$$EF_{7-8} = ET_7 + D_{7-8} = 11 + 3 = 14 \qquad EF_{8-9} = ET_8 + D_{8-9} = 14 + 2 = 16$$

⑤计算工作的最迟完成时间。

$$LF_{1-2} = LT_2 = 6 \qquad LF_{1-3} = LT_3 = 3 \qquad LF_{1-4} = LT_4 = 6$$

$$LF_{2-6} = LT_6 = 9 \qquad LF_{3-5} = LT_5 = 11 \qquad LF_{3-6} = LT_6 = 9$$

$$LF_{4-7} = LT_7 = 11 \qquad LF_{5-7} = LT_7 = 11 \qquad LF_{5-8} = LT_8 = 14$$

$$LF_{6-8} = LT_8 = 14 \qquad LF_{7-8} = LT_8 = 14 \qquad LF_{8-9} = LT_9 = 16$$

⑥计算工作的最迟开始时间。

$$LS_{1-2} = LT_2 - D_{1-2} = 6 - 2 = 4 \qquad LS_{1-3} = LT_3 - D_{1-3} = 3 - 3 = 0$$

$$LS_{1-4} = LT_4 - D_{1-4} = 6 - 2 = 4 \qquad LS_{2-6} = LT_6 - D_{2-6} = 9 - 3 = 6$$

$$LS_{3-5} = LT_5 - D_{3-5} = 11 - 8 = 3 \qquad LS_{3-6} = LT_6 - D_{3-6} = 9 - 0 = 9$$

$$LS_{4-7} = LT_7 - D_{4-7} = 11 - 5 = 6 \qquad LS_{5-7} = LT_7 - D_{5-7} = 11 - 0 = 11$$

$$LS_{5-8} = LT_8 - D_{5-8} = 14 - 2 = 12 \qquad LS_{6-8} = LT_8 - D_{6-8} = 14 - 5 = 9$$

$$LS_{7-8} = LT_8 - D_{7-8} = 14 - 3 = 11 \qquad LS_{8-9} = LT_9 - D_{8-9} = 16 - 2 = 14$$

⑦计算工作的总时差。

$$TF_{1-2} = LT_2 - ET_1 - D_{1-2} = 6 - 0 - 2 = 4 \qquad TF_{1-3} = LT_3 - ET_1 - D_{1-3} = 3 - 0 - 3 = 0$$

$$TF_{1-4} = LT_4 - ET_1 - D_{1-4} = 6 - 0 - 2 = 4 \qquad TF_{2-6} = LT_6 - ET_2 - D_{2-6} = 9 - 2 - 3 = 4$$

$$TF_{3-5} = LT_5 - ET_3 - D_{3-5} = 11 - 3 - 8 = 0 \qquad TF_{3-6} = LT_6 - ET_3 - D_{3-6} = 9 - 3 - 0 = 6$$

$$TF_{4-7} = LT_7 - ET_4 - D_{4-7} = 11 - 2 - 5 = 4 \qquad TF_{5-7} = LT_7 - ET_5 - D_{5-7} = 11 - 11 - 0 = 0$$

$$TF_{5-8} = LT_8 - ET_5 - D_{5-8} = 14 - 11 - 2 = 1 \qquad TF_{6-8} = LT_8 - ET_6 - D_{6-8} = 14 - 5 - 5 = 4$$

$$TF_{7-8} = LT_8 - ET_7 - D_{7-8} = 14 - 11 - 3 = 0 \qquad TF_{8-9} = LT_9 - ET_8 - D_{8-9} = 16 - 14 - 2 = 0$$

⑧计算工作的自由时差。

$$FF_{1-2} = ET_2 - ET_1 - D_{1-2} = 2 - 0 - 2 = 0 \qquad FF_{1-3} = ET_3 - ET_1 - D_{1-3} = 3 - 0 - 3 = 0$$

$$FF_{1-4} = ET_4 - ET_1 - D_{1-4} = 2 - 0 - 2 = 0 \qquad FF_{2-6} = ET_6 - ET_2 - D_{2-6} = 5 - 2 - 3 = 0$$

$$FF_{3-5} = ET_5 - ET_3 - D_{3-5} = 11 - 3 - 8 = 0 \qquad FF_{3-6} = ET_6 - ET_3 - D_{3-6} = 5 - 3 - 0 = 2$$

$$FF_{4-7} = ET_7 - ET_4 - D_{4-7} = 11 - 2 - 5 = 4 \qquad FF_{5-7} = ET_7 - ET_5 - D_{5-7} = 11 - 11 - 0 = 0$$

$$FF_{5-8} = ET_8 - ET_5 - D_{5-8} = 14 - 11 - 2 = 1 \qquad FF_{6-8} = ET_8 - ET_6 - D_{6-8} = 14 - 5 - 5 = 4$$

$$FF_{7-8} = ET_8 - ET_7 - D_{7-8} = 14 - 11 - 3 = 0 \qquad FF_{8-9} = ET_9 - ET_8 - D_{8-9} = 16 - 14 - 2 = 0$$

（2）确定计算工期、关键工作和关键线路。

计算工期为16，在图 13-19 中，总时差为零的工作为关键工作，关键工作为 B、E、I、J，由关键工作组成的线路是关键线路，关键线路为①→③→⑤→⑦→⑧→⑨。

五、标号法确定关键线路

在双代号网络计划中，采用标号法可以快速确定关键线路，它的基本原理是以节点计算法为基础，对网络计划中每一个节点进行标号，每一个节点采用双标号进行标注，源节点号为第一标号，标号值为第二标号。

标号法确定关键线路的步骤如下：

（1）网络计划中起点节点的标号值为零，即

$$b_1 = 0 \tag{13-26}$$

（2）其他节点的标号值等于以该节点为结束节点的各项工作的开始节点标号值与其持续时间之和的最大值，即

$$b_j = \max[b_i + D_{i \to j}] \tag{13-27}$$

（3）网络计划终点节点的标号值就是计算工期，网络计划所有节点的标号计算完成后，从终点节点出发，逆着箭线方向跟踪源节点号，最终确定关键线路。

【例 13-5】 双代号网络计划如图 13-20 所示，试用标号法确定关键线路和计算工期。

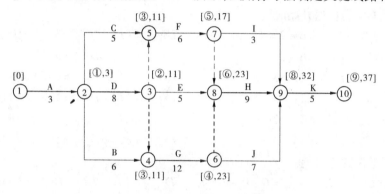

图 13-20　标号法确定关键线路

解　（1）网络计划中起点节点的标号值为零，即 $b_1 = 0$。

（2）其他节点的标号值计算如下

$$b_2 = b_1 + D_{1-2} = 0 + 3 = 3 \qquad\qquad b_3 = b_2 + D_{2-3} = 3 + 8 = 11$$

$$b_4 = \max[b_2 + D_{2-4}, b_3 + D_{3-4}] = \max[3 + 6, 11 + 0] = \max[9, 11] = 11$$

$$b_5 = \max[b_2 + D_{2-5}, b_3 + D_{3-5}] = \max[3 + 5, 11 + 0] = \max[8, 11] = 11$$

$$b_6 = b_4 + D_{4-6} = 11 + 12 = 23 \qquad\qquad b_7 = b_5 + D_{5-7} = 11 + 6 = 17$$

$$b_8 = \max[b_3 + D_{3-8}, b_6 + D_{6-8}, b_7 + D_{7-8}] = \max[11 + 5, 23 + 0, 17 + 0]$$
$$= \max[16, 23, 17] = 23$$

$$b_9 = \max[b_6 + D_{6-9}, b_7 + D_{7-9}, b_8 + D_{8-9}] = \max[23 + 7, 17 + 3, 23 + 9]$$
$$= \max[30, 20, 32] = 32$$

$$b_{10} = b_9 + D_{9-10} = 32 + 5 = 37$$

网络计划的计算工期就是终点节点的标号值，计算工期为 37，从终点节点逆着箭线方向跟踪源节点号即可确定关键线路，本例题中关键线路为：①→②→③→④→⑥→⑧→⑨→⑩。

第二节　单代号网络计划

一、单代号网络图的基本概念

单代号网络图是网络计划的另一种表示方法，它是用节点及其编号表示工作，而箭线表示各项工作之间逻辑关系的网络图形，如图 13-21 所示。单代号网络图与双代号网络

图相比具有以下特点:工作之间的逻辑关系容易表达,且不用虚箭线,网络图便于检查修改;由于用节点表示工作,没有长度概念,不够形象直观,箭线出现纵横交叉的现象比较普遍。

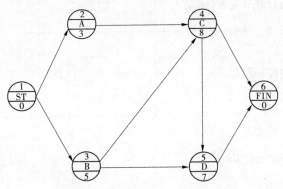

图 13-21　单代号网络图

构成单代号网络图的三要素为节点、箭线和线路。

(一)节点

单代号网络图中的每一项工作都用一个节点表示,节点宜用圆圈或矩形表示,工作名称、工作代号和持续时间都标注在节点内,如图 13-22 所示。

单代号网络图的节点必须编号,节点编号顺序由小到大,可以连续编号,也可以间断编号,严禁重复。

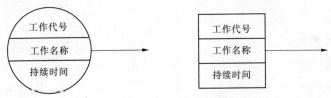

图 13-22　单代号网络图节点表示方法

(二)箭线

单代号网络图中的箭线表示各项工作之间的逻辑关系,箭线可画成水平直线、斜线或折线,它既不消耗时间,又不消耗资源。

(三)线路

单代号网络图中的线路从起点节点开始,沿着箭头方向顺序通过一系列的箭线与节点,最终到达终点节点的通路称为线路。它和双代号网络图线路的含义是一样的,在各条线路中,总的持续时间最长的线路为关键线路,其余的为非关键线路。关键线路和非关键线路在一定条件下可以相互转化。

二、单代号网络图的绘制规则

(1)单代号网络图必须正确表示各项工作之间的逻辑关系。

绘制单代号网络图常见的逻辑关系及表示方法如表 13-7 所示。

表 13-7　单代号网络图中各项工作之间的逻辑关系及表示方法

序号	工作之间的逻辑关系	单代号网络图的表示方法
1	A 完成后进行 B,B 完成后进行 C	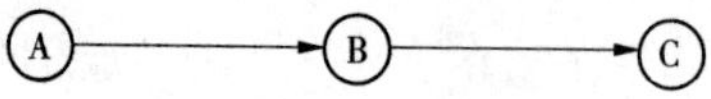
2	A 完成后进行 B 和 C	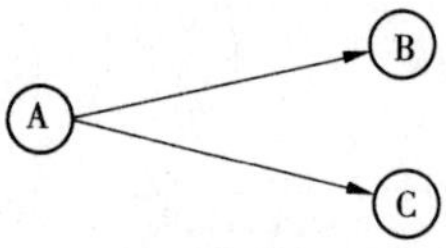
3	A、B 均完成后进行 C	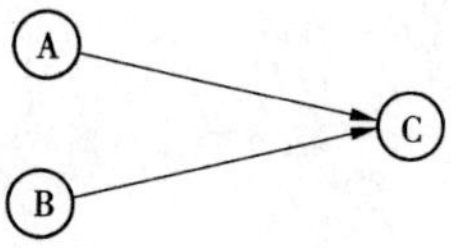
4	A、B 均完成后进行 C 和 D	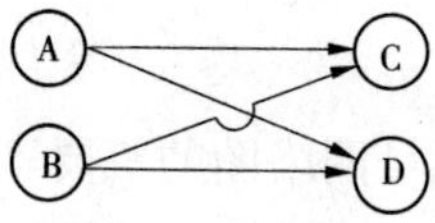
5	A、B、C 同时开始	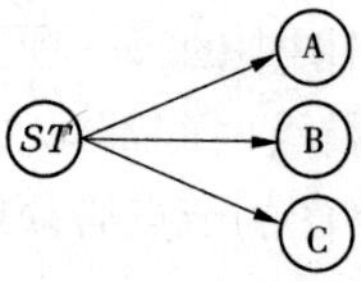
6	A、B、C 同时结束	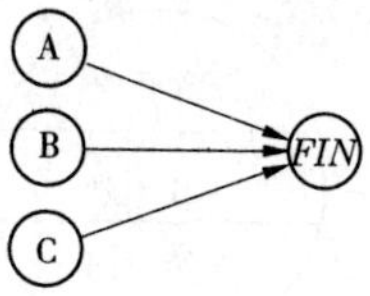
7	A 完成后进行 C,A、B 均完成后进行 D	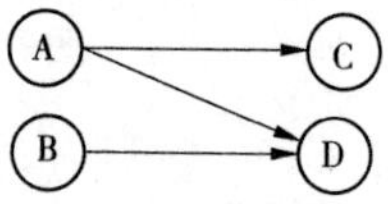
8	A、B 均完成后进行 D,B、C 均完成后进行 E	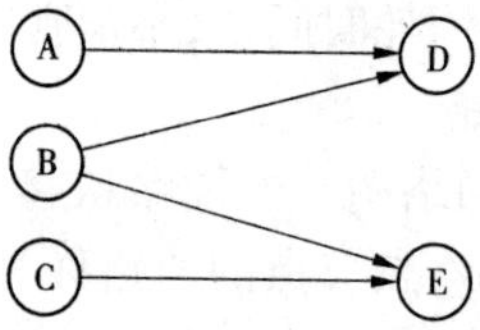
9	A、B 均完成后进行 D,A、B、C 均完成后进行 E,D、E 均完成后进行 F	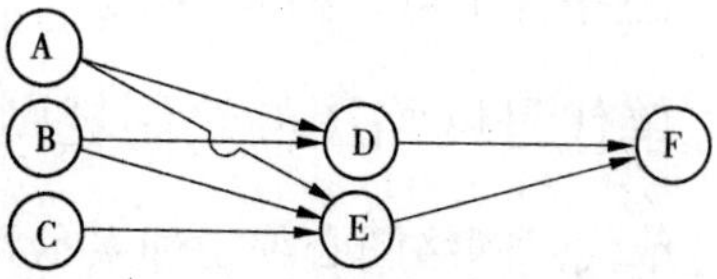

续表 13-7

序号	工作之间的逻辑关系	单代号网络图的表示方法
10	A、B 两项工作分三个施工段进行流水施工，A_1 完成后进行 A_2、B_1，A_2 完成后进行 A_3、B_2，A_2、B_1 完成后进行 B_2，A_3、B_2 完成后进行 B_3	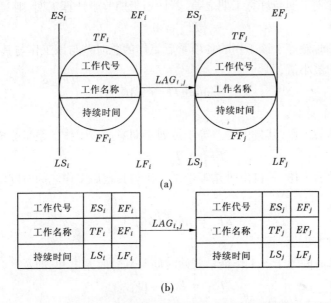

（2）单代号网络图中严禁出现循环回路。

（3）单代号网络图中严禁在节点之间出现双向箭头和无箭头的连线。

（4）单代号网络图中只允许有一个起点节点和终点节点，如出现多项开始工作或多项结束工作，应在单代号网络图的两端分别设置一项虚拟工作，作为该网络图的起点节点和终点节点。

（5）单代号网络图中严禁出现没有箭尾节点和箭头节点的箭线。

（6）绘制单代号网络图时，箭线尽量避免交叉，当交叉不可避免时，可用过桥法或指向法表示。

三、单代号网络图时间参数的计算

单代号网络图时间参数的含义和计算原理与双代号网络图基本相同，其标注方法如图 13-23 所示。

（a）

（b）

图 13-23　单代号网络图时间参数的标注方法

单代号网络图时间参数的计算步骤如下：

（1）最早开始时间的计算。

工作最早开始时间的计算应从起点节点开始顺着箭线方向依次逐项计算。

以起点节点为开始节点的工作最早开始时间规定为零，即

$$ES_i = 0 \quad (i = 1) \tag{13-28}$$

其他工作的最早开始时间等于该工作各项紧前工作最早完成时间的最大值，即

$$ES_j = \max[EF_i] \quad (i < j) \tag{13-29}$$

或

$$ES_j = \max[ES_i + D_i] \tag{13-30}$$

（2）最早完成时间的计算。

工作最早完成时间等于最早开始时间与持续时间之和，即

$$EF_i = ES_i + D_i \tag{13-31}$$

（3）确定计算工期和计划工期。

计算工期等于网络计划的终点节点的最早完成时间，即

$$T_c = EF_n \tag{13-32}$$

单代号网络计划的计划工期和双代号网络计划的计划工期的确定原则相同。

（4）相邻两项工作之间时间间隔的计算。

相邻两项工作之间的时间间隔等于紧后工作的最早开始时间和本工作的最早完成时间之差，即

$$LAG_{i,j} = ES_j - EF_i \tag{13-33}$$

（5）总时差的计算。

工作总时差应从网络计划的终点节点开始，逆着箭线方向依次逐项计算。终点节点的总时差应等于计划工期与计算工期之差，若计划工期等于计算工期，则

$$TF_n = 0 \tag{13-34}$$

其他工作的总时差等于该工作的各项紧后工作的总时差与该工作与其紧后工作之间的时间间隔之和的最小值，即

$$TF_i = \min[TF_j + LAG_{i,j}] \tag{13-35}$$

（6）自由时差的计算。

该工作若无紧后工作，其自由时差等于计划工期减去该工作的最早完成时间，即

$$FF_n = T_p - EF_n \tag{13-36}$$

该工作若有紧后工作，其自由时差等于该工作与其紧后工作之间时间间隔的最小值，即

$$FF_i = \min[LAG_{i,j}] \tag{13-37}$$

（7）最迟开始时间的计算。

工作最迟开始时间等于该工作最早开始时间与其总时差之和，即

$$LS_i = ES_i + TF_i \tag{13-38}$$

（8）最迟完成时间的计算。

工作最迟完成时间等于该工作最早完成时间与其总时差之和，即

$$LF_i = EF_i + TF_i \tag{13-39}$$

四、确定关键工作和关键线路

单代号网络计划中总时差最小的工作为关键工作。关键线路是从起点节点开始到终点节点结束都是关键工作组成的线路。也就是,从起点节点开始到终点节点结束所有工作的时间间隔为零的线路为关键线路。

【例13-6】 已知单代号网络计划如图13-24所示,若计划工期等于计算工期,试计算该单代号网络图各项工作的6个时间参数,确定计算工期和关键工作,并标出关键线路。

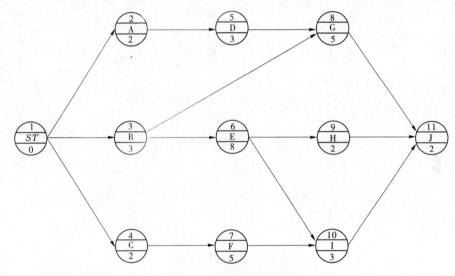

图 13-24 单代号网络图

解 计算结果如图13-25所示,计算步骤及方法如下所述。

(1)计算工作的最早开始时间。

$ES_1 = 0$ 　　　　　　　　　　　$ES_2 = ES_1 + D_1 = 0 + 0 = 0$

$ES_3 = ES_1 + D_1 = 0 + 0 = 0$ 　　$ES_4 = ES_1 + D_1 = 0 + 0 = 0$

$ES_5 = ES_2 + D_2 = 0 + 2 = 2$ 　　$ES_6 = ES_3 + D_3 = 0 + 3 = 3$

$ES_7 = ES_4 + D_4 = 0 + 2 = 2$

$ES_8 = \max[ES_5 + D_5, ES_3 + D_3] = \max[2 + 3, 0 + 3] = \max[5, 3] = 5$

$ES_9 = ES_6 + D_6 = 3 + 8 = 11$

$ES_{10} = \max[ES_6 + D_6, ES_7 + D_7] = \max[3 + 8, 2 + 5] = \max[11, 7] = 11$

$ES_{11} = \max[ES_8 + D_8, ES_9 + D_9, ES_{10} + D_{10}] = \max[5 + 5, 11 + 2, 11 + 3]$

$\quad\quad = \max[10, 13, 14] = 14$

(2)计算工作的最早完成时间。

$EF_1 = ES_1 + D_1 = 0 + 0 = 0$ 　　　$EF_2 = ES_2 + D_2 = 0 + 2 = 2$

$EF_3 = ES_3 + D_3 = 0 + 3 = 3$ 　　　$EF_4 = ES_4 + D_4 = 0 + 2 = 2$

$EF_5 = ES_5 + D_5 = 2 + 3 = 5$ 　　　$EF_6 = ES_6 + D_6 = 3 + 8 = 11$

$EF_7 = ES_7 + D_7 = 2 + 5 = 7$ 　　　$EF_8 = ES_8 + D_8 = 5 + 5 = 10$

$EF_9 = ES_9 + D_9 = 11 + 2 = 13$ 　　$EF_{10} = ES_{10} + D_{10} = 11 + 3 = 14$

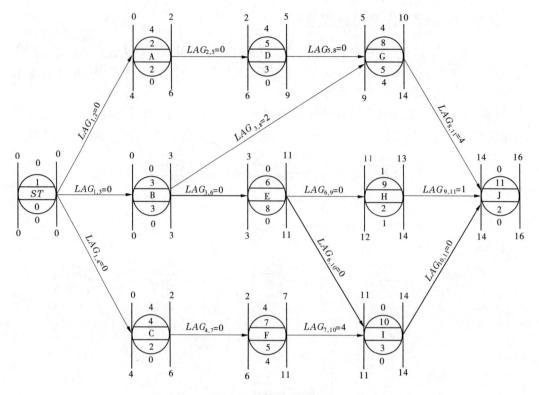

图 13-25　单代号网络图

$EF_{11} = ES_{11} + D_{11} = 14 + 2 = 16$

（3）计算网络计划的计算工期。

$T_c = EF_{11} = 16$

（4）计算相邻两项工作之间的时间间隔。

$LAG_{1,2} = ES_2 - EF_1 = 0 - 0 = 0$ ⟶ $LAG_{1,3} = ES_3 - EF_1 = 0 - 0 = 0$

$LAG_{1,4} = ES_4 - EF_1 = 0 - 0 = 0$ ⟶ $LAG_{2,5} = ES_5 - EF_2 = 2 - 2 = 0$

$LAG_{3,6} = ES_6 - EF_3 = 3 - 3 = 0$ ⟶ $LAG_{3,8} = ES_8 - EF_3 = 5 - 3 = 2$

$LAG_{4,7} = ES_7 - EF_4 = 2 - 2 = 0$ ⟶ $LAG_{5,8} = ES_8 - EF_5 = 5 - 5 = 0$

$LAG_{6,9} = ES_9 - EF_6 = 11 - 11 = 0$ ⟶ $LAG_{6,10} = ES_{10} - EF_6 = 11 - 11 = 0$

$LAG_{7,10} = ES_{10} - EF_7 = 11 - 7 = 4$ ⟶ $LAG_{8,11} = ES_{11} - EF_8 = 14 - 10 = 4$

$LAG_{9,11} = ES_{11} - EF_9 = 14 - 13 = 1$ ⟶ $LAG_{10,11} = ES_{11} - EF_{10} = 14 - 14 = 0$

（5）计算工作的总时差。

$TF_{11} = 0$ ⟶ $TF_{10} = TF_{11} + LAG_{10,11} = 0 + 0 = 0$

$TF_9 = TF_{11} + LAG_{9,11} = 0 + 1 = 1$ ⟶ $TF_8 = TF_{11} + LAG_{8,11} = 0 + 4 = 4$

$TF_7 = TF_{10} + LAG_{7,10} = 0 + 4 = 4$

$TF_6 = \min[TF_9 + LAG_{6,9}, TF_{10} + LAG_{6,10}] = \min[1 + 0, 0 + 0] = \min[1, 0] = 0$

$TF_5 = TF_8 + LAG_{5,8} = 4 + 0 = 4$ ⟶ $TF_4 = TF_7 + LAG_{4,7} = 4 + 0 = 4$

$TF_3 = \min[TF_6 + LAG_{3,6}, TF_8 + LAG_{3,8}] = \min[0 + 0, 4 + 2] = \min[0, 6] = 0$

$$TF_2 = TF_5 + LAG_{2,5} = 4 + 0 = 4$$

$$TF_1 = \min\left[TF_2 + LAG_{1,2}, TF_3 + LAG_{1,3}, TF_4 + LAG_{1,4}\right]$$
$$= \min\left[4 + 0, 0 + 4, 4 + 0\right] = \min\left[4, 0, 4\right] = 0$$

(6)计算工作的自由时差。

$$FF_{11} = T_p - EF_{11} = 16 - 16 = 0 \qquad FF_{10} = LAG_{10,11} = 0$$

$$FF_9 = LAG_{9,11} = 1 \qquad FF_8 = LAG_{8,11} = 4$$

$$FF_7 = LAG_{7,10} = 4 \qquad FF_6 = \min\left[LAG_{6,9}, LAG_{6,10}\right] = \min\left[0, 0\right] = 0$$

$$FF_5 = LAG_{5,8} = 0 \qquad FF_4 = LAG_{4,7} = 0$$

$$FF_3 = \min\left[LAG_{3,6}, LAG_{3,8}\right] = \min\left[0, 2\right] = 0$$

$$FF_2 = LAG_{2,5} = 0$$

$$FF_1 = \min\left[LAG_{1,2}, LAG_{1,3}, LAG_{1,4}\right] = \min\left[0, 0, 0\right] = 0$$

(7)计算工作的最迟开始时间。

$$LS_1 = ES_1 + TF_1 = 0 + 0 = 0 \qquad LS_2 = ES_2 + TF_2 = 0 + 4 = 4$$

$$LS_3 = ES_3 + TF_3 = 0 + 0 = 0 \qquad LS_4 = ES_4 + TF_4 = 0 + 4 = 4$$

$$LS_5 = ES_5 + TF_5 = 2 + 4 = 6 \qquad LS_6 = ES_6 + TF_6 = 3 + 0 = 3$$

$$LS_7 = ES_7 + TF_7 = 2 + 4 = 6 \qquad LS_8 = EF_8 + TF_8 = 5 + 4 = 9$$

$$LS_9 = ES_9 + TF_9 = 11 + 1 = 12 \qquad LS_{10} = ES_{10} + TF_{10} = 11 + 0 = 11$$

$$LS_{11} = ES_{11} + TF_{11} = 14 + 0 = 14$$

(8)计算工作的最迟完成时间。

$$LF_1 = EF_1 + TF_1 = 0 + 0 = 0 \qquad LF_2 = EF_2 + TF_2 = 2 + 4 = 6$$

$$LF_3 = EF_3 + TF_3 = 3 + 0 = 3 \qquad LF_4 = EF_4 + TF_4 = 2 + 4 = 6$$

$$LF_5 = EF_5 + TF_5 = 5 + 4 = 9 \qquad LF_6 = EF_6 + TF_6 = 11 + 0 = 11$$

$$LF_7 = EF_7 + TF_7 = 7 + 4 = 11 \qquad LF_8 = EF_8 + TF_8 = 10 + 4 = 14$$

$$LF_9 = EF_9 + TF_9 = 13 + 1 = 14 \qquad LF_{10} = EF_{10} + TF_{10} = 14 + 0 = 14$$

$$LF_{11} = EF_{11} + TF_{11} = 16 + 0 = 16$$

根据计算结果可知,计算工期为16,总时差为零的工作为关键工作。关键工作为 B、E、I、J,由关键工作组成的线路为关键线路,即③→⑥→⑩→⑪为关键线路,关键线路上所有工作的时间间隔为零。由于节点①为虚拟节点,所以关键线路上可以不考虑。

第三节 双代号时标网络计划

双代号时标网络计划是以时间坐标为尺度编制的网络计划,宜按最早时间绘制。它综合运用了横道图和网络计划的原理,表达形式直观,逻辑关系清楚。时标的时间单位根据需要在编制网络计划前确定,可为时、日、周、旬、月、季等。

时标网络计划中实箭线表示工作,实箭线在坐标轴上的水平投影长度表示该项工作的持续时间,虚箭线表示虚工作,由于虚箭线的持续时间为零,所以虚箭线应垂直画,波形线表示工作的自由时差。

一、双代号时标网络计划的绘制

双代号时标网络计划(简称时标网络计划)根据需要可以按最早时间和最迟时间绘制,通常时标网络计划按最早时间绘制,绘制时应以一般网络计划为依据,在横道图进度表上进行,时间坐标可标注在时标网络计划表的上部或下部,同时加注日历时间,如表 13-8 所示。

表 13-8　时标计划

日历															
时间单位	1	2	3	4	5	6	7	8	9	10	11	12	13	14	15	⋯
时标网络计划																
时间单位	1	2	3	4	5	6	7	8	9	10	11	12	13	14	15	⋯

时标网络计划的绘制方法有间接绘制法和直接绘制法两种。

(一)间接绘制法

间接绘制法是先绘制无时标网络计划,确定出关键线路,再绘制时标网络计划。绘制时先绘出关键线路,再绘制非关键工作,当工作箭线长度不足达到该工作的完成节点时,用波形线补足,箭头画在该工作完成节点处。

【例 13-7】　已知网络计划的有关资料如表 13-9 所示,试用间接绘制法绘制双代号时标网络计划。

表 13-9　网络计划有关资料

工作	A	B	C	D	E	F	G	H
紧前工作	—	A	B	B	B	C、D	C、E	F、G
持续时间	1	3	6	2	3	5	3	2

解　(1)列出关系表,确定出各项工作的紧后工作和节点位置编号,如表 13-10 所示。

表 13-10　关系表

工作	A	B	C	D	E	F	G	H
紧前工作	—	A	B	B	B	C、D	C、E	F、G
紧后工作	B	C、D、E	F、G	F	G	H	H	——
开始节点的位置编号	0	1	2	2	2	3	3	4
结束节点的位置编号	1	2	3	3	3	4	4	5
持续时间	1	3	6	2	3	5	3	2

（2）绘制双代号网络图,如图 13-26 所示。

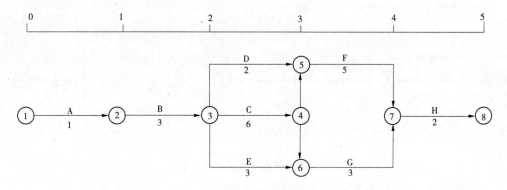

图 13-26　双代号网络图

（3）用标号法确定关键线路,如图 13-27 所示。

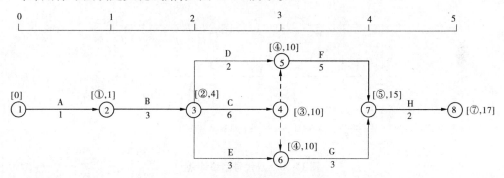

图 13-27　标号法确定关键线路

（4）按时间坐标绘出关键线路,如图 13-28 所示。

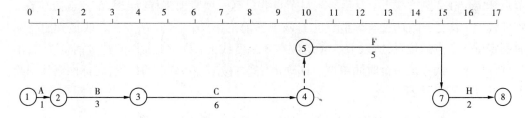

图 13-28　画出时标网络计划的关键线路

（5）绘出非关键工作,如图 13-29 所示。

（二）直接绘制法

直接绘制法就是根据一般网络计划直接绘制时标网络计划,具体绘制步骤如下:

（1）将起点节点定位在时标计划表的起始刻度线上。

（2）在起始刻度线上按工作的持续时间画出外向箭线。

（3）除起点节点以外其他节点位置必须在其所有内向箭线绘出以后,定位在箭线最长的末端,其他内向箭线长度不足以达到该节点时,则用波形线补足,箭头画在波形线与节点连接处。

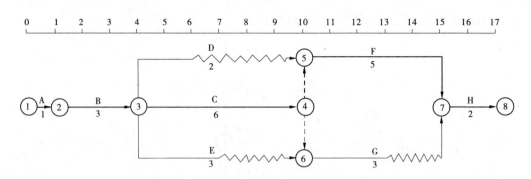

图 13-29　双代号时标网络计划

（4）用上述方法，从左至右依次确定各节点的位置，直至终点节点确定。

【**例 13-8**】　已知网络计划如图 13-30 所示，试用直接绘制法绘出双代号时标网络计划。

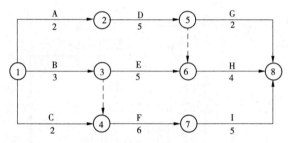

图 13-30　双代号网络计划

解　将起点节点①绘制在时标计划表的起始刻度线上，按工作的持续时间绘制节点①的外向箭线①→②、①→③、①→④，由于 $D_{1-2}=2$，且节点②只有一项紧前工作，所以节点②定位在 2 刻度线上。$D_{1-3}=3$，且节点③只有一项紧前工作，同理，节点③定位在 3 刻度线上。$D_{3-4}=0$，$D_{1-4}=2$，节点④有两项紧前工作，$D_{1-3}=3$，$D_{1-4}=2$，取最大的持续时间定位④节点的位置，所以节点④定位在 3 刻度线上，①→④工作的持续时间为 2，不足部分用波形线补足一个时间单位。同理定位⑤、⑥、⑦、⑧节点的位置，时标网络计划绘制完毕，如图 13-31 所示。

二、双代号时标网络计划关键线路和计算工期的确定

关键线路的确定应从终点节点出发，逆着箭线方向向着起点节点前进，从始至终不出现波形线的线路为关键线路。如图 13-31 所示，①→③→④→⑦→⑧为关键线路。

计算工期为终点节点与起点节点所在位置的时标值之差，上例中的计算工期为 14。

三、双代号时标网络计划时间参数的计算

（一）最早开始时间

工作最早开始时间为每条箭线箭尾所对应的时标值。如例 13-8 中工作 A 最早开始时间的时标值为零，工作 E 最早开始时间的时标值为 3，工作 H 最早开始时间的时标值为

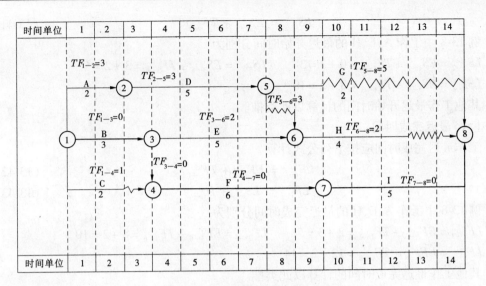

图 13-31　双代号时标网络计划

8,以此类推判读。

(二)最早完成时间

工作最早完成时间为每条箭线箭头所对应的时标值。如例 13-8 中工作 A 最早完成时间的时标值为 2,工作 E 最早完成时间的时标值为 8,工作 H 最早完成时间的时标值为 12,以此类推判读。

(三)自由时差

在时标网络计划中,工作的自由时差为工作箭线中波形线部分在坐标轴上的水平投影长度。如例 13-8 中工作 A 的自由时差为零,工作 C 的自由时差为 1,工作 H 的自由时差为 2,以此类推判读。

(四)总时差

时标网络计划中,工作总时差的确定应从右向左进行,即本工作的总时差等于其紧后工作总时差的最小值与其本工作自由时差之和,计算公式为

$$TF_{i-j} = \min[TF_{j-k}] + FF_{i-j} \quad (i < j < k) \tag{13-40}$$

例 13-8 中各项工作总时差的计算如下

$TF_{5-8} = 0 + FF_{5-8} = 0 + 5 = 5$　　　　$TF_{6-8} = 0 + FF_{6-8} = 0 + 2 = 2$

$TF_{7-8} = 0 + FF_{7-8} = 0 + 0 = 0$　　　　$TF_{5-6} = TF_{6-8} + FF_{5-6} = 2 + 1 = 3$

$TF_{4-7} = TF_{7-8} + FF_{4-7} = 0 + 0 = 0$　　$TF_{3-6} = TF_{6-8} + FF_{3-6} = 2 + 0 = 2$

$TF_{3-4} = TF_{4-7} + FF_{3-4} = 0 + 0 = 0$

$TF_{2-5} = \min[TF_{5-6}, TF_{5-8}] + FF_{2-5} = \min[3, 5] + 0 = 3 + 0 = 3$

$TF_{1-4} = TF_{4-7} + FF_{1-4} = 0 + 1 = 1$

$TF_{1-3} = \min[TF_{3-4}, TF_{3-6}] + FF_{1-3} = \min[0, 2] + 0 = 0 + 0 = 0$

$TF_{1-2} = TF_{2-5} + FF_{1-2} = 3 + 0 = 3$

(五)最迟开始时间

工作最迟开始时间应按下列公式计算:

$$LS_{i-j} = ES_{i-j} + TF_{i-j} \tag{13-41}$$

例 13-8 中工作 A、E、H 的最迟开始时间分别为

$$LS_{1-2} = ES_{1-2} + TF_{1-2} = 0 + 3 = 3 \qquad LS_{3-6} = ES_{3-6} + TF_{3-6} = 3 + 2 = 5$$

$$LS_{6-8} = ES_{6-8} + TF_{6-8} = 8 + 2 = 10$$

其他工作最迟开始时间的计算以此类推。

(六)最迟完成时间

工作最迟完成时间应按下列公式计算

$$LF_{i-j} = EF_{i-j} + TF_{i-j} \tag{13-42}$$

或
$$LF_{i-j} = LS_{i-j} + D_{i-j} \tag{13-43}$$

例 13-8 中工作 A、E、H 的最迟完成时间分别为

$$LF_{1-2} = EF_{1-2} + TF_{1-2} = 2 + 3 = 5 \qquad LF_{3-6} = EF_{3-6} + TF_{3-6} = 8 + 2 = 10$$

$$LF_{6-8} = EF_{6-8} + TF_{6-8} = 12 + 2 = 14$$

其他工作最迟完成时间的计算以此类推。

第四节　单代号搭接网络计划

单代号搭接网络计划是用节点表示工作,而箭线及其上面的时距符号表示相邻工作之间的逻辑关系。

在前面所述的网络计划中,各项工作之间仅表示一种连接关系,即只有任何一项工作的紧前工作全部完成以后,本工作才能开始。但在实际工程建设中,并非如此,为了缩短工期,许多工作可以采用平行搭接的方式进行,即紧前工作开始一段时间后,本工作就可以进行,工作之间的这种关系称为搭接关系。

单代号搭接网络计划的各种搭接关系如下所述。

一、开始到开始的搭接关系

工作 i 开始时间和紧后工作 j 开始时间的时间间距,用 $STS_{i,j}$ 表示,如图 13-32 所示。

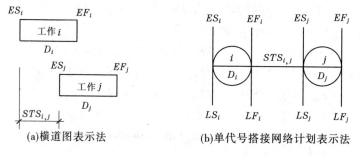

(a)横道图表示法　　　　　　　(b)单代号搭接网络计划表示法

图 13-32　从开始到开始的搭接关系表示方法

二、开始到结束的搭接关系

工作 i 开始时间和紧后工作 j 结束时间的时间间距,用 $STF_{i,j}$ 表示,如图 13-33 所示。

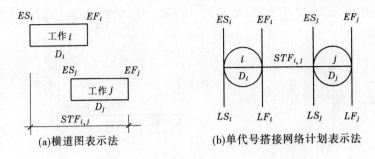

图 13-33 从开始到结束的搭接关系表示方法

三、结束到开始的搭接关系

工作 i 结束时间和紧后工作 j 开始时间的时间间距,用 $FTS_{i,j}$ 表示,如图 13-34 所示。

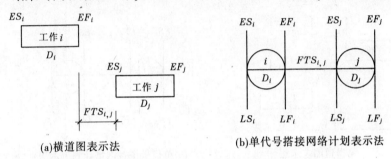

图 13-34 从结束到开始的搭接关系表示方法

四、结束到结束的搭接关系

工作 i 结束时间和紧后工作 j 结束时间的时间间距,用 $FTF_{i,j}$ 表示,如图 13-35 所示。

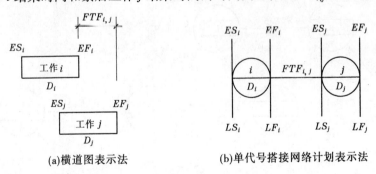

图 13-35 从结束到结束的搭接关系表示方法

五、混合搭接关系

在搭接网络计划中,除以上四种搭接关系外,相邻两项工作还会出现以上四种搭接关系中的任何两种,称为混合搭接关系。其组合形式有六种。例如相邻工作之间的混合搭接关系的时间间距有 $STS_{i,j}$ 和 $FTF_{i,j}$ 以及 $STF_{i,j}$ 和 $FTS_{i,j}$ 等，如图 13-36、图 13-37 所示。

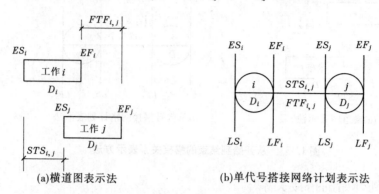

　　(a)横道图表示法　　　　　　　　　　(b)单代号搭接网络计划表示法

图 13-36　从开始到开始、结束到结束的混合搭接关系表示方法

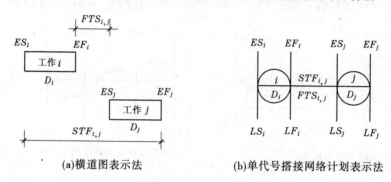

　　(a)横道图表示法　　　　　　　　　　(b)单代号搭接网络计划表示法

图 13-37　从开始到结束、结束到开始的混合搭接关系表示方法

　　图 13-38 为单代号搭接网络计划，单代号搭接网络计划时间参数的计算与单代号网络计算时间参数的计算方法基本相同。

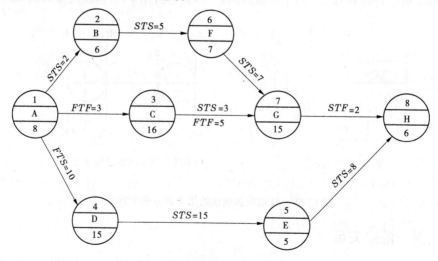

图 13-38　某工程单代号搭接网络计划

第五节　网络计划的优化

网络计划的优化,就是在满足既定条件下,按照某一衡量指标(工期、成本、资源),利用工作的时差进行调整,不断改善网络计划的初始方案,以寻求最优方案的过程。根据网络计划优化的目标不同可分为工期优化、费用优化和资源优化。

一、工期优化

工期优化又称为时间优化,当网络计划的计算工期大于要求工期时,通过压缩关键线路上某些工作的持续时间,同时又不改变各项工作逻辑关系的前提下,以满足工期要求的目的。

在压缩关键工作的持续时间时,应考虑以下因素:

(1)缩短工作持续时间对工程质量和安全影响不大。

(2)缩短有充足备用资源工作的持续时间。

(3)缩短工作持续时间所增加的费用最少。

(4)缩短优选系数最小工作的持续时间。

工期优化的计算,应按下列步骤进行:

(1)计算网络计划的计算工期,确定关键工作和关键线路。

(2)按要求工期计算网络计划应缩短的时间 ΔT

$$\Delta T = T_c - T_r \tag{13-44}$$

(3)确定各项关键工作能缩短的持续时间。

(4)按上述应考虑的因素选择关键工作,压缩其持续时间,并重新计算网络计划的计算工期。

(5)当计算工期仍超过要求工期时,则重复以上步骤,直到满足要求工期或工期不能再缩短。

(6)当所有关键工作的持续时间都已缩短到极限时间,而工期仍不能满足要求时,应对原计划的组织和技术方案进行调整或对要求工期进行重新审定。

(7)在工期优化过程中,值得注意的是不能把关键工作压缩成非关键工作。

【例13-9】　已知某双代号网络计划如图13-39所示,箭线上方括号外的符号为工作名称,括号内的数字为优选系数,箭线下方括号外的数字为工作的正常持续时间,括号内的数字为工作的最短持续时间,假定要求工期为15 d。试对其进行工期优化。

解　(1)用标号法确定初始网络计划中各项工作在正常持续时间下的关键线路和计算工期,如图13-40所示,关键线路为①→②→③→⑤→⑥,计算工期为25 d。

(2)按要求工期计算应缩短的时间为 $\Delta T = T_c - T_r = 25 - 15 = 10(d)$。

(3)选择关键线路上优选系数最小的工作进行压缩。

第一次压缩:选择关键线路上优选系数最小的工作A,可压缩5 d,而与工作A并列的非关键工作B的总时差为4 d,为了不使关键工作压缩以后变为非关键工作,只能将工作A压缩4 d,经第一次压缩以后的网络计划如图13-41所示。

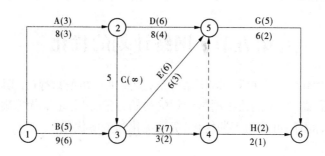

图 13-39　某工程双代号网络计划

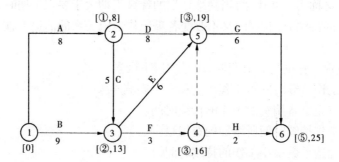

图 13-40　标号法确定初始网络计划的关键线路

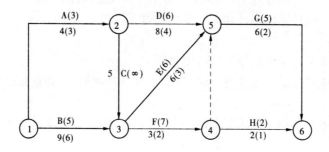

图 13-41　第一次压缩后的网络计划

经第一次压缩以后,图 13-41 中有两条关键线路①→②→③→⑤→⑥和①→③→⑤→⑥,计算工期为 21 天,仍需压缩的时间为 21 - 15 = 6(d)。

第二次压缩:选择关键线路上优选系数最小的工作 G,可压缩 4 d,压缩后的网络计划如图 13-42 所示。

经第二次压缩以后,图 13-42 中的两条关键线路不变,仍为①→②→③→⑤→⑥和①→③→⑤→⑥,计算工期为 17 d,还需压缩的时间为 17 - 15 = 2(d)。

第三次压缩:选择关键线路上优选系数最小的工作 E,可压缩 3 d,由于只需压缩 2 d 就可以满足要求工期的需要,所以工作 E 只需压缩 2 d 即可,压缩后的网络计划如图 13-43 所示。

通过 3 次压缩,工期为 15 d,满足要求工期的规定。优化以后的网络计划如图 13-44 所示。

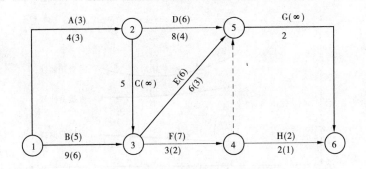

图13-42　第二次压缩后的网络计划

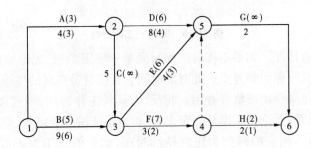

图13-43　第三次压缩后的网络计划

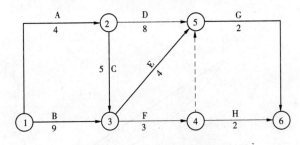

图13-44　优化网络计划

二、费用优化

费用优化通常指工期成本优化。在网络计划中,如何使计划以最短的工期和最少的费用完成是同时要考虑的两方面的因素,这就必须要研究工期和费用的关系,寻求工期和费用的最佳组合。

(一)费用和工期的关系

工程项目的总费用由直接费和间接费组成。

一般来说,缩短工期会引起直接费的增加和间接费的减少,反之,延长工期会引起直接费的减少和间接费的增加。我们的目标是直接费和间接费之和最小,即总费用最小。总费用最小的工期为最优工期。如图13-45所示,图中M点为费用总和的最低点,相应的工期就是最优工期。

直接费在一定的时间范围内是随着工作持续时间的变化而变化的,与时间成反比关系。如果缩短工作时间,加快施工速度,要采取多班作业,增加施工人员、机械设备和施工

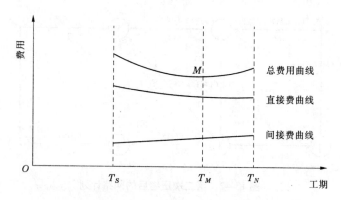

T_S—最短工期；T_M—最优工期；T_N—正常工期

图 13-45　费用—工期曲线

材料,直接费也跟着增加。如果工作时间缩短到某一极限状态,无论增加多少直接费,也不能缩短工期,此极限称为临界点。此时的时间为直接费最高时的持续时间,即为临界时间,此时的费用为极限费用或临界费用。相反,若延长工作时间,则直接费减小。当延长时间到某一极限位置,无论将工期延长至多长,再也不能减少直接费,此时的直接费最低,此极限称为正常点。相应的时间为正常持续时间,此时的费用为正常费用,如图 13-46所示。

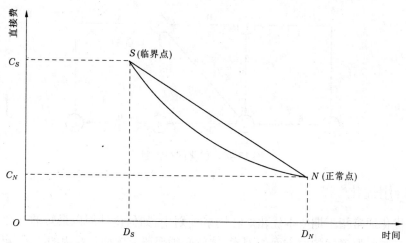

图 13-46　直接费—时间关系曲线

为了简化计算,工作持续时间与直接费的反比关系可近似地用直线来代替,缩短每一单位工作时间所需增加的直接费称为直接费用率,直接费用率可按下列公式计算

$$\Delta C = \frac{C_S - C_N}{D_N - D_S} \tag{13-45}$$

式中　ΔC——直接费用率;

$\quad\ C_S$——工作最短持续时间的直接费;

$\quad\ C_N$——工作正常持续时间的直接费;

$\quad\ D_N$——工作正常持续时间;

D_s——工作最短持续时间。

间接费与时间成正比关系,通常用直线表示。

(二) 费用优化的方法和步骤

费用优化的方法是在网络计划中不断缩短关键线路上直接费用率最小的关键工作的持续时间,求出在不同工期下的直接费,同时应考虑在不同工期下间接费的变化情况,最后通过直接费和间接费的叠加求得总费用最低时的最优工期或按要求工期求得最低成本。

按照上述思路,费用优化可按下列步骤进行:

(1)按各项工作的正常持续时间确定网络计划的关键工作、关键线路、计算工期以及总直接费。

(2)计算各项工作的直接费用率。

(3)压缩关键线路上直接费用率(组合直接费用率)最小的工作的持续时间,其缩短值必须满足原关键工作仍保持关键工作的地位。

(4)重复第(3)点,直至所有关键线路上工作的持续时间不能再压缩,并计算每一次压缩以后的直接费。

(5)根据每次压缩后的工期和直接费的数据绘制直接费—工期曲线。

(6)绘制间接费—工期曲线。

(7)通过直接费、间接费叠加,绘出总费用—工期曲线,寻找出总费用最低时对应的工期,此工期为最优工期,最终确定该网络计划的最优方案。

【例13-10】 某工程网络计划如图13-47所示,该网络计划中各项工作的正常持续时间、正常持续时间的直接费、最短持续时间、最短持续时间的直接费等有关参数见表13-11,已知该工程间接费用率为300元/d。试对该网络计划进行费用优化。

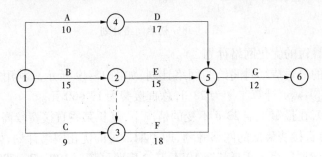

图13-47 某工程网络计划

解 1.计算各项工作的直接费用率

将计算结果填入表13-11中。

2.按各项工作的正常持续时间,绘制初始网络计划,确定计算工期、关键线路及总直接费

初始网络计划如图13-48所示。利用标号法确定初始网络计划的计算工期为45 d,关键线路为①→②→③→⑤→⑥,总直接费为11 700 元。

表 13-11　网络计划各项工作参数

工作	正常持续时间 （d）	最短持续时间 （d）	正常时间的直接费 （元）	最短时间的直接费 （元）	直接费用率 （元/d）
A	10	3	1 800	2 500	100
B	15	6	1 000	2 800	200
C	9	5	1 200	1 400	50
D	17	5	800	1 400	50
E	15	9	2 000	2 960	160
F	18	7	2 500	3 600	100
G	12	8	2 400	3 000	150
合计			11 700	17 660	

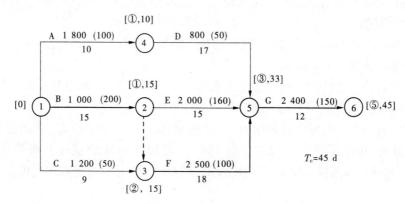

图 13-48　初始网络计划

3. 确定工期最短的优化网络计划

按各项工作的最短持续时间绘制网络计划,如图 13-49 所示。利用标号法确定关键线路为①→②→⑤→⑥,计算工期为 23 d,总直接费为 17 660 元。

根据图 13-49,在最短工期 23 d 不变的情况下,延长某些直接费较高的非关键工作的持续时间,求出总直接费最低的网络计划,即工期最短的优化网络计划,如图 13-50 所示。

工作 A 的持续时间由 3 d 延长至 10 d,其直接费可降低 $100 \times 7 = 700$（元）;工作 F 的持续时间由 7 d 延长至 9 d,其直接费可降低 $100 \times 2 = 200$（元）;工作 C 的持续时间由 5 d 延长至 6 d,其直接费可降低 50（元）。直接费为 $17\ 660 - 700 - 200 - 50 = 16\ 710$（元）。

4. 压缩关键线路上费用率最小的工作,进行费用优化

(1)第一次压缩:

从图 13-48 可知,该网络计划关键线路上有 3 项工作,有 3 个压缩方案:

①压缩工作 B,直接费用率为 200 元/d;

②压缩工作 F,直接费用率为 100 元/d;

③压缩工作 G,直接费用率为 150 元/d。

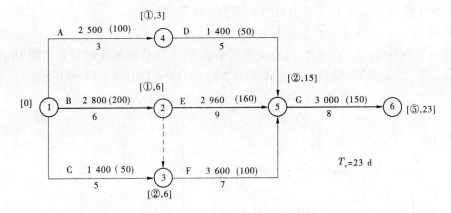

图 13-49 工期最短的网络计划

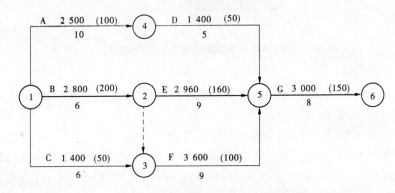

图 13-50 工期最短的优化网络计划

上述压缩方案中,由于工作 F 的直接费用率最小,工作 F 压缩 3 d,此时网络计划的关键线路增至两条,即①→②→③→⑤→⑥和①→②→⑤→⑥,计算工期 42 d,如图 13-51 所示,直接费增加到 11 700 + 100 × 3 = 12 000(元)。

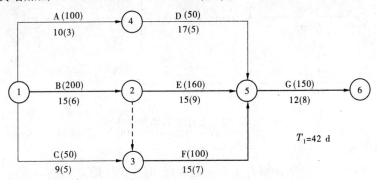

图 13-51 第一次压缩后的网络计划

(2)第二次压缩:

从图 13-51 可知,该网络计划有 2 条关键线路,有 3 个压缩方案:

①压缩工作 B,直接费用率为 200 元/d;

②压缩工作 E 和工作 F,组合直接费用率为 260 元/d;

③压缩工作 G,直接费用率为 150 元/d。

上述压缩方案中,由于工作 G 的直接费用率最小,工作 G 压缩 4 d,计算工期 38 d,关键线路保持不变,如图 13-52 所示。直接费增加到 12 000 + 150 × 4 = 12 600(元)。

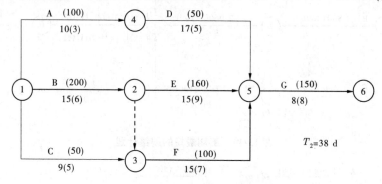

图 13-52　第二次压缩后的网络计划

(3)第三次压缩:

从图 13-52 可知,该网络计划有 2 条关键线路,有 2 个压缩方案:

①压缩工作 B,直接费用率为 200 元/d;

②压缩工作 E 和工作 F,组合直接费用率为 260 元/d。

优选压缩工作 B,工作 B 压缩 3 d,计算工期为 35 d,关键线路增至 3 条,即①→②→③→⑤→⑥、①→②→⑤→⑥和①→④→⑤→⑥,如图 13-53 所示,直接费增加到 12 600 + 200 × 3 = 13 200(元)。

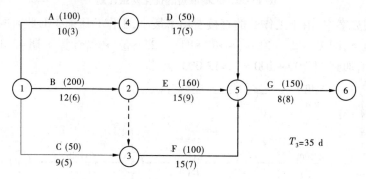

图 13-53　第三次压缩后的网络计划

(4)第四次压缩:

从图 13-53 可知,该网络计划有 3 条关键线路,有 4 个压缩方案:

①压缩工作 A 和工作 B,组合直接费用率为 300 元/d;

②压缩工作 B 和工作 D,组合直接费用率为 250 元/d;

③压缩工作 A、E 和工作 F,组合直接费用率为 360 元/d;

④压缩工作 D、E 和工作 F,组合直接费用率为 310 元/d。

优选压缩工作 B 和工作 D,工作 B 和工作 D 同时压缩 3 d,计算工期 32 d,关键线路

增至 4 条,即①→②→③→⑤→⑥、①→②→⑤→⑥、①→④→⑤→⑥和①→③→⑤→⑥,
如图 13-54 所示,直接费增加到 $13\ 200 + 250 \times 3 = 13\ 950$(元)。

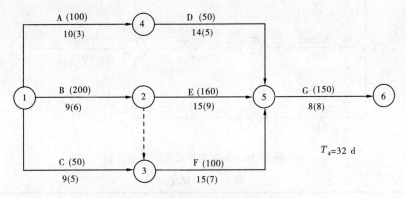

图 13-54   第四次压缩后的网络计划

（5）第五次压缩：

从图 13-54 可知,该网络计划有 4 条关键线路,有 4 个压缩方案：

①压缩工作 A、B 和工作 C,组合直接费用率为 350 元/d;

②压缩工作 D、E 和工作 F,组合直接费用率为 310 元/d;

③压缩工作 A、E 和工作 F,组合直接费用率为 360 元/d;

④压缩工作 B、C 和工作 D,组合直接费用率为 300 元/d。

优选压缩工作 B、C 和工作 D,工作 B、C 和工作 D 同时压缩 3 d,计算工期 29 d,关键
线路保持不变,如图 13-55 所示,直接费增加到 $13\ 950 + 300 \times 3 = 14\ 850$(元)。

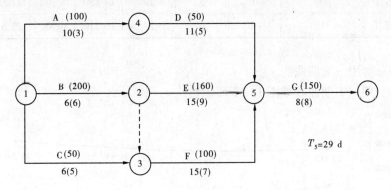

图 13-55   第五次压缩后的网络计划

（6）第六次压缩：

从图 13-55 可知,该网络计划有 4 条关键线路,有 2 个压缩方案：

①压缩工作 D、E 和工作 F,组合直接费用率为 310 元/d;

②压缩工作 A、E 和工作 F,组合直接费用率为 360 元/d。

优选压缩工作 D、E 和工作 F,工作 D、E 和工作 F 同时压缩 6 d,计算工期 23 d,关键
线路保持不变,如图 13-56 所示,直接费增加到 $14\ 850 + 310 \times 6 = 16\ 710$(元)。

将上述优化过程的结果汇总于表 13-12 中。

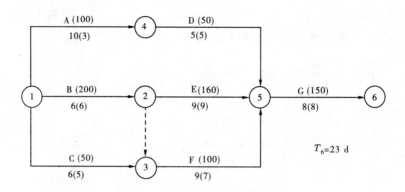

图 13-56　第六次压缩后的网络计划

表 13-12　优化结果

压缩次数	被压缩工作名称	直接费用率或组合直接费用率（元/d）	费用率差（元/d）	压缩时间（d）	计划工期（d）	直接费（元）	间接费（元）	总费用（元）	说明
0	—				45	11 700	13 500	25 200	
1	F	100	−200	3	42	12 000	12 600	24 600	
2	G	150	−150	4	38	12 600	11 400	24 000	
3	B	200	−100	3	35	13 200	10 500	23 700	
4	B、D	250	−50	3	32	13 950	9 600	23 550	
5	B、C、D	300	0	3	29	14 850	8 700	23 550	优
6	D、E、F	310	+10	6	23	16 710	6 900	23 610	

5. 绘出总费用—工期曲线

绘出总费用—工期曲线如图 13-57 所示。

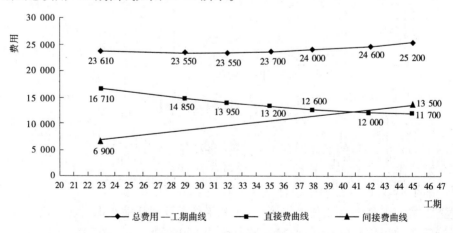

图 13-57　总费用—工期曲线

6.绘出优化网络计划

从表 13-12 和图 13-57 可知,与总费用最低 23 550 元相对应的是一条水平线,在总费用相同的情况下,应选择工期最短的方案,也就是完成第五次压缩的网络计划为优化网络计划,如图 13-58 所示,最优工期为 29 d,相应的总费用为 23 550 元。

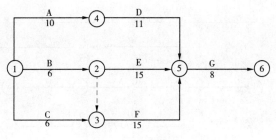

图 13-58　优化网络计划

三、资源优化

资源优化是指为了完成一项任务所需投入的人力、材料、设备、机具、动力和资金等。资源优化就是解决网络计划实施过程中资源的供求关系和均衡利用,通过改变某些工作的开始时间和结束时间,使资源按时间的分布符合优化目标,从而保证施工任务的顺利进行,取得良好的技术经济效果。

资源优化并不能改变资源的需要量,完成一项任务所需的资源基本上是不变的。资源优化有两个不同的目标:一是资源有限,工期最短;二是工期固定,资源均衡。前者是在满足资源限制的条件下,通过调整网络计划,寻求最短工期的优化过程;而后者是在保持工期不变的情况下,通过调整网络计划,使资源的需求量趋于均衡的优化过程。资源优化的计算比较复杂,需借助于计算机进行优化,在此不再详细介绍。

第六节　网络计划的检查与调整

一、网络计划的检查

进度计划的检查应定期进行,进度检查的时间间隔与工程项目的类型、规模等因素有关,可按天、周、月为周期进行。

进度检查的主要内容有工程量的完成情况,工作时间的执行情况,也就是工作提前还是拖后,以及前一次检查问题的落实情况等。

网络计划的检查采用的是前锋线比较法,前锋线比较法是工程实际进度与计划进度的比较方法,主要适用于时标网络计划。绘制进度前锋线的方法是从检查时刻的时标点出发,用点画线依次连接各工作的实际进度点,最后到检查时刻的时标点为止,形成一条为折线的前锋线,按前锋线与箭线交点的位置判定工程实际进度与计划进度的偏差。

前锋线可以直观反映出检查日期工作实际进度与计划进度的关系。若工作实际进度点位置与检查日时间坐标相同,则该工作实际进度与计划进度保持一致;若工作实际进度点位置位于检查日时间坐标左侧时,则该工作实际进度拖后,拖后的时间为二者之差;若工作实际进度点位置位于检查日时间坐标右侧时,则该工作实际进度超前,超前的时间为二者之差。从图 13-59 所示的前锋线可以看出,在项目进行到第 7 天时,工作 E 与计划进度一致,工作 J 进度超前 2 d,工作 F 拖后 1 d,由于工作 F 在关键线路上,如不采取有效措施该项目的总工期将延长 1 d。

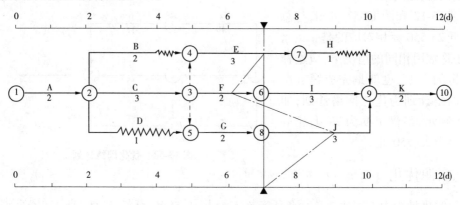

图 13-59　某时标网络计划前锋线比较图

二、网络计划的调整

通过实际进度与计划进度的比较,如出现偏差,分析其产生的原因,采取有效的措施加以纠偏。

网络计划的调整是一个动态的调整过程,在计划的实施过程中,要根据实际工程的信息变化情况及时进行调整,调整的方法主要有以下两种。

(一)改变某些工作之间的逻辑关系

在网络计划的实施过程中,若出现了进度偏差且对总工期产生了影响,而且有些工作之间的逻辑关系允许改变的情况下或者某些工作之间的逻辑关系存在着不合理的地方,才可以考虑改变这些工作之间的逻辑关系,以达到缩短工期的目的。例如,把原来的依次作业可否改为流水作业或平行作业,是否可以有工作之间的搭接,这样都可以缩短工期,经济效益非常显著。

(二)缩短某些工作的持续时间

这种调整方法是在不改变工作之间逻辑关系的前提下,只是缩短某些工作的持续时间,加快施工进度,以保证计划的按期完成。例如,增加劳动力、机械和材料的投入量,增加作业班次,选择更为合理的施工方案,压缩关键线路上某些工作的作业时间,从而达到缩短工期的目的。

思考题

13-1　什么是网络图? 什么是网络计划?

13-2　什么是双代号网络图?

13-3　什么是单代号网络图?

13-4　双代号网络图中虚工作有何作用?

13-5　双代号网络图的三要素是什么?

13-6　简述网络图的绘制规则。

13-7 什么是总时差？什么是自由时差？二者有何关系？

13-8 什么是关键工作？什么是非关键工作？它们的确定方法有哪些？

13-9 双代号时标网络计划有何特点？

13-10 什么是单代号搭接网络计划？

13-11 什么是网络计划的优化？网络计划优化的目标有哪几种？

13-12 网络计划的检查与调整有哪些方法？

习 题

13-1 已知某网络计划中各项工作的逻辑关系如表 13-13 所示，试绘制双代号网络图和单代号网络图。

表 13-13 网络计划中各项工作的逻辑关系

工作	A	B	C	D	E	F	G	H	I	J	K
紧前工作	—	A	A	A	B	B、C	D	E	F	F、G	H、I、J

13-2 根据表 13-14 所示的逻辑关系，绘制双代号网络图，若计划工期等于计算工期，试计算该双代号网络图中各项工作的六个时间参数，确定计算工期并标出关键线路。

表 13-14 网络计划中各项工作的逻辑关系

工作	A	B	C	D	E	F	G	H	I
紧前工作	—	—	—	A、B	B	C	D、E	E	E、F
持续时间(d)	3	8	5	4	8	5	2	3	4

13-3 根据表 13-15 所示的逻辑关系，绘制单代号网络图，若计划工期等于计算工期，试计算该单代号网络图中各项工作的六个时间参数及时间间隔，确定计算工期并标出关键线路。

表 13-15 网络计划中各项工作的逻辑关系

工作	A	B	C	D	E	F	G	H	I
紧前工作	—	—	—	A	A、B	A、B、C	D	A、E	F
持续时间(d)	5	3	5	6	8	2	7	5	3

13-4 已知某工程网络计划如图 13-60 所示，试用不经计算时间参数的方法，直接绘制时标网络计划，并标出关键线路。

13-5 根据表 13-16 所示的逻辑关系，绘制双代号网络图，试用标号法确定关键线路和计算工期。

表 13-16 网络计划中各项工作的逻辑关系

工作	A	B	C	D	E	F	G	H	I	J
紧前工作	—	—	—	B	A、B	B	C、D	E、F	F	F、G
持续时间(d)	3	6	5	2	3	5	3	5	6	8

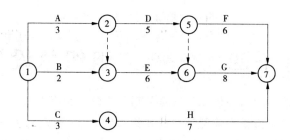

图 13-60　某工程网络计划

13-6　已知某双代号时标网络计划如图 13-61 所示,当计划进行到第 6 d 结束时检查进度,发现工作 D 已完成 2 d,工作 E 完成 1 d,工作 F 完成 5 d,试用前锋线法进行实际进度与计划进度的比较。

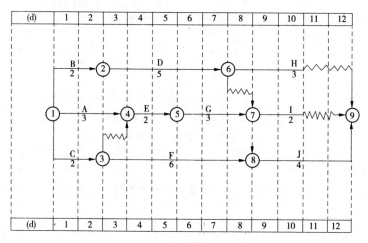

图 13-61　某双代号时标网络计划

13-7　已知某双代号网络计划如图 13-62 所示,箭线上方括号外的符号为工作名称,括号内的数字为优选系数,箭线下方括号外的数字为工作的正常持续时间,括号内的数字为工作的最短持续时间,假定要求工期为 17 d,试对其进行工期优化。

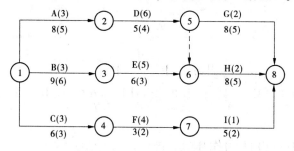

图 13-62　某双代号网络计划

第十四章　施工组织总设计

施工组织总设计是以整个建设项目或建筑群为对象,根据初步设计或扩大初步设计图纸以及有关资料,结合现场施工条件编制,用以指导建设项目或建筑群全过程各项施工活动的全局性的技术经济文件,是指导施工现场活动的依据。施工组织总设计通常由总承包公司组织有关人员编制。

第一节　施工组织总设计概述

一、施工组织总设计的编制依据

(一)计划文件

计划文件包括国家批准的基本建设项目投资计划、可行性研究报告、工程项目一览表、分期分批投产交付使用的项目以及期限、主管部门的批件、施工企业主管上级部门下达的施工任务书等。

(二)设计文件

设计文件包括批准的初步设计、技术设计、设计说明书、建筑总平面图、总概算及修正总概算等。

(三)合同文件

合同文件包括招标投标文件、工程承包合同、建筑材料和设备订货合同等。

(四)建设地区的工程勘察和原始调查资料

建设地区的工程勘察和原始调查资料包括水文、气象、地质、地貌等自然条件,能源、交通运输以及建筑材料、构配件的供应条件,政治、经济、文化、卫生等社会生活条件。

(五)有关的法律、规范、规程和标准

有关的法律、规范、规程和标准包括建筑法、建筑安装工程施工及验收规范、建筑施工技术规程、建筑工程施工质量验收统一标准等。

(六)类似建设项目的经验资料

类似建设项目的经验资料包括类似建设项目的安全、成本、工期、质量、环保以及技术成果和管理经验等资料。

二、施工组织总设计的作用

(1)为建设单位编制基本建设计划提供依据。

(2)为施工单位编制施工计划提供依据。

(3)为确定设计方案的施工可能性和经济合理性提供依据。

(4)为施工准备工作的落实提供依据。

（5）为建设项目或建筑群的施工做出全面的战略部署。

三、施工组织总设计的编制程序

施工组织总设计的编制程序如图 14-1 所示。

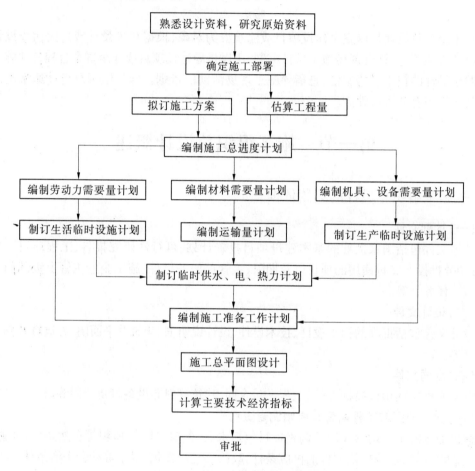

图 14-1　施工组织总设计的编制程序

第二节　施工组织总设计的基本内容

一、工程概况和特点分析

工程概况和特点分析是对整个建设项目的总说明和总分析，一般包括以下内容。

（一）建设项目的构成状况

建设项目的构成状况包括建设项目名称、工程性质、建设地点、建设总规模、占地总面积、总投资额、建筑安装工程量、生产工艺流程及特点、每个单项工程的占地面积、建筑面积、建筑层数、建筑体积、结构类型以及新技术、新材料的应用情况，还应列出建筑安装工程项目一览表、主要建筑物和构筑物一览表。

（二）建设项目的各参与方

建设项目的各参与方包括建设项目业主、勘察、设计、总承包、分包、监理方的名称以及监理方的组织结构状况。

（三）建设地区特征

建设地区特征包括自然条件和技术经济状况。自然条件有地形、地质、水文、气象等。技术经济状况包括有建设地区的劳动力、生活设施、机械设备、交通运输、水、电、通信等情况。

（四）施工条件

施工条件主要说明施工企业的生产能力、技术装备和管理水平，主要材料、设备的供应条件，有关建设项目的合同、协议、土地征用情况等。

二、施工部署

施工部署是对整个建设项目全局上进行统筹规划和全面安排。站在战略高度的基础上对工程施工中的重大问题进行决策，它是编制施工总进度计划的依据。

施工部署的内容根据建设项目的性质、规模和客观条件的差异而有所区别，通常应包括确定工程开展程序、主要工程项目施工方案的拟订、组织安排与任务分工、规划施工准备工作等。

（一）确定工程开展程序

根据建设项目总目标的要求，确定合理的工程建设开展程序。在确定工程建设开展程序时，主要考虑以下方面。

1. 在满足工期的前提下，实行分期分批建设

哪些项目先建，哪些项目后建，各期工程包含哪些项目，要根据生产工艺流程、业主要求、施工难易程度、资金情况、技术条件确定。这样可使项目尽早交付使用，发挥建设投资的经济效益。同时在全局上保持施工的连续性和均衡性，减少暂设工程数量，降低工程成本。

2. 保证重点，统筹安排

对建设项目中工程量大、施工复杂、周期长的主导项目要首先进行施工；工程量小、施工简单、周期短的辅助项目，可以考虑与主导项目配合或穿插进行施工。对所有工程项目的施工应遵循先地下后地上、先深后浅、先干线后支线的原则进行安排。

3. 考虑季节对施工的影响

冬雨季施工由于成本较高，既要保证施工的连续性，又要考虑其经济性。寒冷地区应尽量在入冬前使房屋封闭，冬季施工转入室内进行。大型土方工程和深基础施工尽量避开雨季，减少措施费的投入。

（二）主要工程项目施工方案的拟订

施工组织总设计中对单项工程、单位工程以及特殊的分部分项工程应拟订其施工方案。目的是进行技术和资源的准备工作，同时也是为了施工顺利开展和现场的合理布置。例如，深基础工程开挖、基坑支护、人工降水、脚手架工程、各类工具式模板工程、大体积混凝土结构的浇筑、塔吊安拆、起重机吊装等都需要编制相应的施工方案。

施工机械的选择应考虑其适用性和经济合理性,应使主导机械的性能满足施工的需要,最大限度地发挥其作用。辅助机械的选择应与主导机械相适应,充分发挥主导机械的工作效率。

(三)组织安排与任务分工

首先应明确施工项目管理体制,建立施工现场统一组织领导机构和职能部门,明确各参与施工单位的任务分工和协作关系。

(四)规划施工准备工作

根据施工开展的程序和主要工程项目的施工方案,应规划好施工现场的准备工作,主要内容包括:

(1)安排现场控制网的测量工作。

(2)安排土地征用、居民搬迁以及现场障碍物的拆除工作。

(3)安排施工现场排水、防洪、安全、环保工作。

(4)安排场内外道路、水、电、气来源及引入方案。

(5)安排建筑材料、成品、半成品的供应、运输和存储方式。

(6)安排施工现场临时生活和生产设施。

(7)做好冬雨季施工的准备工作等。

三、施工总进度计划

施工总进度计划是根据施工部署的要求,对各个单位工程施工活动的先后顺序、施工期限、开工和竣工日期以及彼此之间的衔接关系进行科学合理的安排,它是全场性施工作业在时间上的具体体现。在此基础上确定施工现场劳动力、材料、成品、半成品、施工机械以及其他物资的需要和调配情况,确定临时房屋和仓库及堆场的面积、水、电、气、能源、交通的需要量等。因此,科学地编制施工总进度计划对保证拟建工程在规定的期限内完成,迅速发挥投资效益,保证施工的连续性和均衡性,降低施工成本具有重要意义。

施工总进度计划属于控制性计划,可用横道图或网络图表示。

施工总进度计划的编制步骤一般包括:列出工程项目一览表、计算工程量、确定各单位工程的施工期限、确定各单位工程开工和竣工时间以及相互搭接关系、编制施工总进度计划、施工总进度计划的检查与调整。

(一)列出工程项目一览表

施工总进度计划主要起控制总工期的作用,因此要根据建设项目的特点列出工程项目一览表。划分项目时不宜过细,应突出主要工程项目,一些附属项目、辅助项目、临时设施可以合并列出。

(二)计算工程量

根据已列出的工程项目一览表,计算主要工程项目的实物工程量。工程量可按初步设计或扩大初步设计图纸并且参考各种定额资料进行计算。

常用的定额资料有:万元或十万元投资工程量、劳动力及材料消耗扩大指标,概算指标和扩大结构定额,标准设计或已建类似建筑物、构筑物的资料。

工程量计算除项目本身外,还需计算全工地性工程的工程量,如道路、铁路、场地平整以及地下管线的长度等。计算结果填入统一的工程量汇总表中。

（三）确定各单位工程的施工期限

单位工程施工期限的确定影响因素很多，如承包商的技术力量、管理水平，施工方法，施工现场地形、地质、施工条件，施工环境以及单位工程的结构类型和体型大小等。

（四）确定各单位工程开工和竣工时间以及相互搭接关系

在确定了总的施工期限、施工程序和各系统的控制期限后，就可以安排各单位工程开工、竣工时间和相互搭接关系，尽量使主要工种工程的施工能连续、均衡地进行，在具体安排时应考虑以下因素：

（1）在安排施工进度时，要突出重点，分清主次。同一时间开工的项目不宜太多，以免分散有限的人力和物力。

（2）要满足均衡性和连续性施工的要求。尽量使劳动力、施工机具和材料消耗在全工地达到均衡，避免出现高峰和低谷的现象。在单位工程之间组织流水施工时，同时确定一些后备工程，有利于调节主要项目的施工进度，作为调节项目，可以穿插在主要项目的流水中，这样既保证重点项目，又兼顾一般项目，从而实现了项目施工的均衡性和连续性。

（3）考虑季节对施工的影响。使施工季节不导致工期拖延，不影响工程质量。

（4）要满足生产工艺要求。合理安排各个建筑物的施工顺序，使土建施工、设备安装和试生产在时间和空间上安排科学合理。

（五）编制施工总进度计划

施工总进度计划可用横道图或网络图的形式表示，由于施工总进度计划只是起控制作用，因此可以简单明了，不必过细。当施工总进度计划采用横道图时，项目可按施工总体方案所确定的工程开展程序排列，横道图上应表示出各施工项目的开竣工时间，横道图常用的形式如表 14-1 所示。横道图是一种最简单的计划表示方法，这种表达方式比较直观，应用比较普遍。

表 14-1　施工总进度计划

序号	单位工程项目	建筑面积（m²）	结构类型	工程造价	工作量	施工时间	施工进度计划								
							××××年				××××年				…
							1	2	3	4	1	2	3	4	…

用网络图编制施工总进度计划，在建筑工程领域中得到了广泛的应用，它能准确地表达各项目之间的逻辑关系，有严谨的时间参数计算，由于计算机的应用，为网络计划技术的推广创造了更加有利的条件，人们更多地采用网络图编制施工总进度计划。

（六）施工总进度计划的检查与调整

施工总进度计划编制完成后，要对其进行检查，看总工期是否满足施工合同的要求，劳动力、材料、机械需要量是否出现较大的不均衡现象。如果检查不合理，需要进行调整，调整的方法是改变某些工程项目施工的起止时间。假如采用的是网络进度计划，则可以利用计算机对其进行工期优化、费用优化和资源优化,使施工总进度计划符合施工合同工期的要求,使成本最低以及资源消耗基本保持均衡。

施工总进度计划的调整措施有组织措施、管理措施、经济措施和技术措施。应充分重视健全工程项目管理的组织体系,对工程项目的进度目标进行分析和论证,选择合理的承包模式,为实现总进度目标还应注意分析影响总进度的风险。对施工方案的选择,不仅应分析技术的先进性和经济合理性,还应考虑总进度目标实现的可能性,尽量减少业主对工程项目进度反索赔的机会,全面履行工程项目承包合同,协调好总包和分包的关系。同时还应重视信息技术(包括相应的软件、局域网、互联网以及数据处理设备等)在施工总进度目标控制中的应用。当初步施工总进度计划经过调整符合要求后,即可编制正式的施工总进度计划。

四、总资源需要量计划

(一)劳动力需要量计划

劳动力需要量计划是组织劳动力进场和安排临时设施的主要依据,它是按照总进度计划中所列的各工程项目主要工程量,查阅有关定额计算出各工程项目主要工种的劳动力需要量进行汇总,即可得出整个建设项目劳动力需要量计划,如表 14-2 所示。

表 14-2　劳动力需要量计划

序号	工程名称	施工高峰期需要人数	××××年				××××年				…
			1	2	3	4	1	2	3	4	…

(二)主要材料、构件及半成品需要量计划

根据工程量汇总表所列各工程项目的工程量,查阅有关定额,计算出各工程项目主要材料、构件及半成品的需要量,然后根据施工总进度计划大致估算出各种物资在不同季度的需要量,即可编制主要材料、构件及半成品的需要量计划,如表 14-3 所示。

表 14-3　主要材料、构件及半成品需要量计划

序号	主要材料、构件及半成品名称	规格	单位	数量	主要材料、构件及半成品需要量计划								
					××××年				××××年				…
					1	2	3	4	1	2	3	4	…

(三)施工机具需要量计划

施工机具需要量计划主要根据施工部署、施工方案、工程量和施工总进度计划,套用机械产量定额求得,如表 14-4 所示。

表14-4　施工机具需要量计划

序号	机具名称	规格型号	数量	电功率	施工机具需要量计划								
					××××年				××××年				…
					1	2	3	4	1	2	3	4	…

五、施工总平面图

施工总平面图是拟建项目施工现场的总布置图。它反映了全工地在施工期间所需各项临时设施和永久性建筑之间的空间关系。它是按照施工部署、施工方案和施工总进度计划的要求对施工现场交通道路、材料仓库、堆场、附属生产企业、临时加工厂、临时水电管线、临时建筑物等进行周密规划和合理安排,这对施工现场有组织、有计划地文明施工和安全生产具有重要意义。施工总平面图的绘制比例通常为1:1 000 或 1:2 000。

(一)施工总平面图的设计原则

(1)在保证施工顺利的前提下,尽量减少施工用地,不占或少占农田,使施工现场布置紧凑合理。

(2)合理布置施工现场各种临时设施的位置,减少场内运输距离,避免二次搬运,最大限度地减少场内运输费用。

(3)充分利用施工现场已有的各种永久性建筑物、构筑物和原有设施为施工服务,降低临时设施的费用。

(4)科学确定施工区域和场地面积,尽量减少专业工种之间的交叉作业。

(5)施工现场各种临时设施的布置应有利于生产和生活,同时应满足安全防火和环境保护的要求。

(二)施工总平面图的设计依据

(1)设计资料主要包括建筑总平面图、地形地貌图、竖向布置图、区域规划图以及地上和地下各种管网布置图等。

(2)建设地区的自然条件和技术经济条件。

(3)建设项目的施工总进度计划、施工总资源需要量计划以及主要工程项目的施工方案。

(4)建筑材料、构件、半成品、施工机具需要量一览表,生产、生活临时设施一览表。

(三)施工总平面图的设计内容

(1)建设项目施工用地范围内的地形和等高线,一切地上、地下已有的和拟建的建筑物、构筑物、道路、管线以及其他设施的位置和尺寸。

(2)为施工服务的一切临时设施的布置。包括工地运输设施、工地加工设施、工地储存设施、工地供水、供电及通信设施、行政管理、宿舍、文化生活和福利设施。

(3)安全、消防、环境保护设施布置。

(4)永久性测量放线标桩设施位置。

(四)施工总平面图的设计步骤

1. 引入场外交通

在设计施工总平面图时,应首先从大宗材料运输方式开始。材料的运输方式有公路运输、铁路运输和水路运输三种。

当材料由公路运输时,由于公路布置比较灵活,通常先将仓库、加工厂布置在最经济合理的位置,再把场内道路与场外道路连接起来。

当材料由铁路运输时,应注意满足铁路的转弯半径和坡度的要求。要根据建筑总平面图中的永久性铁路专用线布置主要运输干线,再根据施工需要布置某些临时铁路支线。

当材料由水路运输时,应充分利用原有码头的吞吐能力,考虑是否需要增设新码头以及大型仓库与码头的关系问题。

2. 仓库的布置

仓库通常应设在交通方便、位置适中、运距较短和安全防火的地方。公路运输仓库布置比较灵活,通常仓库接近于使用地点。铁路运输仓库沿铁路线布置,但应有足够的装卸场地。水路运输通常在码头附近设置转运仓库,以减少船只在码头的停留时间。

仓库面积按下列公式计算。

1)按材料储备期计算

$$F = \frac{q}{p} \tag{14-1}$$

式中　F——仓库面积;

q——材料储备量(q_1 或 q_2,q_1 用于建筑群,q_2 用于单位工程);

p——每平方米仓库面积上存放的材料数量,如表 14-5 所示。

(1)建筑群的材料储备量按下式计算

$$q_1 = K_1 Q_1 \tag{14-2}$$

式中　q_1——总储备量;

K_1——储备系数;

Q_1——该项材料最高年、季需用量。

(2)单位工程的材料储备量按下式计算

$$q_2 = \frac{nQ_2}{T} \tag{14-3}$$

式中　q_2——单位工程材料储备量;

n——储备天数;

Q_2——计划期内需用的材料数量;

T——需用该项材料的施工天数,并且大于 n。

2)按系数计算

$$F = \phi m \tag{14-4}$$

式中　F——仓库面积;

ϕ——系数,见表 14-6;

m——计算基数,见表 14-6。

表 14-5 仓库面积计算所需数据参考指标

序号	材料名称	单位	储备天数 （d）	每平方米 储存量	堆置高度 （m）	仓库类型
1	钢材	t	40～50	1.5	1.0	
	工槽钢	t	40～50	0.8～0.9	0.5	露天
	角钢	t	40～50	1.2～1.8	1.2	露天
	钢筋（直筋）	t	40～50	1.8～2.4	1.2	露天
	钢筋（盘筋）	t	40～50	0.8～1.2	1.0	棚或库约占20%
	钢板	t	40～50	2.4～2.7	1.0	露天
	钢管φ200以上	t	40～50	0.5～0.6	1.2	露天
	钢管φ200以下	t	40～50	0.7～1.0	2.0	露天
	钢轨	t	20～30	2.3	1.0	露天
	铁皮	t	40～50	2.4	1.0	库或棚
2	生铁	t	40～50	5	1.4	
3	铸铁管	t	20～30	0.6～0.8	1.2	露天
4	暖气片	t	40～50	0.5	1.5	露天或棚
5	水暖零件	t	20～30	0.7	1.4	库或棚
6	五金	t	20～30	1.0	2.2	库
7	钢丝绳	t	40～50	0.7	1.0	库
8	电线电缆	t	40～50	0.3	2.0	库或棚
9	木材	m³	40～50	0.8	2.0	露天
	原木	m³	40～50	0.9	2.0	露天
	成材	m³	30～40	0.7	3.0	露天
	枕木	m³	20～30	1.0	2.0	露天
	灰板条	千根	20～30	5	3.0	棚
10	水泥	t	30～40	1.4	1.5	库
11	生石灰（块）	t	20～30	1～1.5	1.5	棚
	生石灰（袋装）	t	10～20	1～1.3	1.5	棚
	石膏	t	10～20	1.2～1.7	2.0	棚
12	砂、石子（人工堆置）	m³	10～30	1.2	1.5	露天
	砂、石子（机械堆置）	m³	10～30	2.4	3.0	露天
13	块石	m³	10～20	1.0	1.2	露天
14	红砖	千块	10～30	0.5	1.5	露天
15	耐火砖	t	20～30	2.5	1.8	棚
16	黏土瓦、水泥瓦	千块	10～30	0.25	1.5	露天
17	石棉瓦	张	10～30	25	1.0	露天
18	水泥管、陶土管	t	20～30	0.5	1.5	露天
19	玻璃	箱	20～30	6～10	0.6	棚或库
20	卷材	卷	20～30	15～24	2.0	库

续表 14-5

序号	材料名称	单位	储备天数 （d）	每平方米 储存量	堆置高度 （m）	仓库类型
21	沥青	t	20～30	0.8	1.2	露天
22	液体燃料润滑油	t	20～30	0.3	0.9	库
23	电石	t	20～30	0.3	1.2	库
24	炸药	t	10～30	0.7	1.0	库
25	雷管	t	10～30	0.7	1.0	库
26	煤	t	10～30	1.4	1.5	露天
27	炉渣	m³	10～30	1.2	1.5	露天
28	钢筋混凝土构件	m³				
	板	m³	3～7	0.14～0.24	2.0	露天
	梁、柱	m	3～7	0.12～0.18	1.2	露天
29	钢筋骨架	t	3～7	0.12～0.18	—	露天
30	金属结构	t	3～7	0.16～0.24	—	露天
31	钢件	t	10～20	0.9～1.5	1.5	露天或棚
32	钢门窗	t	10～20	0.65	2	棚
33	木门窗	m²	3～7	30	2	棚
34	木屋架	m³	3～7	0.3	—	露天
35	模板	m³	3～7	0.7	—	露天
36	大型砌块	m³	3～7	0.9	1.5	露天
37	轻质混凝土制品	m³	3～7	1.1	2	露天
38	水、电及卫生设备	t	20～30	0.35	1	棚、库各约占1/4
39	工艺设备	t	30～40	0.6～0.8	—	露天约占1/2
40	多种劳保用品	件		250	2	库

表 14-6　按系数计算仓库面积参考指标

序号	名称	计算基数（m）	单位	系数（φ）
1	仓库（综合）	按年平均全员人数（工地）	m²/人	0.7～0.8
2	水泥库	按当年水泥用量的40%～50%	m²/t	0.7
3	其他仓库	按当年工作量	m²/万元	1～1.5
4	五金杂品库	按年建安工作量计算	m²/万元	0.1～0.2
		按年平均在建筑面积计算	m²/100 m²	0.5～1
5	土建工具库	按高峰年（季）平均全员人数	m²/人	0.1～0.2
6	水暖器材库	按年平均在建建筑面积	m²/100 m²	0.2～0.4
7	电器器材库	按年平均在建建筑面积	m²/100 m²	0.3～0.5
8	化工油漆危险品仓库	按年建安工作量	m²/万元	0.05～0.1
9	三大工具堆场 （脚手、跳板、模板）	按年平均在建建筑面积	m²/100 m²	1～2
		按年建安工作量	m²/万元	0.3～0.5

3. 加工厂和搅拌站的布置

加工厂布置的基本要求是材料运输方便,运费最省,满足工艺流程和安全防火,生产和施工互不干扰。通常把加工厂集中布置在工地的边缘地区,既方便管理,又能降低铺设道路、排水管道、动力管线的费用。混凝土搅拌站的布置有集中、分散、集中与分散相结合的方式。当现场运输条件较差时,采用分散布置较好,或者可以考虑集中与分散相结合的方式。当现场运输条件较好时,采用集中布置或商品混凝土为宜。

钢筋、模板加工厂宜布置在同一个场地区域内,金属结构、焊接、机修车间由于生产上联系密切,宜布置在同一个场地区域内。

砂浆搅拌站宜就近采取分散布置的方式,木材加工厂应视木材加工性质、加工数量考虑是集中布置,还是分散布置。

各类现场作业棚、加工厂所需面积参考指标如表14-7和表14-8所示。

表14-7 现场作业棚所需面积参考指标

序号	名称	单位	面积(m²)	说明
1	木工作业棚	m²/人	2	占地为建筑面积的2~3倍
2	电锯房	m²	80	864~914 m的圆锯1台
	电锯房	m²	40	小圆锯1台
3	钢筋作业棚	m²/人	3	占地为建筑面积的3~4倍
4	搅拌棚	m²/台	10~18	
5	卷扬机棚	m²/台	6~12	
6	烘炉房	m²	30~40	
7	焊工房	m²	20~40	
8	电工房	m²	15	
9	白铁工房	m²	20	
10	油漆工房	m²	20	
11	机、钳工修理房	m²	20	
12	立式锅炉房	m²/台	5~10	
13	发电机房	m²/kW	0.2~0.3	
14	水泵房	m²/台	3~8	
15	空压机房(移动式)	m²/台	18~30	
	空压机房(固定式)	m²/台	9~15	

表14-8 现场加工厂所需面积参考指标

序号	加工厂名称	年产量		单位产量所需建筑面积	占地总面积(m²)	说明
		单位	数量			
1	混凝土搅拌站	m³	3 200	0.022(m²/m³)	按砂石堆场考虑	400 L搅拌机2台
		m³	4 800	0.021(m²/m³)		400 L搅拌机3台
		m³	6 400	0.020(m²/m³)		400 L搅拌机4台

续表 14-8

序号	加工厂名称	年产量		单位产量所需建筑面积	占地总面积（m²）	说明
		单位	数量			
2	临时性混凝土预制厂	m³	1 000	0.25(m²/m³)	2 000	生产屋面板和中小型梁柱板等,配有蒸养设施
		m³	2 000	0.20(m²/m³)	3 000	
		m³	3 000	0.15(m²/m³)	4 000	
		m³	5 000	0.125(m²/m³)	小于6 000	
3	半永久性混凝土预制厂	m³	3 000	0.6(m²/m³)	9 000 ~ 12 000	
		m³	5 000	0.4(m²/m³)	12 000 ~ 15 000	
		m³	10 000	0.3(m²/m³)	15 000 ~ 20 000	
4	木材加工厂	m³	15 000	0.024 4(m²/m³)	1 800 ~ 3 600	进行原木、方木加工
		m³	24 000	0.019 9(m²/m³)	2 200 ~ 4 800	
		m³	30 000	0.018 1(m²/m³)	3 000 ~ 5 500	
	综合木工加工厂	m³	200	0.30(m²/m³)	100	加工门窗、模板、地板、屋架等
		m³	500	0.25(m²/m³)	200	
		m³	1 000	0.20(m²/m³)	300	
		m³	2 000	0.15(m²/m³)	420	
	粗木加工厂	m³	5 000	0.12(m²/m³)	1 350	加工屋架、模板
		m³	10 000	0.10(m²/m³)	2 500	
		m³	15 000	0.09(m²/m³)	3 750	
		m³	20 000	0.08(m²/m³)	4 800	
	细木加工厂	万 m²	5	0.014 0(m²/m²)	7 000	加工门窗、地板
		万 m²	10	0.011 4(m²/m²)	10 000	
		万 m²	15	0.010 6(m²/m²)	14 300	
	钢筋加工厂	t	200	0.35(m²/t)	280 ~ 560	加工、成型、焊接
		t	500	0.25(m²/t)	380 ~ 750	
		t	1 000	0.20(m²/t)	400 ~ 800	
		t	2 000	0.15(m²/t)	450 ~ 900	
5	现场钢筋调直或冷拉	所需场地(长×宽)				包括材料及成品堆放3~5 t电动卷扬机一台
	拉直场	(70~80)(m)×(3~4)(m)				
	卷扬机棚	15~20(m²)				
	冷拉场	(40~60)(m)×(3~4)(m)				包括材料及成品堆放
	时效场	(30~40)(m)×(6~8)(m)				包括材料及成品堆放
	钢筋对焊	所需场地(长×宽)				
	对焊场地	(30~40)(m)×(4~5)(m)				包括材料及成品堆放寒冷地区应适当增加
	对焊棚	15~24(m²)				
	钢筋冷加工	所需场地(m²/台)				
	冷拔、冷轧机	40~50				
	剪断机	30~50				
	弯曲机 φ12 以下	50~60				
	弯曲机 φ40 以下	60~70				

续表 14-8

序号	加工厂名称	年产量		单位产量所需建筑面积	占地总面积(m^2)	说明
		单位	数量			
6	金属结构加工（包括一般铁件）			所需场地(m^2/t) 年产 500 t 为 10 年产 1 000 t 为 8 年产 2 000 t 为 6 年产 3 000 t 为 5		按一批加工数量计算
7	石灰消化：贮灰池 淋灰池 淋灰槽			$5\times3=15(m^2)$ $4\times3=12(m^2)$ $3\times2=6(m^2)$		每两个贮灰池配一套淋灰池和淋灰槽，每 600 kg 石灰可消化 1 m^3 石灰膏
8	沥青锅场地			20 ~ 24(m^2)		台班产量 1 ~1.5 t/台

4. 布置场内运输道路

场内运输道路的布置应根据各加工厂、仓库、其他临时设施及各施工对象的相对位置，确定货物周转运行图，避免交通的阻塞、中断以及行车安全，区分主要道路和次要道路，进行道路的合理规划。道路应有足够的宽度和转弯半径，主要道路采用双车道，宽度不得小于 6 m，次要道路采用单车道，宽度不得小于 3.5 m。根据场内运输情况选择合理的路面结构。

现场内临时道路的技术要求、路面最小允许曲线半径以及道路路面种类、厚度见表 14-9 ~ 表 14-11。

表 14-9　简易道路技术要求

指标名称	单位	技术标准
设计车速	km/h	≤20
路基宽度	m	双车道 6 ~ 6.5，单车道 4.4 ~ 5，困难地段 3.5
路面宽度	m	双车道 5 ~ 5.5，单车道 3 ~ 3.5
平面曲线最小半径	m	平原、丘陵地区 20，山区 15，回头弯道 12
最大纵坡	%	平原地区 6，丘陵地区 8，山区 9
纵坡最短长度	m	平原地区 100，山区 50
桥面宽度	m	木桥 4 ~ 4.5
桥涵载重等级	t	木桥涵 7.8 ~ 10.4（汽 -6 ~ 汽 -8）

表 14-10　各类车辆要求路面最小允许曲线半径

车辆类型	路面内侧最小曲线半径(m)		
	无拖车	有 1 辆拖车	有 2 辆拖车
小客车、三轮汽车	6	—	—
一般二轴载重汽车：单车道	9	12	15
双车道	7	—	—
三轴载重汽车、重型载重汽车、公共汽车	12	15	18
超重型载重汽车	15	18	21

表 14-11　施工道路路面种类和厚度

路面种类	特点及其使用条件	路基土	路面厚度 （cm）	材料配合比
级配砾石路面	雨天照常通车，可通行较多车辆，但材料级配要求严格	砂质土	10～15	体积比： 黏土:砂:石子 = 1:0.7:3.5 重量比： 1. 面层：黏土13%～15%，砂石料85%～87% 2. 底层：黏土10%，砂石混合料90%
		黏质土或黄土	14～18	
碎（砾）石路面	雨天照常通车，碎（砾）石本身含土较多，不加砂	砂质土	10～18	碎（砾）石>65%，当地土含量≤35%
		砂质土或黄土	15～20	
碎砖路面	可维持雨天通车，通行车辆较少	砂质土	13～15	垫层：砂或炉渣4～5 cm 底层：7～10 cm碎砖 面层：2～5 cm碎砖
		黏质土或黄土	15～18	
炉渣或矿渣路面	可维持雨天通车，通行车辆较少，当附近有此项材料可利用时	一般土	10～15	炉渣或矿渣75%，当地土25%
		较松软时	15～30	
砂土路面	雨天停车，通行车辆较少，附近不产石料而只有砂时	砂质土	15～20	粗砂50%，细砂、粉砂和黏质土50%
		黏质土	15～30	
风化石屑路面	雨天不通车，通行车辆较少，附近有石屑可利用	一般土	10～15	石屑90%，黏土10%
石灰土路面	雨天停车，通行车辆少，附近产石灰时	一般土	10～13	石灰10%，当地土90%

5. 临时行政及文化生活福利用房的布置

临时用房尽可能利用场内原有的永久性房屋，全工地性行政管理用房宜设在工地入口处，工人福利用房应设在工人比较集中的地方，方便工人使用，生活用房宜布置在场外，形成一个独立的生活区。临时建筑面积参考指标如表 14-12 所示。

6. 布置临时水、电管网及其他动力设施

临时水、电管网沿主要干道布置，宜形成环形线路；临时水池、水塔应设在地势较高处。根据防火要求设立消防站，应设置在易燃建筑物附近，并有通畅的出口和消防车道，其宽度不宜小于 6 m，与拟建房屋的距离不得大于 25 m，也不得小于 5 m，消防栓到路边的距离不得大于 2 m，且间距不得大于 100 m。

工地临时供水主要有生产用水、生活用水和消防用水。

表 14-12　临时建筑面积参考指标

序号	临时建筑名称	指标使用方法	参考指标
1	办公室	按使用人数	3~4
2	宿舍		
(1)	单层通铺	按高峰年(季)平均人数	2.5~3.0
(2)	双层床	(扣除不在工地住人数)	2.0~2.5
(3)	单层床	(扣除不在工地住人数)	3.5~4.0
3	家属宿舍		16~25 m²/户
4	食堂	按高峰年平均人数	0.5~0.8
	食堂兼礼堂	按高峰年平均人数	0.6~0.9
5	其他合计	按高峰年平均人数	0.5~0.6
(1)	医务所	按高峰年平均人数	0.05~0.07
(2)	浴室	按高峰年平均人数	0.07~0.1
(3)	理发室	按高峰年平均人数	0.01~0.03
(4)	俱乐部	按高峰年平均人数	0.1
(5)	小卖部	按高峰年平均人数	0.03
(6)	招待所	按高峰年平均人数	0.06
(7)	托儿所	按高峰年平均人数	0.03~0.06
(8)	子弟学校	按高峰年平均人数	0.06~0.08
(9)	其他公用	按高峰年平均人数	0.05~0.10
6	小型		
(1)	开水房		10~40
(2)	厕所	按工地平均人数	0.02~0.07
(3)	工人休息室	按工地平均人数	0.15

1) 工地临时供水量计算

(1) 现场施工用水量计算

$$q_1 = K_1 \sum \frac{Q_1 \times N_1}{T_1 \times t} \times \frac{K_2}{8 \times 3\,600} \tag{14-5}$$

式中　q_1——现场施工用水量,L/s;

　　　K_1——未预见的施工用水系数,一般取 1.05~1.15;

　　　Q_1——年(季)度工程量(以实物计量单位表示);

　　　N_1——施工用水定额;

K_2——用水不均衡系数；

T_1——年(季)度有效工作日,d;

t——每天工作班数,班。

(2)施工机械用水量计算

$$q_2 = K_1 \sum Q_2 \times N_2 \times \frac{K_3}{8 \times 3\ 600} \tag{14-6}$$

式中　q_2——施工机械用水量,L/s;

K_1——未预见的施工用水系数,1.05~1.15;

Q_2——同种机械台数,台;

N_2——施工机械台班用水定额;

K_3——施工机械用水不均衡系数。

(3)施工现场生活用水量计算

$$q_3 = \frac{P_1 \times N_3 \times K_4}{t \times 8 \times 3\ 600} \tag{14-7}$$

式中　q_3——施工现场生活用水量,L/s;

P_1——施工现场高峰昼夜人数,人;

N_3——施工现场生活用水定额;

K_4——施工现场用水不均衡系数;

t——每天工作班数,班。

(4)生活区生活用水量计算

$$q_4 = \frac{P_2 \times N_4 \times K_5}{24 \times 3\ 600} \tag{14-8}$$

式中　q_4——生活区生活用水量,L/s;

P_2——生活区居民人数,人;

N_4——生活区昼夜全部生活用水定额;

K_5——生活区用水不均衡系数。

(5)消防用水量(q_5)计算:

消防用水量如表 14-13 所示。

表 14-13　消防用水量

序号	用水名称	火灾同时发生次数	单位	用水量
1	居民区消防用水			
	5 000 人以内	一次	L/s	10
	10 000 人以内	二次	L/s	10~15
	25 000 人以内	二次	L/s	15~20
2	施工现场消防用水			
	施工现场在 25 hm² 以内	一次	L/s	10~15
	每增加 25 hm² 递增	一次	L/s	5

(6)总用水量(Q)计算：

当 $q_1 + q_2 + q_3 + q_4 \leqslant q_5$ 时，$Q = \frac{1}{2}(q_1 + q_2 + q_3 + q_4) + q_5$；

当 $q_1 + q_2 + q_3 + q_4 > q_5$ 时，$Q = q_1 + q_2 + q_3 + q_4$；

当工地面积小于 5 hm² 且 $q_1 + q_2 + q_3 + q_4 < q_5$ 时，取 $Q = q_5$，总用水量确定后，还应增加10%，以补偿不可避免的水管漏水损失。

2)选择供水管径

供水管径的计算式如下

$$d = \sqrt{\frac{4Q}{\pi \times v \times 1\,000}} \tag{14-9}$$

式中　d——供水管内径，m；

$\quad\quad Q$——用水量，L/s；

$\quad\quad v$——管网中水流速度，m/s。

3)工地临时供电系统设计

工地临时供电系统设计工作主要有用电量计算、选择电源、确定变压器、布置配电线路和确定导线截面面积。

(1)用电量计算。

工地临时供电可分为动力用电和照明用电。在计算用电量时，应考虑全工地机械动力、电气工具用电数量，全工地照明用电数量，施工高峰阶段同时用电的机械设备最高数量，各种机械设备在工作中需要的情况。

(2)选择电源。

电源的选择有以下几种：完全由工地附近的电力系统供电；工地附近的电力系统只能供给一部分，不足部分需要工地增设临时供电系统；当工地附近有高压电网时，申请临时配电变压器；工地位于边远地区，没有电力系统时，电力完全由临时电站供给。

(3)确定变压器。

变压器的功率可按下式计算

$$P = K\left[\frac{\sum P_{\max}}{\cos\varphi}\right] \tag{14-10}$$

式中　P——变压器的功率，kVA；

$\quad\quad K$——功率损失系数，可取 1.05；

$\quad\quad \sum P_{\max}$——施工现场的最大计算负荷，kW；

$\quad\quad \cos\varphi$——功率因素。

根据计算结果，可从产品目录中选用略大于该功率的变压器。

(4)布置配电线路和确定导线截面面积。

施工用电配电线路的布置一般有枝状式、环状式和混合式三种，要根据工地大小和使用情况进行合理的选择。

导线截面的选择要满足机械强度、允许电流强度和允许电压降的要求。根据以上三个条件，取截面面积最大者选定导线截面面积，根据截面面积从电线产品目录中选取。

　　施工现场平面布置是一个系统工程,涉及因素多,而各种因素相互联系、相互制约,应进行反复推敲、综合分析才能确定,以定量分析为主,定性分析为辅。当有几个方案时,还应进行方案比选。

六、主要技术经济指标

　　施工组织总设计的技术经济指标反映了设计方案的技术可行性和经济合理性,通常采用的技术经济指标如下。

(一)施工周期

　　施工周期是指建设项目从正式工程开工到全部投产使用为止的持续时间。应计算的指标有施工准备期、部分投产期和单位工程工期。

　　1. 施工准备期

　　施工准备期是指从施工准备开始到主要项目开工日止的全部时间。

　　2. 部分投产期

　　部分投产期是指从主要项目开工到第一批项目投产使用日止的全部时间。

　　3. 单位工程工期

　　单位工程工期是指各个单位工程从开工到竣工的全部时间。

(二)劳动生产率

　　(1)全员劳动生产率(元/(人·年))。

　　(2)单方用工(工日/m²)。

　　(3)劳动力不均衡系数

$$劳动力不均衡系数 = \frac{施工期高峰人数}{施工期平均人数} \tag{14-11}$$

(三)安全指标

　　安全指标以发生安全事故频率控制数表示。

(四)工程质量

　　工程质量说明按合同要求达到的质量等级:合格、优良、省优、部优、鲁班奖。

(五)降低成本指标

　　(1)降低成本额

$$降低成本额 = 承包成本 - 计划成本 \tag{14-12}$$

　　(2)降低成本率

$$降低成本率 = \frac{降低成本额}{承包成本额} \tag{14-13}$$

(六)机械指标

　　(1)施工机械完好率。

　　(2)施工机械利用率。

　　(3)机械化程度

$$机械化程度 = \frac{机械化施工完成工作量}{总工作量} \tag{14-14}$$

（七）预制化施工水平

$$预制化施工水平 = \frac{预制工作量}{总工作量} \tag{14-15}$$

（八）临时工程投资比例

$$临时工程投资比例 = \frac{全部临时工程投资额}{建筑安装工程总值} \tag{14-16}$$

（九）三大材料节约百分比

（1）节约钢材百分比。

（2）节约木材百分比。

（3）节约水泥百分比。

思考题

14-1 简述施工组织总设计的编制依据及程序。

14-2 施工组织总设计有何作用？

14-3 施工部署包括哪些内容？

14-4 简述施工总进度计划的编制步骤。

14-5 总资源需要量计划包括哪些内容？

14-6 简述施工总平面图的设计原则及依据。

14-7 施工总平面图的设计内容有哪些？

14-8 简述施工总平面图的设计步骤。

14-9 施工组织总设计的主要技术经济指标有哪些？

第十五章　单位工程施工组织设计

第一节　单位工程施工组织设计的概述

　　单位工程施工组织设计是以一个单位工程(如一座楼房或一座桥梁等)为主要对象而编制的施工组织设计,其主要作用是对单位工程的施工过程进行相应的指导和制约。

　　单位工程施工组织设计是一个工程的战略部署,是宏观定性的,能体现指导性和原则性,是一个将建筑物的蓝图转化成实物的总文件,其内容包含了施工全过程的部署、选定的技术方案、进度计划及相关的资源计划安排和各种组织保障措施,是对项目施工全过程的管理性文件。其任务就是根据组织施工的原则和工程的实际特点及条件,从整个工程的施工全局出发,选择最有效的施工方案和方法,确定各分部分项工程的搭接和配合,以最少的劳动力、资金、材料、机械消耗作全面地、科学地、合理地安排。在规定的工期内保质、保量地完成或提前完成该项工程。

　　目前,在实际工程实践中,单位工程施工组织设计表现为两类:一类是用于施工单位投标的,另一类是用于指导施工的,二者的侧重点不同。前者以获得工程为目的,其施工方案可能较为粗糙,而工程的质量、工期及单位的机械化程度、技术水平、劳动生产率等,则可能较为详细;而后者的重点是施工方案,是以指导实际工程为目的的。在本章我们主要介绍的是后一类。

一、单位工程施工组织设计编制依据

　　(1)业主对工程的要求或所定的施工合同要求。如业主对施工组织设计有一定的要求或者在合同中明确提出的有关组织设计的规定。

　　(2)持证设计单位设计的施工图、标准图集以及会审记录。

　　(3)施工现场的勘察资料和信息表。如地质、地形、气象、水文、现场障碍物或交通运输等情况,以及工程地形图及测量控制网。

　　(4)国家及地区的有关规定和相关规定。

　　(5)施工组织总设计。如果本单位工程是整个建设项目中的一个分项目,则应把施工组织总设计的总体施工部署以及对本工程施工的有关规定和要求作为编制依据。

　　(6)工程预算文件及有关定额。应有详细的分部、分项工程量,必要时应有分层分段或分部位的工程量,使用的预算定额和施工定额。

　　(7)主管部门的批示文件及有关要求。如上级机关对工程的指示,建设单位对施工的要求,施工合同中的有关规定等。

　　(8)施工企业年度施工计划。如本工程开、竣工日期的规定,以及其他项目穿插施工的要求等。

　　(9)建设单位对工程施工可能提供的条件。如供水、供电的情况以及可借用作为临

时办公、仓库的施工用房等。

（10）有关的国家规定和标准。如施工验收规范、质量标准及操作规程等。

（11）本工程的施工条件。包括配备的劳动力、材料、施工机具等。

二、单位工程施工组织设计的内容

（一）工程概况

工程概况主要包括工程特点、建筑地段的特征和施工条件等。

（二）施工方案

施工方案包括确定总的施工顺序及确定施工流向，主要分部分项工程的划分及其施工方法的选择、施工段的划分、施工机械的选择、技术组织措施的拟订等。

（三）施工进度计划

施工进度计划主要包括划分施工过程和计算工程量、劳动量、机械台班量、施工班组人数、每天工作班次、工作持续时间，以及确定分部分项工程（施工过程）施工顺序及搭接关系、绘制进度计划表等。

（四）施工准备工作计划

施工准备工作计划主要包括施工前的技术准备，现场准备，机械设备，工具、材料、构件和半成品构件的准备，并编制准备工作计划表。

（五）技术经济指标分析

技术经济指标分析主要包括工期指标、质量指标、安全指标、降低成本等指标的分析。

（六）施工平面图

施工平面图主要包括施工所需机械、临时加工场地、材料、构件仓库与现场的布置及临时水网电网、临时道路、临时设施用房的布置等。

（七）资源需要量计划

资源需要量计划包括材料需要量计划、劳动力需要量计划、构件及半成品需要量计划、机械需要量计划和运输量计划等。

三、单位工程施工组织设计编制程序

单位工程施工组织设计编制程序大致分为以下步骤。

（一）计算工程量

计算工程量指通常可以利用工程预算中的工程量。工程量计算准确，才能保证劳动力和资源需求量计算的正确和分层分段流水作业的合理组织，故工程必须根据施工图纸和较为准确的定额资料进行计算。

（二）确定施工方案

如果施工组织总设计已有原则规定，则该项工作的任务就是进一步具体化，否则应全面加以考虑。需要特别加以研究的是主要分部、分项工程的施工方法和施工机械的选择，因为它对整个单位工程的施工具有决定性的作用。

（三）组织流水作业，制定施工进度

根据流水作业的基本原理，按照工期要求、工作面的情况、工程结构对分层分段的影响以及其他因素，组织流水作业决定劳动力和机械的具体需要量以及各工序的作业时间，

编制网络计划,并按工作日排出施工进度。

(四)计算各种资源的需要量和确定供应计划

依据采用的劳动定额和工程量及进度可以决定劳动量和每日的工人需要量。依据有关定额和工程量及进度,就可以计算确定材料和加工预制品的主要种类和数量及其供应计划。

(五)平衡劳动力、材料物资和施工机械的需要量并修正进度计划

根据对劳动力和材料物资的计算就可绘制出相应的曲线以检查其平衡状况。如果发现有过大的高峰或低谷,即应将进度计划作适当的调整与修改,使其尽可能趋于平衡,以便使劳动力的利用和物资的供应更为合理。

(六)施工设计平面图

施工设计平面图应使生产要素在空间上的位置合理、互不干扰且能加快施工进度。具体的编制程序如图 15-1 所示。

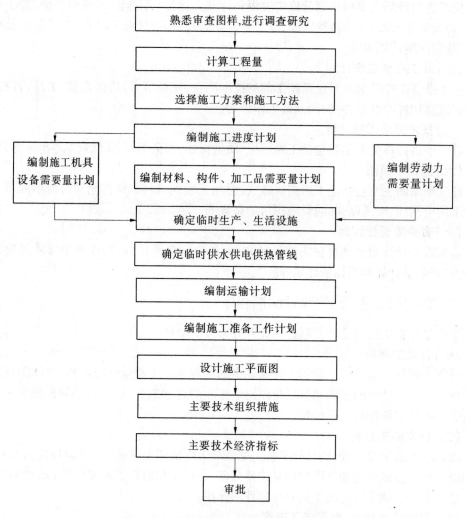

图 15-1　单位工程施工组织设计编制程序

第二节　工程概况及施工条件

单位工程施工组织设计首先应对拟建工程的工程特点、地点特征和施工条件作简要而重点突出的文字说明,同时附有拟建工程的平面、立面和剖面简图。其内容主要有以下几点。

一、工程概况

说明拟建工程的建设单位、建设地点、工程性质、用途和规模、开工日期及工期、施工单位、设计单位及其他应说明的内容。

二、建筑设计

说明拟建工程的平面尺寸、总高、层数、建筑面积、内外装饰工程的做法、门窗材料、楼地面做法、屋面防水做法,还有消防、空调和环保等内容。

三、结构设计

结构设计包括建筑物的地质情况和地下水位,基础构造和埋深,结构体系和类型,梁、板、柱和墙的材料及结构类型等内容。

四、施工条件

对施工特点、施工现场和施工单位的具体情况加以说明,其内容包括现场的地质、地貌情况、"三通一平"的情况、施工现场及周围环境的情况、当地的交通运输条件、预制构件生产及其供应情况、施工机械和机具的供应情况、劳动力的供应情况及现场临时设施的解决方法等。

第三节　施工方案

施工方案是根据一个施工项目的特点而制订的实施方案。其中包括组织机构方案(各职能机构的构成、各自的职责、相互关系等)、人员组成方案(项目负责人、各机构负责人、各专业负责人等)、技术方案(进度安排、关键技术预案、重大施工步骤预案等)、安全方案(安全总体要求、施工危险因素分析、安全措施、重大施工步骤安全预案等)、材料供应方案(材料供应流程、临时材料采购流程等),此外,根据项目大小还有现场保卫方案、后勤保障方案等。施工方案是根据项目的具体情况确定的,有些项目简单、工期短就不需要制订复杂的方案。

施工方案的拟订一般应包括:施工段的划分、安排施工顺序、选择主要分部分项工程的施工方法和施工机械、组织各项劳动力资源等,是一个综合而全面的分析和对比决策过程。它既要考虑施工的技术措施,又必须考虑相应的施工组织措施,并确保落实。

在拟订施工方案之前,还要解决下面一些问题:熟悉工程所在地的施工现场情况(临时供水供电情况、临时道路使用情况等),熟悉工程所在地的建筑材料市场情况(如采购、运输及价格情况),熟悉工程所在地的劳动力资源情况,熟悉工程所在地的工程机械及装备情况,熟悉工程资金来源及经费拨付情况等。

对于不同结构的单位工程,其施工方案拟订的侧重点不同。砖混结构房屋施工,以主体工程施工为主,重点为基础工程的施工方案;单层工业厂房施工,以基础工程、预制工程和吊装工程的施工方案为重点;多层框架则以基础工程和主体框架施工方案为主。另外,施工技术比较复杂、施工难度大,或者采用新技术、新工艺、新材料的分部分项工程,还有专业性很强的特殊结构、特殊工程,也应为施工方案的重点内容。

一、确定施工流向

施工流向是指单位工程在平面或空间上施工的开始部位及其展开方向,主要取决于生产需要、缩短工期和保证质量等一些要求。一般,对土木工程来说,只要按其工段、跨间,分区分段地确定平面上的施工流向,对多层建筑物,除确定每层平面上的施工流向外,还要确定其层间或单元空间上的施工流向。

施工流向的确定,牵扯到一系列施工过程的开展和进程,是组织施工的重要环节。为此,应考虑以下几个因素。

(一)生产工艺或使用要求

这往往是确定施工流向的基本因素。一般情况下,生产工艺上影响其他工段试车投产的或生产使用上要求急的工段部分先安排施工。

(二)单位工程各部分的繁简程度

对技术复杂、施工进度较慢、工期较长的工段或部位应先施工。例如,高层现浇钢筋混凝土结构房屋,主楼部分应先施工,裙房部分后施工。

(三)房屋高低层或高低跨

柱的吊装应从高低层或高低跨并列处开始,高低层并列的多层建筑物中,层数多的区段先施工,屋面防水层施工应先高后低,基础施工应先深后浅。

(四)工程现场条件和施工方案

施工场地大小、道路布置和施工方案所采用的施工方法及机械也是确定施工流向的主要因素。例如,土方工程施工中,边开挖边外运余土,则施工起点应确定在远离道路的部位,由远及近地开展施工。

(五)选用的施工机械

根据工程条件,挖土机械可选用正铲、反铲、拉铲等,吊装机械可选用履带吊、汽车吊、塔吊等,这些机械的开行路线或布置位置便决定了基础挖土及结构吊装的施工起点和流向。

(六)分部工程或施工阶段的特点

如基础工程由施工机械和施工方法决定其平面的施工流向,主体结构工程从平面上看,从哪一边先开始都可以,但竖向一般应自下而上施工。

另外,划分施工层、施工段的部位,如伸缩缝、沉降缝、施工缝,也是决定其施工流向应考虑的因素。装饰工程竖向的流向比较复杂,室外装饰一般采用自上而下的工程流向,室内装饰则有自上而下、自下而上及自中而下再自上而中三种流向。

二、确定施工程序

施工程序是指单位工程中各分部工程之间的先后顺序。在工程前期准备中,施工程序应根据该单位工程的各分部工程确定的展开方向以及每个分部工程的施工顺序这两个方面进行确定。

(一)施工程序确定的原则

(1)按合同约定确定施工程序的原则。

(2)按土建交付安装先后顺序及有关条件(图纸、设备)确定施工程序的原则。

(3)按各分部、分项工程搭接关系确定施工程序的原则。

(4)按各专业技术特点确定施工程序的原则。

(二)施工阶段的划分

单位工程施工程序是从施工前期准备开始到联动调试和空载试运行完成为止的全过程施工活动,大致可分为施工准备阶段、施工阶段和竣工验收阶段。

1. 施工准备阶段

(1)组织合同交底,明确合同条件,落实施工任务。

(2)组织施工前期准备,为单位工程开工创造必要条件。

(3)组织相关专业工种开展配合土建施工,进行预埋预留管线和构件的工序施工。

2. 施工阶段

(1)施工阶段指土建工程已交付,安装施工开始。它包括依据施工组织设计、施工方案、施工图纸及技术文件的规定要求,按已确定的各分部工程施工流程组织施工,并逐渐形成安装高峰期,一直到联动调试和空载试运行完成的全过程施工活动。

(2)组织施工时一般应遵循程序如下:先地下后地上;厂房或楼房内同一空间处先里后外、顶部先高后低、底部先下后上;各类设备安装和各种管线安装应先大后小、先粗后精;各道工序未经检验和试验合格,不准进入下一道工序;先单机调试和试运转,后联动调试和试运转。

3. 竣工验收阶段

(1)单位工程施工全部完成以后,各施工责任方内部预先验收,严格检查工程质量并合格,整理各项技术经济资料。

(2)各施工责任方按规定要求提交工程验收报告,即各分包方向总承包方提交工程验收报告,总承包方经检查确认后,向建设单位提交工程验收报告。

(3)建设单位组织有关的施工方、设计方、监理方进行单位工程验收,经检查合格后,办理竣工验收手续及有关事宜。

(三)影响施工顺序的主要因素

合理地确定施工顺序是确定施工程序的具体要求。它的确定既是为了按照客观的施工规律组织施工,也是为了解决工种在时间上的搭接和在空间上的配合问题。在保证质量与安全施工的前提下,充分利用空间,争取时间,实现缩短工期的目的。确定施工顺序时一般应考虑以下因素。

1. 遵循施工顺序

施工顺序确定了施工阶段或分部工程之间的先后次序,确定施工顺序时必须遵循施工程序,例如先地下后地上的程序。

2. 必须符合施工工艺的要求

这种要求反映出施工工艺上存在的客观规律和相互之间的制约关系,一般是不可违背的。如预制钢筋混凝土柱的施工顺序为支模板→绑钢筋→浇混凝土→养护→拆模,而现浇钢筋混凝土柱的施工顺序为绑钢筋→支模板→浇混凝土→养护→拆模。

3. 与施工方法协调一致

如单层工业厂房结构吊装工程的施工顺序,当采用分件吊装法时,则施工顺序为:吊柱→吊梁→吊屋盖系统→第二节间吊柱、梁和屋盖系统→……→最后节间吊柱、梁和屋盖系统。

4. 按照施工组织的要求

如安排室内外装饰工程施工顺序,可按照施工组织规定的先后顺序进行。

5. 考虑施工安全、质量及成品保护

如安全施工屋面采用卷材防水,外墙装饰安排在屋面防水施工完成后进行;为了保证质量,楼梯抹面在全部墙面、地面和天棚抹灰完成之后,自上而下一次完成。

6. 考虑受当地气候条件的影响

如冬季室内装饰施工,应先安装门窗和玻璃,后做其他装饰工程。

(四)确定施工顺序

建筑施工顺序是:基础工程(由下至上),装修和设备安装工程(由上至下)。施工原则是:先做基础后做饰面,这些工序安排原则的确定是为后续工作打下基础,以不干扰前期施工为宗旨,最大化做到规划有序,有条不紊的正常进行。

一般说来,各分项工程分别有自己的施工顺序。

1. 基础工程的施工顺序

一般顺序为:桩基础→土方开挖、钎探验槽→做垫层→地下卷材防水施工→地下室底板→地下室墙柱→地下室顶板→墙体防水卷材、保护墙→回填土。如果有地下障碍物、坟穴、防空洞、软弱地基等,需要事先进行处理。

基础施工时应注意预留孔洞。一般回填土在基础完工后一次分层夯填,为后续施工创造条件。对零标高以下室内回填土,与基槽回填土同时进行,如不能也可留在装饰工程之前,与主体结构施工交叉进行。

2. 主体结构工程的施工顺序

主体结构工程阶段:框架柱的施工顺序为柱子钢筋绑扎→柱子模板安装→柱子混凝土浇筑→混凝土养护;梁板的施工顺序为满堂脚手架的搭设→铺设梁底模板→梁钢筋绑扎→合梁侧模板→铺设顶板模板→铺设并绑扎顶板钢筋→浇筑梁板混凝土→混凝土养护。

3. 屋面和装饰工程的施工顺序

该阶段具有施工内容多、劳动消耗量大、手工操作多和需要时间长的特点。

屋面工程施工顺序:基层清理→干铺加气混凝土砌块→加气混凝土碎渣找坡→水泥

砂浆找平层→刷基层处理剂→铺贴 SBS 高聚物改性沥青防水卷材→蓄水试验→保护层，一般情况屋面工程和室内装饰工程可以搭接平行施工。

4. 装饰工程分为室外装饰工程和室内装饰工程

室外装饰工程和室内装饰工程的施工顺序通常可分为先内后外、先外后内和室内外同时进行三种顺序。具体选用哪种顺序可根据施工条件和气候条件等确定。通常室外装饰应避开冬季和雨季。有时为了加速外脚手架材料的周转也采取先外后内的顺序。

室外装饰施工顺序一般按：外墙抹灰（或其他饰面）→勒脚→散水→台阶→明沟。外墙装饰一般是自上而下，同时安装落水斗、落水管和拆外脚手架。

室内装饰的主要内容有：天棚、地面和抹灰，门窗扇安装和油漆，门窗安玻璃、油墙裙、做踢脚线和楼梯抹灰等。

5. 水、暖、电、卫等工程的施工顺序

水、暖、电、卫等工程不像土建工程那样分成几个明显的施工阶段，它一般是与土建工程中有关分部分项工程紧密配合，穿插进行的。其顺序如下：

（1）基础工程施工时，在回填土之前，完成上下水管沟和暖气沟垫层和墙壁的施工。

（2）主体结构施工时，应在砌砖砌墙或现浇钢筋混凝土楼板时，预留上下水和暖气管孔、电线孔槽、预埋木砖或其他预埋件，但抗震房屋除外，具体应按有关规范进行。

（3）装饰工程施工前，安装相应的各种管道和电气照明用的附墙暗管、接线盒等。水、暖、电、卫及其他设备安装均穿插在地面或墙面的抹灰前后进行，但采用明线的电线，则应在室内粉刷之后进行。

三、施工方法及施工机械

选择施工方法和施工机械是施工方案中的关键问题，它直接影响施工进度、质量、安全及工程成本。选择施工方法必然涉及施工机械的选择问题，机械化施工是改变建筑工业生产落后面貌、实现建筑工业化的基础。因此，施工机械的选择往往成为施工方法选择的中心坏节。

选择施工方法及施工机械时，应重点考虑影响整个单位工程施工的分部分项工程的施工方法及施工机械。主要是选择工程量大且在单位工程中占有重要地位的分部分项工程，施工技术复杂或采用新技术、新工艺及对工程质量起关键作用的分部分项工程、不熟悉的特殊结构工程或由专业施工单位施工的特殊专业工程的施工方法，要求详细而具体，必要时应编制单独的分部分项工程的施工作业设计，提出质量要求及达到这些质量要求的技术措施，指出可能发生的问题，并提出预防措施和必要的安全措施。而对于按照常规做法和工人熟悉的方法进行的分项工程，则不必详细拟定作业指导书，提出应注意的一些特殊问题即可。

（一）主要工种工程施工方法的选择

1. 测量放线

建筑工程测量放线的目的是将图纸上设计的建筑物的平面位置、形状和高程标定在施工现场的地面上，并在施工过程中指导施工，使工程严格按照设计的要求进行建设。建筑工程施工测量工作不仅是工程建设的基础，而且是涉及工程质量的关键。近几年，许多外观造型复杂的超大超高规模的建筑物应运而生,在这些建筑工程施工过程中,测量工作显得尤为重要。

2. 土石方工程

土石方工程主要包括选择土石方工程施工机械,确定土石方工程开挖或爆破方法,确定土壁放坡开挖的边坡坡度及土壁支护方案,地下水、地表水的处理方法及有关配套设备,计算土石方工程量并确定土石方平衡调配方案等。

3. 基础工程

基础工程包括确定浅基础的垫层、混凝土基础和钢筋混凝土基础施工的技术要求,以及地下室施工的技术要求及桩基础施工方法和施工机械选择。

4. 钢筋混凝土结构工程

钢筋混凝土结构工程主要有确定模板的类型及支模方法、拆模时间和有关要求,对复杂工程尚需进行模板设计和绘制模板放样图;钢筋的加工、运输和安装方法;选择混凝土的制备方案(商品混凝土或现场拌制混凝土),确定搅拌、运输及浇筑顺序和方法以及泵送混凝土和普通垂直运输混凝土的机械选择;确定混凝土搅拌、振捣设备的类型和规格及施工缝的位置;预应力钢材、锚夹具、张拉设备的选用和验收,成孔材料及成孔方法(包括灌浆孔、泌水孔),端部和梁柱节点处的处理方法,预应力张拉力、张拉程序以及灌浆方法、要求等;混凝土的养护及质量评定等。

5. 结构安装工程

结构安装工程主要有选择起重机械,确定结构安装方法,拟定安装顺序、起重机开行路线及停机位置;构件平面布置设计,工厂预制构件的运输、装卸、堆放方法;现场预制构件的就位、堆放的方法,吊装前的准备工作、主要工程量和吊装进度的确定。

6. 砌筑工程

砌筑工程主要有确定墙体的组砌方法和质量要求,砌块砌筑的排列图;确定脚手架搭设方法及安全网的布置;砌体标高及垂直度的控制方法;垂直运输及水平运输机具的确定;砌体的流水施工组织方式的选择等。

7. 屋面及装饰工程

屋面及装饰工程主要有确定层面及材料的运输方式,屋面工程各分项工程的施工操作及质量要求,装饰材料运输储存方式,各分项工程的操作及质量要求,新材料的特殊工艺及质量要求。

8. 设备安装工程

设备安装工程主要有给水排水、采暖、通风空调、电气、弱电、消防、电梯等工程,应说明其施工工艺、施工方法、主要材料、施工要求等。

9. 特殊项目

特殊项目应说明冬季施工的各主要分部分项工程的施工方法、主要应对措施和要求。说明"四新"(新结构、新工艺、新材料、新技术)项目的类别、名称、应用部位及成果使用情况。必要时应详细说明施工方法、工艺流程、劳动组织、施工进度、技术要求与质量、安全措施、材料、构件及机具设备需要量。

（二）正确选择施工机械

正确选择施工机械,保证其在使用中处于良好状态,减少闲置损失,提高使用效率及产出水平,施工项目机械设备的选择要求切合实际,经济合理。如果有多种机械的技术性能可以满足施工要求,还应对各种机械的工作效率、工作质量、使用费和维修费、能源耗费量、占用的操作人员和辅助工作人员、安全性、运输安装拆卸操作的难易程度和灵活性、机械的完好性和维修难易程度、对气候条件的适应性、对环境保护的影响等特性进行综合考虑。

第四节　单位工程施工进度计划

单位工程施工进度计划是在既定施工方案的基础上,根据规定的工期和各种资源的供应条件,对单位工程中各分部分项工程的施工顺序、施工起止时间及衔接关系进行合理安排的计划。

一、单位工程施工进度计划的编制步骤

（一）划分工作项目

工作项目是包括一定工作内容的施工过程,它是施工进度计划的基本组成单元,应该根据计划的实际需要来决定工作项目内容的多少及划分的粗细程度。

（二）确定施工顺序

确定施工顺序是为了按照施工的技术规律和合理的组织关系,解决各工作项目之间在时间上的先后和搭接问题,以达到保证质量、安全施工、充分利用空间、争取时间、合理安排工期的目的。一般来说,施工顺序受施工工艺和施工组织两方面的制约。当施工方案确定以后,工作项目之间的工艺关系也就随之确定。如果违背这种关系,将不可能施工,或者导致工程质量事故和安全事故的出现,或者造成返工浪费。

工作项目之间的组织关系是由于劳动力、施工机械、材料和构配件等资源的组织和安排需要而形成的。它不是由工程本身决定的,而是一种人为的关系。组织方式不同,组织关系也不同。不同的组织关系会产生不同的经济效果,应通过调整组织关系将工艺关系和组织关系有机地结合起来,形成工作项目之间的合理顺序关系。

（三）计算工程量

工程量的计算应根据施工图和工程量计算规则,针对所划分的每一个工作项目进行。当编制的施工进度计划是已有预算文件,且工作项目的划分与施工进度计划一致时,可以直接套用施工预算的工程量,不必重新计算。若某些项目有出入,但出入不大,应结合工程的实际情况进行某些必要的调整或补充。

（四）计算劳动量和机械台班数

（略）

（五）确定工作项目的持续时间

（略）

(六)绘制施工进度计划图

绘制施工进度计划图,首先应选择施工进度计划的表达形式。目前,常用来表达建设工程施工进度计划的方法有横道图和网络图两种形式。横道图比较简单,而且非常直观,多年来被人们广泛地用于表达施工进度计划,并以此作为控制工程进度的主要依据。但是,采用横道图控制工程进度具有一定的局限性,随着电子计算机的广泛应用,网络计划技术日益受到人们的青睐。

(七)施工进度计划的检查与调整

当施工进度计划初始方案编制好后,需要对其进行检查与调整,以便使进度计划更加合理,进度计划检查的主要内容包括:

(1)各工作项目的施工顺序、平行搭接和技术间歇是否合理。

(2)总工期是否满足合同要求。

(3)主要工种的工人是否能满足连续、均衡施工要求。

(4)主要机械、材料等的利用是否均衡和充分。

在上述四个方面中,首要的是前两个方面的检查,如果不满足要求,必须进行调整。只是在前两个方面均达到要求的前提下,才能进行后两个方面的检查和调整。前者是解决可行与否的问题,而后者则是优化的问题。

二、单位工程施工进度计划的编制依据

(1)施工图。

(2)施工方案。

(3)各种定额(包括预算定额、施工定额、劳动定额等)。

(4)当地的地质、水文、气象资料。

(5)建设单位要求的开工、竣工日期。

(6)资源供应情况等。

三、单位工程施工进度计划的编制程序

单位工程施工进度计划的编制程序是:收集编制依据→划分项目→计算工程量→套用施工定额→计算劳动量和机械台班需要量→确定持续时间→确定各项目之间的关系及搭接→绘制进度计划图→判别进度计划并作必要调整→绘制正式进度计划→检查、调整。

四、确定劳动量和机械台班数

计算施工过程的劳动量或机械台班数,应根据各施工过程的工程量和现行的施工定额计算。

$$P_i = \frac{Q_i}{S_i} \qquad 或 \qquad P_i = Q_i Z_i \tag{15-1}$$

式中　P_i——劳动量(工日)或机械台班数(台班);

　　　Q_i——工程量;

　　　S_i——产量定额;

Z_i——时间定额。

若某一施工过程是由若干不同类型的项目合并而成的,则此时应根据各个不同类型项目的劳动定额和工程量按合并前后的总劳动量不变的原则计算合并后的综合劳动定额。其计算公式如下

$$\bar{S} = \frac{\sum\limits_{i=1}^{n} Q_i}{\dfrac{Q_1}{S_1} + \dfrac{Q_2}{S_2} + \cdots + \dfrac{Q_n}{S_n}} \quad 或 \quad \bar{Z} = \frac{\sum\limits_{i=1}^{n} Q_i}{Q_1 Z_1 + Q_2 Z_2 + \cdots + Q_n Z_n} \tag{15-2}$$

式中 $\bar{S}$——综合产量定额;

$\bar{Z}$——综合时间定额;

$Q_1, Q_2, \cdots, Q_n$——合并前各分项的工程量;

$S_1, S_2, \cdots, S_n$——合并前各分项的产量定额;

$Z_1, Z_2, \cdots, Z_n$——合并前各分项的时间定额。

在实际应用中,要注意根据工人实际达到的水平来确定劳动定额的取值,还要特别注意合并前各项目的工作内容和工程量的单位,如两者不一致的话,需根据使用方便的原则来确定最终取哪一单位。

五、确定各施工过程的工作天数

单位工程各施工过程的工作天数,按下式确定

$$t = \frac{p}{RN} \tag{15-3}$$

式中 p——完成某工作需要的劳动量或机械台班数;

R——每天的劳动力出勤人数或劳动力限额或机械台数;

N——每天安排的工作组数。

也可以根据要求工期倒推施工过程的各工作天数,然后计算完成该工作所需的劳动力限额或机械台数

$$R = \frac{p}{tN} \tag{15-4}$$

通常情况下,每天宜采用一班制,只有在特殊情况下才可以采用二班制或三班制。当劳动力供应无限制时,还须考虑最小工作面的要求。在选择施工机械时,还须考虑机械供应的可能性。

六、施工进度计划的安排

施工进度计划是施工组织设计的中心内容,它要保证建设工程按合同规定的期限交付使用。施工中的其他工作必须围绕着并适应施工进度计划的要求安排。施工进度计划的种类和施工组织相适应,分为总进度计划和单位施工进度计划。施工总进度计划包括建筑项目的施工进度计划和施工准备阶段的进度计划。它按生产工艺的建设要求,确定投产建筑群的主要和辅助的建筑物与构筑物的施工顺序、相互衔接和开竣工时间,以及施

工准备工程的顺序和工期。单位工程施工进度计划是总进度计划有关项目施工进度的具体化,一般土建工程的施工组织设计还考虑了专业和安装工程的施工时间。

七、施工进度计划的检查与调整

施工进度计划在编制时,需考虑的因素有很多。因此,在初步进度计划编制完成后,还须对其进行检查和调整,主要检查各分部分项工程的施工时间、施工顺序及单位工程的工期是否合理,劳动力、材料、机械设备的供应能否满足且是否均衡。此外,对进度计划在绘制过程中是否有错误也要进行检查,经过检查发现的不合理的地方要给予调整,可以通过调整施工过程的工作天数、搭接关系或改变某些施工过程的施工方法等来调整进度计划,在调整某一分项工程时要注意它对其他分项工程的影响。通过调整可使劳动力、材料的需要量更为均衡,主要施工机械的利用更为合理,避免或减少短期内资源供应的过分集中。

第五节　资源需要量计划

为了明确各种技术工人和各种物质的需要量,在确定了单位工程施工进度计划以后,还需根据施工图样、工程量计算资料、施工方案、施工进度计划等有关技术资料,进行劳动力需要量计划和各种主要材料、构件和半成品需要量计划及各种施工机械的需要量计划的编制工作。这不仅是做好劳动力与材料的供应、调度、平衡和落实的依据,也是施工单位编制月、季生产作业计划的重要依据之一。

一、劳动力需要量计划的编制

劳动力需要量计划的编制方法是将施工进度计划表内所列的各施工过程(工序)每天(或旬、月)所需工人人数按工程汇总而得。

二、主要材料需要量计划的编制

主要材料需要量计划的编制方法是按材料名称、规格、数量及使用时间将施工进度计划表中各施工过程的工程量进行计算汇总。

三、构件和半成品需要量计划的编制

编制建筑结构、配件和其他加工半成品的需要量计划,主要是为了确定加工订货单位,并按所需的规格、数量和时间进行运输、组织施工,确定仓库或堆场。

四、施工机具设备需要量计划的编制

施工机具设备需要量计划的编制方法是将单位工程施工进度计划表中的每一个施工过程每天所需的机具设备类型、数量按施工日期进行汇总,即得出施工机具设备需要量计划。

第六节　单位工程施工平面图

单位工程施工平面图主要用于指导单位工程施工,它是施工方案在施工现场平面上、空间上的具体反映,是在施工现场布置仓库、施工机械、临时设施、堆场、道路等的依据。施工平面图是施工组织设计和施工准备工作的主要内容,是实现文明施工的基本条件。

一、单位工程施工平面图的设计依据

(1)勘察设计依据。

(2)施工部署和主要工程施工方案。

(3)施工总进度计划。

(4)施工场地情况。

(5)调查收集到的地区资料。

(6)资源需要量表。

(7)工地业务量计算。

(8)有关参考资料。

二、单位工程施工平面图的设计内容

(1)施工现场内已建的和拟建的建筑物和构筑物的位置及平面轮廓。

(2)施工用地范围,围墙、入口、道路的位置。

(3)资源仓库和堆场。

(4)钢筋、木材等加工场地。

(5)取土及弃土位置。

(6)大型机械设备的位置(塔吊的回转范围)。

(7)管理和生活用临时的房屋。

(8)供电、给水、排水等管线和设备。

(9)安全、消防设施。

(10)永久性、半永久性坐标的位置。

(11)山区建筑场地的等高线。

(12)特殊图例、方向标志及比例尺等。

三、单位工程施工平面图的设计原则

(1)根据施工部署、施工方案、进度计划和区域划分,分阶段进行布置。

(2)生产区、生活区和办公区相对独立的原则。

(3)尽可能地缩短场内运距,减少二次搬运,减少占地。

(4)有利于减少扰民、环境保护和文明施工。

(5)尽量利用已有设施或先行施工的成品,使临时工程投入最少。

（6）充分考虑劳动保护、职业健康、安全与消防。比如：施工现场的灰浆池和沥青锅应布置在生活区的下风，木工棚和易燃品仓库也应远离生活区，同时要注意防火。

四、单位工程施工平面图的设计步骤

（1）设置大门、引入场地的道路。

（2）布置大型机械。

（3）布置仓库、搅拌站、堆场的位置。

（4）布置加工厂。

（5）布置内部临时运输场地。

（6）布置临时设施，用于行政管理、文化、生活和福利之用。

（7）布置临时水电管网和其他动力设施。

五、单位工程施工平面图的设计方法

（一）施工总平面图设计要点

1.设置大门，引入场地道路

施工现场一般最少设置两个以上大门。有永久性铁路的建筑，可提前修建以便为工程服务，但应恰当确定起点和进场位置，同时考虑转弯半径和坡度限制，有利于施工场地的利用。

2.布置大型机械设备

布置塔吊时，应考虑其覆盖范围和可吊物件的运输和堆放；布置混凝土泵的位置时，应考虑至泵管的输送距离，使混凝土罐车行走方便。

3.布置仓库、堆场

一般应接近使用地点，其纵向宜与交通线路平行，货物装卸需要时间长的仓库应远离路边。

4.布置加工厂

总的指导思想是应使材料和构件的运输量最小，有关联的加工厂适合集中布置。

5.布置内部临时运输道路

提前修建永久性道路的路基和简单路面为施工服务，临时道路要把仓库、加工厂、堆场和施工点贯穿起来。按货运量大小设计环形干道或单行支线。道路末端要设置回车场。道路要硬化，尽量避免临时道路与铁路、塔吊交叉。

6.尽可能利用已建的永久性房屋为施工服务

临时房屋应尽量利用可装拆的活动房屋。有条件的应使生活办公区和施工区相对独立。无条件时，现场只设置办公用房。作业人员宿舍一般设置在场外，并避免设在不利于健康的地方，作业人员用的生活福利设施，宜设在人员较为集中的地方。食堂宜布置在生活区，也可视条件设置在施工区与生活区之间。为减少临时设施，也可采用送餐制。

7.布置临时水电管线网和其他动力设施

临时总变电站应设在高压电进入工地处，避免高压线穿过工地。临时水池、水塔应设在用水中心和地势较高处。管网一般沿道路布置，供电线路应避免与其他管道设在同一

侧,要将支线引到所有使用地点。

8.绘制图例

正式施工总平面图按正式绘图规则、比例、规定代号和规定线条绘制,把设计的各类内容标绘在图上,标明图例,附必要的说明。正式的施工总平面图随其他施工组织设计内容一起报批和管理。

(二)确定材料、构件、半成品的堆场及仓库的位置

根据施工阶段、施工部位和使用时间的不同,各种材料和构件的堆场的位置或仓库的位置要尽量与使用位置相靠近或尽量保证在塔式起重机服务范围之内,同时尽量保证运输和装卸的方便。置放水泥的仓库要尽量安置在较偏僻的地方,石子堆场的位置要尽量与冲洗水源相接近,同时还要考虑污水排放的方便。沥青堆放场应远离易燃物品。在基础施工时,为了防止将土壁压塌,施工所使用的各种材料(如标准砖)可以放在基础四周,但不宜距基坑(槽)边缘太近。随着施工阶段的不同,各种材料的布置要进行动态调整。

(三)现场运输道路的布置

现场运输道路在布置时,要根据运输的需要沿着仓库和堆场进行布置,尽可能利用永久性道路,保证车辆通畅行驶,有回转的可能。因此,最好围绕建筑物布置成一条环形道路,便于运输车辆回转调头。若无条件布置成一条环形道路,应在适当的地点布置回车场。

(四)布置行政、生活、福利用临时设施的位置

单位工程现场临时设施主要有办公室、工人宿舍、加工车间和仓库等,在布置时,通常首先考虑使用方便,但同时要符合消防要求,临时设施可以沿工地围墙布置以减少临时设施费用,方便的话最好将生活区与施工区分开,以避免相互干扰。

(五)布置水电管网

(1)施工用的临时给水管。

施工用的临时给水管,最好采用生活用水,沿着建筑物四周布置,同时使施工现场不留死角,尽量使管网总长度最短,管径的大小和龙头数目的设置需根据工程规模大小通过计算来确定,根据施工时当地的气候条件和使用期限的长短可将管道埋于地下,也可铺设于地面上。

(2)为便于排除地面水和地下水,要及时修通永久性下水道,并结合现场地形在建筑物周围设置排泄地面水和地下水的沟渠。

(3)临时供电。

应在施工总平面图中将单位工程的施工用电一并考虑,变压器的位置应布置在现场边缘高压线接入处,其四周要用铁丝网围住,不宜布置在交通要道路口。

建筑施工是一个复杂多变的生产过程,在这一过程中,各种施工机械、材料、构件等都会随着工程进展而逐步变动,同时,它们在工地的布置情况也会随时改变。为此,在设计不同阶段的施工总平面图时,不要为了节约费用而对施工期间所使用的各种临时设施、道路和水电管网系统轻易地进行变动,要广泛而积极地征求各专业施工单位的意见,充分协商,以达到最佳布置的目的。

第七节　施工组织设计的技术经济分析

一、施工组织设计技术经济分析的目的与步骤

施工组织设计技术经济分析的目的是考察所编制的施工组织设计从技术层面上看是否可行，从经济层面上看是否合理，并最终确定较为满意的设计方案。

施工组织设计进行技术经济分析的步骤如图 15-2 所示，共有五个步骤。其中，最后一个阶段是决策阶段，它是根据综合分析提出的。

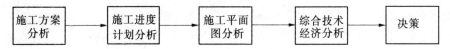

图 15-2　施工组织设计技术的经济分析步骤

第一个阶段是对施工方案进行经济分析，主要目的是在保证质量的前提下对施工方案进行优化，从而确定较为满意的方案；第二个阶段是对施工进度计划进行分析，主要目的是将进度与搭接关系进行优化，从而确定工期和满意的施工进度计划；第三个阶段是对施工平面图进行分析，主要目的是保证施工平面图布置合理、方便使用；第四个阶段是综合技术经济分析阶段，其目的主要在于通过对各个主要指标进行分析，评价施工组织设计的优劣，并为领导批准施工组织设计提供决策依据。其程序如图 15-3 所示。

二、施工组织设计技术经济分析方法

(一)定性分析法

定性分析法也称为调查研究方法，是根据以前的经验，经过广泛的调查研究对施工组织设计的优劣进行分析。例如，在确定工期是否适当时，可按照一般规律或工期定额进行分析；在确定所选择的施工机械是否适当时，主要看它能否给流水施工带来方便。定性分析法比较方便，但不够精确，不能优化，决策易受主观因素的制约。

(二)定量分析法

定量分析法也称为理论研究法，它将数学计算和论证分析的方法进行了综合的运用。

1. 多指标比较法

该法简便实用，应用较为广泛，比较时要选用适当的指标，要注意在消耗费用、价格指标及时间上的可比性。有两种情况要分别对待：其一是当一个方案在各项指标上均优于另一个方案时，其优劣是明显的；其二是通过计算，几个方案的指标优劣不同，互有穿插时，分析比较要进行加工，形成单指标，然后分析其优劣，常用的方法有评分法、价值法等。

2. 评分法

评分法即组织专家对施工组织设计中的各个可比指标进行评分，采用加权的方法计算总分，分数高者为优。例如，某工程的流水段划分，安全性及施工顺序安排的评分结果如表 15-1 所示。

第一方案的总得分：$s_1 = 96 \times 0.30 + 90 \times 0.33 + 87 \times 0.37 = 90.69$

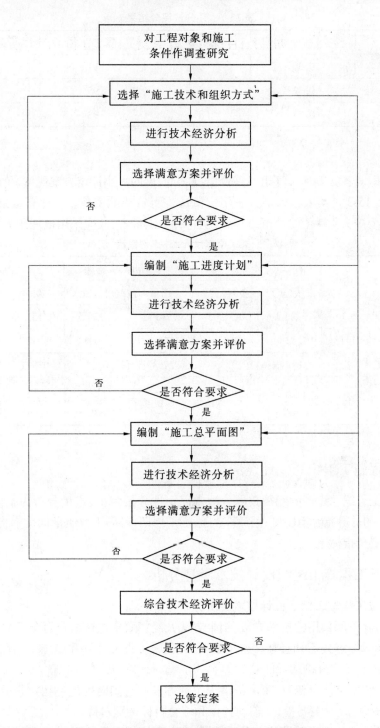

图 15-3 施工组织设计技术经济分析步骤框图

第二方案的总得分：$s_2 = 91 \times 0.30 + 95 \times 0.33 + 93 \times 0.37 = 93.06$

第三方案的总得分：$s_3 = 89 \times 0.30 + 97 \times 0.33 + 89 \times 0.37 = 91.64$

经过比较可以看出，第二方案分数最高，所以应选择第二方案。

表 15-1　评分法评分结果

指标	权数	第一方案	第二方案	第三方案
流水段	0.30	96	91	89
安全性	0.33	90	95	97
施工顺序	0.37	87	93	89

3. 价值法

价值法即对各方案均计算出最终价值,用价值量的大小评定方案优劣,价值量小者为优。例如,表 15-2 是某工程焊接方法用价值法进行选择的实例。从计算结果来看,电渣压力焊的单个接头所耗用的价值最小,表明这种方法最省,故应采用电渣压力焊。

表 15-2　某工程焊接方法用"价值法"选择

项目	电渣压力焊		帮条焊		绑扎	
	用量	金额(元)	用量	金额(元)	用量	金额(元)
钢材	0.211 kg	0.105 5	4.241 kg	2.120 5	7.131 kg	3.565 5
材料(焊药、焊条、铅丝)	0.62 kg	0.436	1.29 kg	1.941	0.032 kg	0.033 5
人工	0.18 工日	0.36	0.27 工日	0.54	0.035 工日	0.07
电量消耗	2.3 kWh	0.184	26.1 kWh	2.038	—	—
合计	—	1.085 5	—	6.639 5	—	3.669

三、工程施工组织总设计经济技术分析

工程施工组织总设计的经济技术分析常以定性分析为主,定量分析为辅。进行定量分析时,主要的计算指标有劳动生产率指标、施工周期指标、工程质量优良率指标、成本降低率指标和安全指标等。

四、单位工程施工组织设计技术经济分析

(一)单位工程施工组织设计技术经济分析

(1)要对施工所采用的技术方法、组合方法及经济效果进行综合而全面的分析。

(2)作技术经济分析时应重点抓住施工方案、施工进度计划和施工平面图三大内容,并据此建立技术经济分析指标体系。

(3)在作技术经济分析时,要灵活运用定性方法和有针对性地应用定量分析的方法。在作定量分析时,应对主要指标、辅助指标和综合指标区别对待。

(4)技术经济分析应以设计方案的要求、有关国家规定及工程实际需要为依据。

(二)施工组织设计技术经济分析的指标体系

单位工程施工组织设计中技术经济指标应包括:工期指标、劳动生产率指标、质量指标、安全指标、降低成本指标、主要工程工种机械化程度指标、材料使用指标。这些指标应

在施工组织设计基本完成后进行计算,并反映在施工组织设计的文件中,作为考核的依据。

第八节　施工组织设计的贯彻、检查与调整

一、施工组织设计的贯彻

通常为了保证施工组织设计能顺利地实施,需要做好以下几方面的工作。

(一)做好施工组织设计交底

经过审批的施工组织设计,在开工前要召开各级生产、技术会议,逐级进行交底,详细讲解其内容要求、施工关键和保证措施;责成生产计划部门,编制具体的实施计划;责成技术部门,拟定实施的技术细则,保证施工组织设计的顺利贯彻执行。

(二)制订各项施工组织设计的管理、规章制度

大量实践经验证明,只有施工企业具备了科学而健全的管理、规章制度,它才能维持正常的生产秩序,才能保证施工组织设计顺利实施。

(三)推行技术经济承包制

推行技术经济承包制,在施工的过程中,把技术经济责任同职工的物质利益结合起来,开展各种形式的劳动竞赛,是贯彻施工组织设计的重要手段之一。比如,推行节约材料奖、优良工程综合奖和技术进步奖等,都是非常有效的技术经济承包制的形式。

(四)统筹安排及综合平衡

在施工过程中出现的任何平衡都是相对的,也是暂时的,在这些平衡中,也势必存在着许多的不平衡因素。因此,在工程开工后,需要做好人力、财力和物力的统筹安排,保持合理的施工规模,及时分析研究各种不平衡因素,不断地进行施工条件的反复综合和各专业工种之间的综合平衡,这既能保证施工顺利进行,又能带来好的经济效果。

二、施工组织设计的检查

(一)检查主要指标的完成情况

采用比较法,将规定指标同各项指标的完成情况相对比,把主要指标的数量检查与其相应的施工内容、方法等检查相结合,发现其不同之处,然后采用分析法和综合法,研究差异或问题的产生原因,从而找出影响施工组织设计贯彻的障碍,并拟订切实可行的改进措施。

(二)检查施工平面图的合理性

施工开始后,必须严格执行其管理、规章制度,加强施工平面图的管理工作,随时检查其合理性。

三、施工组织设计的调整

对施工组织设计的调整,主要是根据对其执行情况检查发现的问题及其产生原因进行分析,拟订相应的改进措施,并对其相关部分及其指标逐项进行调整,对施工平面图中

的不合理部分,进行相应的修改。

　　总之,施工组织设计的贯彻、检查和调整工作是一项经常性工作,必须加强反馈,随时调整和决策,使其贯穿于整个施工过程的始终。

思考题

15-1　什么是单位工程施工组织设计? 它的作用主要有哪些?

15-2　单位工程施工组织设计的编制依据有哪些?

15-3　单位工程施工组织设计包括哪些内容?

15-4　单位工程施工进度计划的编制步骤是什么?

15-5　单位工程各分部分项工程的工作日如何计算?

15-6　什么是单位工程施工平面图? 其内容主要有哪些?

参 考 文 献

[1] 周国恩.建筑施工技术[M].重庆:重庆大学出版社,2011.

[2] 严心娥.土木工程施工[M].北京:北京大学出版社,2010.

[3] 中国建筑科学研究院.JGJ 94—94 建筑桩基技术规范[S].北京:中国建筑工业出版社,1995.

[4] 中国建筑科学研究院.GB 50204—2010 混凝土结构工程施工及验收规范[S].北京:中国建筑工业出版社,2011.

[5] 中华人民共和国国家质量监督检验检疫总局,中国国家标准化管理委员会.GB 1499.1—2008 钢筋混凝土用钢 第一部分:热轧光圆钢筋[S].北京:中国标准出版社,2008.

[6] 中华人民共和国国家质量监督检验检疫总局,中国国家标准化管理委员会.GB 1499.2—2007 钢筋混凝土用钢 第二部分:热轧带肋钢筋[S].北京:中国标准出版社,2007.

[7] 中华人民共和国建设部.JG 190—2006 冷轧扭钢筋[S].北京:中国标准出版社,2006.

[8] 中华人民共和国住房和城乡建设部.GB 50010—2010 混凝土结构设计规范[S].北京:中国建筑工业出版社,2010.

[9] 中华人民共和国建设部.JGJ/T 27—2001 钢筋焊接接头试验方法标准[S].北京:中国建筑工业出版社,2001.

[10] 中华人民共和国住房和城乡建设部.JGJ 107—2010 钢筋机械连接通用技术规程[S].北京:中国建筑工业出版社,2010.

[11] 中华人民共和国住房和城乡建设部.GB 50204—2002 混凝土结构工程施工质量验收规范(2011 年版)[S].北京:中国建筑工业出版社,2011.

[12] 中华人民共和国住房和城乡建设部.JGJ 162—2008 建筑施工模板安全技术规范[S].北京:中国建筑工业出版社,2008.

[13] 中华人民共和国建设部,中华人民共和国国家质量监督检验检疫总局.GB 50119—2003 混凝土外加剂应用技术规范[S].北京:中国建筑工业出版社,2003.

[14] 中华人民共和国住房和城乡建设部.GB 50496—2009 大体积混凝土施工规范[S].北京:中国计划出版社,2009.

[15] 中华人民共和国住房和城乡建设部.JGJ/T 104—2011 建筑工程冬期施工规程[S].北京:中国建筑工业出版社,2011.

[16] 中华人民共和国住房和城乡建设部.JGJ 130—2011 建筑施工扣件式钢管脚手架安全技术规范[S].北京:中国建筑工业出版社,2011.

[17] 中华人民共和国住房和城乡建设部.JGJ 183—2009 液压升降整体脚手架安全技术规程[S].北京:中国建筑工业出版社,2009.

[18] 中华人民共和国住房和城乡建设部.JGJ 254—2011 建筑施工竹脚手架安全技术规范[S].北京:中国建筑工业出版社,2011.

[19] 杜荣军.建筑施工脚手架实用手册[M].北京:中国建筑工业出版社,1995.

[20] 李建国.普通脚手架[M].徐州:中国矿业大学出版社,2011.

[21] 李伟.建筑工程施工技术[M].北京:机械工业出版社,2006.

[22] 叶雯,周晓龙.建筑施工技术[M].北京:北京大学出版社,2010.

［23］杨国富.建筑施工技术［M］.北京:清华大学出版社,2008.

［24］杨正凯,张华明.建筑施工技术［M］.北京:中国电力出版社,2009.

［25］赵清江.防水工程施工［M］.北京:高等教育出版社,2006.

［26］沈春林.建筑防水工程施工［M］.北京:中国建筑工业出版社,2008.

［27］李书全,何亚伯.土木工程施工［M］.上海:同济大学出版社,2004.

［28］费以原,孙震.土木工程施工［M］.北京:机械工业出版社,2006.

［29］应惠清.土木工程施工（上册）［M］.2 版.上海:同济大学出版社,2007 .

［30］全国一级建造师执业资格考试用书编委会.建筑工程管理与实务［M］.北京:中国建筑工业出版社,2010.

［31］中华人民共和国建设部.JGJ 144—2004 外墙外保温工程技术规程［S］.北京:中国建筑工业出版社,2004.

［32］中华人民共和国建设部.GB 50210—2001 建筑装饰装修工程质量验收规范［S］.北京:中国建筑工业出版社,2001.

［33］中华人民共和国建设部.GB 50327—2001 住宅装饰装修工程施工规范［S］.北京:中国建筑工业出版社,2002.

［34］中华人民共和国交通部.JTJ 034—2000 公路路面基层施工技术规范［S］.北京:人民交通出版社,2000.

［35］中华人民共和国交通部.JTG F10—2006 公路路基施工技术规范［S］.北京:人民交通出版社,2006.

［36］交通运输部,中交第一公路工程局有限公司.JTG/T F50—2011 公路桥涵施工技术规范［S］.北京:人民交通出版社,2011.

［37］牛季收.土木工程施工［M］.郑州:郑州大学出版社,2007.

［38］王安德.工程施工组织与管理［M］.北京:中国地质大学出版社,2009.

［39］蒋红妍.土木工程施工组织［M］.北京:冶金工业出版社,2009.

［40］赵琉英,饶巍.建筑工程项目施工组织与管理［M］.北京:中国环境科学出版社,2007.

［41］蔡雪峰.建筑施工组织［M］.北京:高等教育出版社,2008.

［42］陈金洪,杜春梅.土木工程施工［M］.武汉:武汉理工大学出版社,2009.

［43］毛鹤琴.土木工程施工［M］.3 版.武汉:武汉理工大学出版社,2007.

［44］李珠.土木工程施工［M］.武汉:武汉理工大学出版社,2007.

［45］丁克胜.土木工程施工［M］.武汉:华中科技大学出版社,2008.

［46］建筑施工手册编写组.建筑施工手册［M］.4 版.北京:中国建筑工业出版社,2003.

［47］中国建筑学会建筑统筹管理分会.工程网络计划技术规程［M］.北京:中国建筑工业出版社,1999.

［48］全国二级建造师执业资格考试用书编写委员会.建设工程施工管理［M］.北京:中国建筑工业出版社,2009.

［49］全国造价工程师执业资格考试培训教材编审委员会.建设工程技术与计量（土建工程部分）［M］.北京:中国计划出版社,2006.

［50］毛鹤琴.土木工程施工［M］.武汉:武汉理工大学出版社,2000.

［51］危道军.建筑施工组织［M］.北京:中国建筑工业出版社,2004.

［52］杨秋学.网络计划技术及其应用［M］.北京:中国水利水电出版社,1999.

［53］赵志缙,应惠清.建筑施工［M］.上海:同济大学出版社,2004.

［54］刘宗仁.土木工程施工［M］.北京:高等教育出版社,2009.

［55］吴贤国.土木工程施工［M］.北京:中国建筑工业出版社,2010.

［56］邓寿昌,李晓目.土木工程施工［M］.北京:北京大学出版社,2006.

[57] 宁仁歧,郑传明. 土木工程施工[M]. 北京:中国建筑工业出版社,2006.

[58] 赵燕青. 土木工程施工[M]. 北京:科技出版社,2007.

[59] 北京建工集团总公司. 建筑分项工程施工工艺标准[M]. 2 版. 北京:中国建筑工业出版社,2006.

[60] 闵小莹. 土木工程施工[M]. 大连:大连理工大学出版社,2007.

[61] 周金春. 建筑施工技术[M]. 石家庄:河北科技出版社,2005.

[62] 重庆大学,同济大学,哈尔滨工业大学. 土木工程施工[M]. 北京:中国建筑工业出版社,2003.

[63] 刘津明,孟宪海. 建筑施工[M]. 北京:中国建筑工业出版社,2001.

[64] 全国监理工程师培训教材编写委员会. 工程建设进度控制[M]. 北京:中国建筑工业出版社,1997.

[65] 蔡雪峰. 建筑施工组织[M]. 武汉:武汉工业大学出版社,1997.

[66] 周银河. 建筑施工组织与预算[M]. 北京:中央广播电视大学出版社,1986.

[67] 邓学才. 施工组织设计的编制与实施[M]. 北京:中国建材工业出版社,2000.

[68] 中华人民共和国住房和城乡建设部,中华人民共和国国家质量监督检验检疫总局. GB/T 50502—2009 建筑施工组织设计规范[S]. 北京:中国建筑工业出版社,2009.

[69] 李珠,苏有文. 土木工程施工[M]. 武汉:武汉理工大学出版社,2009.

[70] 傅刚辉. 单位工程施工组织设计[M]. 北京:中央广播电视大学出版社,2008.

[71] 张厚先. 土木工程施工组织[M]. 北京:化学工业出版社,2010.